实用五金手册

主　编　单洪标　孙贵鑫
副主编　耿　炜　富　军

本书被评为2007年度
全行业优秀畅销书

金盾出版社

内 容 提 要

本手册介绍了我国市场上常见五金产品的品种、规格和用途。主要内容包括:基础资料,常用金属材料,常用非金属材料及制品,机械通用零部件及其他通用器材和建筑五金等。本手册内容丰富、实用性强,介绍的五金产品符合我国有关五金产品的新标准。

本手册可供五金器材类产品的营销、采购、设计、管理及工程技术等方面的人员使用。

图书在版编目(CIP)数据

实用五金手册/单洪标,孙贵鑫主编.—北京 :金盾出版社,2006.11(2014.2 重印)
ISBN 978-7-5082-4203-3

Ⅰ.①实… Ⅱ.①单…②孙… Ⅲ.①五金制品—手册 Ⅳ.①TS914-62

中国版本图书馆 CIP 数据核字(2009)第 097021 号

金盾出版社出版、总发行
北京太平路 5 号(地铁万寿路站往南)
邮政编码:100036 电话:68214039 83219215
传真:68276683 网址:www.jdcbs.cn
封面印刷:北京凌奇印刷有限责任公司
正文印刷:北京万友印刷有限公司
装订:北京万友印刷有限公司
各地新华书店经销
开本:880×1230 1/64 印张:12.875 字数:645 千字
2014 年 2 月第 1 版第 8 次印刷
印数:50 001～53 000 册 定价:32.00 元

前　言

随着五金器材及工具在我国经济建设与人民生活中需求的不断增长，及我国加入 WTO 后国际贸易的进一步扩大，我国的五金器材和工具的新品种大量涌现，质量不断提高，与国际标准接轨的新标准不断增加。为了让广大读者根据不同的需求，方便而快捷地查寻、选择各类五金器材和工具，特别是建筑、装饰（修）器材，我们在原《五金工具手册》的内容基础上增加了大量新内容，并按照国家新近颁布的有关五金器材和工具的新标准，将原来的《五金工具手册》，分别编写成《实用五金手册》和《实用工具手册》两本书。新编的《实用五金手册》的内容包括常用金属材料（如钢材及非铁金属材料等），常用非金属材料及制品（如塑料、橡胶、石棉及云母制品、建筑装饰材料、塑料及玻璃钢门窗制件等），机械通用零部件及其他通用器材（如机械通用零部件、常用机床附件及注油器件、焊接及喷涂器材、消防器材及起重器材等）和建筑五金（如金属管件、阀门及水嘴、网纱、金属门窗及家具配件、常用电线电缆及熔断器、采暖散热器、厨房用具及卫生洁具等）。本手册仍保持内容丰富实用，图文对照，简明扼要，查选便捷之特点。可供五金器材类产品的营销、采购、设计、管理及工程技术等方面的人员使用。

本手册由单洪标、孙贵鑫、耿炜、富军、耿玉岐、张灏、谌光、邓宇等同志编写，由耿玉岐同志主审。在重编过程中更多地得到了有关厂家及科研单位的大力协助，在此谨表示衷心感谢。对本手册难免存在的不足或错误之处，诚请广大读者不吝批评指正。

作　者
2006 年 4 月

目　录

1　基础资料

2 常用金属材料

3 常用非金属材料及制品

4 机械通用零部件及其他通用器材

5 建筑五金

1 基础资料

1.1 常用字母及符号

1.1.1 常用字母

大写	小写	大写	小写	大写	小写	大写	小写
汉语拼音字母及英语字母							
A	a	H	h	O	o	U	u
B	b	I	i	P	p	V	v
C	c	J	j	Q	q	W	w
D	d	K	k	R	r	X	x
E	e	L	l	S	s	Y	y
F	f	M	m	T	t	Z	z
G	g	N	n				
希腊字母							
A	α	H	η	N	ν	T	τ
B	β	Θ	θ	Ξ	ξ	Υ	υ
Γ	γ	I	ι	O	ο	Φ	ϕ
Δ	δ	K	κ	Π	π	X	χ
E	ε	Λ	λ	P	ρ	Ψ	ψ
Z	ζ	M	μ	Σ	σ	Ω	ω
俄语字母							
А	а	Д	д	З	з	Л	л
Б	б	Е	е	И	и	М	м
В	в	Ё	ё	Й	й	Н	н
Г	г	Ж	ж	К	к	О	о

续表

大写	小写	大写	小写	大写	小写	大写	小写
俄语字母							
П	п	Ф	ф	Щ	щ	Ю	ю
Р	р	Х	х	Ъ	ъ	Я	я
С	с	Ц	ц	Ы	ы		
Т	т	Ч	ч	Ь	ь		
У	у	Ш	ш	Э	э		

注:汉语拼音字母和英语字母同源于拉丁字母,故也称拉丁字母。

1.1.2　罗马数字

罗马数字	表示意义	罗马数字	表示意义	罗马数字	表示意义
Ⅰ	1	Ⅶ	7	C	100
Ⅱ	2	Ⅷ	8	D	500
Ⅲ	3	Ⅸ	9	M	1000
Ⅳ	4	Ⅹ	10	$\overline{X}$	10000
Ⅴ	5	Ⅺ	11	$\overline{C}$	100000
Ⅵ	6	L	50	$\overline{M}$	1000000

1.1.3　化学元素符号

原子序数	符号	名称	原子序数	符号	名称	原子序数	符号	名称
1	H	氢	9	F	氟	17	Cl	氯
2	He	氦	10	Ne	氖	18	Ar	氩
3	Li	锂	11	Na	钠	19	K	钾
4	Be	铍	12	Mg	镁	20	Ca	钙
5	B	硼	13	Al	铝	21	Sc	钪
6	C	碳	14	Si	硅	22	Ti	钛
7	N	氮	15	P	磷	23	V	钒
8	O	氧	16	S	硫	24	Cr	铬

续表

原子序数	符号	名称	原子序数	符号	名称	原子序数	符号	名称
25	Mn	锰	51	Sb	锑	77	Ir	铱
26	Fe	铁	52	Te	碲	78	Pt	铂
27	Co	钴	53	I	碘	79	Au	金
28	Ni	镍	54	Xe	氙	80	Hg	汞
29	Cu	铜	55	Cs	铯	81	Tl	铊
30	Zn	锌	56	Ba	钡	82	Pb	铅
31	Ga	镓	57	La	镧	83	Bi	铋
32	Ge	锗	58	Ce	铈	84	Po	钋
33	As	砷	59	Pr	镨	85	At	砹
34	Se	硒	60	Nd	钕	86	Rn	氡
35	Br	溴	61	Pm	钷	87	Fr	钫
36	Kr	氪	62	Sm	钐	88	Ra	镭
37	Rb	铷	63	Eu	铕	89	Ac	锕
38	Sr	锶	64	Gd	钆	90	Th	钍
39	Y	钇	65	Tb	铽	91	Pa	镤
40	Zr	锆	66	Dy	镝	92	U	铀
41	Nb	铌	67	Ho	钬	93	Np	镎
42	Mo	钼	68	Er	铒	94	Pu	钚
43	Tc	锝	69	Tm	铥	95	Am	镅
44	Ru	钌	70	Yb	镱	96	Cm	锔
45	Rh	铑	71	Lu	镥	97	Bk	锫
46	Pd	钯	72	Hf	铪	98	Cf	锎
47	Ag	银	73	Ta	钽	99	Es	锿
48	Cd	镉	74	W	钨	100	Fm	镄
49	In	铟	75	Re	铼			
50	Sn	锡	76	Os	锇			

续表

原子序数	符号	名称	原子序数	符号	名称	原子序数	符号	名称
101	Md	钔	104	Rf	𬬻	107	Bh	𬭛
102	No	锘	105	Db	𬭊	108	Hs	𬭶
103	Lr	铹	106	Sg	𬭳	109	Mt	鿏

1.2 国内外部分标准代号

1.2.1 中国国家标准、行业标准、专业标准及部标准代号

代号	意义	代号	意义
GB	国家标准(强制性标准)	DL	电力行业标准
GB/T	国家标准(推荐性标准)	DZ	地质矿产行业标准
GBn	国家内部标准	EJ	核工业行业标准
□□	□□行业标准(强制性标准)	FZ	纺织行业标准
□□/T	□□行业标准(推荐性标准)	GA	公共安全行业标准
BB	包装行业标准	GY	广播电影电视行业标准
CB	船舶行业标准	HB	航空行业标准
CBM	船舶外贸行业标准	HG	化工行业标准
CECS	工程建设行业标准	GJB	国家军用标准
CH	测绘行业标准	GBJ	国家工程建设标准
CJ	城镇建设行业标准	HJ	环境保护行业标准
CY	新闻出版行业标准	HY	海洋行业标准
DA	档案工作行业标准	JB	机械行业标准(含机械、电工、仪器仪表等)
		JC	建材行业标准
		JG	建筑工业行业标准

续表

代号	意　义	代号	意　义
JR	金融行业标准	WH	文化行业标准
JT	交通行业标准	WJ	兵工民品行业标准
JY	教育行业标准	WS	卫生行业标准
LD	劳动和劳动安全行业标准	XB	稀土行业标准
LY	林业行业标准	YB	黑色冶金行业标准
MH	民用航空行业标准	YC	烟草行业标准
MT	煤炭行业标准	YD	通信行业标准
MG	民政行业标准	YS	有色冶金行业标准
NY	农业行业标准	YY	医药行业标准
QB	轻工行业标准	ZB □	专业标准(强制性标准):□□类
QC	汽车行业标准	ZB/T □	专业标准(推荐性标准):□□类
QJ	航天行业标准		
SB	商业行业标准	ZB A	专业标准:综合类
SC	水产行业标准	ZB B	专业标准:农业、林业类
SD	水利电力行业标准		
SH	石油化工行业标准	ZB C	专业标准:医药、卫生、劳动保护类
SJ	电子行业标准		
SL	水利行业标准	ZB D	专业标准:矿业类
SN	商检行业标准	ZB E	专业标准:石油类
SY	石油天然气行业标准	ZB F	专业标准:能源、核技术类
TB	铁路运输行业标准	ZB G	专业标准:化工类
TD	土地管理行业标准	ZB H	专业标准:冶金类
TY	体育行业标准	ZB J	专业标准:机械类
WB	物资管理行业标准	ZB K	专业标准:电工类

续表

代号	意　义	代号	意　义
ZB L	专业标准:电子基础、计算机与信息处理类	HB	部标准:航空工业部分
ZB M	专业标准:通信、广播类	HG	部标准:化学工业部分
ZB N	专业标准:仪器、仪表类	JC	部标准:建筑材料工业部分
ZB P	专业标准:土木建筑类	JB	部标准:机械工业部分
ZB Q	专业标准:建材类	JJ	部标准:城乡建设环境保护部分
ZB R	专业标准:公路、水路运输类	JT	部标准:交通部分
ZB S	专业标准:铁路类	JY	部标准:教育部分
ZB T	专业标准:车辆类	LS	部标准:商业(粮食)部分
ZB U	专业标准:船舶类	JL	部标准:林业部分
ZB V	专业标准:航空、航天类	MT	部标准:煤炭工业部分
ZB W	专业标准:纺织类	NJ	部标准:机械工业(农机)部分
ZB X	专业标准:食品类	NY	部标准:农业部分
ZB Y	专业标准:轻工、文化与生活用品类	QB	部标准:轻工业(第一)部分
ZB Z	专业标准:环境保护类	QJ	部标准:航天工业部分
CB	部标准:船舶工业部分	SD	部标准:水利电力部分
DG	部标准:水利电力部分	SG	部标准:轻工业(第二)部分
DZ	部标准:地质矿产部分	SJ	部标准:电子工业部分
EJ	部标准:核工业部分	SY	部标准:石油工业部分
FJ	部标准:纺织工业部分	TB	部标准:铁道部分
GN	部标准:公安部分	WJ	部标准:兵器工业部分
		WM	部标准:对外贸易经济部分

续表

代号	意 义	代号	意 义
WS	部标准:医药部分	□□/Z	□□部指导性技术文件
YB	部标准:冶金工业部分		
YD	部标准:邮电工业部分	FJ/C	纺织工业部参考性技术文件
YS	部标准:有色金属工业部分	YB(T)	冶金工业部推荐性标准

注:①我国标准,早期分为国家标准、部标准和企业标准三级;自 1984 年起,改用专业标准代替部标准(部分);自 1989 年起,根据我国标准化法的规定,将我国标准改分为国家标准、行业标准、地方标准和企业标准四级。另外,再按标准性质,将国家标准和行业标准分为强制性标准和推荐性标准两类。有关保障人体健康,人身、财产安全的标准和法律、行政法规规定执行的标准,均是强制性标准;其他标准是推荐性标准。

②强制性国家标准和行业标准,以及旧部标准的标准号,是由该标准的代号和两组数字组成。国家标准、行业标准和旧部标准的代号,见上表。推荐性标准,则是在强制性标准的代号的后面加上"/T"符号。代号后面的第一组数字为该标准的顺序号;第二组数字为该标准的发布年号(过去用两位数表示;自 1993 年起,改为用 4 位数字表示)。
例:GB/T 13304—91,GB/T 3190—1996

③在国家标准和行业标准中,有的按其内容可以分为若干个独立部分,但为了保持该标准的完整性和方便使用,仍用同一标准顺序号发布;而每个独立部分的编号另用顺序数字表示,放在该标准顺序号之后,并用圆点予以分开。
例:GB/T 1.1—1993,GB/T 1.2—1996

④在旧部标准中,有的因其专业较多,为了方便使用,在标准的代号和顺序号之间加上一个数字,并用横线与顺序号隔开,以表示该标准的专业类别。
例:HG 4-404—82

⑤专业标准的编号,由两组代号和两组数字组成。第一组代号为"ZB",表示专业标准;第二组代号用一个字母表示标准分类的一级类目(详见上表);代号后面第一组数字为五位数,左起前两位数字表示标准分类的二级类目,后三位数字表示该二级类目的标准顺序号;第二组数字为该标准的发布年号。
例:ZB J 13001—90

1.2.2 常见国际标准和部分区域标准代号

代号	名称	代号	名称
ISO	国际标准化组织标准	CEN	欧洲标准化委员会标准
IEC	国际电工委员会标准	EEC	欧洲经济共同体标准
IIW	国际焊接学会标准	EURO-NORM	欧洲煤钢联盟标准
OIML	国际法制计量组织标准		
BIPM	国际计量局标准	ASAC	亚洲标准咨询委员会标准

1.2.3 常见外国标准代号

代号	意义	代号	意义
ANSI	美国国家标准	UL	美国保险业者研究所标准
AISI	美国钢铁学会标准		
ASME	美国机械工程师协会标准	AS	澳大利亚标准
ASTM	美国材料与试验协会标准	BDSI	孟加拉国标准
		BS	英国标准
BHMA	美国建筑小五金制造商协会标准	CSA	加拿大国家标准
		DIN	德国标准
FS	美国联邦规格与标准	DS	丹麦标准
		ELOT	希腊标准
MIL	美国军用标准与规格	NEN	荷兰标准
		NF	法国标准
SAE	美国机动工程师协会标准	NI	印度尼西亚标准

续表

代号	意　义	代号	意　义
NOM	墨西哥官方标准	KS	韩国工业标准
NP	葡萄牙标准	MS	马来西亚标准
NS	挪威标准	MSZ	匈牙利标准
NSO	尼日利亚标准	NB	巴西标准
NZS	新西兰标准	NBN	比利时标准
ONO-RM	奥地利标准	NC	古巴标准
		NCh	智利标准
PN	波兰标准	SIS	瑞典标准
PS	巴基斯坦标准	SLS	斯里兰卡标准
PS	菲律宾标准	SNS	叙利亚国家标准
PTS	菲律宾贸易标准	SN	瑞士标准
SABS	南非标准规格	SOI	伊朗标准
SFS	芬兰标准协会标准	S. S.	新加坡标准
S. I.	以色列标准	STAS	罗马尼亚标准
ES	埃及标准	TCVN	越南国家标准
IRAM	阿根廷标准	TIS	泰国工业标准
I. S.	爱尔兰标准	TS	土耳其标准
IS	印度标准	UNE	西班牙标准
ISIRI	伊朗工业研究所标准	UNI	意大利标准
		БДС	保加利亚标准
JIS	日本工业标准	ГОСТ	前苏联国家标准
JUS	前南斯拉夫标准		

1.3 常用计量单位及其换算

1.3.1 国际单位制(SI)的基本单位

量的名称	单位名称	单位符号
长度	米	m
质量	千克(公斤)	kg
时间	秒	s
电流	安[培]	A
热力学温度	开[尔文]	K
物质的量	摩[尔]	mol
发光强度	坎[德拉]	cd

注:①[]内的字,是在不致混淆的情况下,可以省略的字,下同。
②()内的字为前者的同义语,下同。
③人民生活和贸易中,质量习惯称为重量。
④公里为千米的俗称,符号为 km。

1.3.2 国际单位制的辅助单位

量的名称	单位名称	单位符号
平面角	弧度	rad
立体角	球面度	sr

1.3.3 国际单位制中具有专门名称的导出单位

量的名称	单位名称	单位符号	其他表示示例
频率	赫[兹]	Hz	s^{-1}
力	牛[顿]	N	$kg\cdot m/s^2$

续表

量的名称	单位名称	单位符号	其他表示示例
压力,压强,应力	帕[斯卡]	Pa	N/m^2
能[量],功,热量	焦[耳]	J	N·m
功率,辐[射能]通量	瓦[特]	W	J/s
电荷[量]	库[仑]	C	A·s
电压,电动势,电位(电势)	伏[特]	V	W/A
电　容	法[拉]	F	C/V
电　阻	欧[姆]	Ω	V/A
电　导	西[门子]	S	Ω^{-1}
磁通[量]	韦[伯]	Wb	V·s
磁通[量]密度,磁感应强度	特[斯拉]	T	Wb/m^2
电　感	亨[利]	H	Wb/A
摄氏温度	摄氏度	℃	K
光通量	流[明]	lm	cd·sr
[光]照度	勒[克斯]	lx	lm/m^2
[放射性]活度	贝可[勒尔]	Bq	s^{-1}
吸收剂量	戈[瑞]	Gy	J/kg
剂量当量	希[沃特]	Sv	J/kg

1.3.4 可与国际单位制并用的我国法定计量单位

量的名称	单位名称	单位符号	换算关系和说明
时间	分	min	1min=60s
	[小]时	h	1h=60min=3600s
	日(天)	d	1d=24h=86400s
[平面]角	[角]秒	″	1″=(π/648000)rad
	[角]分	′	1′=60″=(π/10800)rad
	度	°	1°=60′=(π/180)rad
旋转速度	转每分	r/min	1r/min=(1/60)r/s
长度	海里	n mile	1n mile=1852m (只用于航海)
速度	节	kn	1kn=1n mile/h=(1852/3600)m/s(只用于航海)
质量	吨	t	$1t=10^3kg$
	原子质量单位	u	$1u\approx1.660540\times10^{-27}kg$
体积	升	L(l)	$1L=1dm^3=10^{-3}m^3$
能	电子伏	eV	$1eV\approx1.602177\times10^{-19}J$
级差	分贝	dB	
线密度	特[克斯]	tex	$1tex=10^{-6}kg/m$
土地面积	公顷	hm^2	$1hm^2=10^4m^2$

注:①平面角单位度、分、秒的符号,在组合单位中应采用(°)、(′)、(″)的形式。

例如,不用°/s而用(°)/s。

②升的符号中,小写字母l为备用符号。

③公顷的国际通用符号为ha。

1.3.5 常用计量单位换算

1.3.5.1 常用长度单位换算

米/m	厘米/cm	毫米/mm	码/yd	英尺/ft	英寸/in
1	100	1000	1.0936	3.28084	39.3701
0.01	1	10	0.0109	0.03281	0.3937
0.001	0.1	1	0.00109	0.00328	0.03937
0.9144	91.44	914.4	1	3	36
0.3048	30.48	304.8	0.3333	1	12
0.0254	2.54	25.4	0.0278	0.0833	1

1.3.5.2 常用面积单位换算

平方米 /m^2	平方厘米 /cm^2	平方毫米 /mm^2	平方码 /yd^2	平方英尺 /ft^2	平方英寸 /in^2
1	10000	1000000	1.196	10.7639	1550
0.0001	1	100	0.0001	0.001076	0.1550
0.000001	0.01	1	0.000001	0.000011	0.001550
0.836127	8361.27	836127	1	9	1296
0.092903	929.03	92903	0.1111	1	144
0.00064516	6.4516	645.16	0.00077	0.006939	1

1.3.5.3 常用体积(容积)单位换算

立方米 /m^3	升/L	立方厘米 /cm^3	英加仑 /UKgal	美加仑 /USgal	立方英尺 /ft^3	立方英寸 /in^3
1	1000	1000000	220.09	264.2	35.315	61030
0.001	1	1000	0.2201	0.2642	0.0353	61.03

续表

立方米 /m^3	升/L	立方厘米 /cm^3	英加仑 /UKgal	美加仑 /USgal	立方英尺 /ft^3	立方英寸 /in^3
0.000001	0.001	1	0.00022	0.00026	0.000035	0.06103
0.0045461	4.5461	4546.1	1	1.201	0.1605	277.27
0.0037854	3.7854	3785.4	0.8327	1	0.1338	231
0.028317	28.317	28317	6.2305	7.4805	1	1728
0.0001639	0.01639	16.39	0.0036	0.00432	0.0006	1

1.3.5.4 常用质量单位换算

吨/t	千克(公斤) /kg	英吨/ton	美(短)吨 /sh ton	磅/lb
1	1000	0.9842	1.1023	2204.6
0.001	1	0.000984	0.001102	2.2046
1.01605	1016.05	1	1.1200	2240
0.90719	907.19	0.8929	1	2000
0.000454	0.4536	0.000446	0.0005	1

1.3.5.5 常用力的单位换算

牛顿/N	千牛顿/kN	达因/dyn	千克力/kgf	磅力/lbf
1	10^{-3}	10^5	0.10197	0.22481
10^3	1	10^8	101.97	224.81
10^{-5}	10^{-8}	1	1.02×10^{-6}	2.25×10^{-6}
9.80655	9.81×10^{-3}	980665	1	2.2046
4.4483	4.45×10^{-3}	444830	0.4536	1

1.3.5.6 常用力矩单位换算

牛顿·米 /(N·m)	千克力·米 /(kgf·m)	克力·厘米 /(gf·cm)	磅力·英尺 /(lbf·ft)	磅力·英寸 /(lbf·in)
1	0.101972	10197.2	0.737562	8.85075
9.80665	1	10^5	7.23301	86.7962
9.8×10^{-5}	10^{-5}	1	7.2×10^{-5}	8.68×10^{-4}
1.35582	0.138255	13825.5	1	12
0.112985	0.011521	1152.12	0.08333	1

1.3.5.7 常用压力、应力单位换算

帕斯卡/Pa	巴/bar	(千克力/厘米²) /(kgf/cm²)	毫米水柱 /mmH_2O	(磅力/英寸²) /(lbf/in²)
1	10^{-5}	1.02×10^{-5}	0.101974	1.45×10^{-4}
10^5	1	1.01972	10197.2	14.5036
98066.5	0.98067	1	10000.28	14.2232
9.80665	9.81×10^{-5}	10^{-4}	1	0.00142
6894.76	0.06895	0.07031	703.1	1

1.3.5.8 常用功、能量单位换算

焦耳 /J	瓦·时 /(W·h)	千克力·米 /(kgf·m)	磅力·英尺 /(lbf·ft)
1	0.000278	0.101972	0.737562
3600	1	367.098	2655.22
9.80665	0.002724	1	7.23301
1.35582	0.000377	0.138255	1
4.1868	0.001163	0.426936	3.08803
1055.06	0.293071	107.587	778.169

1.3.5.9　常用功率单位换算

千瓦/kW	马力(米制马力)/PS	英制马力/hp
1	1.35962	1.34102
0.735499	1	0.986320
0.745700	1.01387	1

1.3.5.10　英寸与毫米对照

英寸整数/in	英寸的分数/in							
	0	1/8	1/4	3/8	1/2	5/8	3/4	7/8
	相当的毫米/mm							
0	0	3.175	6.350	9.525	12.700	15.875	19.050	22.225
1	25.400	28.575	31.750	34.925	38.100	41.275	44.450	47.625
2	50.800	53.975	57.150	60.325	63.500	66.675	69.850	73.025
3	76.200	79.375	82.550	85.725	88.900	92.075	95.250	98.425
4	101.60	104.78	107.95	111.13	114.30	117.48	120.65	123.83
5	127.00	130.18	133.35	136.53	139.70	142.88	146.05	149.23
6	152.40	155.58	158.75	161.93	165.10	168.28	171.45	174.63
7	177.80	180.98	184.15	187.33	190.50	193.68	196.85	200.03
8	203.20	206.38	209.55	212.73	215.90	219.08	222.25	225.43
9	228.60	231.78	234.95	238.13	241.30	244.48	247.65	250.83
10	254.00	257.18	260.35	263.53	266.70	269.88	273.05	276.23
11	279.40	282.58	285.75	288.93	292.10	295.28	298.45	301.63
12	304.80	307.98	311.15	314.33	317.50	320.68	323.85	327.03
13	330.20	333.38	336.55	339.73	342.90	346.08	349.25	352.43
14	355.60	358.78	361.95	365.13	368.30	371.48	374.65	377.83
15	381.00	384.18	387.35	390.53	393.70	396.88	400.05	403.23

续表

英寸整数/in	英寸的分数/in							
	0	1/8	1/4	3/8	1/2	5/8	3/4	7/8
	相当的毫米/mm							
16	406.40	409.58	412.75	415.93	419.10	422.28	425.45	428.63
17	431.80	434.98	438.15	441.33	444.50	447.68	450.85	454.03
18	457.20	460.38	463.55	466.73	469.90	473.08	476.25	479.43
19	482.60	485.78	488.95	492.13	495.30	498.48	501.65	504.83
20	508.00	511.18	514.35	517.53	520.70	523.88	527.05	530.23
21	533.40	536.58	539.75	542.93	546.10	549.28	552.45	555.63
22	558.80	561.98	565.15	568.33	571.50	574.68	577.85	581.03
23	584.20	587.38	590.55	593.73	596.90	600.08	603.25	606.43
24	609.60	612.78	615.95	619.13	622.30	625.48	628.65	631.83
25	635.00	638.18	641.35	644.53	647.70	650.88	654.05	657.23
26	660.40	663.58	666.75	669.93	673.10	676.28	679.45	682.63
27	685.80	688.98	692.15	695.33	698.50	701.68	704.85	708.03
28	711.20	714.38	717.55	720.73	723.90	727.08	730.25	733.43
29	736.60	739.78	742.95	746.13	749.30	752.48	755.65	758.83
30	762.00	765.18	768.35	771.53	774.70	777.88	781.05	784.23
31	787.40	790.58	793.75	796.93	800.10	803.28	806.45	809.63
32	812.80	815.98	819.15	822.33	825.50	828.68	831.85	835.03
33	838.20	841.38	844.55	847.73	850.90	854.08	857.25	860.43
34	863.60	866.78	869.95	873.13	876.30	879.48	882.65	885.83
35	889.00	892.18	895.35	898.53	901.70	904.88	908.05	911.23
36	914.40	917.58	920.75	923.93	927.10	930.28	933.45	936.63
37	939.80	942.98	946.15	949.33	952.50	955.68	958.85	962.03
38	965.20	968.38	971.55	974.73	977.90	981.08	984.25	987.43

续表

英寸整数/in	英寸的分数/in							
	0	1/8	1/4	3/8	1/2	5/8	3/4	7/8
	相当的毫米/mm							
39	990.60	993.78	996.95	1000.1	1003.3	1006.5	1009.7	1012.8
40	1016.0	1019.2	1022.4	1025.5	1028.7	1031.9	1035.1	1038.2
41	1041.4	1044.6	1047.8	1050.9	1054.1	1057.3	1060.5	1063.6
42	1066.8	1070.0	1073.2	1076.3	1079.5	1082.7	1085.9	1089.0
43	1092.2	1095.4	1098.6	1101.7	1104.9	1108.1	1111.3	1114.4
44	1117.6	1120.8	1124.0	1127.1	1130.3	1133.5	1136.7	1139.8
45	1143.0	1146.2	1149.4	1152.5	1155.7	1158.9	1162.1	1165.2
46	1168.4	1171.6	1174.8	1177.9	1181.1	1184.3	1187.5	1190.6
47	1193.8	1197.0	1200.2	1203.3	1206.5	1209.7	1212.9	1216.0
48	1219.2	1222.4	1225.6	1228.7	1231.9	1235.1	1238.3	1241.4
49	1244.6	1247.8	1251.0	1254.1	1257.3	1260.5	1263.7	1266.8
50	1270.0	1273.2	1276.4	1279.5	1282.7	1285.9	1289.1	1292.2

1.3.5.11 华氏、摄氏温度对照

华氏/°F	摄氏/℃	华氏/°F	摄氏/℃	华氏/°F	摄氏/℃	华氏/°F	摄氏/℃
-40	-40.00	32	0	120	48.89	260	126.67
-30	-34.44	40	4.44	140	60.00	280	137.78
-20	-28.89	50	10.00	160	71.11	300	148.89
-10	-23.33	60	15.55	180	82.22	350	176.67
0	-17.78	70	21.11	200	93.33	400	204.44
10	-12.22	80	26.67	212	100.00	450	232.22
20	-6.67	90	32.22	220	104.44	500	260.00
30	-1.11	100	37.78	240	115.56	600	315.56

续表

华氏/°F	摄氏/℃	华氏/°F	摄氏/℃	华氏/°F	摄氏/℃	华氏/°F	摄氏/℃
700	371.11	1000	537.78	1300	704.44	1600	871.11
800	426.67	1100	593.33	1400	760.00	1700	926.67
900	482.22	1200	648.89	1500	815.56	1800	982.22

注:换算公式:摄氏温度=(华氏温度-32)×5/9。

2 常用金属材料

2.1 金属材料的基本知识

2.1.1 常用金属材料的力学(机械)性能名词简介

名　称	符号	单位	意　　义
1.强度	σ	MPa	金属材料抵抗塑性变形和断裂的能力称为强度,强度的大小通常用应力来表示
(1)抗拉强度	σ_b	MPa	金属试样被拉断前所能承受的最大标称应力
(2)屈服强度	σ_s	MPa	金属试样产生屈服现象时的最小应力称为屈服强度或称为屈服点
(3)规定残余伸长应力	σ_r	MPa	试样卸除拉伸力后,其标距部分的残余伸长率达到某一规定数值时的应力。例如,$\sigma_{r0.2}$表示规定数值为0.2%时的应力
(4)抗弯强度	σ_{bb}	MPa	试样在弯曲断裂前所承受的最大正应力
(5)抗压强度	σ_{bc}	MPa	试样在压至破坏前所承受的最大标称应力。只在材料发生破裂情况下测出抗压强度
(6)抗剪强度	τ、σ_τ	MPa	试样在剪切断裂前所承受的最大切应力

续表

名称	符号	单位	意义
(7)抗扭强度	τ_b	MPa	试样在扭断裂前所承受的最大扭矩，按弹性扭矩公式计算的试样表面最大切应力
2.塑性	—	—	金属材料在载荷作用下，产生塑性变形而不被破坏的能力称为塑性。其指标通常以断后伸长率和断后收缩率表示，它们的百分数愈大，则塑性愈好；反之，则塑性愈差
(1)断后伸长率	δ	%	金属材料在拉伸试验时，试样拉断后，标距长度的伸长量与原始标距长度的百分比称为伸长率。δ_5是标距为5倍直径时的伸长率，δ_{10}是标距为10倍直径时的伸长率
(2)断面收缩率	Ψ	%	试样拉断后，缩颈处横截面面积最大缩减量与原始横截面面积的百分比称为断面收缩率
3.硬度	—	—	材料抵抗局部变形、特别是塑性变形、压痕或划痕的能力称为硬度。是衡量金属软硬的依据
(1)布氏硬度	HBS 或 HBW	一般不标注	用一定直径的球体(钢球或硬质合金球)以相应的试验力压入试样表面，保持规定时间后卸除试验力，用测量的表面压痕直径计算硬度的一种压痕硬度试验

续表

<table>
<tr><th>名　称</th><th>符号</th><th>单位</th><th>意　　义</th></tr>
<tr><td>(2)洛氏硬度</td><td>HRA
HRB
HRC</td><td>无单位</td><td>在初始试验力及总试验力先后作用下,将金刚石圆锥或淬硬钢球压入试样表面,保持规定时间后卸除主试验力,用测量的表面压痕深度增量计算硬度的一种压痕硬度试验。共分三种:<table>
<tr><th>标尺</th><th>符号</th><th>压头类型</th><th>总试验力(F)</th><th>硬度范围</th></tr>
<tr><td>A</td><td>HRA</td><td>金刚石圆锥</td><td>588.4N</td><td>HRA 20～88</td></tr>
<tr><td>B</td><td>HRB</td><td>1.5875mm淬硬钢球</td><td>980.7N</td><td>HRB 20～100</td></tr>
<tr><td>C</td><td>HRC</td><td>金刚石圆锥</td><td>1.47kN</td><td>HRC 20～70</td></tr>
</table></td></tr>
<tr><td>(3)维氏硬度</td><td>HV</td><td>—</td><td>用相对面夹角136°的正四棱锥体金刚石压头以选定的试验力(49.03～980.7N)压入试样表面,保持规定时间后卸除试验力,用测量的压痕对角线长度计算硬度的一种压痕硬度试验</td></tr>
<tr><td>4.韧度</td><td>—</td><td>—</td><td>金属材料在冲击载荷作用下抵抗破坏的能力称力韧性</td></tr>
<tr><td>(1)冲击韧度</td><td>α_{kU}
或
α_{kV}</td><td>J/cm^2</td><td>冲击韧度是评定金属材料在动载荷下受冲击抗力的力学性能指标,一般以大能量一次冲击值(α_{kU}或α_{kV})作为标准。它是采用标准试样,在摆锤式一次冲击试验机上试验,试验结果以冲击试样底部单位横截面面积上的冲击吸收功之值大小表示
α_{kU}:夏比U形缺口冲击韧度;α_{kV}夏比V形缺口冲击韧度</td></tr>
</table>

续表

名 称	符号	单位	意 义
(2)冲击吸收功	A_{kV} 或 A_{kU}	J	由于冲击值的大小受多种因素的影响,因而冲击值只是一个相对指标。目前国际上多直接采用冲击功作为冲击韧度的指标 A_{kV}:夏比V形缺口冲击功;A_{kU}:夏比U形缺口冲击功
5.疲劳	—	—	材料在循环应力的应变作用下,在一处或几处产生局部永久性积累损伤,经一定循环次数后产生裂纹或突然发生完全断裂的过程,材料的这一破坏现象称为疲劳
(1)疲劳极限	σ_D	MPa	材料在重复或交变应力的作用下,经过 N 周次应力循环仍不发生断裂时所能承受的最大应力称为疲劳极限
(2)疲劳强度	σ_N	MPa	材料在重复或交变应力的作用下,循环 N 周次断裂时所能承受的最大应力,称为疲劳强度。此时,N 称为材料的疲劳寿命;某些金属材料在重复或交变应力的作用下没有明显的疲劳极限,常用疲劳强度表示

2.1.2 常用金属材料的熔点、热导率及比热容

名称	熔点/℃	热导率/[W/(m·K)]	比热容/[J/(kg·K)]	名称	熔点/℃	热导率/[W/(m·K)]	比热容/[J/(kg·K)]
灰铸铁	1200	46.4～92.8	544.3	铸钢	1425	—	489.9

续表

名称	熔点/℃	热导率/[W/(m·K)]	比热容/[J/(kg·K)]	名称	熔点/℃	热导率/[W/(m·K)]	比热容/[J/(kg·K)]
碳钢	1460	47～58	490	铜	1083	384	394
不锈钢	1450	14	510	铝	658	204	904.3
硬质合金	2000	81	800	铅	327	34.8	130
黄铜	950	92.8～104.7	393.6	锡	232	64	240
青铜	910～995	63.8	385.2	锌	419	110	393.6
				镍	1452	59	452.2

2.1.3 常用金属材料的线胀系数

（$\times 10^{-6}$/℃）

材料	温度/℃								
	20	20～100	20～200	20～300	20～400	20～600	20～700	20～900	20～1000
工程用铜	16.6～17.1	17.1～17.2	17.6	18～18.1	18.6	—	—	—	—
紫铜	—	17.2	17.5	17.9	—	—	—	—	—
黄铜	—	17.8	18.8	20.9	—	—	—	—	—
铝青铜	—	17.6	17.9	19.2	—	—	—	—	—
锡青铜	—	17.6	17.9	18.2	—	—	—	—	—
铸铝合金	18.44～24.5	—	—	—	—	—	—	—	—
铝合金	—	22.0～24.0	23.4～24.8	24.0～25.9	—	—	—	—	—
碳钢	—	10.6～12.2	11.3～13	12.1～13.5	12.9～13.9	13.5～14.3	14.7～15	—	—
铬钢	—	11.2	11.8	12.4	13	13.6	—	—	—

续表

材料	温度/℃								
	20	20~100	20~200	20~300	20~400	20~600	20~700	20~900	20~1000
3Cr13		10.2	11.1	11.6	11.9	12.3	12.8	—	—
1G18Ni9Ti	—	16.6	17	17.2	17.5	17.9	18.6	19.3	—
铸铁	—	8.7~11.1	8.5~11.6	10.1~12.1	11.5~12.7	12.9~13.2	—	—	—
镍铬合金	—	14.5	—	—	—	—	—	—	17.6

2.1.4 有色金属及合金产品的状态、特性代号

名称	代号	名称		代号
产品状态代号		加厚包铝的		J
热加工(如热轧、热挤)	R	不包铝的		B
退火(闷火)	M	硬质合金	表面涂层	U
淬火	C		添加碳化钽	A
淬火后冷轧(冷作硬化)	CY		添加碳化铌	N
淬火(自然时效)	CZ		细颗粒	X
淬火(人工时效)	CS		粗颗粒	C
硬	Y		超细颗粒	H
3/4 硬	Y_1	产品状态、特性代号组合举例		
1/2 硬	Y_2	不包铝(热轧)		BR
1/3 硬	Y_3	不包铝(退火)		BM
1/4 硬	Y_4	不包铝(淬火、冷作硬化)		BCV
特硬	T	不包铝(淬火、优质表面)		BCO
产品特性代号		不包铝(淬火、冷作硬化、优质表面)		BC-YO
优质表面	O			
涂漆蒙皮板	Q	优质表面(退火)		MO

续表

名　称	代号	名　称	代号
产品状态、特性代号组合举例		产品状态、特性代号组合举例	
优质表面淬火、自然时效	CZO	热加工、人工时效	RS
优质表面淬火、人工时效	CSO	淬火、自然时效、冷作硬化、优质表面	CZYO
淬火后冷轧、人工时效	CYS		

2.2　钢　材

2.2.1　型钢

2.2.1.1　热轧圆钢和方钢

【规格】（GB 702—86）

直径(或边长)/mm	圆钢	方钢	直径(或边长)/mm	圆钢	方钢
	理论质量/(kg/m)			理论质量/(kg/m)	
5.5	0.186	0.237	20	2.47	3.14
6	0.222	0.283	21	2.72	3.46
6.5	0.260	0.332	22	2.98	3.80
7	0.302	0.385	23·	3.26	4.15
8	0.395	0.502	24	3.55	4.52
9	0.499	0.636	25	3.85	4.91
10	0.617	0.785	26	4.17	5.30
11	0.746	0.950	27·	4.49	5.72
12	0.888	1.13	28	4.83	6.15
13	1.04	1.33	29	5.18	6.60
14	1.21	1.54	30	5.55	7.06
15	1.39	1.77	31·	5.92	7.54
16	1.58	2.01	32	6.31	8.04
17	1.78	2.27	33·	6.71	8.55
18	2.00	2.54	34	7.13	9.07
19	2.23	2.82	35·	7.55	9.62

续表

直径(或边长)/mm	圆钢	方钢	直径(或边长)/mm	圆钢	方钢
	理论质量/(kg/m)			理论质量/(kg/m)	
36	7.99	10.17	65·	26.05	33.17
38	8.90	11.24	68	28.51	36.30
40	9.87	12.56	70	30.21	38.47
42	10.87	13.85	75	34.68	44.16
45	12.48	15.90	80	39.46	50.24
48	14.21	18.09	85	44.55	56.72
50	15.42	19.63	90	49.94	63.59
53	17.32	22.05	95	55.64	70.85
55·	18.60	23.7	100	61.65	78.50
56	19.33	24.61	105	67.97	86.50
58·	20.74	26.40	110	74.60	95.00
60	22.19	28.26	115	81.50	104
63	24.47	31.16	120	88.78	113

注:①表中的理论质量按密度为 7.85g/cm^3 计算。

②方钢边长为 5.5~200mm。

③普通钢长度,当直径 d 或边长 a 小于 25mm 时,为 4~10m;d 或 a 大于 25mm 时,为 3~9m;优质钢材的全部规格其长度为 2~6m;工具钢材 d 或 a 大于 75mm 时,长度为 1~6m。

④表中带“·”号的规格,不推荐使用。

2.2.1.2 热轧扁钢

【规格】（GB 74—89）

宽度/mm	厚度/mm												
	3	4	5	6	7	8	9	10	11	12	14	16	18
	理论质量/(kg/m)												
10	0.24	0.31	0.39	0.47	0.55	0.63							
12	0.28	0.38	0.47	0.57	0.66	0.75							
14	0.33	0.44	0.55	0.66	0.77	0.88							
16	0.38	0.50	0.63	0.75	0.88	1.00	1.15	1.26					
18	0.42	0.57	0.71	0.85	0.99	1.13	1.27	1.41					
20	0.47	0.63	0.79	0.94	1.10	1.26	1.41	1.57	1.73	1.88			
28	0.66	0.88	1.10	1.32	1.54	1.76	1.98	2.20	2.42	2.64	3.08	3.53	
30	0.71	0.94	1.18	1.41	1.65	1.88	2.12	2.36	2.59	2.83	3.30	3.77	4.24
32	0.75	1.00	1.26	1.51	1.76	2.01	2.26	2.51	2.76	3.01	3.52	4.02	4.52
35	0.82	1.10	1.37	1.65	1.92	2.20	2.47	2.75	3.02	3.30	3.85	4.40	4.95
40	0.94	1.26	1.57	1.88	2.20	2.51	2.83	3.14	3.45	3.77	4.40	5.02	5.65
45	1.06	1.41	1.77	2.12	2.47	2.83	3.18	3.53	3.89	4.24	4.95	5.65	6.36
50	1.18	1.57	1.96	2.36	2.75	3.14	3.53	3.93	4.32	4.71	5.50	6.28	7.07
55		1.73	2.16	2.59	3.02	3.45	3.89	4.32	4.75	5.18	6.04	6.91	7.77
60		1.88	2.36	2.83	3.30	3.77	4.24	4.71	5.18	5.65	6.59	7.54	8.48

续表

宽度/mm	厚度/mm												
	3	4	5	6	7	8	9	10	11	12	14	16	18
	理论质量/(kg/m)												
65		2.04	2.55	3.06	3.57	4.08	4.59	5.10	5.61	6.12	7.14	8.16	9.18
70		2.20	2.75	3.30	3.85	4.40	4.95	5.50	6.04	6.59	7.69	8.79	9.89
75		2.36	2.94	3.53	4.12	4.71	5.30	5.89	6.48	7.07	8.24	9.42	10.60
80		2.51	3.14	3.77	4.40	5.02	5.65	6.28	6.91	7.54	8.79	10.05	11.30
85			3.34	4.00	4.67	5.34	6.01	6.67	7.34	8.01	9.34	10.68	12.01
90			3.53	4.24	4.95	5.65	6.36	7.07	7.77	8.48	9.89	11.30	12.72
95			3.73	4.47	5.22	5.97	6.71	7.46	8.20	8.95	10.44	11.93	13.42
100			3.93	4.71	5.50	6.28	7.07	7.85	8.64	9.42	10.99	12.56	14.13
105			4.12	4.95	5.77	6.59	7.42	8.24	9.07	9.89	11.54	13.19	14.84
110			4.32	5.18	6.04	6.91	7.77	8.64	9.50	10.36	12.09	13.82	15.54
120			4.71	5.65	6.59	7.54	8.48	9.42	10.36	11.30	13.19	15.07	16.96
125				5.89	6.87	7.85	8.83	9.81	10.79	11.78	13.74	15.70	17.66
130				6.12	7.14	8.16	9.18	10.21	11.23	12.25	14.29	16.33	18.37
140					7.69	8.79	9.89	10.99	12.09	13.19	15.39	17.58	19.78
150					8.24	9.42	10.60	11.78	12.95	14.13	16.49	18.84	21.20

续表

宽度/mm	厚度/mm											
	20	22	25	28	30	32	36	40	45	50	56	60
	理论质量/(kg/m)											
30	4.71											
32	5.02											
35	5.50	6.04	6.87	7.69								
40	6.28	6.91	7.85	8.79								
45	7.07	7.77	8.83	9.89	10.60	11.30	12.72					
50	7.85	8.64	9.81	10.99	11.78	12.56	14.13					
55	8.64	9.50	10.79	12.09	12.95	13.82	15.54					
60	9.42	10.36	11.78	13.19	14.13	15.07	16.96	18.84	21.20			
65	10.20	11.23	12.76	14.29	15.31	16.33	18.37	20.41	22.96			
70	10.99	12.09	13.74	15.39	16.49	17.58	19.78	21.98	24.73			
75	11.78	12.95	14.72	16.48	17.66	18.84	21.20	23.56	26.49			
80	12.56	13.82	15.70	17.58	18.84	20.10	22.61	25.12	28.26	31.40	35.17	

续表

宽度/mm	厚度/mm											
	20	22	25	28	30	32	36	40	45	50	56	60
	理论质量/(kg/m)											
85	13.34	14.68	16.88	18.68	20.02	21.35	24.02	26.69	30.03	33.36	37.37	40.04
90	14.13	15.54	17.66	19.78	21.20	22.61	25.43	28.26	31.79	35.32	39.56	42.39
95	14.92	16.41	18.64	20.88	22.37	23.86	26.85	29.83	33.56	37.29	41.76	44.74
100	15.70	17.27	19.62	21.98	23.55	25.12	28.26	31.40	35.32	39.25	43.96	47.10
105	16.48	18.13	20.61	23.08	24.73	26.38	29.67	32.97	37.09	41.21	46.16	49.46
110	17.27	19.00	21.59	24.18	25.90	27.63	31.09	34.54	38.86	43.18	48.36	51.81
120	18.84	20.72	23.55	26.38	28.26	30.14	33.91	37.68	42.39	47.10	52.75	56.52
125	19.62	21.58	24.53	27.48	29.44	31.40	35.32	39.25	44.16	49.06	54.95	58.88
130	20.41	22.45	25.51	28.57	30.62	32.66	36.74	40.82	45.92	51.02	57.15	61.23
140	21.98	24.18	27.48	30.77	32.97	35.17	39.56	43.96	49.46	54.95	61.54	65.94
150	23.55	25.91	29.44	32.97	35.33	37.68	42.39	47.10	52.99	58.88	65.94	70.65

注:①扁钢的理论质量按钢的密度 7.85g/cm^3 计算。

②扁钢按理论质量分组:第一组,理论质量≤19kg/m,通常长度 3~9m;第二组,理论质量>19kg/m,通常长度 3~7m。

③热轧扁钢常用钢号为 Q235、20、45、16Mn,其化学成分、力学性能应符合相应标准中的规定。

2.2.1.3　热轧工字钢

【规格】（GB 706—88）

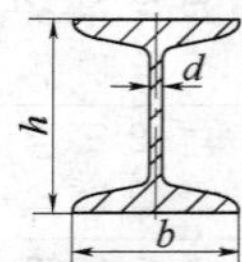

型号	尺寸/mm			理论质量	型号	尺寸/mm			理论质量
	h	*b*	*d*	/(kg/m)		*h*	*b*	*d*	/(kg/m)
10	100	68	4.5	11.261	36a	360	136	10.0	60.037
12.6	126	74	5.0	14.223	36b	360	138	12.0	65.689
14	140	80	5.5	16.890	36c	360	140	14.0	71.341
16	160	88	6.0	20.513	40a	400	142	10.5	67.598
18	180	94	6.5	24.143	40b	400	144	12.5	73.878
20a	200	100	7.0	27.929	40c	400	146	14.5	80.158
20b	200	102	9.0	31.069	45a	450	150	11.5	80.420
22a	220	110	7.5	33.070	45b	450	152	13.5	87.485
22b	220	112	9.5	36.524	45c	450	154	15.5	94.550
24a	240	116	8.0	37.477	50a	500	158	12.0	93.654
24b	240	118	10.0	41.245	50b	500	160	14.0	101.504
25a	250	116	8.0	38.105	50c	500	162	16.0	109.354
25b	250	118	10.0	42.030	55a	550	166	12.5	105.355
28a	280	122	8.5	43.492	55b	550	168	14.5	113.970
28b	280	124	10.5	47.888	55c	550	170	16.5	122.605
32a	320	130	9.5	52.717	56a	560	166	12.5	106.316
32b	320	132	11.5	57.741	56b	560	168	14.5	115.108
32c	320	134	13.5	62.765	56c	560	170	16.5	123.900

续表

型号	尺寸/mm			理论质量/(kg/m)	型号	尺寸/mm			理论质量/(kg/m)
	h	*b*	*d*			*h*	*b*	*d*	
63a	630	176	13.0	121.407	63c	630	180	17.0	141.189
63b	630	178	15.0	131.298	—	—	—	—	—

注:①工字钢的理论质量按钢的密度 7.85g/cm³ 计算。

②工字钢的通常长度:型号为 10～18 时,为 5～19m;型号为 20～63 时,为 6～19m。

2.2.1.4 热轧槽钢

【规格】(GB 707—88)

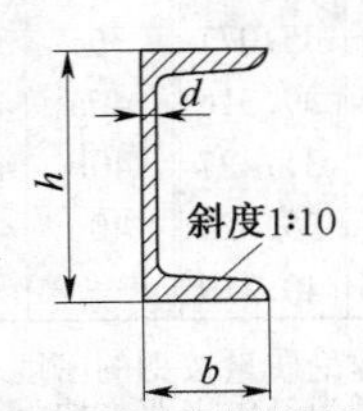

型号	尺寸/mm			理论质量/(kg/m)	型号	尺寸/mm			理论质量/(kg/m)
	h	*b*	*d*			*h*	*b*	*d*	
5	56	37	4.5	5.438	14b	140	60	8.0	16.733
6.3	63	40	4.8	6.634	16a	160	63	6.5	17.240
6.5	65	40	4.8	6.709	16b	160	65	8.5	19.752
8	80	43	5.0	8.045	18a	180	68	7.0	20.174
10	100	48	5.3	10.007	18b	180	70	9.0	23.000
(12)	120	53	5.5	12.059	20a	200	73	7.0	22.637
12.6	126	53	5.5	12.318	20b	200	75	9.0	25.777
14a	140	58	6.0	14.535	22a	220	77	7.0	24.999

续表

型号	尺寸/mm			理论质量/(kg/m)	型号	尺寸/mm			理论质量/(kg/m)
	h	b	d			h	b	d	
22b	220	79	9.0	28.453	(30a)	300	85	7.5	34.463
(24a)	240	78	7.0	26.860	(30b)	300	87	9.5	39.173
(24b)	240	80	9.0	30.628	(30c)	300	89	11.5	43.883
(24c)	240	82	11.0	34.396	32a	320	88	8.0	38.083
25a	250	78	7.0	27.410	32b	320	90	10.0	43.107
25b	250	80	9.0	31.335	32c	320	92	12.0	48.131
25c	250	82	11.0	35.260	36a	360	96	9.0	47.814
(27a)	270	82	7.5	30.838	36b	360	98	11.0	53.466
(27b)	270	84	9.5	35.077	36c	360	100	13.0	59.118
(27c)	270	86	11.5	39.316	40a	400	100	10.5	58.928
28a	280	82	7.5	31.427	40b	400	102	12.5	65.208
28b	280	84	9.5	35.823	40c	400	104	14.5	71.488
28c	280	86	11.5	40.219	—	—	—	—	—

注:①热轧槽钢的理论质量按钢的密度 7.85g/cm^3 计算。
②带括号的型号为经供需双方协议,可以供应的槽钢。
③槽钢的通常长度:型号为 5～8 时,为 5～12m;大于 8 而小于、等于 18 时,为 5～19m;大于 18 而小于、等于 40 时,为 6～19m。

2.2.1.5　热轧等边角钢

【规格】 (GB/T 9787—88)

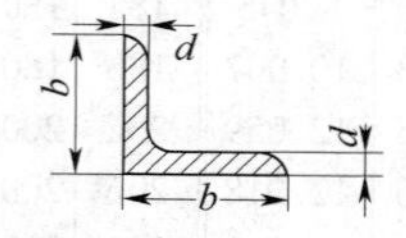

续表

型号	尺寸/mm		理论质量/(kg/m)	型号	尺寸/mm		理论质量/(kg/m)
	b	*d*			*b*	*d*	
2	20	3	0.889	6.3	63	8	7.469
		4	1.145			10	9.151
2.5	25	3	1.124	7	70	4	4.372
		4	1.459			5	5.397
3	30	3	1.373			6	6.406
		4	1.786			7	7.398
3.6	36	3	1.656			8	8.373
		4	2.163	7.5	75	5	5.818
		5	2.654			6	6.905
4	40	3	1.852			7	7.976
		4	2.422			8	9.030
		5	2.976			10	11.089
4.5	45	3	2.088	8	80	5	6.211
		4	2.736			6	7.376
		5	3.369			7	8.525
		6	3.985			8	9.658
5	50	3	2.332			10	11.874
		4	3.059	9	90	6	8.350
		5	3.770			7	9.656
		6	4.465			8	10.946
5.6	56	3	2.624			10	13.476
		4	3.446			12	15.940
		5	4.251	10	100	6	9.366
		8	6.568			7	10.830
6.3	63	4	3.907			8	12.276
		5	4.822			10	15.120
		6	5.721			12	17.898

续表

型号	尺寸/mm		理论质量/(kg/m)	型号	尺寸/mm		理论质量/(kg/m)
	b	d			b	d	
10	100	14	20.611	14	140	16	33.393
		16	23.257	16	160	10	24.729
11	110	7	11.928			12	29.391
		8	13.532			14	33.987
		10	16.690			16	38.518
		12	19.782	18	180	12	33.159
		14	22.809			14	38.383
12.5	125	8	15.504			16	43.542
		10	19.133			18	48.634
		12	22.696	20	200	14	42.894
		14	26.193			16	48.680
14	140	10	21.488			18	54.401
		12	25.522			20	60.056
		14	29.490			24	71.168

注:①理论质量按钢的密度 7.85g/cm³ 计算。
②型号为 2~9 的长度为 4~12m;型号为 10~14 时长度为 4~19m;型号为 16~20 时长度为 6~19m。

2.2.1.6 热轧不等边角钢

【规格】 (GB/T 9788—88)

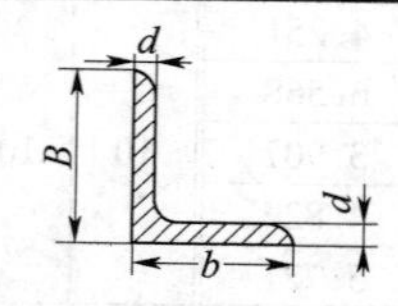

续表

型号	尺寸/mm			理论质量/(kg/m)
	B	*b*	*d*	
2.5/1.6	25	16	3	0.912
			4	1.176
3.2/2	32	20	3	1.171
			4	1.522
4/2.5	40	25	3	1.484
			4	1.936
4.5/2.8	45	28	3	1.687
			4	2.203
5/3.2	50	32	3	1.908
			4	2.494
5.6/3.6	56	36	3	2.153
			4	2.818
			5	3.466
6.3/4	63	40	4	3.185
			5	3.920
			6	4.638
			7	5.339
7/4.5	70	45	4	3.570
			5	4.403
			6	5.218
			7	6.011
(7.5/5)	75	50	5	4.808
			6	5.699
			8	7.431
			10	9.098

续表

型号	尺寸/mm			理论质量/(kg/m)
	B	b	d	
8/5	80	50	5	5.005
			6	5.935
			7	6.848
			8	7.745
9/5.6	90	56	5	5.661
			6	6.717
			7	7.756
			8	8.779
10/6.3	100	63	6	7.550
			7	8.722
			8	9.878
			10	12.142
10/8	100	80	6	8.350
			7	9.656
			8	10.946
			10	13.476
11/7	110	70	6	8.350
			7	9.656
			8	10.946
			10	13.476
12.5/8	125	80	7	11.066
			8	12.551
			10	15.474
			12	18.330

续表

型号	尺寸/mm			理论质量/(kg/m)
	B	*b*	*d*	
14/9	140	90	8	14.160
			10	17.475
			12	20.724
			14	23.908
16/10	160	100	10	19.872
			12	23.592
			14	27.247
			16	30.835
18/11	180	110	10	22.273
			12	26.464
			14	30.589
			16	34.649
20/12.5	200	125	12	29.761
			14	34.436
			16	39.045
			18	43.588

注:①带括号的型号不推荐应用。

②2.5/1.6～9/5.6 型的长度为 4～12m;10/6.3～14/9 型的长度为 4～19m;16/10～20/12.5 型的长度为 6～19m。

③理论质量按钢的密度 7.85g/cm^3 计算。

2.2.1.7 钢轨及鱼尾板

1.钢轨规格

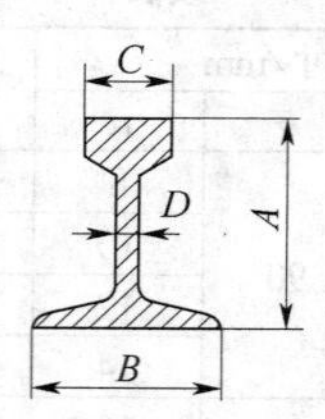

型号	截面尺寸/mm				长度/m	理论质量/(kg/m)
	A	B	C	D		
轻轨(GB 11264—89)						
9kg/m	63.50		32.10	5.90	5~7	8.94
12kg/m	69.85		38.10	7.54	6~10	12.20
15kg/m	79.37		42.86	8.33		15.20
22kg/m	93.66		50.80	10.72	7~10	22.30
30kg/m	107.95		60.33	12.30		30.10
重轨(GB 181~183—63)						
38kg/m	134	114	68	13	12.5~25	38.73
43kg/m	140		70	14.5		44.65
50kg/m	152	132		15.5		51.51
60kg/m	176	150	73	16.5		60.64
起重机钢轨(GB 3426—82)						
QU70	120		70	28	9,9.5,10,10.5,11,11.5,12,12.5	52.80
QU80	130		80	32		63.69
QU100	150		100	38		88.96
QU120	170		120	44		118.10

2. 鱼尾板规格

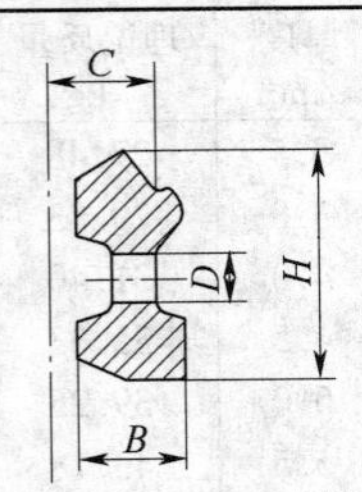

<table>
<tr><th rowspan="2">型号</th><th colspan="4">主要尺寸/mm</th><th rowspan="2">长度/m</th><th rowspan="2">每块加工后质量/kg</th></tr>
<tr><th>H</th><th>B</th><th>C</th><th>D</th></tr>
<tr><td colspan="7">轻轨用鱼尾板(GB 11265—89)</td></tr>
<tr><td>9kg/m</td><td>43.13</td><td>8</td><td>16.05</td><td>18</td><td>385</td><td>0.81</td></tr>
<tr><td>12kg/m</td><td>46.50</td><td>12</td><td>19.05</td><td>—</td><td rowspan="2">409</td><td>1.39</td></tr>
<tr><td>15kg/m</td><td>53.54</td><td>17</td><td>21.43</td><td>20</td><td>2.20</td></tr>
<tr><td>22kg/m</td><td>61.73</td><td>22</td><td>30.15</td><td>24</td><td>510</td><td>3.80</td></tr>
<tr><td>30kg/m</td><td>71.48</td><td>24</td><td>35.17</td><td>28</td><td>561</td><td>5.54</td></tr>
<tr><td colspan="7">重轨用鱼尾板(GB 184～185—63)</td></tr>
<tr><td>38kg/m</td><td rowspan="2">94.03</td><td rowspan="2">40</td><td rowspan="2">51</td><td rowspan="2">24</td><td rowspan="2">790</td><td rowspan="2">15.57</td></tr>
<tr><td>43kg/m</td></tr>
<tr><td>50kg/m</td><td>104.22</td><td>46</td><td>59</td><td>26</td><td>820</td><td>18.72</td></tr>
</table>

2.2.2 钢板(钢带)

2.2.2.1 钢板(钢带)每平方米理论质量

厚度/mm	理论质量/kg	厚度/mm	理论质量/kg	厚度/mm	理论质量/kg
0.2	1.570	0.27	2.120	0.35	2.748
0.25	1.963	0.3	2.355	0.4	3.140

续表

厚度/mm	理论质量/kg	厚度/mm	理论质量/kg	厚度/mm	理论质量/kg
0.45	3.533	3.5	27.48	24	188.4
0.5	3.925	3.8	29.83	25	196.3
0.55	4.318	4.0	31.40	26	204.1
0.6	4.710	4.5	35.33	27	212.0
0.65	5.103	5.0	39.25	28	219.8
0.7	5.495	5.5	43.18	29	227.7
0.75	5.888	6.0	47.10	30	235.5
0.8	6.280	7.0	54.95	32	251.2
0.9	7.065	8.0	62.80	34	266.9
1.0	7.850	9.0	70.65	36	282.6
1.1	8.635	10	78.50	38	298.3
1.2	9.420	11	86.35	40	314.0
1.25	9.813	12	94.20	42	329.7
1.3	10.21	13	102.1	44	345.4
1.4	10.99	14	109.9	46	361.1
1.5	11.78	15	117.8	48	376.8
1.6	12.56	16	125.6	50	392.5
1.8	14.13	17	133.5	52	408.2
2.0	15.70	18	141.3	54	423.9
2.2	17.27	19	149.2	56	439.6
2.5	19.63	20	157.0	58	455.3
2.8	21.98	21	164.9	60	471.0
3.0	23.55	22	172.7	—	—
3.2	25.12	23	180.6	—	—

注：钢板（钢带）的密度按 7.85g/cm^3 计算；高合金钢（如高合金不锈钢）的密度不同，不能使用本表。

2.2.2.2 热轧钢板

【规格】（GB 709—88）

钢板公称厚度/mm	在下列钢板宽度时的最小和最大长度/m								
	0.6	0.65	0.7	0.71	0.75	0.8	0.85	0.9	0.95
0.50,0.55,0.60	1.2	1.4	1.42	1.42	1.5	1.5	1.7	1.8	1.9
0.65,0.70,0.75	2.0	2.0	1.42	1.42	1.5	1.5	1.7	1.8	1.9
0.80,0.90	2.0	2.0	1.42	1.42	1.5	1.5	1.7	1.8	1.9
1.0	2.0	2.0	1.42	1.42	1.5	1.5	1.7	1.8	1.9
1.2,1.3,1.4	2.0	2.0	2.0	2.0	2.0	2.0	2.0	2.0	2.0
1.5,1.6,1.8	2.0	2.0	2.0	2.0 6.0	2.0 6.0	2.0 6.0	2.0 6.0	2.0 6.0	2.0 6.0
2.0,2.2	2.0	2.0	2.0 6.0	2.0 6.0	2.0 6.0	2.0 6.0	2.0 6.0	2.0 6.0	2.0 6.0
2.5,2.8	2.0	2.0	2.0 6.0	2.0 6.0	2.0 6.0	2.0 6.0	2.0 6.0	2.0 6.0	2.0 6.0
3.0,3.2,3.5,3.8,3.9	2.0	2.0	2.0 6.0	2.0 6.0	2.0 6.0	2.0 6.0	2.0 6.0	2.0 6.0	2.0 6.0
4.0,4.5,5.0	—	—	2.0 6.0	2.0 6.0	2.0 6.0	2.0 6.0	2.0 6.0	2.0 6.0	2.0 6.0
6,7	—	—	2.0 6.0	2.0 6.0	2.0 6.0	2.0 6.0	2.0 6.0	2.0 6.0	2.0 6.0
8,9,10	—	—	2.0 6.0	2.0 6.0	2.0 6.0	2.0 6.0	2.0 6.0	2.0 6.0	2.0 6.0
11,12,13,14,15,16,17,18,19,20,21,22,	—	—	—	—	—	—	—	—	—

续表

钢板公称厚度/mm	在下列钢板宽度时的最小和最大长度/m								
	0.6	0.65	0.7	0.71	0.75	0.8	0.85	0.9	0.95
25,26,28,30,32,34,36,38,40,42,45,48,50,52,55～105（每档相差5mm),110,120,125,130,140,150,160,165,170,180,185,190,195,200	—	—	—	—	—	—	—	—	—

钢板公称厚度/mm	在下列钢板宽度时的最小和最大长度/m							
	1.0	1.1	1.25	1.4	1.42	1.5	1.6	1.7
0.50,0.55,0.60	2.0	—	—	—	—	—	—	—
0.65,0.70,0.75	2.0	—	—	—	—	—	—	—
0.80,0.90	2.0	—	—	—	—	—	—	—
1.0	2.0	—	—	—	—	—	—	—
1.2,1.3,1.4	2.0	2.0	2.5 3.0	—	—	—	—	—
1.5,1.6,1.8	2.0 6.0	2.0 6.0	2.0 6.0	2.0 6.0	2.0 6.0	2.0 6.0	—	—
2.0,2.2	2.0 6.0	2.0 6.0	2.0 6.0	2.0 6.0	2.0 6.0	2.0 6.0	2.0 6.0	2.0 6.0

续表

钢板公称厚度/mm	在下列钢板宽度时的最小和最大长度/m							
	1.0	1.1	1.25	1.4	1.42	1.5	1.6	1.7
2.5,2.8	2.0 6.0	2.0 6.0	2.0 6.0	2.0 6.0	2.0 6.0	2.0 6.0	2.0 6.0	2.0 6.0
3.0,3.2,3.5,3.8,3.9	2.0 6.0	2.0 6.0	2.0 6.0	2.0 6.0	2.0 6.0	2.0 6.0	2.0 6.0	2.0 6.0
4.0,4.5,5.0	2.0 6.0	2.0 6.0	2.0 6.0	2.0 6.0	2.0 6.0	2.0 6.0	2.0 6.0	2.0 6.0
6,7	2.0 6.0	2.0 6.0	2.0 6.0	2.0 6.0	2.0 6.0	2.0 6.0	2.0 6.0	2.0 6.0
8,9,10	2.0 6.0	2.0 6.0	2.0 6.0	2.0 6.0	2.0 6.0	3.0 12	3.0 12	3.0 12
11,12	2.0 6.0	2.0 6.0	2.0 6.0	2.0 6.0	2.0 6.0	2.0 12	3.0 12	3.0 12
13,14,15,16,17,18,19,20,21,22,25	2.5 6.5	2.5 6.5	2.5 12	2.5 12	2.5 12	3.0 12	3.0 11	3.5 11
26,28,30,32,34,36,38,40	—	—	2.5 12	2.5 12	2.5 12	3.0 12	3.0 12	3.5 12
42,45,48,50,52,55～105(每档相差5mm),110,120,125,130,140,150,160,165,170,180,185,190,195,200	—	—	2.5 9.0	2.5 9.0	3.5 9.0	3.5 9.0	3.5 9.0	3.5 9.0

续表

钢板公称厚度/mm	在下列钢板宽度时的最小和最大长度/m								
	1.8	1.9	2.0	2.1	2.2	2.3	2.4	2.5	2.6
0.50,0.55,0.60,0.65,0.70,0.75,0.80,0.90,1.0,1.2,1.3,1.4,1.6,1.8,2.0,2.2	—	—	—	—	—	—	—	—	—
2.5,2.8	2.0 6.0	—	—	—	—	—	—	—	—
3.0,3.2,3.5,3.8,3.9	2.0 6.0	—	—	—	—	—	—	—	—
4.0,4.5,5.0	2.0 6.0	—	—	—	—	—	—	—	—
6,7	2.0 6.0	2.0 6.0	2.0 6.0	—	—	—	—	—	—
8,9,10	3.0 12	3.0 12	3.0 12	3.0 12	3.0 12	3.0 12	4.0 12	4.0 12	—
11,12	3.0 12	3.0 12	3.0 10	3.0 10	3.0 10	3.0 9	4.0 9	4.0 9	—
13,14,15,16,17,18,19,20,21,22,25	4.0 10	4.0 10	4.0 10	4.5 10	4.5 9	4.5 9	4.0 9	4.0 9	3.5 9
26,28,30,32,34,36,38,40	3.5 12	4.0 12	4.0 12	4.0 12	4.5 12	4.5 12	4.0 11	4.0 11	3.5 10

续表

钢板公称厚度/mm	在下列钢板宽度时的最小和最大长度/m								
	1.8	1.9	2.0	2.1	2.2	2.3	2.4	2.5	2.6
42,45,48,50,52,55～105(每档相差5mm),110,120,125,130,140,150,160,165,170,180,185,190,195,200	3.5 9.0	3.5 9.0	3.5 9.0	3.5 9.0	3.5 9.0	3.5 9.0	3.5 9.0	3.5 9.0	3.5 9.0

钢板公称厚度/mm	在下列钢板宽度时的最小和最大长度/m							
	2.7	2.8	2.9	3.0	3.2	3.4	3.6	3.8
2.5,2.8,3.0,3.2,3.5,3.8,3.9,4.0,4.5,5.0,6,7,8,9,10,11,12	—	—	—	—	—	—	—	
13,14,15,16,17,18,19,20,21,22,25	3.5 8.2	3.5 8.2	—	—	—	—	—	—
26,28,30,32,34,36,38,40	3.5 10	3.5 10	3.5 10	3.0 9.5	3.2 9.5	3.4 9.5	3.6 9.5	—
42,45,48,50,52,55～105(每档相差5mm),110,120,125,130,140,150,160,165,170,180,185,190,195,200	3.0 9.0	3.0 9.0	3.0 9.0	3.0 9.0	3.2 9.0	3.4 8.5	3.6 8.0	3.6 7.0

注:①钢板宽度可为50mm或100mm倍数的任何尺寸,钢板长度为50mm或100mm倍数的任何尺寸。厚度≤4mm的钢板最小长度≥1.2m,厚度>4mm的钢板最小长度≥2m。

②按需方要求厚度小于30mm的钢板,厚度间隔可为0.5mm。

③按需方和供方协定可以供应其他尺寸的钢板。

2.2.2.3　冷轧钢板

【规格】（GB 708—88）

公称厚度/mm	在下列钢板宽度时的最小和最大长度/mm									
	600	650	700	710	750	800	850	900	950	1000
0.20,0.25,0.30, 0.35,0.40,0.45	1200 2500	1300 2500	1400 2500	1400 2500	1500 2500	1500 2500	1500 2500	1500 3000	1500 3000	1500 3000
0.56,0.60,0.65	1200 2500	1300 2500	1400 2500	1400 2500	1500 2500	1500 2500	1500 2500	1500 3000	1500 3000	1500 3000
0.70,0.75	1200 2500	1200 2500	1200 2500	1200 2500	1200 2500	1200 2500	1200 3000	1200 3000	1200 3000	1200 3000
0.80,0.90,1.00	1200 3000	1300 3000	1400 3000	1400 3000	1500 3000	1500 3000	1500 3000	1500 3000	1500 3500	1500 3500
1.1,1.2,1.3	1200 3000	1300 3000	1400 3000	1400 3000	1500 3000	1500 3000	1500 3000	1500 3500	1500 3500	1500 3500
1.4,1.5,1.6, 1.7,1.8,2.0	1200 3000	1300 3000	1400 3000	1400 3000	1500 3000	1500 3000	1500 3000	1500 3000	1500 3000	1500 4000

公称厚度/mm	在下列钢板宽度时的最小和最大长度/mm									
	1100	1250	1400	1420	1500	1600	1700	1800	1900	2000
2.2,2.5	1200 3000	1300 3000	1400 3000	1400 3000	1500 3000	1500 3000	1500 3000	1500 3000	1500 3000	1500 4000

续表

公称厚度/mm	在下列钢板宽度时的最小和最大长度/mm									
	1100	1250	1400	1420	1500	1600	1700	1800	1900	2000
2.8,3.0,3.2	1200 3000	1300 3000	1400 3000	1400 3000	1500 3000	1500 3000	1500 3000	1500 3000	1500 3000	1500 4000
3.5,3.8,3.9,4.0,4.2,4.5,4.8,5.0	—	—	—	—	—	—	—	—	—	—
0.20,0.25,0.30,0.35,0.40,0.45	1500 3000	—	—	—	—	—	—	—	—	—
0.56,0.60,0.65	1500 3000	1500 3000	—	—	—	—	—	—	—	—
0.70,0.75	1500 3000	1500 3500	2000 4000	2000 4000	—	—	—	—	—	—
0.80,0.90,1.00	1500 3500	1500 4000	2000 4000	2000 4000	2000 4000	—	—	—	—	—
1.1,1.2,1.3	1500 3500	1500 4000	2000 4000	2000 4000	2000 4000	2000 4000	2000 4000	2000 4000	—	—

续表

公称厚度/mm	在下列钢板宽度时的最小和最大长度/mm									
	1100	1250	1400	1420	1500	1600	1700	1800	1900	2000
1.4,1.5,1.6, 1.7,1.8,2.0	1500 4000	1500 6000	2000 6000	2000 6000	2000 6000	2000 6000	2000 6000	2500 6000	—	—
2.2,2.5	1500 4000	2000 6000	2000 6000	2000 6000	2000 6000	2500 6000	2500 6000	2500 6000	2500 6000	2500 6000
2.8,3.0,3.2	1500 4000	2000 6000	2000 6000	2000 6000	2000 6000	2000 2750	2500 2750	2500 2700	2500 2700	2500 2700
3.5,3.8,3.9	—	2000 4500	2000 4500	2000 4500	2000 4750	2000 2750	2500 2750	2500 2700	2500 2700	2500 2700
4.0,4.2,4.5	—	2000 4500	2000 4500	2000 4500	2000 4500	1500 2500	1500 2500	1500 2500	1500 2500	1500 2500
4.8,5.0	—	2000 4500	2000 4500	2000 4500	2000 4500	1500 2300	1500 2300	1500 2300	1500 2300	1500 2300

2.2.2.4 单张热镀锌薄钢板

【规格】(YB/T 5131—1993)

钢板宽度×长度/(mm×mm)	710×1420,750×750,750×1500,750×1800,800×800,800×1200,800×1600,850×1700,900×900,900×1800,900×2000,1000×2000

钢板类别及代号		冷成型用(代号L)			一般用途用(代号Y)	
钢板厚度/mm		0.35~0.80	>0.80~1.2	>1.2~1.5	0.35~0.80	>0.80~1.5
钢板厚度/mm	0.35,0.40,0.45	0.50,0.55,0.60,0.65,0.70	0.75,0.80	0.90,1.0	1.1,1.2	1.3,1.4,1.5
反复弯曲次数≥	8	7	6	5	4	3
钢板两面镀锌层质量/(g/m²)				≥2.75		

注:①镀锌钢板原板采用 GB 700 中碳素结构钢的牌号为 Q195、Q215、Q235A 钢制造。

②镀锌钢板交货状态为涂油或钝化处理,经钝化处理的镀锌钢板表面允许有轻微的钝化色。

2.2.2.5 锅炉用碳素钢和低合金钢钢板

【规格】(GB 713/T—91)

钢板厚度	厚度为 6~60mm 时,厚度间隔应符合 GB 709 的规定。厚度>60mm 时,厚度间隔为 5mm

续表

钢板的长度和宽度	厚度为6～60mm时,钢板的长度和宽度的最大尺寸应符合GB 709的规定 宽度为50mm倍数的任何尺寸,但不得小于600mm 长度为50mm倍数的任何尺寸,但不得小于1200mm

2.2.2.6 电镀锡薄钢板和钢带

1.电镀锡薄钢板和钢带的分类及代号

分类方法	类　别	代　　号
按镀锡量	等厚镀锡	E_1、E_2、E_3、E_4
	差厚镀锡	D_1、D_2、D_3、D_4、D_5、D_6、D_7
按硬度等级	T50、T52、T57、T61、T65、T70	
按表面状况	光面	G
	石纹面	S
	麻面	M
按钝化方式	低铬钝化	L
	化学钝化	H
	阴极电化学钝化	Y
按涂油量	轻涂油	Q
	重涂油	Z

2.电镀锡薄钢板和钢带规格(GB 2520—88)

规格	名称		公称尺寸/mm	
	厚度		0.15～0.19	0.20～0.50
	宽度		520～900	520～1050
	长度	钢板	400～1200	
		钢带	钢带卷内径 ϕ450	

续表

名称		项目		允许偏差/mm
尺寸允许偏差	厚度	一张钢板的平均厚度		±8.5%公称厚度
		同板差		4%一张钢板平均厚度
		一个检验批的平均厚度	≤20000 张	±4%公称厚度
			>20000 张	±2.5%公称厚度
	宽度	钢板		+3 0
		钢带		+3 0
	长度	钢板		+3 0

注:①厚度大于 0.5mm 时,尺寸规格可按双方协议。

②钢板以平板供货,钢带以卷状供货。

3. 电镀锡薄钢板和钢带的镀锡量

符号	公称镀锡量	最小平均镀锡量	符号	公称镀锡量	最小平均镀锡量
	g/m^2			g/m^2	
E_1	5.6 (2.8/2.8)	4.9	D_1	5.6/2.8	5.05/2.25
			D_2	8.4/2.8	7.85/2.25
E_2	11.2 (5.6/5.6)	10.5	D_3	8.4/5.6	7.85/5.05
			D_4	11.2/2.8	10.1/2.25
E_3	16.8 (8.4/8.4)	15.7	D_5	11.2/5.6	10.1/5.05
			D_6	11.2/8.4	10.1/7.85
E_4	22.4 (11.2/11.2)	20.2	D_7	15.1/5.6	13.4/5.05
			—	—	—

注:镀锡原板应使用冷轧低碳钢板。锡锭按 GB/T 728《锡锭》中一号或二号锡规定。

2.2.2.7　低碳钢冷轧钢带

1.低碳钢冷轧钢带的分类、代号与力学性能(YB/T 5059—1993)

(1)钢带的分类与代号

分类方法	类别	代号
按表面质量分	Ⅰ组钢带	Ⅰ
	Ⅱ组钢带	Ⅱ
	Ⅲ组钢带	Ⅲ
按制造精度分	普通精度钢带	P
	厚度较高精度钢带	H
	厚度高精度钢带	J
	宽度较高精度钢带	K
	宽度和厚度较高精度钢带	KH

分类方法	类别	代号
按软硬程度分	特软钢带	TR
	软钢带	R
	半软钢带	BR
	低硬钢带	DY
	冷硬钢带	Y
按边缘状态分	切边钢带	Q
	不切边钢带	BQ
按表面加工状况分	磨光钢带	M
	不磨光钢带	BM

(2)钢带的力学性能

钢带软硬级别	抗拉强度 σ_b/MPa	伸长率 δ(%)
特软 TP	275～390	≥30
软 R	325～440	≥20
半软 BR	375～490	≥10
低硬 DY	410～540	≥4
冷硬 Y	490～785	不测定

2.低碳钢冷轧钢带的尺寸允许偏差(YB/T 5059—1993)

(1)钢带厚度允许偏差

钢带厚度/mm	允许偏差/mm		
	普通精度	较高精度	高精度
0.05,0.06,0.08	-0.015	-0.01	—
0.10,0.12,0.15	-0.02	-0.015	-0.010
0.18,0.20,0.22,0.25	-0.03	-0.02	-0.015
0.28,0.30,0.35,0.40	-0.04	-0.03	-0.020
0.45,0.50,0.55,0.60,0.65,0.70	-0.05	-0.04	-0.025
0.75,0.80,0.85,0.90,0.95	-0.07	-0.05	-0.030
1.00,1.05,1.10,1.15,1.20,1.25,1.30,1.35	-0.09	-0.06	-0.040
1.40,1.45,1.50,1.55,1.60,1.65,1.70,1.75	-0.11	-0.08	-0.050
1.85,1.90,1.95,2.00,2.10,2.20,2.30	-0.13	-0.10	-0.060
2.40,2.50,2.60,2.70,2.80,2.90,3.00	-0.16	-0.12	-0.080
3.10,3.20,3.30,3.40,3.50,3.60	-0.20	-0.16	-0.100

(2)钢带宽度允许偏差

钢带宽度/mm	宽度允许偏差/mm						
	不切边钢带(各种厚度)	0.05~0.50		0.5~1.00		>1.00	
		普通精度	较高精度	普通精度	较高精度	普通精度	较高精度
4,5,7,8,9,10,11,12,13,14,15,16,17,18,19,20,22,24,26,28,30,32,34,36,38,40,43,46,50	+2.0 -1.5	-0.30	-0.15	-0.40	-0.25	-0.50	-0.30

续表

<table>
<tr><th rowspan="3">钢带宽度
/mm</th><th colspan="7">宽度允许偏差/mm</th></tr>
<tr><th rowspan="2">不切边钢带(各种厚度)</th><th colspan="2">0.05～0.50</th><th colspan="2">0.5～1.00</th><th colspan="2">>1.00</th></tr>
<tr><th>普通精度</th><th>较高精度</th><th>普通精度</th><th>较高精度</th><th>普通精度</th><th>较高精度</th></tr>
<tr><td>53,56,60,63,66,70,73,76,80,83,86,90,93,96,100</td><td>+2.5
-2.0</td><td>-0.30</td><td>-0.15</td><td>-0.40</td><td>-0.25</td><td>-0.50</td><td>-0.30</td></tr>
<tr><td>105,110,115,120,125,130,135,140,145,150,155,160,165,170,175,180,185,190,195</td><td>+4.0
-2.5</td><td rowspan="2">-0.5</td><td rowspan="2">-0.25</td><td rowspan="2">-0.60</td><td rowspan="2">-0.35</td><td rowspan="2">-0.70</td><td rowspan="2">-0.50</td></tr>
<tr><td>200,205,210,215,220,225,230,235,240,245,250,260,270,280,290,300</td><td>+6.0
-4.5</td></tr>
</table>

(3)钢带平面度公差

厚度/mm	钢带宽度/mm				钢带宽度/mm	
	≤50	>50～100	>100～150	>150	≤50	>50
	钢带平面度公差/(mm/m)≤				镰刀弯/(mm/m)≤	
≤0.50	4	5	6	7	3	2
>0.50	3	4	5	6		

注:标记示例:用10号钢制造、Ⅱ组、不磨光、软、普通精度、切边、厚度为0.8mm、宽度为70mm的低碳钢冷轧钢带的标记为:钢带10-Ⅱ-BM-R-P-Q-0.8×70-YB/T 5059—1993。

2.2.2.8 碳素结构钢冷轧钢带

1.钢带的分类与代号

钢带分类	按制造精度				按表面精度		按边缘状态		按力学性能		
	普通精度	宽度较高精度	厚度较高精度	宽度、厚度较高精度	普通精度	较高精度	切边	不切边	软	半软	硬
代号	P	K	H	KH	Ⅰ	Ⅱ	Q	BQ	R	BR	Y

2.钢带的规格(GB/T 716—91) (mm)

厚度	0.10～1.50	>1.50～2.00	>2.00～3.00
宽度	10～250		
长度	≥11000	≥7000	≥5000

注:①钢带采用GB/T 700中的碳素结构钢制造,其化学成分应符合标准中的规定。

②厚度系列:≤1.50mm,其中间规格按0.05mm进级;
>1.50mm,其中间规格按0.10mm进级。
宽度系列:≤150mm,其中间规格按5mm进级;
>150mm其中间规格按10mm进级。

③钢带应成卷交货,卷重不大于2t。

④标记示例:用Q235-A·F钢轧制的普通精度尺寸、较高精度表面、切边、半软态、厚度为0.5mm、宽度为120mm的钢带标记为:冷轧钢带Q235-A·F-P-Ⅱ-Q-BR-0.5×120-GB 716—91。

3. 钢带的力学性能

类　别	软钢带	半软钢带	硬钢带
抗拉强度 σ_b/MPa	275～440	370～490	490～785
伸长率 δ(%)	≥23	≥10	—
维氏硬度 HV	≤130	105～145	140～230

2.2.2.9　优质碳素结构钢冷轧钢带

【规格】（GB 3522—83）

<table>
<tr><th colspan="4">厚度/mm</th><th colspan="5">宽度/mm</th></tr>
<tr><th rowspan="3">尺寸</th><th colspan="3">允许偏差</th><th colspan="3">切边钢带</th><th colspan="2">不切边钢带</th></tr>
<tr><th rowspan="2">普通精度 P</th><th rowspan="2">较高精度 H</th><th rowspan="2">高精度 J</th><th rowspan="2">尺寸</th><th colspan="2">允许偏差</th><th rowspan="2">尺寸</th><th rowspan="2">允许偏差</th></tr>
<tr><th>普通精度 P</th><th>较高精度 K</th></tr>
<tr><td>0.10～0.15</td><td>−0.02</td><td>−0.015</td><td>−0.010</td><td rowspan="2">4～120</td><td rowspan="4">−0.3</td><td rowspan="4">−0.2</td><td rowspan="6">≤50</td><td rowspan="6">+2
−1</td></tr>
<tr><td>>0.15～0.25</td><td>−0.03</td><td>−0.020</td><td>−0.015</td></tr>
<tr><td>>0.25～0.40</td><td>−0.04</td><td>−0.030</td><td>−0.020</td><td rowspan="2">6～200</td></tr>
<tr><td>>0.40～0.50</td><td>−0.05</td><td>−0.040</td><td>−0.025</td></tr>
<tr><td>>0.50～0.70</td><td>−0.05</td><td>−0.040</td><td>−0.025</td><td rowspan="3">10～200</td><td rowspan="3">−0.4</td><td rowspan="3">−0.3</td></tr>
<tr><td>>0.70～0.95</td><td>−0.07</td><td>−0.050</td><td>−0.030</td></tr>
<tr><td>>0.95～1.00</td><td>−0.09</td><td>−0.060</td><td>−0.040</td><td rowspan="6">>50</td><td rowspan="6">+3
−2</td></tr>
<tr><td>>1.00～1.35</td><td>−0.09</td><td>−0.060</td><td>−0.040</td><td rowspan="5">18～200</td><td rowspan="5">−0.6</td><td rowspan="5">−0.4</td></tr>
<tr><td>>1.35～1.75</td><td>−0.11</td><td>−0.080</td><td>−0.050</td></tr>
<tr><td>>1.75～2.30</td><td>−0.13</td><td>−0.100</td><td>−0.060</td></tr>
<tr><td>>2.30～3.00</td><td>−0.16</td><td>−0.120</td><td>−0.080</td></tr>
<tr><td>>3.00～4.00</td><td>−0.20</td><td>−0.160</td><td>−0.100</td></tr>
</table>

注：标记示例：用 15 号钢轧制的、普通精度、Ⅰ级、切边、冷硬、厚 1mm 及宽 50mm 钢带，其标记为：钢带 15-P-Ⅰ-Q-Y-1×50-GB 3522—83。

2.2.2.10 碳素结构钢和低合金结构钢热轧钢带

1.钢带的分类

分类方法	类别	代号	分类方法	类别	代号
按钢带外形分	条状钢带	TD	按钢带边缘分	切边钢带	Q
	卷状钢带	JD		不切边钢带	BQ

2.尺寸允许偏差(GB/T 3524—92) (mm)

钢 带 厚 度	允许偏差
2.00~3.00	±0.20
>3.00~5.00	±0.24
>5.00~6.00	±0.27

钢带宽度	允许偏差	
	不切边	切边
≤200	+2.0 −1.0	±1.0
>200~300	+2.5 −1.0	
>300	+3.0 −2.0	

注:①钢带长度:

a.条状钢带:厚度为2.00~4.00mm的钢带,其长度不应小于6m,允许交付长度不小于4m的短尺钢带;厚度大于4.00~6.00mm的钢带,其长度不应小于4m,允许交付长度不小于3m的短尺钢带。

b.卷状钢带:由连轧机轧制的成卷钢带,长度不小于50m,允许交付长度30~50m的钢带,其质量不得大于该批交货总质量的3%。

②标记示例:用Q235-A·F钢轧制,厚度3mm、宽度150mm、不切边、卷状热轧钢带其标记为:热轧钢带Q235-A·F-3×150-BQ-JD-GB/T 3524—92。

2.2.2.11 包装用钢带

1.包装用钢带的分类与代号

分类方法	类别	代号	分类方法	类别	代号
按制造精度分	厚度为普通精度的钢带	P	按力学性能分	Ⅰ组钢带	Ⅰ
	厚度为较高精度的钢带	H		Ⅱ组钢带	Ⅱ
	镰刀弯为普通精度的钢带	PL		Ⅲ组钢带	Ⅲ
	镰刀弯为较高精度的钢带	HL		Ⅳ组钢带	Ⅳ
按表面状态分	发蓝钢带	F		Ⅴ组钢带	Ⅴ
	涂层钢带	T		Ⅵ组钢带	Ⅵ
	镀锌钢带	D		Ⅶ组钢带	Ⅶ
				Ⅷ组钢带	Ⅷ
				Ⅸ组钢带	Ⅸ

2.包装用钢带的力学性能

组别	纵向抗拉强度 σ_b /MPa	伸长率 δ_5(%)	反复弯曲 (R)=5
Ⅰ	275～410	≥25	
Ⅱ	370～490	≥10	
Ⅲ	≥490	≥5	4
Ⅳ	≥540	≥5	4
Ⅴ	≥685	≥3	2
Ⅵ	≥735	≥3	2
Ⅶ	≥785	≥8	6
Ⅷ	≥880	≥8	8
Ⅸ	≥980	≥12	10

3.包装用钢带规格(YG/T 025—92) (mm)

公称厚度	公称宽度								
	8	10	13	16	19	25	32	40	51
0.25	△	△	△	—	—	—	—	—	—
0.30	△	△	△	—	—	—	—	—	—
0.36	△	△	△	△	—	—	—	—	—
0.40	—	△	△	△	△	—	—	—	—
0.45	—	△	△	△	△	—	—	—	—
0.50	—	△	△	△	△	—	—	—	—
0.56	—	—	△	△	△	—	—	—	—
0.60	—	—	—	△	△	△	—	—	—
0.70	—	—	—	—	△	△	—	—	—
0.80	—	—	—	—	△	△	△	—	—
0.90	—	—	—	—	△	△	△	—	—
1.00	—	—	—	—	△	△	△	△	△
1.12	—	—	—	—	△	△	△	△	△
1.20	—	—	—	—	△	△	△	△	△
1.26	—	—	—	—	—	—	△	△	△
1.50	—	—	—	—	—	—	△	△	△
1.65	—	—	—	—	—	—	—	△	△

注:①表中“△”表示包装用钢带有此规格产品;“—”表示包装用钢带无此规格产品。

②钢带的重量和长度可由供需双方协议规定。

2.2.2.12 不锈钢和耐热钢冷轧钢带

1. 不锈钢和耐热钢冷轧钢带规格(GB 4239—91)

厚度/mm	0.3,0.4,0.5,0.6,0.7,0.8,0.9,1.0,1.2,1.5,2.0,2.5,3.0,3.5
宽度/mm	20~1250

2. 不锈钢和耐热钢冷轧钢带的分类、代号及加工等级

分类	性能					边缘状态		宽度精度	
	软	低冷作硬化	半冷作硬化	冷作硬化	特殊冷作硬化	切边	不切边	普通精度	高级精度
代号	R	DY	BY	Y	TY	Q	BQ	P	K

加工等级	表面加工要求
1	冷轧表面
2	冷轧后进行热处理、酸洗或类似处理,最后经毛面辊轻度冷平整
2D	冷轧后热处理、酸洗或类似处理,最后再经冷轧获得适当表面粗糙度
2B	同上
3	用 100#~180#粒度的研磨材料抛光精整
4	用 150#~180#粒度的研磨材料抛光精整
5	用 240#粒度的研磨材料抛光精整
6	用 W63 微粉研磨材料抛光精整
7	用 W50 微粉研磨材料抛光精整
9	冷轧后进行光亮热处理
10	用适当粒度的研磨材料抛光,表面呈连续磨纹

2.2.3 钢管

2.2.3.1 结构用热轧(挤压、扩)无缝钢管

【规格】 (GB 8162—87)

外径/mm	壁厚/mm										
	2.5	3	3.5	4	4.5	5	5.5	6	6.5	7	7.5
	理论质量/(kg/m)										
32	1.82	2.15	2.46	2.76	3.05	3.33	3.59	3.85	4.09	4.32	4.53
38	2.19	2.59	2.98	3.35	3.72	4.07	4.41	4.74	5.05	5.35	5.64
42	2.44	2.89	3.32	3.75	4.16	4.56	4.95	5.33	5.69	6.04	6.38
45	2.62	3.11	3.58	4.04	4.49	4.93	5.36	5.77	6.17	6.56	6.94
50	2.93	3.48	4.01	4.54	5.05	5.55	6.04	6.51	6.97	7.42	7.86
54		3.77	4.36	4.93	5.49	6.04	6.58	7.10	7.61	8.11	8.60
57		4.00	4.62	5.23	5.83	6.41	6.99	7.55	8.09	8.63	9.16
60		4.22	4.88	5.52	6.16	6.78	7.39	7.99	8.58	9.15	9.71
63.5		4.48	5.18	5.87	6.55	7.21	7.87	8.51	9.14	9.75	10.36
68		4.81	5.57	6.31	7.05	7.77	8.48	9.17	9.86	10.53	11.19
70		4.96	5.74	6.51	7.27	8.01	8.75	9.47	10.18	10.88	11.56
73		5.18	6.00	6.81	7.60	8.38	9.16	9.91	10.66	11.39	12.11
76		5.40	6.26	7.10	7.93	8.75	9.56	10.36	11.14	11.91	12.67
83			6.86	7.79	8.71	9.62	10.51	11.39	12.26	13.12	13.96
89			7.38	8.38	9.38	10.36	11.33	12.28	13.22	14.16	15.07

续表

外径/mm	壁厚/mm										
	2.5	3	3.5	4	4.5	5	5.5	6	6.5	7	7.5
	理论质量/(kg/m)										
95			7.90	8.98	10.04	11.10	12.14	13.17	14.19	15.19	16.18
102			8.50	9.67	10.82	11.96	13.09	14.21	15.31	16.40	17.48
108				10.26	11.49	12.70	13.90	15.09	16.27	17.44	18.59
114				10.85	12.15	13.44	14.72	15.98	17.23	18.47	19.70
121				11.54	12.93	14.30	15.67	17.02	18.35	19.68	20.99
127				12.13	13.59	15.04	16.48	17.90	19.32	20.71	22.10
133	—	—		12.72	14.26	15.78	17.29	18.79	20.28	21.75	23.21
140					15.04	16.65	18.24	19.83	21.40	22.96	24.51
146					15.70	17.39	19.06	20.72	22.36	24.00	25.62
152					16.37	18.13	19.87	21.60	23.32	25.03	26.73
159					17.15	18.99	20.82	22.64	24.44	26.24	28.02
168						20.10	22.04	23.97	25.89	27.79	29.68
180						21.59	23.67	25.75	27.81	29.86	31.90
194						23.30	25.60	27.82	30.00	32.28	34.49
203								29.15	31.50	33.83	36.16

续表

外径/mm	壁厚/mm										
	2.5	3	3.5	4	4.5	5	5.5	6	6.5	7	7.5
	理论质量/(kg/m)										
219								31.52	34.06	36.60	39.12
245									38.23	41.08	43.93
273	—	—	—	—	—	—	—		42.64	45.92	49.10
299											53.91
325											58.72

外径/mm	壁厚/mm									
	8	8.5	9	9.5	10	11	12	13	14	15
	理论质量/(kg/m)									
32	4.73									
38	5.92									
42	6.70	7.02	7.32	7.60	7.89					
45	7.30	7.65	7.99	8.32	8.63					
50	8.29	8.70	9.10	9.49	9.86					—
54	9.07	9.54	9.99	10.43	10.85	11.67				
57	9.67	10.17	10.65	11.13	11.59	12.48	13.32	14.11		
60	10.26	10.79	11.32	11.83	12.33	13.29	14.21	15.07	15.88	
63.5	10.95	11.53	12.10	12.65	13.19	14.24	15.24	16.19	17.09	

续表

外径/mm	壁厚/mm									
	8	8.5	9	9.5	10	11	12	13	14	15
	理论质量/(kg/m)									
68	11.84	12.47	13.09	13.71	14.30	15.46	16.57	17.63	18.64	19.60
70	12.23	12.89	13.54	14.17	14.80	16.01	17.16	18.27	19.33	20.35
73	12.82	13.52	14.20	14.88	15.54	16.82	18.05	19.24	20.37	21.45
76	13.42	14.15	14.87	15.58	16.28	17.63	18.94	20.20	21.40	22.57
83	14.80	15.62	16.42	17.22	18.00	19.53	21.01	22.44	23.82	25.15
89	15.98	16.87	17.76	18.63	19.84	21.16	22.79	24.36	25.89	27.37
95	17.16	18.13	19.09	20.03	20.96	22.79	24.56	26.29	27.96	29.59
102	18.55	19.60	20.64	21.67	22.69	24.69	26.62	28.53	30.38	32.18
108	19.73	20.86	21.97	23.08	24.17	26.31	28.41	30.46	32.45	34.40
114	20.91	22.11	23.30	24.48	25.65	27.94	30.19	32.38	34.52	36.62
121	22.29	23.58	24.86	26.12	27.37	29.84	32.26	34.62	36.94	39.21
127	23.48	24.48	26.19	27.53	28.85	31.47	34.03	36.55	39.01	41.43
133	24.66	26.10	27.52	28.93	30.33	33.10	35.81	38.47	41.08	43.65
140	26.04	27.56	29.08	30.57	32.06	34.99	37.88	40.71	43.50	46.24
146	27.23	28.82	30.41	31.98	33.54	36.62	39.66	42.64	45.57	48.46

续表

外径/mm	壁厚/mm									
	8	8.5	9	9.5	10	11	12	13	14	15
	理论质量/(kg/m)									
152	28.41	30.08	31.74	33.39	35.02	38.25	41.43	44.56	47.64	50.68
159	29.79	31.55	33.29	35.02	36.75	40.15	43.50	46.80	50.06	53.27
168	31.57	33.43	35.29	37.13	38.97	42.59	46.17	49.69	53.17	56.59
180	33.93	35.95	37.95	39.94	41.92	45.84	49.72	53.54	57.31	61.03
194	36.70	38.89	41.06	43.22	45.38	49.64	53.86	58.02	62.15	66.21
203	38.47	40.77	43.05	45.33	47.59	52.08	56.52	60.91	65.25	69.54
219	41.63	44.12	46.61	49.08	51.54	56.43	61.26	66.04	70.77	75.46
245	46.76	49.57	52.38	55.17	57.95	63.48	68.95	74.37	79.76	85.08
273	52.28	55.44	58.60	61.73	64.86	71.07	77.24	83.35	89.42	95.43
299	57.41	60.89	64.36	67.82	71.27	78.13	84.93	91.69	98.39	105.05
325	62.54	66.34	70.14	73.92	77.68	85.18	92.63	100.02	107.38	114.67
351	67.67	71.79	75.91	80.01	84.10	92.23	100.32	108.36	116.36	124.29
377	—	—	81.68	86.10	90.51	99.28	108.02	116.69	125.33	133.90
402	—	—	87.22	91.95	96.67	106.06	115.41	124.71	133.95	143.15

续表

外径/mm	壁厚/mm									
	8	8.5	9	9.5	10	11	12	13	14	15
	理论质量/(kg/m)									
426			92.55	97.57	102.59	112.58	122.52	132.40	142.25	152.03
450			97.88	103.10	108.50	119.08	130.61	140.09	150.52	160.91
(465)			101.20	106.71	112.20	123.15	134.05	144.90	155.70	166.46
480				110.22	115.90	127.22	138.50	149.71	160.89	172.00
500	—	—		114.91	120.83	132.65	145.41	156.12	167.79	179.40
530				121.94	128.23	140.78	154.29	165.74	178.14	190.50
(550)					133.10	146.21	159.20	172.15	185.05	197.90
560					135.63	148.92	163.16	175.36	188.50	201.60
600					145.50	159.77	174.00	188.18	202.31	216.39
630					152.89	167.91	183.88	197.80	212.67	227.49

外径/mm	壁厚/mm									
	16	17	18	19	20	22	(24)	25	(26)	28
	理论质量/(kg/m)									
68	20.52	—	—	—	—	—	—	—	—	—

续表

外径/mm	壁厚/mm									
	16	17	18	19	20	22	(24)	25	(26)	28
	理论质量/(kg/m)									
70	21.31									
73	22.49	23.43	24.41	25.30						
76	23.67	24.73	25.75	26.71						
83	26.44	27.67	28.85	29.90						
89	28.80	30.18	31.52	32.80	34.03	36.35	38.47			
95	31.17	32.70	34.18	35.61	36.99	39.60	42.02			
102	33.93	35.64	37.29	38.89	40.44	43.40	46.16			
108	36.30	38.15	39.95	41.70	43.40	46.66	49.71	51.17	52.58	55.24
114	38.67	40.66	42.61	44.51	46.36	49.91	53.27	54.87	56.42	59.38
121	41.43	43.60	45.72	47.79	49.81	53.71	57.41	59.18	60.91	64.21
127	43.80	46.12	48.38	50.61	52.77	56.96	60.96	62.88	64.76	68.36
133	46.16	48.62	51.05	53.41	55.73	60.22	64.51	66.58	68.61	72.60
140	48.93	51.56	54.15	56.69	59.18	64.02	68.65	70.90	73.09	77.33
146	51.29	54.08	56.82	59.50	62.14	67.27	72.20	74.60	76.94	81.48
152	53.66	56.59	59.48	62.32	65.10	70.53	75.76	78.30	80.79	85.62

续表

外径/mm	壁厚/mm									
	16	17	18	19	20	22	(24)	25	(26)	28
	理论质量/(kg/m)									
159	56.43	59.53	62.58	65.60	68.55	74.33	79.90	82.61	85.27	90.45
168	59.98	63.31	66.59	69.81	72.99	79.21	85.22	88.16	91.04	96.67
180	64.71	68.33	71.91	75.43	78.92	85.71	92.33	95.56	98.74	104.95
194	70.24	74.20	78.12	81.99	85.82	93.32	100.61	104.19	107.71	114.62
203	73.78	77.97	82.12	86.21	90.26	98.20	105.94	109.74	113.49	120.83
219	80.10	84.68	89.22	93.71	98.15	106.88	115.41	119.60	123.74	131.88
245	90.36	95.58	100.76	105.89	110.97	120.98	130.80	135.63	140.41	149.83
273	101.41	107.32	113.19	119.01	124.78	136.17	147.37	152.89	158.37	169.17
299	111.66	118.22	124.73	131.19	137.60	150.28	162.76	168.92	175.04	187.12
325	121.93	129.12	136.27	143.37	150.43	164.38	178.14	184.95	191.71	205.07
351	132.19	140.02	147.81	155.56	163.25	178.49	193.53	200.98	208.38	223.04
377	142.44	150.92	159.35	167.74	176.07	192.59	208.92	217.01	225.05	240.98
402	152.30	161.40	170.45	179.45	188.10	206.16	223.72	232.42	241.08	258.24
426	161.78	171.46	181.10	190.70	200.25	219.18	237.92	247.22	256.46	274.82
450	171.24	181.52	191.76	201.94	212.08	232.20	252.12	262.01	271.85	291.38

续表

外径/mm	壁厚/mm									
	16	17	18	19	20	22	(24)	25	(26)	28
	理论质量/(kg/m)									
(465)	177.16	187.81	198.41	208.97	219.37	240.34	261.00	271.26	281.47	301.74
480	183.08	194.10	205.07	216.00	226.87	248.47	269.88	280.51	291.09	312.10
500	190.97	202.48	213.95	225.37	236.74	259.32	281.72	292.84	303.91	325.91
530	202.80	215.06	227.27	239.42	251.53	275.60	299.47	311.33	323.14	346.62
(550)	210.70	223.44	236.14	248.79	261.40	286.45	311.31	323.66	335.97	360.43
560	214.64	227.64	240.58	253.48	266.33	291.88	317.23			
600	230.42	244.40	258.34	272.22	286.06	313.58	340.90			
630	242.26	256.98	271.65	286.28	300.85	329.85	358.66			

外径/mm	壁厚/mm								
	30	32	(34)	(35)	36	(38)	40	(42)	(45)
	理论质量/(kg/m)								
127	71.76								
133	76.20	79.70				—	—	—	—
140	81.38	85.22	88.88	90.63	92.33				
146	85.82	89.96	93.91	95.81	97.66				

续表

外径/mm	壁厚/mm								
	30	32	(34)	(35)	36	(38)	40	(42)	(45)
	理论质量/(kg/m)								
152	90.26	94.69	98.94	100.99	102.98				
159	95.43	100.22	104.81	107.03	109.20				
168	102.09	107.32	112.35	114.80	117.19	121.83	126.26	130.50	136.50
180	110.97	116.79	122.41	125.15	127.84	133.07	138.10	142.93	149.80
194	121.33	127.84	134.15	137.24	140.27	146.19	151.91	157.43	165.35
203	127.99	134.94	141.70	145.00	148.26	154.62	160.78	166.75	175.33
219	139.82	147.57	155.11	158.81	162.46	169.61	176.57	183.33	193.10
245	159.06	168.08	176.91	181.25	185.54	193.98	202.22	210.25	221.94
273	179.77	190.18	200.40	205.43	214.84	220.23	229.85	239.27	253.03
299	199.01	210.70	222.19	227.86	233.58	244.58	255.48	266.18	281.86
325	218.24	231.21	243.99	250.30	256.56	268.94	281.12	293.11	310.72
351	237.48	251.73	265.79	272.74	279.64	293.31	306.77	320.04	339.57
377	256.71	272.25	287.58	295.18	302.73	317.67	332.44	346.97	368.42
402	275.21	291.97	308.55	316.76	324.92	341.10	357.08	372.86	396.16
426	292.96	310.91	328.69	337.47	346.23	363.59	380.75	397.72	422.80

续表

外径/mm	壁厚/mm								
	30	32	(34)	(35)	36	(38)	40	(42)	(45)
	理论质量/(kg/m)								
450	310.72	329.85	348.77	358.19	367.53	386.08	404.42	422.57	449.43
(465)	321.81	341.69	361.37	371.13	380.85	400.13	419.22	438.11	446.07
480	332.90	353.53	373.94	384.08	394.17	414.19	436.02	463.64	482.72
500	347.71	369.31	390.71	401.34	411.92	432.93	453.74	474.35	504.91
530	369.90	392.93	415.87	427.23	438.55	461.04	483.34	505.43	538.20
(550)	384.70	406.76	432.64	444.50	456.31	479.79	503.06	526.15	560.40

外径/mm	壁厚/mm							
	(48)	50	56	60	63	(65)	70	75
	理论质量/(kg/m)							
203	183.47	188.65						
219	202.41	208.38						
245	233.18	240.44						
273	266.34	274.98						
299	297.10	307.02	335.57	353.62	366.64	375.08	395.30	414.29
325	327.88	339.10	371.48	392.09	407.04	416.75	440.34	462.28

续表

外径/mm	壁厚/mm							
	(48)	50	56	60	63	(65)	70	75
	理论质量/(kg/m)							
351	358.66	371.13	407.38	430.56	447.43	458.43	485.24	510.46
377	389.45	403.19	443.32	469.03	487.85	500.10	529.98	558.55
402	419.02	434.02	477.81	506.02	526.66	540.18	573.10	604.79
426	447.43	463.61	510.96	541.53	563.95	578.68	614.56	649.21
450	475.87	493.20	544.10	577.04	601.24	617.12	655.96	693.56
(465)	493.59	511.70	564.81	599.24	624.54	641.16	681.84	721.31
480	511.35	530.19	585.53	621.43	647.88	665.20	707.74	749.05
500	535.02	554.85	613.15	651.02	678.91	697.26	742.27	786.04
530	570.53	591.84	654.61	695.41	725.52	745.35	794.05	841.52
(550)	594.21	616.50	682.19	725.00	756.59	777.41	828.58	878.51

注:①带括号的规格不推荐使用。

②热轧(挤压、扩)钢管通常长度规定为3~12m。

③钢管的弯曲度不得大于如下规定:

壁厚≤15mm 为 1.5mm/m;

壁厚>15mm 为 2.0mm/m。

④标记示例:用 10 号钢制造的外径为 73mm、壁厚 3.5mm 的热轧钢管,长度为 3000mm 倍尺,标记为:钢管 10-73×3.5×3000 倍尺-GB/T 8162—87。

2.2.3.2 结构用冷拔(轧)无缝钢管

【规格】 (GB 8162—87)

外径/mm	壁厚/mm											
	0.25	0.30	0.40	0.50	0.60	0.80	1.0	1.2	1.4	1.5	1.6	1.8
	理论质量/(kg/m)											
6	0.0354	0.0421	0.055	0.068	0.080	0.103	0.123	0.142	0.159	0.166	0.174	0.186
7	0.0410	0.0496	0.065	0.080	0.095	0.122	0.148	0.172	0.193	0.203	0.213	0.231
8	0.0477	0.057	0.075	0.092	0.110	0.142	0.173	0.201	0.228	0.240	0.253	0.275
9	0.054	0.064	0.085	0.105	0.124	0.162	0.197	0.231	0.262	0.277	0.292	0.320
10	0.060	0.072	0.095	0.117	0.139	0.182	0.222	0.261	0.297	0.314	0.332	0.361
11	0.066	0.079	0.105	0.129	0.154	0.201	0.247	0.290	0.331	0.350	0.371	0.408
12	0.072	0.087	0.115	0.142	0.169	0.221	0.271	0.320	0.366	0.388	0.410	0.453
(13)	0.079	0.094	0.124	0.154	0.184	0.241	0.296	0.349	0.400	0.425	0.450	0.497
14	0.085	0.101	0.134	0.166	0.198	0.260	0.321	0.379	0.436	0.462	0.490	0.542
(15)	0.091	0.109	0.144	0.179	0.213	0.280	0.345	0.408	0.470	0.499	0.529	0.586
16	0.097	0.116	0.154	0.191	0.228	0.300	0.370	0.438	0.504	0.536	0.568	0.630
(17)	0.103	0.124	0.164	0.203	0.243	0.320	0.395	0.468	0.539	0.573	0.608	0.675
18	0.109	0.131	0.174	0.216	0.258	0.340	0.419	0.497	0.573	0.610	0.647	0.719
19	0.115	0.138	0.183	0.228	0.272	0.359	0.444	0.527	0.608	0.647	0.687	0.763

续表

外径/mm	壁厚/mm											
	0.25	0.30	0.40	0.50	0.60	0.80	1.0	1.2	1.4	1.5	1.6	1.8
	理论质量/(kg/m)											
20	0.122	0.146	0.193	0.240	0.287	0.379	0.469	0.556	0.642	0.684	0.726	0.808
(21)			0.203	0.253	0.302	0.399	0.493	0.586	0.677	0.721	0.765	0.852
22			0.212	0.265	0.317	0.418	0.518	0.616	0.711	0.758	0.805	0.897
(23)			0.222	0.277	0.331	0.438	0.543	0.645	0.746	0.795	0.844	0.941
(24)			0.236	0.290	0.346	0.458	0.567	0.675	0.780	0.832	0.884	0.985
25			0.242	0.302	0.361	0.477	0.592	0.704	0.815	0.869	0.923	1.03
27			0.262	0.327	0.391	0.517	0.641	0.763	0.884	0.943	1.00	1.13
28	—	—	0.272	0.339	0.406	0.537	0.666	0.793	0.918	0.98	1.04	1.16
29			0.282	0.351	0.412	0.556	0.691	0.823	0.953	1.02	1.08	1.21
30			0.292	0.364	0.435	0.576	0.715	0.852	0.987	1.05	1.12	1.25
32			0.311	0.388	0.465	0.616	0.765	0.911	1.056	1.13	1.20	1.34
34			0.331	0.413	0.494	0.655	0.814	0.971	1.125	1.20	1.28	1.43
(35)			0.341	0.425	0.509	0.675	0.838	1.000	1.160	1.24	1.32	1.47
36			0.350	0.438	0.524	0.695	0.863	1.030	1.195	1.28	1.36	1.52
38			0.370	0.462	0.553	0.734	0.912	1.089	1.260	1.35	1.44	1.61

续表

外径/mm	壁厚/mm											
	0.25	0.30	0.40	0.50	0.60	0.80	1.0	1.2	1.4	1.5	1.6	1.8
	理论质量/(kg/m)											
40			0.390	0.487	0.583	0.774	0.962	1.148	1.33	1.42	1.52	1.69
42							1.010	1.207	1.40	1.50	1.60	1.79
44.5							1.073	1.281	1.49	1.59	1.69	1.90
45							1.090	1.296	1.51	1.61	1.71	1.92
48							1.160	1.385	1.61	1.72	1.83	2.05
50							1.21	1.44	1.68	1.79	1.90	2.14
51							1.23	1.47	1.71	1.83	1.95	2.18
53	—	—					1.28	1.53	1.78	1.91	2.03	2.27
54							1.31	1.56	1.82	1.94	2.07	2.32
56							1.36	1.62	1.89	2.02	2.15	2.41
57							1.38	1.65	1.92	2.05	2.19	2.45
60							1.46	1.74	2.02	2.16	2.31	2.58
63							1.53	1.83	2.13	2.27	2.42	2.72
65							1.58	1.89	2.20	2.35	2.50	2.81
(68)							1.65	1.98	2.30	2.46	2.62	2.94

续表

外径/mm	壁厚/mm											
	0.25	0.30	0.40	0.50	0.60	0.80	1.0	1.2	1.4	1.5	1.6	1.8
	理论质量/(kg/m)											
70							1.70	2.04	2.37	2.53	2.70	3.03
73							1.78	2.12	2.47	2.64	2.82	3.16
75							1.82	2.18	2.54	2.72	2.90	3.25
76							1.85	2.21	2.58	2.76	2.94	3.29
80									2.71	2.90	3.09	3.47
(83)									2.82	3.02	3.21	3.60
85	—	—	—	—	—	—			2.89	3.09	3.29	3.69
89									3.02	3.24	3.45	3.87
90									3.06	3.27	3.49	3.91
95									3.23	3.46	3.69	4.14
100									3.40	3.64	3.88	4.36
(102)									3.47	3.72	3.96	4.45
108									3.68	3.94	4.20	4.71
110									3.75	4.01	4.28	4.80
120										4.38	4.67	5.25

续表

外径/mm	壁厚/mm											
	0.25	0.30	0.40	0.50	0.60	0.80	1.0	1.2	1.4	1.5	1.6	1.8
	理论质量/(kg/m)											
125	—	—	—	—	—	—	—	—	—	—	—	5.47

外径/mm	壁厚/mm											
	2.0	2.2	2.5	2.8	3.0	3.2	3.5	4.0	4.5	5.0	5.5	6.0
	理论质量/(kg/m)											
6	0.197											
7	0.247	0.260	0.277									
8	0.296	0.315	0.339									
9	0.345	0.369	0.401	0.428								
10	0.395	0.423	0.462	0.497	0.518	0.537	0.561					
11	0.444	0.477	0.524	0.566	0.592	0.615	0.647				—	—
12	0.493	0.532	0.586	0.635	0.666	0.694	0.734	0.789				
(13)	0.543	0.586	0.647	0.704	0.740	0.774	0.820	0.888				
14	0.592	0.640	0.709	0.773	0.814	0.852	0.906	0.986				
(15)	0.641	0.694	0.771	0.842	0.888	0.931	0.993	1.09	1.17	1.23		
16	0.691	0.749	0.832	0.911	0.962	1.01	1.08	1.18	1.28	1.36		

续表

外径/mm	壁厚/mm											
	2.0	2.2	2.5	2.8	3.0	3.2	3.5	4.0	4.5	5.0	5.5	6.0
	理论质量/(kg/m)											
(17)	0.740	0.803	0.894	0.98	1.04	1.09	1.17	1.28	1.39	1.48		
18	0.789	0.857	0.956	1.05	1.11	1.17	1.25	1.38	1.50	1.60		
19	0.838	0.911	1.02	1.12	1.18	1.25	1.34	1.48	1.61	1.73	1.83	1.92
20	0.888	0.966	1.08	1.19	1.26	1.33	1.42	1.58	1.72	1.85	1.97	2.07
(21)	0.937	1.02	1.14	1.26	1.33	1.41	1.51	1.68	1.83	1.97	2.10	2.22
22	0.986	1.07	1.20	1.33	1.41	1.48	1.60	1.78	1.94	2.10	2.24	2.37
(23)	1.04	1.13	1.27	1.39	1.48	1.56	1.68	1.87	2.05	2.22	2.37	2.52
(24)	1.09	1.18	1.33	1.46	1.55	1.64	1.77	1.97	2.16	2.34	2.51	2.66
25	1.13	1.24	1.39	1.53	1.63	1.72	1.86	2.07	2.28	2.47	2.64	2.81
27	1.23	1.34	1.51	1.67	1.78	1.88	2.03	2.27	2.50	2.71	2.92	3.11
28	1.28	1.40	1.57	1.74	1.85	1.96	2.11	2.37	2.61	2.84	3.05	3.26
29	1.33	1.45	1.63	1.81	1.92	2.04	2.20	2.47	2.72	2.96	3.19	3.40
30	1.38	1.50	1.70	1.88	2.00	2.12	2.29	2.56	2.83	3.08	3.32	3.55
32	1.48	1.62	1.82	2.02	2.15	2.27	2.46	2.76	3.05	3.33	3.59	3.85
34	1.58	1.72	1.94	2.15	2.29	2.43	2.63	2.96	3.27	3.58	3.87	4.14

续表

外径/mm	壁厚/mm											
	2.0	2.2	2.5	2.8	3.0	3.2	3.5	4.0	4.5	5.0	5.5	6.0
	理论质量/(kg/m)											
(35)	1.63	1.78	2.00	2.22	2.37	2.51	2.72	3.06	3.38	3.70	4.00	4.29
36	1.68	1.83	2.07	2.29	2.44	2.59	2.81	3.16	3.50	3.82	4.14	4.44
38	1.78	1.94	2.19	2.43	2.59	2.75	2.98	3.35	3.72	4.07	4.41	4.74
40	1.87	2.05	2.31	2.57	2.74	2.90	3.15	3.55	3.94	4.32	4.68	5.03
42	1.97	2.16	2.44	2.71	2.89	3.06	3.32	3.75	4.16	4.56	4.95	5.33
44	2.10	2.29	2.59	2.88	3.07	3.26	3.54	4.00	4.44	4.87	5.29	5.70
45	2.12	2.32	2.62	2.91	3.11	3.30	3.58	4.04	4.49	4.93	5.36	5.77
48	2.27	2.48	2.81	3.12	3.33	3.54	3.84	4.34	4.83	5.30	5.76	6.21
50	2.37	2.59	2.93	3.26	3.48	3.70	4.01	4.54	5.05	5.55	6.04	6.51
51	2.42	2.65	2.99	3.33	3.55	3.77	4.10	4.64	5.16	5.67	6.17	6.66
53	2.52	2.76	3.11	3.47	3.70	3.93	4.27	4.83	5.38	5.92	6.44	6.95
54	2.56	2.81	3.18	3.54	3.77	4.01	4.36	4.93	5.49	6.04	6.58	7.10
56	2.66	2.92	3.30	3.67	3.92	4.17	4.53	5.13	5.71	6.29	6.85	7.40
57	2.71	2.97	3.36	3.74	4.00	4.25	4.62	5.23	5.83	6.41	6.99	7.55
60	2.86	3.14	3.55	3.95	4.22	4.48	4.88	5.52	6.16	6.78	7.39	7.99

续表

外径/mm	壁厚/mm											
	2.0	2.2	2.5	2.8	3.0	3.2	3.5	4.0	4.5	5.0	5.5	6.0
	理论质量/(kg/m)											
63	3.01	3.30	3.73	4.16	4.44	4.72	5.14	5.82	6.49	7.15	7.80	8.43
65	3.11	3.41	3.85	4.29	4.59	4.88	5.31	6.02	6.71	7.40	8.07	8.73
(68)	3.26	3.57	4.04	4.50	4.81	5.11	5.57	6.31	7.05	7.77	8.48	9.17
70	3.35	3.68	4.16	4.64	4.96	5.27	5.74	6.51	7.27	8.01	8.75	9.47
73	3.50	3.84	4.35	4.85	5.18	5.51	6.00	6.81	7.60	8.38	9.16	9.91
75	3.60	3.95	4.47	4.99	5.33	5.67	6.17	7.00	7.82	8.63	9.43	10.21
76	3.65	4.00	4.53	5.05	5.40	5.75	6.26	7.10	7.93	8.75	9.56	10.36
80	3.85	4.22	4.78	5.33	5.70	6.06	6.60	7.50	8.38	9.25	10.10	10.95
(83)	4.00	4.38	4.96	5.54	5.92	6.30	6.86	7.79	8.71	9.62	10.51	11.39
85	4.09	4.49	5.09	5.68	6.07	6.46	7.04	7.99	8.93	9.86	10.78	11.69
89	4.29	4.71	5.33	5.95	6.36	6.77	7.38	8.38	9.38	10.36	11.33	12.28
90	4.34	4.76	5.39	6.02	6.44	6.85	7.47	8.48	9.49	10.48	11.46	12.43
95	4.59	5.03	5.70	6.37	6.81	7.24	7.90	8.98	10.04	11.10	12.14	13.17
100	4.83	5.31	6.01	6.71	7.18	7.64	8.33	9.47	10.60	11.71	12.82	13.91
(102)	4.93	5.41	6.13	6.85	7.32	7.80	8.50	9.67	10.82	11.96	13.09	14.21

续表

外径/mm	壁厚/mm											
	2.0	2.2	2.5	2.8	3.0	3.2	3.5	4.0	4.5	5.0	5.5	6.0
	理论质量/(kg/m)											
108	5.23	5.74	6.50	7.26	7.77	8.27	9.02	10.26	11.49	12.70	13.90	15.09
110	5.33	5.85	6.63	7.40	7.92	8.43	9.19	10.46	11.71	12.95	14.17	15.39
120	5.82	6.39	7.24	8.09	8.66	9.22	10.06	11.44	12.82	14.18	15.53	16.87
125	6.07	6.66	7.54	8.42	9.03	9.61	10.49	11.94	13.37	14.80	16.21	17.16
130			7.86	8.87	9.40	10.00	10.92	12.43	13.93	15.41	16.89	18.35
133			8.05	8.98	9.62	10.24	11.18	12.72	14.26	15.78	17.29	18.79
140					10.14	10.80	11.78	13.42	15.04	16.65	18.24	19.83
150					10.88	11.58	12.65	14.40	16.15	17.88	19.60	21.31
160							13.51	15.39	17.26	19.11	20.96	22.79
170							14.37	16.37	18.37	20.34	22.31	24.27
180							15.23	17.36	19.48	21.58	23.67	25.75
190								18.35	20.58	22.81	25.02	27.22
200								19.33	21.69	24.04	26.38	28.70

续表

外径/mm	壁厚/mm											
	6.5	7.0	7.5	8.0	8.5	9	9.5	10	11	12	13	14
	理论质量/(kg/m)											
(24)	2.81	2.93										
25	2.97	3.11										
27	3.29	3.45										
28	3.45	3.63										
29	3.61	3.80	3.98									
30	3.77	3.97	4.16	4.34								
32	4.09	4.32	4.53	4.74								
34	4.41	4.66	4.90	5.13					—	—	—	—
(35)	4.57	4.83	5.09	5.33								
36	4.73	5.01	5.27	5.52								
38	5.05	5.35	5.64	5.92	6.18	6.44						
40	5.37	5.70	6.01	6.31	6.60	6.88						
42	5.69	6.04	6.38	6.71	7.02	7.32						
44.5	6.09	6.47	6.84	7.20	7.55	7.88						
45	6.17	6.56	6.94	7.30	7.65	7.99	8.32	8.63				

续表

外径/mm	壁厚/mm											
	6.5	7.0	7.5	8.0	8.5	9	9.5	10	11	12	13	14
	理论质量/(kg/m)											
48	6.65	7.08	7.49	7.89	8.28	8.66	9.02	9.37				
50	6.97	7.42	7.86	8.29	8.70	9.10	9.49	9.86	10.58	11.25		
51	7.13	7.60	8.05	8.48	8.91	9.32	9.72	10.11	10.85	11.54		
53	7.45	7.94	8.42	8.88	9.33	9.77	10.19	10.50	11.39	12.13		
54	7.61	8.11	8.60	9.08	9.54	9.99	10.43	10.85	11.67	12.43		
56	7.93	8.46	8.97	9.47	9.96	10.43	10.89	11.34	12.21	13.02		
57	8.10	8.63	9.16	9.67	10.17	10.65	11.13	11.59	12.48	13.32	14.11	
60	8.58	9.15	9.71	10.26	10.80	11.32	11.83	12.33	13.29	14.21	15.07	15.88
63	9.06	9.67	10.26	10.85	11.42	11.98	12.53	13.07	14.11	15.09		
65	9.38	10.01	10.63	11.25	11.84	12.43	13.00	13.56	14.65	15.68		
(68)	9.86	10.53	11.19	11.84	12.47	13.10	13.71	14.30	15.46	16.57	17.63	18.64
70	10.18	10.88	11.56	12.23	12.89	13.54	14.17	14.80	16.01	17.16	18.27	19.33
73	10.66	11.39	12.11	12.82	13.52	14.20	14.88	15.54	16.82	18.05	19.24	20.37
75	10.98	11.74	12.48	13.22	13.94	14.65	15.34	16.03	17.36	18.64		
76	11.14	11.91	12.67	13.42	14.15	14.87	15.58	16.28	17.63	18.94	20.20	21.41

续表

外径/mm	壁厚/mm											
	6.5	7.0	7.5	8.0	8.5	9	9.5	10	11	12	13	14
	理论质量/(kg/m)											
80	11.78	12.60	13.41	14.20	14.99	15.76	16.52	17.26	18.72	20.12		
(83)	12.26	13.12	13.96	14.80	15.62	16.42	17.22	18.00	19.53	21.01	22.44	23.82
85	12.58	13.46	14.33	15.19	16.04	16.87	17.69	18.49	20.07	21.60		
89	13.22	14.16	15.07	15.98	16.87	17.76	18.63	19.48	21.16	22.79	24.36	25.89
90	13.38	14.33	15.99	16.18	17.08	17.98	18.86	19.73	21.43	23.08		
95	14.19	15.19	16.18	17.16	18.13	19.09	20.03	20.96	22.79	24.56		
100	14.99	16.05	17.11	18.15	19.18	20.20	21.20	22.19	24.14	26.04		
(102)	15.31	16.40	17.48	18.55	19.60	20.64	21.67	22.69	24.69	26.63		
108	16.27	17.44	18.59	19.73	20.86	21.97	23.08	24.17	26.31	28.41		
110	16.59	17.78	18.96	20.12	21.28	22.42	23.54	24.66	26.85	29.00		
120	18.20	19.51	20.81	22.10	23.37	24.64	25.89	27.13	29.57	31.96		
125	18.99	20.37	21.73	23.08	24.42	25.75	27.06	28.36	30.92	33.44		
130	19.80	21.23	22.66	24.07	25.47	26.85	28.23	29.59	32.28	34.92		
133	20.28	21.75	23.21	24.66	26.10	27.52	28.96	30.33	33.10	35.81		
140	21.40	22.96	24.51	26.04	27.56	29.08	30.57	32.06	34.99	37.88		

续表

外径/mm	壁厚/mm											
	6.5	7.0	7.5	8.0	8.5	9	9.5	10	11	12	13	14
	理论质量/(kg/m)											
150	23.00	24.68	26.36	28.01	29.06	31.29	32.91	34.52	37.71	40.84	—	—
160	24.60	26.41	28.20	29.99	31.76	33.51	35.26	36.99	40.42	43.80		
170	26.21	28.14	30.05	31.96	33.85	35.73	37.60	39.46	43.13	46.76		
180	27.81	29.87	31.90	33.93	35.95	37.95	39.94	41.92	45.84	49.72		
190	29.41	31.59	33.75	35.90	38.04	40.17	42.29	44.39	48.56	52.67		
200	31.02	33.32	35.60	37.88	40.14	42.39	44.63	46.85	51.27	55.63		

注:①带括号的规格不推荐使用。

②冷拔(轧)钢管通常长度规定为2~10.5m。

③钢管的弯曲度不得大于如下规定:

壁厚≤15mm为1.5mm/m;

壁厚>15mm为2.0mm/m。

④标记示例:用10号钢制造的外径为73mm、壁厚3.5mm的冷拔钢管,直径为较高级精度,壁厚为普通级精度,长度为5000mm倍尺。

标记为:钢管拔10-73×3.5×5000倍尺-GB/T 8162—87。

2.2.3.3 低压流体输送用镀锌焊接钢管

1. 低压流体输送用镀锌焊接钢管规格(GB/T 3091—1993)

公称口径		外径		普通钢管			加厚钢管		
				壁厚		理论质量 /(kg/m)	壁厚		理论质量 /(kg/m)
/mm	/in	公称尺寸 /mm	允许偏差	公称尺寸 /mm	允许偏差 (%)		公称尺寸 /mm	允许偏差 (%)	
6	1/8	10.0	±0.50 mm	2.00	+12 −15	0.39	2.50	+12 −15	0.46
8	1/4	13.5		2.25		0.62	2.75		0.73
10	3/8	17.0		2.25		0.82	2.75		0.97
15	1/2	21.3		2.75		1.26	3.25		1.45
20	3/4	26.8		2.75		1.63	3.50		2.01
25	1	33.5		3.25		2.42	4.00		2.91
32	1¼	42.3		3.25		3.13	4.00		3.78
40	1½	48.0		3.50		3.84	4.25		4.58
50	2	60.0	±1%	3.50		4.88	4.50		6.16

续表

公称口径		外径		普通钢管			加厚钢管		
				壁厚			壁厚		
/mm	/in	公称尺寸/mm	允许偏差	公称尺寸/mm	允许偏差(%)	理论质量/(kg/m)	公称尺寸/mm	允许偏差(%)	理论质量/(kg/m)
65	2½	75.5	±1%	3.75	+12 −15	6.64	4.50	+12 −15	7.88
80	3	88.5		4.00		8.34	4.75		9.81
100	4	114.0		4.00		10.85	5.00		13.44
125	5	140.0		4.00		15.04	5.50		18.24
150	6	165.0		4.50		17.80	5.50		21.63

注:①公称口径表示内径的近似尺寸,不表示公称外径减2倍公称壁厚所得的内径。

②镀锌钢管的通常长度为4～9m。

③镀锌钢管的每米质量(钢的密度为7.85g/cm^3)按下式计算:

$$W=C[0.02466(D-S)S]$$

式中 W——镀锌钢管的每米质量,kg/m;

C——镀锌钢管比黑管增加的质量系数;

D——黑管的外径,mm;

S——黑管的壁厚,mm。

④标记示例:公称口径为40mm的镀锌钢管:

a. 无螺纹的普通镀锌炉焊钢管标记为:锌炉管光-40-GB/T 3091—1993;

b. 带锥形螺纹的加厚镀锌电焊钢管标记为:锌电管锥-40-GB/T 3091—1993。

2. 镀锌钢管比黑管增加的质量系数表(GB/T 3091—1993)

公称口径		外径	镀锌钢管比黑管增加的质量系数 C	
/mm	/in	/mm	普通钢管	加厚钢管
6	1/8	10.0	1.064	1.059
8	1/4	13.5	1.056	1.046
10	3/8	17.0	1.056	1.046
15	1/2	21.3	1.047	1.039
20	3/4	26.8	1.046	1.039
25	1	33.5	1.039	1.032
32	1¼	42.3	1.039	1.032
40	1½	48.0	1.036	1.030
50	2	60.0	1.036	1.028
65	2½	75.5	1.034	1.028
80	3	88.5	1.032	1.027
100	4	114.0	1.032	1.026
125	5	140.0	1.028	1.023
150	6	165.0	1.028	1.023

2.2.3.4 低压流体输送用焊接钢管

【规格】（GB/T 3092—1993）

公称口径		外径		普通钢管			加厚钢管		
				壁厚		理论质量 /(kg/m)	壁厚		理论质量 /(kg/m)
/mm	/in	公称尺寸 /mm	允许偏差	公称尺寸 /mm	允许偏差 (%)		公称尺寸 /mm	允许偏差 (%)	
6	1/8	10.0		2.00		0.39	2.50		0.46
8	1/4	13.5		2.25		0.62	2.75		0.73
10	3/8	17.0		2.25		0.82	2.75		0.97
15	1/2	21.3	±0.5 mm	2.75		1.26	3.25		1.45
20	3/4	26.8		2.75		1.63	3.50		2.01
25	1	33.5		3.25	+12 −15	2.42	4.00	+12 −15	2.91
32	1¼	42.3		3.25		3.13	4.00		3.78
40	1½	48.0		3.50		3.84	4.25		4.58
50	2	60.0		3.50		4.88	4.50		6.16
65	2½	75.5	±1%	3.75		6.64	4.50		7.88
80	3	88.5		4.00		8.34	4.75		9.81

续表

公称口径		外径		普通钢管			加厚钢管		
				壁厚		理论质量/(kg/m)	壁厚		理论质量/(kg/m)
/mm	/in	公称尺寸/mm	允许偏差	公称尺寸/mm	允许偏差(%)		公称尺寸/mm	允许偏差(%)	
100	4	114.0	±1%	4.00	+12 −15	10.85	5.00	+12 −15	13.44
125	5	140.0		4.00		13.42	5.50		18.24
150	6	165.0		4.50		17.80	5.50		21.63

注:①公称口径表示内径的近似尺寸,不表示公称外径减2倍公称壁厚所得的内径。
②钢管的通常长度为4~10m。
③钢管的每米质量(钢的密度为7.85g/cm³)按下式计算:

$$W = C[0.02466(D - S)S]$$

式中 W——焊接钢管的每米质量,kg/m;
C——焊接钢管比黑管增加的质量系数;
D——黑管的外径,mm;
S——黑管的壁厚,mm。

④标记示例:公称口径为20mm的钢管:
a. 无螺纹炉焊钢管标记为:炉钢管光-20-GB/T 3092—1993;
b. 带锥形螺纹电焊钢管标记为:电钢管锥-20-GB/T 3092—1993;
c. 加厚无螺纹炉焊钢管标记为:炉厚钢管光-20-GB/T 3092—1993;
d. 6mm定尺长度无螺纹电焊钢管标记为:电钢光管-20×6000-GB/T 3092—1993;
e. 2m倍尺长度、加厚、带锥形螺纹电焊钢管标记为:
电厚钢管锥-20×2000倍尺-GB/T 3092—1993。

2.2.3.5 低中压锅炉用无缝钢管

1. 低中压锅炉用无缝钢管规格(GB 3087—82)

(1)结构锅炉用钢管 (mm)

外径	壁厚	外径	壁厚
10,12	1.5～2.5	102,108,114,121,127	4～12
14,16,17,18,19,20	2～3	133	4～18
22,24,25	2～4	159,168,194	4.5～26
29,30,32,35,38,40	2.5～4	219,245	6～26
42,45,48,51	2.5～5	273	7～26
57,60,63.5	3～5	325	8～26
70	3～6	377	10～26
76,83	3.5～8	426	11～26
89	4～8	—	—

(2)机车锅炉用钢管 (mm)

过热蒸汽管				小烟管			
外径	壁厚	外径	壁厚	外径	壁厚	外径	壁厚
22,24	2.5,3	38,40	3.5,4	44.5	2.5	57	3
29,32,35	3.5,4	42	4,4.5	51	2.5	—	—

续表

大烟管				拱砖管			
外径	壁厚	外径	壁厚	外径	壁厚	外径	壁厚
89 102,127	3.5,4 4	133 140,152	4 4.5	76 —	5 —	89 —	5 —

2. 低中压锅炉用无缝钢管的尺寸允许偏差(GB 3087—82)

钢管种类	钢管尺寸/mm	精度		钢管种类	钢管尺寸/mm	精度	
		普通级	高级			普通级	高级
热轧管	外径≤159	+1.25% −1.0%	±1.0%	冷拔(轧)管	外径>10~30	±0.4mm	±0.2mm
	外径>159	+1.25% −1.5%	±1.25%		外径>30~50	±0.45mm	±0.2mm
	壁厚3~20	+15.0%(最小+0.45mm) −12.5%(最小−0.35mm)	±10%(最小±0.3mm)		外径>50	±1%	±0.8%
	壁厚>20	+12.5%	±10%		壁厚1.5~3.0	+15% −10%	±10%

续表

钢管种类	钢管尺寸/mm	精度		钢管种类	钢管尺寸/mm	精度	
		普通级	高级			普通级	高级
热轧管	对外径≥325热扩钢管	±18%	—	冷拔(轧)管	壁厚＞3.0	+12% −10%	±10%

注:①钢管长度:热轧钢管 3~12m;冷拔钢管 3~10.5m。

②弯曲度:壁厚≤15mm 为≤1.5mm/m;

壁厚＞15mm 为≤2.0mm/m。

③标记示例:用 10 号钢制造的外径为 76mm,壁厚为 3.5mm 的钢管:

a. 热轧钢管,直径和壁厚为普通级精度,长度为 3000mm 倍尺,标记为:

钢管 10-76×3.5×3000 倍尺-GB 3087—82;

b. 冷拔钢管,直径为高级精度,壁厚为普通级精度,长度为 5000mm 倍尺,标记为:

钢管拔 10-76×3.5×5000-GB 3087—82。

2.2.3.6 高压锅炉用无缝钢管

1. 高压锅炉用热轧(挤、扩)无缝钢管规格(GB 5310—1995)

公称外径/mm	公称壁厚/mm											
	2.0	2.5	2.8	3.0	3.2	3.5	4.0	4.5	5.0	5.5	6.0	(6.5)
	理论质量/(kg/m)											
22	0.986	1.20	1.33	1.41	1.48							
25	1.13	1.39	1.53	1.63	1.72	1.86	—	—	—	—	—	—

续表

公称外径/mm	公称壁厚/mm											
	2.0	2.5	2.8	3.0	3.2	3.5	4.0	4.5	5.0	5.5	6.0	(6.5)
	理论质量/(kg/m)											
28		1.57	1.74	1.85	1.96	2.11						
32			2.02	2.15	2.27	2.46	2.76	3.05	3.33			
38			2.43	2.59	2.75	2.98	3.35	3.72	4.07	4.41		
42			2.71	2.89	3.06	3.32	3.75	4.16	4.56	4.95	5.33	
48			3.12	3.33	3.54	3.84	4.34	4.83	5.30	5.76	6.21	6.65
51			3.33	3.55	3.77	4.10	4.64	5.16	5.67	6.17	6.66	7.13
57	—					4.62	5.23	5.83	6.41	6.98	7.55	8.09
60						4.88	5.52	6.16	6.78	7.39	7.99	8.58
76						6.26	7.10	7.93	8.75	9.56	10.36	11.14
83							7.79	8.71	9.62	10.51	11.39	12.26
89							8.38	9.38	10.36	11.33	12.28	13.22
102								10.82	11.96	13.09	14.20	15.31
108								11.49	12.70	13.90	15.09	16.27
114									13.44	14.72	15.98	17.23
121									14.30	15.67	17.02	18.35
133									15.78	17.29	18.79	20.28

续表

公称外径/mm	公称壁厚/mm											
	2.0	2.5	2.8	3.0	3.2	3.5	4.0	4.5	5.0	5.5	6.0	(6.5)
	理论质量/(kg/m)											
146											20.71	22.36
159	—	—	—	—	—	—	—	—	—	—	22.64	24.44
168												25.89

公称外径/mm	公称壁厚/mm											
	7.0	(7.5)	8.0	9.0	10	11	12	13	14	(15)	16	(17)
	理论质量/(kg/m)											
48	7.08											
51	7.60	8.05	8.48	9.32								
57	8.63	9.16	9.67	10.65	11.59	12.48	13.32					
60	9.15	9.71	10.26	11.32	12.33	13.29	14.20					
76	11.91	12.67	13.42	14.87	16.28	17.63	18.94	20.20	21.40	22.56	23.67	24.73
83	13.12	13.96	14.80	16.42	18.00	19.53	21.01	22.44	23.82	25.15	26.44	27.67
89	14.15	15.07	15.98	17.76	19.48	21.16	22.79	24.36	25.89	27.37	28.80	30.18
102	16.40	17.48	18.54	20.64	22.69	24.68	26.63	28.53	30.38	32.18	33.93	35.63
108	17.43	18.59	19.73	21.97	24.17	26.31	28.41	30.46	32.45	34.40	36.30	38.15

续表

公称外径/mm	公称壁厚/mm											
	7.0	(7.5)	8.0	9.0	10	11	12	13	14	(15)	16	(17)
	理论质量/(kg/m)											
114	18.47	19.70	20.91	23.30	25.65	27.94	30.18	32.38	34.52	36.62	38.67	40.66
121	19.68	20.99	22.29	24.86	27.37	29.84	32.26	34.62	36.94	39.21	41.43	43.60
133	21.75	23.21	24.66	27.52	30.33	33.09	35.81	38.47	41.08	43.65	46.16	48.63
146	23.99	25.62	27.22	30.41	33.54	36.62	39.65	42.64	45.57	48.46	51.29	54.08
159	26.24	28.02	29.79	33.29	36.74	40.15	43.50	46.80	50.06	53.27	56.42	59.53
168	27.79	29.68	31.56	35.29	38.96	42.59	46.16	49.69	53.17	56.59	59.97	63.30
194	32.28	34.49	36.69	41.06	45.37	49.64	53.86	58.02	62.14	66.21	70.23	74.20
219		39.12	41.63	46.61	51.54	56.42	61.26	66.04	70.77	75.46	80.10	84.68
245				52.38	57.95	63.47	68.95	74.37	79.75	85.08	90.35	95.58
273				58.59	64.86	71.07	77.24	83.35	89.42	95.43	101.40	107.32
299				64.36	71.27	78.12	84.93	91.69	98.39	105.05	111.66	118.22
325								100.02	107.37	114.67	121.92	129.12
351								108.36	116.35	124.29	132.18	140.02
377								116.69	125.32	133.90	142.44	150.92
426									142.24	152.03	161.77	171.46

续表

公称外径/mm	公称壁厚/mm											
	7.0	(7.5)	8.0	9.0	10	11	12	13	14	(15)	16	(17)
	理论质量/(kg/m)											
450									150.52	160.91	171.24	181.52
480	—	—	—	—	—	—	—	—	160.88	172.00	183.08	194.10
500									167.79	179.40	190.97	202.48
530									178.14	190.50	202.80	215.06

公称外径/mm	公称壁厚/mm											
	18	(19)	20	22	(24)	25	26	28	30	32	(34)	36
	理论质量/(kg/m)											
76	25.74	26.71										
83	28.85	29.99	31.07									
89	31.25	32.80	34.03									
102	37.29	38.89	40.44	43.40							—	—
108	39.95	41.70	43.40	46.66	49.71	51.17	52.58					
114	42.61	44.51	46.36	49.91	53.27	54.87	56.42					
121	45.72	47.79	49.81	53.71	57.41	59.18	60.91					
133	51.05	53.41	55.73	60.22	64.51	66.58	68.60	72.50	76.20	79.70		

续表

公称外径/mm	公称壁厚/mm											
	18	(19)	20	22	(24)	25	26	28	30	32	(34)	36
	理论质量/(kg/m)											
146	56.82	59.50	62.14	67.27	72.20	74.60	76.94	81.48	85.82	89.96	93.91	97.65
159	62.59	65.60	68.55	74.33	79.90	82.61	85.27	90.45	95.43	100.22	104.81	109.19
168	66.58	69.81	72.99	79.21	85.22	88.16	91.04	96.67	102.09	107.32	112.35	117.82
194	78.12	81.99	85.82	93.31	100.61	104.19	107.71	114.62	121.33	127.84	134.15	140.27
219	89.22	93.71	98.15	106.88	115.41	119.60	123.74	131.88	139.82	147.57	155.11	162.46
245	100.76	105.89	110.97	120.98	130.80	135.63	140.41	149.83	159.06	168.08	176.91	185.54
273	113.19	119.01	124.78	136.17	147.37	152.89	158.37	169.17	179.77	190.18	200.39	210.40
299	124.73	131.19	137.60	150.28	162.76	168.92	175.04	187.12	199.01	210.70	222.19	233.48
325	136.27	143.37	150.43	164.38	178.14	184.95	191.71	205.07	218.24	231.21	246.99	256.56
351	147.81	155.56	163.25	178.49	193.55	200.98	208.38	223.03	237.48	251.73	265.79	279.64
377	159.35	167.74	176.07	192.59	208.92	217.01	225.05	240.98	256.71	272.25	287.58	302.73
426	181.10	190.70	200.24	219.18	237.92	247.22	256.46	274.81	292.96	310.91	328.67	346.23
450	191.76	201.94	212.08	232.20	252.12	262.01	271.85	291.38	310.72	329.85	348.79	367.53
480	205.07	216.00	226.87	248.47	269.88	280.51	291.09	312.10	332.91	353.53	373.94	394.17
500	213.95	225.37	236.74	259.32	281.72	292.84	303.91	325.91	347.71	369.31	390.71	411.93
530	227.27	239.42	251.55	275.60	299.47	311.33	323.14	346.62	369.90	392.98	415.87	438.55

续表

公称外径/mm	公称壁厚/mm										
	38	40	(42)	45	(48)	50	56	60	63	(65)	70
	理论质量/(kg/m)										
168	121.82	126.26									
194	146.18	151.91	157.43	165.35							
219	169.61	176.57	183.32	193.09	202.41	208.38					
245	193.98	202.21	210.25	221.94	233.18	240.44					
273	220.21	229.83	239.25	253.01	266.33	274.96					
299	244.58	255.48	266.18	281.86	297.10	307.02	335.57	353.62			
325	268.94	281.12	293.11	310.72	327.88	339.10	371.48	392.09			
351	293.31	306.77	320.04	339.57	358.66	371.13	407.38	430.56			
377	317.67	332.42	346.97	368.42	389.43	403.19	443.32	469.03	487.85	500.10	529.98
426	363.59	380.75	397.72	422.80	447.43	463.61	510.96	541.53	563.95	578.68	614.56
450	380.08	404.42	422.57	449.46	475.87	493.20	544.10	577.04	601.24	617.12	655.96
480	414.19	434.02	453.65	482.72	511.35	530.19	585.53	621.43	647.88	665.20	707.74
500	432.93	453.74	474.39	504.91	535.02	554.85	613.15	651.02	678.91	697.26	742.27
530	461.04	483.34	505.43	538.20	570.53	591.84	654.61	695.41	725.52	745.35	794.05

2. 高压锅炉用冷拔(轧)无缝钢管的尺寸规格(GB 5310—1995)

公称外径/mm	公称壁厚/mm										
	2.0	2.2	2.5	2.8	3.0	3.2	3.5	4.0	4.5	5.0	5.5
	理论质量/(kg/m)										
10	0.395	0.423	0.462								
12	0.493	0.532	0.586	0.635	0.666						
16	0.690	0.749	0.830	0.911	0.962	1.01	1.08	1.18			
22	0.986	1.07	1.20	1.33	1.41	1.48	1.60	1.78	1.94	2.10	2.24
25	1.13	1.24	1.39	1.53	1.63	1.72	1.86	2.07	2.27	2.47	2.64
28	1.28	1.40	1.57	1.74	1.85	1.96	2.11	2.37	2.61	2.84	3.05
32	1.48	1.62	1.82	2.02	2.15	2.27	2.46	2.76	3.05	3.33	3.59
38	1.78	1.94	2.19	2.43	2.59	2.75	2.98	3.35	3.72	4.07	4.41
42			2.44	2.71	2.89	3.06	3.32	3.75	4.16	4.56	4.95
48			2.80	3.12	3.33	3.54	3.84	4.34	4.83	5.30	5.76
51			2.99	3.33	3.55	3.77	4.10	4.64	5.16	5.67	6.17
57			3.36	3.74	3.99	4.25	4.62	5.23	5.83	6.41	6.98
60						4.48	4.88	5.52	6.16	6.78	7.39
63						4.72	5.14	5.82	6.49	7.15	7.80
70						5.27	5.74	6.51	7.27	8.01	8.75

续表

公称外径/mm	公称壁厚/mm										
	2.0	2.2	2.5	2.8	3.0	3.2	3.5	4.0	4.5	5.0	5.5
	理论质量/(kg/m)										
76								7.10	7.93	8.75	9.56
83								7.79	8.71	9.62	10.51
89	—	—	—	—	—	—	—	8.38	9.38	10.36	11.33
102									10.82	11.96	13.09
108									11.49	12.70	13.90
114									12.15	13.44	14.72

公称外径/mm	公称壁厚/mm									
	6.0	6.5	7.0	7.5	8.0	9.0	10	11	12	13
	理论质量/(kg/m)									
25	2.81									
28	3.26	3.45	3.62							
32	3.85	4.09	4.32	4.53	4.73		—	—	—	—
38	4.73	5.05	5.35	5.64	5.92	6.44				
42	5.33	5.69	6.04	6.38	6.71	7.32				

续表

公称外径/mm	公称壁厚/mm 6.0	6.5	7.0	7.5	8.0	9.0	10	11	12	13
	理论质量/(kg/m)									
48	6.21	6.65	7.08	7.49	7.89	8.66	9.37			
51	6.66	7.13	7.60	8.05	8.48	9.32	10.11	10.85	11.54	
57	7.55	8.09	8.63	9.16	9.67	10.65	11.59	12.48	13.32	
60	7.99	8.58	9.15	9.71	10.26	11.32	12.33	13.29	14.20	
63	8.43	9.06	9.67	10.26	10.85	11.98	13.07	14.11	15.09	
70	9.47	10.18	10.88	11.56	12.23	13.54	14.80	16.00	17.16	18.27
76	10.36	11.14	11.91	12.67	13.42	14.87	16.28	17.63	18.94	20.20
83	11.39	12.26	13.12	13.96	14.80	16.42	18.00	19.52	21.01	22.44
89	12.28	13.22	14.15	15.07	15.98	17.76	19.48	21.16	22.79	24.36
102	14.20	15.31	16.40	17.48	18.54	20.64	22.69	24.68	26.63	
108	15.09	16.27	17.43	18.59	19.73	21.97	24.17	26.31	28.41	
114	15.98	17.23	18.47	19.70	20.91	23.31	25.65	27.94		

3. 高压锅炉用无缝钢管的尺寸允许偏差(GB 5310—1995)

钢管种类	钢管尺寸/mm			允许偏差	
				普通级	高级
热轧(挤)管	外径 D	≤159		±1.0%	±0.75%
		>159		±1.0%	±0.90%
	壁厚 S	<3.5		±15%	±10%
		3.5～20		+15% −10%	±10%
		>20	D<219	±10%	±7.5%
			D≥219	+12.5% −10.0%	±10%
冷拔(轧)管	外径 D	≤30		±0.20mm	±0.15mm
		>30～50		±0.30mm	±0.25mm
		>50		±0.8mm	±0.6%
	壁厚 S	2～3		+12% −10%	±10%
		>3		±10%	±7.5%

注:①钢管的通常长度为 4～12m。

②标记示例:用 12CrMoVG 钢制造的外径 108mm、壁厚 8mm 的钢管:

a. 热轧(挤、扩)钢管,直径和壁厚为普通级精度、长度为 5500mm 倍尺,其标记为:

钢管 12CrMoVG-108×8×5500 倍尺-GB 5310—1995;

b. 冷拔(轧)钢管,直径为高级精度、壁厚为普通级精度,长度为 8000mm,其标记为:

钢管轧(拔)12Cr1MoVG-108 高×8×8000-GB 5310—1995。

2.2.3.7　输送流体用无缝钢管

【规格】（GB/T 8163—1999）

牌　　号		10	20	Q235	09MnV
屈服点 σ_S /MPa	壁厚≤15mm	≥205	≥245	≥325	≥295
	壁厚>15mm	≥195	≥235	≥315	≥285
强度极限 σ_b/MPa		335～475	390～530	490～665	430～610
延伸率 δ(%)		≥24	≥20	≥21	≥22
规格尺寸		与结构钢用无缝钢管的规格尺寸相同（见 GB/T 8162—1999）			

注:①热轧(挤压、扩)钢管以热轧或热处理状态交货,冷轧(拔)钢管以热处理状态供货。

②每根钢管要做水压试验,试验压力 P 的计算公式为:

$$P=\frac{2SR}{D}\quad (\mathrm{MPa})$$

式中　S——管壁厚,mm;

D——管的外径,mm;

R——σ_s 的 60%,MPa。

试压时间不小于 5s,最高压力不大于 19MPa,且不得出现漏水和渗漏。

③$D>22$mm、$\frac{S}{D}\leqslant 0.1$ 时,应对钢管进行压扁试验,并按 GB/T 8163—1999 规定检验,试样应无裂缝。

2.2.3.8　不锈钢无缝钢管和不锈钢小直径无缝钢管、薄壁不锈钢(水)管

1. 不锈钢无缝钢管的规格(GB/T 14975、14976—1994)

(1)热轧(挤、扩)无缝钢管的规格 (mm)

外径	壁厚	外径	壁厚	外径	壁厚	外径	壁厚
68		95		140		219	8~28
70		102	4.5~14	146		245	10~28
73		108		152	6~16	273	12~28
76	4.5~12	114		159		325	
80		121		168	7~18	351	12~26
83		127	5~14	180		377	12~24
89		133		194	8~18	426	12~20
壁厚 /mm	4.5,5,6,7,8,9,10,11,12,13,14,15,16,17,18,19,20,22,24,25,26,28						

(2)冷轧(拔)无缝钢管的规格 (mm)

外径	壁厚	外径	壁厚	外径	壁厚	外径	壁厚
6		19	0.5~4.5	36		63	1.5~10
7	0.5~2.0	20		38	0.5~7.0	65	1.5~10
8		21		40		68	1.5~12
9		22	0.5~5.0	42	0.5~7.5	70	1.6~12
10	0.5~2.5	23		45	0.5~8.5	73	2.5~12
11		24	0.5~5.5	48		75	2.5~10
12	0.5~3.0	25	0.5~6.0	50	0.5~9.0	76	2.5~12
13		27	0.5~6.0	51		80	
14	0.5~3.5	28	0.5~6.5	53	0.5~9.5	83	2.5~15
15		30		54		85	
16	0.5~4.0	32	0.5~7.0	56	0.5~10	89	
17		34		57		90	3.0~15
18	0.5~4.5	35		60		95	

续表

外径	壁厚	外径	壁厚	外径	壁厚	外径	壁厚
100	3.0～15	114	3.5～15	140	3.5～15		
102	3.5～15	127		146			
108		133		159			
壁厚/mm	0.5,0.6,0.8,1.0,1.2,1.4,1.5,1.6,2.0,2.2,2.5,2.8,3.0,3.2,3.5,4.0,4.5,5.0,5.5,6.0,6.5,7.0,7.5,8.0,8.5,9.0,9.5,10,11,12,13,14,15						

注:①热轧(挤、扩)钢管通常长度为 2～12m;冷轧(拔)钢管通常长度为 2～8m。

②输送流体的热轧管没有壁厚 19,20,22,24,25,26,28mm 等规格;结构用冷轧管没有外径 6,7,8,9mm、壁厚 0.5,0.6,0.8mm 等规格。

2. 不锈钢小直径无缝钢管的规格(GB/T 3090—2000)(mm)

外径	壁厚	外径	壁厚	外径	壁厚	外径	壁厚
0.3	0.10	0.80	0.10～0.25	2.80	0.10～1.00	4.50	0.10～1.00
0.35		0.9	0.10～0.30	3.00		4.80	
0.40	0.10,0.15	1.00	0.10～0.35	3.20		5.0	0.15～1.00
0.45	0.10～0.15	1.20	0.10～0.45	3.40		5.5	
0.50		1.60	0.10～0.55	3.60		6.00	0.15～0.45
0.55		2.00	0.10～0.70	3.80		—	—
0.60	0.10～0.20	2.20	0.10～0.80	4.00			
0.70	0.10～0.25	2.50	0.10～1.00	4.20			

注:①壁厚系列(mm):0.10,0.15,0.20,0.25,0.30,0.35,0.40,0.45,0.50,0.55,0.60,0.70,0.80,0.90,1.00。

钢管一般长度为 500～4000mm。

②钢管以硬态供货,如需方要求软态或半冷硬状态供货须在合同中注明。

3. 薄壁不锈钢(水)管的规格及用途 (CJ/T 151—2001)

公称直径/mm	外径×壁厚/(mm×mm)		公称直径/mm	外径×壁厚/(mm×mm)	
	非埋地管	埋地管		非埋地管	埋地管
15	14×0.6	—	65	67×1.2	67×1.2
20	20×0.6	—	80	82×1.5	82×1.5
25	26×0.8	26×1.2	100	102×1.5	102×1.5
32	35×1	35×1.2	150	159×3	159×3
40	40×1	40×1.2	200	219×3.5	219×3.5
50	50×1	50×1.2	—	—	—
用途	主要用于建筑用冷、热水管和直接饮水管、暖气、燃气管网及食品、医药、化工和电子行业管网等				

2.2.3.9 离心柔性接口铸铁排水管

【规格及用途】 (GB/T 12772—1999)

型　　号	2	3	4	5	6	8
内径/mm	50	75	100	125	150	200
外径/mm	61	86	111	137	162	214
壁厚/mm	4.3	4.4	4.8			5.8
长度/mm	3000±10					
质量/(kg/根)	16.5	24.4	34.6	43.1	51.2	81.9
用途	主要用于建筑排水系统,尤其适用于高层、永久性和重点工程中的排水管					

注:其规格也可根据美国 CISP 1301 和韩国 KSD 4307 等标准进行生产。

2.2.3.10 金属软管

【规格及用途】（GB/T 14525—1993）

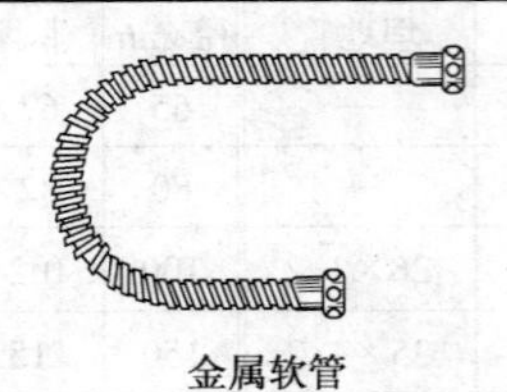

金属软管

<table>
<tr><th>品种</th><th>高层建筑用金属软管</th><th>泵连软管</th><th>不锈钢波纹管</th><th>空调用金属软管</th><th>不锈钢消防软管</th><th>燃气波纹连接管</th><th>金属软管</th></tr>
<tr><td>外径/mm</td><td>32～400</td><td>50～400</td><td colspan="2">15～25</td><td>20</td><td>8～20</td><td>13</td></tr>
<tr><td>压力/MPa</td><td colspan="2">0.6,1.0,2.5</td><td>1.2～1.8</td><td>1.2～5.0</td><td>1.4</td><td>0.6～2.5</td><td>0.6</td></tr>
<tr><td>用途</td><td colspan="2">高层建筑</td><td>做排污、排水管道用</td><td>用于中央空调</td><td>用于建筑消防系统</td><td>用于燃气灶</td><td>用于洗面器连接管</td></tr>
</table>

注：工作温度：－196℃～420℃。

2.2.4 钢丝

2.2.4.1 冷拉圆钢丝

1. 冷拉圆钢丝的规格（GB/T 342—1997）

钢丝直径/mm	理论质量/(kg/km)	钢丝直径/mm	理论质量/(kg/km)
0.050 0.055	0.016 0.019	0.063 0.070	0.024 0.030

续表

钢丝直径 /mm	理论质量 /(kg/km)	钢丝直径 /mm	理论质量 /(kg/km)
0.080	0.039	1.2	8.878
0.090	0.050	1.4	12.08
0.10	0.062	1.6	15.79
0.11	0.075	1.8	19.98
0.12	0.089	2.0	24.66
0.14	0.121	2.2	29.84
0.16	0.158	2.5	38.54
0.18	0.199	2.8	48.34
0.20	0.246	3.0	55.49
0.22	0.298	3.2	63.13
0.25	0.385	3.5	75.52
0.28	0.484	4.0	98.65
0.30	0.555	4.5	124.8
0.32	0.631	5.0	154.2
0.35	0.754	5.5	186.5
0.40	0.986	6.0	221.9
0.45	1.248	6.3	244.7
0.50	1.539	7.0	302.1
0.55	1.865	8.0	394.6
0.60	2.220	9.0	499.4
0.63	2.447	10	616.5
0.70	3.021	11	746.0
0.80	3.946	12	887.8
0.90	4.993	14	1208.1
1.0	6.162	16	1578.6
1.1	7.458		

注:表中钢丝的理论质量是按密度为 7.85g/cm³ 计算的。

2. 冷拉圆钢丝的尺寸允许偏差(GB/T 342—1997) (mm)

钢丝直径	允许偏差级别				
	8(h8)级	9(h9)级	10(h10)级	11(h11)级	12(h12)级
	允许偏差				
0.05~0.10	0 −0.005	0 −0.008	0 −0.012	0 −0.020	0 −0.030
	(±0.0025)	(±0.004)	(±0.006)	(±0.010)	(±0.015)
>0.10~0.30	0 −0.007	0 −0.010	0 −0.018	0 −0.028	0 −0.048
	(±0.0035)	(±0.005)	(±0.009)	(±0.014)	(±0.022)
>0.30~0.60	0 −0.008	0 −0.014	0 −0.023	0 −0.035	0 −0.055
	(±0.004)	(±0.007)	(±0.012)	(±0.018)	(±0.035)
>0.60~1.00	0 −0.010	0 −0.024	0 −0.040	0 −0.060	0 −0.100
	(±0.005)	(±0.012)	(±0.020)	(±0.030)	(±0.050)
>1.00~3.00	0 −0.014	0 −0.024	0 −0.040	0 −0.060	0 −0.100
	(±0.007)	(±0.012)	(±0.020)	(±0.030)	(±0.050)
>3.00~6.00	0 −0.018	0 −0.030	0 −0.048	0 −0.075	0 −0.120
	(±0.009)	(±0.015)	(±0.024)	(±0.038)	(±0.060)
>6.00~10.0	0 −0.022	0 −0.036	0 −0.058	0 −0.090	0 −0.150
	(±0.011)	(±0.018)	(±0.030)	(±0.045)	(±0.075)
>10.0~16.0	0 −0.027	0 −0.043	0 −0.070	0 −0.110	0 −0.180
	(±0.014)	(±0.022)	(±0.035)	(±0.055)	(±0.090)

注:本表带括号的偏差为弹簧钢丝直径允许偏差。

2.2.4.2 一般用途低碳钢丝

1. 一般用途低碳钢丝的分类(GB/T 343—1994)

按交货状态分	代号	按用途分	
冷拉钢丝	WCD	Ⅰ类	普通用
退火钢丝	TA	Ⅱ类	制钉用
镀锌钢丝	SZ	Ⅲ类	建筑用

2. 冷拉普通用途钢丝、制钉用钢丝、建筑用钢丝、退火钢丝的直径及允许偏差(GB/T 343—1994) (mm)

钢丝直径	允许偏差	钢丝直径	允许偏差
≤0.30	±0.01	>1.60~3.00	±0.04
>0.30~1.00	±0.02	>3.00~6.00	±0.05
>1.00~1.60	±0.03	>6.00	±0.06

3. 镀锌钢丝的直径及允许偏差(GB/T 343—1994) (mm)

钢丝直径	允许偏差	钢丝直径	允许偏差
≤0.30	±0.02	>1.60~3.00	±0.06
>0.30~1.00	±0.04	>3.00~6.00	±0.07
>1.00~1.60	±0.05	>6.00	±0.08

4. 每捆钢丝的质量(GB/T 343—1994)

钢丝直径/mm	标准			非标准捆最低质量/kg
	每捆净重/kg	每捆根数不多于	单根最低质量/kg	
≤0.30	5	6	0.2	0.5
>0.30~0.50	10	5	0.5	1

续表

钢丝直径 /mm	标准			非标准捆 最低质量 /kg
	每捆净重 /kg	每捆根数 不多于	单根最低 质量/kg	
>0.50~1.00	25	4	1	2
>1.00~1.20	25	3	2	2.5
>1.20~3.00	50	3	3	3.5
>3.00~4.50	50	3	4	6
>4.50~6.00	50	3	4	6

5. 冷拉普通用钢丝、建筑用钢丝、退火钢丝、镀锌钢丝的力学性能(GB/T 343—1994)

<table>
<tr><th rowspan="2">公称直径 /mm</th><th colspan="5">抗拉强度 σ_b /MPa</th><th colspan="2">180°弯曲实验 /次</th><th colspan="2">伸长率 δ(%) (标距100mm)</th></tr>
<tr><th>冷拉普通钢丝</th><th>制钉用钢丝</th><th>建筑用钢丝</th><th>退火钢丝</th><th>镀锌钢丝</th><th>冷拉普通钢丝</th><th>建筑用钢丝</th><th>建筑用钢丝</th><th>镀锌钢丝</th></tr>
<tr><td>≤0.30</td><td>≤980</td><td>—</td><td>—</td><td rowspan="6">295~540</td><td rowspan="6">295~540</td><td rowspan="2">见注</td><td>—</td><td>—</td><td rowspan="2">≥10</td></tr>
<tr><td>>0.30~0.80</td><td>≤980</td><td>—</td><td>—</td><td>—</td><td>—</td></tr>
<tr><td>>0.80~1.20</td><td>≤980</td><td>880~1320</td><td>—</td><td rowspan="3">≥6</td><td>—</td><td>—</td><td rowspan="4">≥12</td></tr>
<tr><td>>1.20~1.80</td><td>≤1060</td><td>785~1220</td><td>—</td><td>—</td><td>—</td></tr>
<tr><td>>1.80~2.50</td><td>≤1010</td><td>735~1170</td><td>—</td><td>—</td><td>—</td></tr>
<tr><td>>2.50~3.50</td><td>≤960</td><td>685~1120</td><td>≥550</td><td>≥4</td><td>≥4</td><td>≥2</td></tr>
</table>

续表

<table>
<tr><th rowspan="2">公称直径/mm</th><th colspan="5">抗拉强度 σ_b/MPa</th><th colspan="2">180°弯曲实验/次</th><th colspan="2">伸长率 δ(%)(标距100mm)</th></tr>
<tr><th>冷拉普通钢丝</th><th>制钉用钢丝</th><th>建筑用钢丝</th><th>退火钢丝</th><th>镀锌钢丝</th><th>冷拉普通钢丝</th><th>建筑用钢丝</th><th>建筑用钢丝</th><th>镀锌钢丝</th></tr>
<tr><td>>3.50~5.00</td><td>≤890</td><td>590~1030</td><td>≥550</td><td rowspan="3">295~540</td><td rowspan="3">295~540</td><td rowspan="2">≥4</td><td rowspan="2">≥4</td><td rowspan="2">≥2</td><td rowspan="3">≥12</td></tr>
<tr><td>>5.00~6.00</td><td>≤790</td><td>540~930</td><td>≥550</td></tr>
<tr><td>>6.00</td><td>≤690</td><td>—</td><td>—</td><td>—</td><td>—</td><td>—</td></tr>
</table>

注:①钢丝直径也可按线规号供货(如BWG、SWG等)。

②钢丝按标准捆交货时,应在合同中注明,未注明都由供方确定。

③退火钢丝和镀锌钢丝的抗拉强度均为295~540MPa。

④对于直径≤0.8mm的冷拉普通用途钢丝可用打结拉伸试验代替弯曲试验,打结钢丝进行拉伸试验时所能承受的拉力不低于不打结破断拉力的50%。

2.2.4.3 重要用途低碳钢丝

1. 重要用途低碳钢丝的允许偏差 (mm)

<table>
<tr><th rowspan="2">公称直径</th><th colspan="2">允许偏差</th><th rowspan="2">公称直径</th><th colspan="2">允许偏差</th></tr>
<tr><th>光面钢丝</th><th>镀锌钢丝</th><th>光面钢丝</th><th>镀锌钢丝</th></tr>
<tr><td>0.3</td><td rowspan="4">±0.02</td><td rowspan="4">+0.04
−0.02</td><td>0.8</td><td rowspan="5">±0.04</td><td rowspan="5">+0.06
−0.02</td></tr>
<tr><td>0.4</td><td>1.0</td></tr>
<tr><td>0.5</td><td>1.2</td></tr>
<tr><td>0.6</td><td>1.4</td></tr>
<tr><td></td><td></td><td></td><td>1.6</td></tr>
</table>

续表

公称直径	允许偏差		公称直径	允许偏差	
	光面钢丝	镀锌钢丝		光面钢丝	镀锌钢丝
1.8	±0.06	+0.08 −0.06	3.5	±0.07	+0.09 −0.07
2.0			4.0		
2.3			4.5		
2.6			5.0		
3.0			6.0		

2. 重要用途低碳钢丝的规格及力学性能(YB/T 5032—1993)

按表面状况分类	Ⅰ类—镀锌钢丝(代号 Zd) Ⅱ类—光面钢丝(代号 Zs)						
公称直径 /mm	抗拉强度 σ_b/MPa≥		360°扭转试验 /次 ≥	180°弯曲试验 /次	镀锌层质量 /(g/m²) ≥	镀锌钢丝缠绕试验	每盘质量 /kg ≥
	镀锌	光面					
0.3,0.4	363	392	30	*	5	芯棒直径等于5倍钢丝直径,缠绕20圈	0.3
0.5,0.6			30	*	8		0.5
0.8			30	*	15		1.0
1.0			25	22	24		1.0
1.2			25	18	24		5.0
1.4			20	14	24		5.0
1.6			20	12	31		5.0
1.8			18	12	41		10
2.0			18	10	41		10
2.3			15	10	59		10
2.6			15	10	59		10

续表

<table>
<tr><td colspan="3">按表面状况分类</td><td colspan="5">Ⅰ类—镀锌钢丝(代号 Zd)
Ⅱ类—光面钢丝(代号 Zs)</td></tr>
<tr><td rowspan="2">公称直径/mm</td><td colspan="2">抗拉强度 σ_b/MPa≥</td><td rowspan="2">360°扭转试验/次≥</td><td rowspan="2">180°弯曲试验/次</td><td rowspan="2">镀锌层质量/(g/m²)≥</td><td rowspan="2">镀锌钢丝缠绕试验</td><td rowspan="2">每盘质量/kg≥</td></tr>
<tr><td>镀锌</td><td>光面</td></tr>
<tr><td>3.0,3.5</td><td rowspan="4">363</td><td rowspan="4">392</td><td>12</td><td>10</td><td>75</td><td rowspan="4">芯棒直径等于5倍钢丝直径，缠绕20圈</td><td>10</td></tr>
<tr><td>4.0,4.5</td><td>10</td><td>8</td><td>95</td><td>20</td></tr>
<tr><td>5.0</td><td>8</td><td>6</td><td>110</td><td>20</td></tr>
<tr><td>6.0</td><td>—</td><td>—</td><td>110</td><td>20</td></tr>
</table>

注:①钢丝采用 GB/T 699—1988 中的低碳钢制造。

②“*”表示钢丝直径 0.3~0.8m 的打结拉伸试验的抗拉强度：光面钢丝≥225Ma;镀锌钢丝≥186Ma。

③每盘钢丝由一根钢丝组成。

2.2.4.4 铠装电缆用低碳镀锌钢丝

【性能及规格】 (GB 3082—84)

<table>
<tr><td colspan="2">公称直径 d/mm</td><td>1.0</td><td>2.0</td><td>2.5</td><td>3.15</td><td>4.0</td><td>5.0</td><td>6.0</td></tr>
<tr><td colspan="2">抗拉强度 σ_b/MPa</td><td colspan="7">343~490</td></tr>
<tr><td colspan="2">伸长率 δ(%)≥</td><td colspan="7">10</td></tr>
<tr><td colspan="2">扭转试验次数≥</td><td>37</td><td>30</td><td>24</td><td>19</td><td>15</td><td>12</td><td>10</td></tr>
<tr><td rowspan="2">锌层质量/(g/m²)≥</td><td>Ⅰ组</td><td>150</td><td>190</td><td>210</td><td>240</td><td colspan="3">270</td></tr>
<tr><td>Ⅱ组</td><td>220</td><td>240</td><td>260</td><td>275</td><td colspan="3">290</td></tr>
<tr><td colspan="2">缠绕试验(缠绕圈数≥6)</td><td colspan="7">芯轴直径 $D=4d$($d\leqslant3.15$)或 $5d$($d\geqslant4$)</td></tr>
<tr><td colspan="2">每盘质量/kg</td><td colspan="2">30</td><td colspan="2">45</td><td colspan="2">50</td><td>60</td></tr>
</table>

注:钢丝按锌层表面状态分为钝化处理(代号 DH)和非钝化处理(无代号)。

2.2.4.5 棉花打包用低碳镀锌钢丝

1. 钢丝的直径及允许偏差(YB/T 5033—1993) (mm)

公称直径	允许偏差	公称直径	允许偏差
2.20	—	2.80	—
2.50	±0.50	—	—

2. 钢丝的质量(YB/T 5033—1993)

公称直径/mm	每捆净重/kg	每捆根数	单根最低质量/kg
2.20	50	1~2	3
2.50	50	1~2	3
2.80	50	1~2	3

3. 力学性能(YB/T 5033—1993)

直径/mm	抗拉强度 σ_b/MPa	伸长率 δ(%)	180°弯曲试验/次	镀锌层质量/(g/m²)	缠绕试验
2.20	382~461	≥15	≥14	≥50	≥6圈
2.50				≥57	
2.80				≥65	

4. 最大适用范围(YB/T 5033—1993)

直径/mm	包型尺寸/mm	棉花等级(锯齿棉)	捆绑道数/根	棉包密度/(kg/m³)
2.20	(长×宽×高)/(80×40×60)	3~4(含水率8%~10%)	10~12	350~400
2.50			10~12	400~450
2.80			10~12	450~500

注:①钢丝采用"低碳钢热轧圆盘条(GB 701)"中规定的牌号Q195、Q215钢制造。
②钢丝缠绕试验芯棒直径均为钢丝直径的7倍。
③棉包为套扣式结扣,如棉花等级高,含水率低于规定,应适当降低棉包密度或捆绑道数;棉花等级低,含水率高于规定或为皮辊棉时,可适当提高棉包密度或捆绑道数,其他包型可适当增加。

2.2.4.6 通信线用镀锌低碳钢丝

【规格】（GB 346—84）

直径/mm	力学性能		20℃电阻率/(Ω·mm²/m)	理论质量/(kg/km)	每捆质量/kg
	抗拉强度 σ_b /MPa	伸长率 δ (%)			
1.2	353～539	≥12	含铜的钢丝（铜 0.2%～0.4%）≤0.132，普通的钢丝（铜＜0.2%）≤0.146	8.88	50
1.5				13.9	
2.0				24.7	
2.5	353～490			38.5	
3.0				55.5	
4.0				98.6	
5.0				154	
6.0				222	

直径/mm	锌层质量/(g/m²)≥		浸硫酸铜溶液/次数≥				钢丝缠绕试验/圈
	Ⅰ组	Ⅱ组	Ⅰ组		Ⅱ组		
			60s	30s	60s	30s	
1.2	120	—	2	—	—	—	芯棒直径等于5倍钢丝直径缠绕6圈
1.5	150	230	2	—	2	1	
2.0	210	240	2	—	3	—	
2.5	230	260	2	—	3	—	
3.0	230	275	3	—	3	1	
4.0,5.0,6.0	245	290	3	—	3	1	

注：①钢丝采用“低碳钢热轧圆盘条（GB 701）”中规定的牌号Q195、Q215钢制造。

②钢线按锌层表面状态分为钝化处理（代号 DH）和非钝化处理（无代号）。

2.2.4.7 碳素弹簧钢丝

【性能及规格】（GB/T 4357—89）

直径 /mm	抗拉强度/MPa		
	B级	C级	D级
0.08	2400～2800	2740～3140	2840～3240
0.09	2350～2750	2690～3090	2840～3240
0.10	2300～2700	2650～3040	2790～3190
0.12	2250～2650	2600～2990	2740～3140
0.14	2200～2600	2550～2940	2740～3140
0.16	2150～2550	2500～2890	2690～3090
0.18	2150～2550	2450～2840	2690～3090
0.20	2150～2550	2400～2790	2690～3090
0.22	2100～2500	2350～2750	2690～3090
0.25	2060～2450	2300～2700	2640～3040
0.28	2010～2400	2300～2700	2640～3040
0.30	2010～2400	2300～2700	2640～3040
0.32	1960～2380	2250～2650	2600～2990
0.35	1960～2350	2250～2650	2600～2990
0.40	1910～2300	2250～2650	2600～2990
0.45	1860～2260	2200～2600	2550～2940
0.50	1860～2260	2200～2600	2550～2940
0.55	1810～2210	2150～2550	2500～2890
0.60	1760～2160	2110～2550	2450～2840
0.63	1760～2160	2110～2500	2450～2840
0.70	1710～2110	2060～2450	2450～2840
0.80	1710～2060	2010～2400	2450～2840
0.90	1710～2060	2010～2350	2350～2750
1.00	1660～2010	1960～2300	2300～2690

续表

直径/mm	抗拉强度/MPa		
	B级	C级	D级
1.20	1620～1960	1910～2250	2250～2550
1.40	1620～1910	1860～2210	2150～2450
1.60	1570～1860	1810～2160	2110～2400
1.80	1520～1810	1760～2110	2010～2300
2.00	1470～1760	1710～2010	1910～2200
2.20	1420～1710	1660～1960	1810～2110
2.50	1420～1710	1660～1960	1760～2060
2.80	1370～1670	1620～1910	1710～2010
3.00	1370～1670	1570～1860	1710～1960
3.20	1320～1620	1570～1810	1660～1910
3.50	1320～1620	1570～1810	1660～1910
4.00	1320～1620	1520～1760	1620～1860
4.50	1320～1570	1520～1760	1620～1860
5.00	1320～1570	1470～1710	1570～1810
5.50	1270～1520	1470～1710	1570～1810
6.00	1220～1470	1420～1660	1520～1760
6.30	1220～1470	1420～1610	
7.00	1170～1420	1370～1570	
8.00	1170～1420	1370～1570	
9.00	1130～1320	1320～1520	
10.00	1130～1320	1320～1520	
11.00	1080～1270	1270～1470	
13.00	1030～1270	1220～1420	

注：①钢丝抗拉强度分为：B级用于低应力弹簧；C级用于中应力弹簧；D级用于高应力弹簧。

②钢丝直径按GB/T 342—1982冷拉圆钢丝尺寸规定（允许偏差按h11级）。

③钢丝采用GB/T 435和GB/T 1298中规定的牌号制造。

2.2.4.8 重要用途碳素弹簧钢丝

1. 重要用途碳素弹簧钢丝规格(GB/T 4358—1995)

序号	分类名称	直径/mm	直径允许偏差
1	E组	0.08～6.00	符合 GB/T 342 中 h10 级的规定
2	F组	0.08～6.00	符合 GB/T 342 中 h11 级的规定
3	G组	0.08～6.00	

2. 重要用途碳素弹簧钢丝的力学性能(GB/T 4358—1995)

直径/mm	抗拉强度 σ_b/MPa			直径/mm	抗拉强度 σ_b/MPa		
	E组	F组	G组		E组	F组	G组
0.08	2330～2710	2710～3060	—	0.22	2240～2620	2620～2970	—
0.09	2320～2700	2700～3050	—	0.25	2220～2600	2600～2950	—
0.10	2310～2690	2690～3040	—	0.28	2220～2600	2600～2950	—
0.12	2300～2680	2680～3030	—	0.30	2210～2600	2600～2950	—
0.14	2290～2670	2670～3020	—	0.32	2210～2590	2590～2940	—
0.16	2280～2660	2660～3010	—	0.35	2210～2590	2590～2940	—
0.18	2270～2650	2650～3000	—	0.40	2200～2580	2580～2930	—
0.20	2260～2640	2640～2990	—	0.45	2190～2570	2570～2920	—

续表

直径/mm	抗拉强度 σ_b/MPa			直径/mm	抗拉强度 σ_b/MPa		
	E组	F组	G组		E组	F组	G组
0.50	2180~2560	2560~2910	—	2.00	1760~2090	1970~2230	1670~1910
0.55	2170~2550	2550~2900	—	2.20	1720~2000	1870~2130	1620~1860
0.60	2160~2540	2540~2890	—	2.50	1680~1960	1770~2030	1620~1860
0.63	2140~2520	2520~2870	—	2.80	1630~1910	1720~1980	1570~1810
0.70	2110~2500	2500~2850	—	3.00	1610~1890	1690~1950	1570~1810
0.80	2110~2490	2490~2840	—	3.20	1560~1840	1670~1930	1570~1810
0.90	2060~2390	2390~2690	—	3.50	1520~1750	1620~1840	1470~1810
1.00	2020~2350	2350~2650	1850~2110	4.00	1480~1710	1570~1790	1470~1710
1.20	1920~2270	2270~2570	1820~2080	4.50	1410~1640	1500~1720	1470~1710
1.40	1870~2200	2200~2500	1780~2040	5.00	1380~1610	1480~1700	1420~1660
1.60	1830~2140	2160~2480	1750~2010	5.50	1330~1560	1440~1660	1400~1640
1.80	1800~2130	2060~2360	1700~1960	6.00	1320~1550	1420~1660	1350~1590

2.2.4.9　熔化焊用钢丝

公称直径/mm	允许偏差/mm		捆(盘)的内径/mm	每捆(盘)的质量/kg			
				碳素结构钢		合金结构钢	
	普通精度	较高精度		一般	最小	一般	最小
1.6	−0.10	−0.06	≥350	≥30	≥15	≥10	≥5
2.0							
2.5							
3.0							
3.2	−0.12	−0.08	≥400	≥40	≥20	≥15	≥8
4.0							
5.0							
6.0							

注：标注示例：①H08MnA 直径为 4.0mm 的钢丝，其标记为：
H08MnA-4.0-GB/T 14957—1994；
②H10Mn2 直径为 5.0mm 的钢丝，其标记为：
H10Mn2-5.0-GB/T 14957—1994。

2.2.4.10　气体保护焊用钢丝

1. 分类及代号（GB/T 14958—1994）

分　类	类别	代号	分　类	类别	代号
按表面状态	镀铜	DT	按交货状态	捆(盘)状	KZ
	未镀铜	—		缠轴	CZ

2. 尺寸及其允许偏差（GB/T 14958—1994）　　(mm)

公称直径	允许偏差	
	普通精度	较高精度
0.6,0.8	+0.01 −0.05	—

续表

公称直径	允许偏差	
	普通精度	较高精度
1.0,1.2,1.6	+0.01 −0.09	+0.01 −0.04
2.0 2.2	+0.01 −0.09	+0.01 −0.06

3. 捆(盘)状钢丝内径和每捆(盘)钢丝质量(GB/T 14958—1994)

公称直径/mm	钢丝捆(盘)内径/mm	每捆(盘)钢丝质量/kg
0.6 0.8	≥250	≥4
1.0 1.2	≥300	≥10
1.6 2.0 2.2	≥300	≥15

注:①每轴钢丝质量一般为15~20kg。

②标记示例:

a. H08Mn2SiA 直径1.2mm,捆(盘)状未镀铜气体保护焊用钢丝,其标记为:H08Mn2SiA-1.2-KZ-GB/T 14958—1994;

b. H08Mn2Si 直径1.6mm,缠轴镀铜气体保护焊用钢丝,其标记为:H08Mn2Si-1.6-CZ-DT-GB/T 14958—1994。

2.2.4.11　焊接用不锈钢丝

【类别及牌号】（YB/T 5092—1996）

类别	牌　　号	类别	牌　　号
奥氏体型	H1Cr19Ni9	奥氏体型	H1Cr24Ni13
	HMo2		H1Cr24Ni13Mo2
	H00Cr19Ni12Mo2		H00Cr25Ni22Mn4Mo2N
	H00Cr19Ni12Mo2Cu2		H1Cr26Ni21
	H0Cr19Ni14Mo3		H0Cr26Ni21
	H0Cr21Ni10	铁素体型	H0Cr14
	H00Cr21Ni10		H1Cr17
	H0Cr20Ni10Ti	马氏体型	H1Cr13
	H0Cr20Ni10Nb		H2Cr13
	H00Cr20Ni25Mo4Cu		H0Cr17Ni4CuNb
	H1Cr21Ni10Mn6		

2.2.4.12　钢丝绳

1. 钢丝绳的名称及代号

名　　称		代号	名　　称		代号
钢丝绳	圆钢丝绳	—	股（横截面）	圆形股	—
	扁钢丝绳	P		三角形股	V
	面接触钢丝绳	T		扁形股	R
	编织钢丝绳	Y		椭圆形股	Q
	西鲁式钢丝绳	S	钢丝	圆形钢丝	—
	瓦林吞式钢丝绳	W		三角形钢丝	V
	瓦林吞-西鲁式钢丝绳	WS		矩形或扁形钢丝	R
	填充钢丝绳	Fi		梯形钢丝	T

续表

名称		代号	名称		代号
钢丝	椭圆形钢丝	Q	绳(股)芯	合成纤维芯	SF
	半密封钢丝与圆形钢丝搭配	H		金属丝绳芯	IWR
				金属丝股芯	IWS
	Z形钢丝	Z	捻向	右向捻	Z
钢丝表面状态	光面钢丝	NAT		左向捻	S
	A级镀锌钢丝	ZAA		右同向捻	ZZ
	AB级镀锌钢丝	ZAB		左同向捻	SS
	B级镀锌钢丝	ZBB		右交互捻	ZS
绳(股)芯	纤维芯	FC		左交互捻	SZ
	天然纤维芯	NF		—	—

2. 钢丝绳标记

(1)钢丝绳全称标记示例

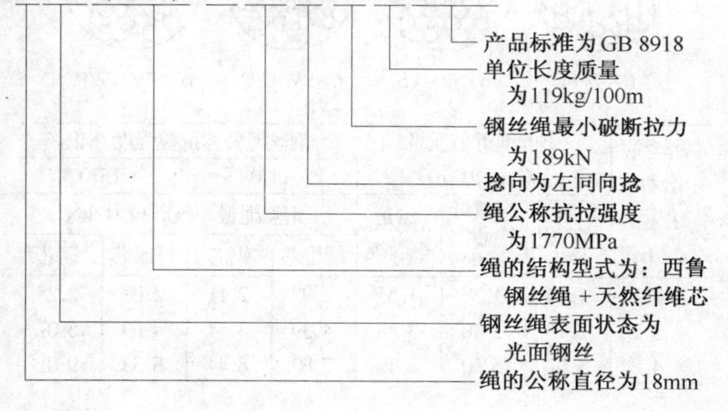

(2)钢丝绳的简化标记示例

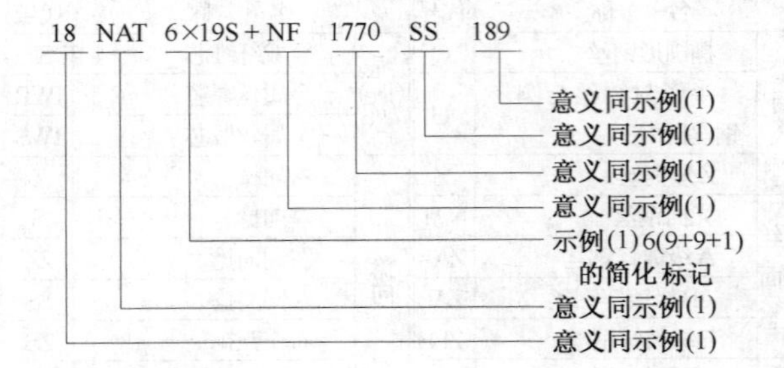

3. 常用钢丝绳

(1)6×7类圆股钢丝绳规格(GB/T 8918—1996)

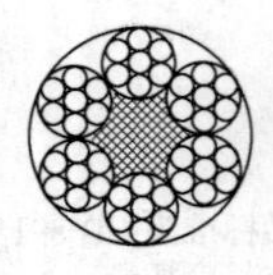
6×7+FC

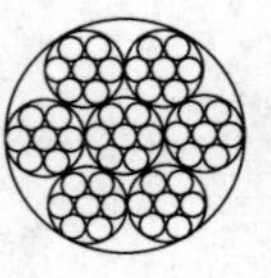
6×7+IWS

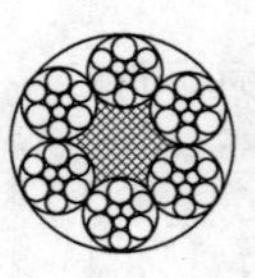
6×9W+FC

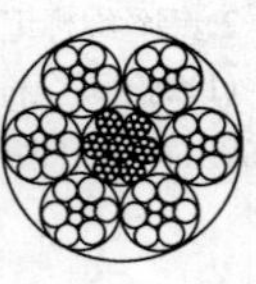
6×9W+IWR

钢丝绳公称直径 d/mm	钢丝绳近似质量/(kg/100m)			钢丝绳公称抗拉强度/MPa			
				1470		1570	
	天然纤维芯钢丝绳	合成纤维芯钢丝绳	钢芯钢丝绳	钢丝绳最小破断拉力/kN			
				纤维芯	钢芯	纤维芯	钢芯
2	1.40	1.38	1.55	1.95	2.11	2.08	2.25
3	3.16	3.10	3.48	4.39	4.74	4.69	5.07
4	5.62	5.50	6.19	7.80	8.44	8.33	9.01

续表

钢丝绳公称直径 d/mm	钢丝绳近似质量/(kg/100m)			钢丝绳公称抗拉强度/MPa			
				1470		1570	
				钢丝绳最小破断拉力/kN			
	天然纤维芯钢丝绳	合成纤维芯钢丝绳	钢芯钢丝绳	纤维芯	钢芯	纤维芯	钢芯
5	8.77	8.60	9.68	12.20	13.10	13.00	14.00
6	12.60	12.40	13.90	17.50	18.90	18.70	20.20
7	17.20	16.90	19.00	23.90	25.80	25.50	27.60
8	22.50	22.00	24.80	31.20	33.70	33.30	36.00
9	28.40	27.90	31.30	39.50	42.70	42.20	45.60
10	35.10	34.40	38.70	48.80	52.70	52.10	56.30
11	42.50	41.60	46.80	59.00	63.80	63.00	68.10
12	50.50	49.50	55.70	70.20	75.90	75.00	81.10
13	59.30	58.10	65.40	82.40	89.10	88.00	95.20
14	68.80	67.40	75.90	95.60	103.00	102.00	110.00
16	89.90	88.10	99.10	124.00	135.00	133.00	144.00
18	114.00	111.00	125.00	158.00	170.00	168.00	182.00
20	140.00	138.00	155.00	195.00	211.00	208.00	225.00
22	170.00	166.00	187.00	236.00	255.00	252.00	272.00
24	202.00	198.00	223.00	281.00	303.00	300.00	324.00
26	237.00	233.00	262.00	329.00	356.00	352.00	381.00
28	275.00	270.00	303.00	382.00	413.00	408.00	441.00
(30)	316.00	310.00	348.00	439.00	474.00	469.00	507.00
32	359.00	352.00	396.00	499.00	540.00	533.00	577.00
(34)	406.00	398.00	447.00	564.00	610.00	602.00	651.00
36	455.00	446.00	502.00	632.00	683.00	675.00	730.00

续表

钢丝绳公称直径 d/mm	钢丝绳公称抗拉强度/MPa					
	1670		1770		1870	
	钢丝绳最小破断拉力/kN					
	纤维芯	钢芯	纤维芯	钢芯	纤维芯	钢芯
2	2.21	2.39	2.35	2.54	2.48	2.68
3	4.98	5.39	5.28	5.71	5.58	6.04
4	8.87	9.59	9.40	10.10	9.93	10.70
5	13.80	14.90	14.60	15.80	15.50	16.70
6	19.90	21.50	21.10	22.80	22.30	24.10
7	27.10	29.30	28.70	31.10	30.40	32.80
8	35.40	38.30	37.60	40.60	39.70	42.90
9	44.90	48.50	47.50	51.40	50.20	54.30
10	55.40	59.90	58.70	63.50	62.00	67.10
11	67.00	72.50	71.10	76.80	75.10	81.20
12	79.80	86.30	84.60	91.50	89.40	96.60
13	93.70	101.00	99.30	107.00	104.00	113.00
14	108.00	117.00	115.00	124.00	121.00	131.00
16	141.00	153.00	150.00	162.00	158.00	171.00
18	179.00	194.00	190.00	205.00	201.00	217.00
20	221.00	239.00	235.00	254.00	248.00	268.00
22	268.00	290.00	284.00	307.00	300.00	324.00
24	319.00	345.00	338.00	366.00	357.00	386.00
26	374.00	405.00	397.00	429.00	419.00	453.00
28	434.00	470.00	460.00	498.00	486.00	526.00
(30)	498.00	539.00	528.00	571.00	558.00	604.00

续表

钢丝绳公称直径 d/mm	钢丝绳公称抗拉强度/MPa					
	1670		1770		1870	
	钢丝绳最小破断拉力/kN					
	纤维芯	钢芯	纤维芯	钢芯	纤维芯	钢芯
32	567.00	613.00	601.00	650.00	635.00	687.00
(34)	640.00	693.00	679.00	734.00	717.00	776.00
36	718.00	776.00	761.00	823.00	804.00	870.00

注:①6×7+FC 纤维芯钢丝绳和 6×7+IWS 钢芯钢丝绳直径为 2～36mm;6×9W+FC 纤维芯瓦林吞钢丝绳和 6×9W+IWR 钢芯瓦林吞钢丝绳直径为 14～36mm。

②最小钢丝破断拉力总和=钢丝绳最小破断拉力×1.134(纤维芯)或 1.214(钢芯)。

③括号内钢丝绳直径尽量不选用。

(2)6×19(a)类圆股钢丝绳规格(GB/T 8918—1996)

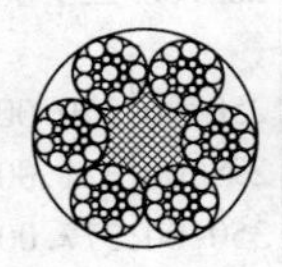
6×19S+FC

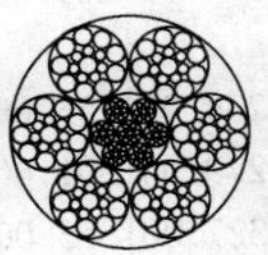
6×19S+IWR

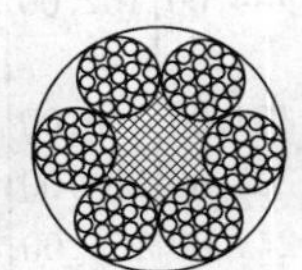
6×19W+FC

6×19W+IWR

钢丝绳公称直径 d/mm	钢丝绳近似质量/(kg/100m)			钢丝绳公称抗拉强度/MPa			
				1470		1570	
				钢丝绳最小破断拉力/kN			
	天然纤维芯钢丝绳	合成纤维芯钢丝绳	钢芯钢丝绳	纤维芯	钢芯	纤维芯	钢芯
6	13.30	13.00	14.60	17.40	18.80	18.60	20.10
7	18.10	17.60	19.90	23.70	25.60	25.30	27.30

续表

钢丝绳公称直径 d/mm	钢丝绳近似质量/(kg/100m)			钢丝绳公称抗拉强度/MPa			
				1470		1570	
				钢丝绳最小破断拉力/kN			
	天然纤维芯钢丝绳	合成纤维芯钢丝绳	钢芯钢丝绳	纤维芯	钢芯	纤维芯	钢芯
8	23.60	23.00	25.90	31.00	33.40	33.10	35.70
9	29.90	29.10	32.80	39.20	42.30	41.90	45.20
10	36.90	36.00	40.50	48.50	52.30	51.80	55.80
11	44.60	43.50	49.10	58.60	63.30	62.60	67.60
12	53.10	51.80	58.40	69.80	75.30	74.60	80.40
13	62.30	60.80	68.50	81.90	88.40	87.50	94.40
14	72.20	70.50	79.50	95.00	102.00	101.00	109.00
16	94.40	92.10	104.00	124.00	133.00	132.00	143.00
18	119.00	117.00	131.00	157.00	169.00	167.00	181.00
20	147.00	144.00	162.00	194.00	209.00	207.00	223.00
22	178.00	174.00	196.00	234.00	253.00	250.00	270.00
24	212.00	207.00	234.00	279.00	301.00	298.00	321.00
26	249.00	243.00	274.00	327.00	353.00	350.00	377.00
28	289.00	282.00	318.00	380.00	410.00	406.00	438.00
(30)	332.00	324.00	365.00	436.00	470.00	466.00	503.00
32	377.00	369.00	415.00	496.00	535.00	530.00	572.00
(34)	426.00	416.00	469.00	560.00	604.00	598.00	646.00
36	478.00	466.00	525.00	628.00	678.00	671.00	724.00
(38)	532.00	520.00	585.00	700.00	755.00	748.00	807.00
40	590.00	576.00	649.00	776.00	837.00	828.00	894.00

续表

钢丝绳公称直径 d/mm	钢丝绳公称抗拉强度/MPa					
	1670		1770		1870	
	钢丝绳最小破断拉力/kN					
	纤维芯	钢芯	纤维芯	钢芯	纤维芯	钢芯
6	19.80	21.40	21.00	22.60	22.20	23.90
7	27.00	29.10	28.60	30.80	30.20	32.60
8	35.20	38.00	37.30	40.30	39.40	42.60
9	44.60	48.10	47.30	51.00	49.90	53.90
10	55.10	59.40	58.40	63.00	61.70	66.50
11	66.60	71.90	70.60	76.20	74.60	80.50
12	79.30	85.60	84.10	90.70	88.80	95.80
13	93.10	100.00	98.70	106.00	104.00	112.00
14	108.00	116.00	114.00	123.00	120.00	130.00
16	141.00	152.00	149.00	161.00	157.00	170.00
18	178.00	192.00	189.00	204.00	199.00	215.00
20	220.00	237.00	233.00	252.00	246.00	266.00
22	266.00	287.00	282.00	304.00	298.00	322.00
24	317.00	342.00	336.00	362.00	355.00	383.00
26	372.00	401.00	394.00	425.00	417.00	450.00
28	432.00	466.00	457.00	494.00	483.00	521.00
(30)	495.00	535.00	525.00	567.00	555.00	599.00
32	564.00	608.00	598.00	645.00	631.00	681.00
(34)	637.00	687.00	675.00	728.00	713.00	769.00
36	714.00	770.00	756.00	816.00	799.00	862.00
(38)	795.00	858.00	843.00	909.00	891.00	961.00
40	881.00	951.00	934.00	1000.00	987.00	1060.00

注：①6×19S+FC 钢丝绳直径为 6～36mm；
6×19S+IWR 钢芯西鲁钢丝绳直径为 11～36mm；
6×19W+FC 纤维芯瓦林吞钢丝绳直径为 6～40mm；
6×19W+IWR 钢芯瓦林吞钢丝绳直径为 11～40mm。
②最小钢丝破断拉力总和＝钢丝绳最小破断拉力×1.24（纤维芯）或 1.308（钢芯）。
③括号内的钢丝绳直径尽量不选用。

(3)6×19(b)类圆股钢丝绳规格(GB/T 8918—1996)

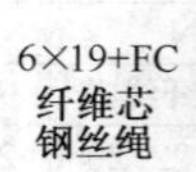

6×19+IWS
钢芯
钢丝绳

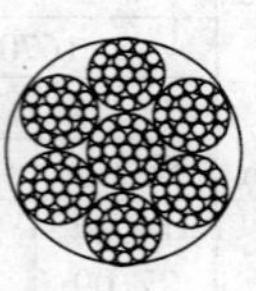

钢丝绳公称直径 d/mm	钢丝绳近似质量/(kg/100m)			钢丝绳公称抗拉强度/MPa			
				1470		1570	
				钢丝绳最小破断拉力/kN			
	天然纤维芯钢丝绳	合成纤维芯钢丝绳	钢芯钢丝绳	纤维芯	钢芯	纤维芯	钢芯
3	3.11	3.03	3.43	4.06	4.39	4.33	4.69
4	5.54	5.39	6.10	7.22	7.80	7.71	8.33
5	8.65	8.42	9.52	11.20	12.20	12.00	13.00
6	12.50	12.10	13.70	16.20	17.50	17.30	18.70
7	17.00	16.50	18.70	22.10	23.90	23.60	25.50
8	22.10	21.60	24.40	28.80	31.20	30.80	33.30
9	28.00	27.30	30.90	36.50	39.50	39.00	42.20
10	34.60	33.70	38.10	45.10	48.80	48.10	52.10
11	41.90	40.80	46.10	54.60	59.00	58.30	63.00
12	49.80	48.50	54.90	64.90	70.20	69.40	75.00
13	58.50	57.00	64.00	76.20	82.40	81.40	88.00
14	67.80	66.10	74.70	88.40	95.60	94.40	102.00
16	88.60	86.30	97.50	115.00	124.00	123.00	133.00
18	112.00	109.00	123.00	146.00	158.00	156.00	168.00
20	133.00	135.00	152.00	180.00	195.00	192.00	208.00

续表

钢丝绳公称直径 d/mm	钢丝绳近似质量/(kg/100m)			钢丝绳公称抗拉强度/MPa			
				1470		1570	
				钢丝绳最小破断拉力/kN			
	天然纤维芯钢丝绳	合成纤维芯钢丝绳	钢芯钢丝绳	纤维芯	钢芯	纤维芯	钢芯
22	167.00	163.00	184.00	218.00	236.00	233.00	252.00
24	199.00	194.00	219.00	259.00	281.00	277.00	300.00
26	234.00	228.00	258.00	305.00	329.00	325.00	352.00
28	271.00	264.00	299.00	353.00	382.00	377.00	408.00
(30)	311.00	303.00	343.00	406.00	439.00	433.00	469.00
32	354.00	345.00	390.00	462.00	499.00	493.00	533.00
(34)	400.00	390.00	440.00	521.00	564.00	557.00	602.00
36	448.00	437.00	494.00	584.00	632.00	524.00	675.00
(38)	500.00	487.00	550.00	651.00	704.00	695.00	752.00
40	554.00	539.00	610.00	722.00	780.00	771.00	833.00
(42)	610.00	594.00	672.00	796.00	860.00	850.00	919.00
44	670.00	652.00	738.00	873.00	944.00	933.00	1000.00
(46)	732.00	713.00	806.00	954.00	1030.00	1010.00	1100.00

钢丝绳公称直径 d/mm	钢丝绳公称抗拉强度/MPa					
	1670		1770		1870	
	钢丝绳最小破断拉力/kN					
	纤维芯	钢芯	纤维芯	钢芯	纤维芯	钢芯
3	4.61	4.98	4.89	5.28	5.16	5.58
4	8.20	8.87	8.69	9.40	9.18	9.93
5	12.80	13.80	13.50	14.60	14.30	15.50
6	18.40	19.90	19.50	21.10	20.60	22.30
7	25.10	27.10	26.60	28.70	28.10	30.40

续表

钢丝绳公称直径 d/mm	钢丝绳公称抗拉强度/MPa					
	1670		1770		1870	
	钢丝绳最小破断拉力/kN					
	纤维芯	钢芯	纤维芯	钢芯	纤维芯	钢芯
8	32.80	35.40	34.70	37.60	36.70	39.70
9	41.50	44.90	44.00	47.50	46.50	50.20
10	51.20	55.40	54.30	58.70	57.40	62.00
11	62.00	67.00	65.70	71.10	69.40	75.10
12	73.80	79.80	78.20	84.60	82.60	89.40
13	86.60	93.70	91.80	99.30	97.00	104.00
14	100.00	108.00	106.00	115.00	112.00	121.00
16	131.00	141.00	139.00	150.00	146.00	158.00
18	166.00	179.00	176.00	190.00	186.00	201.00
20	205.00	221.00	217.00	235.00	229.00	248.00
22	248.00	268.00	263.00	284.00	277.00	300.00
24	295.00	319.00	312.00	338.00	330.00	357.00
26	346.00	374.00	367.00	397.00	388.00	419.00
28	401.00	434.00	426.00	460.00	450.00	486.00
(30)	461.00	498.00	489.00	528.00	516.00	558.00
32	524.00	567.00	556.00	601.00	587.00	635.00
(34)	592.00	640.00	628.00	679.00	663.00	717.00
36	664.00	718.00	704.00	761.00	744.00	804.00
(38)	740.00	800.00	784.00	848.00	828.00	896.00
40	820.00	887.00	869.00	940.00	918.00	993.00

续表

钢丝绳公称直径 d/mm	钢丝绳公称抗拉强度/MPa					
	1670		1770		1870	
	钢丝绳最小破断拉力/kN					
	纤维芯	钢芯	纤维芯	钢芯	纤维芯	钢芯
(42)	904.00	978.00	958.00	1030.00	1010.00	1090.00
44	992.00	1070.00	1050.00	1130.00	1110.00	1200.00
(46)	1080.00	1170.00	1140.00	1240.00	1210.00	1310.00

注:①两种钢丝绳直径均为3～46mm。

②最小钢丝破断拉力总和＝钢丝绳最小破断拉力×1.197(纤维芯)或1.287(钢芯)。

③括号内钢丝绳直径尽量不选用。

(4)6×37(b)类圆股钢丝绳规格(GB/T 8918—1996)

6×37+FC 纤维芯钢丝绳

6×37+IWR 钢芯钢丝绳

钢丝绳公称直径 d/mm	钢丝绳近似质量/(kg/100m)			钢丝绳公称抗拉强度/MPa			
				1470		1570	
	天然纤维芯钢丝绳	合成纤维芯钢丝绳	钢芯钢丝绳	钢丝绳最小破断拉力/kN			
				纤维芯	钢芯	纤维芯	钢芯
5	8.65	8.42	9.52	10.80	11.70	11.50	12.50
6	12.50	12.10	13.70	15.60	16.80	16.60	18.00
7	17.00	16.50	18.70	21.20	22.90	22.60	24.50

续表

钢丝绳公称直径 d/mm	钢丝绳近似质量/(kg/100m)			钢丝绳公称抗拉强度/MPa			
				1470		1570	
				钢丝绳最小破断拉力/kN			
	天然纤维芯钢丝绳	合成纤维芯钢丝绳	钢芯钢丝绳	纤维芯	钢芯	纤维芯	钢芯
8	22.10	21.60	24.40	27.70	30.00	29.60	32.00
9	28.00	27.30	30.90	35.10	37.90	37.50	40.50
10	34.60	33.70	38.10	43.30	46.80	46.30	50.00
11	41.90	40.80	46.10	52.40	56.70	56.00	60.60
12	49.80	48.50	54.90	62.40	67.50	66.60	72.10
13	58.50	57.00	64.40	73.20	79.20	78.20	84.60
14	67.80	66.10	74.70	84.90	91.90	90.70	98.10
16	88.60	86.30	97.50	111.00	120.00	118.00	128.00
18	112.00	109.00	123.00	140.00	151.00	158.00	162.00
20	138.00	125.00	152.00	173.00	187.00	185.00	200.00
22	167.00	163.00	184.00	209.00	226.00	224.00	242.00
24	199.00	194.00	219.00	249.00	270.00	266.00	288.00
26	234.00	228.00	258.00	293.00	316.00	313.00	338.00
28	271.00	264.00	299.00	339.00	367.00	363.00	392.00
(30)	311.00	303.00	343.00	390.00	422.00	416.00	450.00
32	354.00	345.00	390.00	444.00	480.00	474.00	512.00
(34)	400.00	390.00	440.00	501.00	542.00	535.00	578.00
36	448.00	437.00	494.00	562.00	607.00	600.00	649.00
(38)	500.00	487.00	550.00	626.00	677.00	668.00	723.00
40	554.00	539.00	610.00	693.00	750.00	741.00	801.00
(42)	610.00	594.00	672.00	764.00	827.00	816.00	883.00
44	670.00	652.00	738.00	839.00	907.00	896.00	969.00

续表

钢丝绳公称直径 d/mm	钢丝绳近似质量/(kg/100m)			钢丝绳公称抗拉强度/MPa			
				1470		1570	
				钢丝绳最小破断拉力/kN			
	天然纤维芯钢丝绳	合成纤维芯钢丝绳	钢芯钢丝绳	纤维芯	钢芯	纤维芯	钢芯
(46)	732.00	713.00	806.00	917.00	992.00	980.00	1050.00
48	797.00	776.00	878.00	999.00	1080.00	1060.00	1150.00
(50)	865.00	840.00	952.00	1080.00	1170.00	1150.00	1250.00
52	936.00	911.00	1030.00	1170.00	1260.00	1250.00	1350.00
(54)	1010.00	983.00	1110.00	1260.00	1360.00	1350.00	1460.00
56	1090.00	1060.00	1190.00	1350.00	1470.00	1450.00	1570.00
(58)	1160.00	1130.00	1280.00	1450.00	1570.00	1550.00	1680.00
60	1250.00	1210.00	1370.00	1560.00	1680.00	1660.00	1800.00
(62)	1330.00	1300.00	1460.00	1660.00	1800.00	1780.00	1920.00
64	1420.00	1380.00	1560.00	1770.00	1920.00	1890.00	2050.00
66	1510.00	1470.00	1660.00	1880.00	2040.00	2010.00	2180.00

钢丝绳公称直径 d/mm	钢丝绳公称抗拉强度/MPa					
	1670		1770		1870	
	钢丝绳最小破断拉力/kN					
	纤维芯	钢芯	纤维芯	钢芯	纤维芯	钢芯
5	12.30	13.30	13.00	14.10	13.70	14.90
6	17.70	19.10	18.70	20.30	19.80	21.40
7	24.10	26.10	25.50	27.60	27.00	29.20
8	31.50	34.00	33.40	36.10	35.30	33.10
9	39.90	43.10	42.20	45.70	44.60	48.30
10	49.20	53.20	52.20	56.40	55.10	59.60
11	59.60	64.40	63.10	68.30	66.70	72.10
12	70.90	76.70	75.10	81.30	79.40	85.90

续表

钢丝绳公称直径 d/mm	钢丝绳公称抗拉强度/MPa					
	1670		1770		1870	
	钢丝绳最小破断拉力/kN					
	纤维芯	钢芯	纤维芯	钢芯	纤维芯	钢芯
13	83.20	90.00	88.20	95.40	93.20	100.00
14	96.50	104.00	102.00	110.00	108.00	116.00
16	126.00	136.00	133.00	144.00	141.00	152.00
18	159.00	172.00	169.00	182.00	178.00	193.00
20	197.00	213.00	208.00	225.00	220.00	233.00
22	238.00	257.00	252.00	273.00	266.00	288.00
24	283.00	306.00	300.00	325.00	317.00	343.00
26	333.00	360.00	352.00	381.00	372.00	403.00
28	386.00	417.00	409.00	442.00	432.00	467.00
(30)	443.00	479.00	469.00	508.00	496.00	536.00
32	504.00	545.00	534.00	578.00	564.00	610.00
(34)	569.00	615.00	603.00	652.00	637.00	689.00
36	638.00	690.00	676.00	731.00	714.00	773.00
(38)	711.00	769.00	753.00	815.00	796.00	861.00
40	788.00	852.00	835.00	903.00	882.00	954.00
(42)	869.00	939.00	921.00	996.00	973.00	1050.00
44	953.00	1030.00	1010.00	1090.00	1060.00	1150.00
(46)	1040.00	1120.00	1100.00	1190.00	1160.00	1260.00
48	1130.00	1220.00	1200.00	1300.00	1270.00	1370.00
(50)	1230.00	1330.00	1300.00	1410.00	1370.00	1490.00
52	1330.00	1440.00	1410.00	1520.00	1490.00	1610.00
(54)	1430.00	1550.00	1520.00	1640.00	1600.00	1730.00
56	1540.00	1670.00	1630.00	1770.00	1720.00	1870.00
(58)	1650.00	1790.00	1750.00	1890.00	1850.00	2000.00

续表

钢丝绳公称直径 d/mm	钢丝绳公称抗拉强度/MPa					
	1670		1770		1870	
	钢丝绳最小破断拉力/kN					
	纤维芯	钢芯	纤维芯	钢芯	纤维芯	钢芯
60	1770.00	1910.00	1870.00	2030.00	1980.00	2140.00
(62)	1890.00	2040.00	2000.00	2170.00	2120.00	2290.00
64	2010.00	2180.00	2130.00	2310.00	2250.00	2440.00
66	2140.00	2320.00	2270.00	2450.00	2400.00	2590.00

注:①两种钢丝绳直径均为5～66mm。

②最小钢丝破断拉力总和＝钢丝绳最小破断拉力×1.249(纤维芯)或1.336(钢芯)。

③括号内的钢丝绳直径尽量不选用。

2.2.4.13 钢绞线

【规格及用途】 (GB/T 5224—1995)

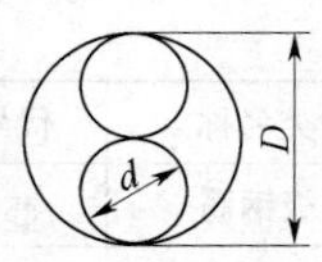

1×2 结构钢绞线

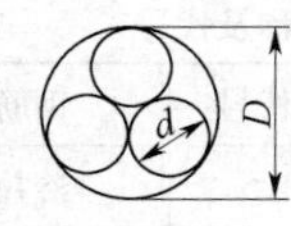

1×3 结构钢绞线

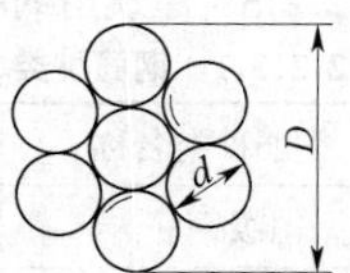

1×7 结构钢绞线

钢绞线结构	公称直径 D /mm	钢丝直径 d/mm	钢绞线公称截面积 /mm²	100m理论质量 /kg	钢绞线结构	公称直径 D /mm	钢丝直径 d /mm	钢绞线公称截面积 /mm²	100m理论质量 /kg
1×2	5.00	2.50	9.81	77.0	1×2	8.00	4.00	25.3	199
	5.80	2.90	13.2	104		10.00	5.00	39.5	310

续表

钢绞线结构	公称直径 D /mm	钢丝直径 d /mm	钢绞线公称截面积 /mm²	100m理论质量 /kg	钢绞线结构		公称直径 D /mm	钢丝直径 d /mm	钢绞线公称截面积 /mm²	100m理论质量 /kg
1×2	12.00	6.00	56.9	447	1×7	标准型	8.74	7.05	38.64	306
1×3	6.20	2.90	19.8	77			9.50	—	54.8	432
	6.50	3.00	21.3	104			11.10	—	74.2	580
	8.60	4.00	37.4	199			12.70	—	98.7	774
	10.8	5.00	59.3	465			15.20	—	139	1101
	12.9	6.00	85.4	671		模拔型	12.70	—	112	890
							15.20	—	165	1295
用途	用于制作预应力混凝土									

2.2.5 建筑用钢筋

2.2.5.1 钢筋种类、名称及代号

钢筋种类名称	代号	钢筋种类名称	代号
Ⅰ级钢筋	Φ	冷拉Ⅳ级钢筋	Φ^{l}（Ⅳ级符号）
冷拉Ⅰ级钢筋	Φ^{l}	热处理钢筋	Φ^{t}（Ⅳ级符号）
Ⅱ级钢筋	Φ̲	冷拔低碳钢丝	Φ^{b}
冷拉Ⅱ级钢筋	$\underline{\Phi}^{l}$	碳素钢丝	Φ^{s}
Ⅲ级钢筋	Φ̳	刻痕钢丝	Φ^{k}
冷拉Ⅲ级钢筋	Φ^{t}（Ⅲ级符号）	钢绞线	Φ^{j}
Ⅳ级钢筋	Φ̲̅	—	—

2.2.5.2 常用钢筋

1. 热轧光圆钢筋规格与用途(GB/T 13013—91)

公称直径/mm	8	10	12	14	16	18	20
公称截面面积/mm^2	50.27	78.54	113.1	153.9	201.1	254.5	314.2
公称质量/(kg/m)	0.395	0.617	0.888	1.21	1.58	2.00	2.47
材料	Q235						
用途	混凝土及其构件用钢筋						

2. 热轧带肋钢筋规格及用途(GB/T 1499—1998)

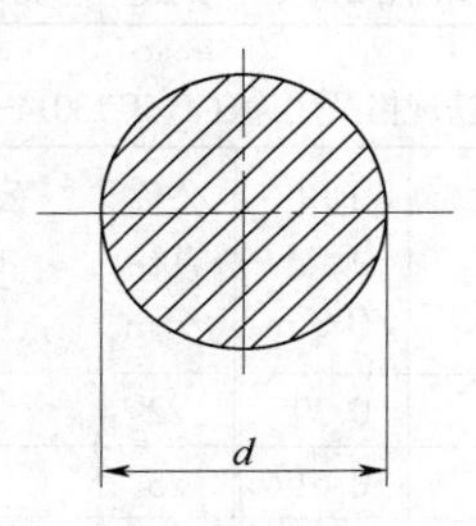

公称直径/mm	公称横截面面积/mm^2	理论质量/(kg/m)	公称直径/mm	公称横截面面积/mm^2	理论质量/(kg/m)
6	28.27	0.222	12	113.1	0.888
8	50.27	0.395	14	153.9	1.21
10	78.54	0.617	16	201.1	1.58

续表

公称直径/mm	公称横截面面积/mm²	理论质量/(kg/m)	公称直径/mm	公称横截面面积/mm²	理论质量/(kg/m)
18	254.5	2.00	32	804.2	6.31
20	314.2	2.47	36	1018	7.99
22	380.1	2.98	40	1257	9.87
25	490.9	3.85	50	1964	15.42
28	615.8	4.83	—	—	—
材料	HRB335、HRB400、HRB500		用途	混凝土及其构件用钢筋	

3. 余热处理钢筋规格及用途(GB/T 13014—91)

公称直径/mm	公称横截面面积/mm²	理论质量/(kg/m)	公称直径/mm	公称横截面面积/mm²	理论质量/(kg/m)
8	50.27	0.395	22	380.1	2.98
10	78.54	0.617	25	490.9	3.85
12	113.1	0.888	28	615.8	4.83
14	153.9	1.21	32	804.2	6.31
16	201.1	1.58	36	1018	7.99
18	254.5	2.00	40	1257	9.87
20	314.2	2.47	—	—	—
材料	20MnSi		用途	混凝土及其构件用钢筋	

4. 热处理钢筋规格及用途(GB/T 4463—1984)

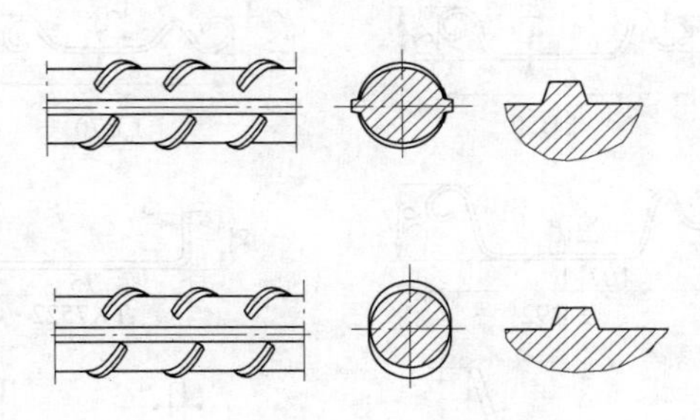

类型	有纵肋钢筋		无纵肋钢筋	
公称直径/mm	8.2	10	6	8.2
截面面积/mm^2	52.81	78.54	28.27	52.73
理论质量/(kg/m)	0.432	0.617	0.230	0.424
材料	40Si2Mn、48Si2Mn、45Si2Cr			
用途	预应力混凝土用钢筋			

2.2.6 建筑用型钢

2.2.6.1 钢窗及卷帘门用冷弯型钢

【规格】 (YB/T 5161—1993)

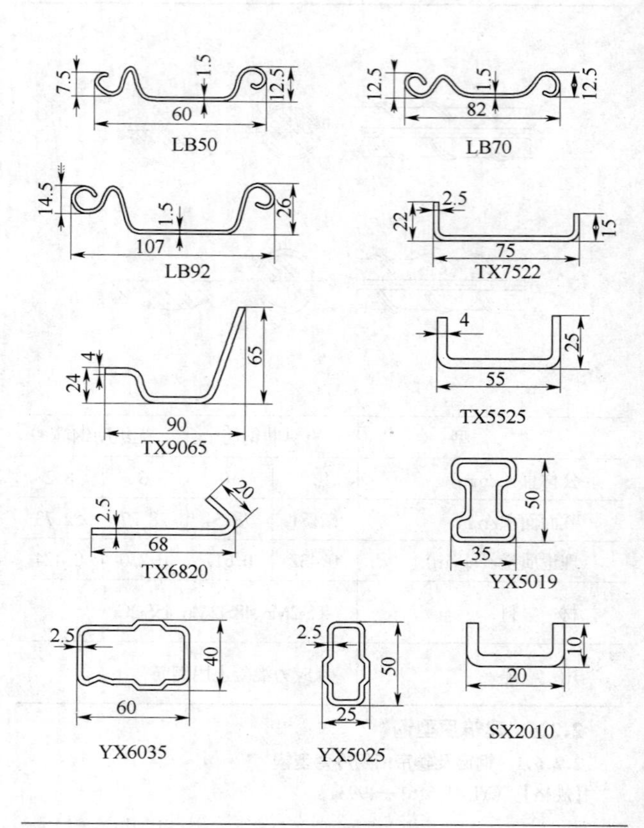

7.5
1.5
12.5
60
LB50
12.5
1.5
12.5
82
LB70
14.5
1.5
26
107
LB92
2.5
22
15
75
TX7522
4
24
65
90
TX9065
4
25
55
TX5525
2.5
20
68
TX6820
50
35
YX5019
2.5
40
60
YX6035
2.5
50
25
YX5025
10
20
SX2010

续表

代号	截面面积 /cm²	理论质量 /(kg/m)	代号	截面面积 /cm²	理论质量 /(kg/m)
LB50	0.80	0.63	TX9065	5.76	4.52
LB70	0.95	1.52	YX5025	3.63	2.74
LB92	2.70	2.12	YX5019	4.25	3.32
TX6820	2.15	1.68	YX6035	4.88	3.60
TX7522	2.63	2.06	SX2010	0.85	0.67
TX5525	3.68	2.89			

2.2.6.2 护栏及波形梁用冷弯型钢

【规格】（YB/T 4081—92）

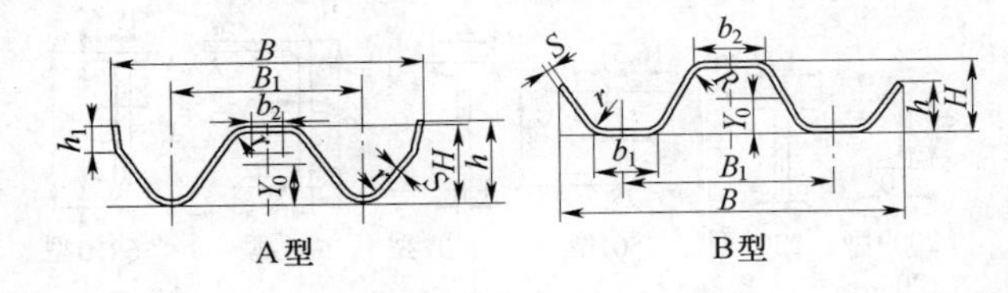

类型		A型	B型				
尺寸 /mm	H	83	75	75	79	53	52
	h	85	55	53	42	34	33
	h_1	27	—	—	—	—	—
	B	310	350				
	B_1	192	214	218	227	223	224
	b_1	—	63	68	45	63	
	b_2	28	69	75	60	63	
	R	24	25		14		

续表

类型		A型	B型				
尺寸/mm	r	10	25	20	14		
	S	3	4			3.2	2.3
横截面面积/cm²		14.5	18.6	18.7	17.8	13.2	9.4
理论质量/(kg/m)		11.4	14.6	14.7	14.0	10.4	7.4

2.2.6.3 窗框用热轧型钢

【规格】（GB/T 2597—1994）

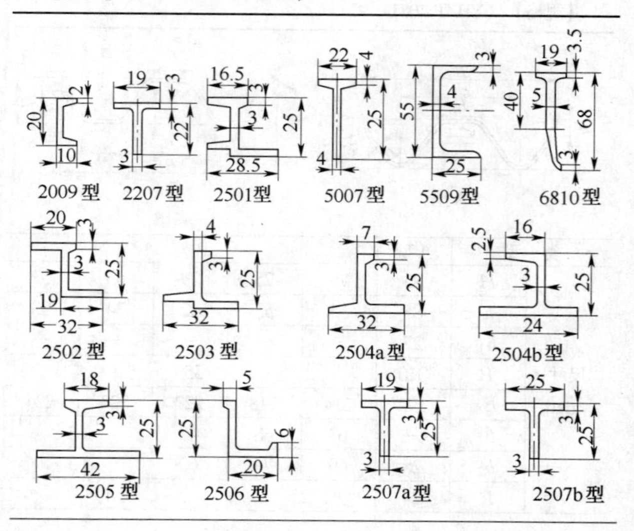

续表

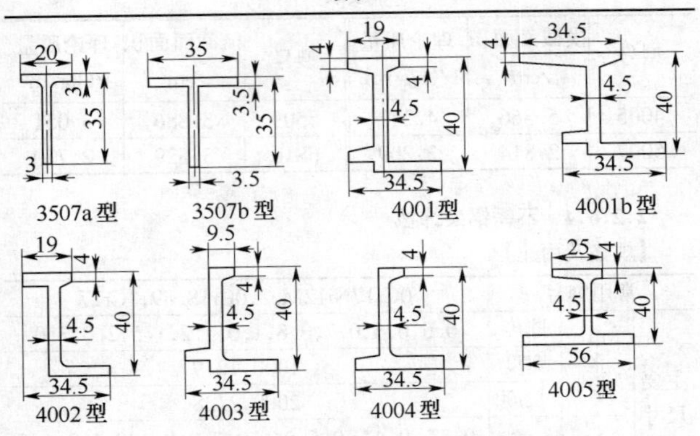

型号	横截面面积 /cm²	理论质量 /(kg/m)	型号	横截面面积 /cm²	理论质量 /(kg/m)
2009	0.879	0.690	3202		
2207	1.144	0.898	3203	2.543	1.996
2501	1.959	1.538	3204		
2502			3205	3.773	2.962
2503	1.776	1.394	3208	1.018	0.799
2504a			3507a	1.564	1.228
2504b	2.256	1.771	3507b	2.322	1.823
2505	2.583	2.028	4001	3.830	3.007
2506	1.391	1.092	4001b	4.523	3.550
2507a	1.234	0.969	4002	3.400	2.669
2507b	1.414	1.110	4003	3.400	2.669
3201	2.925	2.925	4004		

续表

型号	横截面面积/cm²	理论质量/(kg/m)	型号	横截面面积/cm²	理论质量/(kg/m)
4005	5.366	4.212	5509	3.886	3.051
5007	2.814	2.209	6810	3.529	2.770

2.2.6.4 不锈钢装饰板

【规格及用途】

<table>
<tr><td colspan="3">常用牌号</td><td>0Cr17Ni12Mo2,0Cr18Ni9,1Cr17</td></tr>
<tr><td rowspan="5">主要尺寸/mm</td><td rowspan="3">单张板</td><td>厚度</td><td>0.5,0.6,0.7,0.8,1.0,1.2,1.5,2.0,3.0</td></tr>
<tr><td>宽度</td><td>1000,1219</td></tr>
<tr><td>长度</td><td>2000,2438</td></tr>
<tr><td rowspan="2">卷筒板</td><td>厚度</td><td>0.3*,0.4*,0.5,0.6,0.7,0.8,1.0,1.2,1.5
(带*号者主要为1Cr17板)</td></tr>
<tr><td>宽度</td><td>500,1000,1219</td></tr>
<tr><td>用途</td><td colspan="3">主要用做门、窗、墙面、柱面、电梯、厨房设备、医疗器械、食品设备、车辆及灯具反光板等的表面装饰材料</td></tr>
</table>

注:表中各种板的供应状态有两种:贴保护膜(主要的)和裸垛板。卷筒板供应质量为1.5~10t。

2.2.6.5 龙骨及其配件

1. 墙体轻钢龙骨规格及用途(GB/T 11981—2001)

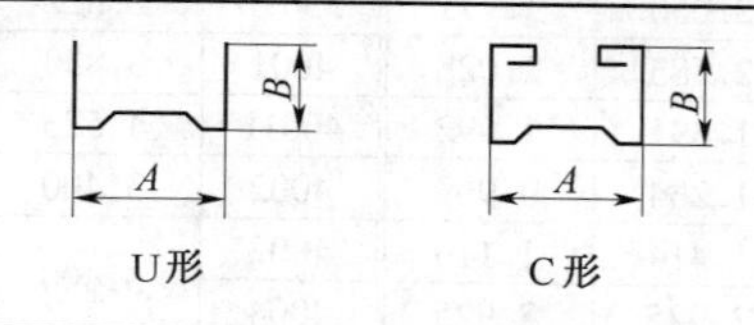

续表

名称			竖龙骨	横龙骨	通贯龙骨
代号及尺寸/mm	Q50	*A*	50	52	20
		B	45	40	12
	Q75	*A*	75	77	38
		B	45	40	12
	Q100	*A*	100	102	38
		B	45	40	12
横截面形状			C形	U形	U形
用途	竖龙骨用做墙体竖向使用的龙骨,其端部与横向龙骨连接;横龙骨为墙体沿顶、沿底的横向使用的龙骨,常与建筑结构连接固定;通贯龙骨为横向贯穿于竖向龙骨之间的龙骨,用以加强龙骨骨架的承载力和刚度				

注:龙骨长度由供需双方商定,仅供参考。

2. 墙体轻钢龙骨配件规格及用途(GB/T 11981—2001)

名称	代号	图示	质量/kg
支撑卡	C50-4		0.041
	C75-4		0.021
	C100-4		0.026
	QC50-1		0.013
	QC70-1		
	QC75-1		
	用途	竖龙骨加强卡覆面板材与龙骨固定时起辅助支撑作用	
卡托	C50-5		0.024
	C75-5		0.035
	C100-5		0.048

续表

名称	代号	图示	质量/kg
卡托	QC70-3	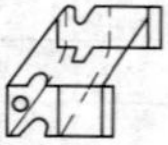	—
	用途	用于竖龙骨开口面与横撑连接	
角托	C50-6	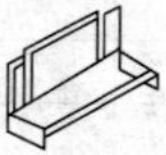	0.017
	C75-6		0.031
	C100-6		0.048
	QC70-2	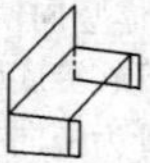	—
	用途	用作竖龙骨背面与横撑连接	
加强龙骨固定件	C50-8		0.037
	C75-8		0.106
	C100-8		0.106
	用途	用于与主件结构相连接	
通贯横撑连接件	C50-6		0.016
	C50-7		—
	C100-7		0.049
	QC-2	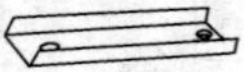	0.025
	用途	用于通贯横撑连接	
竖龙骨插接件	QC70-4	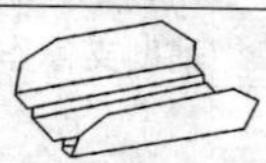	—
	用途	局部情况中，若有些龙骨长度不够，可用其接长	

续表

名称	代号	图示	质量/kg
金属护角	QC-4	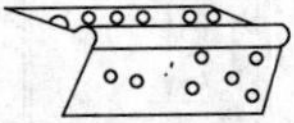	约0.12
	用途	用于保护石膏板墙柱易磨损的边角	
镶边条	QC-5	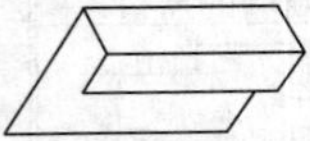	0.25
	用途	将此条固定于墙体边角的石膏板的侧边和端部,使交接处整齐	
嵌缝条	QC-6	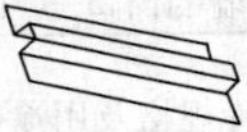	0.15
减振条	QC-3	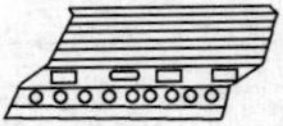	约0.05
踢脚板卡	QU-1		0.01

3. 轻钢龙骨纸面石膏板墙体附件规格及用途

名称	图示	名称	图示
护墙龙骨	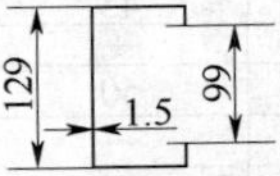	外墙面龙骨	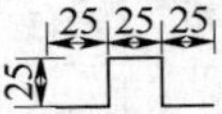
	用于隔墙端,起护墙作用		用于纸面石膏板作外墙的外界一侧,以固定其他外墙护面板材

续表

名称	图示	名称	图示
窗口龙骨	106.5, 75.5, 1.5 用于隔墙的窗口	压条	20, 1.5 用于隔墙的窗口
固定玻璃窗龙骨	129, 99, 1.5 用于隔墙的窗口		

4. 轻钢吊顶龙骨规格及用途(GB/T 11981—2001)

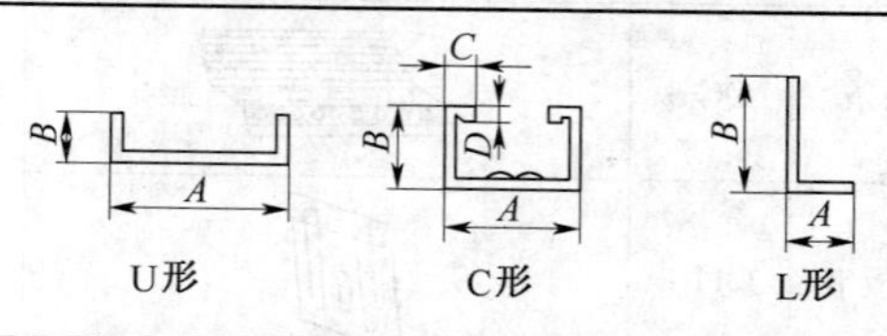

名称			承载龙骨	覆面龙骨	L形龙骨
横截面形状			U形	C形	L形
规格尺寸/mm	D38	A	38	38	—
		B	—	—	—
	D45	A	45	45	—
		B	—	—	—
	D50	A	50	50	—
		B	—	—	—
	D60	A	60	60	—
		B	—	—	—

续表

规格	名称	代号	标记	长度/m	质量/(kg/m)	用途
D38、D50、D60、(UC38、UC50、UC60)	承载龙骨	UC38	DU38×12×1.2	3	0.56	UC38用于吊点距离900~1200mm,不上人吊顶;UC50用于吊点距离900~1200mm上人吊顶,承载龙骨可承受800N检修载荷
		UC50	DU50×15×1.5	2	0.92	
		UC60	DC60×30×1.5	2	1.53	
	覆面龙骨	U25	DC25×19×0.5	3,4	0.132	
		U50	DC50×19×0.5		0.41	
	L形龙骨(异型龙骨)	L35	DL15×35×1.2	3	0.46	UC60用于吊点距离1500mm,上人吊顶,承载龙骨可承受1000N检修载荷
D60(CS60)	承载龙骨(主龙骨)	CS60	DC60×27×1.5	—	1.366	吊点距离1000~1200mm,上人吊顶,上人检修时可承受800~1000N集中活动载荷
D60(C60)		C60	DC60×27×0.63	—	0.61	用于吊点距离1100~1250mm,不上人吊顶,及中距≤1100mm
D型(U)型	承载龙骨(大龙骨)	BD	DU45×15×1.2	—	—	用于吊顶间距900~1200mm,不上人吊顶,中距<1200mm

续表

规格	名称	代号	标记	长度 /m	质量 /(kg/m)	用　途
D型 (U型)	覆面龙骨 (中龙骨)	UZ	DC50×19×0.5	—	—	用于吊顶间距900~1200mm,不上人吊顶,中距<1200mm
	覆面龙骨 (小龙骨)	UX	DC25×19×1.5	—	—	
D型 (U型)	承载龙骨 (大龙骨)	SD	DC60×30×1.5	—	—	用于吊顶间距1200 ~ 1500mm,上人吊顶,上人检修可承受800~1000N集中活动载荷,中距<1200mm
	覆面龙骨 (中龙骨)	UZ	DC50×19×0.5	—	—	
	覆面龙骨 (小龙骨)	UX	DC25×19×0.5	—	—	

5. 轻钢吊顶龙骨配件规格(GB/T 11981—2001)

名　称	图　示	厚度 /mm	质量 /(kg/m)	规格
吊件 (主龙骨吊件)	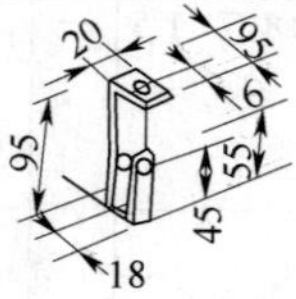 20 95 6 95 55 45 18	2	0.062	D38 (UC38)
	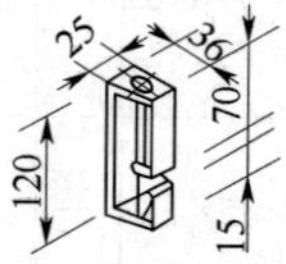 25 36 70 120 15	2	0.091	D60 (UC60)

续表

名称	图示	厚度/mm	质量/(kg/m)	规格
吊件（主龙骨吊件）	25, 22, 75, 58, 120, 22	3	0.138 0.169	D50(UC50) D60(UC60)
挂件（龙骨吊件）	50, 32, 62, 24	0.75	0.025	D60(UC60)
			0.015	D50(UC50)
			0.013	D38(UC38)
	30, 32, 62, 24		0.04	D60(UC60)
			0.024	D50(UC50)
			0.02	D38(UC38)
插挂件（龙骨支托）	49, 7, 28, 12, 17.5	0.75	0.009	通用
	24, 28, 12, 17.5		0.0135	通用

续表

名　称	图　示	厚度/mm	质量/(kg/m)	应用规格或尺寸
覆面龙骨连接件(连接件)	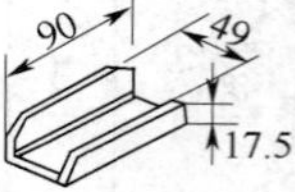 90　49　17.5	0.5	0.02	通用
	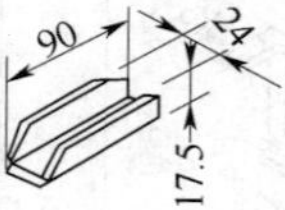 90　24　17.5		0.08	通用
承载龙骨连接件(龙骨连接件)	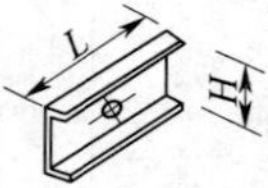 L　H	1.2	0.101	L:100 H:56
			0.067	L:100 H:47
			0.041	L:82 H:35.6
	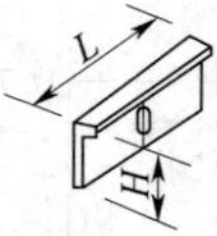 L　H		0.019	L:100 H:60
			0.06	L:100 H:50
			0.03	L:82 H:39

2.3　非铁金属材料

2.3.1　非铁金属棒材

2.3.1.1　铜及铜合金

1. 纯铜棒材的规格

$d(a)$ /mm	圆棒	方棒	六角棒	$d(a)$ /mm	圆棒	方棒	六角棒
	理论质量/(kg/m)				理论质量/(kg/m)		
5	0.18	0.22	0.19	20	2.80	3.56	3.08
5.5	0.21	0.27	0.23	21	3.08	3.92	3.40
6	0.25	0.32	0.28	22	3.38	4.31	3.73
6.5	0.30	0.38	0.33	23	3.70	4.71	4.08
7	0.34	0.44	0.38	24	4.03	5.13	4.44
7.5	0.39	0.50	0.43	25	4.37	5.56	4.82
8	0.45	0.57	0.49	26	4.73	6.02	5.21
8.5	0.51	0.64	0.56	27	5.10	6.49	5.62
9	0.57	0.72	0.64	28	5.48	6.98	6.04
9.5	0.63	0.80	0.70	29	5.88	7.48	6.48
10	0.70	0.89	0.77	30	6.29	8.01	6.94
11	0.85	1.08	0.93	32	7.16	9.11	7.89
12	1.01	1.28	1.11	34	8.08	10.29	8.91
13	1.18	1.50	1.30	35	8.56	10.90	9.44
14	1.37	1.74	1.51	36	9.06	11.53	9.99
15	1.57	2.00	1.73	38	10.10	12.82	11.13
16	1.79	2.28	1.97	40	11.18	14.24	12.33
17	2.02	2.57	2.23	42	12.33	15.70	13.60
18	2.26	2.88	2.50	44	13.53	17.23	14.92
19	2.52	3.21	2.78	46	14.79	18.83	16.30

续表

d(a)	圆棒	方棒	六角棒	d(a)	圆棒	方棒	六角棒
/mm	理论质量/(kg/m)			/mm	理论质量/(kg/m)		
48	17.13	20.51	17.76	75	39.32	50.06	43.36
50	17.48	22.25	19.27	80	44.74	56.96	49.33
52	18.90	24.07	20.84	85	50.50	64.30	55.69
54	20.38	25.95	22.48	90	56.62	72.09	64.43
55	21.14	26.92	23.32	95	63.08	80.32	69.56
56	21.92	27.91	24.17	100	69.90	89.00	77.08
58	23.51	29.94	25.93	105	77.07	98.12	84.98
60	25.16	32.04	27.75	110	84.58	107.69	93.26
65	29.53	37.60	32.56	115	92.44	117.70	101.93
70	34.25	43.61	37.77	120	100.66	128.16	110.99

注:①表中的理论质量按密度 8.9g/cm³ 计算。

②d——指圆棒直径(方棒、六角棒指内切圆直径);

a——指方棒、六角棒平行面距离。

2. 黄铜棒材的规格

d(a)	圆棒	方棒	六角棒	d(a)	圆棒	方棒	六角棒
/mm	理论质量/(kg/m)			/mm	理论质量/(kg/m)		
5	0.17	0.21	0.18	9	0.54	0.69	0.60
5.5	0.20	0.26	0.22	9.5	0.60	0.77	0.66
6	0.24	0.30	0.27	10	0.67	0.85	0.74
6.5	0.28	0.36	0.31	11	0.81	1.03	0.89
7	0.33	0.42	0.36	12	0.96	1.22	1.06
7.5	0.38	0.48	0.41	13	1.13	1.44	1.24
8	0.43	0.54	0.47	14	1.31	1.67	1.44
8.5	0.48	0.61	0.53	15	1.50	1.91	1.66

续表

d(a) /mm	圆棒	方棒	六角棒	d(a) /mm	圆棒	方棒	六角棒
	理论质量/(kg/m)				理论质量/(kg/m)		
16	1.71	2.18	1.88	45	13.52	17.21	14.91
17	1.93	2.46	2.13	46	14.13	17.99	15.57
18	2.16	2.75	2.39	48	15.33	19.58	16.96
19	2.41	3.07	2.66	50	16.69	21.25	18.40
20	2.67	3.40	2.94	52	18.05	22.98	19.90
21	2.94	3.75	3.25	54	19.47	24.79	21.47
22	3.23	4.11	3.56	55	20.19	25.71	22.27
23	3.53	4.50	3.89	56	20.94	26.66	23.08
24	3.85	4.90	4.24	58	22.46	28.59	24.79
25	4.17	5.31	4.60	60	24.03	30.60	26.50
26	4.51	5.75	4.98	65	28.21	35.91	31.10
27	4.87	6.20	5.36	70	32.71	41.65	36.07
28	5.23	6.66	5.79	75	37.55	47.81	41.40
29	5.61	7.15	6.19	80	42.73	54.40	47.11
30	6.01	7.65	6.63	85	48.23	61.41	53.18
32	6.84	8.70	7.54	90	54.07	68.85	59.63
34	7.72	9.83	8.51	95	60.25	76.71	66.43
35	8.18	10.41	9.02	100	66.76	85.00	73.61
36	8.65	11.02	9.54	105	73.60	86.71	81.16
38	9.64	12.27	10.63	110	80.78	102.85	89.07
40	10.68	13.60	11.78	115	88.29	112.41	97.35
42	11.78	14.99	12.99	120	96.13	122.40	106.00
44	12.92	16.64	14.52	130	112.82	143.65	124.40

续表

d(a) /mm	圆棒	方棒	六角棒	d(a) /mm	圆棒	方棒	六角棒
	理论质量/(kg/m)				理论质量/(kg/m)		
140	130.85	166.60	144.28	160	170.90	217.60	188.45
150	150.21	191.25	165.63				

注:表中的理论质量按密度 8.5g/cm³ 计算。

(1)各种黄铜的牌号、密度及理论质量换算系数表

牌号	密度/(g/cm³)	理论质量换算系数	牌号	密度/(g/cm³)	理论质量换算系数
H59	8.4	0.9882	HSn70-1	8.54	1.0047
H62	8.5	1.0000	HMn55-3-1	8.5	1.0000
H63	8.5	1.0000	HMn57-3-1	8.5	1.0000
H65	8.5	1.0000	HMn58-2	8.5	1.0000
H68	8.5	1.0000	HSi80-3	8.6	1.0118
H80	8.6	1.0118	HFe58-1-1	8.5	1.0000
H96	8.85	1.0412	HFe59-1-1	8.5	1.0000
HPb63-0.1	8.5	1.0000	HA166-6-3	8.5	1.0000
HPb63-3	8.5	1.0000	HA167-2.5	8.5	1.0000
HPb59-1	8.5	1.0000	HA177-2	8.6	1.0118
HSn62-1	8.5	1.0000	HNi	8.5	1.0000

(2)各种青铜和白铜的牌号、密度及理论质量换算系数表

牌号	密度/(g/cm³)	理论质量换算系数	牌号	密度/(g/cm³)	理论质量换算系数
QSn4-3	8.8	0.9888	QSn4-0.3	8.9	1.0000
QSn6.5-0.1	8.8	0.9888	QSn7-0.2	8.8	0.9888
QSn6.5-0.4	8.8	0.9888	QCr0.5	8.9	1.0000

续表

牌号	密度 /(g/cm³)	理论质量换算系数	牌号	密度 /(g/cm³)	理论质量换算系数
QCd1	8.8	0.9888	QAl11-6-6	7.5	0.8426
QSi3-1	8.4	0.9438	QBe2	8.3	0.9325
QSi1-3	8.6	0.9663	QBe1.9	8.3	0.9325
QSi3.5-3-1.5	8.8	0.9888	QBe1.7	8.3	0.9325
QAl9-2.7	7.6	0.8539	BZn15-20	8.6	0.9663
QAl9-4	7.5	0.8426	BZn15-24-1.5	8.6	0.9663
QAl10-3-1.5	7.5	0.8426	BMn40-1.5	8.9	1.0000
QAl10-4-4	7.5	0.8426	BFe30-1-1	8.9	1.0000

注:青铜和白铜棒材的理论质量可将“纯铜棒理论质量(密度按 8.9g/cm³ 计算)”再乘以相应的“理论质量换算系数”。

3. 铜及铜合金拉制棒的牌号及规格(GB 4423—92)

品种	牌 号	供应状态	规格尺寸 /mm
纯铜棒	T2,T3	Y,M	5~80
	TU1,TU2,TP2	Y	5~80
黄铜棒	H96	Y,M	5~80
	H80,H65	Y,M	5~40
	H68	Y2	5~80
		M	13~35
	H63,HPb63-0.1	Y2	5~40
	H62,HPb59-1	Y2	5~80
	HPb63-3	Y	5~30
		Y2	5~60
	HSn62-1,HFe58-1-1	Y	5~60
	HMn58-2,HFe59-1-1	Y	5~60

续表

品种	牌　　号	供应状态	规格尺寸/mm
青铜棒	QAl9-2,QAl10-3-1.5	Y	5~40
	QAl9-4,QSn6.5-0.1	Y	5~40
	QSn4-3,QSn4-0.3,QSi3-1	Y	5~40
	QSn7-0.2	Y,T	5~40
	QCd1	Y,M	5~60
	QCr0.5	Y,M	5~40
白铜棒	BZn15-20	Y,M	5~40
	BZn15-2-1.5	T,Y,M	5~18
	BFe30-1-1	Y,M	16~50
	BMn40-1.5	Y	7~40
规格尺寸/mm	5~18	>18~50	>50~80
供应长度/m	1.2~5	1~5	0.5~5

注:①供应状态:软(M)、半硬(Y2)、硬(Y)、特硬(T)。

②棒按直径偏差大小分普通级、较高级、高级三种。

4. 铜及铜合金挤制棒的牌号及规格(GB 13808—92)

品种	牌　　号	规格尺寸/mm
纯铜棒	T2,T3	圆、方、六角棒 3~120
	TU1、TU2、TP2	圆、方、六角棒 12~120
黄铜棒	H96,H80,H68,H62,HPb59-1	圆、方、六角棒 16~120
	HSn70-1,HSn62-1,HMn58-2 HMn55-3-1,HMn57-3-1 HFe59-1-1,HFe58-1-1 HAl77-2,HAl66-6-3-2 HAl67-2.5,HAl60-1-1	圆棒 10~160 方、六角棒 10~120
青铜棒	QAl9-2,QAl9-4,QAl11-6-6	圆棒 10~160

续表

品种	牌　号	规格尺寸/mm
青铜棒	QAl10-3-1.5,QAl10-4-4	圆棒 10～160
	QSi1-3,QCd1	圆棒 20～120
	QSi3-1	圆棒 20～160
	QSi3.5-3-1.5	圆棒 40～120
	QCr0.5	圆棒 18～160
	QSn7-0.2,QSn4-3	圆、方、六角棒 40～120
	QSn6.5-0.1,QSn6.5-0.4	圆、方、六角棒 30～120
白铜棒	BZn15-20	圆棒 25～120
	BMn40-1.5	圆棒 40～120
	BFe30-1-1,BAl13-3	圆棒 40～120

规格尺寸/mm	10～50	>50～75	>75～160
供应长度/m	1～5	0.5～5	0.5～4

5. 铜及铜合金矩形棒的牌号及规格(GB 13809—92)

牌号	制造方法	状态	规格尺寸(厚 a×宽 b)/(mm×mm)
T2	拉制	M,Y	(3～75)×(4～80)
	拉制	R	(2～80)×(30～120)
H62	拉制	Y2	(3～75)×(4～80)
	拉制	R	(5～40)×(8～50)
HPb59-1	拉制	Y2	(3～75)×(4～80)
	拉制	R	(5～40)×(8～50)
HPb63-3	拉制	Y2	(3～75)×(4～80)

注:供应长度 1～5m,按尺寸偏差分普通级、较高级两种。

6. 黄铜磨光棒的牌号及规格(GB/T 13812—92)

牌号	状态	规格尺寸(直径/长度)/(mm/m)
H62,HPb59-1 HPb63-3	Y,Y2	5~9/1.5~2,>9~19/1.5~2

注:按尺寸偏差分普通级、较高级两种。

7. 铍青铜棒的牌号及规格(YS/T 334—1995)

牌号	制造方法	状态	规格尺寸(直径/长度)/(mm/m)
QBe2 QBe1.9 QBe1.9-1 QBe1.9-0.1 QBe1.7 QBe0.6-2.5 QBe0.4-1.8 QBe0.3-1.5	拉制	M,Y,Y2	5~10/1.5~4 >10~20/1~4 >20~40/0.5~3
		TF00(软时效) TH04(硬时效)	5~40/0.3~2
	挤制	R	20~50/0.5~3 >50~120/0.5~2.5
	锻造	D	35~100/>3

注:拉制棒按尺寸偏差分普通级、较高级两种。

2.3.1.2　铝及铝合金棒

1. 铝及铝合金棒的品种、牌号及供应状态

品种	牌　　号	供应状态	规格尺寸/mm
铝及铝合金挤压棒(GB 3191—82)	L1~L6,LF2~LF6,LF11,LF12,LF21	R,M	圆棒(直径):5~630;方边长、六角棒(内切圆直径):5~200;CZ、CS状态:只供应直径≤120棒材
	LD2,LD5,LD7~LD10,LY2,LY6,LY16	R	
	LY11,LY12,LY13	R,CZ	
	LC4,LC9	R,CS	

续表

品种	牌号	供应状态	规格尺寸/mm
优质铝及铝合金挤压棒(GB 10572—89)	L1～L6,LF2～LF6,LF11,LF12,LF21	R,M	圆棒(直径):5～600;方边长、六角棒(内切圆直径):6～200;CZ、CS状态:只供应直径≤150棒材;LD2、LD5、LD10、LC4、LC9、LY11、LY12:可供应直径20～150高强度铝合金圆棒
	LD2,LD5～LD11,LD30,LD31	R,CS	
	LY2,LY6,LY16,LC4,LC9	R,CS	
	LY11,LY12,LY13	R,CZ	
高强度铝合金挤压棒(GB 3192—82)	LY11,LY12	R,CZ	圆棒(直径):20～160;方边长、六角棒(内切圆直径):20～100;CZ、CS状态:只供应直径≤120棒材
	LC4,LC9,LD2,LD5,LD10	R,CS	

注:①供应状态:淬火(自然时效)(CZ),淬火(人工时效)(CS),挤制(R),软(M)。

②棒材供应不定尺长度:直径≤50mm为1～6m;直径>50mm为0.5～6m。

③普通棒和高强度棒分A、B、C、D四级(A级精度最高);优质棒分普通级和高精级两种。

2. 铝及铝合金棒的规格

品种	直径/mm	理论质量/(kg/m)	直径/mm	理论质量/(kg/m)	直径/mm	理论质量/(kg/m)	直径/mm	理论质量/(kg/m)
圆形棒	5	0.0550	7.5	0.1237	10	0.2199	13	0.3716
	5.5	0.0665	8	0.1407	10.5	0.2425	14	0.4310
	6	0.0792	8.5	0.1589	11	0.2661	15	0.4948
	6.5	0.0929	9	0.1781	11.5	0.2908	16	0.5630
	7	0.1078	9.5	0.1985	12	0.3167	17	0.6355

续表

品种	直径/mm	理论质量/(kg/m)	直径/mm	理论质量/(kg/m)	直径/mm	理论质量/(kg/m)	直径/mm	理论质量/(kg/m)
圆形棒	18	0.7125	46	4.653	110	26.61	270	160.3
	19	0.7939	48	5.067	115	29.08	280	172.4
	20	0.8796	50	5.498	120	31.67	290	184.9
	21	0.9698	51	5.720	125	34.36	300	197.9
	22	1.0640	52	5.946	130	37.16	320	225.2
	24	1.267	55	6.652	135	40.08	330	239.5
	25	1.374	58	7.398	140	43.10	340	254.2
	26	1.487	59	7.655	145	46.24	350	269.4
	27	1.603	60	7.917	150	49.48	360	285.0
	28	1.724	62	8.453	160	56.30	370	301.1
	30	1.979	63	8.728	170	63.55	380	317.6
	32	2.252	65	9.291	180	71.25	390	334.5
	34	2.542	70	10.78	190	79.39	400	351.9
	35	2.694	75	12.37	200	87.96	450	445.3
	36	2.850	80	14.07	210	96.98	500	549.8
	38	3.176	85	15.89	220	106.4	520	594.6
	40	3.519	90	17.81	230	116.3	550	665.2
	41	3.697	95	19.85	240	126.7	600	791.7
	42	3.879	100	21.99	250	137.4	630	872.8
	45	4.453	105	24.25	260	148.7		

续表

品种	边长/mm	理论质量/(kg/m)	边长/mm	理论质量/(kg/m)	边长/mm	理论质量/(kg/m)	边长/mm	理论质量/(kg/m)
方形棒	5	0.070	16	0.717	40	4.480	95	25.27
	5.5	0.085	17	0.809	41	4.707	100	28.00
	6	0.101	18	0.907	42	4.939	105	30.87
	6.5	0.118	19	1.011	45	5.670	110	33.88
	7	0.137	20	1.120	46	5.925	115	37.03
	7.5	0.158	21	1.235	48	6.451	120	40.32
	8	0.179	22	1.355	50	7.000	125	43.75
	8.5	0.202	24	1.613	51	7.283	130	47.32
	9	0.227	25	1.750	52	7.571	135	51.03
	9.5	0.253	26	1.893	55	8.470	140	54.88
	10	0.280	27	2.041	58	9.419	145	58.87
	10.5	0.309	28	2.195	60	10.080	150	63.00
	11	0.339	30	2.520	65	11.830	160	71.68
	11.5	0.370	32	2.867	70	13.720	170	80.92
	12	0.403	34	3.237	75	15.750	180	90.72
	13	0.473	35	3.430	80	17.920	190	101.10
	14	0.549	36	3.629	85	20.230	200	112.00
	15	0.630	38	4.043	90	22.680		

续表

品种	内切圆直径/mm	理论质量/(kg/m)	内切圆直径/mm	理论质量/(kg/m)	内切圆直径/mm	理论质量/(kg/m)	内切圆直径/mm	理论质量/(kg/m)
六角形棒	5	0.061	16	0.621	40	3.880	95	21.88
	5.5	0.073	17	0.701	41	4.076	100	24.25
	6	0.087	18	0.786	42	4.277	105	26.73
	6.5	0.103	19	0.875	45	4.910	110	29.34
	7	0.119	20	0.970	46	5.131	115	32.07
	7.5	0.136	21	1.070	48	5.587	120	34.92
	8	0.155	22	1.174	50	6.062	125	37.89
	8.5	0.175	24	1.397	51	6.307	130	40.98
	9	0.196	25	1.516	52	6.557	135	44.19
	9.5	0.219	26	1.639	55	7.335	140	47.53
	10	0.242	27	1.768	58	8.157	145	50.98
	10.5	0.267	28	1.901	60	8.730	150	54.56
	11	0.293	30	2.182	65	10.25	160	62.07
	11.5	0.321	32	2.483	70	11.88	170	70.08
	12	0.349	34	2.803	75	13.64	180	78.56
	13	0.410	35	2.970	80	15.52	190	87.54
	14	0.475	36	3.143	85	17.52	200	96.99
	15	0.546	38	3.502	90	19.64		

注:①理论质量按 LY11、LY12、LD7、LD8、LD9、LD10 等铝合金的密度 2.8g/cm³ 计算。

②其他密度的铝合金理论质量,须乘上相应的理论质量换算系数。

3. 其他铝合金的密度及理论质量换算系数表

牌号	密度/(g/cm³)	换算系数	牌号	密度/(g/cm³)	换算系数
L1~L6	2.71	0.9679	LF2	2.68	0.9571
LY2	2.75	0.9821	LF3,LF4	2.67	0.9534

续表

牌号	密度/(g/cm³)	换算系数	牌号	密度/(g/cm³)	换算系数
LF5,LF11	2.65	0.9464	LY16	2.84	1.0143
LF6	2.64	0.9429	LD2	2.70	0.9643
LF12	2.63	0.9393	LD5,LD6	2.75	0.9821
LF21	2.73	0.9750	LD30,LD31	2.70	0.9643
LY6	2.76	0.9857	LC4,LC9	2.85	1.0179

2.3.2 非铁金属板材、带材及箔材

2.3.2.1 铜及铜合金

1. 铜及黄铜板(带、箔)的理论质量

厚度/mm	理论质量/(kg/m²)		厚度/mm	理论质量/(kg/m²)	
	铜板	黄铜板		铜板	黄铜板
0.005	0.0445	0.04	0.34		2.89
0.008	0.0712	0.07	0.35	3.12	2.98
0.010	0.0890	0.09	0.40	3.56	3.40
0.012	0.107	0.10	0.45	4.01	3.83
0.015	0.134	0.13	0.50	4.45	4.25
0.02	0.178	0.17	0.52		4.42
0.03	0.267	0.26	0.55	4.90	4.68
0.04	0.356	0.34	0.57		4.85
0.05	0.445	0.43	0.60	5.34	5.10
0.06	0.534	0.51	0.65	5.79	5.53
0.07	0.623	0.60	0.70	6.23	5.95
0.08	0.712	0.68	0.72		6.12
0.09	0.801	0.77	0.75	6.68	6.38
0.10	0.890	0.85	0.80	7.12	6.80
0.12	1.07	1.02	0.85	7.57	7.23
0.15	1.34	1.28	0.90	8.01	7.65
0.18	1.60	1.53	0.93		7.91
0.20	1.78	1.70	1.00	8.90	8.50
0.22	1.96	1.87	1.10	9.79	9.35
0.25	2.23	2.13	1.13		9.61
0.30	2.67	2.55	1.20	10.68	10.20
0.32		2.72	1.22		10.37

续表

厚度 /mm	理论质量/(kg/m²)		厚度 /mm	理论质量/(kg/m²)	
	铜板	黄铜板		铜板	黄铜板
1.30	11.57	11.05	8.0	71.20	68.00
1.35	12.02	11.48	9.0	80.10	76.50
1.40	12.46	11.90	10	89.00	85.00
1.45		12.33	11	97.90	93.50
1.50	13.35	12.75	12	106.8	102.0
1.60	14.24	13.60	13	115.7	110.5
1.65	14.69	14.03	14	124.6	119.0
1.80	16.02	15.30	15	133.5	127.5
2.00	17.80	17.00	16	142.4	136.0
2.20	19.58	18.70	17	151.3	144.5
2.25	20.03	19.13	18	160.2	153.0
2.50	22.25	21.25	19	169.1	161.5
2.75	24.48	23.38	20	178.0	170.0
2.80	24.92	23.80	21	186.9	178.5
3.00	26.70	25.50	22	195.8	187.0
3.5	31.15	29.75	23	204.7	195.5
4.0	35.60	34.00	24	213.6	204.0
4.5	40.05	38.25	25	222.5	212.5
5.0	44.50	42.50	26	231.4	221.0
5.5	48.95	46.74	27	240.3	229.8
6.0	53.40	51.00	28	249.2	238.0
6.5	57.85	55.25	30	267.0	255.0
7.0	62.30	59.50	32	284.8	272.0
7.5	66.75	63.75	34	302.6	289.0

续表

厚度 /mm	理论质量/(kg/m²)		厚度 /mm	理论质量/(kg/m²)	
	铜板	黄铜板		铜板	黄铜板
35	311.5	297.5	48	427.2	408.0
36	320.4	306.0	50	445.0	425.0
38	338.2	323.0	52	462.8	442.0
40	356.0	340.0	54	480.6	459.0
42	373.8	357.0	55	489.5	467.5
44	391.6	374.0	56	498.4	476.0
45	400.5	382.5	58	516.2	493.0
46	409.3	391.0	60	534.0	510.0

注:理论质量铜板按密度8.9g/cm³计算,黄铜板按密度8.5g/cm³计算。其他密度的黄铜板理论质量,须乘上相应的理论质量换算系数。

2. 各种黄铜的密度及理论质量换算系数

牌号	密度 /(g/cm³)	换算系数	牌号	密度 /(g/cm³)	换算系数
H68	8.5	1	HMn55-3-1	8.5	1
H65	8.5	1	H59	8.4	0.98824
H62	8.5	1	HAl60-1-1	8.4	0.98824
HPb63-3	8.5	1	HAl77-2	8.6	1.01176
HPb59-1	8.5	1	HSn62-1	8.45	0.99412
HAl67-2.5	8.5	1	HSi80-3	8.6	1.01176
HAl66-6-3-2	8.5	1	HNi65-5	8.66	1.01882
HMn58-2	8.5	1	H90	8.8	1.03529
HMn57-3-1	8.5	1	H96	8.85	1.04117

3. 铜板的品种、规格

品种	牌号	状态	长度/m	宽度/mm	厚度/mm
纯铜板 GB 2040—89	T2,T3, TP1,TP2	R	1～6	200～3000	4～60
		M,Y,Y2	0.4～6	200～3000	0.2～10
铜阳极板 GB 2040—89	T2,T3	R	0.3～2	100～1000	5～15
		Y	0.3～2	100～1000	2～15
铜导电板 GB 2529—89	T2	R,M,Y	≥1	50～400	4～20
照相制版用铜板 GB 2530—89	TAg0.1	Y	0.55～1.2	400,600	0.7,0.8,1,1.1,1.2,1.4,1.5,2

4. 无氧铜板、带的品种、规格(GB/T 14594—1993)

牌号	状态	品种	长度/m	宽度/mm	厚度/mm
TU1 TU2	M,Y	板	0.8～1.5	200～600	0.4～10
		带	≥8	20～30	0.06～0.45
			≥6	20～30	>0.45～0.85
			≥4	20～30	>0.85～1.20

5. 纯铜带的品种、规格(GB 2059—89)

牌号	状态	长度/m	宽度/mm	厚度/mm
T2,T3, TP1,TP2	M,Y3,Y	≥20	≤600	0.05～0.5
		≥10	≤600	>0.5～1.0
		≥7	≤600	>1.0～2.0

6. 黄铜板的品种、规格(GB 2041—89)

牌　号	状态	厚度/mm	宽度/mm
H59,H62,HSn62-2	R(热轧)	4.0~60.0	200~3000
H65,H68,H80,H90,H96,HMn58-2	—	—	200~600
H62,H65,H68,H90,HMn58-2,HPb59-1	Y2(半硬)	0.2~10.0	200~3000
H59,H62,H65,H68,H80,H90,H96,HPb59-1,HSn62-2,HMn58-2	M(软),Y(硬)	0.2~10.0	200~3000
H62,H68	T(特硬)		

热轧板尺寸/mm	厚度	4~8	>8~40		>40~60
	宽度	200~2000	300~3000		>500~3000
冷轧板尺寸/mm	厚度	0.2~0.5	>0.5~2.5	>2.5~4.0	>4.0~10.0
	宽度	200~600	200~1000	200~2000	200~300

注:①热轧板:宽度≤1000mm 时长度为 1~5m,宽度>1000mm 时长度为 1~6m;

②冷轧板:宽度≥1100mm 时最大长度为 3m。

7. 复杂黄铜板的品种、规格(GB 2042—89)

牌　号	状态	长度/mm	宽度/mm	厚度/mm
HMn57-3-1,HMn55-3-1	R	0.5~2.0	400~1000	4~40
HAl60-1-1,HAl67-2.5				
HAl66-6-3-2,HNi65-5				

8. 黄铜带的品种、规格(GB 2060—89)

牌　号	状态	宽度/mm	厚度/mm
H62,H65,H68,H80,H90,H96	M	20~600	0.05~2.00
H59,HPb59-1,HMn58-2		20~300	0.05~2.00

续表

牌　号	状态	宽度/mm	厚度/mm
H62,H65,H68,H90	Y2	20～600	0.05～2
HPb59-1,HMn58-2		20～300	0.05～2
H62,H65,H68,H80,H90,H96	Y	20～600	0.05～2
H59,HPb59-1,HSn62-1,HMn58-2	Y	20～300	0.05～2
H62,H68	T	20～600	0.05～1

厚度/mm	0.05～0.50	>0.5～1.0	>1.0～2.0
长度/m	≥20	≥10	≥7

注:按厚度偏差分普通级和较高级两种。

9. 热交换器固定板用黄铜板的品种、规格(GB 2531—81)

牌号	状态	长度/m	宽度/mm	厚度/mm
HSn62-1	R	1～6	300～3000	9,10,11,12,13,14,15,16,17,18,19,20,21,22,23,24,25,26,27,28,29,30,32,34,35,36,38,40,42,44,45,46,48,50,55,60

注:板材宽度按100mm递进;应经酸洗后供应(长度<3m、厚度>15mm的板材可不切边、头供应)。

10. 电容器专用黄铜带的品种、规格(YS/T 29—92)

牌号	状态	长度/m	宽度/mm	厚度/mm
H62	Y,Y2	≥20	100～130	0.10～0.53
		≥10	100～130	>0.53～1.00

11. 散热器专用纯铜及黄铜带的品种、规格

<table>
<tr><th>品种</th><th>牌号</th><th>状态</th><th>长度/mm</th><th>宽度/mm</th><th>厚度/mm</th></tr>
<tr><td rowspan="3">散热器散热片专用</td><td>T2,
H90</td><td>Y</td><td>≥100</td><td>30～125</td><td>0.05,0.06,
0.07～0.08,
0.09,0.10</td></tr>
<tr><td rowspan="2">H62</td><td rowspan="2">Y2</td><td>≥100</td><td>30～125</td><td>0.12,0.14</td></tr>
<tr><td>≥60</td><td>30～125</td><td>0.16,0.18,0.20</td></tr>
<tr><td>散热器冷却管专用</td><td>T2,H90</td><td>Y</td><td>≥100</td><td>30～50</td><td>0.13,0.14,0.15,
0.16,0.18,0.20</td></tr>
</table>

12. 青铜板(带)的品种、规格

<table>
<tr><th>品种</th><th>牌号</th><th>密度/(g/cm³)</th><th>状态</th><th>长度/m</th><th>宽度/mm</th><th>厚度/mm</th></tr>
<tr><td rowspan="3">锡青铜板
GB 2048—89</td><td rowspan="2">QSn6.5-0.1</td><td rowspan="2">8.8</td><td>R</td><td>12</td><td>300～500</td><td>9～50</td></tr>
<tr><td>Y2</td><td>≥0.5</td><td>150～600</td><td>0.2～12.0</td></tr>
<tr><td>QSn6.5-0.1
QSn6.5-0.4
QSn4-3
QSn4-0.3</td><td>8.8</td><td>M
Y
T</td><td>≥0.5</td><td>150～600</td><td>0.2～12.0</td></tr>
<tr><td rowspan="2">锡锌铅青铜板
GB 2049—80</td><td>QSn4-4-2.5</td><td>8.75</td><td rowspan="2">M,Y3,
Y2,Y</td><td rowspan="2">0.8～2</td><td rowspan="2">200～600</td><td rowspan="2">0.8～5.0</td></tr>
<tr><td>QSn4-4-4</td><td>8.9</td></tr>
</table>

续表

品种	牌号	密度/(g/cm³)	状态	长度/m	宽度/mm	厚度/mm
铝青铜板 GB 2043—89	QAl5	8.20	M,Y	0.5~2	100~1000	0.4~12.0
	QAl7	7.80	Y2,Y			
	QAl9-2	7.60	M,Y			
	QAl9-4	7.50	Y			
镉青铜板 GB 2044—80	QCd1	8.8	Y	0.8~1.5	200~300	0.5~10.0
铬青铜板 GB 2045—80	QCr0.5 QCr0.5-0.2-0.1	8.9	Y	≥0.3 不小于宽	100~600	0.5~15.0
锰青铜板 GB 2046—80	QMn1.5	8.8	M	0.6~1.0	100~600	0.5~0.7
	QMn5	8.6	M,Y	0.8~1.5	100~600	0.8~50
硅青铜板 GB 2047—80	QSi3-1	8.4	M,Y,T	≥0.5	100~1000	0.5~10.0
青铜带 GB/T 14596—1993	QCd1	8.8	Y	≥3	20~300	0.05~1.20
	QMn1.5	8.8	M	≥2	20~300	0.10~1.20
	QMn5	8.6	M,Y	≥2	20~300	0.10~1.20

续表

品种	牌号	密度/(g/cm³)	状态	长度/m	宽度/mm	厚度/mm
青铜带 GB/T 14596—1993	QSi3-1	8.4	M, Y,T	≥2	30~300	0.05~1.20
	QSn4-4-2.5	8.76	M,Y3, Y2,Y	≥8	40~200	0.8~1.0
	QSn4-4-4	8.9		≥6	40~200	>1.0~1.2
锡青铜带 GB 2066—89	QSn6.5-0.1 QSn4-3 QSn6.5-0.4	8.8	M, Y,T	—	250~280	0.05~0.4
	QSn4-0.3	8.9			100~600	>0.4~2.0
	QSn6.5-0.1	8.8	Y2			
铝青铜带 GB 2062—89	QAl5	8.2	M,Y	≥2	20~300	0.05~1.20
	QAl7	7.8	Y2,Y			
	QAl9-2	7.6	M, Y,T			
	QAl9-4	7.5	T			
铍青铜条和带 YS/T 323—1994	QBe2 QBe1.9 QBe1.7	8.3	M* Y**	条:≥1 带:≥1.5	条:30~300 带:30~200	条:0.1~6.0 带:0.05~1.0

注:① * 指淬火后退火的 M 状态, * * 指淬火后冷轧的 Y 状态。

②青铜板(带、条)的理论质量,密度为 8.9g/cm³ 的牌号,可按前"铜及黄铜板(带箔)的理论质量"表计算。其他牌号的理论质量需乘上相应的理论质量换算系数。

13. 白铜板(带)的品种、规格

品种	牌号	密度/(g/cm³)	状态	长度/m	宽度/mm	厚度/mm
普通白铜板 GB 2050—80	B5,B10,B30	8.90	R	≤4	60~1500	7~60
	B5,B10,B19,B30	8.90	M,Y	≤2	100~1500	0.5~10.0
铝白铜板 GB 2051—89	BAl6-1.5	8.70	Y,CS	0.8~1.5	100~600	0.5~12.0
	BAl13-3	8.50				
锰白铜板 GB 2052—80	BMn40-1.5	8.90	M,Y	0.8~1.5	100~600	0.5~10.0
	BMn3-12	8.40	M			
锌白铜板 GB 2053—89	BZn15-20	8.60	M,Y2 Y,T	0.8~1.5	100~600	0.5~10.0
普通白铜带 GB 2068—80	B5,B10,B19,B30	8.90	M,Y	≥3	20~300	0.05~0.55
				≥2	20~300	0.60~1.20
铝白铜带 GB 2069—80	BAl6-1.5	8.70	Y	≥3	30~300	0.05~0.55
	BAl13-3	8.50	CS	≥2	30~300	0.60~1.20

续表

品种	牌号	密度/(g/cm³)	状态	长度/m	宽度/mm	厚度/mm
锰白铜带 GB 2070—80	BMn40-1.5	8.90	M,Y	≥3	20~150	0.05~0.09
				≥3	20~300	0.10~0.50
	BMn3-12	8.40	M	≥2	20~300	0.55~1.20
锌白铜带 GB 2071—89	BZn15-20	8.60	M	≥3	30~300	0.05~0.55
			Y2,Y,T	≥2	30~300	0.60~1.20

注:白铜的理论质量,密度为 8.9g/cm³ 的,按前“铜及黄铜板(带箔)的理论质量”表计算。其他密度的板(带),可将铜板理论质量乘以相应的理论质量换算系数。

14. 铜及铜合金箔的品种、规格

品种	牌号	密度/(g/cm³)	状态	宽度/mm	厚度/mm
纯铜箔 GB 5187—85	T1,T2,T3	8.9	硬	40~120	0.008,0.010,0.012,0.015,0.020
			硬、软	40~150	0.03,0.04,0.05
黄铜箔 GB 5188—85	H62,H68	8.5	硬	40~100	0.010,0.012
				40~120	0.015,0.020

续表

品种	牌号	密度/(g/cm³)	状态	宽度/mm	厚度/mm
青铜箔 GB 5198—85	QSn6.5-0.1 QSn3-1	8.8 8.4	硬	40～80	0.005,0.008
				40～100	0.010,0.012,0.015,0.020
				40～200	0.03,0.04,0.05
白铜箔 GB 5190—85	BZn15-20	8.60	硬	40～100	0.008,0.010,0.012,0.015,0.020,0.030
	BMn40-1.5	8.90	软	40～200	0.040,0.050

2.3.2.2 铝及铝合金

1. 铝及铝合金板(带)的理论质量

厚度/mm	理论质量/(kg/m²)		厚度/mm	理论质量/(kg/m²)	
	铝板	铝带		铝板	铝带
0.20		0.54	0.75		2.03
0.25		0.68	0.80	2.28	2.17
0.30	0.86	0.81	0.90	2.57	2.44
0.35		0.95	1.00	2.85	2.71
0.40	1.14	1.08	1.1		2.98
0.45		1.22	1.2	3.42	3.25
0.50	1.43	1.36	1.3		3.52
0.55		1.49	1.4		3.79
0.60	1.71	1.63	1.5	4.28	4.07
0.65		1.76	1.8	5.13	4.88
0.70	2.00	1.90	2.0	5.70	5.42

续表

厚度/mm	理论质量/(kg/m²)		厚度/mm	理论质量/(kg/m²)	
	铝板	铝带		铝板	铝带
2.3	6.56	6.23	3.0	8.55	8.13
2.4	—	6.50	3.5	9.98	9.49
2.5	7.13	6.78	4.0	11.40	10.84
2.8	7.98	7.59	4.5	—	12.20

厚度/mm	理论质量/(kg/m²) 铝板	厚度/mm	理论质量/(kg/m²) 铝板	厚度/mm	理论质量/(kg/m²) 铝板
5	14.25	18	51.30	80	228.0
6	17.10	20	57.00	90	256.5
7	19.95	22	62.70	100	285.0
8	22.80	25	71.25	110	313.5
9	25.65	30	85.50	120	342.0
10	28.50	35	99.75	130	370.5
12	34.20	40	114.0	140	399.0
14	39.90	50	142.5	150	427.5
15	42.75	60	171.0		
16	45.60	70	199.5		

注：理论质量板材按密度 2.85g/cm³ 计算，带材按密度 2.71g/cm³计算，其他密度材料的理论质量，须乘上相应的理论质量换算系数。

2. 其他密度板材的理论质量换算系数

牌号	密度/(g/cm³)	换算系数	牌号	密度/(g/cm³)	换算系数
LY16	2.84	0.9965	LY12	2.78	0.9754
LY11	2.80	0.9825	LY6	2.76	0.9684

续表

牌号	密度/(g/cm³)	换算系数	牌号	密度/(g/cm³)	换算系数
LD10	2.80	0.9825	LF3	2.67	0.9368
LD2	2.70	0.9474	LF4	2.67	0.9368
LQ1,LQ2	2.74	0.9614	LF5	2.65	0.9296
纯铝	2.71	0.9509	LF6	2.64	0.9263
L6	2.71	0.9509	LF21	2.73	0.9579
3003	2.73	0.9579	LF43	2.68	0.9404
LF2	2.68	0.9404	LT41	2.64	0.9263

3. 其他密度带材的理论质量换算系数

牌号	密度/(g/cm³)	换算系数	牌号	密度/(g/cm³)	换算系数
LF2	2.68	0.9889	LF21	2.73	1.00074

4. 铝及铝合金板材的品种、规格(GB/T 3880—1997)

(1)铝及铝合金板材的牌号、状态及厚度

牌　号	供　应　状　态	厚度/mm
1A97,1A93,1A90,1A85	H112,F	>4.5~150
1071,1060,1050,1100,1200,3003,3004,1145,1235,1050A	O	>0.2~1.0
	H12,H22,H14,H24,H16,H26,H18	>0.2~4.5
	H112,F	>4.5~150
3A21,8A06	O	>0.2~1.0
	H14,H24,H18	>0.2~4.5
	H112,F	>4.5~150

续表

牌号	供应状态	厚度/mm
5A02	O	>0.5~1.0
	H12,H22,H32,H14,H24,H34	>0.5~4.5
	H16,H26,H36,H18,H38	>0.5~4.5
	H112,F	>4.5~150
5005	O	>0.5~10
	H12,H32,H14,H34	>0.5~4.5
	H16,H36,H18,H38	>0.5~4.5
	H112,F	>4.5~150
5A03	O,H14,H24,H34	>0.5~4.5
	H112,F	>4.5~150
3083,5A05,5A06,5086	O	>0.5~4.5
	H112,F	>4.5~150
6A02,2A14,2014	O,T4,T6	>0.5~10
	H112,F	>4.5~150
2A11,2A12,2017,2024	O,T4	>0.5~10
	H112,F	>4.5~150
7A09,7A04,7075	O,T6	>0.5~10
	H112,F	>4.5~150

注:①H××为状态代号,H为加工硬化状态,H后面第一位数为获得该状态的基本处理程序。如H1为单纯加工硬化状态;H2为加火硬化及不完全退火状态;H3为加工硬化及稳定化处理的状态;H4为加工硬化及涂漆处理的状态等。H后的第二位数字表示产品加工硬化程度。

②TX状态代号中,T为细分的不同于自由加工状态(F)、退火状态(O)、加工硬化状态(H)及固溶热处理状态(W)的热处理状态,T后面的数字表示对产品的基本处理程序。

(2)板材的厚度对应宽度及长度　(mm)

厚度	>0.2~0.8	>0.8~1.2	>1.2~4.5	>4.5~8.0	>8.0~150
宽度	1000~1500	1000~2000	1000~2400	1000~1800	1000~2400
长度	1000~10000				

(3)板材的正常包铝包覆合金及轧制后包覆层厚度＊

基体合金牌号	板材状态	包覆合金牌号	板材厚度/mm	每面包覆厚度占板材总厚度百分比
2A11,2017 2A12,2024	O,T4	1A50	0.5~1.6	≥4%
			>1.6~1.0	≥2%
7A04,7A09 7075	O,T6	7A01	0.5~1.6	≥4%
			>1.6~1.0	≥2%

注:表中＊表示基体合金厚度≤10mm 的非 H112、非 F 状态板材,一般采用正常包铝,若合同中注明也可采用工艺包铝。

(4)板材的工艺包铝包覆合金及轧制后包覆层厚度

基体合金牌号	板材状态	包覆合金牌号	板材厚度/mm	每面包覆厚度占板材总厚度百分比
2A11,2014,2017,2024,2A12,2A14,5A06	0,T4,T6	1A50	0.5~4.5	≤1.5%
	H112		>4.5~150	≤1.5%
7A04,7A09,7075	0,T6	7A01	0.5~4.5	≤1.5%
	H112		>4.5~150	≤1.5%

5. 表盘及装饰用铝及铝合金板的品种、规格(YS/T 242—1994)

牌号	供应状态	长度/mm	宽度/mm	厚度/mm
L1-6,L5-1	M,Y2,Y	2000~5000	1000~1500	0.3~6.0
LT66	Y2,Y	2000~5000	1000~1500	0.3~2.0

注:厚度≤0.4mm,只供应 2000mm×1000mm 板材。

6．瓶盖用铝及铝合金板(带)的品种、规格(YS/T 91—1995)

牌号	供应状态	厚度/mm	宽度/mm		长度/mm
1100,3003,3105,8011	H14,H16,H18	0.2～0.3	板	500～1000	500～1000
			带	50～1000	75,152,200,205,300,350,405,500,510

7．钎接用铝合金板材的品种、规格(YS/T 69—1993)

板材类别	合金牌号		供应状态	长度/mm	宽度/mm	标准厚度/mm
	基体	包覆层				
LQ1	LF21	LT17	M,Y2	2000～10000	500～1000	0.8,0.9,1.0,1.2,1.5,1.6,2.0,2.5,3.0,3.5,4.0
LQ2	LF21	LT13				

板材厚度/mm		0.8,1.0	1.2	2.0
每面包覆层厚度/mm	A级	0.08～0.12	0.08～0.13	0.08～0.14
	B级	0.07～0.15	0.08～0.16	0.08～0.16

8．铝及铝合金花纹板的品种、规格(GB 3618—89)

代号	牌号	密度/(g/cm^3)	供应状态	肋高/mm	底板厚度/mm/理论质量/(kg/m^2)
1	LY12	2.78	CZ	1.0	1.0/3.45,1.2/4.01,1.5/4.84,1.8/5.68,2.0/6.23,2.5/7.62,3.0/9.01
2	LY11	2.80	Y1	1.0	2.6/6.90,2.5/8.30,3.0/9.70,3.5/11.10,4.0/12.5(按密度2.8计算,LF2系数0.957)
	LF2	2.68	Y1,Y2		

续表

代号	牌号	密度/(g/cm³)	供应状态	肋高/mm	底板厚度/mm/理论质量/(kg/m²)
3	L1,L2,L3 L4,L5,L6	2.71	Y1	1.0	1.5/4.67,2.0/6.02, 2.5/7.38,3.0/8.73, 3.5/10.09,4.0/11.44, 4.5/12.80 (按密度 2.71 计算, LF2 系数 0.989)
	LF2,LF43	2.68	M,Y2		
	LF2	2.68	M,Y1		
4	LY11	2.80	Y1	1.2	2.0/5.06,2.5/7.46, 3.0/8.86,3.5/10.26, 4.0/11.66 (按密度 2.8 计算, LY2 系数 0.957)
	LY2	2.68			
5	LF2,LF43	2.68	M,Y	1.0	1.5/4.62,2.0/5.96, 2.5/7.30,3.0/8.64, 3.5/9.98,4.0/11.32 (按密度 2.68 计算, L1～L6 系数 1.011)
	L1,L2,L3, L4,L5,L6	2.71	Y		
6	LY11	2.80	Y1	0.9	3.0/9.10,4.0/11.95, 5.0/15.35,6.0/18.20
7	LD30	2.70	M	1.2	2.0/6.00,2.5/7.35, 3.0/8.10,3.5/10.05, 4.0/11.40 (按密度 2.70 计算, LF2 系数 0.993)
	LF2	2.68	M,Y1		

注:①供应状态代号:退火(M),3/4 硬(Y1),半硬(Y2),硬(Y),淬火(自然时效)(CZ)。

②板材宽度:1000～1600mm;板材长度:2000～10000mm。

③花纹代号:方格形(1),扁豆形(2),五条形(3),三条形(4),指针形(5),菱形(6),条形(7)。

9. 铝及铝合金热轧带材的品种、规格(GB/T 16501—1996)

牌号	状态	规格尺寸/mm			单卷重/kg
		厚度	宽度	卷内径	
1070,1070A,1060,1050,1050A,1035,1200,1100 8A06,3A21,3003,3004,5A02,5005,5052	F(热轧)	2.5~8.0	640~1700	500,508,510,560,600,610	2000~11000

10. 铝及铝合金带材的品种、规格(GB 8544—87)

牌号	供应状态				
	M	Y4	Y2	Y1	Y
	厚度/mm				
L1~L6,L5~1	>0.2~4.5	>0.2~4.5	>0.2~4.5	>0.2~4.0	>0.2~2.0
LF2	0.3~4.5	—	0.3~4.5	—	0.3~1.5
LF21	0.3~4.5	—	0.3~4.0	—	0.3~2.0
厚度/mm	≤1.5			>1.5	
宽度/mm	60~2300			>600~2300	
卷内径/mm	75,150,180,205,350,400,500,600,650,700				

注:供应状态代号:退火(M),1/4 硬(Y4),半硬(Y2),3/4 硬(Y1),硬(Y)。

11. 铝及铝合金箔的品种、规格

品种	牌号	供应状态	规格尺寸/mm			
			厚度	宽度	卷径	管芯内径
工业用纯铝箔(GB/T 3198—1996)	1070,1070A,1060,1050,1050A,1A30,1100,1145,1200	O,H26,H24,H14,H18,H19	0.006~0.200	40~1600	100~1000	75,76,150

续表

品种	牌号	供应状态	规格尺寸/mm			
			厚度	宽度	卷径	管芯内径
铝合金箔（GB 3614—83）	LF21	M,Y2,Y	0.030～0.200	40～440	180～230	75
	LF21,LY11,LY12,LT13	M,Y	0.030～0.200	40～440	180～230	75
电力电容器用铝箔（GB 3616—91）	LG1～LG6	M,Y	0.030～0.200	40～1000	180～230	75

2.3.3　非铁金属管材

2.3.3.1　铜及铜合金管材

1. 铜及铜合金挤制管

(1)铜及铜合金挤制管的供应状态、规格(GB/T 1528—1997)

牌号	供应状态	外径/mm	壁厚/mm
T2,T3,TP2,TU1,TU2	R(挤制)	30～300	5～30
H96,H62,HPb59-1,HFe59-1-1		21～280	1.5～42.5
QAl9-2,HAl9-4		20～250	3～50
QAl10-3-1.5,QAl10-4-4		20～250	3～50

(2)铜及铜合金挤制管的规格(GB/T 16866—1997)

公称外径/mm	公称壁厚/mm
20,21,22	1.5～3.0,4.0
23,24,25,26	1.5～4.0

续表

公称外径/mm	公称壁厚/mm
27,28,29,30,32	2.5～6.0
34,35,36	3.0～6.0
38,40,42,44	3.0,4.0,5.0～9.0
45,(46),(48)	3.0～4.0,5.0～10
50,(52),(54),55	3.0～4.0,5.0～17.5
(56),(58),60	4.0～5.0,7.5,10～17.5
(62),(64),65,68,70	4.0,5.0,7.5～20
(72),(74),75,(78),80	4.0,5.0,7.5～25
85,90,95,100	7.5,10～30
105,110	10～30
115,120	10～37.5
125,130	10～35
135,140	10～37.5
145,150	10～35
155,160,165,170	10～42.5
175,180,185,190,195,200	10～45
(205),210,(215),220	10～42.5
(225),230,(235),240,(245),250	10～15,20,25～50
(255),260,(265),270,(275),280	10～15,20,25,30
290,300	20,25,30

注:带括号的规格不推荐采用,挤制管的供应长度为0.5～6m。

(3)铜及铜合金挤制管壁厚系列(GB/T 16866—1997) (mm)

1.5,2.0,2.5,3.0,3.5,4.0,4.5,5.0,6.0,7.5,9.0,10,12.5,15,17.5,20,22.5,25,27.5,30,32.5,35,37.5,40,42.5,45,50

2. 铜及铜合金拉制管

(1)铜及铜合金拉制管的供应状态和规格(GB/T 1527—1997)

牌号	供应状态	外径/mm	壁厚/mm
T2,T3,TU1,TU2,TP1,TP2	M,Y	3~360	0.5~10
	Y2	3~100	0.5~10
H96	M,Y	3~200	0.15~10
H68	Y	3.2~30	0.15~0.9
	M,Y2	3~60	0.15~10
H62	Y	3.2~30	0.5~0.9
	M,Y2	3~200	0.15~10
HSn70-1,HSn62-1	M,Y2	3~60	0.5~10
BZn15-20	M,Y2,Y	4~40	0.5~4

(2)铜及铜合金拉制管的规格(GB/T 16866—1997)

公称外径/mm	公称壁厚/mm
3,4,5,6,7	0.5~1.5
8,9,10,11,12,13,14,15	0.5~3.5
16,17,18,19,20	0.5~4.5
21,22,23,24,25,26,27,28,(29),30	1.0~5.0
31,32,33,34,35,36,37,38,(39),40	1.0~5.0
(41),42,(43),(44),45	1.0,1.5~6.0
(46),(47),48,(49),50	1.0,1.5~6.0
(52),54,55,(56),58,60	1.0,1.5~6.0
(62),(64),65,(66),68,70	2.0~10
(72),(74),75,76,(78),80	2.0~10
(82),(84),85,86,(88),90	2.0~10
(92),(94),96,(98),100	2.0~10

续表

公称外径/mm		公称壁厚/mm
105,110,115,120,125,130,135,140,145,150		2.0~10
155,160,165,170,175,180,185,190,195,200		3.0~10
210,220,230,240,250		3.0~7.0
260,270,280,290,300		3.5~5.0
310,320,330,340,350,360		3.5~5.0
壁厚系列/mm	0.5,0.75,1.0,(1.25),1.5,2.0,2.5,3.0,3.5,4.0,4.5,5.0,6.0,7.0,8.0,(9.0),10	

注:带括号的规格不推荐采用。

(3)黄铜薄壁管的规格(GB/T 16866—1997) (mm)

公称外径	公称壁厚	公称外径	公称壁厚
3,3.2	0.15~0.60	20	0.45~0.90
3.5	0.15~0.70	22	0.50~0.90
4,5,6,7,8,9,10,11.5	0.15~0.90	24,25.2,26,27.5	0.60~0.90
12,12.6	0.20~0.90	28	0.70~0.90
14,15.6,16,16.5	0.30~0.90	30	0.80~0.90
18,18.5	0.35~0.90	—	—
壁厚系列	0.15,0.20,0.25,0.30,0.35,0.40,0.45,0.50,0.60,0.70,0.80,0.90		

注:供应长度:外径≤100mm的铜管和外径≤50mm的黄铜管为1~7m;黄铜薄壁管为1~4m;其他为0.5~6m。外径≤30mm,壁厚≤3mm铜管可供应长度≥6m的圆盘管。

3. 铜及铜合金毛细管的品种、规格(GB/T 1531—1994)

(1)铜及铜合金毛细管的分类和规格　(mm)

牌　号	供应状态	外径	内径	按用途分级
T2,TP1,TP2,H68,H62	Y,Y2,M	0.5～3.0	0.3～2.5	分普通级,较高级和高级
H96,BZn15-20	Y,M			
QSn6.5-0.1,QSn4-0.3	Y,M			

(2)铜及铜合金毛细管高级管材规格　(mm)

外径	1.70	1.80	1.85	1.90,2.00	2.05	2.20
壁厚	0.60～0.70	0.55～0.75	0.60～0.75	0.60～0.80	0.85～0.90	1.00
壁厚系列	0.55,0.60,0.65,0.70,0.75,0.80,0.85,0.90,1.00					

(3)铜及铜合金毛细管普通级和较高级管材规格　(mm)

外径	内　径	外径	内　径
0.5	0.3	1.4	0.4,0.5,0.6,0.7,0.8,0.9,1.0,1.2
0.6	0.4		
0.7	0.5	1.5	0.5,0.6,0.7,0.8,0.9,1.0,1.1,1.3
0.8	0.4,0.6		
1.0	0.4,0.5,0.6,0.8	1.6	0.4,0.6,0.7,0.8,0.9,1.0,1.1,1.2,1.4
1.2	0.4,0.5,0.6,0.7,0.8,1.0	1.7	0.5,0.7,0.8,0.9,1.0,1.1,1.2,1.3,1.5

续表

外径	内径	外径	内径
1.8	0.4,0.6,0.8,0.9,1.0,1.1,1.2,1.3,1.4,1.6	2.5	0.7,0.9,1.1,1.3,1.5,1.6,1.7,1.8,1.9,2.0,2.1
2.0	0.4,0.6,0.8,1.0,1.1,1.2,1.3,1.4,1.5,1.6,1.8	2.6	0.8,1.0,1.2,1.4,1.6,1.7,1.8,1.9,2.0,2.1
2.2	0.4,0.6,0.8,1.0,1.2,1.3,1.4,1.5,1.6,1.7,1.8	2.8	1.0,1.2,1.4,1.6,1.8,1.9,2.0,2.1,2.2,2.3
2.4	0.6,0.8,1.0,1.2,1.4,1.5,1.6,1.7,1.8,1.9,2.0	3.0	1.2,1.4,1.6,1.8,2.0,2.1,2.2,2.3,2.4,2.5

注:管材供应方式分成卷(长度≥3m)和直条(长度为 0.15~3.5m)两种。

(4)铜及铜合金毛细管的等级及用途

等级	用途
高级管材	适用于家用冰箱、电冰柜和高精度仪表等工业部门用的铜毛细管
较高级管材	适用于较高精度的仪器、仪表和电子等工业部门用的铜及铜合金毛细管
普通级管材	适用于一般精度的仪器、仪表和电子等工业部门用的铜及铜合金毛细管

4．热交换器用铜合金管的品种、规格(GB 8890—88)

牌号	供应状态	外径/mm	壁厚/mm
BFe30-1-1,BFe10-1-1	M,Y2	10~35	0.75~3.0
HA177-2,HSn70-1,H68-A	Y	10~35	0.75~2.0

牌号		供应状态	外径/mm	壁厚/mm
外径/mm	10,11,12	14	15,16,18,19,20,21,22,23,24,25	26,28,30,32,35
壁厚/mm	0.75,1.00	0.75,1.00,1.25,1.50,2.00,2.50	0.75,1.00,1.25,1.50,2.00,2.50,3.00	1.00,1.25,1.50,2.00,2.50,3.00

注:①管材长度≤18m。

②壁厚 0.75mm 管材,仅生产至外径 20mm。

5. 压力表用锡青铜管

(1)压力表用锡青铜管的品种、规格

牌号	供应状态	品种	规格/mm			
			外径	长轴	短轴	壁厚
QSn4-0.3 QSn6.5-0.1	Y,M	圆管	4～25	—	—	0.15～1.80
		扁管	—	7.5～20	5～7	0.5～1.0
		椭圆管	—	5～15	2.5～6	0.15～1.0

注:管材长度为 10～40m。

(2)压力表用锡青铜圆管的规格　　(mm)

外径 D	壁厚 S	外径 D	壁厚 S
4,(4.2)	0.15～1.0	14,(14.34),15	0.15～1.8
4.5	0.15～1.3	16,(16.5)	>0.3～1.8
5.0,(5.56),6.0,(6.35)	0.15～1.8	17	>0.50～1.8
7.0,(7.14),8.0,9.0	0.15～1.8	18,(19.5),20	>0.80～1.8
(9.5),10,(10.5)	0.15～1.8	>20～25	>1.3～1.8
11,12,(12.6),13	0.15～1.8	—	—

注:带括号规格限制使用。

(3)压力表用锡青铜扁管和椭圆管的规格 (mm)

长轴	短轴	壁厚	长轴	短轴	壁厚
7.5	5	0.15～0.25	5	3	0.15～0.25
10	5.5	0.25～0.40	8	3	0.25～0.40
14	6	>0.40～0.60	10	2.5	>0.40～0.60
16	7	>0.60～0.80	15	5	>0.60～0.80
20	6	>0.80～1.00	15	6	>0.80～1.00

注:①表中左为扁管、右为椭圆管。

②扁管和椭圆管按壁厚分普通精度和较高精度两级。

2.3.3.2 铝及铝合金管材

1. 铝及铝合金冷拉(轧)圆管

(1)铝及铝合金冷拉(轧)圆管的牌号、状态及规格(GB 6893—86)

牌号	L1～L6, LF21	LF2	LF3	LY11, LY12	LD2	LF5, LF11	LF6
状态	M,Y	M,Y2, Y	M,Y2	M,CZ	M,CZ, CS	M,Y2	M
外径/mm	6～120					6～120	
壁厚/mm	0.5～5.0					1.0～5.0	
管材长度/m	2～5.5						

(2)铝及铝合金冷拉(轧)圆管的规格(GB/T 4436—1995)

(mm)

外径	壁厚	外径	壁厚	外径	壁厚	外径	壁厚
6	0.5～1.0	10	0.5～2.5	16～18	0.5～3.5	22～25	0.5～5.0
8	0.5～2.0	12～15	0.5～3.0	20	0.5～4.0	26～60	0.75～5.0

续表

外径	壁厚	外径	壁厚	外径	壁厚	外径	壁厚
65~75	1.5~5.0	100~110	2.5~5.0	120	3.5~5.0	—	—
80~95	2.0~5.0	115	3.0~5.0	—	—	—	—
壁厚系列	0.5,0.75,1.0,1.5,2.0,2.5,3.0,3.5,4.0,4.5,5.0						
外径系列	6,8,10,12,14,15,16,18,20,22,24,25,26,28,30,32,34,35,36,38,40,42,45,48,50,52,55,58,60,65,70,75,80,85,90,95,100,105,110,115,120						

2. 铝及铝合金热挤压圆管

(1)铝及铝合金热挤压圆管的牌号、状态及规格(GB 4437—84)

牌号	L1~L6,LF2,LF3	LF5,LF11,LF21	LF6	LY11,LY12	LD2	LC4,LC9
供应状态	R	R	R,M	R,M,CZ	R,M,CZ,CS	R,CS
外径/mm	25~500					
壁厚/mm	3~50					
长度/m	0.36~6					

(2)铝及铝合金热挤压圆管的规格　　(mm)

外径	壁厚	外径	壁厚	外径	壁厚
25	5	40,42	5~12.5	75,80	5~22.5
28	5,6	45~58	5~15	85,90	5~25
30,32	5~8	60,62	5~17.5	95	5~27.5
34~38	5~10	65,70	5~20	100	5~30

续表

外径	壁厚	外径	壁厚	外径	壁厚
105～115	5～32.5	135～145	10～32.5	160～200	10～40
120～130	7.5～32.5	150,155	10～35	205～400	15～50
壁厚系列	5,6,7,7.5,8,9,10,12.5,15,17.5,20,22.5,25,27.5,30,32.5,35,37.5,40,42.5,45,47.5,50				
外径系列	25,28,30,32,34,36,38,40,42,45,48,50,52,55,58,60,62,65,70,75,80,85,90,95,100,105,110,115,120,125,130,135,140,145,150,155,160,165,170,175,180,185,190,195,200,205,210,215,220,225,230,235,240,245,250,260,270,280,290,300,310,320,330,340,350,360,370,380,390,400				

3. 铝及铝合金焊接管的品种、规格(GB 10571—89)

(1)铝及铝合金焊接管的牌号、状态及规格

牌号	L1～L6,L5～1,LF21			LF2
供应状态	M	Y2	Y	M,Y2,Y
壁厚/mm	1.0～3.0	0.8～3.0	0.5～3.0	0.8～3.0

(2)铝及铝合金焊接圆管的规格　　(mm)

外径	9.5,12.7,15.9	16,19.1,20	22,22.2	25,25.4	28
壁厚	0.5～1.2	0.5～1.2	0.5～1.8	0.8～2.0	1.0～2.0
外径	30,31.8	32,33,36,40	50.8,65,75,76.2	80,85,90	100,105,120
壁厚	1.2～2.0	1.2～2.5	1.2～3.0	1.2～3.0	1.5～3.0
壁厚系列	0.5,0.8,1.0,1.2,1.5,1.8,2.0,2.5,3.0				

注:根据需方要求,可生产其他规格的铝及铝合金焊接圆管。

(3)铝及铝合金焊接方管的规格　　(mm)

宽度	16	20		22		25	30
高度	16	15	20	10	20	15	16
壁厚	1.0~2.0			0.8~1.5	1.0~2.0		0.8~1.5
宽度	32	36		40			50
高度	30	20		20	25	40	
壁厚	1.0~2.0			1.0~1.5	1.2~2.0		1.2~2.5
壁厚系列	0.5,0.8,1.0,1.2,1.5,1.8,2.0,2.5,3.0						

注:根据需方要求,可生产其他规格的铝及铝合金焊接方管。

2.3.3.3　铝及铝合金热挤压无缝圆管

【规格】（GB/T 4437.1—2000）

牌　　号	供应状态	成分与尺寸规格
1070A,1060,1100,1200,2A11,2017,2A12,2024,3003,3A21,5A02,5052,5A03,5A05,5A06,5083,5086,5454,6A02,6061,6063,7A09,7075,7A15,8A06	H112,F	化学成分按照GB/T 3190—1996规定 尺寸规格要符合GB/T 4436—1995规定
1070A,1060,1050A,1035,1100,1200,2A11,2017,2A12,2024,5A06,5083,5454,5086,6A02	O	
2A11,2017,2A12,6A02,6061,6063	T4	
6A02,6061,6063,7A04,7A09,7075,7A15	T6	

注:①加工硬化状态(H112),适用于热加工成形制品;自由加工状态(F);退火状态(O);固溶处理后自然时效至基本稳定状态(T4);固溶处理后经人工时效状态(T6)。

②据用户需要的其他合金状态,需经双方协商决定。

2.3.3.4 铝及铝合金拉制无缝圆管

【规格】（GB/T 6893—2000）

牌　号	供应状态	成分及尺寸规格
1035，1050，1050A，1060，1070，1070A，1100，1200，8A06	O,H14	化学成分按照 GB/T 3190—1996 规定 尺寸规格要符合 GB/T 4436—1995 规定
2017,2024,2A11,2A12	O,T4	
3003,3A21	O,H14	
5052,5A02		
5A03	O,H34	
5A05,5056,5083	O,H32	
5A06	O	
6061,6A02	O,T4,T6	
6063	O,T6	

注:①单纯加工硬化状态(H14);加工硬化后经低温热处理至性能稳定状态(H34、H32),前者比后者硬化程度大。

②未列入表中的合金之状态,由供需方协商后注明在合同中。

2.3.4 非铁金属线材

2.3.4.1 铜及铜合金线材

1. 铜及铜合金圆线的理论质量

圆线直径/mm	铜及铜合金密度/(g/cm³)						
	8.2	8.3	8.4	8.5	8.6	8.8	8.9
	圆线理论质量/(kg/km)						
0.02	0.0026	0.0026	0.0026	0.0027	0.0027	0.0028	0.0028
0.03	0.0058	0.0059	0.0059	0.0060	0.0061	0.0062	0.0063

续表

圆线直径/mm	铜及铜合金密度/(g/cm³)						
	8.2	8.3	8.4	8.5	8.6	8.8	8.9
	圆线理论质量/(kg/km)						
0.035	0.0079	0.0080	0.0081	0.0082	0.0083	0.0085	0.0086
0.04	0.0102	0.0104	0.0106	0.0107	0.0108	0.0111	0.0112
0.045	0.0130	0.0132	0.0134	0.0135	0.0138	0.0140	0.0142
0.05	0.0161	0.0163	0.0165	0.0167	0.0169	0.0173	0.0175
0.06	0.0232	0.0235	0.0238	0.0240	0.0243	0.0249	0.0252
0.07	0.0316	0.0320	0.0323	0.0327	0.0331	0.0339	0.0343
0.08	0.0412	0.0417	0.0422	0.0427	0.0432	0.0442	0.0447
0.09	0.0522	0.0528	0.0534	0.0541	0.0547	0.0560	0.0566
0.10	0.0644	0.0652	0.0660	0.0668	0.675	0.0691	0.0699
0.11	0.0779	0.0789	0.0798	0.0808	0.0817	0.0836	0.0846
0.12	0.0927	0.0939	0.0950	0.0961	0.0973	0.0995	0.1007
0.13	0.1088	0.1101	0.1115	0.1129	0.1141	0.1168	0.1180
0.14	0.1262	0.1278	0.1293	0.1308	0.1324	0.1355	0.1370
0.15	0.1449	0.1467	0.1484	0.1502	0.1520	0.1555	0.1573
0.16	0.1649	0.1669	0.1689	0.1709	0.1729	0.1769	0.1789
0.17	0.1860	0.1884	0.1907	0.1929	0.1952	0.1997	0.2020
0.18	0.2087	0.2112	0.2138	0.2163	0.2189	0.2240	0.2265
0.19	0.2325	0.2353	0.2381	0.2410	0.2438	0.2495	0.2523
0.20	0.2576	0.2608	0.2639	0.2671	0.2702	0.2765	0.2796
0.21	0.2840	0.2875	0.2910	0.2944	0.2979	0.3048	0.3083

续表

圆线直径/mm	铜及铜合金密度/(g/cm³)						
	8.2	8.3	8.4	8.5	8.6	8.8	8.9
	圆线理论质量/(kg/km)						
0.22	0.3117	0.3155	0.3193	0.3231	0.3269	0.3345	0.3383
0.23	0.3407	0.3447	0.3489	0.3532	0.3572	0.3655	0.3696
0.24	0.3710	0.3755	0.3800	0.3845	0.3891	0.3981	0.4026
0.25	0.4025	0.4074	0.4124	0.4173	0.4222	0.4320	0.4369
0.26	0.4354	0.4406	0.4460	0.4513	0.4566	0.4672	0.4725
0.27	0.4695	0.4753	0.4810	0.4867	0.4924	0.5039	0.5096
0.28	0.5050	0.5111	0.5173	0.5234	0.5296	0.5419	0.5481
0.29	0.5416	0.5482	0.5548	0.5614	0.5680	0.5813	0.5879
0.30	0.5797	0.5867	0.5938	0.6009	0.6079	0.6221	0.6291
0.32	0.6595	0.6675	0.6756	0.6836	0.6917	0.7077	0.7158
0.34	0.7445	0.7536	0.7627	0.7717	0.7808	0.7990	0.8080
0.35	0.7889	0.7986	0.8082	0.8178	0.8274	0.8467	0.8563
0.36	0.8347	0.8449	0.8550	0.8652	0.8754	0.8958	0.9059
0.38	0.9300	0.9413	0.9526	0.9640	0.9753	0.9980	1.0090
0.40	1.0300	1.0430	1.0560	1.0680	1.0810	1.1060	1.1180
0.42	1.136	1.150	1.164	1.178	1.191	1.219	1.233
0.45	1.304	1.320	1.336	1.352	1.368	1.400	1.415
0.48	1.484	1.502	1.520	1.538	1.556	1.592	1.611
0.50	1.610	1.630	1.649	1.669	1.689	1.728	1.748
0.53	1.809	1.831	1.853	1.875	1.897	1.941	1.964
0.55	1.948	1.972	1.996	2.019	2.043	2.091	2.114
0.56	2.020	2.044	2.069	2.094	2.118	2.167	2.192

续表

圆线直径/mm	铜及铜合金密度/(g/cm³)						
	8.2	8.3	8.4	8.5	8.6	8.8	8.9
	圆线理论质量/(kg/km)						
0.60	2.318	2.347	2.375	2.403	2.432	2.488	2.516
0.63	2.556	2.587	2.618	2.650	2.681	2.743	2.774
0.65	2.721	2.754	2.787	2.821	2.854	2.920	2.953
0.67	3.137	3.175	3.214	3.252	3.290	3.367	3.405
0.70	3.156	3.194	3.233	3.271	3.310	3.387	3.425
0.75	3.623	3.667	3.711	3.755	3.799	3.888	3.932
0.80	4.122	4.172	4.222	4.273	4.323	4.424	4.474
0.85	4.653	4.710	4.767	4.823	4.880	4.994	5.050
0.90	5.217	5.280	5.344	5.407	5.471	5.598	5.662
0.95	5.812	5.883	5.954	6.025	6.096	6.238	6.309
1.00	6.440	6.519	6.597	6.676	6.754	6.912	6.990
1.05	7.100	7.187	7.274	7.310	7.447	7.620	7.707
1.10	7.793	7.888	7.983	8.078	8.173	8.363	8.458
1.15	8.517	8.621	8.725	8.829	8.933	9.140	9.244
1.20	9.274	9.387	9.500	9.613	9.726	9.953	10.07
1.30	10.88	11.02	11.15	11.28	11.41	11.68	11.81
1.40	12.62	12.78	12.93	13.08	13.24	13.55	13.70
1.50	14.49	14.67	14.84	15.02	15.20	15.55	15.73
1.60	16.49	16.69	16.89	17.09	17.29	17.69	17.89
1.70	18.61	18.84	19.07	19.29	19.52	19.97	20.20
1.80	20.87	21.12	21.38	21.63	21.88	22.39	22.65

续表

圆线直径/mm	铜及铜合金密度/(g/cm³)						
	8.2	8.3	8.4	8.5	8.6	8.8	8.9
	圆线理论质量/(kg/km)						
1.90	23.25	23.53	23.82	24.10	24.38	24.95	25.23
2.00	25.76	26.08	26.39	26.70	27.02	27.65	27.96
2.10	28.40	28.75	29.09	29.44	29.79	30.48	30.83
2.20	31.17	31.55	31.93	32.31	32.69	33.45	33.83
2.30	34.07	34.48	34.90	35.32	35.73	36.56	36.98
2.40	37.10	37.55	38.00	38.45	38.91	39.81	40.26
2.50	40.25	40.74	41.23	41.72	42.21	43.20	43.69
2.60	43.54	44.07	44.60	45.13	45.66	46.72	47.25
2.70	46.95	47.52	48.10	48.67	49.24	50.39	50.96
2.80	50.49	51.11	51.72	52.34	52.95	54.19	54.80
2.90	54.16	54.82	55.48	56.14	56.80	58.13	58.79
3.00	57.96	58.67	59.38	60.08	60.79	62.20	62.91
3.20	65.95	66.75	67.56	68.36	69.17	70.77	71.58
3.40	74.45	75.36	76.27	77.17	78.08	79.90	80.80
3.50	78.89	79.86	80.82	81.78	82.74	84.67	85.63
3.80	93.00	94.13	95.26	96.40	97.53	99.80	100.9
4.00	103.0	104.3	105.6	106.8	108.1	110.6	111.8
4.20	113.6	115.0	116.4	117.8	119.1	121.9	123.3
4.50	130.4	132.0	133.6	135.2	136.8	140.0	141.5
4.80	148.4	150.2	152.0	153.8	155.6	159.2	161.1
5.00	161.0	163.0	164.9	166.9	168.9	172.8	174.8

续表

圆线直径/mm	铜及铜合金密度/(g/cm³)						
	8.2	8.3	8.4	8.5	8.6	8.8	8.9
	圆线理论质量/(kg/km)						
5.30	180.9	183.1	185.3	187.5	189.7	194.1	196.4
5.50	194.8	197.2	199.6	201.9	204.3	209.1	211.4
5.60	202.0	204.4	206.9	209.4	211.8	216.7	219.2
6.00	231.8	234.7	237.5	240.3	243.2	248.8	251.6

2. 纯铜线的品种、规格(GB/T 14953—1994)

牌号	供应状态	直径/mm
T2,T3,TU1,TU2	M,Y	0.02～6.0
线材直径/mm	标准卷质量/kg	较轻卷质量/kg
0.02～0.10	0.05	0.01
>0.10～0.50	0.5	0.30
>0.50～1.00	2.0	1.00
>1.00～3.00	4.0	2.00
>3.00～6.00	5.0	3.00

注:线材按直径偏差分普通级和较高级两种,每批允许交付质量不大于10%的较轻卷。

3. 黄铜线的品种、规格(GB/T 14954—1994)

牌号	H65,H68	H62	HSn60-1	HSn62-1	HPb63-3	HPb59-1
供应状态	M,Y2,Y1,Y		M,Y		M,Y2,Y,T	
直径/mm	0.05～6.0		0.05～6.0		0.05～6.0	

注:①线材品种除圆形线外,还有方形线和六角形(直径为其内切圆直径或平行对边距)线。

②线材分级和每卷质量同纯铜线的规定。

4. 青铜线的品种、规格(GB/T 14955—1994)

牌号	QSi3-1,QSn4-3	QSn6.5-0.1, QSn6.5-0.4	QSn7-0.2,QCd1
供应状态	Y	M,Y	M,Y
直径/mm	0.10~6.00		

注:线材分级和每卷质量同上表。

5. 铍青铜线的品种、规格(GB 3134—82)

牌号	供应状态	直径/mm
QBe2	M,Y2,Y	0.03~6.00

线材直径/mm	每卷质量/kg	线材直径/mm	每卷质量/kg
0.03~0.05	≥0.0005	>0.40~0.60	≥0.100
>0.05~0.10	≥0.002	>0.60~0.80	≥0.150
>0.10~0.20	≥0.010	>0.80~2.00	≥0.300
>0.20~0.30	≥0.025	>2.00~4.00	≥1.000
>0.30~0.40	≥0.050	>4.00~6.00	≥2.000

6. 白铜线的品种、规格(GB/T 3125—1994)

牌号	BMn40-1.5	BMn3-12,BFe30-1-1,B19	BZn15-20
供应状态	M,Y	M,Y	M,Y2,Y
直径/mm	0.05~6.0	0.10~6.0	0.10~6.0

注:①线材按直径偏差分普通级,较高级和高级三种。

②线材每卷质量与纯铜线的规定相同。

7. 专用铜及铜合金线的品种、规格(GB/T 14956—1994)

牌号	T2,T3	H62	H68	HPb62-0.8	HPb59-1		QSn6.5-0.1
供应状态	Y2	M,Y2, Y1	Y2	Y2	Y2	Y	M

续表

牌号	T2,T3	H62	H68	HPb62-0.8	HPb59-1		QSn6.5-0.1
直径/mm	1.0～6.0			3.8～6.0	2.0～6.0	2.0～3.0	0.03～0.07
用途	铆钉	铆钉,气门芯	冷锻螺钉	自行车条	圆珠笔芯,气门芯		编织及织网

8. 编织及织网用锡青铜线及其他用途铜及铜合金线规格(GB/T 1496—1994)

编织及织网用锡青铜线		其他用途铜及铜合金线		
线材直径/mm	线轴质量/g	线材直径/mm	每卷(轴)质量/kg	
			标准卷	较轻卷
0.030～0.035	≥20	1.0～3.0	≥5.0	≥2.0
>0.035～0.045	≥30	>3.0～6.0	≥8.0	≥3.0
>0.045～0.070	≥50	—	—	—
直径优选尺寸/mm	0.03,0.035,0.04,0.045,0.05,0.06,0.07			

注:①线材按直径偏差分普通级、较高级两种。其中直径0.03～0.07mm线材无普通级。

②线材允许交付质量不大于10%的较轻卷(轴)。

9. 镍铜合金线的品种、规格(GB 313—82)

牌号			供应状态		直径/mm
NGu28-2.5-1.5,NCu40-2-1			M,Y		0.05～6.00
线材直径/mm	标准卷重/kg	较轻卷重/kg	线材直径/mm	标准卷重/kg	较轻卷重/kg
0.05～0.09	≥0.03	≥0.015	>0.16～0.25	≥0.10	≥0.05
0.10～0.16	≥0.05	≥0.02	>0.25～0.40	≥0.30	≥0.15

续表

线材直径/mm	标准卷重/kg	较轻卷重/kg	线材直径/mm	标准卷重/kg	较轻卷重/kg
>0.40～0.60	≥0.40	≥0.20	>1.60～3.00	≥2.00	≥0.50
>0.60～1.00	≥0.60	≥0.25	>3.00～6.00	≥3.00	≥1.00
>1.00～1.60	≥1.20	≥0.30	—	—	—

注:①线材按直径允许偏差分为4级、5级、6级三种。

②每批线材允许交付质量不大于10%的较轻卷(轴)。

2.3.4.2 铝及铝合金线材

1. 导电用铝线的品种、规格(GB 3121—82)

牌号	供应状态	直径/mm
1A50	H19,O	0.80～5.00

线材直径/mm	一般线盘重/kg	不足规定质量线盘重/kg
0.80～1.00	≥3	≥1
>1.00～1.50	≥6	≥1.5
>1.50～2.50	≥10	≥3
>2.50～4.00	≥15	≥5
>4.00～5.00	≥20	≥5

注:线材按直径偏差分普通级和高精级两种。

2. 铆钉用铝及铝合金线材

(1)铆钉用铝及铝合金线材的品种、规格(GB 3196—82)

牌 号	供应状态	直径/mm
L4,LF2,LF6,LF10,LF11,LF21,LY1,LY4,LY8,LY9,LY10,LC3	Y	1.60～10.00

线材直径/mm	一般线盘质量/kg
≤4.0	≥1.5

续表

线材直径/mm	一般线盘质量/kg
>4.0～5.0	≥3
>5.0	≥3

注:①线材按直径偏差分普通级和较高级两种。

②LF6 只供应直径≥3.0mm 的线材;较高级只供应 LY1,LY8,LY9,LY10 牌号线材。

(2)铆钉用铝及铝合金线材的直径系列和理论质量(GB 3196—82)

直径/mm	质量/(kg/km)	直径/mm	质量/(kg/km)
1.60	5.449	4.48	42.72
2.00	8.514	4.50	43.10
2.27	10.97	4.75	48.02
2.30	11.26	4.84	49.86
2.58	14.17	5.00	53.21
2.60	14.39	5.10	55.36
2.90	17.90	5.23	58.22
3.00	19.16	5.27	59.11
3.41	24.75	5.50	64.39
3.45	25.33	5.75	70.37
3.48	25.78	5.84	72.59
3.50	26.07	6.00	76.62
3.84	31.39	6.50	89.93
3.98	33.72	7.00	104.3
4.00	34.05	7.10	107.3
4.10	35.78	7.50	119.7
4.35	40.28	7.76	128.2
4.40	41.21	7.80	129.5

续表

直径/mm	质量/(kg/km)	直径/mm	质量/(kg/km)
8.00	136.2	9.50	192.1
8.50	153.8	9.76	202.7
8.94	170.1	9.94	210.3
9.00	172.4	10.00	212.8

注:理论质量按(L1~L6)的密度 2.71g/cm^3 计算,其他牌号须乘理论质量换算系数。

(3)其他牌号理论质量换算系数表

牌号	密度/(g/cm^3)	换算系数	牌号	密度/(g/cm^3)	换算系数
LF2	2.68	0.98893	LD10	2.80	1.0332
LF3	2.67	0.98524	LC3	2.85	1.0517
LF5	2.65	0.97786	LY1	2.76	1.0185
LF6	2.64	0.97417	LY4	2.76	1.0185
LF10	2.65	0.97786	LY8	2.80	1.0332
LF11	2.65	0.97786	LY9	2.78	1.0258
LF21	2.73	1.00740	LY10	2.80	1.0332
LT1	2.68	0.98893	LY16	2.84	1.0479

(4)焊条用铝及铝合金线材

1)焊条用铝及铝合金线材的品种、规格(GB 3197—82)

牌 号	供应状态	直径/mm
L1~L6,LF2,LF3,LF5,LF6,LF10,LF11,LF14,LF21,LF33,LT1,LY16,LD10	Y,M	0.8~10.0

注:线材每盘交货质量小于 40kg。

2)焊条用铝及铝合金线材直径系列和理论质量(GB 3197—82)

直径/mm	质量/(kg/km)	直径/mm	质量/(kg/km)
0.8	1.362	4.5	43.10
1.0	2.128	5.0	53.21
1.2	3.065	5.5	64.39
1.5	4.789	6.0	76.62
2.0	8.514	7.0	104.3
2.5	13.30	8.0	136.2
3.0	19.16	9.0	172.4
3.5	26.07	10.0	212.8
4.0	34.05	—	—

注:①理论质量按 L1～L6 的密度 2.71g/cm^3 计算,其他牌号须乘理论质量换算系数。

②其他牌号理论质量换算系数见前页(3)。

2.3.5 建筑用铝合金型材

2.3.5.1 标准、材料与规格介绍

1. 标准

依据 GB 5237—1993《铝合金建筑型材》的规定。

2. 材料

主要牌号为 6063(旧代号 LD31),其次是 6061(旧代号 LD30)。

供应状态主要为 T5(旧代号 RCS),其次有 F(旧代号 R)、T6(旧代号 CS)及 T4(旧代号 CZ,仅适用于 6061)。

表面质量为:一般场合可用 AA10 与 AA15 级,大气污染恶劣环境或要求耐磨场合可用 AA20、AA25 级(AA 为阳极氧化膜级别,其数字表示膜的平均厚度,单位 μm)。氧化膜色泽主要为银白色,还可有古铜色等。

3．型材常用最小壁厚最佳值及长度

一般情况下，壁厚最小适用值视用途不同而异，如窗结构型材壁厚≥1.4mm，门结构型材壁厚≥2.2mm，幕墙与玻璃屋顶型材壁厚≥3mm，其他场合型材壁厚≥1.0mm为宜。型材长度一般1～5m。

4．标准中规定的铝合金建筑型材主要用来制作各种铝合金门窗、橱柜、玻璃幕墙及建筑配件等。

2.3.5.2 门窗铝合金型材

1．门(卷帘门、无框门及地弹簧门等)用型材规格及用途

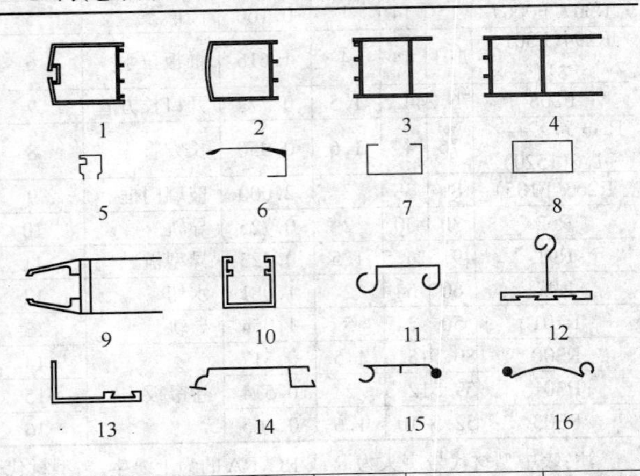

型材代号	断面尺寸/mm			质量/(kg/m)	用途	断面形状(图号)
	宽	高	壁厚≥			
RC22(F002)	50.8	46	1.6	0.956	带槽曲面门柱	1
RC22A(F012)			2	1.183		

续表

型材代号	断面尺寸/mm			质量/(kg/m)	用途	断面形状(图号)
	宽	高	壁厚≥			
RC33(F003)	50.8	46	2	0.860	曲面门柱	2
RC33A(F013)			2.5	1.023		
RC31(F004、F014)	51	44	1.6	0.977	门上横	3
RC32(F005)	80.9	44	1.6	1.083	门下横	4
FC32A(F015)			2	1.468		
R307(F006)	15	14	1	0.160	门嵌条	5
R194(F301、F311)	101	44	4	1.616	推板拉手	6
F208	76.2	44.5	1.5	0.772	开口长方管	7
RA3-77×44×1.6(1520)	76	44	1.6	0.956	长方管	8
R263(F105)	89	38	3	2.000	玻璃门框	9
R62	30	30	2	0.725	导轨	10
R91	49.5	16.5	1.5	0.423	异型板	11
R92	60	54	2	1.081	水切	12
R101	50	24	5	1.054	导轨	13
R300	80.5	15.6	1.5	0.517	卷帘板	14
R301	59.5	12.3	2	0.514		15
R303	52.5	10	1.6	0.465		16

注：表中型材代号字头为 R 或 RC、RA 的为上海生产，型材代号字头为 F 或无拉丁字头的为广州生产。表中的尺寸、质量数值除 F105 之外，均为上海生产的，括号中广州生产的型材代号仅用途与相应上海产品相同，其尺寸、质量未列出，但两厂家的相近。

2. 推拉窗用铝合金型材规格及用途一

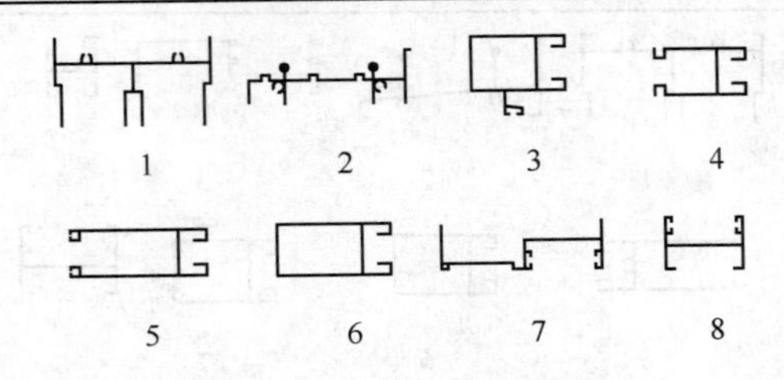

型材代号	断面尺寸/mm			质量/(kg/m)	用途	断面形状(图号)
	宽	高	壁厚≥			
R214 (D301)	90 (90)	50.8 (50.8)	1.3 (1.4)	0.966 (1.104)	上轨	1
R215 (D302)	88 (88)	31.8 (31.8)	1.3 (1.4)	0.766 0.877	下轨	2
R216 (D303)	90 (90)	27.4 (27.4)	1.3 (1.4)	0.605 0.700	侧框	7
R217 (D304)	50.8 (50.8)	28.2 (28.2)	1.3 (1.4)	0.641 (0.650)	上横	4
R218 (D305)	76.2 (76.2)	28.2 (28.2)	1.3 (1.4)	0.814 (0.846)	下横	5
R219 (R308 R318)	44 (44 44)	31.8 (31.8 31.8)	1.3 (3.2 1.8)	0.460 (0.629 0.532)	碰口	8
RC20 (D306)	64.9 (64.9)	31.8 (31.8)	1.3 (1.4)	0.765 (0.823)	侧竖	6
RC21 (D307)	52.2 (52.2)	44.5 (44.5)	1.3 (1.4)	0.780 (0.858)	侧竖	3

注:括号内代号及数值为广州产品,余为上海产品。

3. 推拉窗用铝合金型材规格及用途二

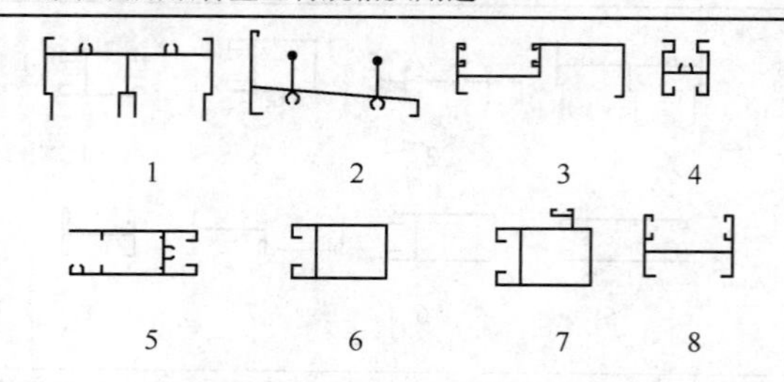

型材代号	断面尺寸/mm			质量/(kg/m)	用途	断面形状(图号)
	宽	高	壁厚≥			
R714-1 (D771)	70 (70)	35 (35)	1.2 (1.2)	0.720 (0.702)	上轨道	1
R625 (D772)				0.592 (0.594)	下轨道	2
R626 (D773)		22 (22)		0.511 (0.489)	侧框	3
R717-1 (D774, D784)	35 (25,35)	21.2 (21.2)	1.2 (1.2)	0.428 (0.356、0.429)	上帽头	4
R628 (D775)	55 (55)	21.2 (21.2)	1.2 (1.2)	0.565 (0.564)	下帽头	5
RC20-1 (D776)	40 (40)	24.2 (24.2)		0.459 (0.456)	边窗梃	6
RC21-1 (D777)	40 (40)	33 (32.9)		0.541 (0.540)	中窗梃	7
R219-1A (D778)	35.4 (35.6)	25 (25.4)	1.2 (1.4)	0.347 (0.400)	碰口	8

注：括号内代号及数值为广州产品，其余为上海产品。

4. 推拉窗用铝合金型材规格及用途三

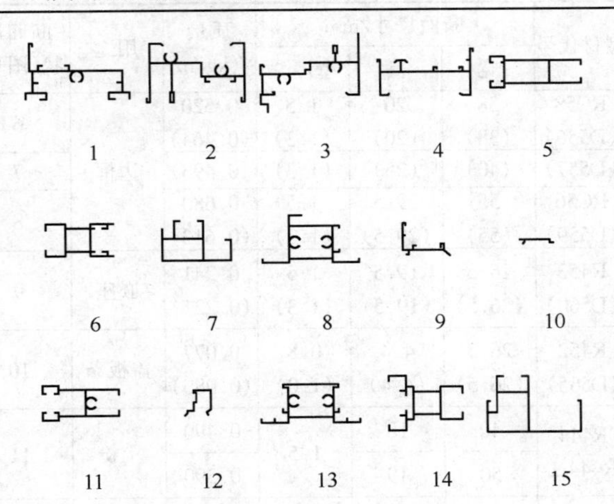

型材代号	断面尺寸/mm			质量/(kg/m)	用途	断面形状(图号)
	宽	高	壁厚≥			
R443 (D550)	58 (58)	33 (33)	1.5 (1.3)	0.620 (0.559)	接框	1
R440 (D551)	55 (55)	35 (35)	1.5 (1.3)	0.850 (0.751)	上框	2
R441 (D552)	55 (55)	38 (38)	1.5 (1.3)	0.800 (0.666)	下框	3
R442 (D553)	55 (55)	30 (30)	1.5 (1.3)	0.685 (0.526)	边框	4
(D555)	(55)	(19)	(1.3)	(0.596)	下梃	5

续表

型材代号	断面尺寸/mm			质量/(kg/m)	用途	断面形状(图号)
	宽	高	壁厚≥			
RC58 (D556)	38 (38)	20 (20)	1.5 (1.3)	0.520 (0.464)	边框	6
(D557)	(40)	(25)	(1.3)	(0.493)	边框	7
RC56 (D559)	55 (55)	29.5 (29.5)	1.5 (1.3)	0.680 (0.613)	边框	8
R453 (D560)	26.5 (26.5)	19.5 (19.5)	1.5 (1.3)	0.241 (0.221)	嵌座	9
R452 (D565)	26.5 (26.5)	4.4 (4.4)	0.8 (1.0)	0.077 (0.083)	盖板条	10
R444	40	18	1.5	0.490	上梃	11
R444-1	50	19	1.5	0.590	上梃	11
R451 (D561)	14 (15.3)	14 (14.5)	0.8 (1.0)	0.100 (0.119)	玻璃嵌条	12
RC55 (D562)	55 (55)	23.5 (23.5)	1.5 (1.3)	0.680 (0.616)	固定框	13
RC57 (D566)	40 (40)	30 (30)	1.5 (1.3)	0.590 (0.532)	内边框	14
RC59 (D567)	55 (55)	35 (35)	1.5 (1.3)	0.790 (0.653)	拉手边框	15

注:括号内代号、数值为广州产品,其余为上海产品。

5. 平开窗用铝合金型材规格及用途

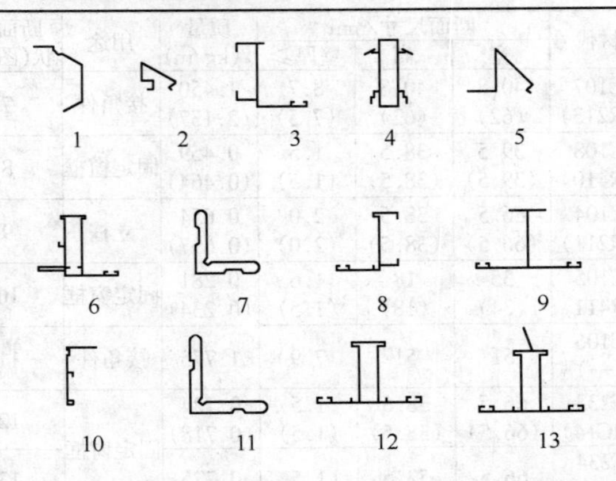

型材代号	断面尺寸/mm			质量/(kg/m)	用途	断面形状(图号)
	宽	高	壁厚≥			
C100 (R212)	34 (35)	25.4 (25.2)	2.36 (2.2)	0.372 (0.328)	拉手	1
C101 (R207-1)	20 (20)	16 (16)	1.0 (1.0)	0.150 (0.168)	玻璃嵌条	2
C103 (R210)	39.5 (39.5)	38.5 (38.5)	1.6 (1.6)	0.445 (0.436)	外窗框	3
C211 (RC12)	35 (35)	22.4 (22)	1.5 (1.5)	0.448 (0.472)	中接	4
C215 (R308)	37 (37)	25 (26)	1.0 (1.0)	0.208 (0.232)	玻璃嵌条	5
C102 (RC13)	48 (48)	38.5 (38.5)	1.5 (1.5)	0.625 (0.614)	内窗框	6

续表

型材代号	断面尺寸/mm			质量/(kg/m)	用途	断面形状(图号)
	宽	高	壁厚≥			
C107 (R213)	40.8 (62)	40.8 (62)	8.7 (7.5)	1.450 (2.137)	接角件	7
C108 (R410)	39.5 (39.5)	38.5 (38.5)	1.5 (1.5)	0.459 (0.464)	固定窗框	8
C104 (R211)	66.5 (66.5)	38.5 (38.5)	2.0 (2.0)	0.654 (0.697)	立柱	9
C105 (R411)	35 (34)	18 (18)	1.6 (1.5)	0.281 (0.234)	固定窗框	10
C106 (—)	51	51	7.9	1.775	接角件	11
C233 (RC14)	66.5 (66.5)	38.5 (38.5)	1.5 (1.5)	0.724 (0.718)	固定窗框	12
C234 (—)	66.5	52.5	1.5	0.775	固定窗框	13

注:括号内代号、数值为上海产品,其余为广州产品。

6. 窗帘轨(箱)用铝合金型材规格及用途

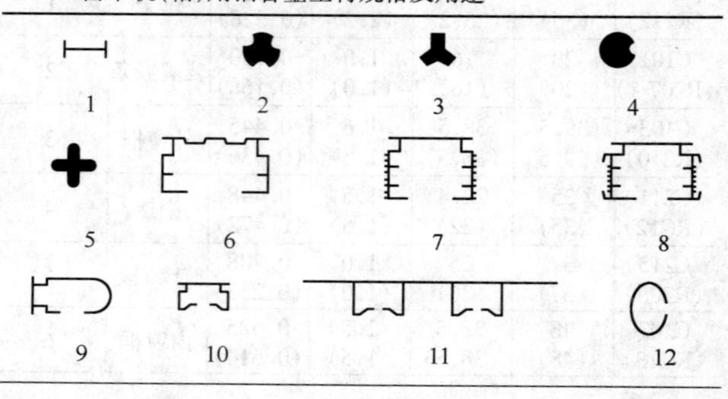

续表

型材代号	断面尺寸/mm			质量/(kg/m)	用途	断面形状(图号)
	宽	高	壁厚≥			
R188	17.5	7.5	1.2	0.111	工字梗	1
R205	22.5	15.5	1.5	0.322	窗帘轨	10
R205A			1.3	0.246		
R354	$\phi6$	—	—	0.048	转轴	2
R354-1		—	—	0.062	传动杆	3
R355-2	44.5	30	1.5	0.542	垂直帘导轨	6
R405	105	15.5	1.2	0.599	双轨板	11
R425	32	15		0.170	C形窗帘轨	12
R459	$\phi6$	—	—	0.057	垂直帘传动杆	4
R464	33.6	30	1.0	0.327	垂直帘外壳体	7
R498	46	30	1.5	0.614	垂直帘横梁	8
R501	17.8	9	0.8	0.100	小窗帘轨	9
R690	$\phi6.7$	—	—	0.069	转轴	5

注:上海产品。

7. 货柜用铝合金型材规格及用途

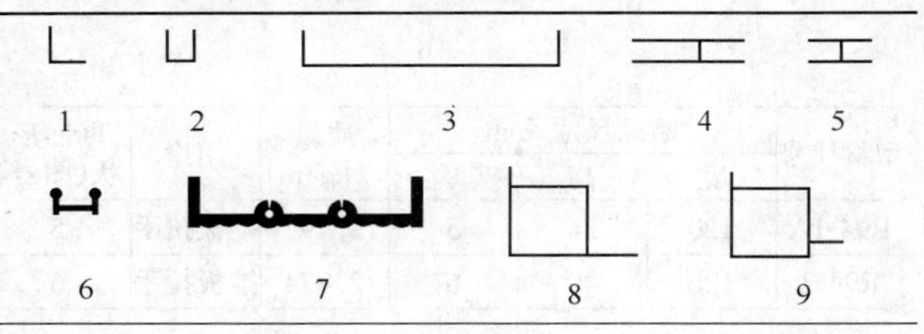

续表

<table>
<tr><th rowspan="2">型材代号</th><th colspan="3">断面尺寸/mm</th><th rowspan="2">质量/(kg/m)</th><th rowspan="2">用途</th><th rowspan="2">断面形状(图号)</th></tr>
<tr><th>宽</th><th>高</th><th>壁厚≥</th></tr>
<tr><td>R3-4</td><td colspan="2">10</td><td rowspan="2">1.0</td><td>0.062</td><td>等边角铝</td><td>1</td></tr>
<tr><td>R6-16</td><td>12</td><td>7</td><td>0.081</td><td>嵌边</td><td>2</td></tr>
<tr><td>R6-21</td><td>100</td><td>13</td><td rowspan="2">1.5</td><td>0.504</td><td>槽铝</td><td>3</td></tr>
<tr><td>R10-1</td><td>38</td><td>8.5</td><td>0.311</td><td>移门下条</td><td>4</td></tr>
<tr><td>R10-3</td><td>20</td><td>7</td><td>1.0</td><td>0.101</td><td>接缝条</td><td>5</td></tr>
<tr><td>RC60</td><td>38</td><td rowspan="2">38</td><td rowspan="2">1.2</td><td>0.395</td><td>柜台框管</td><td>8</td></tr>
<tr><td>RC62</td><td>35</td><td>0.406</td><td>导轨形管</td><td>9</td></tr>
<tr><td>R89-1</td><td>13</td><td>9</td><td>1.6</td><td>0.165</td><td>双圆轨</td><td>6</td></tr>
<tr><td>R209</td><td>100</td><td>22</td><td>2.5</td><td>1.092</td><td>裙带</td><td>7</td></tr>
</table>

注:上海产品。

8. 拉手用铝合金型材规格及用途

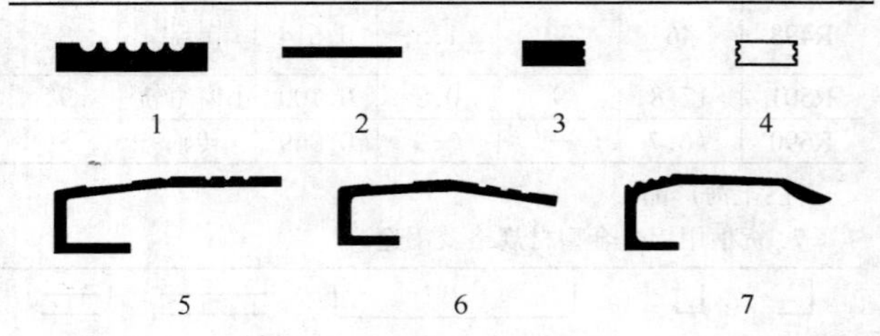

<table>
<tr><th rowspan="2">型材代号</th><th colspan="3">断面尺寸/mm</th><th rowspan="2">质量/(kg/m)</th><th rowspan="2">用途</th><th rowspan="2">断面形状(图号)</th></tr>
<tr><th>宽</th><th>高</th><th>壁厚≥</th></tr>
<tr><td>R94-1A</td><td>120</td><td>34</td><td>5</td><td>2.497</td><td>推板拉手</td><td>5</td></tr>
<tr><td>R94-2</td><td>126</td><td>40</td><td>6</td><td>2.774</td><td>推板拉手</td><td>6</td></tr>
</table>

续表

型材代号	断面尺寸/mm			质量/(kg/m)	用途	断面形状(图号)
	宽	高	壁厚≥			
R109	62	12	—	1.687	花板	1
R119-5A	50	4	—	0.546	底板	2
R164	29	12	—	0.940	推挡拉手臂梗	3
R164-1	24	10	—	0.646		
R176	100	38	3.0	1.753	推板拉手	7
RC48	28	12	1.1	0.231	三臂拉手	4

注:上海产品。

2.3.5.3 楼梯栏杆用铝合金型材

【规格】

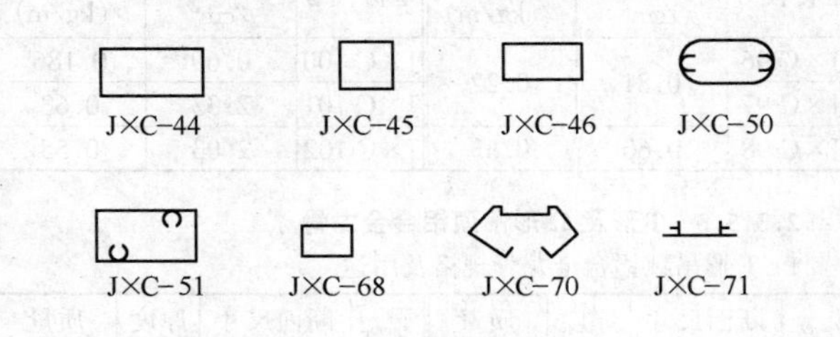

型材代号	断面面积/cm²	质量/(kg/m)	型材代号	断面面积/cm²	质量/(kg/m)
J×C-44	4.64	1.25	J×C-51	2.48	0.67
J×C-45	2.46	0.66	J×C-68	0.869	0.235
J×C-46	1.82	0.491	J×C-70	3.185	0.860
J×C-50	1.8	0.486	J×C-71	1.019	0.275

2.3.5.4 护墙板、装饰板用铝合金型材

【规格】

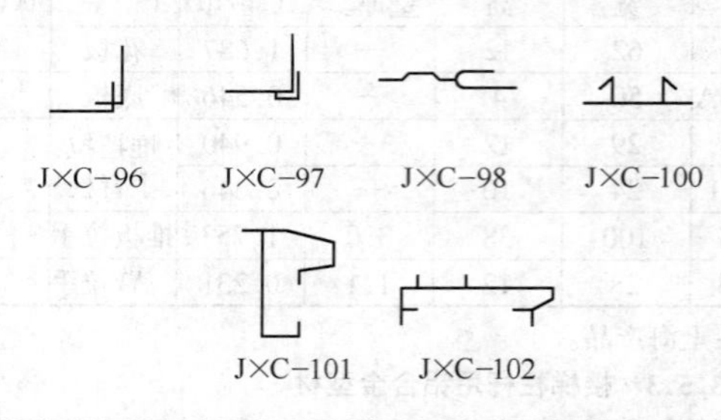

型材代号	断面面积 /cm²	质量 /(kg/m)	型材代号	断面面积 /cm²	质量 /(kg/m)
J×C-96	0.81	0.22	J×C-100	0.69	0.186
J×C-97			J×C-101	2.33	0.63
J×C-98	0.60	0.63	J×C-102	2.03	0.55

2.3.5.5 T形及Ω形吊顶铝合金龙骨

1. T形吊顶铝合金龙骨规格及用途

名称	断面尺寸 /mm	厚度 /mm	质量 /(kg/m)	名称	断面尺寸 /mm	厚度 /mm	质量 /(kg/m)
纵向T形龙骨	32 23	1.2	0.2	L形边龙骨	32 18	1.2	0.15
用途	纵向使用搭装或嵌装吊顶板			用途	在吊顶四周外缘与墙壁接触处，用来搭装或嵌装吊顶板		

续表

名称	断面尺寸/mm	厚度/mm	质量/(kg/m)	名称	断面尺寸/mm	厚度/mm	质量/(kg/m)
横向T形龙骨	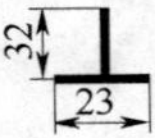 32; 23	1.2	0.135	T形异型龙骨	 32; 20, 18	1.2	0.25
用途	用来横向搭置在纵向T形龙骨的两翼上，搭装或嵌装吊顶板			用途	在吊顶有变标高处不同标高的两翼，用来搭装或嵌装吊顶板		

注：北京建筑轻钢结构厂生产。

2. T形吊顶铝合金龙骨配件规格及用途

名称	立体图示	名称	立体图示
连接件1	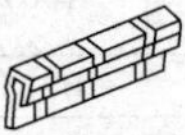	连接件2	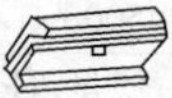
用途	用于T形龙骨或T形异型龙骨的加长连接	用途	用于轻钢承载龙骨(U形)的加长连接
名称	立体图示	名称	立体图示
挂钩		吊挂件	
用途	用于T形龙骨与承载龙骨(U形)的连接固定	用途	用于纵向T形龙骨和吊杆的连接。只适用于不承载龙骨的无附加载荷的吊顶

注：北京市建筑轻钢结构厂生产。

3. Ω形吊顶铝合金龙骨规格及用途

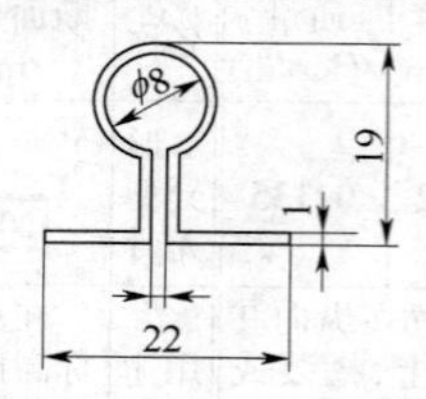

<table>
<tr><td colspan="2">名　称</td><td>长龙骨</td><td>中龙骨</td><td>小龙骨</td></tr>
<tr><td rowspan="2">长度/mm</td><td>吊顶板规格为600mm×600mm时</td><td>1215</td><td>1207</td><td>600</td></tr>
<tr><td>吊顶板规格为500mm×500mm时</td><td>1015</td><td>1007</td><td>500</td></tr>
<tr><td colspan="2">质量/(kg/m)</td><td colspan="3">0.158</td></tr>
<tr><td colspan="2">用途</td><td colspan="3">用于吊顶龙骨骨架的纵向和横向吊顶龙骨</td></tr>
</table>

注:长、中、小龙骨断面形状尺寸均相同。

2.3.5.6 铝合金波纹板

【规格及用途】

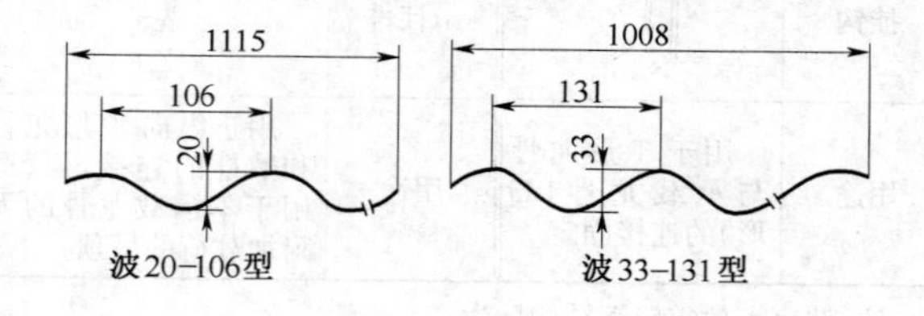

波20-106型　　波33-131型

续表

型号	供应状态	波形代号	尺寸/mm				
			厚度	长度	宽度	波高	波距
3A21	HX8	波33-131	0.6~1.0	2000~10000	1008	30	131
1070A,1060,1050A,1035,1200,8A06	HX8	波20-106	0.6~1.0	2000~10000	1115	20	106
用途	主要用于墙面装潢、屋面或做护围结构						

3 常用非金属材料及制品

3.1 塑料制品

3.1.1 板材及型材

3.1.1.1 聚四氟乙烯(PTFE)板

【规格及用途】（QB/T 3625—1999） (mm)

厚度	宽度	长度	厚度	宽度	长度
0.5 0.6 0.7 0.8 0.9 1.0	60,90,120, 150,200,250, 300,600,1000, 1200,1500	≥500	1.2	120 160 200 250	120 160 200 250
1.0	120 160 200 250	120 160 200 250	1.5	60,90,120,150, 200,250,300,600, 1000,1200,1500	≥300
				120 160 200 250	120 160 200 250
1.2	60,90,120,150, 200,250,300,600, 1000,1500	≥500	2.0 2.5	60,90,120,150, 200,250,300, 600,1000,1200, 1500	≥500

续表

厚度	宽度	长度	厚度	宽度	长度
2.0	120 160 200 250 300 400 450	120 160 200 250 300 400 450	16,17, 18,19, 20,22, 24,26, 28,30, 32,34, 36,38, 40,45, 50,55, 60,65 70,75	120 160 200 300 400 450	120 160 200 300 400 450
2.5	120 160 200 250	120 160 200 250			
3.0 4.0 5.0 6.0 7.0 8.0 9.0 10.0 11.0 12.0 13.0 14.0 15.0	120 160 200 300 400 450	120 160 200 300 400 450	80 85 90 95 100	300 400 450	300 400 450
用途	常用牌号有 SFB-1、SFB-2、SFB-3。SFB-1 主要用做电器绝缘材料;SFB-2 主要用做腐蚀介质中的密封件、衬垫等。SFB-3 主要用做腐蚀介质中的隔膜和视镜等				

【性能】

性能牌号	密度/(g/cm³)	抗拉强度/MPa	伸长率(%)	耐电压/(kV/mm)
SFB-1	2.10~2.30	≥14.7	≥150	10
SFB-2				—
SFB-3		≥29.4	≥30	—

注:直径为 100、120、140、160、180、200、250mm 的圆形板材的厚度有 0.8、1.0、1.2、1.5mm 几种。

3.1.1.2　硬质聚氯乙烯层压板材

【规格及用途】（GB/T 4454—1996）

类型		A类,B类
尺寸/mm	厚度	2.0,2.5,3.0,3.5,4.0,4.5,5.0,5.5,6.0,6.5,7.0,7.5,8.0,8.5,10.0,12.0,14.0,15.0,16.0,18.0,20.0,22.0,25.0,28.0,30.0,32.0,35.0,38.0,40.0,45.0,50.0
	宽度	≥700
	长度	≥1600
用途	工业用的A类板材,主要适于做化工耐蚀结构材料,也可做其他工业用。普通用途的B类板材,主要适于做台面、装饰材料的民用产品,不能用做食品容器	

【性能】

类型	A类	B类	类型		A类
相对密度	1.38～1.60		腐蚀度(g/m^2 60℃±2℃,5h)	40%NaOH溶液/质量分数	±1.0
抗拉强度(纵、横向)/MPa	≥49.0	≥45.0		40%硝酸溶液/质量分数	±1.0
冲击韧性/(kJ/m^2)	≥3.2	≥3.0		30%硫酸溶液/质量分数	±5.0
纵、横向加热尺寸变化率(%)	±3.0			35%盐酸溶液/质量分数	±2.0
热变形温度/℃	≥73.0	≥65.0			
整体性	无裂缝			10%NaCl溶液/质量分数	±1.5
燃烧性能	难燃,离火即熄			水	±1.5

3.1.1.3　酚醛层压布板

【规格】（JB/T 8149.2—2000）

型号	PFCC1	PFCC2	PFCC3	PFCC4
厚度/mm	0.4,0.5,0.6,0.8,1.0,1.2,1.6,2.0,2.5,3,4,5,6,8,10,12,14,16,20,25,30,35,40,45,50,60,70,80,90,100			
宽度和长度/mm	4500～2600			
【性能】				
垂直层向抗弯强度(最小)/MPa	100	90	110	100
冲击韧度(缺口,平行板层试验)(最小)简支梁法/(kJ/m^2)	8.8	7.8	7.0	6.0
平行层向耐电压,于90℃±2℃变压器油中1min(最小) /kV	—	15	—	20
用途	常用四种型号中,PFCC1 型用于机械件(粗布);PFCC2 型用于机械与电气件(粗布);PFCC3 型用于制作小机械零件(细布);PFCC4 型用于制作机械与电气小零部件			

3.1.2 管材

3.1.2.1 三型聚丙烯(PP-R)管材

【规格及用途】 (Q/QJAR521—1999)

公称外径/mm	壁厚/mm					长度/mm
	1.0MPa	1.25MPa	1.6MPa	2.0MPa	2.5MPa	
16	—	2.0	2.2	2.7	3.3	4000±10
20	—	2.3	2.8	3.4	4.1	
25	2.3	2.8	3.5	4.2	5.1	
32	2.9	3.6	4.4	5.4	6.5	
40	3.7	4.5	5.5	6.7	8.1	
50	4.6	5.6	6.9	8.3	10.1	

续表

公称外径/mm	壁厚/mm					长度/mm
	1.0MPa	1.25MPa	1.6MPa	2.0MPa	2.5MPa	
63	5.8	7.1	8.6	10.5	12.7	4000±10
75	6.8	8.4	10.1	12.5	15.1	
90	8.2	10.1	12.3	15.0	18.1	
110	10.0	12.3	15.1	18.3	22.1	
160	14.6	17.9	21.9	26.6	32.1	
用途	主要用于建筑物内给冷热水管道系统、采暖管道系统和中央空调管道系统等					

3.1.2.2　给水、排水用硬聚氯乙烯(PVC-U)管材

1. 给水用 PVC-U 管材规格及用途(GB/T 10002.1—1996)

公称外径/mm	壁厚/mm		公称外径/mm	壁厚/mm	
	1.0MPa	0.6MPa		1.0MPa	0.6MPa
16	2.0	—	110	4.8	3.2
20			160	7.0	4.7
25			200	8.7	5.9
32			250	10.9	7.3
40			315	13.7	9.2
50	2.4	2.0	355	14.8	9.4
63	3.0		400	15.3	10.6
75	3.6	2.2	—	—	—
用途	用于建筑物内外(架空或埋地)给水管道,可输送45℃饮用水和一般用水。用在室内给水管道时,其工作压力≤0.6MPa				

2. 排水用 PVC-U 管材规格及用途(GB/T 5836.1—92)

公称外径/mm	50	75	110	160	200	250	315	400
壁厚/mm	2.0	2.3	3.2	4.0	4.9	6.2	7.7	9.8
用途	用于建筑物内外排水管道,也可用于工业排水(必须考虑管材的耐热性和耐腐蚀性)							

3.1.2.3 聚乙烯(PE)给水管材

【规格及用途】 (GB/T 13663—2000、ISO 4427—1996)

<table>
<tr><th rowspan="2">公称外径/mm</th><th colspan="5">壁厚/mm</th></tr>
<tr><th>0.4MPa</th><th>0.6MPa</th><th>0.8MPa</th><th>1.0MPa</th><th>1.25MPa</th></tr>
<tr><td>20</td><td>—</td><td>—</td><td>—</td><td rowspan="2">2.3</td><td rowspan="2">2.3</td></tr>
<tr><td>25</td><td>—</td><td>—</td><td rowspan="2">2.0</td></tr>
<tr><td>32</td><td>—</td><td>—</td><td>2.4</td><td>2.9</td></tr>
<tr><td>40</td><td>—</td><td rowspan="2">2.0</td><td>2.3</td><td>3.0</td><td>3.7</td></tr>
<tr><td>50</td><td rowspan="2">2.0</td><td>2.8</td><td>3.7</td><td>4.6</td></tr>
<tr><td>63</td><td>3.0</td><td>3.6</td><td>4.7</td><td>5.8</td></tr>
<tr><td>75</td><td>2.3</td><td>3.6</td><td>4.3</td><td>5.6</td><td>6.8</td></tr>
<tr><td>90</td><td>2.8</td><td>4.3</td><td>5.1</td><td>6.7</td><td>8.2</td></tr>
<tr><td>110</td><td>3.4</td><td>5.3</td><td>6.3</td><td>8.1</td><td>10.0</td></tr>
<tr><td>125</td><td>3.8</td><td>6.0</td><td>7.1</td><td>9.2</td><td>11.4</td></tr>
<tr><td>140</td><td>4.3</td><td>6.7</td><td>8.0</td><td>10.3</td><td>12.7</td></tr>
<tr><td>160</td><td>4.9</td><td>7.6</td><td>9.5</td><td>11.8</td><td>14.6</td></tr>
<tr><td>180</td><td>5.5</td><td>8.6</td><td>10.2</td><td>13.3</td><td>16.4</td></tr>
<tr><td>200</td><td>6.1</td><td>9.6</td><td>11.4</td><td>14.7</td><td>18.2</td></tr>
<tr><td>225</td><td>6.9</td><td>10.8</td><td>12.8</td><td>16.6</td><td>20.5</td></tr>
<tr><td>250</td><td>7.6</td><td>11.9</td><td>14.8</td><td>18.4</td><td>22.7</td></tr>
<tr><td>280</td><td>8.6</td><td>13.4</td><td>15.9</td><td>20.6</td><td>25.4</td></tr>
</table>

续表

公称外径/mm	壁厚/mm				
	0.4MPa	0.6MPa	0.8MPa	1.0MPa	1.25MPa
315	9.6	15.0	17.9	23.2	28.6
355	10.8	16.9	20.2	26.1	32.3
400	12.2	19.1	22.7	29.4	36.4
450	13.7	21.5	25.6	33.1	40.9
500	15.2	23.8	28.4	36.8	45.5
560	17.0	26.7	31.8	41.2	50.9
630	19.1	30.0	35.8	46.3	57.3
用途	用于城市供水和农用灌溉，特别适用于一般用途压力输水和输送饮用水。输送介质温度≤40℃，一般埋地或隐蔽设置 城市供水工程一般选用PE80，城乡村镇给水工程一般选用PE63，PE100适用大口径、高水压的给水工程				

注：表列数字为PE80的规格尺寸；PE63、PE100等的规格尺寸见产品样本。

3.1.2.4 高密度聚乙烯(HDPE)管材

【规格及用途】 (DIN 19537—1983)

公称外径/mm	32	40	50	56	63	75	90	110	125	160	200	250	315
壁厚/mm	3						3.5	4.3	4.9	—		7.8	9.8
内径/mm	26	34	44	50	57	69	83	101.4	115.2	147.6	187.6	234.4	295.4
用途	用于建筑物排水，屋面雨水排放系统												

3.1.2.5 聚丙烯(PP)静音排水管材

【规格及用途】 (Q/HDBXC 003—2002)

公称外径 /mm	壁厚 /mm	长度 /mm	公称外径 /mm	壁厚 /mm	长度 /mm
50	3.2	6000	110	4.5	6000
75	3.8		160	5.0	

3.1.2.6 无规共聚聚丙烯(PP-R)给冷热水管材

【规格及用途】 (Q/HDBXC 001—2001、GB/T 17219—1998)

公称外径 /mm	壁厚/mm			长度 /(m/根)
	1.25MPa	1.6MPa	2.0MPa	
16	—	2.0	2.2	6
20	2.0	2.3	2.8	
25	2.3	2.8	3.5	
32	2.9	3.6	4.4	
40	3.7	4.5	5.5	
50	4.6	5.6	6.9	
63	5.8	7.1	8.6	
75	6.8	8.4	10.3	
90	8.2	10.1	12.3	
110	10.0	12.3	15.1	
用途	用于建筑物内冷热水、优质水、酒类、液体食品的输送及供暖系统、空调系统用水等			

3.1.2.7 铝塑复合管

【规格及用途】 (CJ/T 108—1999)

公称外径 /mm	最小壁厚/mm		长度 /(m/卷)	公称外径 /mm	最小壁厚/mm		长度 /(m/卷)
	普通饮用水管	耐高温管			普通饮用水管	耐高温管	
16	1.8	1.8	150～200	25	2.3	2.3	150～200
18				32	2.9	2.9	
20	2.0	2.0		—	—	—	—
用途	用于输送生活冷热水、液体食品、化学液体、气体、供暖系统及医药卫生等领域						

3.1.2.8　软聚氯乙烯管材

【规格及用途】（GB/T 13527.1—92）

<table>
<tr><td colspan="3">尺寸/mm</td><td rowspan="3">使用压力/MPa</td><td colspan="4">性能项目与指标</td></tr>
<tr><td rowspan="2">内径</td><td rowspan="2">壁厚</td><td rowspan="2">长度≥</td><td colspan="3">抗拉强度/MPa</td><td>≥14</td></tr>
<tr><td colspan="3">断裂延长率（%）</td><td>≥200</td></tr>
<tr><td>3.0,4.0,5.0,6.0,7.0</td><td>1.0</td><td rowspan="6">10000</td><td rowspan="2">0.25</td><td rowspan="5">浸渍试验（溶质含量为质量分数）</td><td>水</td><td>吸水率（%）</td><td>≤0.5</td></tr>
<tr><td>8.0,9.0,10.0,12.0</td><td>1.5</td><td>（10 ± 1）% NaCl溶液</td><td rowspan="4">质量变化率（%）</td><td rowspan="4">−0.5～0.5</td></tr>
<tr><td>14.0,16.0,20.0</td><td>2.0</td><td rowspan="4">0.2</td><td>（30 ± 1）% H_2SO_4 溶液</td></tr>
<tr><td>25.0
32.0</td><td>3.0</td><td>（40 ± 1）% NaOH溶液</td></tr>
<tr><td>40.0</td><td>3.5</td><td rowspan="2">（40 ± 1）% HNO_3 溶液</td></tr>
<tr><td>50.0</td><td>4.0</td></tr>
<tr><td>用途</td><td colspan="7">用于在常温下输送水、油、弱酸、弱碱等流体</td></tr>
</table>

3.1.2.9　埋地用硬聚氯乙烯(PVC-U)管材

【规格及用途】（GB/T 10002.3—1996）

<table>
<tr><td>公称外径/mm</td><td>长度/m</td><td>刚度等级/kPa</td><td colspan="3">性能项目与指标</td></tr>
<tr><td rowspan="7">110,125,160,200,250,315,400,500,630</td><td rowspan="7">一般为5（或供、需方商定）</td><td rowspan="7">2,4,8</td><td colspan="2">密度/(g/cm³)</td><td>≤1.5</td></tr>
<tr><td colspan="2">维卡软化温度/℃</td><td>≥79</td></tr>
<tr><td colspan="2">纵向回缩率(%)</td><td>≤5</td></tr>
<tr><td colspan="2">落锤冲击(20℃)TIR(%)</td><td>≤10</td></tr>
<tr><td rowspan="3">环刚度/kPa</td><td>S_{25}</td><td>≥2</td></tr>
<tr><td>S_{20}</td><td>≥4</td></tr>
<tr><td>$S_{16.7}$</td><td>≥8</td></tr>
</table>

续表

公称外径/mm	长度/m	刚度等级/kPa	性能项目与指标	
110,125,160,200,250,315,400,500,630	一般为5(或供、需方商定)	2,4,8	二氯甲烷浸渍	表面无变化
			连接密封试验	不渗漏
用途	排污、废水用。室外埋地排水用环刚度 2、4、8 系列管材;室内埋地排水用环刚度 4、8 系列管材			

3.1.2.10 燃气用埋地聚乙烯管材

【规格及用途】 (GB/T 15558.1—1995)

<table>
<tr><th>公称外径/mm</th><th>工作压力/MPa≤</th><th colspan="5">性能项目与指标</th></tr>
<tr><td rowspan="10">20,25,32,40,50,63,75,90,110,125,140,160,180,200,225,250</td><td rowspan="10">0.2,0.4</td><td colspan="4">长期静压强度(20℃、50年,95%)/MPa</td><td>≥8.0</td></tr>
<tr><td rowspan="3">短期静液压强度/MPa</td><td>20℃</td><td>9.0</td><td>韧性破坏时间</td><td>>100h</td></tr>
<tr><td rowspan="2">80℃</td><td>4.6</td><td>脆性破坏时间</td><td>≥165h</td></tr>
<tr><td>4.0</td><td>破坏时间</td><td>>1000h</td></tr>
<tr><td colspan="4">热稳定性(200℃)/min</td><td>>20</td></tr>
<tr><td colspan="4" rowspan="2">耐应力开裂(30℃,40MPa)/h</td><td>≥1000*</td></tr>
<tr><td>≥170**</td></tr>
<tr><td colspan="4">三缩复原(80℃,4.0MPa)/h</td><td>>170</td></tr>
<tr><td colspan="4">纵向回缩率(110℃)/%</td><td>≤3</td></tr>
<tr><td colspan="4">断裂伸长率/%</td><td>>350</td></tr>
<tr><td>用途</td><td colspan="6">适用于工作温度 -20℃~40℃、最大工作压力≤0.4MPa,埋地的输送煤气、石油气等燃气用管材</td></tr>
</table>

注:* 为型式检验要求;** 为出厂检验要求。

3.1.2.11 排吸石油液体用塑料软管

【规格及用途】 (HG/T 2799—1996)

型式	Ⅰ型(轻型)	Ⅱ型(重型)
公称内径/mm	12.5,16,20,25,31.5,40,50,63,80,100,125	12.5,16,20,25,31.5,40,50
用途	用于排吸煤油、柴油、润滑油及供暖用油;使用温度－10°C～60℃;不适于输送航空用油和机动车用油,也不适用于计量输送液体	

3.1.2.12　用织物增强热塑性塑料软管

1. 织物增强液压热塑性塑料软管规格及用途(GB/T 15908—1995)

公称内径/mm			5	6.3	8	10	12.5	16	19	25
内径/mm	Ⅰ型	最小	4.6	6.2	7.7	9.3	12.3	15.6	18.6	25.0
		最大	5.4	7.0	8.5	10.3	13.5	16.7	19.8	26.4
	Ⅱ型	最小	4.6	6.2	—	9.3	12.3	15.6	18.6	25.0
		最大	5.4	7.0	—	10.3	13.5	16.7	19.8	26.4
最大外径/mm		Ⅰ型	11.4	13.7	15.6	18.4	22.5	25.8	28.6	36.7
		Ⅱ型	14.6	16.8	—	20.3	24.6	29.8	33.0	38.6
设计工作压力/MPa		Ⅰ型	20.5	19.0	17.0	15.5	13.5	10.0	8.6	6.9
		Ⅱ型	34.5	34.5	—	27.5	24.0	19.0	15.5	13.8
试验压力/MPa		Ⅰ型	41.0	38.0	34.0	31.0	27.0	20.0	17.2	13.8
		Ⅱ型	69.0	69.0	—	55.0	48.0	38.0	31.0	27.5
最小爆破压力/MPa		Ⅰ型	82.0	76.0	68.0	62.0	54.0	40.0	34.4	27.6
		Ⅱ型	138.0	138.0	—	110.0	96.0	76.0	62.0	55.0
用途	适用于在－40℃～100℃范围内工作的石油基、水基和合成基液压流体									

2. 压缩空气用织物增强热塑性塑料软管规格及用途(HG/T 2301—92)

<table>
<tr><td rowspan="6">公称内径/mm</td><td rowspan="3">A型</td><td rowspan="3">5,6.3,8,10,12.5,16,20,25,31.5,40,50</td><td colspan="3">A、C型的性能指标</td></tr>
<tr><td>工作压力/MPa≥</td><td>A型/C型</td><td>1.0/1.6</td></tr>
<tr><td>试验压力/MPa≤</td><td>A型/C型</td><td>2.0/4.0</td></tr>
<tr><td rowspan="3">C型</td><td rowspan="3">12.5,16,20,25,31.5,40,50</td><td>试验压力下直径变化率(%)</td><td>A型/C型</td><td>±10</td></tr>
<tr><td>试验压力下长度变化率(%)</td><td>A型/C型</td><td>±8</td></tr>
<tr><td>爆破压力/MPa≥</td><td>A型/C型</td><td>4.0/8.0</td></tr>
<tr><td>用途</td><td colspan="5">适用于工作温度为-10℃～55℃内的压缩空气</td></tr>
</table>

3.1.2.13 尼龙管材

【规格及用途】(JB/ZQ 4196-1998)

1010型尼龙管的尺寸(外径×壁厚)/(mm×mm)	4×1,6×1,8×1,8×2,9×2,10×1,12×1,12×2,14×2,16×2,18×2,20×2
用途	主要用做机床等设备的输油管,也可用来输送弱酸、弱碱及一般腐蚀性的介质,但不宜接触酚类、强碱、强酸及低分子有机酸;与管件可连接或粘接;常温下可变成90°,加热至120℃时可弯成任意弧度;使用压力:9.8～14.7MPa;使用温度:-60℃～80℃

注:管长由供需双方商定。

3.1.3 管件

3.1.3.1 给水用硬聚氯乙烯管件

1. 承插口规格及用途(GB/T 1002.2—88)

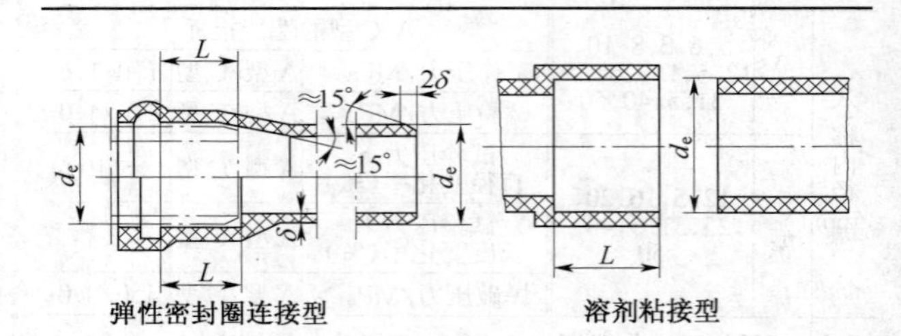

弹性密封圈连接型　　　　溶剂粘接型

品种	弹性密封圈连接型承插口	尺寸/mm	d_e	63　75　90　110　125　140　160　180　200　225　250　280　315
			L	64　67　70　75　78　81　86　90　94　100　105　112　118
	溶剂粘接型承插口		d_e	20　25　32　40　50　63　75　90　110　125　140　160
			L	16.0　18.5　22.0　26.0　31.0　37.5　43.5　51.0　61.0　68.5　76.0　86.0
用途	广泛用于建筑房屋的自来水系统，也适用于水温≤45℃的给水管道			

2．90°、45°弯头规格及用途(GB/T 10002.2—88)

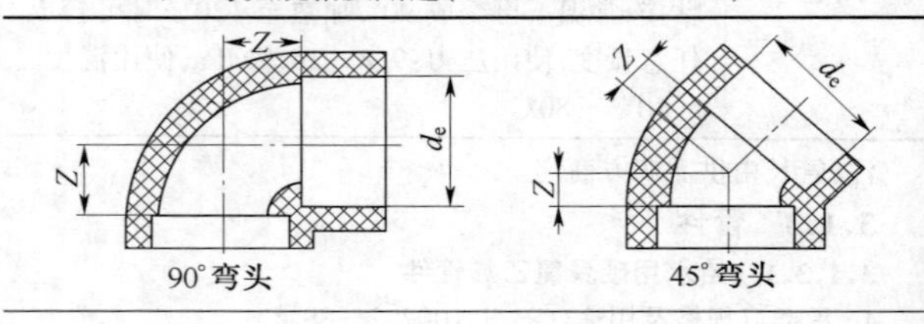

90°弯头　　　　45°弯头

续表

种类		90°弯头	45°弯头
尺寸/mm	d_e	20 25 32 40 50 63	20 25 32 40 50 63
	Z	11 13.5 17 21 26 32.5	5 6 7.5 9.4 11.5 14
	d_e	75 90 110 125 140 160	75 90 110 125 140 160
	Z	38.5 46 56 63.5 71 81	16.5 19.5 23.5 27 30 34
用途	广泛用于城镇供水工程、住宅小区的给水管网及室内给水管道工程等		

3．90°、45°三通规格及用途（GB/T 10002.2—88）

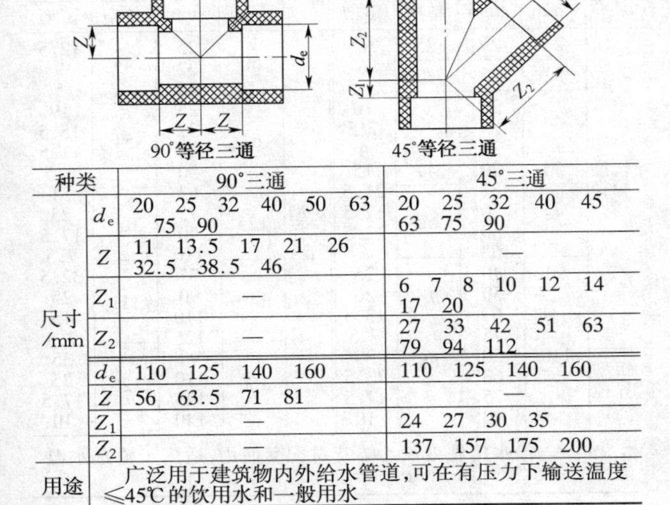

90°等径三通 45°等径三通

种类		90°三通	45°三通
尺寸/mm	d_e	20 25 32 40 50 63 75 90	20 25 32 40 45 63 75 90
	Z	11 13.5 17 21 26 32.5 38.5 46	—
	Z_1	—	6 7 8 10 12 14 17 20
	Z_2	—	27 33 42 51 63 79 94 112
	d_e	110 125 140 160	110 125 140 160
	Z	56 63.5 71 81	—
	Z_1	—	24 27 30 35
	Z_2	—	137 157 175 200
用途	广泛用于建筑物内外给水管道，可在有压力下输送温度≤45℃的饮用水和一般用水		

4. 异径管规格及用途(GB/T 10002.2—88)

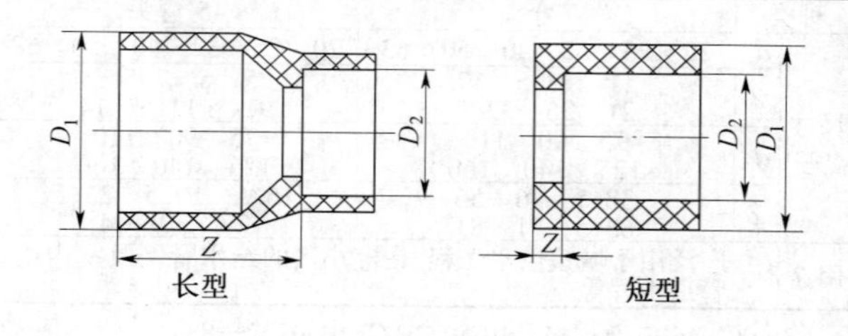

种类	D_1/mm	D_2/mm	Z/mm 长型	Z/mm 短型
长型异径管	25	20	25	2.5
	32	25	30	6 3.5
	40	20	36	10
		25		7.5
		32		4
	50	20	44	15
	75	32	62	21.5
		40		17.5
		50		12.5
		63		6
	90	40	74	25
	110	50		20
		63		13.5
		75		7.5
短型异径管		50	88	30
		63		23.5
		75		17.5
		90		10

种类	D_1/mm	D_2/mm	Z/mm 长型	Z/mm 短型
短型异径管	50	25	44	12.5
		32		9
		40		5
	63	25	54	19
		32		15.5
		40		11.5
		50		6.5
	125	63	100	31
		75		25
		90		17.5
		110		7.5
	140	75	111	32.5
		90		25
		110		15
		125		7.5
	160	90	126	35
		110		25
		125		17.5
		140		10

用途	与给水用硬聚氯乙烯管材配套使用,适用于输送水温≤45℃的给水管道

5．90°弯头及90°异径三通规格及用途(GB/T 20002.2—88)

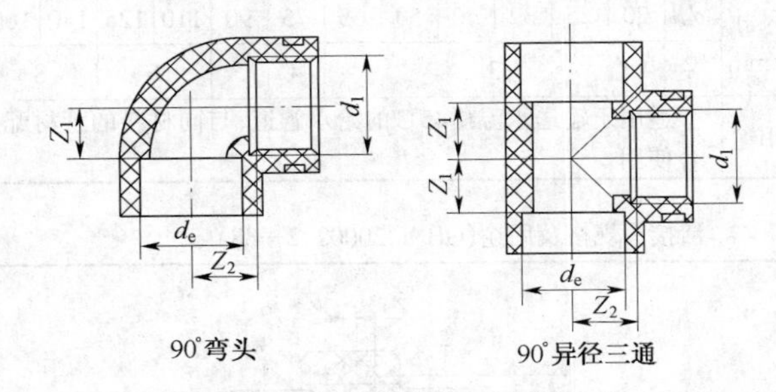

90°弯头　　90°异径三通

种类		90°弯头及90°异径三通					
尺寸/mm	d_e	20	25	32	40	50	63
	d_1/in	RC1/2	RC1/4	RC1	RC1¼	RC1½	RC2
	Z_1	11	13.5	17	21	26	32.5
	Z_2	14	17	22	28	38	47
用途	广泛用于建筑、自来水供水、水处理等工程及园林、灌溉及其他工业用管						

6．套管规格及用途(GB/T 20002.2—88)

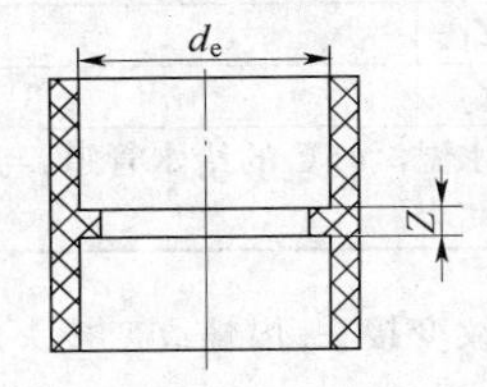

续表

尺寸/mm	d_e	20	25	32	40	50	63	75	90	110	125	140	160
	Z	3						4	5	6		8	
用途	适用于输送水温≤45℃的给水管道，与同材料的管材配合使用												

7. 活接头规格及用途(GB/T 20002.2—88)

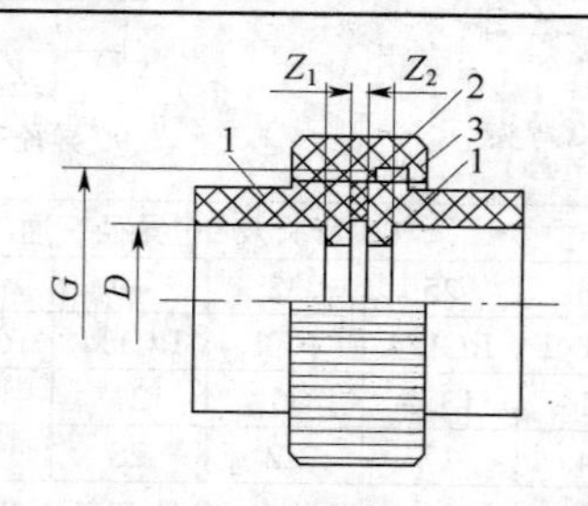

1. 承口端　2. PVC 螺母　3. 密封垫圈

螺母尺寸/in	G	1	1¼	1½	2	2¼	2¾
承口端尺寸/mm	D	20	25	32	40	50	63
	Z_1	8			10	12	15
	Z_2	3					
用途	用于输送水温≤45℃的给水管道，与同材料管材配合使用						

8. 粘接和外螺纹变接头，内螺纹变接头规格及用途(GB/T 20002.2—88)

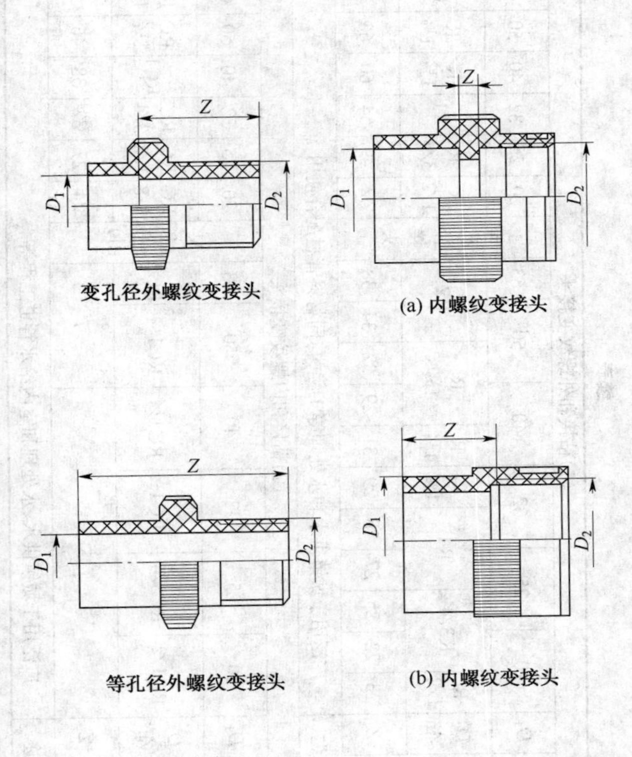
Z
D1
D2
变孔径外螺纹变接头
Z
D1
D2
(a) 内螺纹变接头
Z
D1
D2
等孔径外螺纹变接头
Z
D1
D2
(b) 内螺纹变接头

续表

<table>
<tr><td colspan="20">(1)粘接和外螺纹变接头</td></tr>
<tr><td rowspan="3">变孔径接头尺寸/mm</td><td>D_1</td><td colspan="2">20</td><td colspan="2">25</td><td colspan="2">32</td><td colspan="2">40</td><td colspan="2">50</td><td>63</td><td rowspan="3">等孔径接头</td><td>20</td><td>25</td><td>32</td><td>40</td><td>50</td><td>63</td></tr>
<tr><td>D_2/in</td><td>R 1/2</td><td colspan="2">R3/4</td><td colspan="2">R1</td><td>R 1¾</td><td>R 1¼</td><td colspan="2">R 1½</td><td colspan="2">R2</td><td>R 1/2</td><td>R 3/4</td><td>R1</td><td>R 1¼</td><td>R 1½</td><td>R2</td></tr>
<tr><td>Z</td><td>23</td><td>22</td><td>25</td><td>27</td><td>28</td><td>29</td><td>31</td><td>29</td><td>32</td><td>34</td><td>38</td><td>42</td><td>47</td><td>54</td><td>60</td><td>66</td><td>78</td></tr>
<tr><td>用途</td><td colspan="19">广泛用于城镇供水和水处理等工程，与同材料管材配合使用</td></tr>
<tr><td colspan="20">(2)粘接和内螺纹变接头</td></tr>
<tr><td rowspan="3">尺寸（a图）/mm</td><td>D_1</td><td>20</td><td>25</td><td>32</td><td>40</td><td>50</td><td>63</td><td rowspan="3">尺寸（b图）</td><td>20</td><td>25</td><td>32</td><td>40</td><td>50</td><td>63</td></tr>
<tr><td>D_2/in</td><td>RC1/2</td><td>RC3/4</td><td>RC1</td><td>RC1¼</td><td>RC1½</td><td>RC2</td><td>RC 3/8</td><td>RC 1/2</td><td>RC 3/4</td><td>RC1</td><td>RC 1¼</td><td>RC 1½</td></tr>
<tr><td>Z</td><td colspan="4">5</td><td colspan="2">7</td><td>24</td><td>27</td><td>32</td><td>38</td><td>46</td><td>57</td></tr>
<tr><td>用途</td><td colspan="13">广泛用于城镇供水、水处理和室内给水管道工程等</td></tr>
</table>

9. 法兰和承口接头、插口接头规格及用途（GB/T 20002.2—88）

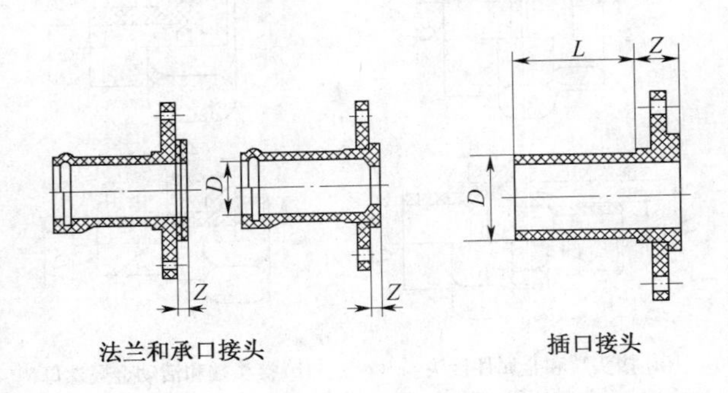

法兰和承口接头　　　插口接头

种类			承口接头、插口接头								
尺寸/mm	D		63	75	90	110	125	140	160	200	225
	Z_{min}	承口	3		5					6	
		插口	33	34	35	37	39	40	42	46	49
	L	最小	76	82	89	98	104	111	121	139	151
		最大	91	97	104	113	119	126	136	155	166
用途	广泛用于建筑、自来水供水、水处理工程等，与给水 PVC-U 管材配合使用										

10. PVC 接头端和金属活动接头、活动金属螺母规格及用途

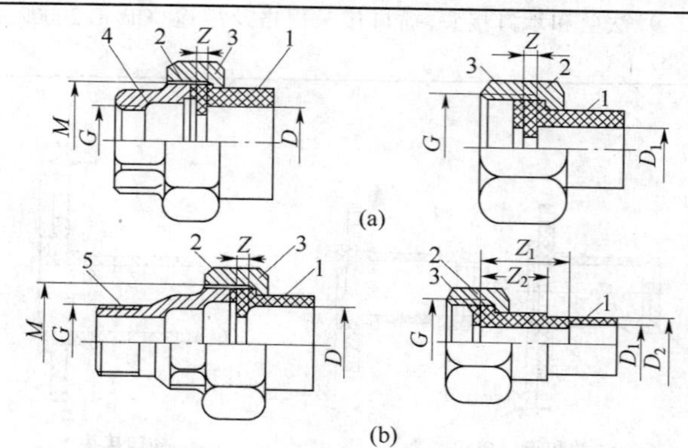

(a) 接头端和金属件接头　　(b) 接头端和活动金属螺母

1. PVC 接头端　2. 垫圈　3. 接头螺母　4. 接头套　5. 接头套

PVC接头端和金属件接头尺寸/mm							
D	20	25	32	40	50	63
Z	3					
M(细牙螺纹直径)	M39×2	M42×2	M52×2	M62×2	M72×2	M82×2
G/in	1/2	3/4	1	1¼	1½	3

PVC接头端和活动金属螺母尺寸(a图)/mm						
D_1	20	25	32	40	50	63
D_2	—					
Z	3					
Z_1	—					
Z_2	—					
G/in	1	1¼	1½	2	2¼	2¾

PVC接头端和活动金属螺母尺寸(b图)/mm					
D_1	—	20	25	32	40
D_2	20	25	32	40	50
Z	—				
Z_1	—	26	29	32	36
Z_2	22	23	26	28	31
G/in	3/4	1	1¼	1½	2

用途	广泛用于城镇供水工程等,与给水 PVC-U 管材配合使用

11. 活套法兰变接头规格及用途(GB/T 20002.2—88)

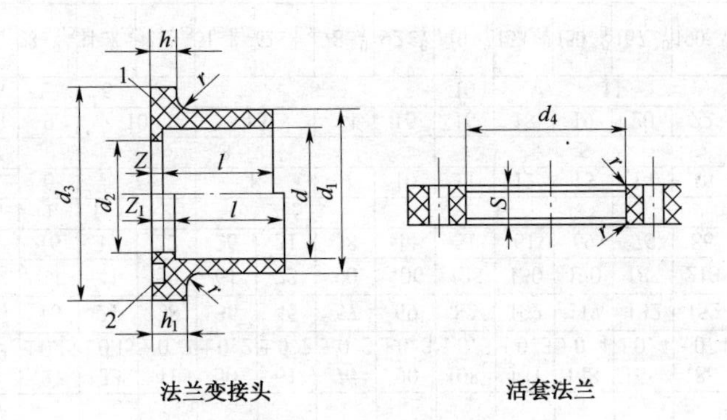

法兰变接头　　活套法兰

1. 平面垫圈接合面　2. 密封圈槽接合面

续表

	承口公称直径 d	20	25	32	40	50	63	75	90	110	125	140	160	200	225
法兰变接头尺寸/mm	d_1	27 ±0.15	33 ±0.15	41 ±0.2	50 ±0.2	61 ±0.2	76 ±0.3	90 ±0.3	108 ±0.3	131 ±0.3	148 ±0.4	165 ±0.4	188 ±0.4	224 ±0.4	248 ±0.4
	d_2	16	21	28	36	45	57	69	82	102	117	132	152	188	217
	d_3	34	41	50	61	73	90	106	125	150	170	188	213	248	274
	l	16	19	22	26	31	38	44	51	61	69	76	86	106	119
	r_{max}	1	1.5	2	2.5				3				4		
	h	6	7		8		9	10	11	12	13	14	16	24	25
	Z	3							5					6	
	h_1	9	10		13		14	15	16	18	19	20	22	30	31
	Z_1	6			8				10	11				12	
	d_4	$28_{-0.5}^{0}$	$34_{-0.5}^{0}$	$42_{-0.5}^{0}$	$51_{-0.5}^{0}$	$62_{-0.5}^{0}$	78_{-1}^{0}	92_{-1}^{0}	110_{-1}^{0}	133_{-1}^{0}	150_{-1}^{0}	167_{-1}^{0}	190_{-1}^{0}	226_{-1}^{0}	250_{-1}^{0}
	r_{min}	1	1.5		2		2.5		3			4			
	S	根据材质而定													
用途	广泛用于建筑、自来水供水、水处理工程等，与给水 PVC-U 管材配合使用，公称压力≤1MPa														

注：法兰外径螺栓孔直径及孔数遵照 GB/T9065.3 规定。

12. 弯头规格及用途

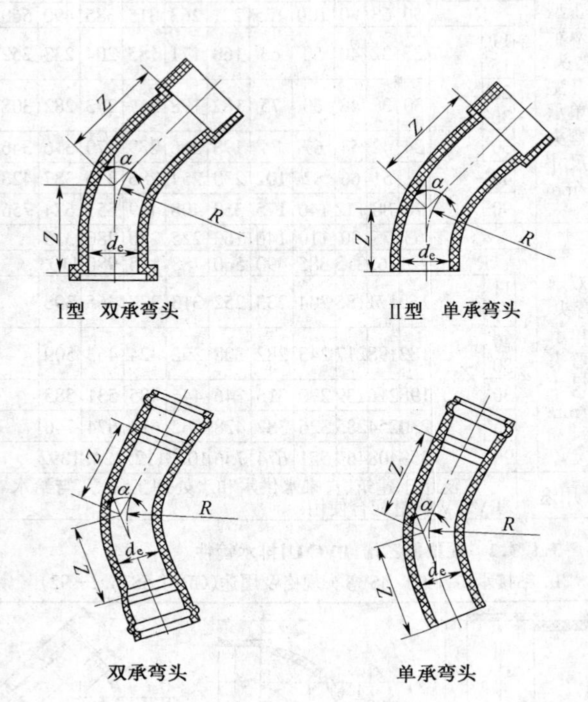

Ⅰ型 双承弯头　　Ⅱ型 单承弯头

双承弯头　　单承弯头

续表

Ⅰ型双承弯头、Ⅱ型单承弯头尺寸/mm	d_e			20	25	32	40	50	63	75	90	110	140	160
	R			50	63	80	100	125	221	263	315	385	490	560
	α	11°15′	Z_{min}	25	32	40	50	63	160	171	185	204	233	252
		20°30′		30	38	48	60	75	182	198	217	243	282	308
		30°		34	42	54	67	84	198	216	239	270	316	346
		45°		41	51	66	82	102	230	254	285	326	387	428
		90°		70	88	112	140	175	359	408	469	551	674	756
双承弯头、单承弯头尺寸/mm	d_e			63	75	90	110	140	160	225	250	280	315	
	R			221	263	315	385	490	560	788	875	980	1103	
	α	11°15′	Z_{min}	160	171	185	204	233	252	313	337	365	398	
		20°30′		182	198	217	243	282	308	392	424	463	509	
		30°		198	216	239	270	316	346	446	485	531	585	
		45°		230	254	285	326	387	428	562	613	674	746	
		90°		359	408	469	551	674	756	1023	1125	1248	1392	
用途	广泛用于建筑、自来水供水和水处理工程等，与给水PVC-V管材配合使用													

3.1.3.2　硬聚氯乙烯(PVC-U)排水管件

1．粘接承口及90°、45°弯头规格及用途(GB/T 5836.2—92)

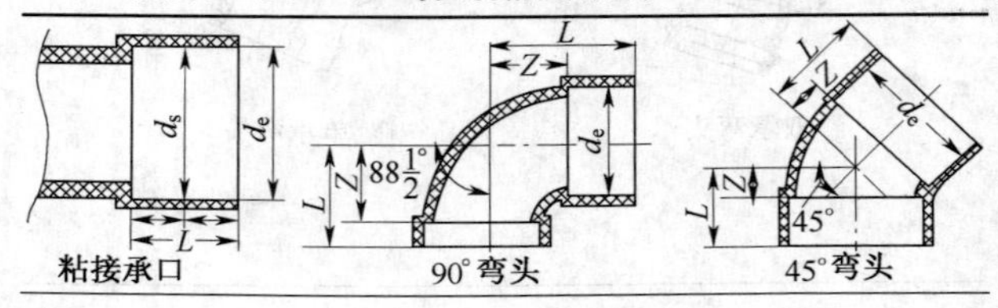

粘接承口　　90°弯头　　45°弯头

续表

项目		数值						
粘接承口尺寸/mm	d_e	40	50	75	90	110	125	160
	d_{smin}	40.1	50.1	75.1	90.1	110.2	125.2	160.2
	d_{smax}	40.4	50.4	75.5	90.5	110.6	125.6	160.7
	L_{min}	25		40	46	48	51	58

项目			数值					
90°弯头、45°弯头尺寸/mm	d_e		50	75	90	110	125	160
	Z_{min}	90°弯头	40	50	52	70	72	90
		45°弯头	12	17	22	25	29	36
	L_{min}	90°弯头	65	90	98	118	123	148
		45°弯头	37	57	68	73	80	94
用途	粘接承口广泛用于工业及民用建筑室内外排水管道工程。90°、45°弯头广泛用于建筑排水、废水及生活污水排放及市政、企业、厂矿的多种废水排放系统。与排水PVC-U管材配合使用							

2．三通规格及用途(GB/T 5836.2—92)

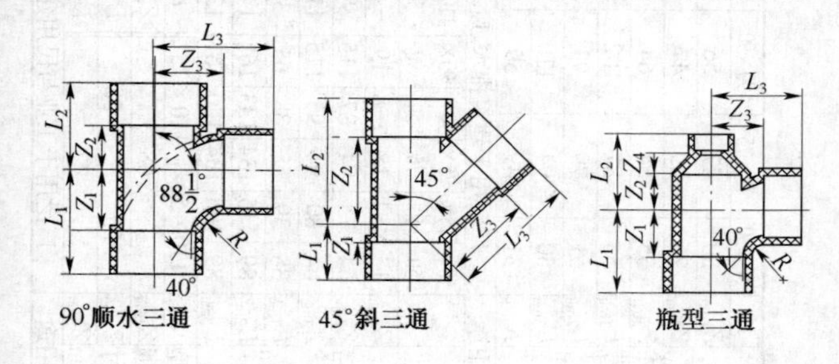

续表

90°顺水三通尺寸/mm	d_e	50×50	75×75	90×90	110×50	110×75	110×110	125×125	160×160
	Z_{1min}	30	47	56	30	48	68	77	97
	Z_{2min}	26	39	47	29	41	55	65	83
	Z_{3min}	35	54	64	65	72	77	88	110
	L_{1min}	55	87	102	78	96	116	128	155
	L_{2min}	51	79	93	77	89	103	116	141
	L_{3min}	60	94	110	90	112	125	139	168
	R_{min}	31	49	59	31	49	63	72	82
用途	广泛用于建筑排水、废水及生活污水排放等。与PVC-U排水管材配套使用								

45°斜三通尺寸/mm	d_e	50×50	75×50	75×75	90×50	90×90	110×50	110×75	110×110	125×50	125×110	125×125	160×90	160×110	160×125	160×160
	Z_{1min}	13	−1	18	−8	19	−16	−1	25	−26	16	27	−16	−1	9	34
	Z_{2min}	64	75	94	87	115	94	113	138	104	147	157	151	165	176	199
	Z_{3min}	64	80	94	95	115	110	121	138	120	150	157	165	175	183	199
	L_{1min}	38	39	58	38	65	32	47	73	25	67	78	42	57	67	92
	L_{2min}	89	115	134	133	161	142	161	186	155	198	208	209	223	234	257
	L_{3min}	89	105	134	120	161	135	161	186	145	198	208	211	223	234	257

瓶型三通尺寸/mm	d_e	110×50	110×75	d_e	110×50	110×75	d_e	110×50	110×75
	Z_{1min}	68		Z_{4min}	21	23	L_{3min}	125	117
	Z_{2min}	55	58	L_{1min}	116		R_{min}	63	
	Z_{3min}	77		L_{2min}	101	104	—	—	—
用途	广泛用于工业与民用建筑排水管道工程等。与PVC-U排水管材配合使用								

3. 四通规格及用途(GB/T 5836.2—92)

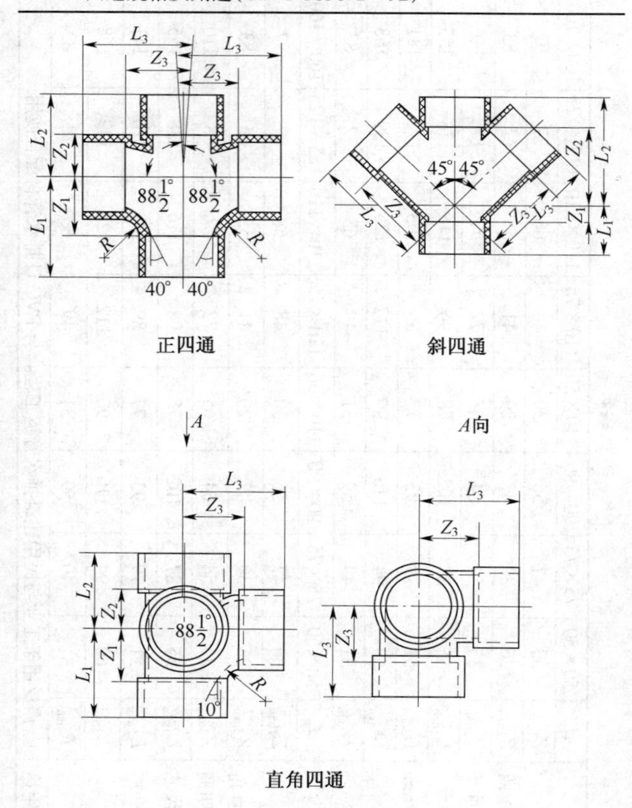

续表

	d_e	50×50	75×75	90×90	110×50	110×75	110×110	125×125	160×160
正四通尺寸/mm	Z_{1min}	30	47	56	30	48	68	77	97
	Z_{2min}	26	39	47	29	41	55	65	83
	Z_{3min}	35	54	64	65	72	77	88	110
	L_{1min}	55	87	102	78	96	116	128	155
	L_{2min}	51	79	93	77	89	103	116	141
	L_{3min}	60	94	110	90	112	125	139	168
	R_{min}	31	49	59	31	49	63	72	82
直角四通尺寸/mm	d_e	50×50	75×75	90×90	110×50	110×75	110×110	125×125	160×160
	Z_{1min}	30	47	56	30	48	68	77	97
	Z_{2min}	26	39	47	29	41	55	65	83
	Z_{3min}	35	54	64	65	72	77	88	110
	L_{1min}	55	87	102	78	96	116	128	155
	L_{2min}	51	79	93	77	89	103	116	141
	L_{3min}	60	94	110	90	112	125	139	168
	R_{min}	31	49	59	31	49	63	72	82
用途	广泛用于工业与民用建筑排水管道工程。与 PVC-U 排水管材配合使用								

4. 异径管、管箍规格及用途 （GB/T 5836.2—92）

异径管

管箍

异径管尺寸/mm																
d_e	50×40	75×50	90×50	90×75	110×50	110×75	110×90	125×50	125×75	125×90	125×110	160×50	160×75	160×90	160×110	160×125
D_{1min}	50	75	90		110			125				160				
D_{2min}	40	50		75	50	75	90	50	75	90	110	50	75	90	110	125
L_{1min}	25	40	46		48			51				58				
L_{2min}	25			40	25	40	46	25	40	46	48	25	40	46	48	51

管箍尺寸/mm						
d_e	50	75	90	110	125	160
Z_{min}	2		3			4
L_{1min}	52	82	95	99	105	120
L_{2min}	25	40	46	48	51	58

用途：广泛用于工业与民用建筑排水管道工程。与用于排水的 PVC-U 管材配合使用

3.1.3.3　聚丙烯静音排水管件

【规格及用途】（Q/HDBXC 004—2002）

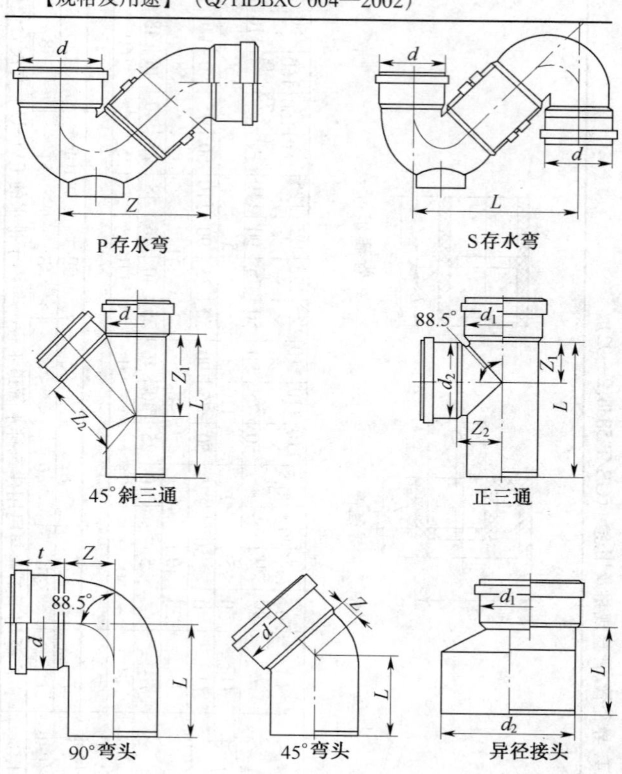

续表

名称	代号				
90°弯头尺寸/mm	d	50	75	110	160
	L	78	93	141	170
	Z	32	43	58	89
	t	54	56	61	85
45°弯头尺寸/mm	d	50	75	110	160
	L	60	69	107	123
	Z	17	25	28	42
异径接头尺寸/mm	d_1	50		75	110
	d_2	75	110		160
	L	76	101	87	118
P存水弯尺寸/mm	d	50	110	—	—
	Z	115	96	—	—
S存水弯尺寸/mm	d	50	110	—	—
	L	170	270	—	—

名称	代号								
45°斜三通尺寸/mm	d	50×50	75×75	110×110	160×160	75×50	110×50	110×75	160×110
	L	145	180	225	298	145	158	200	249
	Z_1	75	106	136	194	89	97	126	159
	Z_2	75	106	136	194	91	110	129	168
正三通尺寸/mm	$d_1 \times d_2$	50×50	75×75	110×110	160×160	75×50	110×50	110×75	160×110
	L	120	146	192	246	125	132	163	198
	Z_1	32	44	62	85	32		48	62
	Z_2	32	44	62	85	42	61		85
用途	特别适用于写字楼、医院、公寓、疗养院、学校等对环境噪声有严格要求的建筑物。也适用于建筑物内外排放冷水、温度≤95℃的热水、污水，在考虑耐化学性前提下，也可用于工业排水。与聚丙烯静音排水管材配合使用								

3.1.3.4　尼龙脚轮

【规格及用途】 上海产品。

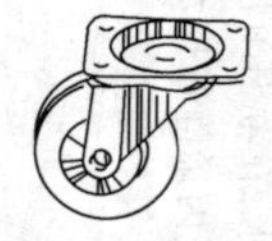

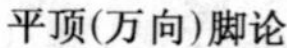

平顶(万向)脚论

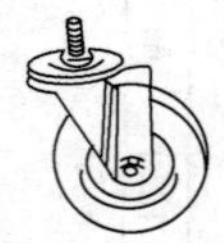

丝口(万向)脚轮

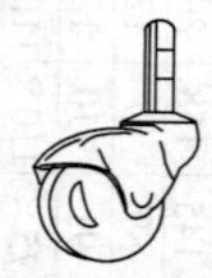

有轴(万向)脚轮

平顶脚轮(代号 P)	轮子直径/mm	30	32	38
	全高/mm	40	42	56
	承重/kg	10	10	25
丝口脚轮(代号 S)	轮子直径/mm	30	32	38
	全高/mm	42	45	60
	螺纹直径/mm	M8	M8	M10
	螺纹长度/mm	13	13	15
	承重/kg	10	10	25
有轴脚轮(代号 Z)	轮子直径/mm	30	32	38
	全高/mm	42	45	60
	销轴直径/mm	10	10	12
	销轴长度/mm	20	20	25
	承重/kg	10	10	25
用途	装在各种箱包、沙发、床椅、货柜、铁门、手推车、平板车、医疗机械、食品器械、家用电器等的底部,使其灵活的移动搬运。定向脚轮只能前后移动,万向脚轮可自由前后左右移动。刹车轮可利用刹车机构使脚轮停止转动			

注:脚轮型号由品种代号(P、S或Z)、轮子直径值及材料代号(N)组成,例如P32N。

3.2 橡胶制品

3.2.1 橡胶管件

3.2.1.1 输水橡胶软管

【规格及用途】（HG/T 2184—91）

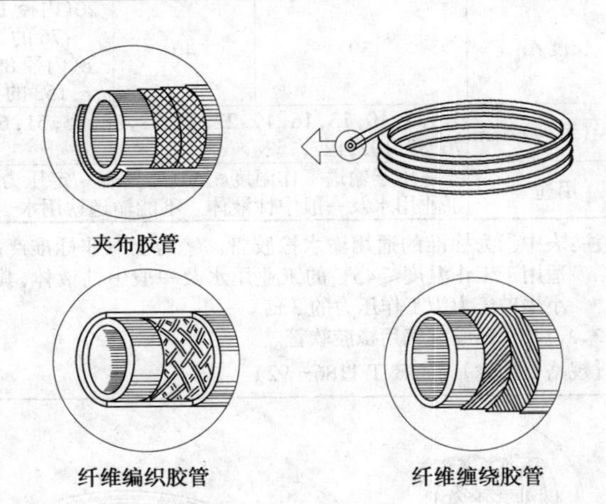

夹布胶管

纤维编织胶管

纤维缠绕胶管

型号①	1 型(低压型)			2 型(中压型)	3 型(高压型)
	a 级	b 级	c 级	d 级	e 级
公称内径/mm	≤100			≤50	≤25
工作压力/MPa	0.3	0.5	0.7	1.0	≤2.5
内径(系列)/mm	10,12.5,16,20,25,31.5,41,50,63,80,100				

续表

品种②	纤维编织输水橡胶管	纤维缠绕输水橡胶管	夹布输水橡胶管
内径(系列)/mm	5～10	13～25	13～76 89～152
工作压力/MPa	1.0,2.0	1.0	0.3,0.5,0.7
长度/m	30	40	20(内径13～76的) 8(内径89～152的)
内径(系列)/mm	5,6,8,10,13,16,19,22,25,32,38,45,51,64,76,89,102,127,152		
用途	适用于输送工作温度≤60℃、具有一定压力的工业用水及一般中性液体。不能输送饮用水		

注:表中①为标准的通用输水橡胶管。②为上海非标准产品,适用于工作温度≤45℃的工业用水及一般中性液体,其最小爆破压力为工作压力的3倍。

3.2.1.2　压缩空气用橡胶软管

【规格及用途】（GB/T 1186—92）

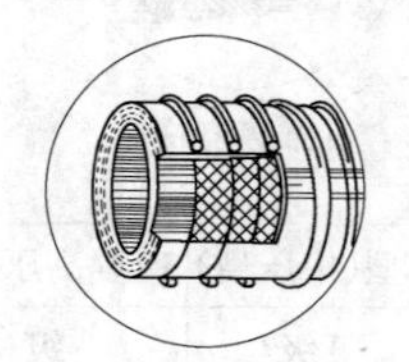

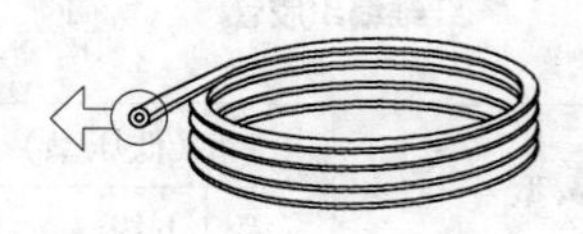

铠装夹布胶管

型号①	1型			2型			3型	
级别	a	b	c	c	d	e	c	e
工作压力/MPa	0.6	0.8	1.0	1.0	1.6	2.5	1.0	2.5

续表

型号①	1型	2型	3型
公称内径/mm	5,6.3,8,12.5,16,20,25,31.5,40,50	12.5,16,20,25,31.5,40,50,(63,80,100)(括号内数值e级没有)	
试验压力与工作压力比率	2倍	2.5倍	
最小爆破压力与工作压力比率	4倍	5倍	

品种②	夹布空气橡胶管	铠装夹布空气橡胶管	纤维编织空气橡胶管	纤维缠绕空气橡胶管
公称内径/mm	13～76,89～152	13～76	5～10	13～25
工作压力/MPa	0.6,0.8,1.0	1.5	1.0,2.0	1.0
长度/m	(13～76的)20 (89～152的)8	20	30	40
内径(系列)/mm	5,6,8,10,13,16,19,22,25,32,38,45,51,64,76,89,102,127,152			
用途	适用于除煤矿以外的矿山采矿及建筑工程输送具有一定工作压力、工作温度为-20℃～45℃的压缩空气和惰性气体			

注:表中①为标准产品。②为上海非标准产品。

3.2.1.3　焊接及切割用氧气、乙炔橡胶软管

【规格及用途】（GB/T 2550、2551—92）

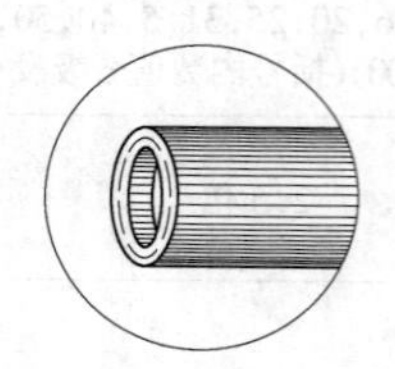
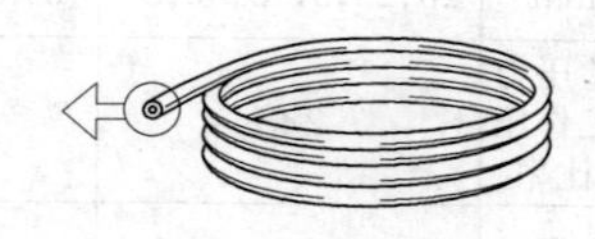

品种	公称内径/mm	工作压力/MPa	试验压力/MPa	最小爆破压力/MPa
氧气橡胶软管（GB/T 2550—92）	6.3,8.0,10.0,12.5	2	4	6
乙炔橡胶软管（GB/T 2551—92）	6.3,8.0,10.0	0.3	0.6	0.9
用途	用于焊接、切割金属时输送氧气-乙炔气。工作温度为－20℃～45℃			

注：氧气橡胶软管的表面新国标为蓝色，旧国标（GB 2550—81）为红色，乙炔橡胶软管表面新国标为红色，旧国标（GB 2551—81）为黑色；胶管长度由供需双方商定。

3.2.1.4　钢丝增强液压橡胶软管

【规格及用途】（GB/T 3683—92）

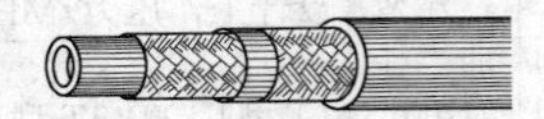

钢丝编织液压胶管
(2W)

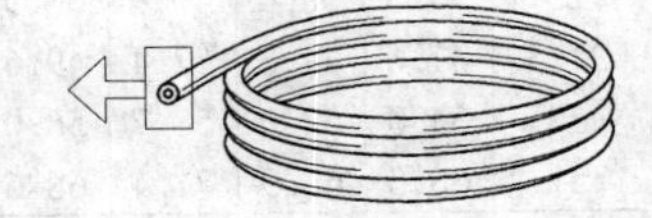

钢丝缠绕液压胶管
(4S)

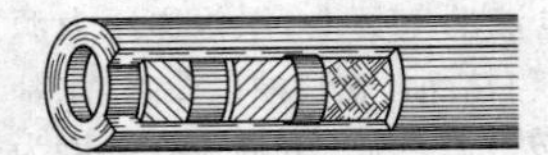

钢丝缠编液压胶管
(2S×1W)

公称内径/mm	成品软管外径/mm≤				最小弯曲半径/mm	设计工作压力/MPa	
	1型	1T型	2型，3型	2T型 3T型		1型，1T型	2、3型，2T、3T型
5	13.5	12.5	16.7	14.1	90	21.0	35
6.3	16.7	14.1	18.3	15.7	100	20.0	
8	18.3	15.7	19.8	17.3	115	17.5	32.0
10	20.6	18.1	22.2	19.7	130	16.0	28.0
10.3	21.4	18.9	—	—	140	16.0	—
12.5	23.8	21.5	25.4	23.1	180	14.0	25.0
16	27.0	24.7	28.6	26.3	205	10.5	20.0

续表

公称内径/mm	成品软管外径/mm≤				最小弯曲半径/mm	设计工作压力/MPa	
	1型	1T型	2型，3型	2T型 3T型		1型，1T型	2、3型，2T、3T型
19	31.0	28.6	32.5	30.2	240	9.0	16.0
22	34.1	31.8	35.7	33.4	280	8.0	14.0
25	39.3	36.6	40.9	38.9	300	7.0	14.0
31.5	47.6	44.8	52.4	49.6	420	4.4	11.0
38	54.0	52.0	58.7	56.0	500	3.5	9.0
51	68.3	65.9	71.4	68.6	630	2.6	8.0
用途	用在各种各样的机械及各种机械化、自动化系统中输送高压流体介质如液压传动之用。其中工具用液压胶管,主要用于各种手动、电液动工具上,作传递压力源用。适用的介质有液压油、润滑油、燃料油以及水、水基液体(蓖麻油、脂基液体除外)和空气。介质工作温度为-40℃～100℃						

注:①胶管试验压力为工作压力的2倍,最小爆破压力为工作压力的4倍。

②1型是一层钢丝编织的液压橡胶软管;
2型是二层钢丝编织的液压橡胶软管;
3型是二层钢丝缠绕加一层钢丝编织的液压橡胶软管;
1T、2T、3T型号是软管增强结构,分别与1、2、3型相同,在组装管接头时不切除或部分切除外胶层。

③缠绕型式代号如2S、4S…、2W…、2S×1W等分别表示钢丝缠绕型式、钢丝编织型式、钢丝缠编型式等。

3.2.1.5 织物增强液压橡胶软管

【规格及用途】 (GB/T 15329—1994)

公称内径/mm			5	6.3	8	10	12.5	16	19	25	31.5	38	51	60	80	100
软管外径/mm	1型	最大	11.9	13.5	15.1	16.7	20.6	23.8	—	—	—	—	—	—	—	—
	2型		12.6	14.2	15.7	17.3	20.7	24.9	28.0	35.9	—	—	—	—	—	—
	3型		13.5	15.1	18.3	19.8	24.6	27.8	32.5	39.3	46.0	—	—	—	—	—
	4型		13.6	15.2	17.8	19.3	22.7	26.9	30.0	37.4	41.0	51.6	64.3	74.0	96.5	118.5
软管弯曲半径/mm	1型	≤	50	65	—		100	125	—	—	—	—	—	—	—	—
	2型		35	40	50	60	70	90	110	150	—	—	—	—	—	—
	3型		80		100		125	140	150	205	255	—	—	—	—	—
	4型		40	45	55	70	85	105	130	150	190	240	300	400	500	600
工作压力/MPa	1型		3.4	2.8				2.4	—	—	—	—	—	—	—	—
	2型		8.0	7.5	6.8	6.3	5.8	5.0	4.5	4.0	—	—	—	—	—	—
	3型		10.3	8.6	8.3	7.8	6.9	6.0	5.2	3.9	2.6	—	—	—	—	—
	4型		16.0	14.5	13.0	11.0	9.3	8.0	7.0	5.5	4.5	4.0	3.3	2.5	1.8	1.0
用途			适用于矿物油、溶性油、油水浮浊液、乙二醇水溶液和水等普通液压介质，不适用于蓖麻和脂基流体。工作温度为－40℃～100℃													

注：①供应软管长度为：＞13m 的软管不得少于一批总长的 65％；7.5～13m 的不得多于总长的 35％；1～7.5m(不含 7.5m)的不得多于总长的 10％；不允许有小于 1m 长的软管。

3.2.1.6　输稀酸、碱胶管

【规格及用途】（HG/T 2183—91）

型号	A	B	C
结构	有增强层	有增强层和钢丝螺旋线	
公称内径/mm	12.5,16,20,22,25,31.5,40,45,50,63,80	31.5,40,45,50,63,80,	31.5,40,45,50,63,80
工作压力/MPa	0.3,0.5,0.7	负压	负压,0.3,0.5,0.7
用途	适用于输送工作温度不高于45℃、浓度40%以下，具有一定压力的各类稀酸、碱溶液(硝酸除外)		

注:其胶管外形图,见输水橡胶软管的外形图。

3.2.1.7　液化石油气(LPG)橡胶软管

【规格及用途】（GB 10546—89）

公称内径/mm	8,10,12.5,16,20,25,31.5,40,50,63,80,100,160,200		
工作压力/MPa	2.0	试验压力/MPa	6.3
爆破压力/MPa	12.6	工作温度/℃	-40~60
用途	适用于铁路油罐车、汽车油槽车输送液化石油气		

3.2.1.8　家用煤气软管

【规格】（HG/T 2468—1993）

<table>
<tr><td>品种结构</td><td>单层:黑色,表面光滑</td><td colspan="3">双层(内、外胶层):外层为橘黄色并带有与轴线平行的凹槽花</td><td colspan="2">三层(内、中、外层):外层为橘黄色并带有与轴线平行的凹槽花</td></tr>
<tr><td>公称内径</td><td>壁厚</td><td rowspan="2">气体透过量/(mL/h)</td><td colspan="2">适用温度/℃</td><td>气密试验</td><td>耐压试验</td></tr>
<tr><td colspan="2">/mm</td><td>橡胶</td><td>树脂</td><td colspan="2">MPa</td></tr>
<tr><td>9</td><td>3</td><td>≤5</td><td rowspan="2">−10~90</td><td rowspan="2">−10~0</td><td rowspan="2">0.1</td><td rowspan="2">0.2</td></tr>
<tr><td>13</td><td>3.3</td><td>≤7</td></tr>
<tr><td rowspan="2">上海产品</td><td colspan="2">公称内径/mm</td><td>8</td><td>10</td><td>长度/m</td><td>5~30</td></tr>
<tr><td colspan="2">质量/(kg/m)</td><td>0.14</td><td>0.20</td><td>颜色</td><td>深蓝色</td></tr>
</table>

3.2.1.9 汽车用橡胶软管

1. 汽车输水橡胶软管规格(HG/T 2491—1993)

内径/mm	抗拉强度/MPa		断裂伸长率(%)		爆破压力/MPa	
	纯胶管	增强软管	纯胶管	增强软管	纯胶管	增强软管
6,7,8,10,12,13,16,19,20.5,22,23,24,25,26,27,30,34,38,39,46,47,51,55,58,64,76	≥7.0	≥8.0	250	300	≥0.2	≥0.3

2. 汽车气压制动胶管规格及用途(GB/T 7128—86)

内径/mm	10,13	爆破压力/MPa	≥6.2
气密试验	1.37MPa压力下,保持3min无泄漏		
拉伸试验	经过142h,不出现拉断现象		
用途	用于汽车的气压制动装置中		

3. 汽车液压制动软管规格及用途(GB/T 7127.1—2000)

内径/mm	3.2	4.8	6.3
工作压力/MPa	11.76	8.63	
保持压力/MPa	27.45		
保持时间/min	2		
最小爆破压力/MPa	49	34.5	
用途	用在汽车液压制动装置中非石油基制动液的输送		

3.2.1.10　喷雾胶管

【规格及用途】 (GB 10545—89)

类型	A型	B型	C型	D型	E型
公称内径/mm	6.3,8.0,10.0,12.5,16.0,20.0,25.0				
工作压力/MPa	1	2	4	6	8
试验压力/MPa	1.6	3.2	6.4	9	12.8
最小爆破压力/MPa	3.15	6.30	12.60	18.90	25.20
结构	由内胶层、纤维增强层和外胶层构成				
用途	接于各种喷雾器械上,作农业、林业、果园、公园喷洒农药、化肥之用。机动喷雾胶管用于工作压力较高的机动喷雾器械上,手动胶管用于工作压力较低的手动喷雾器具上				

注:喷雾胶管的长度由供需双方商定。其外形图见输水橡胶管。

3.2.1.11 蒸汽胶管

【规格及用途】（GB 7548—87）

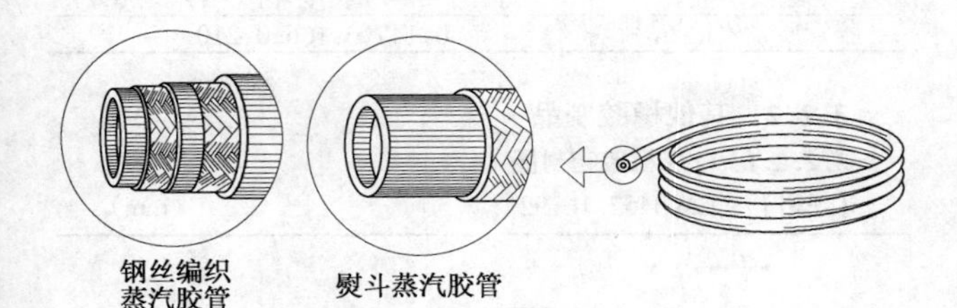

<table>
<tr><th>型号</th><th>工作压力
/MPa</th><th>适用介质
温度/℃</th><th>试验压力
/MPa</th><th>最小爆破
压力/MPa</th><th>公称内径/mm</th></tr>
<tr><td>0型</td><td>0.4</td><td>≤150</td><td>1.6</td><td>4</td><td rowspan="4">12.5,16,19,20,25,31.5,38,40,50,51,63,80</td></tr>
<tr><td>1型</td><td>0.6</td><td>≤165</td><td>2.4</td><td>6</td></tr>
<tr><td>2型</td><td>1.0</td><td>≤180</td><td>4</td><td>10</td></tr>
<tr><td>3型</td><td>1.6</td><td>≤204</td><td>6.4</td><td>16</td></tr>
<tr><td>用途</td><td colspan="5">钢丝编织蒸汽胶管的工作温度≤165℃、工作压力≤0.6MPa,主要用于蒸汽锤、蒸汽清扫器、注塑机及手板硫化机等设备上。夹布、铠装夹布和纤维编织胶管,适用于输送工作温度不高于150℃、工作压力不高于0.4MPa的饱和蒸汽或过热水。熨头蒸汽胶管主要用于服装、针织、洗衣业的蒸汽熨头上,工作温度≤148℃、工作压力≤0.3MPa</td></tr>
</table>

3.2.1.12 打气筒用胶管

【规格】 上海产品。

公称内径/mm	5	6	8
工作压力/MPa	1.2	爆破压力/MPa	4.8
编织层数	1	长度/m	30
胶管质量/(kg/m)	0.147,0.166,0.210		

3.2.2　其他橡胶制品

3.2.2.1　O形橡胶密封圈

【规格】（GB 3452.1—92）　　　　（mm）

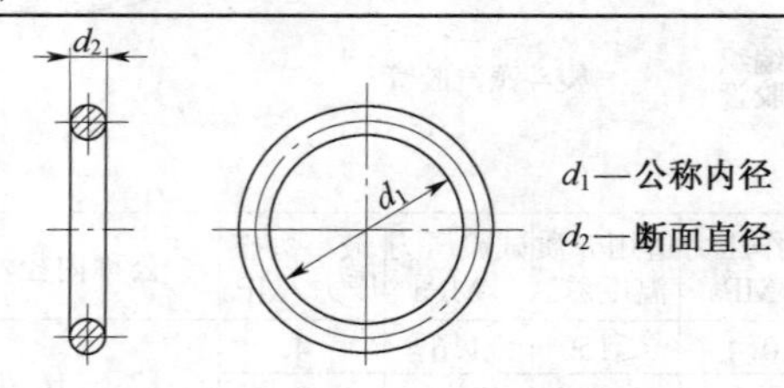

d_1	d_2	d_1	d_2		d_1	d_2			d_1	d_2			
	A		A	B		A	B	C		A	B	C	D
1.80	▲	6.00	▲		12.5	▲	▲		28.0	▲	▲	▲	
2.00	▲	6.30	▲		13.2	▲	▲		30.0	▲	▲	▲	
2.24	▲	6.70	▲		14.0	▲	▲		31.5		▲	▲	
2.50	▲	6.90	▲		15.0	▲	▲		32.5	▲	▲	▲	
2.80	▲	7.10	▲		16.0	▲	▲		33.5		▲	▲	
3.15	▲	7.50	▲		17.0	▲	▲		34.5	▲	▲	▲	
3.55	▲	8.00	▲		18.0	▲	▲	▲	35.5		▲	▲	
3.75	▲	8.50	▲		19.0	▲	▲	▲	36.5	▲	▲	▲	
4.00	▲	8.75	▲		20.0	▲	▲	▲	37.5		▲	▲	
4.50	▲	9.00	▲		21.2	▲	▲	▲	38.7	▲	▲	▲	
4.87	▲	9.50	▲		22.4	▲	▲	▲	40.0		▲	▲	▲
5.00	▲	10.0	▲		23.6	▲	▲	▲	41.2		▲	▲	▲
5.15	▲	10.6	▲	▲	25.0	▲	▲	▲	42.5	▲	▲	▲	▲
5.30	▲	11.2	▲	▲	25.8	▲	▲	▲	43.7		▲	▲	▲
5.60	▲	11.8	▲	▲	26.5	▲	▲	▲	45.0		▲	▲	▲

续表

d_1	d_2				d_1	d_2				d_1	d_2		d_1	d_2
	A	B	C	D		B	C	D	E		D	E		E
46.2	▲	▲	▲	▲	97.5		▲	▲		206	▲	▲	437	▲
47.5		▲	▲	▲	100	▲	▲	▲		212	▲	▲	450	▲
48.7		▲	▲	▲	103		▲	▲		218	▲	▲	462	▲
50.0	▲	▲	▲	▲	106	▲	▲	▲		224	▲	▲	475	▲
51.5		▲	▲	▲	109		▲	▲	▲	230	▲	▲	487	▲
53.0		▲	▲	▲	112	▲	▲	▲	▲	236	▲	▲	500	▲
54.5		▲	▲	▲	115		▲	▲	▲	243	▲	▲	515	▲
56.0		▲	▲	▲	118	▲	▲	▲	▲	250	▲	▲	530	▲
58.0		▲	▲	▲	122		▲	▲	▲	258	▲	▲	545	▲
60.0		▲	▲	▲	125	▲	▲	▲	▲	265	▲	▲	560	▲
61.5		▲	▲	▲	128		▲	▲	▲	272	▲	▲	580	▲
63.0		▲	▲	▲	132	▲	▲	▲	▲	280	▲	▲	600	▲
65.0			▲	▲	136		▲	▲	▲	290	▲	▲	615	▲
67.0		▲	▲	▲	140	▲	▲	▲	▲	300	▲	▲	630	▲
69.0			▲	▲	145		▲	▲	▲	307	▲	▲	650	▲
71.0		▲	▲	▲	150	▲	▲	▲	▲	315	▲	▲	670	▲
73.0			▲	▲	155		▲	▲	▲	325	▲	▲		
75.0		▲	▲	▲	160		▲	▲	▲	335	▲	▲		
77.5			▲	▲	165		▲	▲	▲	345	▲	▲		
80.0		▲	▲	▲	170		▲	▲	▲	355	▲	▲		
82.5			▲	▲	175		▲	▲	▲	365	▲	▲		
85.0		▲	▲	▲	180		▲	▲	▲	375	▲	▲		
87.5			▲	▲	185		▲	▲	▲	387	▲	▲		
90.0		▲	▲	▲	190		▲	▲	▲	400	▲	▲		
92.5			▲	▲	195		▲	▲	▲	412		▲		
95.0		▲	▲	▲	200		▲	▲	▲	425		▲		

注：①O形圈用途代号，通用O形圈(G)，宇航用O形圈(A)。

②断面直径 d_2 的代号表示意义：A——1.80mm，B——2.65mm，C——3.55mm，D——5.30mm，E——7.00mm。

③d_2 栏中，▲表示列入标准中的规格。

3.2.2.2 橡胶脚轮

【规格及用途】 上海产品。

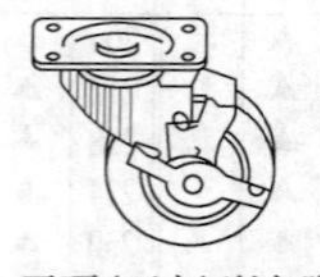

平顶(万向)刹车脚轮

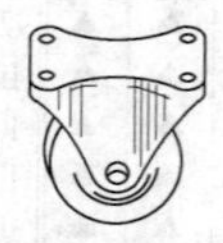

平顶定向脚轮

品种	项目					
平顶脚轮(代号 P)	轮子直径 /mm	50	75	100	125	—
	全高 /mm	65	100	125	150	—
	承重/kg	45	70	90	125	—
平顶重载脚轮(代号 P/T) ▲▲	轮子直径 /mm	100	125	150	200	250
	全高 /mm	140	160	190	240	290
	承重/kg	180	200	220	240	260
平顶刹车脚轮(代号 PH)	轮子直径 /mm	75	100	125	▲125	150
	全高 /mm	100	125	150	150	190
	承重/kg	70	100	125	150	220
平顶定向脚轮(代号 D)	轮子直径 /mm	50	75	100	125	—
	全高 /mm	69	100	125	150	—
	承重/kg	35	80	100	125	—
平顶重载定向脚轮(代号 D/T) ▲▲	轮子直径 /mm	100	125	150	200	250
	全高 /mm	140	160	190	240	290
	承重/kg	180	200	220	240	260

续表

丝口脚轮（代号 S）	轮子直径	/mm	50	75	100	125	—
	全高		71	100	125	150	—
	螺纹直径		M12				—
	螺纹长度		25	—		30	—
	承重/kg		45	70	90	125	—
有轴脚轮（代号 Z）	轮子直径	/mm	50	75	100	125	—
	全高		67	100	125	150	—
	销轴直径		16	15			—
	销轴长度		45	35		50	—
	承重/kg		40	70	90	125	—
丝口球型脚轮（代号 SQ）	轮子直径	/mm	38	50			—
	全高		52	62			—
	螺纹直径		M10	M12			—
	螺纹长度		15				—
	承重/kg		30	45			—
平顶球型脚轮（代号 PQ）	轮子直径	/mm	38	50			—
	全高		52	62			—
	螺纹直径		—	—			—
	螺纹长度		—	—			—
	承重/kg		30	45			—
有轴球型脚轮（代号 ZQ）	轮子直径	/mm	38	50			—
	全高		52	62			—
	销轴直径		12				—
	销轴长度		40				—
	承重/kg		30	45			—

续表

带帽(有轴)球型脚轮(代号 MQ)	轮子直径	/mm	38	50	—
	全高		52	62	—
	销轴直径		9		—
	销轴长度		42		—
	承重/kg		30	45	—
铸铁平顶脚轮(代号 P)	轮子直径	/mm	75		—
	全高		100		—
	承重/kg		100		—
用途	同尼龙脚轮的用途				

注:①脚轮型号由品种代号、轮子直径值及材料代号(E为橡胶、L为铸铁)和其他说明代号(G为加重型)构成,例如SQ50E,PH125EG。

②带▲符号的为加重型脚轮;带▲▲符号的还包括尼龙、铸铁两种。

③除图示两种脚轮外,其他脚轮的外形图与尼龙脚轮所示图形相同。

3.2.2.3 工业用硫化橡胶板

【规格及用途】 (GB/T 5574—1994)

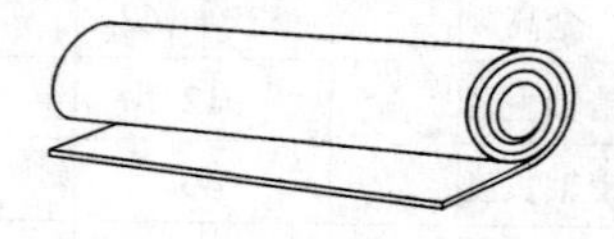

续表

橡胶板性能分类及代号	耐油性能	A类	不耐油	B类	中等耐油	C类	耐油
	耐热性能/℃	Hr1	100	Hr2	125	Hr3	150
	耐低温性能/℃	Tb1		−20	Tb2		−40
	抗拉强度/MPa	1型≥3，2型≥4，3型≥5，4型≥7，5型≥10，6型≥14，7型≥17					
	拉断伸长率（%）	1级≥100，2级≥150，3级≥200，4级≥250，5级≥300，6级≥350，7级≥400，8级≥500，9级≥600					
	国际橡胶硬度（IRHD）	H3:30，H4:40，H5:50，H6:60，H7:70，H8:80（注：也可按邵尔A硬度分类）					
公称尺寸/mm	厚度	0.5，1.0，1.5，2，2.5，3，4，5，6，10，12，14，16，18，20，22，25，30，40，50					
	宽度	500～2000					
用途	可用来制作橡胶垫圈、密封衬垫、缓冲件及铺设地板、工作台。还可根据需求制成光面的或带花纹、布纹及夹织物的橡胶板						

注：①如果橡胶板按Ar－耐热空气老化性能分类，则有Ar1（70°×72h）、Ar2（100℃×72h）。老化后，其抗拉强度分别降低25%、20%；拉断伸长率分别降低35%、50%。B类和C类橡胶板必须符合Ar2要求，如不能满足要求，由供需双方商定。

②橡胶板的公称长度、表面花纹、颜色，均由供需双方商定。

3.2.2.4 橡胶缓冲器

【规格及用途】（JB/T 8110.2—1999）

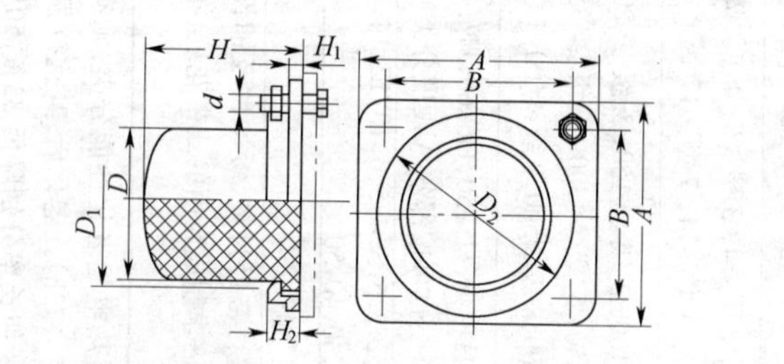

型号	缓冲容量/(kN·m)	缓冲行程 S/mm	缓冲力 P/kN	螺栓尺寸 d×L/mm	主要尺寸/mm								质量/kg≈
					D	D_1	D_2	H	H_1	H_2	A	B	
HX-10	0.10	22	16	M6×20	50	56	71	50	5	8	80	63	0.36
HX-16	0.16	25	19		56	62	80	56		10	90	71	0.48
HX-25	0.25	28	28		67	73	90	67	6	12	100	80	0.70
HX-40	0.40	32	40	M10×30	80	87	112	80		14	125	100	1.34
HX-63	0.63	40	50		90	99	125	90		16	140	112	2.13

续表

型号	缓冲容量/(kN·m)	缓冲行程 S/mm	缓冲力 P/kN	螺栓尺寸 $d \times L$/mm	主要尺寸/mm								质量/kg≈
					D	D_1	D_2	H	H_1	H_2	A	B	
HX-80	0.80	45	63	M12×35	100	109	140	100	8	18	160	125	2.70
HX-100	1.00	50	75		112	122	160	112		20	180	140	3.68
HX-160	1.60	56	95	M16×40	125	136	180	125		22	200	160	5.00
HX-250	2.50	63	118		140	153	200	140		25	224	180	6.50
HX-315	3.15	71	160	M16×45	160	174	224	160	10	28	250	200	9.18
HX-400	4.00	80	200		180	194	250	180		32	280	224	12.00
HX-630	6.30	90	250	M20×50	200	215	280	200		36	315	250	16.18
HX-1000	10.00	100	300		224	242	315	224	12	40	355	280	25.00
HX-1600	16.00	112	425		250	269	355	250		45	400	315	34.00
HX-2000	20.00	125	500		280	300	400	280		50	450	355	48.20
HX-2500	25.00	140	630		315	335	450	315		56	500	400	64.80
用途	用于桥式和门式起重机，起到减轻起重机的行走机构相碰动载荷的作用												

3.3　石棉及云母制品

3.3.1　石棉制品

3.3.1.1　石棉绳

【规格及用途】（JC/T 222—1994）

石棉扭绳

石棉圆绳

石棉方绳

石棉松绳

名称（代号）	石棉扭绳（SN）	石棉圆绳（SY）	石棉方绳（SF）	石棉松绳（SC）		
直径或边长/mm	直径:3,5,6,8,10（由石棉纱、线扭合成）	直径:6,8,10,13,16,19,22,25,28,32,35,38,42,45,50（由石棉纱、线编成）	边长:4,5,6,8,10,13,16,19,22,25,28,32,35,38,42,45,50（由石棉纱、线编成方形）	直径		
				13,16,19	22,25,32	38,45,50
				由石棉线做芯，石棉纱、线编成菱形网状外皮的圆绳		

续表

名称（代号）	石棉扭绳（SN）	石棉圆绳（SY）	石棉方绳（SF）	石棉松绳（SC）		
密度/(g/cm³)	≤1.00	≤1.00	≥0.8	≤0.55	≤0.45	≤3.5
用途	除石棉方绳用做密封填料外，其余三种石棉绳均主要用做保温隔热材料。而其中石棉松绳多用于多弯曲或有振动的热管道上					

3.3.1.2 鸡毛纸(即石棉纸)

【规格及用途】（JC/T 41、42—82）

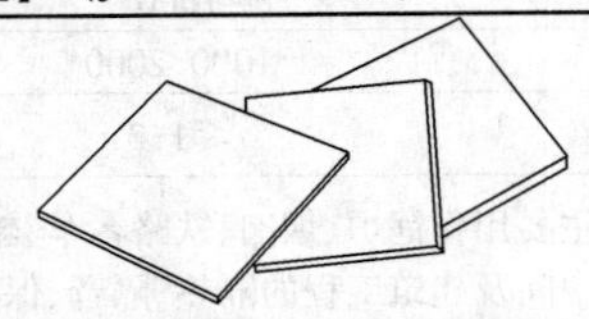

<table>
<tr><td colspan="2">品种</td><td colspan="4">热绝缘鸡毛纸（JC/T42—82）</td><td colspan="4">电绝缘鸡毛纸（JC/T41—82）</td></tr>
<tr><td rowspan="4">尺寸</td><td>宽度/mm</td><td>卷状</td><td>500</td><td>单张</td><td>1000</td><td>卷状</td><td>500</td><td>单张</td><td>1000</td></tr>
<tr><td rowspan="2">厚度/mm</td><td colspan="4" rowspan="2">0.2,0.3,0.5,0.8,1.0</td><td>Ⅰ号</td><td colspan="3">0.2,0.3,0.4,0.6</td></tr>
<tr><td>Ⅱ号</td><td colspan="3">0.2,0.3,0.4,0.5</td></tr>
<tr><td>卷筒纸直径/in</td><td colspan="4">≤0.5</td><td colspan="4">≤0.5</td></tr>
<tr><td colspan="2">密度/(g/cm³)≤</td><td colspan="2">1.1</td><td colspan="2">1.2</td><td>Ⅰ号</td><td>1.1</td><td>Ⅱ号</td><td>1.1</td></tr>
<tr><td colspan="2">用途</td><td colspan="4">用做电机工业铝浇铸工艺及电气罩壳或其他隔热保温材料</td><td colspan="2">作大电机磁极线圈匝间电绝缘材料用</td><td colspan="2">因只能承受一般电压，故用做电器开关、仪表等隔弧绝缘材料</td></tr>
</table>

【击穿电压】

厚度Ⅰ号/Ⅱ号/mm	0.2	0.3	0.4	0.6
击穿电压Ⅰ号/Ⅱ号/V	1200/500	1400/500	1700/1000	2000/1000

3.3.1.3　石棉板

【规格及用途】（JC/T 11—1999）

厚度	/mm	1.6,3.2,4.8,6.4,8.0,9.6,11.2,12.7,14.3,15.9
宽度		1000
长度		1000,2000
密度/(g/cm³)		≤1.3
用途		主要用作锅炉、烟囱、铁路客车、轮船机房内外墙壁中间及建筑工程的隔热、隔音、保温、防火衬垫材料。也可作蒸汽管子、动力机械等连接部位的密封垫圈及电器制作中常用的绝缘材料

3.3.1.4　石棉橡胶板

1. 普通石棉橡胶板规格及用途（GB/T 3985—1995）

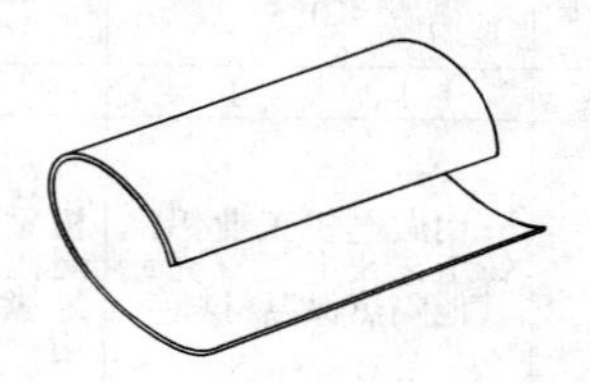

续表

牌号	尺寸/mm			密度/(g/cm³)	适用范围		用途
	厚度	宽度	长度		温度/℃	压力/MPa	
XB450(紫色)	0.5,1.0,1.5,2.0,2.5,3.0	500 620 1200 1260 1500	500 620 1260	1.6~2.0	≤450	≤6	用于温度为450℃,压力为6MPa以下的水及水蒸汽等介质为主的设备、管道法兰连接处用的密封衬垫材料
XB350(红色)	0.8,1.0,1.5,2.0,2.5,3.0,3.5,4.0,4.5,5.0,5.5,6.0		1000 1260 1350 1500 4000		≤350	≤4	
XB200(灰色)					≤200	≤1.5	

2. 耐油石棉橡胶板规格及用途(GB/T 539—1995)

牌号	尺寸/mm			密度/(g/cm³)	适用范围		用途
	厚度	宽度	长度		温度/℃	压力/MPa	
NY150(灰色)	0.4,0.5,0.6,0.8,1.0,1.1,1.2,1.5,2.0,2.5,3.0	500 620 1200 1260 1500	500 620 1000 1260 1350 1500	1.6~2.0	≤150	1.6~2.0	用做介质为油品、溶剂及碱液的设备和管道法兰连接处的密封衬垫材料
NY250(浅黄)					≤250		
NY400(石墨)					≤400		

3. 耐酸石棉橡胶板(JC/T 555—1994)

尺寸/mm			密度/(g/cm³)	适用范围		用途
厚度	宽度	长度		温度/℃	压力/MPa	
1.0 1.5 2.0 2.5 3.0 3.5	500 1000 1260 1350 — 1500	500 1000 1260 1350 — 1500	1.7～2.1	200	2.5	适用于制作与酸性物质接触的管道密封衬垫。可抵抗硫酸、硝酸、盐酸的腐蚀作用

3.3.1.5 油浸石棉盘根

【规格及用途】（JC/T 68—82）。

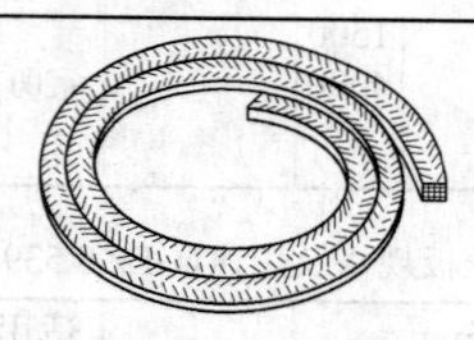

牌号	形状	直径或方形边长/mm	适用压力/MPa	适用温度/℃	密度/(g/cm³)	用途
YS350	F	3,4,5,6, 8,10,13, 16, 19, 22, 25, 28, 32, 35, 38, 42,45,50	≤4.5	≤350	无金属丝：≥0.9； 夹金属丝：≥1.1	适用介质为蒸汽、空气、工业用水及重质石油产品。用做回转轴往复活塞或阀门杆的密封材料
	Y					
	N					
YS250	F、Y、N			≤250		

3.3.1.6 油浸棉、麻盘根

【规格及用途】（JC/T 332—82）

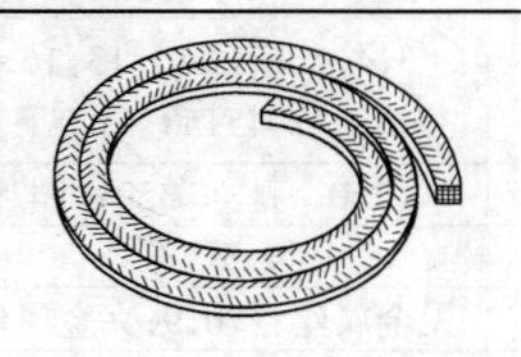

正方形断面边长/mm	适用压力/MPa	适用温度/℃	密度/(g/cm³)	适用介质
3, 4, 5, 6, 8, 10, 13, 16, 19, 22, 25, 28, 32, 35, 38, 42, 45, 50	≤12	120	≥0.9	油浸棉盘根适用于水、空气、润滑油、碳氢化合物、石油类燃料等。油浸麻盘根除适用于以上介质外,还适用于碱溶液等
用途	用于阀门、管道、旋塞、转轴及活塞杆等作密封材料			

3.3.1.7 橡胶石棉盘根

【规格及用途】（JC/T 67—82）

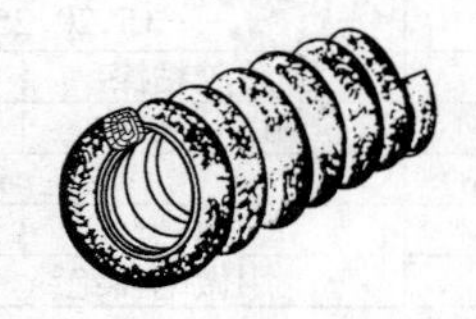

续表

牌号	XS250	XS350	XS450	XS550
正方形边长/mm	3,4,5,6,8,10,13,16,19,22,25,28,32,35,38,42,45,50			
适用温度/℃	≤250	≤350	≤450	≤550
适用压力/MPa	≤4.5		≤6	≤8
密度/(g/cm³)	无金属丝:≥0.9;夹金属丝:1.1			
烧失量(%)	≤40	≤32	≤27	≤24
适用介质	高压蒸汽			
用途	适用于做蒸汽机往复泵的活塞和阀门杆上的密封材料			

注:编织代号为A,卷制代号为B,加注在牌号后。夹金属丝的在牌号后加注该金属丝的化学元素符号。

3.3.2　云母制品

3.3.2.1　云母带

【规格及用途】

名称、型号		醇酸玻璃云母带 5434 (JB/T 6488.1—92)	有机硅玻璃云母带	
			5450	5450-1
			(JB/T 6488.2—92)	
尺寸/mm	厚度	0.10,0.13,0.14,0.16,0.17		
	长度	每卷长度 5000		
	宽度	15,20,25,30,35		
胶粘剂		醇酸胶粘漆	有机硅胶粘漆	
胶粘剂含量(%)		15~30	15~30	20~40
介电强度/(MV/m)		≥16		
工作温度/℃		130	180	
用途		用做电器绝缘、电机线圈绝缘		

3.3.2.2 柔软云母板

【规格及用途】 (JB/T 7100—1993)

型号		5130 5131 5133	5150 5151	5130-1 5131-1	5136-1	5151-1
尺寸/mm	厚度	0.15,0.20,0.25,0.30,0.40,0.50				
	长度	600～1200				
	宽度	400～1200				
胶粘剂		醇酸胶粘漆	有机硅胶粘漆	醇酸胶粘漆	环氧胶粘漆	有机硅胶粘漆
胶粘剂含量(%)		15～30		20～40		
工作温度/℃		130	180	130		180
用途		适用于做电机槽绝缘及匝间绝缘,常态时有很高柔软性,并弯而不裂				

3.3.2.3 塑型云母板

【规格及用途】 (JB/T 7099—1993)

型号		5230	5231	5235	5236	5250
胶粘剂		醇酸胶粘漆	紫胶胶粘漆	醇酸胶粘漆	紫胶胶粘漆	有机硅胶粘漆
胶粘剂含量(%)		15～25		8～15		15～25
介电强度/(MV/m)	0.15～0.25mm	≥35				
	0.30～0.50mm	≥30				
	0.60～1.20mm	≥25				
尺寸/mm	厚度	0.15,0.20,0.25,0.30,0.40,0.5,0.6,0.7,0.80,1.00,1.20				
	长度	800～1000				
	宽度	400～600				

续表

型号	5230	5231	5235	5236	5250
胶粘剂	醇酸胶粘漆	紫胶胶粘漆	醇酸胶粘漆	紫胶胶粘漆	有机硅胶粘漆
适用温度/℃	130				180
用途	适于做塑制绝缘管与环及其他形状的绝缘零件。含胶量较少的塑胶云母板,适于做温度或转速较高的电机绝缘零件				

3.4 建筑装饰材料

3.4.1 装饰(修)材料

3.4.1.1 胶合板

【规格及用途】 (GB/T 9846—88)

品种	耐气候胶合板(Ⅰ类)	耐水胶合板(Ⅱ类)	耐潮胶合板(Ⅲ类)	不耐潮胶合板(Ⅳ类)	阻燃胶合板	特种胶合板
幅面尺寸/(mm×mm)	915×(915,1220,1830,2135,) 1220×(1220,1830,2135,2440)					
用途	用于室外工程	用于室外工程	用于室内装修	用于室内装修	主要用于防火要求较高的歌厅、舞厅、餐厅、娱乐场所等装修	用于防辐射、混凝土模板等有特殊用途的场合

3.4.1.2 纤维板

【规格及用途】 (甲醛释放量必须符合 GB 18580—2000 的规定)

品种		尺寸/(mm×mm)	用途
普通纤维板	硬质纤维板	幅面:610×1220 915×1830, 915×2135, 1000×2000, 1200×1830, 1220×2440, 厚度:2.5,3.0, 3.2,4.0, 5.0mm	广泛用于建筑、车辆、船舶、家具、包装等
	半硬质和中密度纤维板		广泛用于建筑、家具、民用电器等
	软质纤维板		多用做绝热隔音材料
特种功能纤维板	油处理纤维板	幅面: 610×1220, 915×1830, 915×2135, 1000×2000, 1220×1830, 1220×2440 厚度: 2.5,3.0,3.2, 4.0,5.0mm	用于要求强度高、防潮、防湿性能良好的场合
	防火纤维板		阻燃性良好,多用于建筑
	防水纤维板		主要用于建筑和家具制造
	防腐防霉纤维板		用于要求防腐、防霉、防虫等性能良好的场合
	表面装饰纤维板		主要用于家具、建筑装饰
	模压纤维板		压成仿型体包装及日常生活器皿用品的纤维制品,应用甚广
	浮雕纤维板		广泛用于建筑内外装饰
	无机质复合纤维板		广泛用做建筑材料

3.4.1.3　细木板

【规格及用途】（GB/T 5849—1999）

<table>
<tr><td rowspan="2">品种</td><td colspan="2">按胶粘剂性能分</td><td colspan="2">按板芯结构分</td></tr>
<tr><td>室外用细木工板</td><td>室内用细木工板</td><td>实心细木工板</td><td>空心细木工板</td></tr>
<tr><td>尺寸/(mm×mm)</td><td colspan="4">幅面：915×(915、1830、2135)，1220×(1220、1830、2440)；
厚度：12,14,16,19,22,25</td></tr>
<tr><td>用途</td><td>用于面积大、承载能力较大的装修与装饰</td><td>用于面积大、承载力小的装修与装饰</td><td>适用于室外装修、装饰</td><td>适用于室内装修、装饰</td></tr>
</table>

注：细木工板分三个等级：优等、一等、合格品，各等级的游离甲醛释放量必须符合 GB 18580—2001 的规定。

3.4.1.4　刨花板

【规格及用途】（GB/T 4897—92）

<table>
<tr><td>品种</td><td>尺寸/(mm×mm)</td><td>游离甲醛释放量/(mg/100g)</td><td>用途</td></tr>
<tr><td>单层刨花板</td><td rowspan="4">幅面：
915×1830,
1000×2000,
1220×1220,
1220×2440
厚度：
13～20mm</td><td rowspan="4">≤9</td><td>制作包装箱、集装箱及建筑构件等</td></tr>
<tr><td>多层刨花板</td><td>制作家具、仪表箱及建筑物壁板、构件等</td></tr>
<tr><td>渐变结构刨花板</td><td>制作家具、车厢、包装箱、建筑物构件等</td></tr>
<tr><td>定向结构刨花板</td><td>用于门窗框、门芯板、暖气罩、窗帘盒、橱柜及地板基材等</td></tr>
</table>

续表

品种	尺寸/(mm×mm)	游离甲醛释放量/(mg/100g)	用途
华夫板和定向华夫板	幅面：915×1830，1000×2000，1220×1220，1220×2440 厚度：13～20mm	≤9	用来代替胶合板做墙板、地板和屋面板，也可做混凝土模板
石膏刨花板			主要用做内墙板和天花板
水泥刨花板			做内外墙板、地板、屋面板、天花板及建筑构件等
阻燃刨花板			用于有特殊要求之处，如医院、托儿所建筑上及车船制造等
矿渣刨花板			与水泥刨花板相似

注：连接时要用人造板专用钉，不能用普通木螺钉。

3.4.1.5 木地板

【规格及用途】

品种	实木地板(GB/T 15036.1—2001)，实木复合地板(GB/T 18103—2000) 浸渍纸层压木质地板(GB/T 18102—2000) 竹木地板，软木地板	
幅面尺寸/(mm×mm)	平口实木地板	300×(50,60)×(12,15,18,20)
	企口实木地板	(250～600)×(50,60)×(12,15,18,20)
	拼方、拼花实木地板	(120,150,200)×(120,150,200)×(5～8)
	复合木地板	(1500～1700)×190×(10,12,15)
用途	用于室内地板装修。强化木地板耐磨值有高、中、低三级别，一般住宅选耐磨转数6000r/min，公共建筑则必须在9000r/min以上	

注：强化木地板、实木复合地板及竹木地板的甲醛含量必须符合 GB 18580—2001 的规定。

3.4.1.6 装饰石材

1. 天然花岗石板材(GB/T 18601—2001)

用于宾馆、饭店、重要公共建筑等的外墙装饰,室内墙柱面和地面、楼梯台阶及各种柜台台面、纪念碑、墓碑等。有优等、一等和合格品三个等级。

2. 天然大理石饰面板(JC/T 79—2001)

主要用于宾馆、饭店、纪念馆、博物馆、办公大楼等高级建筑物的大堂、公共走廊的墙柱面和踢脚线、柜台面及家具台面,住宅门厅、卫生间洗漱台板及楼梯台阶等。有优等、一等和合格品三个等级。

3. 水磨石板材(JC/T 507—1993)

主要用于地面、踢脚线、楼梯踏步等处。

3.4.1.7 陶瓷墙地砖

【规格及用途】 (GB/T 4100—1999)

品种	陶瓷墙地砖					装饰砖	
	彩釉砖	釉面砖	瓷质砖	劈离砖	红地砖	腰线砖(饰线砖)	浮雕艺术砖(花片)
尺寸/(mm×mm×mm)	100×200×7、200×200×8、200×300×9、300×300×9、400×400×9	152×152×5、100×200×5.5、150×250×5.5、200×200×6、200×300×7	200×300×8、300×300×9、400×400×9、500×500×11、600×600×12	240×240×16、240×115×16、240×53×16	100×100×10、152×152×10	100×300、100×250、100×200、50×200	200×300、200×250、200×200
用途	墙面	内墙面	外墙面、地面	外墙面、地面	地面	内墙面	内墙面

注:瓷砖放射性核素限量应符合 GB 6566—2001 的规定。

3.4.1.8 纸面石膏板

【规格及用途】 (GB/T 9775—1999)

品种		普通纸面石膏板(P)	高级普通纸面石膏板(GP)	耐水纸面石膏板(S)	高级耐水纸面石膏板(GS)	耐火纸面石膏板(H)	高级耐火纸面石膏板(GH)	高级耐水耐火纸面石膏板(GSH)
尺寸/mm	长	1800	2100	2400	2700	3000	3300	3600
	宽	900,1200						
	厚	9.5	12.0	15.0	18.0	21.0	25.0	—
适用建筑档次		一般	中档或较高档	一般	中档或较高档	一般	中档或较高档	中档或较高档
用途		普通、高级纸面石膏板适用于写字楼、住宅及工业建筑的干区;耐火纸面石膏板(普通、高级)则用于有防火等级要求的上述建筑;耐水纸面石膏板(普通、高级)适用于建筑的湿区(浴室、厨房、洗衣房等);若兼有防火要求时,就用高级耐水耐火纸面石膏板						

3.4.1.9 纤维增强硅酸钙板

【规格及用途】 (JC/T 564—2000)

品种		石棉纤维增强硅酸钙板	非石棉纤维增强硅酸钙板
尺寸/mm	长	1800,2400,2440,3000	
	宽	800,900,1000,1200,1220	
	厚	5,6,8,10,12,15	
适用建筑档次		一般或中档	中档或高档
用途		适用于高层或超高层建筑内隔墙,也适用于潮湿环境(如浴室、厨房等)。一般建筑可用石棉纤维增强的普通板。不能用于食品加工、医药等建筑内隔墙	适用于高档建筑(高级板)和中档建筑(高级或普通级板)也适用于食品加工、医药等建筑内隔墙

3.4.2　防水材料

3.4.2.1　防水卷材

1. 高聚物改性沥青防水卷材规格及用途(GB 18242—2000)

<table>
<tr><td colspan="2" rowspan="2">型号</td><td colspan="5">SBS改性沥青防水卷材(GB 18242—2000)</td><td colspan="5">APP(APAO)改性沥青防水卷材(GB 18243—2000)</td></tr>
<tr><td colspan="2">聚酯胎</td><td colspan="3">玻纤胎</td><td colspan="2">聚酯胎</td><td colspan="3">玻纤胎</td></tr>
<tr><td rowspan="3">尺寸/mm</td><td>长</td><td>10000</td><td>7500</td><td>15000</td><td>10000</td><td>7500</td><td>10000</td><td>7500</td><td>15000</td><td>10000</td><td>7500</td></tr>
<tr><td>宽</td><td colspan="5">1000</td><td colspan="5">1000</td></tr>
<tr><td>厚</td><td>3</td><td>4</td><td>2</td><td>3</td><td>4</td><td>3</td><td>4</td><td>2</td><td>3</td><td>4</td></tr>
<tr><td colspan="2">用途</td><td colspan="2">适用于一般和中、高档建筑工程的地下和屋面做防水层</td><td colspan="3">适用于基层变形小和一般建筑工程的地下或屋面做防水层</td><td colspan="2">适用于一般和中、高档建筑工程做屋面、地下和桥梁工程的防水层</td><td colspan="3">适用于基层变形小和一般的地下或屋面做防水层</td></tr>
</table>

2. 合成高分子防水卷材规格及用途

型号		(EPDM)三元乙丙橡胶防水卷材(GB 18173.1—2001)	(S型)氯化聚乙烯-橡胶共混防水卷材(JC/T 684—1997)	(PVC)聚氯乙烯防水卷材(GB 18173.1—2000)	(CPE)氯化聚乙烯防水卷材(GB 18173.1—2000)	(HDPE)高密度聚乙烯土工膜(GB/T 17643—1998)	(LDPE)低密度聚乙烯土工膜、(EVA)乙烯、醋酸乙烯土工膜(GB/T 17643—1998)
尺寸/mm	长	≥20000	≥20000	≥20000	≥20000	≥20000	≥20000
	宽	1000 1200	1000 1200	1000 1200 1500 2000	1000 1200 1500 2000	3000 3500 4000 6000 7000	3000 3500 4000 6000 7000
	厚	1.0,1.2,1.5,1.8,2.0	1.0,1.2,1.5,2.0	1.0,1.2,1.5,1.8,2.0	1.0,1.2,1.5,1.8,2.0	0.5,0.75,1.0,1.2,1.5,2.0	0.5,0.75,1.0,1.2,1.5,2.0
用途		非常适用于中、高档建筑工程做外露屋面防水层,也适于倒置式屋面和中、高档建筑地下工程做防水层用	适用于一般和中档建筑做屋面和地下工程的防水层	适用于一般和中档建筑的地下或屋面工程做防水层	适用于一般建筑的地下或屋面工程做防水层	适用于中、高档隧道、洞库、堤坝等的防水层,更适用于种植屋面做耐根系刺穿的防水层和垃圾填埋场的防水层	适用于一般、中档的隧道、洞库、堤坝等的防水层,也适于种植屋面做耐根系刺穿的防水层

3.4.2.2 密封材料

【规格及用途】

	不定型密封材料					定型密封材料	
品种	硅酮结构密封膏（GB 16776—1997、JC/T 7882—2001）	硅酮建筑密封膏（GB/T 14683—93）	聚硫建筑密封膏（JC/T 483—92）	聚氨酯建筑密封膏（JC/T 482—92）	丙烯酸密封膏（JC/T 484—92）	橡胶止水带（HG/T 228—92	遇水膨胀橡胶止水带（GB 50108—2001）
用途	适用于玻璃幕墙的粘接和密封	适用于建筑非结构部位的密封，如门窗、管根缝隙等。用于高档建筑。使用温度-40℃～90℃	适用于中空玻璃、铝、钢窗接缝，如贮水池等。一般用于中、高档建筑	适用于地面和地下混凝土、石材的接缝、排水管道接缝密封等。用于一般、中档建筑接缝密封防水	适用于室内小尺寸混凝土、石膏板接缝的密封	适用于变形缝、施工缝的密封	适用于后浇带、桩基主筋与混凝土之间的缝隙密封

3.4.3 绝热材料

3.4.3.1 矿物棉织品

【规格及用途】

品种		质量/(kg/m³)	尺寸/mm			用途
			长	宽	厚	
玻璃棉(GB/T 13350—92)	板	24,32,40,48,64	1200	600	15,25,40,50	墙体、屋面及空调风管等
	带	≥25	1820	605	25	
	毯	≥24	1000、1200、5500	600	25、40、50、75、100	大口径热力管道、顶棚
	毡	≥10	1000、1200、2800、5500、11000			
	管壳	≥45	1000	内径:22~325	20、25、30、40、50	热力管道
岩棉(GB/T 11835—89)	板	80、100、120、150、160	910、110	500、630、700、800	30、40、50、60、70	墙体、屋面
	带	80、100、150	2400	910	30、40、50、60	
	毡	60、80、100、120	910	630、910	50、60、70	热力管道、顶棚
	管壳	≤200	600、910、1000	内径:22~325	30、40、50、60、70	热力管道
矿渣棉(GB/T 11835—89)	棉	—				制矿棉板等

3.4.3.2 泡沫玻璃

【规格及用途】（JC/T 647—1996）

品种		平板	管壳
尺寸/mm	长	300、400、500	
	宽	200、250、300、350、400	—
	厚	40、50、60、70、80、90、100	
	内径	—	57、76、89、108、114、133、159、194、219、245、273、325、356、377、426、480
用途		屋面、地面、墙体	高、低温管道

3.4.4 油漆、涂料及胶粘剂

3.4.4.1 油漆

1. 内、外墙建筑用漆性能及用途

品种	外墙用建筑油漆		地面用油漆	
	各色聚乙烯乳胶漆（X08-2）	聚醚聚氨酯漆（S01-13）	酚醛地板漆（F80-1）	聚氨酯清漆（S01-5）
性能	耐久性较X08-1好些	涂膜硬平、光亮、耐水防潮、耐油性好，耐候性优	涂膜硬平、光亮、耐水及耐磨性较好	涂膜光亮而坚硬，附着力好，耐油、耐碱，耐磨性优
用途	用于混凝土、抹灰、木质建筑物外墙涂饰	用做建筑物表面装饰罩光用	适用于涂装木质地板或钢质甲板	用于涂装甲级木质地板及金属地面、混凝土
无污染要求	油漆中的有害物质含量必须符合 GB 18581—2001、GB 18582—2001、GB 50325—2001 之规定			

2. 室外金属用油漆性能及用途

名称、牌号	主要性能	用途
各色酚醛磁漆 F04-1、F04-15	涂膜附着力强，色泽鲜艳，有一定耐候性。耐水性良好(F04-15)	用于室外金属栏杆、屋面、水落管等的涂装
醇酸清漆 C01-1、C01-5	附着力和耐久性良好，耐水性稍差，适宜喷刷(C01-1)。 干燥快，膜光亮，不易起皱。有一定保光、保色性、耐水性较好(C01-5)	室外金属栏杆及其他金属饰件的罩光用
各色醇酸磁漆 C04-2、C04-42	光泽及机械强度较好，耐候性比一般调和漆和酚醛漆好(C04-2) 耐久性和附着力比 C04-2 好，但干燥慢(C04-42)	适于涂装高级建筑物的室外金属栏杆、水落管等饰件，用量60～$80g/m^2$
有机硅耐热漆 W61-1	耐 300℃～350℃，常温下表干，银灰色，耐热性好	适用于室外烟囱表面及设备表面涂饰
各色过氯乙烯磁漆 G04-2	耐化学腐蚀性，透气性好，干燥快，光泽柔和	用于室外金属表面防化学腐蚀的保护装饰(须用配套腻子、底漆)
各色环氧磁漆 H04-1、H04-9	涂膜坚硬，附着力、耐水、防锈、耐磨性好	适用于室外抗腐蚀的金属结构表面涂饰(须用配套腻子、底漆)
氯丁橡胶漆 L04-2	耐水、耐晒、耐碱、耐磨，耐热达 93℃、耐低温达 -40℃，附着力好	适用于防腐金属表面涂饰，颜色由淡变深趋向
沥青耐酸漆 L05-1	附着力好，耐硫酸腐蚀	可做室外耐酸腐蚀的金属表面涂饰

3.4.4.2 建筑内墙涂料

【性能及用途】（JC/T 423—91、GB/T 9756—2001）

品种	聚乙烯醇耐擦洗仿瓷内墙涂料（JC/T 423—91）	醋酸乙烯-乙烯共聚（VAE）乳液内墙涂料（GB/T 9756—2001）	乙丙乳液内墙涂料（GB/T 9756—2001）
性能	有瓷釉光滑质感，耐擦洗性和涂膜硬度高，刮涂方便，不需批嵌腻子	温度为－3℃可成膜，许多地区冬季可用。粘接强度、耐擦洗性高，耐水、耐酸性好，价廉	外观细腻，耐擦洗、耐水性、耐久性、保色性好。中、高档内墙涂料
用途	适用于室内墙面、顶棚涂装，属低、中档次涂料	适用于中档装饰要求的室内墙面、顶棚装修	适用于较高级装饰的建筑内墙、顶棚装饰，也可用于木质门窗

3.4.4.3 建筑外墙涂料

【性能及用途】

品种	苯丙乳液高性能外墙涂料（GB/T 9755—2001）	聚氨酯环氧树脂复合型建筑涂料（GB/T 9759—2001）	酸改性水玻璃建筑涂料	（硅酸胶＋苯丙乳液）复合涂料
性能	有有光、半光、无光、薄质与厚质等系列产品。有涂膜光亮，遮盖力强，耐水、耐洗刷、耐候性、耐沾污性等优点，是高性能，高档外墙涂料	粘着力强、防水、耐化学腐蚀性、热稳定性和电绝缘性好，耐候性好，装饰效果好，耐久可达8～10年以上，有高光瓷釉特征。又名瓷釉涂料	无毒无味，使用安全，施工方便，耐擦洗性、耐水性、耐候性均高。粘接力强、涂膜硬度高，有调湿防露性，资源丰富、价廉	较高性能的外墙涂料。国内外墙用10年，仍有一定装饰效果，有良好耐久性、耐候性

续表

品种	苯丙乳液高性能外墙涂料(GB/T 9755—2001)	聚氨酯环氧树脂复合型建筑涂料(GB/T 9759—2001)	酸改性水玻璃建筑涂料	(硅酸胶+苯丙乳液)复合涂料
用途	适用于要求耐久及高级多层、高层建筑物外墙面装饰	适用于建筑物的内外墙面、地面及厨房、卫生间、水池、浴池、游泳池等。还可做油槽水、贮油罐等的防腐涂层	适用于一般住宅、商店、库房、学校、办公楼等外墙一般要求的装饰	适用于高性能要求的建筑物外墙装饰

3.4.4.4 建筑胶粘剂

1. 地板胶粘剂性能及用途

品种	水乳型氯丁胶	溶剂型单组分氯丁胶	溶剂型双组分氯丁胶	聚苯烯酸酯乳液胶
性能	无毒、无溶剂,胶层韧性好,防水性好,不燃,便于施工	干燥快、粘接强度高,施工方便,使用温度可达80℃	耐水、耐酸碱,初粘强度高,胶层柔软,使用温度-20℃~60℃	耐水性较好,价廉,使用温度-20℃~60℃
用途	水泥地面/塑料地板,水泥地面/木质地板	适用于水泥地面/塑料地板、软木板、地毯、橡胶	适用于水泥地面/PVC地板、木板、地毯、金属及橡胶	适用于混凝土地面/塑料地板、木板及地毯

注:胶粘剂中有害物质含量必须符合GB 18583—2001、GB 50325—2001之规定。

2. 瓷砖胶粘剂性能及用途

品种	防水型瓷砖胶粘剂	耐水型瓷砖胶粘剂	环保型瓷砖胶 903	高性能 DXS 瓷砖胶粘剂
性能	具有高强、耐水、耐腐蚀等特点	胶层薄、粘着强、饰面不下滑、可调节时间长、强度高、工效快、洁净、耐水、耐久性好	不含有机溶剂,初粘力强,粘贴材料广泛,省力省工,可用齿抹做大面积批量贴砖	具有高强、高韧、高弹性、耐蚀、耐水、耐寒、阻燃、无毒、无污染、初粘度高。胶接强度大于瓷砖强度
用途	适用于室内外、卫生间、便池等粘贴瓷砖、瓷片、锦砖	适用于各种墙面、顶棚粘贴瓷砖、装饰板等	对各种基面(包括新旧水泥面)均有良好的粘接性能	适用于瓷砖与水泥面、瓷砖与钢板、泡沫塑料与钢板、水泥与PVC 地板、木材与水泥地面等粘贴,也用于旧水泥面与裂纹修复

3.4.5　玻璃

3.4.5.1　普通平板玻璃

【规格及用途】（GB 4871—1995）

长度×宽度/(mm×mm)	厚度/mm	长度×宽度/(mm×mm)	厚度/mm	长度×宽度/(mm×mm)	厚度/mm
90×600	2,3	1200×800	2,3,4	1500×1000	3,4,5,6
1000×600	2,3	1200×900	2,3,4,5	1500×1200	4,5,6
1000×800	3,4	1200×1000	3,4,5,6	1800×900	4,5,6
1000×900	2,3,4	1250×1000	3,4,5	1800×1000	4,5,6
1100×600	2,3	1300×900	3,4,5	1800×1200	4,5,6
1100×900	3	1300×1000	3,4,5	1800×1350	5,6
1100×1000	3	1300×1200	4,5	2000×1200	5,6
1150×950	3	1350×900	5,6	2000×1300	5,6
1200×500	2,3	1400×1000	3,5	2000×1500	5,6
1200×600	2,3,5	1500×750	3,4,5	2400×1200	5,6
1200×700	2,3	1500×900	3,4,5,6	—	—
用途	主要用于工业及民用建筑门窗的装配，还广泛用于家具、制镜、仪表、设备、交通工具及农业生产等，也是工业技术玻璃的基础材料				

3.4.5.2 浮法玻璃

【用途】 用于高级建筑窗用玻璃、玻璃门、橱窗、指挥塔窗以及汽车、火车、船舶的风窗玻璃，也广泛用于生产夹层玻璃、制镜等。

【规格】 (GB11614—89)

厚度：有3,4,5,6,8,10,12mm七类。

等级：有优等品、一级品和合格品三等。

尺寸：玻璃板为矩形，尺寸一般不小于1000mm×1200mm，不大于2500mm×3000mm。其他尺寸由供需双方协商。

3.4.5.3 钢化玻璃

【规格及用途】 (GB/T 9963—1998)

种类	厚度/mm		种类	厚度/mm	
	浮法玻璃	普通平板玻璃		浮法玻璃	普通平板玻璃
平面钢化玻璃	4	4	平面钢化玻璃	15	—
	5	5		19	—
	6	6		—	—
	8	—	曲面钢化玻璃	5	5
	10	—		6	6
	12	—		8	—
用途	主要用于各类建筑物，如幕墙、天棚、层面、室内隔断、门窗、橱窗等，以及机车车辆、工业装备、仪器仪表、家具装饰等				

3.4.5.4　夹层玻璃

【规格及用途】

种类	最大尺寸/(mm×mm)	最小尺寸/(mm×mm)	厚度/mm	最大弯曲深度/mm
平型夹层玻璃	2000×3500	400×400	5～40	—
弯型夹层玻璃	2800×1800	—	2+2,3+3等	300
用途	主要用于高层建筑门窗、工业厂房门窗、仪表、仪器、高压设备观察窗，飞机、汽车挡风窗，侧窗及防弹车辆，水下工程，动物园猛兽展窗，银行门窗等			

3.4.5.5　夹丝玻璃

【用途】　适用需要采光又要求安全性较高和一定透光率的门窗玻璃。

【规格】

1. 按表面状况分：主要有夹丝压花玻璃和夹丝磨光玻璃两类，另有其他种类。

2. 按厚度分：有6,7,10mm。

3. 按等级分：有优等品、一等品、合格品三等。

4. 按尺寸分:一般不小于 600mm×400mm,不大于 2000mm×1200mm。需方对尺寸有特殊要求时可通过双方协商解决。

3.4.5.6 中空玻璃

【规格及用途】 (GB 1944—89)

<table>
<tr><th>原片玻璃厚度
/mm</th><th>空气层厚度
/mm</th><th>方形尺寸
/(mm×mm)</th><th>矩形尺寸
/(mm×mm)</th></tr>
<tr><td>3</td><td rowspan="10">6,9,12</td><td>1200×1200</td><td>1200×1500</td></tr>
<tr><td rowspan="3">4</td><td rowspan="3">1300×1300</td><td>1300×1500</td></tr>
<tr><td>1300×1800</td></tr>
<tr><td>1300×2000</td></tr>
<tr><td rowspan="3">5</td><td rowspan="3">1500×1500</td><td>1500×2400</td></tr>
<tr><td>1600×2400</td></tr>
<tr><td>1800×2500</td></tr>
<tr><td rowspan="3">6</td><td rowspan="3">1800×1800</td><td>1800×2400</td></tr>
<tr><td>2000×2500</td></tr>
<tr><td>2200×2600</td></tr>
<tr><td>用途</td><td colspan="3">适用于要求有保温、隔热、控气、隔音性能的玻璃</td></tr>
</table>

3.4.5.7 喷花玻璃、磨光玻璃、蚀刻玻璃

【用途】 喷花玻璃又称花纹玻璃。多用于建筑物的门窗装饰及室内隔断装饰等,也可作为桌面、家具等装饰用。磨光玻璃主要用于高级建筑、汽车、火车、船舶的门窗及仪表罩等。蚀刻玻璃主要用于门窗、家具、屏风等装饰。

【规格】 厚度一般为 3～6mm,图案、花纹、字画等一般由使用者提出。

3.4.5.8 镭射玻璃

【规格及用途】 (GB/T 1944—89)

产品种类	尺寸/mm			
	长≤	宽≤	高≤	直径
各种花型产品	2000	1000	—	—
各种图案产品	2000	1100	—	—
圆柱型产品	1500	—	—	600,700,800,900,1000,1100,1200
三块拼成的圆柱型产品	每块弧长1500	—	1700	—

产品名称	厚度/mm	产品名称	厚度/mm
浮法镭射玻璃	3～5	银白、蓝银灰、茶色镭射玻璃	3～5
浮法夹层镭射玻璃	8～10	银白、蓝灰、茶色夹层镭射玻璃	5+4
钢化镭射玻璃	5～8	蓝、茶色、银灰色二次反射夹层镭射玻璃	5+4
钢化夹层镭射玻璃	8～13		
彩虹光栅玻璃	3～5	黑、蓝、白色图案镭射玻璃	5
镀膜、镀镜等镭射玻璃	3～5	黑、红、蓝、白色图案夹层镭射玻璃	5+4
宝石蓝、茶色及茶几、牌匾等镭射玻璃	5	钢化黑、红、白色图案夹层地砖水晶状平板镭射玻璃	8+4,5+4,8+4
用途	适用于酒店、宾馆、各种商店及文化娱乐设施的内外墙面、柱面、地砖、天顶、隔断、屏风、喷水池等，也可用于桌面、灯饰等装饰		

注：①镭射玻璃的颜色有：黑、蓝、红、白、灰、紫、茶色、银白、银灰等；按基本结构有单层与双层之分。

②镭射玻璃地砖形状有：500、600 正方形，等腰直角三角形，圆形，扇形，梯形，平行四边形等。

3.5 塑料及玻璃钢门窗制件

3.5.1 塑料门窗

【规格及用途】

品种	聚氯乙烯(PVC)塑料窗 (JG/T 3018—1994、JG/T 3017—1994)	玻璃纤维增强塑钢门窗
主要技术性能	焊角强度(主型材)≥3500N;抗风压≥3500Pa; 水密性≥500Pa;气密性≤0.5m³/(m·h); 保温:1.5~2.5W/(m²·K);隔声≥35dB	
外形尺寸/mm	洞口尺寸一般以 300mm 为模数; 组合窗洞口尺寸符合 GB/T 5824 的规定	
用途	用做工业厂房,公共建筑、民用建筑的门窗	

3.5.2 玻璃钢门窗

【规格及用途】

系　　列	50 平开	58 平开	66 推拉	75 推拉
窗型及尺寸/mm	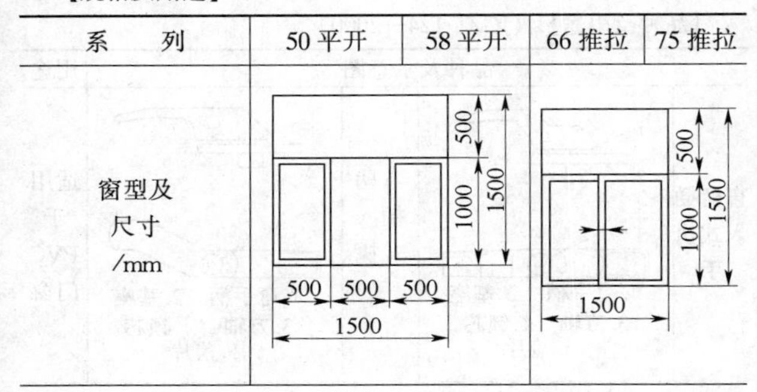			

续表

系列	50 平开	58 平开	66 推拉	75 推拉
成品窗主要技术性能(执行标准:(Q/FSFYS001—003—2001、GB/T 14683—1993、QB/FYSJ246—2000、JC/T 484—1996)	风压:≥3500Pa 气密:≤0.5m^3/(m·h) 水密:50 平开≥250Pa 58 平开≥350Pa 保温:50 平开为 2.24W/(m^2·K) 58 平开为 3.18W/(m^2·K) 隔声:≥33dB 主型材厚度:2.4~3.0mm		风压:≥3500Pa 气密:≤1.5m^3/(m·h) 水密:≥350Pa 保温:66 推拉 ≤4.0W/(m^2·K) 75 推拉为 3.05W/(m^2·K) 隔声:≥33dB 主型材厚度:2.4~3.0mm	
用途	坚固性、防腐及保温节能性能好,阳光直射下无膨胀,寒冷中无收缩,质轻而高强度,不用金属加固,耐老化,使用寿命长。适用于工业与民用建筑			

3.5.3　聚氯乙烯门窗执手

【品种及用途】 (JG/T 124—2000)

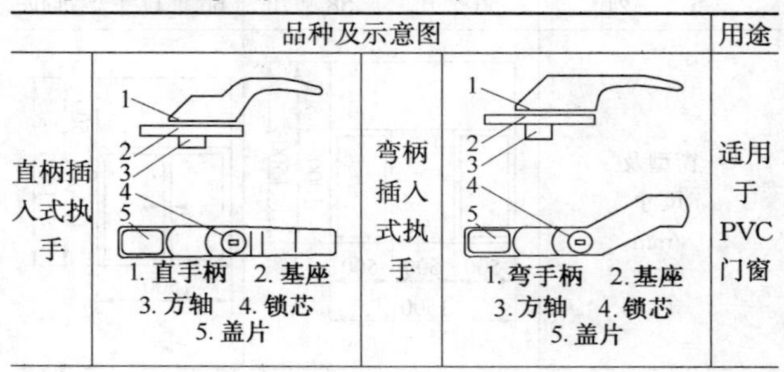

品种及示意图				用途
直柄插入式执手	1. 直手柄　2. 基座 3. 方轴　4. 锁芯 5. 盖片	弯柄插入式执手	1. 弯手柄　2. 基座 3. 方轴　4. 锁芯 5. 盖片	适用于 PVC 门窗

续表

品种及示意图				用途
直柄旋压式执手	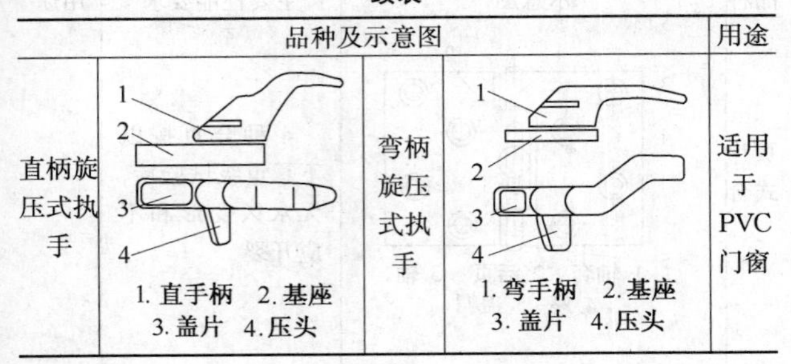1. 直手柄 2. 基座 3. 盖片 4. 压头	弯柄旋压式执手	1. 弯手柄 2. 基座 3. 盖片 4. 压头	适用于PVC门窗

3.5.4 PVC门窗半圆锁

【性能及用途】 (JG/T 130—2000)

示意图	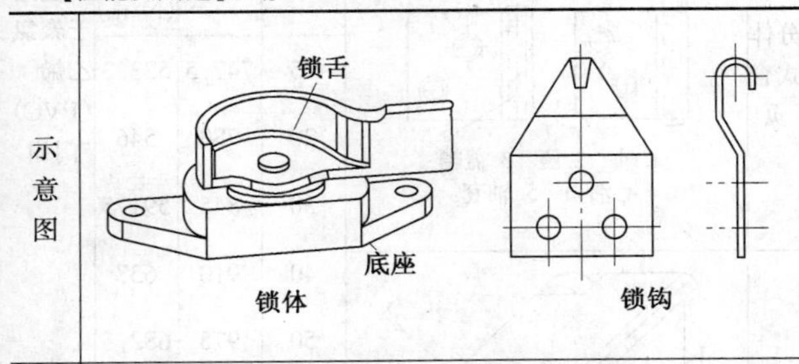锁体 锁钩
性能要求	锁舌旋转要灵活，开关定位准确可靠，不应有卡阻现象。 转动力矩为0.2～0.4N·m
用途	适用于推拉式PVC门窗室内用锁

3.5.5 PVC门窗合页

【性能及用途】 (JG/T 125—2000)

<table>
<tr><th>品种</th><th>示意图</th><th colspan="3">主要性能要求</th><th>用途</th></tr>
<tr><td>页片式合页</td><td> 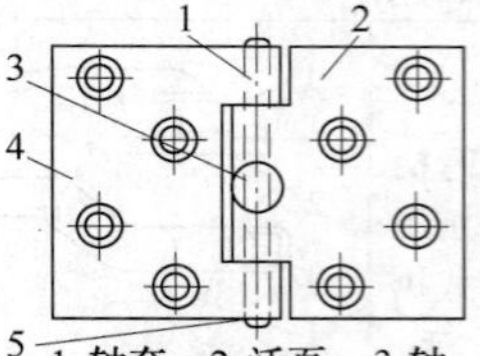1. 轴套 2. 活页 3. 轴
4. 座 5. 盖帽</td><td colspan="3">4 种合页按以下承重级试验后，无永久变形和不应开裂</td><td rowspan="12">适用于聚氯乙烯(PVC)门窗</td></tr>
<tr><td rowspan="4">分体式合页</td><td rowspan="4"> 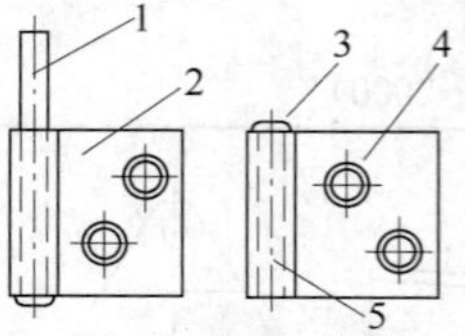1. 轴 2. 座 3. 盖帽
4. 活页 5. 轴套</td><td>承载级</td><td>最大承载/N</td><td>最大承载力矩(N·m)</td></tr>
<tr><td>15</td><td>747.5</td><td>523.3</td></tr>
<tr><td>20</td><td>780</td><td>546</td></tr>
<tr><td>30</td><td>845</td><td>591.5</td></tr>
<tr><td rowspan="7">马鞍式合页</td><td rowspan="7"> 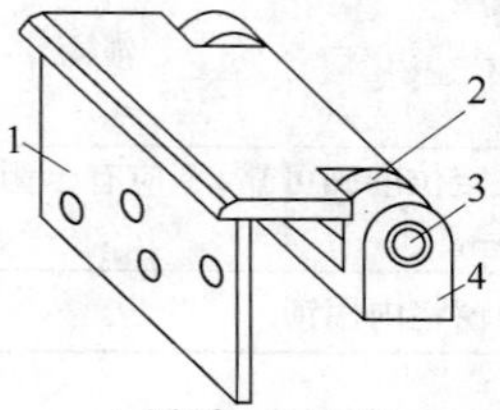1. 活页 2. 轴套
3. 轴 4. 马鞍座</td><td>40</td><td>910</td><td>637</td></tr>
<tr><td>50</td><td>975</td><td>682.5</td></tr>
<tr><td>60</td><td>1040</td><td>728</td></tr>
<tr><td>80</td><td>1170</td><td>819</td></tr>
<tr><td>100</td><td>1300</td><td>910</td></tr>
<tr><td>130</td><td>1495</td><td>1046.5</td></tr>
</table>

续表

品种	示意图	主要性能要求	用途
角部合页	1.上合页 2.中合页 3.下合页		适用于聚氯乙烯(PVC)门窗

3.5.6 PVC门窗滑撑

【规格及用途】（JG/T127—2000）

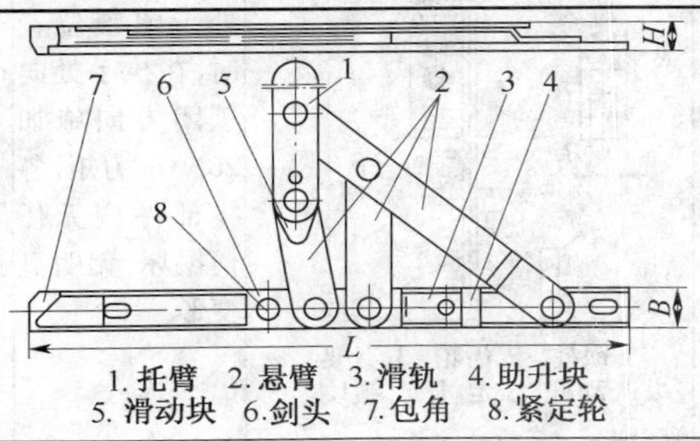

1.托臂 2.悬臂 3.滑轨 4.助升块
5.滑动块 6.剑头 7.包角 8.紧定轮

续表

<table>
<tr><td colspan="2">滑轨长度 L /mm</td><td>200</td><td>250</td><td>300</td><td>350</td><td>400</td><td>500</td></tr>
<tr><td colspan="2">滑轨宽度 B /mm</td><td colspan="6">18,20,22</td></tr>
<tr><td colspan="2">外形高度 H /mm</td><td colspan="6">$13.5^{+0.5}_{0}$,$15^{+0.5}_{0}$</td></tr>
<tr><td rowspan="2">最大窗扇宽度/mm</td><td>平开窗</td><td colspan="2">—</td><td colspan="3">600</td><td>—</td></tr>
<tr><td>上、下悬窗</td><td colspan="3">1200</td><td>—</td><td colspan="2">1200</td></tr>
<tr><td rowspan="2">最大窗扇高度/mm</td><td>平开窗</td><td colspan="2">—</td><td colspan="3">1200</td><td>—</td></tr>
<tr><td>上、下悬窗</td><td>350</td><td>400</td><td>550</td><td>—</td><td>750</td><td>1000</td></tr>
<tr><td rowspan="2">最大窗扇质量/kg</td><td>平开窗</td><td colspan="2">—</td><td>26</td><td>28</td><td>30</td><td>—</td></tr>
<tr><td>上、下悬窗</td><td>24</td><td>32</td><td>40</td><td>—</td><td>42</td><td>48</td></tr>
<tr><td colspan="2">最大开启角度</td><td colspan="6">≥60°</td></tr>
<tr><td colspan="2">用途</td><td colspan="6">适用于聚氯乙烯(PVC)门窗</td></tr>
</table>

注:开启角度差≤3°。

3.5.7 PVC门窗传动锁闭器

【性能及用途】 (JG/T 126—2000)

<table>
<tr><th>品种</th><th>示意图</th><th>主要性能要求</th><th>用途</th></tr>
<tr><td>推拉传动及平开传动锁闭器</td><td>A A
A—A 中心距
B_1 B_2 L
1 2 3 4 5 6
1.锁柱 2.齿轮 3.支架
4.动杆 5.定杆 6.锁块</td><td>传动锁闭器处于闭锁位置时,在执手处向锁闭方向施加26N·m力矩,各零部件应无任何损坏,无明显变形</td><td>适用于PVC门窗</td></tr>
</table>

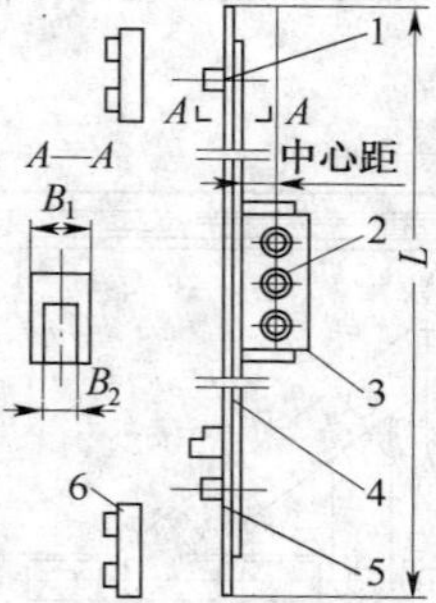

3.5.8 PVC门窗撑挡及滑轮

【性能及用途】

品种	示意图	主要性能要求	用途
锁定式撑挡(JG/T 128—2000)	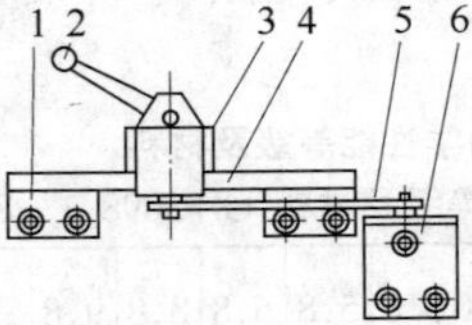 1. 槽杆支架 2. 手柄 3. 滑块 4. 槽杆 5. 摆杆 6. 摆杆支架	1. 滑轨、摆杆的直线度≤1mm/in 2. 锁定式的失效锁紧力为250N;摩擦式的失效摩擦力为40N 3. 两种撑挡的摆杆受1500N拉力后,铆接部位不松脱;锁定式滑轨中部受500N水平方向垂直杆件的集中压力后,滑块弯曲变形量≤1.5mm,铆接部位不松脱	适用于PVC门窗
摩擦式撑挡(JG/T 128—2000)	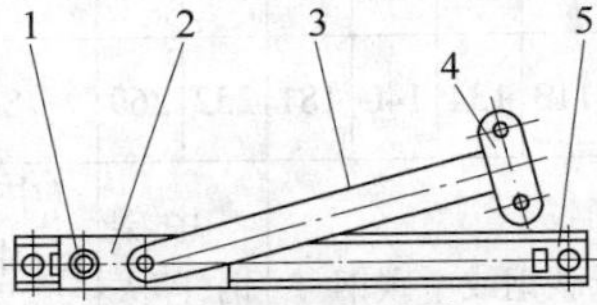 1. 调整螺钉 2. 滑块 3. 摆杆 4. 固定件 5. 槽杆		
PVC门窗滑轮(JG/T 129—2000)	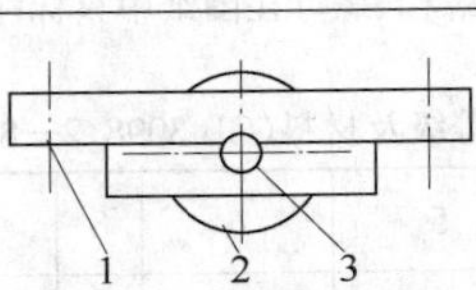 1. 轮架 2. 轮体 3. 轮轴	1. 装配后轮体外表面径向跳动量≤0.3mm;轮体轴向窜动量≤0.4mm 2. 以20N外力压滑轮轴,轴与轮架不应有位移	适用于PVC推拉门窗

4 机械通用零部件及其他通用器材

4.1 机械通用零部件

4.1.1 连接件

4.1.1.1 紧固件的力学性能等级及材料

1. 螺栓的力学性能等级及材料(GB 3098.1—82)

性能等级(标记)	3.6	4.6	4.8	5.6	5.8	6.8	8.8	9.8	10.9	12.9
抗拉强度极限/MPa	330	400	420	500	520	600	800	900	1040	1220
屈服极限/MPa	190	240	340	380	420	480	640	720	940	1100
硬度(HBS_{min})	90	109	113	134	140	181	232	269	312	365
一般使用材料	低碳钢	低碳钢或中碳钢					中碳钢(淬火并回火)		中碳钢;低、中碳合金钢(淬火并回火)	合金钢

注:规定性能等级的螺栓、螺母在图纸中只标注性能等级,不标注材料牌号。

2. 螺母的力学性能等级及材料(GB 3098.2—82)

性能等级(标记)	4	5	6	8	9	10	12
抗拉强度极限/MPa	510($d\geqslant$16~39)	520($d\geqslant$3~64,右同)	600	800	900	1040	1150

续表

性能等级(标记)	4	5	6	8	9	10	12
一般使用材料	易切削钢		低碳钢或中碳钢	中碳钢;低、中碳合金钢(淬火并回火)			
相配螺栓的性能等级	3.6, 4.6, 4.8 ($d>16$)	3.6, 4.6, 4.8 ($d\leqslant16$); 5.6,5.8 ($d>16$)	6.8	8.8	8.8($d>16\sim39$) 9.8($d\leqslant16$)	10.9	12.9

注:硬度 $HRC_{max}=30$。

3. 不锈钢螺栓、螺钉、螺柱和螺母的力学性能等级

材料代号		性能等级	螺纹直径/mm	螺栓、螺钉、螺柱			螺母	螺栓、螺钉、螺柱和螺母的硬度 HV	
类别	组别			抗拉强度/MPa	屈服强度/MPa	伸长率(%)≥	保证应力/MPa	最大	最小
A 奥氏体	A1, A2, A4	50	M39	≥500	≥210	$0.6d$	500	—	—
		70	M20	≥700	≥450	$0.4d$	700		
		80	M20	≥800	≥600	$0.3d$	800		
M 马氏体	C1, C4	50	—	≥500	≥250	$0.2d$	500	—	—
		70		≥700	≥410	$0.2d$	700	220	330
M 马氏体	C3	80	—	≥800	≥640	$0.2d$	800	240	340

续表

材料代号		性能等级	螺纹直径/mm ≤	螺栓、螺钉、螺柱			螺母	螺栓、螺钉、螺柱和螺母的硬度HV	
类别	组别			抗拉强度/MPa	屈服强度/MPa	伸长率(%) ≥	保证应力/MPa	最大	最小
F 铁素体	F1	45	M24	≥450	≥250	0.2d	450	—	—
		60	M24	≥600	≥410	0.2d	600		
≤5mm奥氏体钢螺钉的断裂扭矩 T_m	螺钉直径/mm			M1.6	M2	M2.5	M3	M4	M5
	性能等级	50	T_m/(N·m) ≥	0.15	0.3	0.6	1.1	2.7	5.5
		70		0.2	0.4	0.9	1.6	3.8	7.8
		80		0.27	0.56	1.2	2.1	4.9	10.0

注:①不锈钢螺栓、螺钉、螺柱和螺母的性能等级代号用字母和数字表示,中间用短横线连接,字母表示材料类别,数字表示材料的抗拉强度或保证应力值(单位为 MPa)的1/10。

②伸长率栏中的 d 指螺纹直径。

4. 有色金属螺栓、螺钉、螺柱、螺母的力学性能等级及材料

(1)各性能等级适用的材料

性能等级代号	材料牌号	标准编号	性能等级代号	材料牌号	标准编号
CU1	T2	GB 5231	CU6	*	*
CU2	H63	GB 5232	CU7	QAl10-4-4	GB 5233
CU3	HPb58-2	GB 5232	AL1	LF2	GB 3190
CU4	QSn6.5-0.4	GB 5233	AL2	LF11、LF5	GB 3190
CU5	Qsil-3	GB 5233	AL3	LF43	GB 3190

续表

性能等级代号	材料牌号	标准编号	性能等级代号	材料牌号	标准编号
AL4	LY8、LD9	GB 3190	AL6	LC9	GB 3190
AL5	**	**	—	—	—

注:①性能等级代号中:CU 表示铜和铜合金,AL 表示铝和铝合金,数字表示性能等级序号。

②*CU6 的相应国际标准材料牌号为 CuZn40Mn1Pb。

③**AL5 的相应国际标准材料牌号为 AlZnMgCu0.5。

④根据供需双方协议,如供方能够保证机械性能时,可以采用表中以外的材料。

⑤为保证产品符合有关机械性能的要求,由制造者确定是否进行热处理。

(2)常温下外螺纹紧固件各性能等级的力学性能

性能等级代号	螺纹直径/mm	抗拉强度/MPa	屈服强度/MPa	伸长率(%)≥
CU1	≤39	240	160	14
CU2	≤6	440	340	11
	>6~39	370	250	19
CU3	≤6	440	340	11
	>6~39	370	250	19
CU4	≤12	470	340	22
	>12~39	400	200	33
CU5	≤39	590	540	12
CU6	>6~39	440	180	18
CU7	>6~39	640	270	15

续表

性能等级代号	螺纹直径/mm	抗拉强度/MPa	屈服强度/MPa	伸长率(%)≥
AL1	≤10	≥270	≥230	3
	>10~20	≥250	≥180	4
AL2	≤14	≥310	≥205	6
	>14~36	≥280	≥200	6
AL3	≤6	≥320	≥250	7
	>6~39	≥310	≥260	10
AL4	≤10	≥420	≥290	6
	>10~39	≥380	≥260	10
AL5	≤39	≥460	≥380	7
AL6	≤39	≥510	≥440	7

注:螺栓、螺钉、螺柱的最小拉力载荷等于 $A_s \times \sigma_b$,螺母的最小保证载荷等于 $A_s \times S_p$。

式中 A_s ——公称应力截面积,单位 mm^2,具体的数值参见 GB/T 3098.10—63;

σ_b ——抗拉强度,单位 MPa,具体数值见上表;

S_p ——螺母的保证应力,具体数值与 σ_b 相同。

(3)螺栓和螺钉的最小破坏力矩

螺纹直径/mm			1.6	2	2.5	3	3.5	4	5
性能级别代号	CU1	最小破坏力矩/(N·m)	0.06	0.12	0.24	0.4	0.7	1.0	2.1
	CU2		0.10	0.21	0.45	0.8	1.3	1.9	3.8
	CU3		0.10	0.21	0.45	0.8	1.3	1.9	3.8
	CU4		0.11	0.23	0.5	0.9	1.4	2.0	4.1
	CU5		0.14	0.28	0.6	1.1	1.7	2.5	5.1
	AL1		0.06	0.13	0.27	0.5	0.8	1.1	2.4

续表

螺纹直径/mm			1.6	2	2.5	3	3.5	4	5
性能级别代号	AL2	最小破坏力矩/(N·m)	0.07	0.15	0.30	0.6	0.9	1.3	2.7
	AL3		0.08	0.16	0.30	0.6	0.9	1.4	2.8
	AL4		0.10	0.20	0.43	0.8	1.2	1.8	3.7
	AL5		0.11	0.22	0.47	0.8	1.3	1.9	4.0
	AL6		0.12	0.25	0.50	0.9	1.5	2.2	4.5

4.1.1.2 紧固件产品等级及公差

1. 螺栓、螺钉和螺母等级及公差(GB 3103.1—82)

项 目	产品部位	产品等级		
		A级	B级	C级
确定公差原则	螺纹、杆部及支承面	紧的	紧的	松的
	其他部位	紧的	松的	松的
螺纹公差代号	内螺纹	6H	6H	7H
	外螺纹	6g	6g	8g

2. 平垫圈等级及公差(GB 3103.3—82)

项 目	产品部位	产品等级		
		A级	B级	C级
确定公差原则	通孔、外径及厚度等	紧的	—	松的

注:紧固件产品等级是由产品质量和公差大小确定的,分为A、B、C三级,其中A级最精确,C级最不精确。

4.1.1.3 六角头螺栓

1. 全螺纹—C级

【规格及用途】 (GB 5780—86、GB 5781—86)

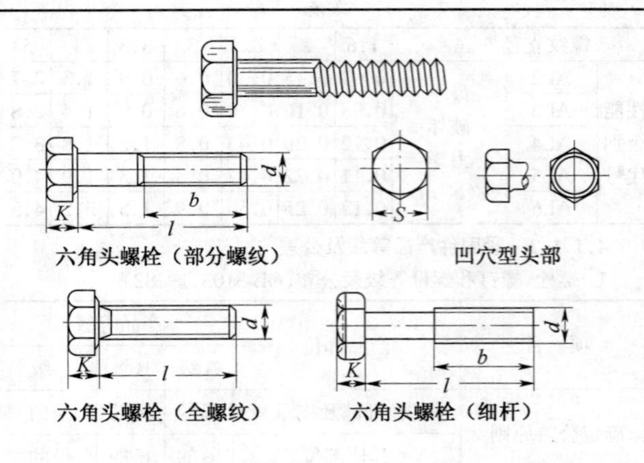

六角头螺栓（部分螺纹）　凹穴型头部

六角头螺栓（全螺纹）　六角头螺栓（细杆）

螺纹规格 d/mm	螺杆长度 l/mm		螺纹规格 d/mm	螺杆长度 l/mm	
	部分螺纹	全螺纹		部分螺纹	全螺纹
M5	25～50	10～40	M24	80～240	50～100
M6	30～60	12～50	(M27)	100～260	55～280
M8	35～80	16～65	M30	90～300	60～100
M10	40～100	20～80	(M33)	130～320	65～360
M12	45～120	25～100	M36	110～300	70～100
(M14)	60～140	30～140	(M39)	150～400	80～400
M16	55～160	35～100	M42·	160～420	80～420
(M18)	80～180	35～180	(M45)	180～440	90～440
M20	65～200	40～100	M48·	180～480	100～480
(M22)	90～220	45～220	(M52)	200～500	100～500

续表

螺纹规格 d/mm	螺杆长度 l/mm		螺纹规格 d/mm	螺杆长度 l/mm	
	部分螺纹	全螺纹		部分螺纹	全螺纹
M56·	220～500	110～500	M64·	260～500	120～500
(M60)	240～500	120～500	—	—	—
用途	产品等级(精度)为C级的螺栓,主要适用于表面比较粗糙、对精度要求不高的钢(木)结构、机械、设备上;产品等级(精度)为A级和B级的螺栓,主要适用于表面光洁、对精度要求高的机器、设备上。细牙普通螺纹螺栓的自锁性较好,主要适用于薄壁零件或承受交变载荷、振动和冲击载荷的零件,还可用于微调机构的调整				

注:①螺纹规格(即螺纹公称直径)栏中,带括号的为尽可能不采用的规格,带"·"符号的为通用规格,其余的为商品规格。

②螺杆长度系列(mm):6,8,10,12,16,20,25,30,35,40,45,50,(55),60,(65),70,80,90,100,110,120,130,140,150,160,180,200,220,240,260,280,300,320,340,360,380,400,420,440,460,480,500。带括号的长度尽可能不采用。

③螺纹公差:8g。

④性能等级:$d \leqslant 39$mm的为4.6,4.8;$d > 39$mm的按协议。

⑤表面处理:不经处理或镀锌钝化。

2. 全螺纹—A和B级与细杆—B级规格

螺纹规格 d/mm	螺杆长度 l/mm		
	部分螺纹 GB 5782	全螺纹 GB 5783	细杆 GB 5784
M3	20～30	6～30	20～30
M4	25～40	8～40	20～40
M5	25～50	10～50	25～50
M6	30～60	12～60	25～60
M8	35～80	16～80	30～80
M10	40～100	20～100	40～100
M12	45～120	20～100	40～120
(M14)	50～140	30～140	50～140
M16	55～150	35～100	55～150
(M18)	60～180	35～180	

续表

螺纹规格 d/mm	螺杆长度 l/mm		
	部分螺纹 GB 5782	全螺纹 GB 5783	细杆 GB 5784
M20	60～200	40～100	65～150
(M22)	70～220	45～200	
M24	80～240	40～100	
(M27)	90～260	55～200	
M30	90～300	40～100	
(M33)	100～320	65～200	
M36	110～360	40～100	
(M39)	120～380	80～200	
M42	130～400	80～500	
(M45)	130～400	80～200	
M48	140～400	100～500	
(M52)	150～400	100～200	
M56	160～400	110～500	
(M60)	180～400	100～200	
M64	200～400	120～500	

注:①螺纹规格栏中的符号表示意义和螺杆长度系列,见六角头螺栓—C级的注①和②。

②产品等级:A级适用于 $d \leqslant 24$mm 和 $l \leqslant 10d$ 或 $l \leqslant 150$mm(按较小值)的螺栓;B级适用于 $d > 24$mm 或 $l > 10d$ 或 $l > 150$mm(按较小值)的螺栓。螺纹公差:6g。

③性能等级:根据 GB 5782、GB 5783,钢:$d \leqslant 39$mm 的为 8.8,10.9,$d > 39$mm 的按协议;不锈钢:$d \leqslant 20$mm 的为 A2-70,$20 < d \leqslant 39$mm 的为 A2-50,$d > 39$mm 的按协议。根据 GB 5784,钢:5.8,6.8,8.8;不锈钢:A2-70。

④表面处理:钢:不经处理(仅 GB 5784 有此项)、镀锌钝化或氧化;不锈钢:不经处理。

3. 细牙—A 和 B 级与细牙—螺纹—A 和 B 级规格（GB 5785—86、5786—86）

螺纹规格	螺杆长度 l/mm	
$d\times p$/(mm×mm)	GB 5785	GB 5786
M8×1	35～80	16～80
M10×1	40～100	20～100
(M10×1.25)	40～100	20～100
M12×1	45～120	25～120
(M12×1.25)	45～120	25～120
(M14×1.5)	50～140	30～140
M16×1.5	55～160	35～160
(M18×1.5)	60～180	40～180
(M20×1.5)	65～200	40～200
M20×2	65～200	40～200
(M22×2)	70～220	45～220
M24×2	80～240	40～220
(M27×2)	90～260	55～280
M30×2	90～300	40～200
(M33×2)	100～320	65～340
M36×3	110～300	40～200
(M39×3)	120～380	80～380
M42×3	130～400	90～400
(M45×3)	130～400	90～400
M48×3	140～400	100～400

续表

螺纹规格 $d \times p$/(mm×mm)	螺杆长度 l/mm	
	GB 5785	GB 5786
(M52×4)	150～400	100～400
M56×4	160～400	120～400
(M60×4)	160～400	120～400
M64×4	200～400	130～400

注:螺纹规格栏中的符号表示意义、螺杆长度系列、产品等级、螺纹公差、性能等级及表面处理与"六角头螺栓－A和B级"相同。

4. 六角头螺栓的标准系列、六角头尺寸及螺纹长度

螺纹规格 d/mm	六角头尺寸/mm		公称长度 l/mm		
	对边宽度 S	头部高度 K	$l \leqslant 125$	$125 < l \leqslant 200$	$l > 200$
	新标准	新标准	螺纹长度 b/mm		
M3	5.5	2	12		
M4	7	2.8	14		
M5	8	3.5	16		
M6	10	4	18		
M8	13	5.3	22	28	
M10	16	6.4	26	32	
M12	18	7.5	30	36	
M14	21	8.8	34	40	53
M16	24	10	38	44	57
M18	27	11.5	42	48	61
M20	30	12.5	46	52	65
M22	34	14	50	56	69
M24	36	15	54	60	73

续表

螺纹规格	六角头尺寸/mm		公称长度 l/mm		
	对边宽度 S	头部高度 K	$l \leqslant 125$	$125 < l \leqslant 200$	$l > 200$
d/mm	新标准	新标准	螺纹长度 b/mm		
M27	41	17	60	66	79
M30	46	18.7	66	72	85
M33	50	21	72	78	91
M36	55	22.5	78	84	97
M39	60	25	84	90	100
M42	65	26	—	96	109
M45	70	28	—	102	115
M48	75	30	—	108	121
M52	80	33	—	116	129
M56	85	35	—	124	137
M60	90	38	—	132	145
M64	95	40	—	140	153

注:①六角头尺寸栏中,"新标准"指本节中列入的 GB 5780～5786—86 等六角头螺栓标准。

②表中的"螺纹长度"适用于螺杆上具有"部分螺纹"的六角螺栓头以及六角头法兰面螺栓、方头螺栓等。

4.1.1.4 六角头法兰面螺栓

【规格及用途】

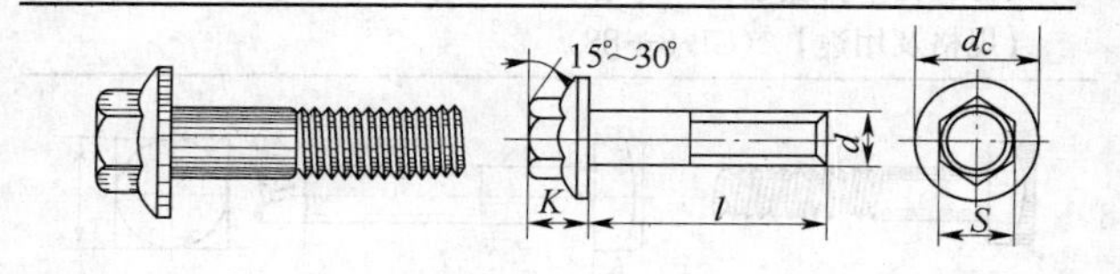

续表

螺纹规格 d/mm	S/mm	K/mm	d_C/mm	S/mm	K/mm	d_C/mm	l/mm	
	GB 5788≤			GB 5789、GB 5790≤			GB 5788 GB 5790	GB 5789
M5	7	5.6	11.4	8	5.4	11.8	30～50	10～50
M6	8	6.8	13.6	10	6.6	14.2	35～60	12～60
M8	10	8.5	17	13	8.1	18	40～80	16～80
M10	13	9.7	20.8	16	9.2	22.3	45～100	20～100
M12	16	11.9	24.7	18	10.4	26.6	50～120	25～120
(M14)	18	12.9	28.6	21	12.4	30.5	55～140	30～140
M16	21	15.1	32.8	24	14.1	35	60～160	35～160
M20	—	—	—	30	17.7	43	70～200	40～200
用途	广泛用于汽车发动机、重型机械等产品							

注：①S ——对边宽度，K ——头部高度，d_C ——法兰面直径。

②公称长度系列(mm)：10，12，16，20，25，30，35，40，45，50，(55)，60，(65)，70，80，90，100，110，120，130，140，150，160，180，200。带括号的螺纹规格和公称长度一般条件下不采用。

③螺纹公差：6g。

④性能等级：钢：8.8，10.9；不锈钢：A2-70。

⑤表面处理：钢：氧化或镀锌钝化；不锈钢：不经处理。

4.1.1.5 方头螺栓—C级

【规格及用途】 (GB 8—88)

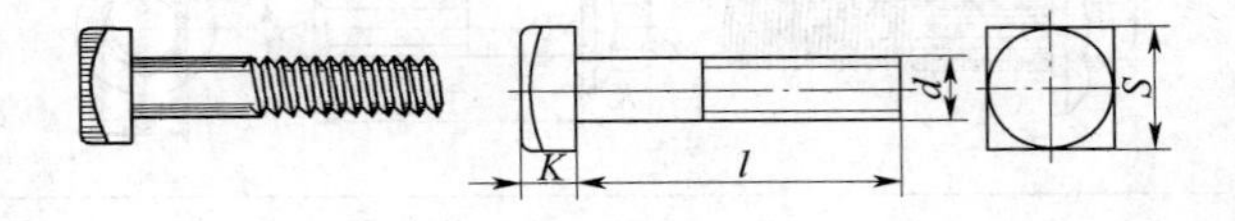

续表

螺纹规格 d	方头		公称长度 l	螺纹规格 d	方头		公称长度 l
	边宽 S	高度 K			边宽 S	高度 K	
/mm				/mm			
M10	16	7	20～100	M24	41	17	60～260
M12	18	8	25～120	(M27) M30	46	19	60～300
(M14)	21	9	25～140				
M16	24	10	30～160	M36	55	23	80～300
(M18)	27	11	35～180	M42	65	26	80～300
M20	30	13	35～200	M48	75	30	110～300
(M22)	34	14	50～200	—	—	—	—
用途	与六角头螺栓—C级相同,常用于比较粗糙的结构上,也可用于带T形槽的零件中,以便于调整螺栓位置						

注:①公称长度系列(mm):20,25,30,35,40,45,50,(55),60,(65),70,80,90,100,110,120,130,140,150,160,180,200,220,240,260,280,300。
②带括号的螺纹规格和公称长度尽可能不采用。
③螺纹公差:8g。
④性能等级:d≤39mm 的为 4.8,d>39mm 的按协议。
⑤表面处理:不经处理、氧化或镀锌钝化。

4.1.1.6 半圆头方颈螺栓与大半圆头方颈螺栓

1. 半圆头方颈螺栓规格及用途(GB/2—88)

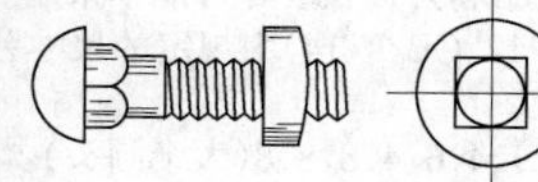

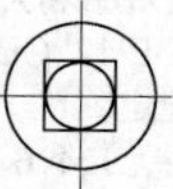

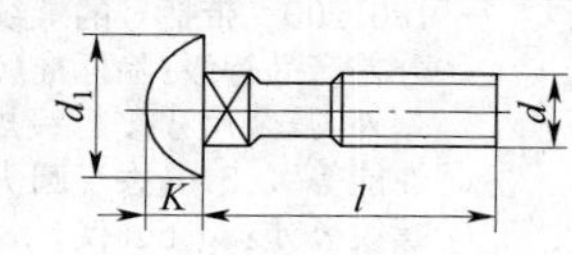

续表

螺纹规格 d/mm	头部直径 d_1/mm	头部高度 K/mm	公称长度 l/mm
M5	—	—	—
M6	12	3.6	16～60
M8	16	4.8	16～80
M10	20	6	25～100
M12	24	8	30～120
(M14)	28	9	40～140
M16	32	10	45～160
M20	40	12	60～200
用途	用于铁木结构连接,如汽车车身、纺织机械、面粉机械、救生艇及铁驳船的连接等		

2. 大半圆头方颈螺栓规格(GB/T 14—1998)

螺纹规格 d/mm	头部直径 d_1/mm	头部高度 K/mm	公称长度 l/mm
M5	13	2.5	20～50
M6	16	≥3	30～60
M8	20	≥4	40～80
M10	24	≥5	45～100
M12	30	≥6	55～120
(M14)	—	—	—
M16	38	≥8	65～200
M20	46	≥10	75～200

注:①公称长度系列(mm):16、20、25、30、35、40、45、50、(55)、60、(65)、70、80、90、100、110、120、130、140、150、160、180、200。带括号的螺纹规格和公称长度尽可能不采用。

②公差产品等级:除标准(GB 12、GB/T 14)中规定的尺寸公差外,其余尺寸按C级规定。

③性能等级:3.6(大半圆头无),4.6,4.8,8.8(大半圆头)。

④螺纹公差:8g、6g(仅8.8级大半圆头)。

⑤表面处理:不经处理、氧化(仅8.8级大半圆头)或镀锌钝化。

4.1.1.7 T形槽用螺栓

【规格及用途】（GB 37—88）

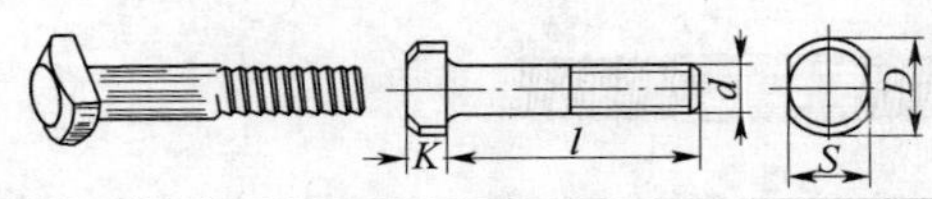

螺纹规格 d/mm	头部尺寸/mm			公称长度 l/mm
	对边宽度 S	高度 K	直径 D	
M5	9	4	12	25～50
M6	12	5	16	30～60
M8	14	6	20	35～80
M10	18	7	25	40～100
M12	22	9	30	45～120
M16	28	12	38	55～160
M20	34	14	46	65～200
M24	44	16	58	80～240
M30	57	20	75	90～300
M36	67	24	85	110～300
M42	76	28	95	130～300
M48	86	32	105	140～300
用途	主要用于机床、机床附件等			

注：①公称长度系列(mm)：25，30，35，40，45，50，(55)，60，(65)，70，80，90，100，110，120，130，140，150，160，180，200，220，240，260，280，300。带括号的长度尽可能不采用。

②产品等级：B级。

③螺纹公差：6g。

④性能等级：8.8。

⑤表面处理：氧化或镀锌钝化。

4.1.1.8 双头螺柱

【规格及用途】(GB 897～900—88)

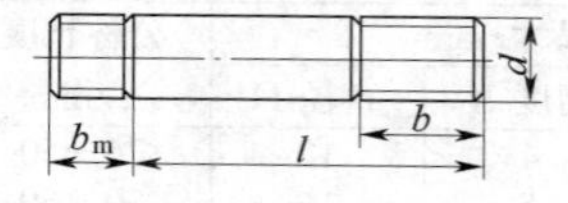

螺纹规格 d/mm	螺纹长度 b_m/mm	被连接件材质
M5～M48	$b_m=1d$	钢、铜质
M5～M48	$b_m=1.25d$	铜质
M2～M48	$b_m=1.5d$	铸铁质
M2～M48	$b_m=2d$	铝质

螺纹规格 d/mm	螺纹长度 b_m/mm Ⅰ 1d	Ⅱ 1.25d	Ⅲ 1.5d	Ⅳ 2d	(公称长度 l/标准螺纹长度 b)/(mm/mm)
M2	—	—	3	4	12～16/6,18～25/10
M2.5	—	—	3.5	5	14～18/8,20～30/11
M3	—	—	4.5	6	16～20/6,22～40(Ⅳ38)/12
M4	—	—	6	8	16～22/8,25～40(Ⅳ38)/14
M5	5	6	8	10	16～22/10,25～40(Ⅳ38)/16
M6	6	8	10	12	20(Ⅳ18)～22/10,22～30(Ⅳ25)/14,32(Ⅳ28)～75/18
M8	8	10	12	16	20(Ⅳ18)～22/12,25～30(Ⅳ25)/16,32(Ⅳ28)～75/22

续表

螺纹规格 d/mm	螺纹长度 b_m/mm				(公称长度 l/标准螺纹长度 b)/(mm/mm)
	Ⅰ 1d	Ⅱ 1.25d	Ⅲ 1.5d	Ⅳ 2d	
M10	10	12	15	20	25～28(Ⅳ22～25)/14,30～38(Ⅳ28～30)/16,40(Ⅳ32)～120/26,130/32
(M14)	14	18	21	28	30～35(Ⅳ28)/18,38～45(Ⅳ30～38)/25,50(Ⅳ40)～120/34,130～180(Ⅳ170)/40
M16	16	20	24	32	30～38(Ⅳ28～30)/20,40～55(Ⅱ50,Ⅳ32～40)/30,60(Ⅱ55,Ⅳ45)～120/38,130～200/44
(M18)	18	22	27	36	35～40/22,45～60/35,65～120/42,130～200/48
M20	20	25	30	40	35～40/25,45～65(Ⅱ60)/35,70(Ⅱ65)～120/46,130～200/52
(M22)	22	28	33	44	40～45/30,50～70/40,75～120/50,130～200/56
M24	24	30	36	48	45～50/30,55～75/45,80～120/54,130～200/60
(M27)	27	35	40	54	50～60(Ⅳ55)/35,65～85(Ⅳ60～80)/50,90(Ⅳ85)～120/60,130～200/66

续表

螺纹规格 d/mm	螺纹长度 b_m/mm				(公称长度 l/标准螺纹长度 b)/(mm/mm)
	Ⅰ 1d	Ⅱ 1.25d	Ⅲ 1.5d	Ⅳ 2d	
M30	30	38	45	60	60～65(Ⅳ55～60)/40,70～90(Ⅳ65～85)/50,95(Ⅳ90)～120/66,130～200/72,210～250/85
(M33)	33	41	49	66	65～70(Ⅳ60～65)/45,75～95(Ⅳ70～90)/60,100(Ⅳ95)～120/72,130～200/78,210～300/91
M36	36	45	54	72	65～75(Ⅳ60～70)/45,80(Ⅳ75)～110/60,120/78,130～200/84,210～300/97
(M39)	39	49	58	78	70～80(Ⅳ65～75)/50,85(Ⅳ80)～110/65,120/84,130～200/90,210～300/103
M42	42	52	63	84	70～80(Ⅳ65～75)/50,85(Ⅳ80)～110/70,120/90,130～200/96,210～300/109
M48	48	60	72	96	80(Ⅳ75)～90/60,95～110/80,120/102,130～200/108,210～300/121
用途	主要用于带螺纹孔的被连接件不能或不便安装带头螺栓的场合				

注:①所列数值 l 是按品种Ⅲ $b_m=1.5d$ 的规定;其他品种的 l

数值与Ⅲ的 l 数值不同时,另在括弧内注明。

②公称长度 l 系列(mm):12,(14),16,(18),20,(22),25,(28),30,(32),35,(38),40,45,50,(55),60,(65),70,(75),80,(85),90,(95),100,110,120,130,140,150,160,170,180,190,200,210,220,230,240,250,260,280,300。带括号的螺纹规格和公称长度,尽可能不采用。

③产品等级:B级。

④普通螺纹公差:6g;过渡配合螺纹代号:GM,G2M。

⑤性能等级:钢:4.8,5.8,6.8,8.8,10.9,12.9;不锈钢:A2-50,A2-70。

⑥表面处理:钢:不经处理,镀锌钝化或氧化;不锈钢:不经处理。

4.1.1.9 开槽机器螺钉

【规格及用途】 (GB 65、67~69—85)

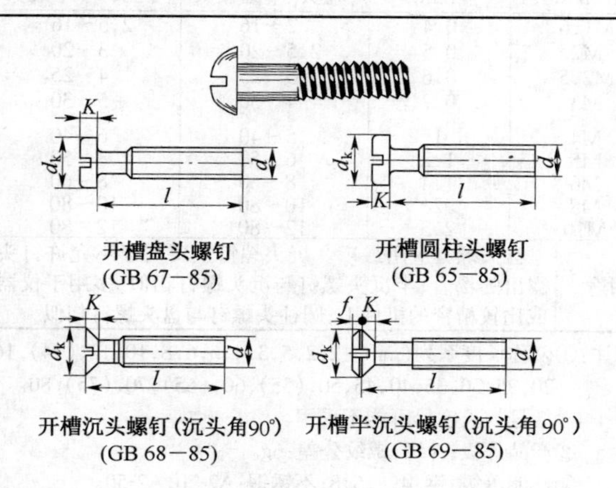

开槽盘头螺钉 (GB 67—85)　开槽圆柱头螺钉 (GB 65—85)

开槽沉头螺钉(沉头角90°) (GB 68—85)　开槽半沉头螺钉(沉头角90°) (GB 69—85)

续表

螺纹规格 d/mm	头部直径 d_k/mm≤				头部高度 K/mm≤			
	盘头	圆柱头	沉头	半沉头	盘头	圆柱头	沉头	半沉头
M1.6	3.2		3	3	1		1	1
M2	4		3.8	3.8	1.3		1.2	1.2
M2.5	5		4.7	4.7	1.5		1.5	1.5
M3	5.6		5.5	5.5	1.8		1.65	1.65
M4	8	7	8.4	8.4	2.4	2.6	2.7	2.7
M5	9.5	8.5	9.3	9.3	3	3.3	2.7	2.7
M6	12	10	11.3	11.3	3.6	3.9	3.3	3.3
M8	16	13	15.8	15.8	4.8	5	4.65	4.65
M10	20	16	18.3	18.3	6	6	5	5

螺纹规格 d/mm	半沉头球面高 f/mm≈	公称长度 l/mm			
		盘头	圆柱头	沉头	半沉头
M1.6	0.4	2~16		2.5~16	
M2	0.5	2.5~20		3~20	
M2.5	0.6	3~25		4~25	
M3	0.7	4~30		5~30	
M4	1	5~40		6~40	
M5	1.2	6~50		8~50	
M6	1.4	8~60		8~60	
M8	2	10~80		10~80	
M10	2.3	12~80		12~80	
用途	盘头螺钉应用最广。沉头螺钉主要用于不允许钉头露出的场合;半沉头螺钉与沉头螺钉相似,多用于仪器或比较精密的机件上;圆柱头螺钉与盘头螺钉相似				

注:①公称长度系列(mm):2,2.5,3,4,5,6,8,10,12,(14),16,20,25,30,35,40,45,50,(55),60,(65),70,(75),80。带括号的长度尽可能不采用。

②产品等级:A级;螺纹公差:6g。

③性能等级:钢:4.8,5.8;不锈钢:A2-70,A2-50。

④表面处理:钢:不经处理或镀锌钝化;不锈钢:不经处理。

4.1.1.10 十字槽机器螺钉

【规格及用途】（GB 818～820—85）

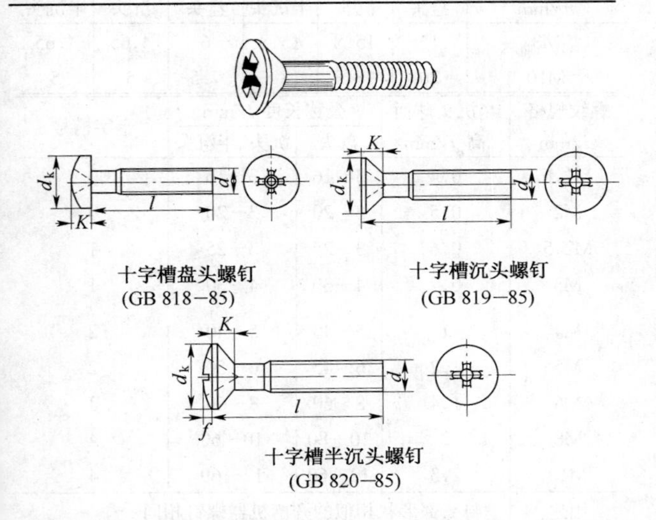

十字槽盘头螺钉 (GB 818−85)

十字槽沉头螺钉 (GB 819−85)

十字槽半沉头螺钉 (GB 820−85)

螺纹规格	头部直径 d_k/mm≤			头部高度 K/mm≤		
d/mm	盘头	沉头	半沉头	盘头	沉头	半沉头
M1.6	3.2	3	3	1.3	1	1
M2	4	3.8	3.8	1.6	1.2	1.2
M2.5	5	4.7	4.7	2.1	1.5	1.5
M3	5.6	5.5	5.5	2.4	1.65	1.65
M4	8	8.4	8.4	3.1	2.7	2.7
M5	9.5	9.3	9.3	3.7	2.7	2.7
M6	12	11.3	11.3	4.6	3.3	3.3

续表

螺纹规格 d/mm	头部直径 d_k/mm≤			头部高度 K/mm≤		
	盘头	沉头	半沉头	盘头	沉头	半沉头
M8	15	15.8	15.8	6	4.65	4.65
M10	20	18.3	18.3	7.5	5	5

螺纹规格 d/mm	半沉头球面高 f/mm	公称长度 l/mm		十字槽号
		盘头	沉头、半沉头	
M1.6	0.4	3～16	3～16	0
M2	0.5	3～20	3～20	0
M2.5	0.6	3～25	3～25	1
M3	0.7	4～30	4～30	1
M4	1	5～40	5～40	2
M5	1.2	6～45	6～50	2
M6	1.4	8～60	8～60	3
M8	2	10～80	10～60	4
M10	2.3	12～60	12～60	4
用途	与头部形状相似的开槽机器螺钉相同			

注:①公称长度系列(mm):2,2.5,3,4,5,6,8,10,12,(14),16,20,25,30,35,40,45,50,(55),60,(65)。带括号的长度尽可能不采用。

②产品等级:A级;螺纹公差:6g。

③性能等级:钢:4,8;不锈钢:A2-70,A2-50。

④表面处理:钢:不经处理或镀锌钝化;不锈钢:不经处理。

4.1.1.11　圆柱头内六角螺钉

【规格及用途】(GB 70—85)

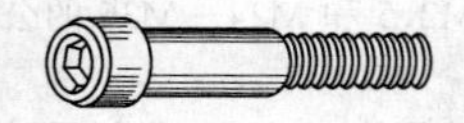
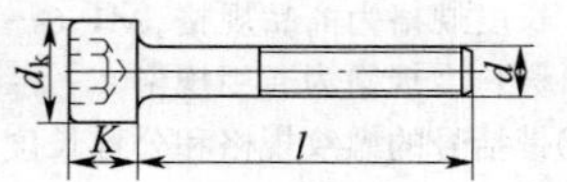

螺纹规格 d/mm	头部尺寸		内六角对边宽度 S/mm	公称长度 l/mm
	直径 d_k/mm	高度 K/mm		
M1.6	3	1.6	1.5	2.5～16
M2	3.8	2	1.5	3～20
M2.5	4.5	2.5	2	4～25
M3	5.5	3	2.5	5～30
M4	7	4	3	6～40
M5	8.5	5	4	8～50
M6	10	6	5	10～60
M8	13	8	6	12～80
M10	16	10	8	16～100
M12	18	12	10	20～120
(M14)	21	14	12	25～140
M16	24	16	14(12)	25～160
M20	30	20	(17)14	30～200
M24	36	24	19(17)	40～200
M30	45	30	22(19)	45～400
M36	54	36	27(24)	55～220
用途	一般多用于各种机床及其附件上			

注:①公称长度系列(mm):2.5,3,4,5,6,8,10,12,(14),16,20,25,30,35,40,45,50,(55),60,(65),70,80,90,100,

110,120,130,140,150,160,180,200。M3～M20 的公称长度规格为商品规格,M1.6～M2.5 和 M24～M36 的公称长度规格为通用规格。

②带括号的螺纹规格和公称长度尽可能不采用。带括号的内六角尺寸是旧标准(GB 70—76)规定的尺寸,供参考。

③产品等级:A 级。

④螺纹公差:性能等级 12.9 的为 5g、6g;其他等级的为 6g。

⑤性能等级:钢:8.8,10.9,12.9;不锈钢:d≤20mm 的为 A-70,d>20mm 的为 A2-50。

⑥表面处理:钢:氧化或镀锌钝化;不锈钢:不经处理。

4.1.1.12　开槽紧定螺钉

【规格及用途】(GB 71—85,GB 73—85)

开槽锥端紧定螺钉

开槽平端紧定螺钉

螺纹规格 d/mm	公称长度 l/mm			
	锥端	平端	凹端	长圆柱端
M1.2	2～6	2～6	—	—
M1.6	2～8	2～8	2～8	2.5～8
M2	3～10	2～10	2.5～10	3～10
M2.5	3～12	2.5～12	3～12	4～12
M3	4～16	3～16	3～16	5～16
M4	6～20	4～20	4～20	6～20
M5	8～25	5～25	5～25	8～25

续表

螺纹规格	公称长度 l/mm			
d/mm	锥端	平端	凹端	长圆柱端
M6	8～30	6～30	6～30	8～30
M8	10～40	8～40	8～40	10～40
M10	12～50	10～50	10～50	12～50
M12	14～60	12～60	12～60	14～60
用途	专供固定机件相对位置用的螺钉。开槽紧定螺钉适用于钉头不允许外露的机件上			

注：①公称长度系列(mm)：2，2.5，3，4，5，6，8，10，12，(14)，16，20，25，30，35，40，45，50，(55)，60。带括号的长度尽可能不采用。

②产品等级：A级；螺纹公差：6g。

③性能等级：钢：14H，22H。14H为性能等级代号，H表示硬度，数字表示最低维氏硬度值的1/10。

不锈钢：A1-50。A1-50为性能等级代号，字母表示材料类别，如A表示奥氏体，数字1表示材料的抗拉强度 σ_b 或保证应力 S_p 的1/10。

④表面处理：钢：氧化或镀锌钝化；不锈钢：不经处理。

4.1.1.13 内六角紧定螺钉

【规格及用途】（GB 77～80—85）

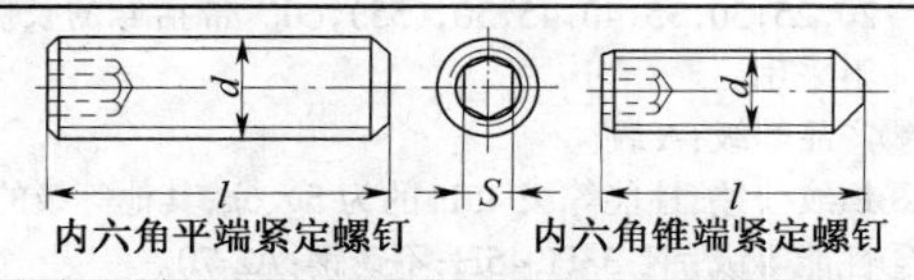

内六角平端紧定螺钉 内六角锥端紧定螺钉

螺纹规格	内六角对边	公称长度 l/mm			
d/mm	距离 S/mm	平端	锥端	圆柱端	凹端
M1.6	0.7	2～8	2～8	2～8	2～8
M2	0.9	2～10	2～10	2.5～10	2～10

续表

螺纹规格 d/mm	内六角对边距离 S/mm	公称长度 l/mm			
		平端	锥端	圆柱端	凹端
M2.5	1.3	2~12	2.5~12	3~12	2~12
M3	1.5	2~16	2.5~16	4~16	2.5~1.6
M4	2	2.5~20	3~20	5~20	3~20
M5	2.5	3~25	4~25	6~25	4~25
M6	3	4~30	5~30	8~30	5~30
M8	4	5~40	6~40	8~40	6~50
M10	5	6~50	8~50	10~50	8~50
M12	6	8~60	10~60	12~60	10~60
M16	8	10~60	12~60	14~60	12~60
M20	10	12~60	14~60	20~60	14~60
M24	12	14~60	20~60	25~60	20~60
用途	内六角紧定螺钉适用于钉头不允许外露的机件				

注:①公称长度系列(mm):2,2.5,3,4,5,6,8,10,12,(14),16,20,25,30,35,40,45,50,(55),60。带括号的长度尽可能不采用。

②产品等级:A级。

③螺纹公差:性能等级45H的为5g、6g;其他等级的为6g。

④性能等级:钢:33H,45H;不锈钢:A2-70。

⑤表面处理:钢:氧化、镀锌钝化;不锈钢:不经处理。

4.1.1.14 六角螺母

1. Ⅰ型六角螺母—C级、Ⅰ型六角螺母—A和B级与六角开槽螺母—A和B级规格

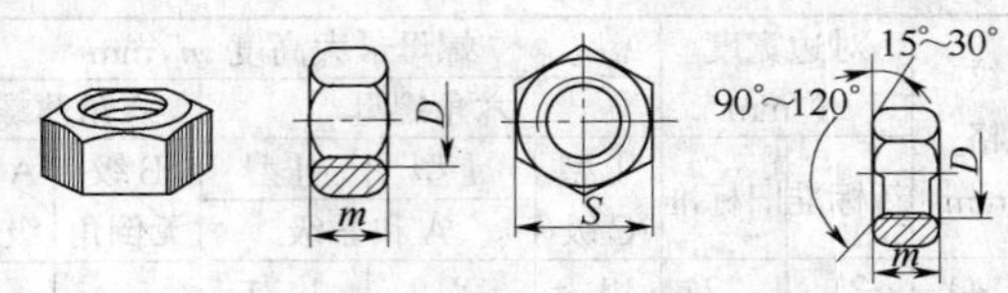

I型六角螺母—C级　　I型六角螺母—A和B级

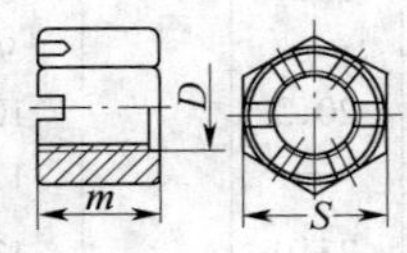

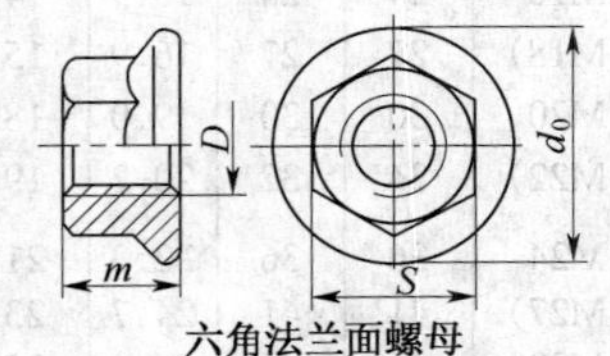

六角开槽螺母—A 和 B 级　　六角法兰面螺母

螺纹规格 D/mm	对边宽度 S/mm		螺母最大高度 m/mm				
			六角螺母			六角薄螺母	
	新标准	旧标准	I型 C级	I型 A和B级	II型 A和B级	B级 无倒角	A和B 级倒角
M1.6	3.2	3.2		1.3		1	1
M2	4	4		1.6		1.2	1.2
M2.5	5	5	—	2	—	1.6	1.6
M3	5.5	5.5		2.4		1.8	1.8
M4	7	7		3.2		2.2	2.2
M5	8	8	5.6	4.7	5.1	2.7	2.7
M6	10	10	6.4	5.2	5.7	3.2	3.2
M8	13	14	7.94	6.8	7.5	4	4
M10	16	17	9.54	8.4	9.3	5	5
M12	18	19	12.17	10.8	12.0	—	6

续表

螺纹规格 D/mm	对边宽度 S/mm		螺母最大高度 m/mm				
			六角螺母			六角薄螺母	
	新标准	旧标准	Ⅰ型 C级	Ⅰ型 A和B级	Ⅱ型 A和B级	B级无倒角	A和B级倒角
(M14)	21	22	13.9	12.8	14.1		7
M16	24	24	15.9	14.8	16.4		8
(M18)	27	27	16.9	15.8	—		9
M20	30	30	19.0	18.0	20.3		10
(M22)	34	32	20.2	19.4	—		11
M24	36	36	22.3	21.5	23.9		12
(M27)	41	41	24.7	23.8	—		13.5
M30	46	46	26.4	25.6	28.6	—	15
(M33)	50	—	29.5	28.7	—		16.5
M36	55	55	31.9	31	34.7		18
(M39)	60	—	34.3	33.4			19.5
M42*	65	65	34.9	34			21
(M45)	70	—	36.9	36			22.5
M48*	75	75	38.9	38	—		24
(M52)	80	—	42.9	42			26
M56*	85	85	45.9	45			28
(M60)	90	—	48.9	48			30
M64*	95	95	52.4	51			32

螺纹规格 D/mm	螺母最大高度 m/mm				螺纹规格 D/mm	螺母最大高度 m/mm			
	六角开槽螺母					六角开槽螺母			
	Ⅰ型 C级	Ⅰ型 A和B级	Ⅱ型 A和B级	Ⅲ型 A和B级		Ⅰ型 C级	Ⅰ型 A和B级	Ⅱ型 A和B级	Ⅲ型 A和B级
M4	—	5	—	—	M5	7.6	5.1	6.7	7.1

续表

螺纹规格 D/mm	螺母最大高度 m/mm				螺纹规格 D/mm	螺母最大高度 m/mm			
	六角开槽螺母					六角开槽螺母			
	Ⅰ型	Ⅰ型	Ⅱ型	Ⅲ型		Ⅰ型	Ⅰ型	Ⅱ型	Ⅲ型
	C级	A和B级				C级	A和B级		
M6	8.9	5.7	7.7	8.2	M16	21.9	16.4	20.8	22.4
M8	10.94	7.5	9.8	10.5	M20	25	20.3	24	26.3
M10	13.54	9.3	12.4	13.5	M24	30.3	23.9	29.5	31.9
M12	17.17	12	15.8	17	M30	35.4	28.6	34.6	37.6
(M14)	18.9	14.1	17.8	19.1	M36	40.9	34.7	40	43.7

注:①螺纹规格中带括号的尽可能不采用,带 * 号的是通用规格,其他是商品规格。

②“新标准”指与螺母有关的 1986 年国家标准,“旧标准”指与螺母有关的 1976 年国家标准。

2. 六角法兰面螺母规格

螺纹规格 D/mm	法兰直径 d_c/mm≤	高度 m/mm≤	对边宽度 S/mm
M5	11.8	5	8
M6	14.2	6	10
M8	17.9	8	13
M10	21.8	10	15
M12	26	12	18
(M14)	29.9	14	21
M16	34.5	16	24
M20	42.8	20	30

4.1.1.15　方螺母—C级

【规格及用途】（GB 39—88）

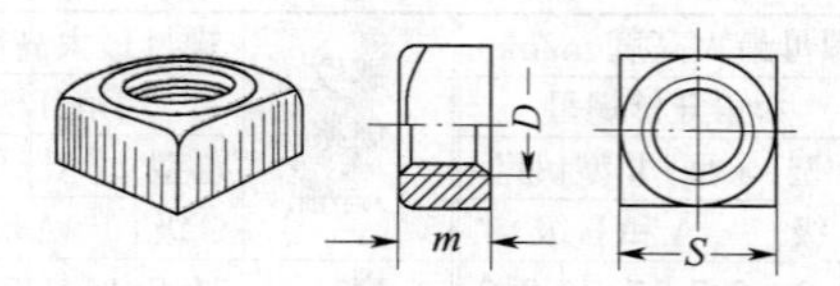

螺纹规格 D/mm	对边宽度 S/mm	高度 m/mm	螺纹规格 D/mm	对边宽度 S/mm	高度 m/mm
M3	5.5	2.4	(M14)	21	11
M4	7	3.2	M16	24	13
M5	8	4	(M18)	27	15
M6	10	5	M20	30	16
M8	13	6.5	(M22)	34	18
M10	16	8	M24	36	19
M12	18	10			
用途	常与半圆头方颈螺栓配合;用于简单、粗糙的机件上,做紧固连接用				

注:①带括号的规格尽可能不采用。

②螺纹公差:7H;性能等级:5 级。

③表面处理:不经处理或镀锌钝化。

4.1.1.16 圆螺母

【规格及用途】 (GB 812—88、GB 810—88)

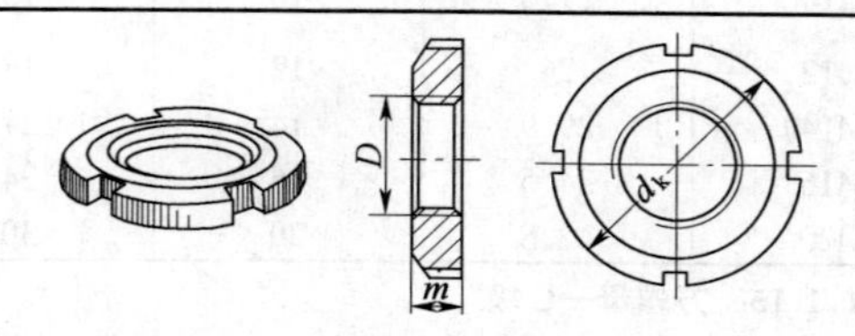

螺纹规格 $D \times P$/(mm×mm)	外径 d_k/mm		高度 m/mm	
	圆螺母	小圆螺母	圆螺母	小圆螺母
M10×1	22	20	8	6
M12×1.25	25	22		
M14×1.5	28	25		
M16×1.5	30	28		
M18×1.5	32	30		
M20×1.5	35	32		
M22×1.5	38	35	10	8
M24×1.5	42	38		
M25×1.5	42	—		
M27×1.5	45	42		
M30×1.5	48	45		
M33×1.5	52	48		
M35×1.5·	52	—		
M36×1.5	55	52		
M39×1.5	58	55		
M40×1.5·	58	—		
M42×1.5	62	58		
M45×1.5	68	62		
M48×1.5	72	68	12	10
M50×1.5	72	69		
M52×1.5	78	72		
M55×2	78	—		
M56×2	85	78		
M60×2	90	80		
M64×2	95	85		

续表

螺纹规格	外径 d_k/mm		高度 m/mm	
$D\times P$/(mm×mm)	圆螺母	小圆螺母	圆螺母	小圆螺母
M65×2	95	—	12	10
M68×2	100	90	15	12
M72×2	105	95		
M75×2	105	—		
M76×2	110	100		
M80×2	115	105		
M85×2	120	110		
M90×2	125	115	18	
M95×2	130	120		
M100×2	135	125		
M105×2	140	130		15
M110×2	150	135		
M115×2	155	140	22	
M120×2	160	145		
M125×2	165	150		
M130×2	170	160		
M140×2	180	170		
M150×2	200	180	26	18
M160×3	210	195		
M170×3	220	205		
M180×3	230	220		
M190×3	240	230		22
M200×3	250	240		
用途	通常成对地用于机器的轴类零件上；也常配合止退垫圈，用于装有滚动轴承的轴上，锁紧轴承内圈。小圆螺母用于强度要求较低的场合			

注：①带·符号的圆螺母，仅用于滚动轴承锁紧装置。

②螺纹公差为6H。热处理及表面处理：a．槽或全部热处理，硬度为HRC35～45；b．调质，硬度为HRC24～30；c．氧化。

4.1.1.17　垫圈

【品种及规格】

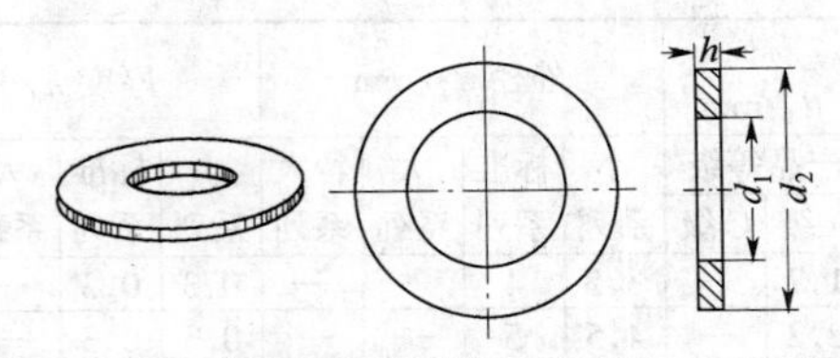

垫圈名称	国家标准号	规格 d/mm	性能等级	表面处理
小垫圈—A级	GB 848—85	1.6～36	钢：140HV、200HV、300HV 奥氏体不锈钢：A140、A200、A350	钢制品：不经处理或镀锌钝化；不锈钢制品：不经处理
平垫圈—A级 平垫圈—倒角	GB 97.1—85	1.6～36		
标准型—A级	GB 97.2—85	5～36		
平垫圈—C级	GB 95—85	5～36	钢：100HV	钢制品：不经处理
大垫圈—A和C级	GB 96—85	A级：3～16 C级：>16～36	钢：A级—140HV，C级—100HV 奥氏体不锈钢：A140	钢制品：不经处理或镀锌钝化；不锈钢制品：不经处理
特大垫圈—C级	GB 5287—85	5～36	钢：100HV	钢制品：不经处理或镀锌钝化

续表

规格（螺纹大径）/mm	内径 d_1/mm		外径 d_2/mm				厚度 h/mm			
	产品等级		小系列	标准系列	大系列	特大系列	小系列	标准系列	大系列	特大系列
	A级	C级								
1.6	1.7	—	3.5	4	—	—	0.3	0.3	—	—
2	2.2	—	4.5	5	—	—	0.3	0.3	—	—
2.5	2.7	—	5	6	—	—	0.5	0.5	—	—
3	3.2	—	6	7	9	—	0.5	0.5	0.8	—
4	4.3	—	8	9	12	—	0.5	0.8	1.0	—
5	5.3	5.5	9	10	15	18	1	1	1.2	2
6	6.4	6.6	11	12	18	22	1.6	1.6	1.6	2
8	8.4	9	15	16	24	28	1.6	1.6	2	3
10	10.5	11	18	20	30	34	1.6	2	2.5	3
12	13	13.5	20	24	37	44	2	2.5	3	4
14	15	15.5	24	28	44	50	2.5	2.5	3	4
16	17	17.5	28	30	50	56	2.5	3	3	5
20	21	22	34	37	60	72	3	3	4	6
24	25	26	39	44	72	85	4	4	5	6
30	31	33	50	56	92	105	4	4	6	6
36	37	39	60	66	110	125	5	5	8	8

注：①规格指垫圈适用的螺纹大径范围，垫圈规格限于列入表中的规格，未列入这些品种中的规格，参见 GB 5286—85《螺栓、螺钉和螺母用平垫圈总方案》中的规定。

②常见的垫圈品种中，除标明“小”、“大”、“特大”的垫圈外，其余平垫圈的主要尺寸均按标准系列的规定。

4.1.1.18　弹簧垫圈

【规格及用途】（GB 93、859、7244—87）

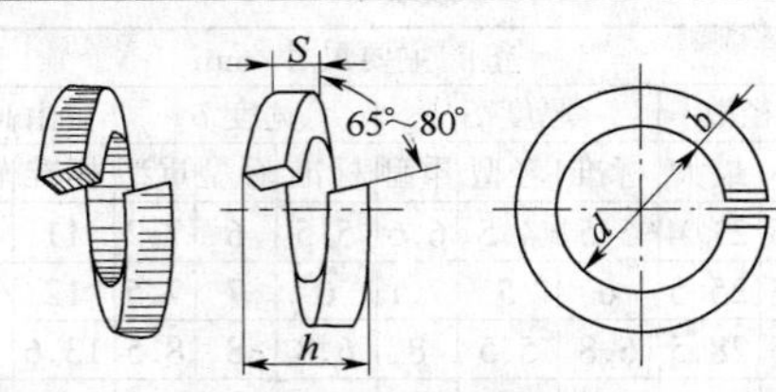

螺纹大径/mm	垫圈主要尺寸/mm											
	内径 d		厚度 S			宽度 b			自由高度 $h\geqslant$		
	最小	最大	标准	轻型	重型	标准	轻型	重型	标准	轻型	重型
2	2.1	2.35	0.5	—	—	0.5	—	—	1	—	—
2.5	2.6	2.85	0.65	—	—	0.65	—	—	1.3	—	—
3	3.1	3.4	0.8	0.6	—	0.8	1	—	1.6	1.2	—
4	4.1	4.4	1.1	0.8	—	1.1	1.2	—	2.2	1.6	—
5	5.1	5.4	1.3	1.1	—	1.3	1.5	—	2.6	2.2	—
6	6.1	6.68	1.6	1.3	1.8	1.6	2	2.6	3.2	2.6	3.6
8	8.1	8.68	2.1	1.6	2.4	2.1	2.5	3.2	4.2	3.2	4.8
10	10.2	10.9	2.6	2	3	2.6	3	3.8	5.2	4	6
12	12.2	12.9	3.1	2.5	3.5	3.1	3.5	4.3	6.2	5	7
(14)	14.2	14.9	3.6	3	4.1	3.6	4	4.8	7.2	6	8.2
16	16.2	16.9	4.1	3.2	4.8	4.1	4.5	5.3	8.2	6.4	9.6
(18)	18.2	19.04	4.5	3.6	5.3	4.5	5	5.8	9	7.2	10.6
20	20.2	21.04	5	4	6	5	5.5	6.4	10	8	12

续表

螺纹大径/mm	垫圈主要尺寸/mm										
	内径 d		厚度 S			宽度 b			自由高度 $h\geqslant$		
	最小	最大	标准	轻型	重型	标准	轻型	重型	标准	轻型	重型
(22)	22.5	23.04	5.5	4.5	6.6	5.5	6	7.2	11	9	13.2
24	24.5	25.5	6	5	7.1	6	7	7.5	12	10	14.2
(27)	27.5	28.5	6.8	5.5	8	6.8	8	8.5	13.6	11	16
30	30.5	31.5	7.5	6	9	7.5	9	9.3	15	12	18
(33)	33.5	34.7	8.5	—	9.9	8.5	—	10.2	17	—	19.8
36	36.5	37.7	9	—	10.8	9	—	11	18	—	21.6
(39)	39.5	40.7	10.5	—	—	10	—	—	20	—	—
42	42.5	43.7	10.5	—	—	10.5	—	—	21	—	—
(45)	45.5	46.7	11	—	—	11	—	—	22	—	—
48	48.5	49.7	12	—	—	12	—	—	24	—	—
用途	装在螺母与被紧固件之间，用来防止螺纹松动										

注：①带括号的规格尽可能不采用。

②弹簧钢制品的硬度为HRC42～50。

③表面处理：氧化、磷化或镀锌钝化。

4.1.1.19　圆螺母用止动垫圈

【规格及用途】（GB 858—88）

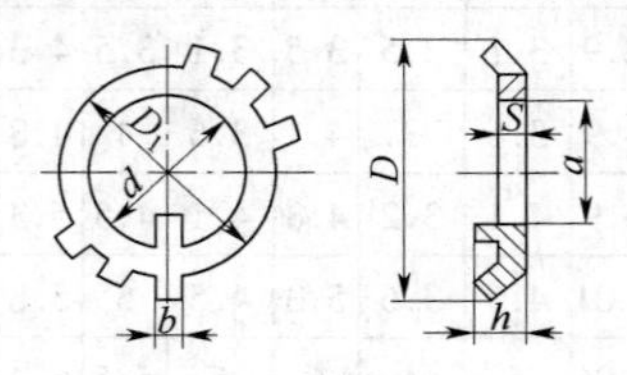

续表

螺纹大径/mm	内径 d/mm	外径 D_1/mm	齿宽 b/mm	厚度 S/mm	高度 h/mm	齿距 a/mm	齿外径 D/mm
10	10.5	16	3.8	1	3	8	25
12	12.5	19				9	28
14	14.5	20				11	32
16	16.5	22	4.8			13	34
18	18.5	24			4	15	35
20	20.5	27				17	38
22	22.5	30				19	42
24	24.5	34				21	45
25*	25.5	34				22	
27	27.5	37			5	24	48
30	30.5	40				27	52
33	33.5	43	5.7	1.5		30	56
35*	35.5	43				32	
36	36.5	46				33	60
39	39.5	49				36	62
40*	40.5	49				37	
42	42.5	53				39	66
45	45.5	59				42	72
48	48.5	61				45	76
50*	50.5	67				47	
52	52.5	67			6	49	82
55*	56	67		1.5		52	
56	57	74				57	90
60	61	79	7.7			57	94
64	65	84				61	100

续表

螺纹大径/mm	内径 d/mm	外径 D_1/mm	齿宽 b/mm	厚度 S/mm	高度 h/mm	齿距 a/mm	齿外径 D/mm
65*	66	84	7.7	1.5	6	62	100
68	69	88	9.6			65	105
72	73	93			7	69	110
75*	76	93				71	
76	77	98				72	115
80	81	103				76	120
85	86	108				81	125
90	91	112	11.6	2		86	130
95	96	117				91	135
100	101	122				96	140
105	106	127				101	145
110	111	135	13.5			106	156
115	116	140				111	160
120	121	145				116	166
125	126	150				121	170
130	131	155				126	176
140	141	165				136	186
150	151	180	15.5	2.5		146	206
160	161	190			8	156	216
170	171	200				166	226
180	181	210				176	236
190	191	220				186	246
200	201	230				196	256
用途	主要用于制有外螺纹的轴或紧定套上，做固定轴上零件或紧定套上的轴承用						

注：①带 * 号的规格，仅用于滚动轴承锁定装置。
②材料为低碳钢，制品应进行退火处理。
③表面处理：氧化。

4.1.1.20　挡圈

1. 孔用弹性挡圈规格及用途(GB 893.1、GB 893.2—86)

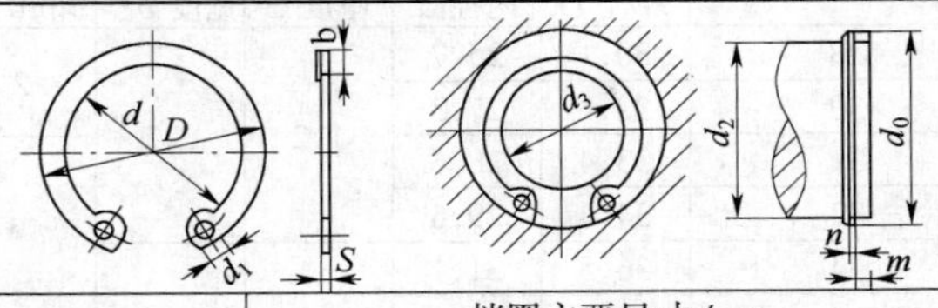

<table>
<tr><th rowspan="2">孔径 d_0/mm</th><th colspan="5">挡圈主要尺寸/mm</th></tr>
<tr><th>外径 D</th><th>内径 d</th><th>厚度 S</th><th>宽度 $b\approx$</th><th>钳孔 d_1</th></tr>
<tr><td>8</td><td>8.7</td><td>7</td><td rowspan="2">0.6</td><td>1</td><td rowspan="2">1</td></tr>
<tr><td>9</td><td>9.8</td><td>8</td><td>1.2</td></tr>
<tr><td>10</td><td>10.8</td><td>8.3</td><td rowspan="4">0.8</td><td rowspan="4">1.7</td><td rowspan="3">1.5</td></tr>
<tr><td>11</td><td>11.8</td><td>9.2</td></tr>
<tr><td>12</td><td>13</td><td>10.4</td></tr>
<tr><td>13</td><td>14.1</td><td>11.5</td><td rowspan="6">1.7</td></tr>
<tr><td>14</td><td>15.1</td><td>11.9</td><td rowspan="8">1</td><td rowspan="5">2.1</td></tr>
<tr><td>15</td><td>16.2</td><td>13</td></tr>
<tr><td>16</td><td>17.3</td><td>14.1</td></tr>
<tr><td>17</td><td>18.3</td><td>15.1</td></tr>
<tr><td>18</td><td>19.5</td><td>16.3</td></tr>
<tr><td>19</td><td>20.5</td><td>16.7</td><td rowspan="5">2.5</td><td rowspan="8">2</td></tr>
<tr><td>20</td><td>21.5</td><td>17.7</td></tr>
<tr><td>21</td><td>22.5</td><td>18.7</td></tr>
<tr><td>22</td><td>23.5</td><td>19.7</td></tr>
<tr><td>24</td><td>25.9</td><td>22.1</td><td rowspan="3">1.2</td></tr>
<tr><td>25</td><td>26.9</td><td>22.7</td><td rowspan="2">2.8</td></tr>
<tr><td>26</td><td>27.9</td><td>23.7</td></tr>
</table>

续表

<table>
<tr><th rowspan="2">孔径 d_0/mm</th><th colspan="5">挡圈主要尺寸/mm</th></tr>
<tr><th>外径 D</th><th>内径 d</th><th>厚度 S</th><th>宽度 $b \approx$</th><th>钳孔 d_1</th></tr>
<tr><td>28</td><td>30.1</td><td>25.7</td><td rowspan="4">1.2</td><td rowspan="4">3.2</td><td rowspan="2">2</td></tr>
<tr><td>30</td><td>32.1</td><td>27.3</td></tr>
<tr><td>31</td><td>33.4</td><td>28.6</td><td rowspan="8">2.5</td></tr>
<tr><td>32</td><td>34.4</td><td>29.6</td></tr>
<tr><td>34</td><td>36.5</td><td>31.1</td><td rowspan="10">1.5</td><td rowspan="5">3.6</td></tr>
<tr><td>35</td><td>37.8</td><td>32.4</td></tr>
<tr><td>36</td><td>38.8</td><td>33.4</td></tr>
<tr><td>37</td><td>39.8</td><td>34.4</td></tr>
<tr><td>38</td><td>40.8</td><td>35.4</td></tr>
<tr><td>40</td><td>43.5</td><td>37.5</td><td rowspan="2">4</td></tr>
<tr><td>42</td><td>45.5</td><td>39.3</td><td rowspan="4">3</td></tr>
<tr><td>45</td><td>48.5</td><td>41.5</td><td rowspan="3">4.7</td></tr>
<tr><td>(47)</td><td>50.5</td><td>43.5</td></tr>
<tr><td>48</td><td>51.5</td><td>44.5</td></tr>
<tr><td>50</td><td>54.2</td><td>47.5</td><td rowspan="8">2</td><td rowspan="8">5.2</td><td rowspan="8">3</td></tr>
<tr><td>52</td><td>56.2</td><td>49.5</td></tr>
<tr><td>55</td><td>59.2</td><td>52.2</td></tr>
<tr><td>56</td><td>60.2</td><td>52.4</td></tr>
<tr><td>58</td><td>62.2</td><td>54.4</td></tr>
<tr><td>60</td><td>64.2</td><td>56.4</td></tr>
<tr><td>62</td><td>66.2</td><td>58.4</td></tr>
<tr><td>63</td><td>67.2</td><td>59.4</td></tr>
<tr><td>65</td><td>69.2</td><td>61.4</td><td rowspan="3">2.5</td><td>5.2</td><td rowspan="3">3</td></tr>
<tr><td>68</td><td>72.5</td><td>63.9</td><td rowspan="2">5.7</td></tr>
<tr><td>70</td><td>74.5</td><td>65.9</td></tr>
</table>

续表

孔径 d_0/mm	挡圈主要尺寸/mm				
	外径 D	内径 d	厚度 S	宽度 $b\approx$	钳孔 d_1
72	76.5	67.9	2.5	5.7	3
75	79.5	70.1		6.3	
78	82.5	73.1			
80	85.5	75.3		6.8	
82	87.5	77.3			
85	90.5	80.3			
88	93.5	82.6		7.3	
90	95.5	84.5			
92	97.5	86.0		7.7	3
95	100.5	88.9			
98	103.5	92			
100	105.5	93.9			
102	108	95.9	3	8.1	4
105	112	99.6			
108	115	101.8		8.8	
110	117	103.8			
112	119	105.1		9.3	
115	122	108			
120	127	113			
125	132	117		10	
130	137	121		10.7	
135	142	126			
140	147	131			
145	152	135.7		10.9	

续表

孔径 d_0/mm	挡圈主要尺寸/mm				
	外径 D	内径 d	厚度 S	宽度 $b\approx$	钳孔 d_1
150	158	141.2	3	11.2	4
155	164	146.6		11.6	
160	169	151.6			
165	174.5	156.8		11.8	
170	179.5	161		12.3	
175	184.5	165.5		12.7	
180	189.5	170.2		12.8	
185	194.5	175.5		12.9	
190	199.5	180		13.1	
195	204.5	184.9			
200	209.5	189.7		13.2	
用途	用来固定装在孔内的零件位置				

注:①A 型孔径 d_0 为 8～20mm,B 型孔径 d_0 为 20～200mm。

②放置挡圈用的挡圈槽尺寸(d_2、m、n 等)和轴径尺寸 d_3,参见 GB 893.1、GB 893.2—86 规定。

③硬度(参考):$d_0\leqslant 48$mm 为 HRC47～54;$d_0>48$mm,为 HRC44～51。

④表面处理:氧化或镀锌钝化。

2. 轴用弹性挡圈规格及用途(GB 894.1、894.2—86)

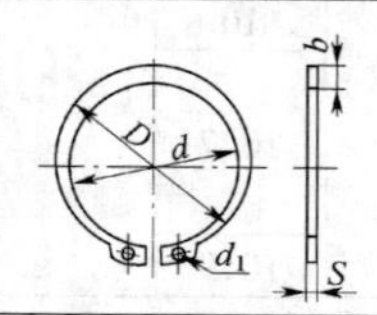

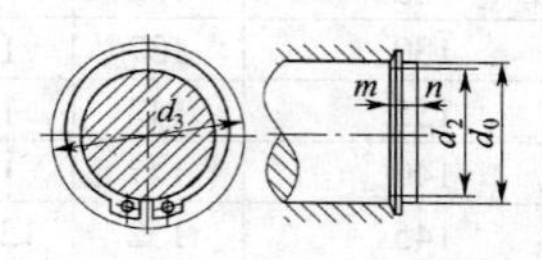

轴径 d_0 /mm	挡圈主要尺寸/mm				
	内径 d	外径 D	厚度 S	宽度 $b\approx$	钳孔 d_1
3	2.7	3.9	0.4	0.8	1
4	3.7	5		0.88	
5	4.7	6.4	0.6	1.12	
6	5.6	7.6		1.32	1.2
7	6.5	8.48	0.6	1.32	1.2
8	7.4	9.38	0.8		
9	8.4	10.56		1.44	
10	9.3	11.5	1		1.5
11	10.2	12.5		1.52	
12	11	13.6		1.72	
13	11.9	14.7		1.88	1.7
14	12.9	15.7		—	—
15	13.8	16.8	1	2	—
16	14.7	18.2		2.32	—
17	15.7	19.4		2.48	—
18	16.5	20.2			—
19	17.5	21.2			2
20	18.5	22.5		2.68	—
21	19.5	23.5			—
22	20.5	24.5			—
24	22.2	27.2	1.2	3.32	—
25	23.2	28.2			—
26	24.2	29.2		3.32	2
28	25.9	31.3		3.6	
29	26.9	32.5		3.72	

续表

轴径 d_0 /mm	挡圈主要尺寸/mm				
	内径 d	外径 D	厚度 S	宽度 $b\approx$	钳孔 d_1
30	27.9	33.5	1.2	3.72	2
32	29.6	35.5		3.92	2.5
34	31.5	38	1.5	4.322	
35	32.2	39			
36	33.2	40			
37	34.2	41			
38	35.2	42.7		5	
40	36.5	44			
42	38.5	46			3
45	41.5	49			
48	44.5	52			
50	45.8	54	2	5.48	
52	47.8	56			
55	50.8	59			
56	51.8	61		6.12	
58	53.8	63			
60	55.8	65			
62	57.8	67			
63	58.8	68	2.5		
65	60.8	70			
68	63.5	73		6.32	
70	66.5	75			
72	67.5	77			
75	70.5	80			

续表

<table>
<tr><th rowspan="2">轴径 d_0 /mm</th><th colspan="5">挡圈主要尺寸/mm</th></tr>
<tr><th>内径 d</th><th>外径 D</th><th>厚度 S</th><th>宽度 $b\approx$</th><th>钳孔 d_1</th></tr>
<tr><td>78</td><td>73.5</td><td>83</td><td rowspan="7">2.5</td><td rowspan="5">7</td><td rowspan="13">3</td></tr>
<tr><td>80</td><td>74.5</td><td>85</td></tr>
<tr><td>82</td><td>76.5</td><td>87</td></tr>
<tr><td>85</td><td>79.5</td><td>90</td></tr>
<tr><td>88</td><td>82.5</td><td>93</td></tr>
<tr><td>90</td><td>84.5</td><td>96</td><td>7.6</td></tr>
<tr><td>95</td><td>89.5</td><td>103.3</td><td rowspan="2">9.2</td></tr>
<tr><td>100</td><td>94.5</td><td>108.5</td><td rowspan="17">3</td></tr>
<tr><td>105</td><td>98</td><td>114</td><td>10.7</td></tr>
<tr><td>110</td><td>103</td><td>120</td><td>11.3</td></tr>
<tr><td>115</td><td>108</td><td>126</td><td rowspan="2">12</td></tr>
<tr><td>120</td><td>113</td><td>131</td></tr>
<tr><td>125</td><td>118</td><td>137</td><td rowspan="2">12.6</td><td rowspan="12">4</td></tr>
<tr><td>130</td><td>123</td><td>142</td></tr>
<tr><td>135</td><td>128</td><td>148</td><td rowspan="4">13.2</td></tr>
<tr><td>140</td><td>133</td><td>153</td></tr>
<tr><td>145</td><td>138</td><td>158</td></tr>
<tr><td>150</td><td>142</td><td>162</td></tr>
<tr><td>155</td><td>146</td><td>147</td><td rowspan="2">14</td></tr>
<tr><td>160</td><td>151</td><td>172</td></tr>
<tr><td>165</td><td>155.5</td><td>177.1</td><td rowspan="2">14.4</td></tr>
<tr><td>170</td><td>160.5</td><td>182</td></tr>
<tr><td>175</td><td>165.5</td><td>187.5</td><td>14.75</td></tr>
<tr><td>180</td><td>170.5</td><td>193</td><td>15</td></tr>
</table>

续表

轴径 d_0 /mm	挡圈主要尺寸/mm				
	内径 d	外径 D	厚度 S	宽度 b≈	钳孔 d_1
185	175.5	198.3	3	15.2	4
190	180.5	203.3			
195	185.5	209		15.6	
200	190.5	214			
用途	用来固定装在轴上的零件的轴向位置				

注:①A 型轴径 d_0 为 3~20mm,B 型轴径 d_0 为 20~200mm。

②放置挡圈用的挡圈槽尺寸(d_2、m、n 等)和孔径尺寸 d_3,参见 GB 894.1、GB 894.2—86 规定。

③A 型挡圈适用于板材冲切制造;B 型挡圈适用于线材冲切制造。

④表面处理:氧化或镀锌钝化。

4.1.1.21 销

1. 圆柱销规格及用途(GB 119—86)

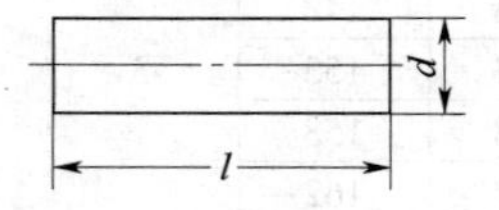

公称直径 d/mm	长度 l/mm	公称直径 d/mm	长度 l/mm
0.6	2~6	1.2	4~12
0.8	2~8	1.5	4~16
1	4~10	2	6~20

公称直径 d/mm	长度 l/mm	公称直径 d/mm	长度 l/mm
2.5	6~24	12	22~140
3	8~28	16	26~180
4	8~40	20	35~200
5	10~50	25	50~200
6	12~60	30	60~200
8	14~80	40	80~200
10	18~95	50	95~200
用途	用于轴上做固定件及传递动力，或做模具零件定位用		

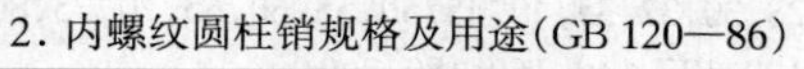
2. 内螺纹圆柱销规格及用途（GB 120—86） （mm）

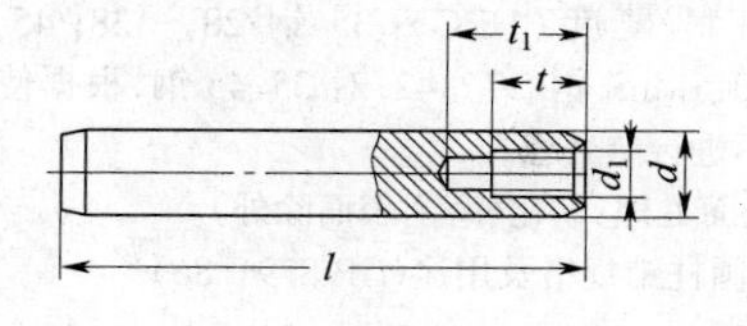

公称直径 d	螺纹规格 d_1	螺纹长度 $t \geqslant$	螺孔深度 $t_1 \geqslant$	长度 l
6	M4	6	10	16~60
8	M5	8	12	18~80
10	M6	10	16	22~100
12	M6	12	20	26~120
16	M8	16	25	32~160
20	M10	18	28	40~200

续表

公称直径 d	螺纹规格 d_1	螺纹长度 $t \geqslant$	螺孔深度 $t_1 \geqslant$	长度 l
25	M16	24	35	50～200
30	M20	30	40	60～200
40	M20	30	40	80～200
50	M24	36	50	100～200
用途	用于轴上做固定件及传递动力，或做模具零件定位用			

注：①长度系列(mm)：2，3，4，5，6，8，10，12，14，16，18，20，22，24，26，28，30，32，35，40，45，50，55，60，65，70，75，80，85，90，95，100，120，140，160，180，200。

② 材料/硬度（HRC）：35 钢/28 ～ 38；45 钢/38 ～ 46；30CrMnSi 钢/37～42；对 35、45 钢，根据使用要求，允许不进行热处理。

③表面处理：氧化(磨削表面除外)。

3．弹性圆柱销规格及用途(GB 879—86)

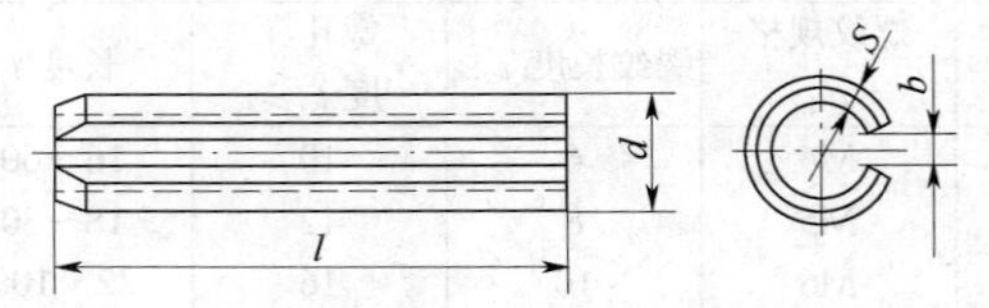

$d \leqslant 5, \alpha = 20^\circ; d \geqslant 6, \alpha = 15^\circ$

弹性圆柱销公称直径 d = 销孔直径；α—倒角角度

续表

直径 d/mm		壁厚	槽宽	长度	最小剪切
公称	最大	S/mm	b/mm	l/mm	载荷/kN
1	1.3	0.2	1	4～20	0.70
1.5	1.8	0.3	1	4～20	1.58
2	2.3	0.4	1	4～30	2.80
2.5	2.8	0.5	1	4～30	4.38
3	3.4	0.5	1.4	4～40	6.32
4	4.5	0.8	1.6	4～50	11.24
5	5.5	1	1.6	5～80	17.54
6	6.6	1	2	10～100	26.04
8	8.6	1.5	2	10～120	42.70
10	10.6	2	2	10～160	70.16
12	12.7	2	2.4	10～180	104.1
16	16.7	3	2.4	10～200	171.0
20	20.8	4	3.5	10～200	280.6
25	25.8	4.5	3.5	14～200	438.5
30	30.8	5	3.5	14～200	631.4
用途	因其有弹性，装入销孔不易松脱，故适用于有冲击、振动的场合。不适用于高精度定位和不穿通的销孔				

注：①长度系列(mm)：4，5，6，8，10，12，16，18，20，22，24，26，28，30，32，35，40，45，50，55，60，65，70，75，80，85，90，95，100，120，140，160，180，200。

②材料：65Mn、60Si2MnA 钢；硬度(参考)：HV420～560。

4．圆锥销规格及用途(GB 117—86)

(mm)

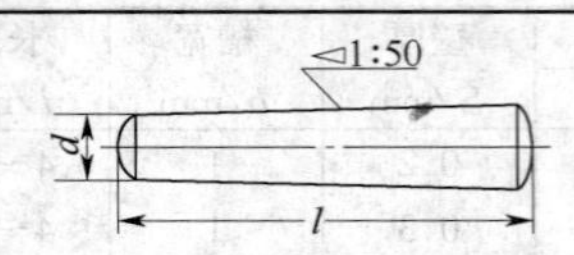

公称直径 d	长度 l	公称直径 d	长度 l
0.6	2～8	6	22～90
0.8	5～12	8	22～120
1	6～16	10	26～160
1.2	6～20	12	32～180
1.5	8～24	16	40～200
2	10～35	20	45～200
2.5	10～35	25	50～200
3	12～45	30	55～200
4	14～55	40	60～200
5	18～60	50	65～200
用途	主要用于定位，少用于传递动力，多用于经常拆卸场合		

5. 内螺纹圆锥销规格及用途(GB 118—86)　　(mm)

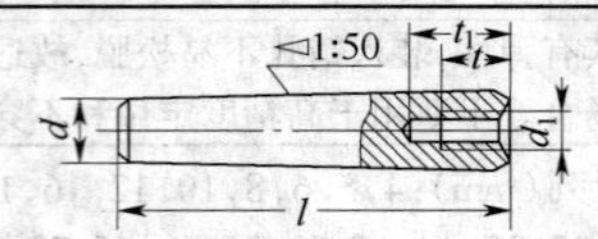

公称直径 d	螺纹规格 d_1	螺纹长度 $t\geqslant$	螺孔深度 t_1	长度 l
6	M4	6	10	16～60
8	M5	8	12	18～80

续表

公称直径 d	螺纹规格 d_1	螺纹长度 $t \geqslant$	螺孔深度 t_1	长度 l
10	M6	10	16	22～100
12	M8	12	20	24～120
16	M10	16	25	32～160
20	M12	18	28	40～200
25	M16	24	35	50～200
30	M20	30	40	60～200
40	M20	30	40	80～200
50	M24	36	50	100～200
用途	主要用于定位,少用于传递动力,多用于经常拆卸场合			

注:①长度系列(mm):2,3,4,5,6,8,10,12,14,16,18,20,22,24,26,28,30,32,35,40,45,50,55,60,65,70,75,80,85,90,95,100,120,140,160,180,200。

②材料/硬度(HRC):35钢/28～38;45钢/38～46;30CrMnSi钢/37～42;对35、45钢,根据使用要求,允许进行热处理。

③表面处理:氧化(磨削表面除外)。

4.1.1.22 铆钉

1. 半圆头铆钉规格及用途(GB 863.1—86、867—86) (mm)

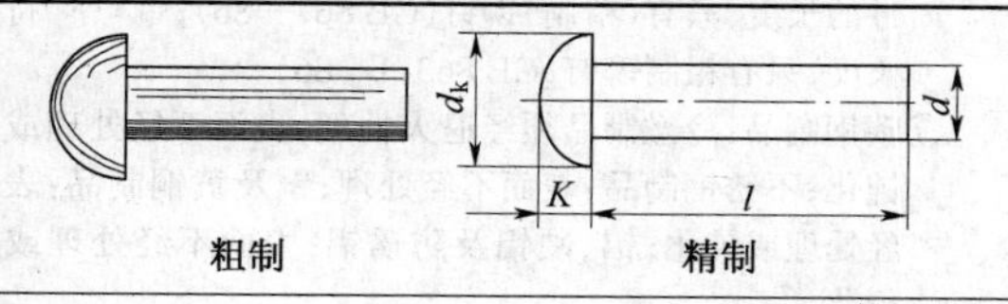

粗制　　精制

续表

公称直径 d	头部尺寸		公称长度 l	公称直径 d	头部尺寸		公称长度 l	
	直径 d_k	高度 K	精制		直径 d_k	高宽 K	粗制	精制
0.6	1.1	0.4	1～6	8	14	4.8	—	16～65
0.8	1.4	0.5	1.5～8	10	17	6	—	16～85
1	1.8	0.6	2～8	12	21	8	20～90	20～90
(1.2)	2.1	0.7	2.5～8	(14)	24	9	22～100	22～100
1.4	2.5	0.8	3～12	16	29	10	26～110	26～110
(1.6)	3	1	3～12	(18)	32	12.5	32～150	
2	3.5	1.2	3～16	20	35	14	32～150	
2.5	4.6	1.6	5～20	(22)	39	15.5	38～180	
3	5.3	1.8	5～26	24	43	17	52～180	—
(3.5)	6.3	2.1	7～26	(27)	48	19	55～180	
4	7.1	2.4	7～50	30	53	21	55～180	
5	8.8	3	7～55	36	62	25	58～200	
6	11	3.6	8～60	—	—	—	—	
用途	用于锅炉等容器、桥梁、桁架等钢结构上做铆接用紧固件							

注：①带括号的规格尽可能不采用。

②公称长度系列(mm)：1,1.5,2,2.5,3,3.5,4,5,6,7,8,9,10,11,12,13,14,15,16,17,18,19,20,22,24,26,28,30,32,34·,35··,36·,38,40,42,44·,45··,46·,48,50,52,55,58,60,62·,65,68·,70,75,80,85,90,95,100,110,120,130,140,150,160,170,180,190,200。其中带"·"符号的长度，只有(精制)铆钉(GB 867—86)；带"··"符号的长度，只有粗制铆钉(GB 863.1—86)。

③碳钢制品：冷镦制品须经退火处理，表面不经处理或镀锌钝化；不锈钢制品：表面不经处理；铜及黄铜制品：表面不经处理或钝化；铝、硬铝及防锈铝：表面不经处理或阳极氧化。

2. 沉头铆钉规格及用途(GB 865—86、GB 869—86) (mm)

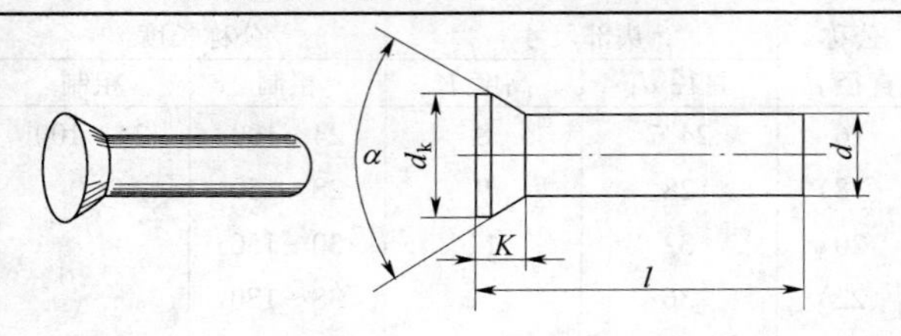

$d=1\sim10, \alpha=90°; d=12\sim36, \alpha=60°$

公称直径 d	头部尺寸		公称长度 l
	直径 d_k	高度 K	精制
1	1.9	0.5	2~8
(1.2)	2.1	0.5	2.5~8
1.4	2.7	0.7	3~12
(1.6)	2.9	0.7	3~12
2	3.9	1	3.5~16
2.5	4.6	1.1	5~18
3	5.2	1.2	5~22
(3.5)	6.1	1.4	6~24
4	7	1.6	6~30
5	8.8	2	6~50
6	0.4	2.4	6~50
8	14	3.2	12~60

公称直径 d	头部尺寸		公称长度 l	
	直径 d_k	高度 K	粗制	粗制
10	17.6	4		16~75
12	18.6	6	20~75	18~75
(14)	21.5	7	20~100	20~100

续表

公称直径 d	头部尺寸		公称长度 l	
	直径 d_k	高度 K	粗制	粗制
16	24.7	8	24~100	24~100
(18)	28	9	28~150	—
20	32	11	30~150	
(22)	36	12	38~180	
24	39	13	50~180	
(27)	43	14	55~180	
30	50	17	60~200	
36	58	19	65~200	
用途	用于表面要求平滑、不许有钉头外露的铆接件上做紧固件用			

注:①带括号的规格尽可能不采用。

②钉杆长度系列(mm):2,2.5,3,3.5,4,5,6,7,8,9,10,11,12,13,14,15,16,17,18,19,20,22,24,26,28,30,32,34·,35··,36·,38,40,42,44·,45··,46·,48,50,52,55,58,60,62·,65,68·,70,75,80,85,90,95,100,110,120,130,140,150,160,170,180,190,200。其中带"·"符号的长度,只有(精制)铆钉(GB 869—86);带"··"符号的长度,只有粗制铆钉(GB 865—86)。

③碳钢制品:冷镦制品须经退火处理,表面不经处理或镀锌钝化;不锈钢制品:表面不经处理;铜及黄铜制品:表面不经处理或钝化;铝、硬铝及防锈铝:表面不经处理或阳极氧化。

3. 平头铆钉规格及用途(GB 109—86)

(mm)

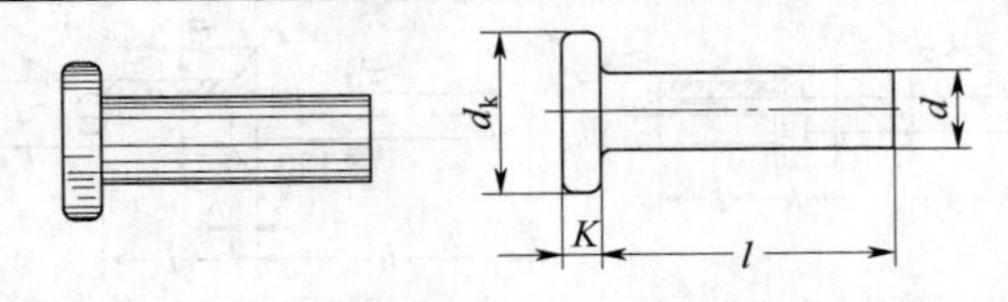

公称直径 d	头部直径 d_k	头部高度 K	公称长度 l
2	4	1	4~8
2.5	5	1.2	5~10
3	6	1.4	6~14
(3.5)	7	1.6	6~18
4	8	1.8	8~22
5	10	2.0	10~26
6	12	2.4	12~30
8	16	2.8	16~30
10	20	3.2	20~30
用途	用于扁薄件的铆接,如打包钢带、木桶圈箍等		

注:①公称长度系列(mm):4,5,6,7,8,9,10,11,12,13,14,15,16,17,18,19,20,22,24,26,28,30。带括号的规格尽可能不采用。

②碳钢制品:冷镦制品须经退火处理,表面不经处理或镀锌钝化;不锈钢制品:表面不经处理;铜及黄铜制品:表面不经处理或钝化;铝、硬铝及防锈铝:表面不经处理或阳极氧化。

4. 抽芯铆钉规格及用途

(mm)

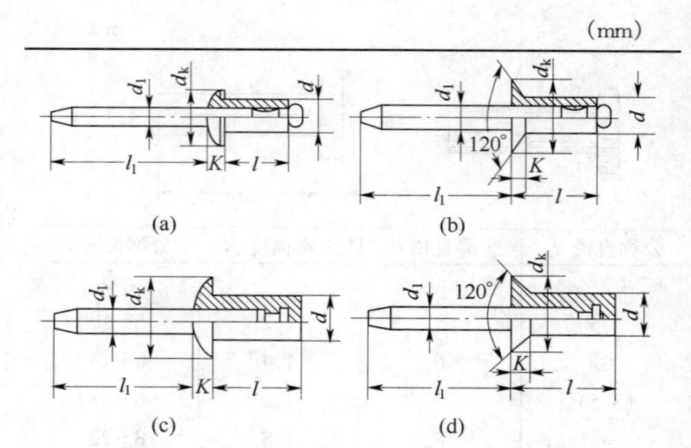

公称直径 d	钉头直径 d_k	钉头高度 K		钉芯直径 d_1	钉芯长度 $l\geqslant$	钉头高度 K		钻孔直径
		扁圆头	沉头≤			开口型	封型	
3	6	1.3	1.2	1.8	26	5～19	6～12	3.1
(3.2)	6	1.3	1.2	1.8	26	5～19	6～17	3.3
4	8	1.5	1.4	2.2	27	6～20	6～18	4.1
5	9.6	1.6	1.6	2.8	27	8～34	8～28	5.1
6	12	2.2	2.0	3.6	31	10～40	8～28	6.1
用途	用于将两个零件铆接成一个整体。特别适用于不便于用普通铆钉的构件							

注：①公称长度系列(mm)；5,6,7,8,9,10,11,12,13,14,15,16,17,18,19,20,22,24,25,26,28,30,32,34,35,36,38,40。

②带括号的规格尽可能不采用。

③产品表面处理。铝及铝合金：本色、彩色阳极氧化或喷塑；钢：不经处理或镀锌钝化；不锈钢：不经处理。

4.1.1.23 普通平键

【规格及用途】(GB 1096—79) (mm)

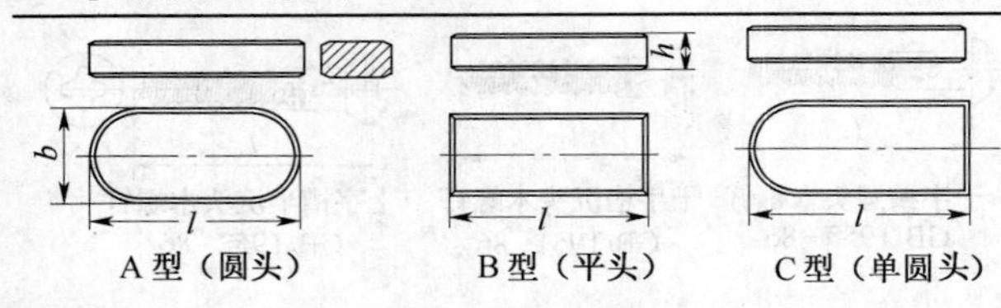

A型(圆头) B型(平头) C型(单圆头)

宽度 b	高度 h	长度 l	适用轴径	宽度 b	高度 h	长度 l	适用轴径
2	2	6~20	6~8	25	14	70~280	>85~95
3	3	6~36	>8~10	28	16	80~320	>95~110
4	4	8~45	>10~12	32	18	90~360	>110~130
5	5	10~56	>12~17	36	20	100~400	>130~150
6	6	14~70	>17~22	40	22	100~400	>150~170
8	7	18~90	>22~30	45	25	110~450	>170~200
10	8	22~110	>30~38	50	28	125~500	>200~230
12	8	28~140	>38~44	56	32	140~500	>230~260
14	9	36~160	>44~50	63	32	160~500	>260~290
16	10	45~180	>50~58	70	36	180~500	>290~330
18	11	50~200	>58~65	80	40	200~500	>330~380
20	12	56~220	>65~75	90	45	220~500	>380~440
22	14	63~250	>75~85	100	50	250~500	>440~500
用途	用于轴毂连接和传递动力						

注:长度系列(mm):6,8,10,12,14,16,18,20,22,25,28,32,36,40,45,50,56,63,70,80,90,100,110,125,140,160,180,200,220,250,280,320,360,400,450,500。

4.1.1.24　木螺钉

【规格及用途】

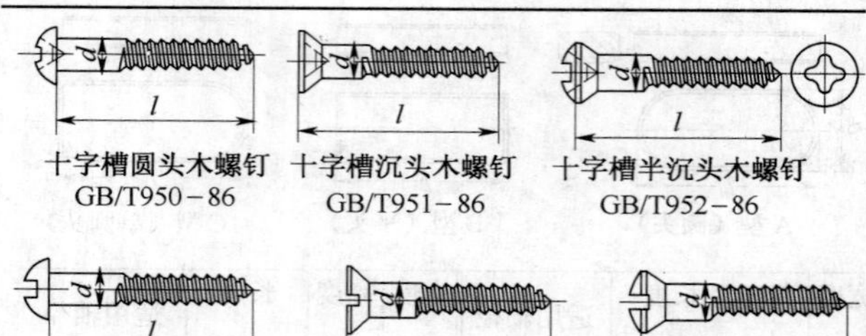

十字槽圆头木螺钉 GB/T950－86　　十字槽沉头木螺钉 GB/T951－86　　十字槽半沉头木螺钉 GB/T952－86

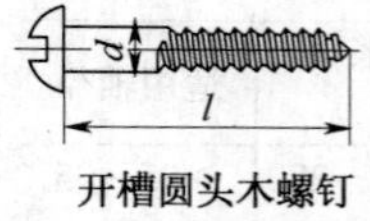

开槽圆头木螺钉 GB/T99－86

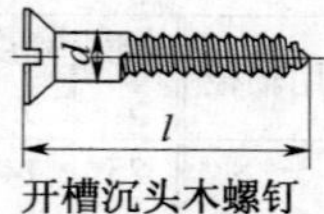

开槽沉头木螺钉 GB/T100－86

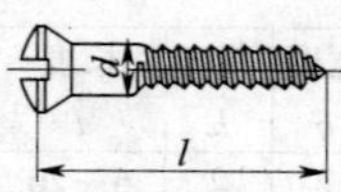

开槽半沉头木螺钉 GB/T101－86

直径/mm	开槽木螺钉钉长 l/mm			十字槽木螺钉	
	沉头	圆头	半沉头	十字槽号	钉长 l/mm
1.6		6～12		—	—
2	6～16	6～14	6～16	1	6～16
2.5	6～25	6～22	6～25	1	6～25
3	8～30	8～25	8～30	2	8～30
3.5	8～40	8～38	8～40	2	8～40
(4.5)	16～85	14～80	16～85	2	16～85
5	18～100	16～90	18～100	2	18～100
(5.5)	25～100	22～90	30～100	3	30～100
6	25～120	22～120	30～120	3	25～120
(7)	40～120	38～120	40～120	3	40～120

续表

直径/mm	开槽木螺钉钉长 l/mm			十字槽木螺钉	
	沉头	圆头	半沉头	十字槽号	钉长 l/mm
8	40～120	38～120	40～120	4	40～120
10	75～120	65～120	70～120	4	70～120
用途	用来在木质器具上紧固金属零件或其他物件，如箱扣、门锁、合页、插销等。螺钉头形式需根据需要选定				

注：①钉长系列(mm)：6,8,10,12,14,16,18,20,(22),25,30,(32),35,(38),40,45,50,(55),60,(65),70,(75),80,(85),90,100,120。

②括号内的直径和长度尽量不用。

③一般用低碳钢制造，表面滚光或镀锌钝化、镀铬；也有用黄铜制造，滚光。

4.1.1.25 圆钢钉、扁头圆钢钉及拼合用圆钢钉

1. 圆钢钉规格及用途(YB/T 5002—1993)

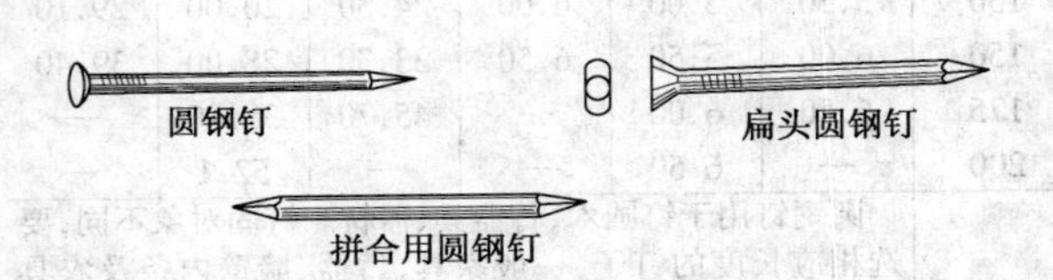

钉长/mm	钉杆直径/mm			每千只大约质量/kg		
	标准型	轻型	重型	标准型	轻型	重型
10	1.00	0.90	1.10	0.062	0.045	0.079
13	1.10	1.00	1.20	0.097	0.080	0.120
16	1.20	1.10	1.40	0.142	0.119	0.207

续表

钉长/mm	钉杆直径/mm			每千只大约质量/kg		
	标准型	轻型	重型	标准型	轻型	重型
20	1.40	1.20	1.60	0.242	0.177	0.324
25	1.60	1.40	1.80	0.359	0.302	0.511
30	1.80	1.60	2.00	0.600	0.473	0.785
35	2.00	1.80	2.20	0.860	0.700	1.060
40	2.20	2.00	2.50	1.190	0.990	1.560
45	2.50	2.20	2.80	1.730	1.340	2.200
50	2.80	2.50	3.10	2.42	1.920	3.020
60	3.10	2.80	3.40	3.56	2.900	4.350
70	3.40	3.10	3.70	5.00	4.150	5.940
80	3.70	3.40	4.10	6.75	5.710	8.300
90	4.10	3.70	4.50	9.35	7.630	11.300
100	4.50	4.10	5.00	12.50	10.40	15.50
110	5.00	4.50	5.50	17.00	13.70	20.90
130	5.50	5.00	6.00	·24.30	20.00	29.10
150	6.00	5.50	6.50	33.30	28.00	39.40
175	6.50	6.00	—	45.70	38.90	—
200	—	6.50	—	—	52.1	—
用途	圆钢钉用于钉圆木、竹器具、器材。钉固对象不同，要选相应长度的钉子，一般家具、竹器、墙壁内条及农具等，用钉长为 10～25mm；一般包装箱用长 30～50mm；牲畜棚等用长 50～60mm；木结构房屋等用长 100～150mm 的钉子					

2. 扁头圆钢钉规格及用途

钉长/mm	35	40	50	60	80	90	100
钉杆直径/mm	2	2.2	2.5	2.8	3.2	3.4	3.8

续表

钉长/mm	35	40	50	60	80	90	100
每千只大约质量/kg	0.95	1.18	1.75	2.9	4.7	6.4	8.5
用途	扁头圆钢钉主要用于钉家具、地板、木模等需将钉帽钉入木材的场合						

3. 拼合用圆钢钉

钉长/mm	25	30	35	40	45	50	60
钉杆直径/mm	1.6	1.8	2.0	2.2	2.5	2.8	
每千只大约质量/kg	0.36	0.55	0.79	1.08	1.52	2.0	2.4
用途	拼合用圆钢钉供制造家具、房门、农具及拼合木板时做销钉用						

4.1.1.26 水泥钉

【规格及用途】 (WJ/T 9020—1994) (mm)

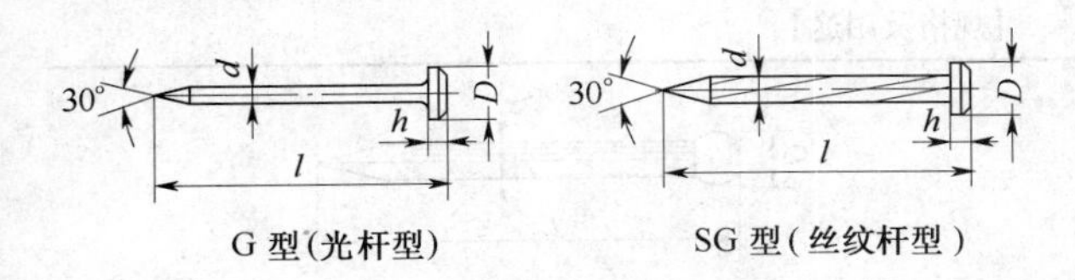

G 型(光杆型)　　SG 型(丝纹杆型)

钉杆直径 d	全长 l	钉帽直径 D	钉帽高度 h
G 型			
2.0	20	4.0	1.5
2.2	20,25,30	4.5	1.5
2.5	20,25,30,35	5.0	1.5
2.8	20,25,30,35	5.6	1.5
3.0	25,30,35,40	6.0	2.0

续表

钉杆直径 d	全长 l	钉帽直径 D	钉帽高度 h
	G 型		
3.7 4.5 5.5	30,35,40,50,60 60,80 100,120	7.5 9.0 10.5	2.0 2.0 2.5
	SG 型		
4.0 4.8	30,40,50,60 40,50,60,70,80	8.0 9.0	2.0 2.0
用途	可直接锤打入小于 200 号混凝土、渣砖、砖墙、硬木或厚度小于 3mm 的薄钢板中,用以固定其他物件		

注:①标注示例:钢钉规格:直径 3.7mm,全长 50mm,光杆水泥钉标注为:G3.7×50

②d≤3mm 的钢钉只适用于钉厚度<2mm 的薄钢板。

③钉为中碳钢丝造,硬度 HRC50~58。钢钉表面镀锌层厚≥4μm。

4.1.1.27 家具钉

【规格及用途】

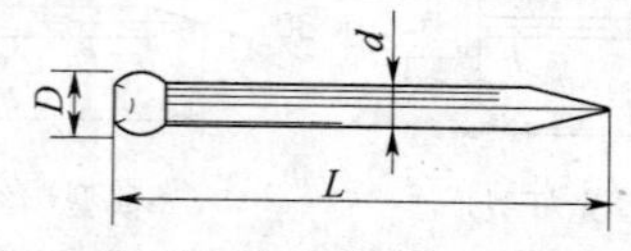

代号		2D	3D	4D	5D	6D	7D	8D
钉杆尺寸/mm	长度 L	25.4	31.75	38.10	44.45	50.80	57.15	63.50
	直径 d	1.48	1.71	1.83		2.32		2.50
每千只大约质量/kg		0.34	0.57	0.79	0.92	1.68	1.90	2.45

续表

代号		9D	10D	12D	16D	20D	30D	40D
钉杆尺寸/mm	长度 L	69.85	76.20	82.55	88.90	101.60	114.30	127
	直径 d	2.50	2.87		3.06	3.43	3.77	4.11
每千只大约质量/kg		2.69	3.87	4.19	5.13	7.37	10.02	13.23
用途	用于制作家具,可将钉帽隐埋于木材中							

4.1.1.28 U形钉

【规格及用途】

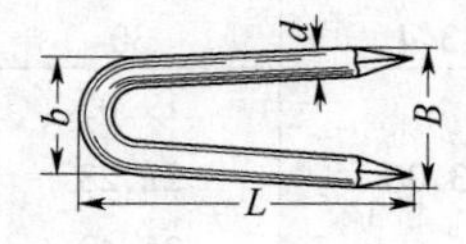

钉长 L	钉杆直径 d	大端宽度 B	小端宽度 b	每千只大约质量/kg
/mm				
10	1.6	8.5	7	0.37
15	1.8	10	8	0.50
20	2	10.5	8.5	0.89
25	2.2	11	8.8	1.36
30	2.5	13	10.5	2.19
用途	主要用于固定金属丝网、金属板网、刺丝、室内外挂线及固定捆绑木器的钢丝			

4.1.1.29 油毡钉

【规格及用途】

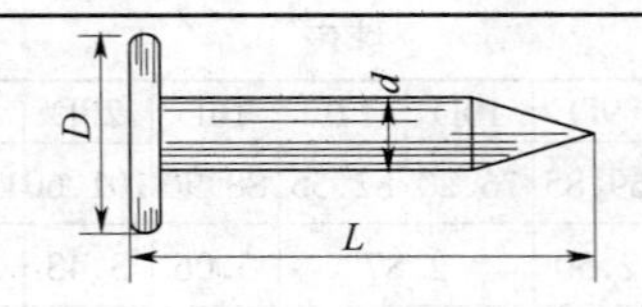

直径 D /mm	钉杆尺寸/mm		每千只大约质量/mm
	直径 d	长度 L	
15	15	15	0.58
20	2.8	20	1.00
25	3.2	25	1.50
30	3.4	30	2.00
19.05		19.05	1.10
22.23	3.06	22.23	1.28
25.40		25.40	1.47
28.58		28.58	1.65
31.75		31.75	1.83
38.10	3.06	38.10	2.20
44.45		44.45	2.57
50.80		50.80	2.93
19	2.8	19	—
25	3.2	25	
用途	专门用于钉建筑或修理房屋时的油毛毡。使用时可在钉帽下加油毡垫圈,以免钉孔处漏水		

4.1.1.30 瓦楞钉、瓦楞钩钉及瓦楞垫圈、羊毛毡垫圈

【规格及用途】

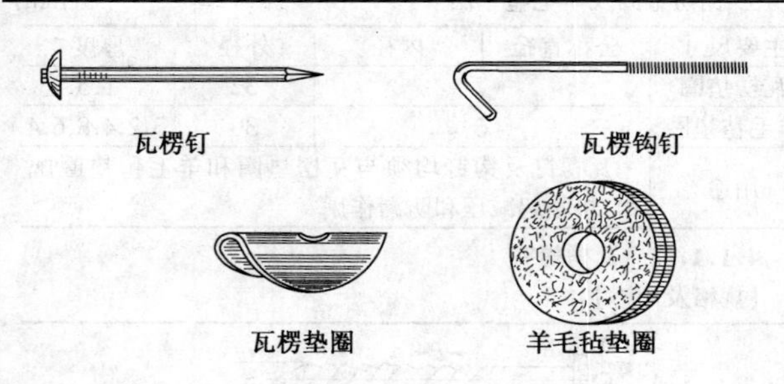

1. 瓦楞钉

钉身直径/mm			3.73	3.37	3.02	2.74	2.38
钉帽直径/mm			20		18		14
除帽后的长度/mm	38	每千只大约质量/kg	6.30	5.58	4.53	3.74	2.30
	44.5		6.75	6.01	4.90	4.03	2.38
	50.8		7.35	6.44	5.25	4.32	2.46
	63.5		8.35	7.30	6.17	4.90	—
用途	用于固定屋面上的石棉瓦、瓦楞铁皮,须与瓦楞垫圈和羊毛毡垫圈配用						

2. 瓦楞钩钉

钩钉长度/mm	80	100	120	140	160	180
钩钉直径/mm	6					
螺纹长度/mm	55					
每千只大约质量/kg	50	42	36	32	30	28
用途	用于将石棉瓦或瓦楞铁皮固定在屋梁和柱子上,须与瓦楞垫圈和羊毛毡垫圈配用					

3. 瓦楞垫圈及羊毛毡垫圈 (mm)

主要尺寸	公称直径	内径	外径	厚度
瓦楞垫圈	7		32	1.5
羊毛毡垫圈	6		30	3.2,4.8,6.4
用途	瓦楞钉及钩钉均须与瓦楞垫圈和羊毛毡垫圈配用,垫圈起减压和防漏作用			

4.1.1.31 瓦楞螺钉

【规格及用途】

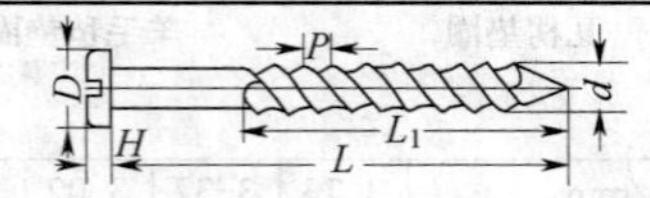

主要尺寸/mm						主要尺寸/mm					
公称直径 d	钉杆长度 L	螺纹长度 L_1	钉头直径 D	钉头厚度 H	螺距 P	公称直径 d	钉杆长度 L	螺纹长度 L_1	钉头直径 D	钉头厚度 H	螺距 P
	50	35					50	35			
	60	42					60	42			
6	65	46	9	3	4	7	65	46	11	3.2	5
	75	52					75	52			
	80	60					80	60			
	100	70					100	70			
用途	专用于木质结构屋顶、隔离壁等上面固定瓦楞铁皮或石棉瓦楞板。可用平锤敲入,但须用旋具旋出										

4.1.1.32 鱼尾钉

【规格及用途】

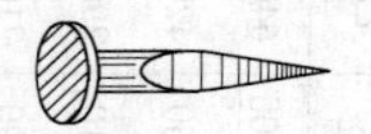

品种	全长/mm	钉帽直径/mm ≥	钉帽厚度/mm ≥	卡颈尺寸/mm ≥	每千只大约质量/g	每 kg 只数
薄型（A 型）	6	2.2	0.2	0.80	44	22700
	8	2.5	0.25	1.0	69	14400
	10	2.6	0.30	1.15	83	12000
	13	2.7	0.35	1.25	122	8200
	16	3.1	0.40	1.35	180	5550
厚型（B 型）	10	3.7	0.45	1.50	132	7600
	13	4	0.50	1.60	278	3600
	16	4.2	0.55	1.70	357	2800
	19	4.5	0.60	1.80	480	2100
	22	5	0.65	2.0	606	1650
	25	5	0.65	2.0	800	1250
用途	又名三角钉，用于制作沙发、软坐垫、帐篷、皮箱具、粉筛、小型农具等					

4.1.1.33 鞋钉

【规格及用途】

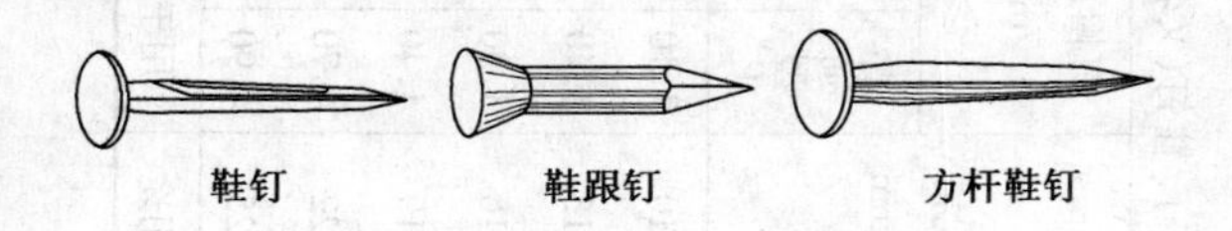

鞋钉 鞋跟钉 方杆鞋钉

1. 鞋钉(又名秋皮钉)(QB/T 1559—92)

规格 /mm	钉帽直径 /mm ≥		钉帽厚度 /mm ≥		钉杆末端宽度 /mm ≤		钉尖角度 /(°) ≤	每千只大约质量/g		每100g只数	
	普通型P	重型乙	普通型P	重型乙	普通型P	重型乙	P、乙	普通型P	重型乙	普通型P	重型乙
10	3.10	4.50	0.24	0.30	0.74	1.04	28	91	150	1100	640
13	3.40	5.20	0.30	0.34	0.84	1.10	28	152	288	660	420
16	3.90	5.90	0.34	0.38	0.94	1.20	28	244	345	410	290
19	4.40	6.10	0.40	0.40	1.04	1.30	30	345	476	290	210
22	4.70	6.60	0.44	0.44	1.14	1.40	30	435	625	230	160
25	4.90	7.00	0.44	0.44	1.24	1.50	30	526	769	190	130
用途	用于制作和维修鞋子、木制家具、农具、玩具等										

2. 鞋跟钉

长度/mm	钉杆直径/mm	钉帽直径/mm	每千只大约质量/kg
20	2.1	3.9	0.55
22			0.58
用途	用于制作和维修鞋子、木制家具、农具、玩具等		

3. 方杆鞋钉

全长/mm	钉帽直径/mm	钉帽厚度/mm ≥	钉身末端宽度/mm≤	钉尖角度(°) ≈	每千只大约质量/g	每kg只数
10	4	0.25	0.80	30	102	9800
13	4.5	0.30	0.90	30	185	5400
16	5.0	0.35	0.95	30	333	3000
19	5.5	0.40	1.05	35	455	2200
25	6	0.40	1.15	35	556	1800
用途	用于钉制沙发、软坐垫及修钉皮鞋等					

4.1.1.34 金属膨胀螺栓

【规格及用途】

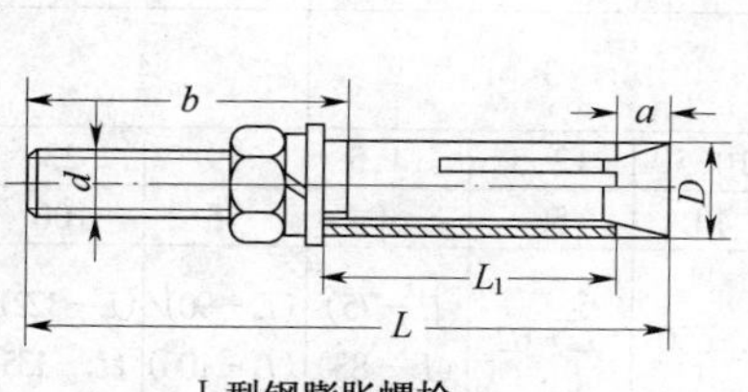

Ⅰ型钢膨胀螺栓

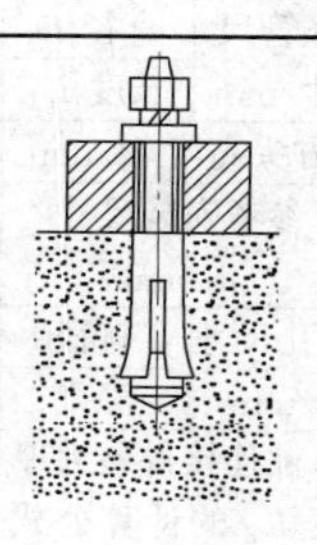
安装示意图

续表

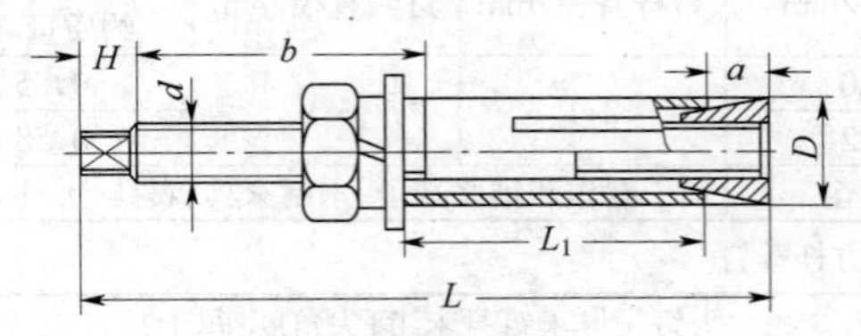

Ⅱ型钢膨胀螺栓

型式		Ⅰ型					Ⅱ型		
螺纹/mm	规格 d	M6	M8	M10	M12	M16	M10	M12	M16
	长度 b	35	40	50	52	70	50	52	70
公称长度 L/mm		65，75，85	80，90，100	95，110，125	110，130，150	150，170	150，175，200	150，200，250	200，250，300

螺纹规格/mm		M6	M8	M10	M12	M16
胀管尺寸/mm	直径 D	10	12	14	18	22
	长度 L_1	35	45	55	65	90
方头高度 H/mm		—	—	8	10	13
参考安装尺寸 a/mm		3			4	
钻孔尺寸/mm	直径	10.5	12.5	14.5	19	23
	深度	40	50	60	75	100
被连接件最大厚度 L_2 的计算公式/mm		$L-50$	$L-62$	$(L-75)/(L-83)$	$(L-90)/(L-100)$	$(L-122)/(L-135)$

续表

螺纹规格/mm		M6	M8	M10	M12	M16
允许静载荷/N	抗拉力	2350	4310	6860	10100	19020
	抗剪力	1770	3240	5100	7260	14120
用途	用于在混凝土地基或墙壁上固定安装各种机器设备、结构件及支架等。Ⅰ型是将螺栓、胀管放入钻好孔中，安装被连接对象后，拧紧螺母即可。Ⅱ型螺栓先将锥形螺母和胀管放入钻好的孔中，安装被连接对象后，拧紧螺母即可					

注：①螺栓 $L \leqslant 10d$ 或 $L \leqslant 150$mm 者为 A 级；$L > 10d$ 或 $L > 150$mm者为 B 级；螺母、垫圈为其国标中的 A 级。

②最大厚度计算公式中，分子数值适用于Ⅰ型，分母数值适用于Ⅱ型螺栓。

4.1.1.35 塑料胀管

【规格及用途】

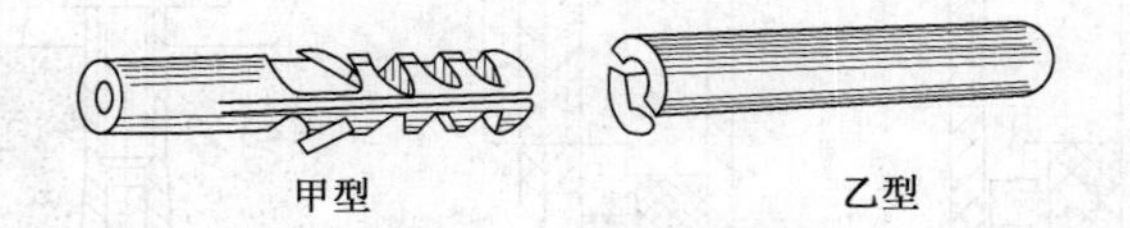

型式		甲型				乙型			
直径	/mm	6	8	10	12	6	8	10	12
长度		31	48	59	60	36	42	46	64
适用木螺钉直径		3.5 4	4 4.5	5.5 6		3.5 4	4 4.5	4.5	5.5 6
木螺钉长度		胀管长+10+被连接件厚度				胀管长+3+被连接件厚度			

续表

型式		甲型	乙型
钻孔直径	/mm	混凝土:≤胀管直径 0.3 加气混凝土:<胀管直径 0.5~1.0 硅酸盐砌块:<胀管直径 0.3~0.5	
钻孔长度		>胀管长度 10~12	>胀管长度 3~5
用途	用于在混凝土、墙壁、天花板等基体上安装固定门窗、水电卫生器件、金属制品或悬挂相框等装饰品		

4.1.1.36 膨胀螺母

【规格及用途】 上海产品。

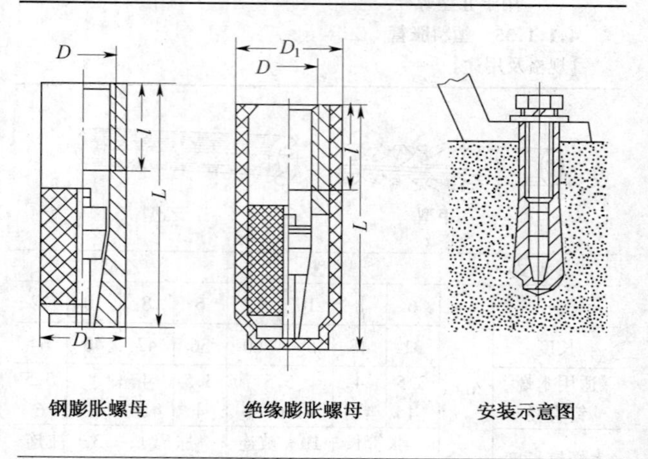

钢膨胀螺母 绝缘膨胀螺母 安装示意图

1. 钢与尼龙膨胀螺母

螺纹规格 D	螺母全长 L	螺纹长度 l	螺母外径 D_1	钻孔直径	横向允许抗拉静载荷/N
/mm					
M3	28	8	5	≤5	—
M4	28	9	6	≤6	—
M5	28	11	8	≤8	—
M6	28	11	8	≤8	4710
M8	30	13	10	≤10	7140
M10	40	15	12	≤12	11440
M12	50	18	16	≤16	14680
M16	60	23	20	≤20	24010
M20	80	24	25	≤25	36120
用途	用于将机器或机件等被连接件固定安装在混凝土地基或墙壁上				

注:①低碳钢膨胀螺母:代号 KT,规格 M6~M20。用于一般场合。

②不锈钢膨胀螺母:代号 KB,规格 M12~M20,用于防腐蚀要求的场合。

③尼龙膨胀螺母:代号 KS,规格 M3~M6,用于抗拉力要求不高的场合。

2. 绝缘膨胀螺母

螺纹规格 D	螺母全长 L	螺纹长度 l	螺母外径 D_1	钻孔直径	横向允许抗拉静载荷/N
/mm					
M6	30	11	10	10	2000
M8	32	13	12	12	3500
M10	43	15	16	16	6000
M12	53	18	20	20	8000
在电压 2000V、时间 1min 条件下绝缘电阻为 5MΩ					

续表

用途	用于将机器或机件等被连接件固定安装在混凝土地基或墙壁上。绝缘膨胀螺母代号 KF，规格 M6～M12，分四种用于有电绝缘要求的场合

注：①产品等级为 A 级。螺纹公差为 6H。

②碳钢表面经镀锌钝化、热镀锌或热渗锌处理。

③配用螺栓长度 L_2 的计算公式（单位：mm）：$L_2 = L$ + 平垫圈厚度 + 弹簧垫圈厚度 + 被紧固件的厚度 + 5。

④安装螺母的混凝土的抗压强度≥27MPa 时，才能保证螺母横向允许抗拉静载荷。

4.1.2 支承件

4.1.2.1 滚动轴承代号及表示方法

1. 滚动轴承代号组成、表示方法及含义（GB/T 272—1993）

代号组成	前置代号	基本代号			后置代号
表示方法	字母	数字或字母	数字	数字	字母或字母和数字
含义	成套轴承分部件	轴承类型	直径和宽度系列	轴承内径	轴承在结构形状、尺寸、公差、技术要求等方面有所改变

注：本节及以后各节叙及的轴承代号或新代号，均指 GB/T272—1993 规定的代号。

2. 轴承的旧代号的组成、表示方法及含义

<table>
<tr><td rowspan="3">适用轴承内径/mm</td><td>代号组成</td><td colspan="2">前置代号</td><td colspan="7">基本代号</td><td>补充代号</td></tr>
<tr><td rowspan="2">表示方法</td><td rowspan="2">数字</td><td rowspan="2">字母</td><td colspan="7">数字(数字位置从右边数起)</td><td rowspan="2">字母或字母和数字</td></tr>
<tr><td>七</td><td>六</td><td>五</td><td>四</td><td>三</td><td>二</td><td>一</td></tr>
<tr><td>≥10</td><td rowspan="2">含义</td><td rowspan="2">轴承游隙</td><td rowspan="2">轴承公差等级</td><td rowspan="2">宽度系列</td><td colspan="2" rowspan="2">轴承结构特点</td><td rowspan="2">轴承类型</td><td>直径系列</td><td colspan="2">轴承内径</td><td rowspan="2">轴承零件材料、结构及技术条件等有所改变</td></tr>
<tr><td><10</td><td>标以数字“0”</td><td>直径系列</td><td>轴承内径</td></tr>
</table>

注:基本代号中:第一、二位数字,对于装在紧定套上的轴承,则表示紧定衬套内径;第七位数字,对于推力轴承,则表示高度系列;数字(不包括0)左边的“0”不写出。

3. 轴承基本代号表示方法

(1)轴承类型代号的表示方法

<table>
<tr><td colspan="2">代号</td><td rowspan="2">轴承类型</td><td colspan="2">代号</td><td rowspan="2">轴承类型</td></tr>
<tr><td>新</td><td>旧</td><td>新</td><td>旧</td></tr>
<tr><td>0</td><td>6</td><td>双列角接触球轴承</td><td>6</td><td>0</td><td>深沟球轴承</td></tr>
<tr><td>1</td><td>1</td><td>调心球轴承</td><td>7</td><td>6</td><td>角接触球轴承</td></tr>
<tr><td>2</td><td>3</td><td>调心滚子轴承</td><td>8</td><td>9</td><td>推力圆柱滚子轴承</td></tr>
<tr><td>2</td><td>9</td><td>推力调心滚子轴承</td><td rowspan="2">N</td><td rowspan="2">2</td><td rowspan="2">圆柱滚子轴承,双列或多列用字母NN表示</td></tr>
<tr><td>3</td><td>7</td><td>圆锥滚子轴承</td></tr>
<tr><td>4</td><td>0</td><td>双列深沟球轴承</td><td>U</td><td>0</td><td>外球面球轴承</td></tr>
<tr><td>5</td><td>8</td><td>推力球轴承</td><td>QJ</td><td>6</td><td>四点接触球轴承</td></tr>
</table>

注:在新代号的后面或前面,还可加注字母或数字表示该类型轴承中的不同结构。

(2)向心轴承尺寸系列代号表示方法

直径系列			宽度系列		
新代号	旧代号		新代号	旧代号	
	名称	代号		名称	代号
7	超特轻	7	1	正常	1
			3	特宽	3
8	超轻	8	0	窄	7
			1	正常	1
			2	宽	2
			3,4,5,6	特宽	3,4,5,6
9	超轻	9	0	窄	7
			1	正常	1
			2	宽	2
			3,4,5,6	特宽	3,4,5,6
0	特轻	1	0	窄	7
			1	正常	0
			2	宽	2
			3,4,5,6	特宽	3,4,5,6
1	特轻	7	0	窄	7
			1	正常	1
			2	宽	2
			3,4	特宽	3,4
			5,6	特宽	5,6
2	轻	2	8	特窄	8
			0	窄	0
		2	1	正常	1
		5	2	宽	0

续表

直径系列			宽度系列		
新代号	旧代号		新代号	旧代号	
	名称	代号		名称	代号
2	轻	2	3,4	特宽	3,4
		—	5,6	—	—
3	中	3	8	特窄	8
3	中	3	0	窄	0
		3	1	正常	1
		6	2	宽	2
		3	3	特宽	3
4	重	4	0	窄	0
			2	宽	2

注:尺寸系列代号由宽度(在推力轴承中为高度)系列代号和直径系列代号组合而成。

(3)推力轴承尺寸系列代号的表示方法

直径系列			宽度系列		
新代号	旧代号		新代号	旧代号	
	名称	代号		名称	代号
0	超轻	9	7	特低	7
			9	低	9
			1	正常	1
1	轻	1	7	特低	7
			9	低	9
			1	正常	1
2	轻	2	7	特低	7
			9	低	9

续表

直径系列			宽度系列		
新代号	旧代号		新代号	旧代号	
	名称	代号		名称	代号
2	轻	2	1	正常	0
			2	正常	0·
3	中	3	7	特低	7
			9	低	9
			1	正常	0
			2	正常	0·
4	重	4	7	特低	7
			9	低	9
			1	正常	0
			2	正常	0·
5	特重	5	9	低	9

注:带“·”符号的为双向推力轴承高度系列。

(4)轴承内径代号表示法

轴承公称内径/mm	内径代号表示方法
0.6~10(非整数)	用公称内径数值直接表示,尺寸系列代号与内径代号之间用“/”分开
1~9(整数)	用公称内径数值直接表示,对7,8,9直径系列的深沟球轴承及角接触球轴承,尺寸系列代号与内径代号之间须用“/”分开
10,12,15,17	分别用00,01,02,03表示
20~480 (22,28,32除外)	用5除公称内径数值的商数表示,商数为1位数时,尚须在商数左边加“0”

续表

轴承公称内径/mm	内径代号表示方法
≥500，以及 22，28，32	用公称内径数值直接表示，尺寸系列代号与内径代号之间用“/”分开

注：轴承内径旧代号的表示方法与新代号的表示方法相同。

(5)滚针轴承基本代号表示法

轴承类型及标准号	类型代号	代号用轴承配合安装特征的尺寸表示	轴承基本代号表示方法
滚针和保持架组件(JB/T 7998—1995)	K (K)	$F_W \times E_W \times B_C$ ($F_WE_WB_C$)	$FK_W \times E_W \times B_C$ ($KF_WE_WB_C$)
推力滚针和保持架组件(GB/T 7915—1995)	AXK (889)	$D_{C1}D_C$· (用尺寸系列和内径代号表示)	$A \times KD_{C1}D_C$ (889100)
滚针轴承(GB/T 5801—1994)	NA (454)	新旧代号均用尺寸系列代号(48，49)和内径代号表示	NA4800，NA4900 (4544800，4544900)
穿孔型冲压外圈滚针轴承(GB/T 290—1998)	HK (HK)	F_WB· (F_WDB)	HKF_WB (HKF_WDB)
封口型冲压外圈滚针轴承(GB/T 290—1998)	BK (BK)	F_WB· (F_WDB)	BKF_WB (BKF_WDB)

注：①括号内的代号为相应的旧代号。

②表中：F_W——无内圈滚针轴承滚针总体内径，滚针保持架组件内径；E_W——滚针保持架组件外径；B——轴承公称宽度；B_C——滚针保持架组件宽度；D_{C1}——推力滚针保持架组件内径；D_C——推力滚针保持架组件外径；D——冲压外圈公称外径。

③“·”尺寸直接用 mm 数值表示时，如仅 1 位数，应在其左边加“0”。

4．轴承后置代号

(1)轴承后置代号分组的表示方法

分组序号	后置代号(组)							
	1	2	3	4	5	6	7	8
表示意义	内部结构	密封与防尘套圈变型	保持架及其材料	轴承材料	公差等级	游隙	配置	其他

注:①后置代号用字母或字母加数字表示。后置代号置于基本代号的右面,并与基本代号空半个汉字距(代号中有符号“—”、“/”时除外)。当改变项目多,具有多组后置代号时,则按上表所列组次顺序从左至右顺序排列。

②如改变为4组后(含4组)以后的内容,则在其代号前用“/”符号与前面代号隔开。

③如改变内容为第4组后的两组,在前组与后组代号中的数字或字母表示含义可能混淆时,两代号之间应空半个汉字距。

④保持架及其材料组与轴承材料组代号表示方法,参见JB/T 2974—1993《滚动轴承代号方法的补充规定》中的规定。

(2)轴承后置代号(组)表示方法

1)内部结构组代号的表示方法

代号	表示意义及代号举例(括号内为相应的旧代号)
A、B、C、D、E	①表示轴承内部结构改变。②表示标准设计轴承,其含义随不同类型、结构而异。例:7210B(66210),公称接触角 $\alpha=40°$ 的角接触球轴承;33210B,接触角加大的圆锥滚子轴承;7210C(36210),公称接触角 $\alpha=15°$ 的角接触球轴承;23122C(3053722),C型调心滚子轴承;NU207E(32207E),加强型内圈无挡边圆柱滚子轴承

续表

代号	表示意义及代号举例(括号内为相应的旧代号)
AC	7201AC(46210),公称接触角 $\alpha=25°$ 的角接触球轴承
D	K50X 55X20D(KSS05520),剖分式滚针和保持架组件
ZW	K20X 25X40ZW(KK202540),双列滚针和保持架组件

注:旧代号中无此项,用轴承结构特点代号表示。

2)密封、防尘与外部形状变化组代号表示方法

代号	表示意义及代号举例(括号内为相应的旧代号)
K	圆锥孔轴承,锥度 1:12(外球面轴承除外)。例:1210K(111210)
K30	圆锥孔轴承,锥度 1:30。例:24122 K30(4453722)
R	轴承外圈有止动挡边(凸缘外圈)(不适用于内径<10mm 向心球轴承)。例:30307 R(67307)
N	轴承外圈上有止动槽。例:6210N(50210)
NR	轴承外圈上有止动槽,并带止动环。例:6210 NR
-RS	轴承一面带骨架式橡胶密封圈(接触式)。例:6210-RS(160210)
-2RS	轴承两面带骨架式橡胶密封圈(接触式)。例:6210-2RS(180210)
-RZ	轴承一面带骨架式橡胶密封圈(非接触式)。例:6210-RZ(160210K)
-2RZ	轴承两面带骨架式橡胶密封圈(非接触式)。例:6210-2RZ(180210K)

续表

代号	表示意义及代号举例(括号内为相应的旧代号)
-Z	轴承一面带防尘盖。例:6210-Z(60210)
-2Z	轴承两面带防尘盖。例:6210-2Z(80210)
-RSZ	轴承一面带骨架式橡胶密封圈(接触式),一面带防尘盖。例:6210-RZZ
-RZZ	轴承一面带骨架式橡胶密封圈(非接触式),一面带防尘盖。例:6210-RZZ
-ZN	轴承一面带防尘盖,另一面外圈有止动槽。例:6210-ZN(150210)
-2ZN	轴承两面带防尘盖,外圈有止动槽。例:6210-2ZN(250210)
-ZNR	轴承一面带防尘盖,另一面外圈有止动槽,并带止动环。例:6210-ZNR
-ZNB	轴承一面带防尘盖,同一面外圈有止动槽。例:6210-ZNB
U	推力球轴承,带球面座圈。例:53210U(18210)

注:①密封圈代号与防尘盖代号同样可以与止动槽代号进行多种组合。

②旧代号无此项,用轴承结构特点代号表示。

3)公差等级组代号表示方法

代号	表示意义及代号举例(括号内为相应的旧代号)
/P0	公差等级符合标准规定的0级,代号中省略,不表示出;旧代号为G级(普通级)。例:6203(203)
/P6	公差等级符合标准规定的6级,旧代号为E级(高级)。例:6203/P6(E203)

续表

代号	表示意义及代号举例(括号内为相应的旧代号)
/P6×	公差等级符合标准规定的6×级,旧代号为E×级。例:30210/P6×(E×7210)
/P5	公差等级符合标准规定的5级,旧代号为D级(精密级)。例:6203/P5(D203)
/P4	公差等级符合标准规定的4级,旧代号为C级(超精级)。例:6203/P4(C203)
/P2	公差等级符合标准规定的2级,旧代号为B级(超精密)。例:6203/P2(B203)
/C1	游隙符合标准规定的1组。例:NN3006 K/C1(1G3182106)
/C2	游隙符合标准规定的2组。例:6210/C2(2G210)
无代号	游隙符合标准规定的0组。例:6210(210)
/C3	游隙符合标准规定的3组。例:6210/C3(3G210)
/C4	游隙符合标准规定的4组。例:NN3006 K/C4(4G3182106)
/C5	游隙符合标准规定的5组。例:NNU4920 K/C5(5G4382920)

注:①公差等级代号与游隙代号同时表示时,可简化,取公差等级代号加上游隙组合号(0组不表示)组合表示。

②旧代号无字母C,而且代号位置位于最左边。

4)配置组代号表示方法

代号	表示意义及代号举例(括号内为相应的旧代号)
/DB	成对背对背安装的轴承。例:7210C/DB(326210)
/DF	成对面对面安装的轴承。例:7210C/DF(336210)

续表

代号	表示意义及代号举例(括号内为相应的旧代号)
/DT	成对串联安装的轴承。例:7210C/DT(436210)

注:旧代号无此项,用轴承结构特点代号表示。

4.1.2.2 滚动轴承新旧代号对照

<table>
<tr><th rowspan="2">轴承名称</th><th colspan="3">新代号</th><th colspan="5">旧代号</th></tr>
<tr><th>类型代号</th><th>尺寸系列代号</th><th>轴承代号</th><th>宽度系列代号</th><th>结构特点代号</th><th>类型代号</th><th>直径系列代号</th><th>轴承代号</th></tr>
<tr><td rowspan="2">双列角接触球轴承</td><td rowspan="2">(0)</td><td>32</td><td>3200</td><td rowspan="2">3</td><td rowspan="2">05</td><td rowspan="2">6</td><td>2</td><td>3056200</td></tr>
<tr><td>33</td><td>3300</td><td>3</td><td>3056300</td></tr>
<tr><td rowspan="4">调心球轴承</td><td>1</td><td>(0)2</td><td>1200</td><td rowspan="4">0</td><td rowspan="4">00</td><td rowspan="4">1</td><td>2</td><td>1200</td></tr>
<tr><td>(1)</td><td>22</td><td>2200</td><td>5</td><td>1500</td></tr>
<tr><td>1</td><td>(0)3</td><td>1300</td><td>3</td><td>1300</td></tr>
<tr><td>(1)</td><td>23</td><td>2300</td><td>6</td><td>1600</td></tr>
<tr><td rowspan="8">调心滚子轴承</td><td rowspan="8">2</td><td>13</td><td>21300C</td><td rowspan="3">0</td><td rowspan="8">05</td><td rowspan="8">3</td><td>3</td><td>53300</td></tr>
<tr><td>22</td><td>22200C</td><td>5</td><td>53500</td></tr>
<tr><td>23</td><td>22300C</td><td>6</td><td>53600</td></tr>
<tr><td>30</td><td>23000C</td><td rowspan="3">3</td><td>1</td><td>3053100</td></tr>
<tr><td>31</td><td>23100C</td><td>7</td><td>3053700</td></tr>
<tr><td>32</td><td>23200C</td><td>2</td><td>3053200</td></tr>
<tr><td>40</td><td>24000C</td><td>4</td><td>1</td><td>4053100</td></tr>
<tr><td>41</td><td>24100C</td><td>5</td><td>7</td><td>5053700</td></tr>
<tr><td rowspan="3">推力调心滚子轴承</td><td rowspan="3">2</td><td>92</td><td>29200</td><td rowspan="3">9</td><td rowspan="3">03</td><td rowspan="3">9</td><td>2</td><td>9039200</td></tr>
<tr><td>93</td><td>29300</td><td>3</td><td>9039300</td></tr>
<tr><td>94</td><td>29400</td><td>4</td><td>9039400</td></tr>
</table>

续表

轴承名称	新代号			旧代号				
	类型代号	尺寸系列代号	轴承代号	宽度系列代号	结构特点代号	类型代号	直径系列代号	轴承代号
圆锥滚子轴承	3	02	30200	0	00	7	2	7200
		03	30300				3	7300
		13	31300		02		3	27300
		20	32000	2	00		1	2007100
		22	32200	0			5	7500
		23	32300				6	7600
		29	32900	2			9	2007900
		30	33000	3			1	3007100
		31	33100				7	3007700
		32	33200				2	3007200
双列深沟球轴承	4	(2)2	4200	0	81	0	5	810500
		(2)3	4300				6	810600
推力球轴承	5	11	51100	0	00	8	1	8100
		12	51200				2	8200
		13	51300				3	8300
		14	51400				4	8400
双向推力球轴承	5	22	52200	0	03	8	2	38200
		23	52300				3	38300
		24	52400				4	38400
带球面座圈推力球轴承	5	12·	53200	0	02	8	2	28200
		13·	53300				3	28300
		14·	53400				4	28400

续表

轴承名称	新代号			旧代号				
	类型代号	尺寸系列代号	轴承代号	宽度系列代号	结构特点代号	类型代号	直径系列代号	轴承代号
带球面座圈双向推力球轴承	5	22·	54200	0	05	8	2	58200
		23·	54300				3	58300
		24·	54400				4	58400
深沟球轴承	6	17	61700	1	00	0	7	1000700
		37	63700	3				3000700
		18	61800	1			8	1000800
		19	61900				9	1000900
	16	(0)0	16000	7			1	7000100
	6	(1)0	6000	0				100
		(0)2	6200				2	200
		(0)3	6300				3	300
		(0)4	6400	1			4	400
角接触球轴承	7	19	71900	0	03	6	9	1036900
		(1)0	7000		03		1	6100
		(0)2	7200		04		2	6200
		(0)3	7300		06		3	6300
		(0)4	7400		—		4	6400
推力圆柱滚子轴承	8	11	81100		00	9	1	9100
		12	81200				2	9200
内圈无挡边圆柱滚子轴承	NU	22	NU2200	0	03	2	5	32500
		(0)3	NU300				3	32300
		23	NU2300				6	32600
		(0)4	NU400				4	32400

续表

轴承名称	新代号			旧代号				
	类型代号	尺寸系列代号	轴承代号	宽度系列代号	结构特点代号	类型代号	直径系列代号	轴承代号
内圈单挡边圆柱滚子轴承	NJ	(0)2	NJ200	0	04	2	2	42200
		22	NJ2200				5	42500
		(3)	NJ300				3	42300
		23	NJ2300				6	42600
		(0)4	NJ400				4	42400
内圈单挡边并带平挡圈圆柱滚子轴承	NUP	(0)2	NUP200	0	09	2	2	92200
		22	NUP2200				5	92500
		(0)3	NUP300				3	92300
		23	NUP2300				6	92600
外圈无挡边圆柱滚子轴承	N	10	N1000	0	00	2	1	2100
		(0)2	N200				2	2200
		22	N2200				5	2500
		(0)3	N300				3	2300
		23	N2300				6	2600
		(0)4	N400				4	2400
外圈单挡边圆柱滚子轴承	NF	(0)2	NF200	0	01	2	2	12200
		(0)3	NF300				3	12300
		23	NF2300				6	12600
双列圆柱滚子轴承	NN	30	NN3000	3	28	2	1	3282100
内圈无挡边双列圆柱滚子轴承	NNU	49	NNU4900	4	48	2	9	4482900

续表

轴承名称	新代号			旧代号				
	类型代号	尺寸系列代号	轴承代号	宽度系列代号	结构特点代号	类型代号	直径系列代号	轴承代号
带顶丝外球面球轴承	UC	2	UC200	0	09	0	5	90500
		3	UC300				6	90600
带偏心套外球面球轴承	UEL	2	UEL200	0	39	0	5	390500
		3	UEL300				6	390600
圆锥孔外球面球轴承	UK	2	UK200	0	19	0	5	190500
		3	UK300				6	190600
四点接触球轴承	QJ	(0)2	QJ200	0	17	6	2	176200
		(0)3	QJ300				3	176300
滚针轴承	NA	48	NA4800	4	54	4	8	4544800
		49	NA4900				9	4544900
		69	NA6900	6	25	4	9	6254900

注:①新代号的类型代号和尺寸系列代号栏内,带括号的数字在轴承代号中可省略。

②新代号中,带·括号的尺寸系列代号:12、13、14 在轴承代号中分别写成 32、33、34;22、23、24 在轴承代号中分别写成 42、43、44。

4.1.2.3　深沟球轴承

【用途】 用于承受径向负荷,也可用于承受一定的轴向负荷。

【规格】 (GB/T 276—1994)

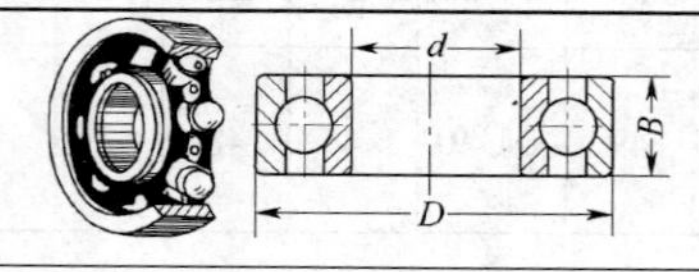

1.(1)0 系列

轴承代号	内径 d /mm	外径 D /mm	宽度 B /mm	质量 /kg	轴承代号	内径 d /mm	外径 D /mm	宽度 B /mm	质量 /kg
604	4	12	4	0.0040	60/22	22	44	12	
605	5	14	5	0.0045	6005	25	47	12	0.075
606	6	17	6	0.0057	60/28	28	52	12	
607	7	19	6	0.0073	6006	30	55	13	0.090
608	8	22	7	0.012	60/32	32	58	13	
609	9	24	7	0.016	6007	35	62	14	0.16
6000	10	26	8	0.019	6008	40	68	15	0.20
6001	12	28	8	0.021	6009	45	75	16	0.24
6002	15	32	8	0.026	6010	50	80	16	0.26
6003	17	35	10	0.036	6011	55	90	18	0.38
6004	20	42	12	0.069	6012	60	95	18	0.41

2.(0)1系列

轴承代号	内径 d /mm	外径 D /mm	宽度 B /mm	质量 /kg	轴承代号	内径 d /mm	外径 D /mm	宽度 B /mm	质量 /kg
6013	65	100	18	0.54	6021	105	160	26	1.62
6014	70	110	20	0.60	6022	110	170	28	2.1
6015	75	115	20	0.63	6024	120	180	28	2.4
6016	80	125	22	0.86	6026	130	200	33	3.3
6017	85	130	22	0.90	6028	140	210	33	3.9
6018	90	140	24	1.16	6030	150	225	35	4.8
6019	95	145	24	1.18	6032	160	240	38	5.9
6020	100	150	24	1.25	6034	170	260	42	7.9

续表

轴承代号	内径 d /mm	外径 D /mm	宽度 B /mm	质量 /kg	轴承代号	内径 d /mm	外径 D /mm	宽度 B /mm	质量 /kg
6036	180	280	46	10.7	6068	340	520	82	67.2
6038	190	290	46	11.1	6072	360	540	82	68.0
6040	200	310	51	14.8	6076	380	560	82	—
6044	220	340	56	19.0	6080	400	600	90	87.4
6048	240	360	56	20.7	6084	420	620	90	—
6052	260	400	65	28.8	6088	440	650	94	107
6056	280	420	65	32.1	6092	460	680	100	—
6060	300	460	74	42.8	6096	480	700	100	—
6064	320	480	74	48.4	60/500	500	720	100	117

3. (0)2 系列

轴承代号	内径 d /mm	外径 D /mm	宽度 B /mm	质量 /kg	轴承代号	内径 d /mm	外径 D /mm	宽度 B /mm	质量 /kg
623	3	10	4	0.0016	6203	17	40	12	0.065
624	4	13	5	0.0031	6204	20	47	14	0.107
625	5	16	5	0.0050	62/22	22	50	14	—
626	6	19	6	0.0078	6205	25	52	15	0.125
627	7	22	7	0.014	62/28	28	58	16	—
628	8	24	8	0.016	6206	30	62	16	0.205
629	9	26	8	0.019	62/32	32	65	17	—
6200	10	30	9	0.030	6207	35	72	17	0.285
6201	12	32	10	0.037	6208	40	80	18	0.370
6202	15	35	11	0.046	6209	45	85	19	0.408

续表

轴承代号	内径 d /mm	外径 D /mm	宽度 B /mm	质量 /kg	轴承代号	内径 d /mm	外径 D /mm	宽度 B /mm	质量 /kg
6210	50	90	20	0.462	6224	120	215	40	5.20
6211	55	100	21	0.598	6226	130	230	40	6.19
6212	60	110	22	0.80	6228	140	250	42	9.44
6213	65	120	23	0.99	6230	150	270	45	10.4
6214	70	125	24	1.07	6232	160	290	48	15.0
6215	75	130	25	1.39	6234	170	310	52	16.5
6216	80	140	26	1.62	6236	180	320	52	17.8
6217	85	150	28	1.92	6238	190	340	55	23.2
6218	90	160	30	2.12	6240	200	360	58	24.8
6219	95	170	32	2.61	6244	220	400	65	36.5
6220	100	180	34	3.19	6248	240	440	72	52.6
6221	105	190	36	3.66	6252	260	480	80	68.3
6222	110	200	38	4.40	—	—	—	—	—

4. (0)3 系列

轴承代号	内径 d /mm	外径 D /mm	宽度 B /mm	质量 /kg	轴承代号	内径 d /mm	外径 D /mm	宽度 B /mm	质量 /kg
633	3	13	5	0.0030	6303	17	47	14	0.109
634	4	16	5	0.0053	6304	20	52	15	0.150
635	5	19	6	0.0082	63/22	22	56	16	—
6300	10	35	11	0.049	6305	25	62	17	0.229
6301	12	37	12	0.059	63/28	28	68	18	—
6302	15	42	13	0.082	6306	30	72	19	0.292

续表

轴承代号	内径 d /mm	外径 D /mm	宽度 B /mm	质量 /kg	轴承代号	内径 d /mm	外径 D /mm	宽度 B /mm	质量 /kg
63/32	32	75	20	—	6318	90	190	43	4.91
6307	35	80	21	0.340	6319	95	200	45	5.70
6308	40	90	23	—	6320	100	215	47	7.20
6309	45	100	25	0.435	6321	105	225	49	7.84
6310	50	110	27	0.636	6322	110	240	50	9.22
6311	55	120	29	1.36	6324	120	260	55	14.78
6312	60	130	31	1.67	6326	130	280	58	16.52
6313	65	140	33	2.08	6328	140	300	62	22.0
6314	70	150	35	2.55	6330	150	320	65	26.0
6315	75	160	37	3.02	6332	160	340	68	—
6316	80	170	39	3.66	6334	170	360	72	35.6
6317	85	180	41	4.22	—	—	—	—	—

4.1.2.4　调心球轴承

【用途】　10000 型能自动调心,适用于承受径向载荷或承受径向载荷和不大的轴向载荷。10000K 型为圆锥孔装于轴的锥端上,可做微调节轴承游隙。10000K + H0000 型主要用于无轴肩的光轴,装卸方便,可调节游隙。

【规格】

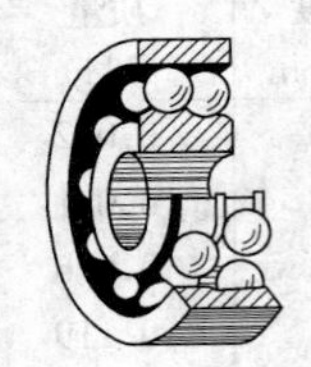

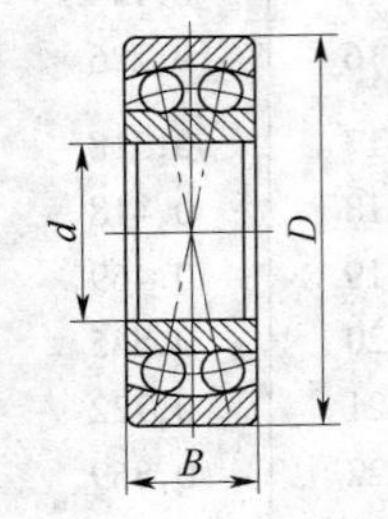

10000型

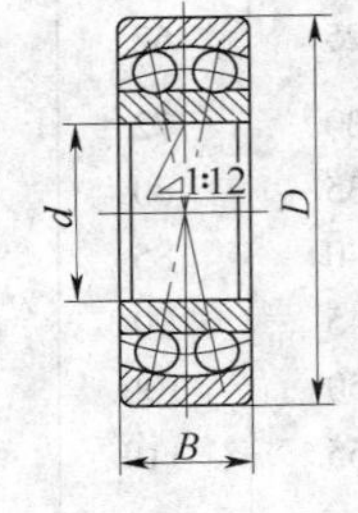

10000K型(锥度1:12)

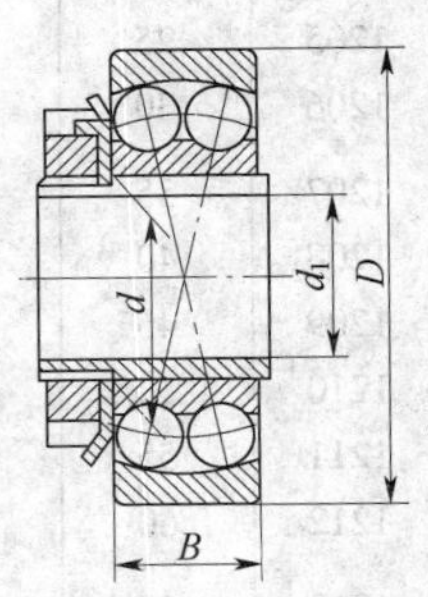

10000K+H0000型

1. 10000型调心球轴承(GB/T 281—1994)

(1)　(0)2系列

轴承代号	内径 d/mm	轴径 d_1/mm	外径 D/mm	宽度 B/mm	质量 /kg
126	6	—	19	6	0.0096
127	7		22	7	0.015
129	9		26	8	0.023
135	5		19	6	0.01
1200	10		30	9	0.035

续表

轴承代号	内径 d/mm	轴径 d_1/mm	外径 D/mm	宽度 B/mm	质量 /kg
1201	12	—	32	10	0.042
1202	15	—	35	11	0.051
1203	17	—	40	12	0.076
1204	20	17	47	14	0.119
1205	25	20	52	15	0.144
1206	30	25	62	16	0.226
1207	35	30	72	17	0.318
1208	40	35	80	18	0.418
1209	45	40	85	19	0.469
1210	50	45	90	20	0.545
1211	55	50	100	21	0.722
1212	60	55	110	22	0.869
1213	65	60	120	23	0.915
1214	70	—	125	24	1.29
1215	70	65	130	25	1.35
1216	80	70	140	26	1.65
1217	85	75	150	28	2.10
1218	90	80	160	30	2.51
1219	95	85	170	32	3.06
1220	100	90	180	34	3.68
1221	105	—	190	36	4.40
1222	110	100	200	38	5.20

（2）（0)3 系列

轴承代号	内径 d/mm	轴径 d_1/mm	外径 D/mm	宽度 B/mm	质量/kg
1300	10	—	35	11	0.06
1301	12	—	37	12	0.07
1302	15	—	42	13	0.099
1303	17	—	47	14	0.138
1304	20	17	52	15	0.174
1305	25	20	62	17	0.258
1306	30	25	72	19	0.39
1307	35	30	80	21	0.54
1308	40	35	90	23	0.71
1309	45	40	100	25	0.96
1310	50	45	110	27	1.21
1311	55	50	120	29	1.58
1312	60	55	130	31	1.96
1313	65	60	140	33	2.39
1314	70	—	150	35	2.98
1315	75	65	160	37	3.55
1316	80	70	170	39	4.19
1317	85	75	180	41	4.95
1318	90	80	190	43	5.99
1319	95	85	200	45	6.98
1320	100	90	215	47	8.66
1321	105	95	225	49	9.55
1322	110	100	240	50	11.8

(3)　22系列

轴承代号	内径 d/mm	轴径 d_1/mm	外径 D/mm	宽度 B/mm	质量 /kg
2200	10	—	30	14	—
2201	12	—	32	14	—
2202	15	—	35	14	0.060
2203	17	—	40	16	0.088
2204	20	17	47	18	0.152
2205	25	20	52	18	0.187
2206	30	25	62	20	0.260
2207	35	30	72	23	0.441
2208	40	35	80	23	0.530
2209	45	40	85	23	0.553
2210	50	45	90	23	0.678
2211	55	50	100	25	0.810
2212	60	55	110	28	1.15
2213	65	60	120	31	1.50
2214	70	—	125	31	1.63
2215	75	65	130	31	1.71
2216	80	70	140	33	2.19
2217	85	75	150	36	2.53
2218	90	80	160	40	3.40
2219	95	85	170	43	4.20
2220	100	90	180	46	4.95
2221	105	—	190	50	6.66
2222	110	100	200	53	7.16

(4) 23系列

轴承代号	内径 d/mm	轴径 d_1/mm	外径 D/mm	宽度 B/mm	质量/kg
2300	10	—	35	17	—
2301	12	—	37	17	—
2302	15	—	42	17	—
2303	17	—	47	19	—
2304	20	17	52	21	0.219
2305	25	20	62	24	0.355
2306	30	25	72	27	0.501
2307	35	30	80	31	0.675
2308	40	35	90	33	0.959
2309	45	40	100	36	1.25
2310	50	45	110	40	1.66
2311	55	50	120	43	2.09
2312	60	55	130	46	2.16
2313	65	60	140	48	3.22
2314	70	—	150	51	3.92
2315	75	65	160	55	4.71
2316	80	70	170	58	5.70
2317	85	75	180	60	6.73
2318	90	80	190	64	7.93
2319	95	85	200	67	9.20
2320	100	90	215	73	12.4

续表

轴承代号	内径 d/mm	轴径 d_1/mm	外径 D/mm	宽度 B/mm	质量/kg
2321	105	—	225	77	—
2322	110	100	240	80	17.6

注:①轴径 d_1 仅适用于 10000K + H0000 型轴承。

②10000K 型和 10000K + H0000 型轴承的尺寸(d、D、B),均与相同尺寸系列和内径代号的 10000 型轴承的尺寸相同。如:1308K 轴承和 1308K + H308 轴承的尺寸,均可参见表中 1308 轴承的尺寸。

2. 10000K 型圆锥孔调心球轴承(GB/T 281—1994)

(1) 1200K 型

轴承代号	质量/kg	轴承代号	质量/kg	轴承代号	质量/kg	轴承代号	质量/kg
1200K	—	1206K	0.222	1212K	0.877	1218K	2.50
1201K	—	1207K	0.312	1213K	1.15	1219K	3.02
1202K	—	1208K	0.411	1214K	1.26	1220K	3.70
1203K	0.70	1209K	0.460	1215K	1.35	1221K	4.40
1204K	0.107	1210K	0.535	1216K	1.59	1222K	5.20
1205K	0.144	1211K	0.709	1217K	2.07	—	—

注:10000K 型轴承的尺寸(d、B、D)参见“调心球轴承”的注。

(2) 1300K、2200K 型

轴承代号	质量/kg	轴承代号	质量/kg	轴承代号	质量/kg	轴承代号	质量/kg
1300K	0.060	1311K	1.57	1322K	11.9	2212K	1.09
1301K	0.070	1312K	1.98	2202K	—	2213K	1.46
1302K	—	1313K	2.37	2203K	—	2214K	1.52
1303K	—	1314K	3.00	2204K	0.149	2215K	1.62
1304K	0.171	1315K	3.49	2205K	0.160	2216K	2.00
1305K	0.258	1316K	4.18	2206K	0.254	2217K	2.48
1306K	0.383	1317K	4.88	2207K	0.400	2218K	3.17
1307K	0.529	1318K	5.50	2208K	0.519	2219K	4.20
1308K	0.696	1319K	6.96	2209K	0.55	2220K	4.94
1309K	0.947	1320K	8.30	2210K	0.60	2221K	—
1310K	1.19	1321K	10.0	2211K	0.82	2222K	7.00

(3) 2300K 型

轴承代号	质量/kg	轴承代号	质量/kg	轴承代号	质量/kg	轴承代号	质量/kg
2304K	0.21	2309K	1.23	2314K	4.30	2319K	9.16
2305K	0.35	2310K	1.65	2315K	4.63	2320K	12.3
2306K	0.50	2311K	2.05	2316K	5.55	2321K	—
2307K	—	2212K	2.43	2317K	6.56	2322K	17.3
2308K	0.94	2313K	3.21	2318K	7.30	—	—

3. 10000K + H0000 型带紧定套的调心球轴承(GB/T 281—1994)

(1) 1200K + H200 型

轴承代号	质量/kg	轴承代号	质量/kg
1204K+H204	0.148	1213K+H213	1.551
1205K+H205	0.204	1215K+H215	2.057
1206K+H206	0.321	1216K+H216	2.472
1207K+H207	0.432	1217K+H217	3.172
1208K+H208	0.585	1218K+H218	3.69
1209K+H209	0.687	1219K+H219	4.39
1210K+H210	0.809	1220K+H220	5.19
1211K+H211	1.019	1222K+H222	7.13
1212K+H212	1.223	—	—

(2) 2200K+H300型

轴承代号	质量/kg	轴承代号	质量/kg
2204K+H304	0.194	2213K+H313	1.92
2205K+H305	0.235	2215K+H315	2.45
2206K+H306	0.363	2216K+H316	3.03
2207K+H307	0.542	2217K+H317	3.96
2208K+H308	0.708	2218K+H318	4.54
2209K+H309	0.798	2219K+H319	5.76
2210K+H310	0.903	2220K+H320	6.63
2211K+H311	1.17	2222K+H322	9.18
2712K+H312	1.48	—	—

(3) 1300K + H300、2300K + H2300 型

轴承代号	质量/kg	轴承代号	质量/kg
1304K + H304	0.216	2304K + H2304	0.259
1305K + H305	0.333	2305K + H2305	0.437
1306K + H306	0.492	2306K + H2306	0.626
1307K + H307	0.671	2307K + H2307	—
1308K + H308	0.885	2308K + H2308	1.10
1309K + H309	1.20	2309K + H2309	1.51
1310K + H310	1.49	2310K + H2310	2.01
1311K + H311	1.92	2311K + H2311	2.47
1312K + H312	2.37	2312K + H2312	2.91
1313K + H313	3.33	2313K + H2313	3.77
1315K + H315	4.32	2315K + H2315	5.68
1316K + H316	5.21	2316K + H2316	6.83
1317K + H317	6.06	2317K + H2317	8.01
1318K + H318	6.87	2318K + H2318	9.39
1319K + H319	8.52	2319K + H2319	11.1
1320K + H320	9.49	2320K + H2320	14.5
1322K + H322	14.1	2322K + H2322	20.0

注：10000K + H0000 型轴承的尺寸（d、D、B）参见调心球轴承的注。

4. 新旧轴承代号对照举例

10000 型		10000K 型		10000K + H0000 型	
新代号	旧代号	新代号	旧代号	新代号	旧代号
1210	1210	1204K	111204	1207K + H207	11207
2205	1505	2216K	111516	2215K + H315	11515
2306	1606	1308K	111308	1309K + H209	11309
—	—	2312K	111612	2320K + H320	11620

4.1.2.5　圆柱滚子轴承

【用途】 只能用于承受径向载荷。要求转速较高、与轴和孔配合要求较高、内外圈轴线可倾斜2′～4′的场合，如机床、大功率电机、电车等。

【规格】

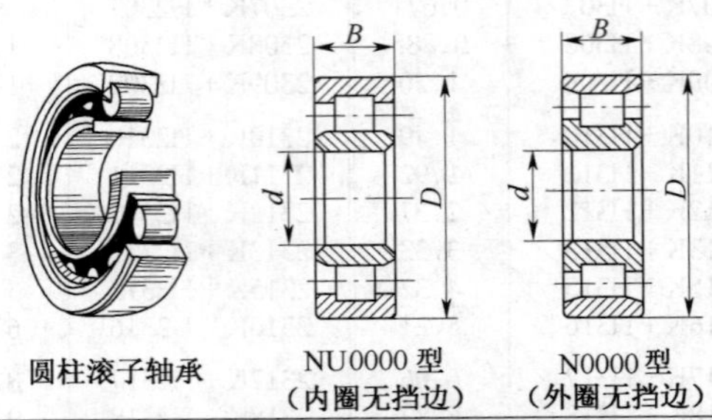

圆柱滚子轴承　　NU0000型（内圈无挡边）　　N0000型（外圈无挡边）

1. NU0000型内圈无挡边圆柱滚子轴承（GB/T 283—1994）

（1） 10系列

轴承代号	内径 d /mm	外径 D /mm	宽度 B /mm	质量 /kg	轴承代号	内径 d /mm	外径 D /mm	宽度 B /mm	质量 /kg
NU1005	25	47	12	0.105	NU1012	60	95	18	—
NU1006	30	55	13	0.139	NU1013	65	100	18	0.522
NU1007	35	62	14	0.180	NU1014	70	110	20	0.718
NU1008	40	68	15	0.220	NU1015	75	115	20	—
NU1009	45	75	16	—	NU1016	80	125	22	0.997
NU1010	50	80	16	0.297	NU1017	85	130	22	—
NU1011	55	90	18	0.450	NU1018	90	140	24	1.38

续表

轴承代号	内径 d /mm	外径 D /mm	宽度 B /mm	质量 /kg	轴承代号	内径 d /mm	外径 D /mm	宽度 B /mm	质量 /kg
NU1019	95	145	24	—	NU1056	280	420	65	29.8
NU1020	100	150	24	1.50	NU1060	300	460	74	44.4
NU1021	105	160	26	1.90	NU1064	320	480	74	47.0
NU1022	110	170	28	2.03	NU1068	340	520	82	—
NU1024	120	180	28	2.37	NU1072	360	540	82	—
NU1026	130	200	33	3.84	NU1076	380	560	82	—
NU1028	140	210	33	4.27	NU1080	400	600	90	88.8
NU1030	150	225	35	4.8	NU1084	420	620	90	—
NU1032	160	240	38	6.20	NU1088	440	650	94	—
NU1034	170	260	42	8.04	NU1092	460	680	100	—
NU1036	180	280	46	10.6	NU1096	480	700	100	—
NU1038	190	290	46	11.1	NU10/500	500	720	100	—
NU1040	200	310	51	14.1	NU10/530	530	780	112	—
NU1044	220	340	56	19.0	NU10/560	560	820	115	—
NU1048	240	360	56	20.4	NU10/630	600	870	118	—
NU1052	260	400	65	29.4	—	—	—	—	—

(2) (0)2 系列

轴承代号	内径 d /mm	外径 D /mm	宽度 B /mm	质量 /kg	轴承代号	内径 d /mm	外径 D /mm	宽度 B /mm	质量 /kg
NU202E	15	35	11	0.060	NU205E	25	52	15	0.15
NU203E	17	40	12	0.074	NU206E	30	62	16	0.24
NU204E	20	47	14	0.14	NU207E	35	72	17	0.34

续表

轴承代号	内径 d /mm	外径 D /mm	宽度 B /mm	质量 /kg	轴承代号	内径 d /mm	外径 D /mm	宽度 B /mm	质量 /kg
NU208E	40	80	18	0.45	NU220E	100	180	34	3.9
NU209E	45	85	19	0.52	NU221E	105	190	36	4.2
NU210E	50	90	20	0.56	NU222E	110	200	38	5.2
NU211E	55	100	21	0.69	NU224E	120	215	40	6.4
NU212E	60	110	22	0.96	NU226E	130	230	40	7.3
NU213E	65	120	23	1.2	NU228E	140	250	42	9.1
NU214E	70	125	24	1.3	NU230E	150	270	45	11.8
NU215E	75	130	25	1.4	NU232E	160	290	48	14.2
NU216E	80	140	26	1.6	NU234E	170	310	52	18.1
NU217E	85	150	28	2.1	NU236E	180	320	52	19.6
NU218E	90	160	30	2.5	NU238E	190	340	55	22.6
NU219E	95	170	32	3.2	NU240E	200	360	58	27.1

(3)　(0)3 系列

轴承代号	内径 d /mm	外径 D /mm	宽度 B /mm	质量 /kg	轴承代号	内径 d /mm	外径 D /mm	宽度 B /mm	质量 /kg
NU303E	17	47	14	0.15	NU310E	50	110	27	1.29
NU304E	20	52	15	0.20	NU311E	55	120	29	1.74
NU305E	25	62	17	0.28	NU312E	60	130	31	2.05
NU306E	30	72	19	0.41	NU313E	65	140	33	2.54
NU307E	35	80	21	0.55	NU314E	70	150	35	3.09
NU308E	40	90	23	0.70	NU315E	75	160	37	3.76
NU309E	45	100	25	1.02	NU316E	80	170	39	4.48

续表

轴承代号	内径 d /mm	外径 D /mm	宽度 B /mm	质量 /kg	轴承代号	内径 d /mm	外径 D /mm	宽度 B /mm	质量 /kg
NU317E	85	180	41	5.25	NU324E	120	260	55	15.6
NU318E	90	190	43	6.06	NU326E	130	280	58	18.5
NU319E	95	200	45	7.05	NU328E	140	300	62	21.6
NU320E	100	215	47	8.75	NU330E	150	320	65	27.5
NU321E	105	225	49	9.80	NU332E	160	340	68	31.6
NU322E	110	240	50	11.9	—	—	—	—	—

2.N0000 型外圈无挡边圆柱滚子轴承(GB/T 283—1994)

(1) 10 系列

轴承代号	质量 /kg	轴承代号	质量 /kg	轴承代号	质量 /kg	轴承代号	质量 /kg
N1005	—	N1014	—	N1024	2.29	N1044	—
N1006	—	N1015	—	N1026	3.70	N1048	—
N1007	—	N1016	—	N1028	4.62	N1052	30.8
N1008	—	N1017	1.04	N1030	—	N1056	—
N1009	—	N1018	1.42	N1032	—	N1060	—
N1010	0.268	N1019	—	N1034	—	N1064	—
N1011	—	N1020	—	N1036	—	—	—
N1012	0.463	N1021	—	N1038	—	—	—
N1013	—	N1022	2.01	N1040	15.0	—	—

（2）　(0)2 系列

轴承代号	质量/kg	轴承代号	质量/kg	轴承代号	质量/kg	轴承代号	质量/kg
N202	0.050	N210	0.570	N218	2.63	N230	11.6
N203	0.078	N211	0.680	N219	3.21	N232	14.5
N204	0.133	N212	0.947	N220	—	N234	17.1
N205	0.149	N213	1.19	N221	4.40	N236	18.0
N206	0.239	N214	1.30	N222	5.11	N238	—
N207	0.341	N215	1.45	N224	6.19	N240	27.4
N208	0.439	N216	1.72	N226	7.18	—	—
N209	0.493	N217	2.07	N228	9.35	—	—

（3）　(0)3 系列

轴承代号	质量/kg	轴承代号	质量/kg	轴承代号	质量/kg	轴承代号	质量/kg
N304	0.198	N311	1.70	N318	6.17	N328	21.3
N305	0.266	N312	2.05	N319	7.27	N330	27.1
N306	0.41	N313	2.58	N320	8.69	N332	31.6
N307	0.54	N314	3.02	N321	9.80	N334	37.3
N308	0.71	N315	3.77	N322	11.8	—	—
N309	0.98	N316	4.42	N324	15.2	—	—
N310	1.27	N317	5.21	N326	18.4	—	—

注：N0000 型轴承的外形尺寸(d、D、B)，与相同内径的 NU0000 型轴承相同。

4.1.2.6　圆锥滚子轴承

【用途】　适用于径向(主要)和轴向载荷同时作用，可分别装拆，并可调整游隙的场合。

【规格】

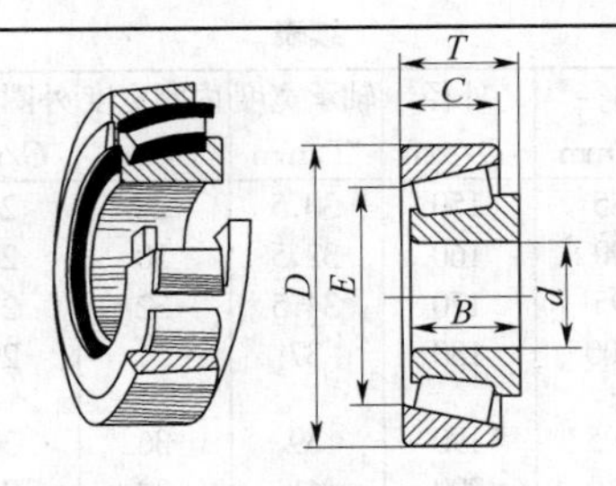

1. 30000 型圆锥滚子轴承:02 系列(GB/T 297—1994)

轴承代号	内径 d/mm	外径 D/mm	轴承宽度 T/mm	内圈宽度 B/mm	外圈宽度 C/mm	质量 /kg
30202	15	35	11.25	11	10	0.050
30203	17	40	13.25	12	11	0.078
30204	20	47	15.25	14	12	0.120
30205	25	52	16.25	15	13	0.144
30206	30	62	17.25	16	14	0.232
302/32	32	65	18.25	17	15	0.267
30207	35	72	18.25	17	15	0.327
30208	40	80	19.25	18	16	0.400
30209	45	85	20.25	19	16	0.442
30210	50	90	21.75	20	17	0.520
30211	55	100	22.75	21	18	0.705
30212	60	110	23.75	22	19	0.886
30213	65	120	24.75	23	20	1.16
30214	70	125	26.25	24	21	1.25
20215	75	130	27.25	25	22	1.34
30216	80	140	28.25	26	22	1.65

续表

轴承代号	内径 d/mm	外径 D/mm	轴承宽度 T/mm	内圈宽度 B/mm	外圈宽度 C/mm	质量 /kg
30217	85	150	30.5	28	24	2.03
30218	90	160	32.5	30	26	2.56
30219	95	170	34.5	32	27	3.17
30220	100	180	37	34	29	3.73
30221	105	190	39	36	30	4.40
30222	110	200	41	38	32	—
30224	120	215	43.5	40	34	6.21
30226	130	230	43.75	40	34	—
30228	140	250	45.75	42	36	8.80
30230	150	270	49	45	38	10.2
30232	160	290	52	48	40	13.5
30234	170	310	57	52	43	—
30236	180	320	57	52	43	18.5
30238	190	340	60	55	46	—
30240	200	360	64	58	48	27.8
30244	220	400	72	65	54	35.5

2．30000 型 03 系列圆锥滚子轴承(GB/T 297—1994)

轴承代号	内径 d/mm	外径 D/mm	轴承宽度 T/mm	内圈宽度 B/mm	外圈宽度 C/mm	质量 /kg
30302	15	42	14.25	13	11	0.096
30303	17	47	15.25	14	12	0.130
30304	20	52	16.25	15	13	0.168
30305	25	62	18.25	17	15	0.259
30306	30	72	20.75	19	16	0.390

续表

轴承代号	内径 d/mm	外径 D/mm	轴承宽度 T/mm	内圈宽度 B/mm	外圈宽度 C/mm	质量/kg
30307	35	80	22.75	21	18	0.522
30308	40	90	25.25	23	20	0.747
30309	45	100	27.25	25	22	0.984
30310	50	110	29.25	27	23	1.25
30311	55	120	31.5	29	25	1.63
30312	60	130	33.5	31	26	1.90
30313	65	140	36	33	28	2.41
30314	70	150	38	35	30	3.04
30315	75	160	40	37	31	2.74
30316	80	170	42.5	39	33	—
30317	85	180	44.5	41	34	—
30318	90	190	46.5	43	36	5.73
30319	95	200	49.5	45	38	6.80
30320	100	215	51.5	47	39	—
30321	105	225	53.5	49	41	—
30322	110	240	54.5	50	42	—
30324	120	260	59.5	55	46	13.75
30326	130	280	63.75	58	49	—
30328	140	300	67.75	62	53	—
30330	150	320	72	65	55	—
30332	160	340	75	68	58	32.96
30334	170	360	80	72	62	35.31
30336	180	380	83	75	64	—
30338	190	400	86	78	65	—

续表

轴承代号	内径 d/mm	外径 D/mm	轴承宽度 T/mm	内圈宽度 B/mm	外圈宽度 C/mm	质量 /kg
30340	200	420	89	80	67	—
30344	220	460	97	88	73	—
30348	240	500	105	95	80	—
30352	260	540	113	102	85	51.3

4.1.2.7　推力球轴承

【用途】 只适用于承受一个方向的轴向载荷、转速较低的场合。

【规格】

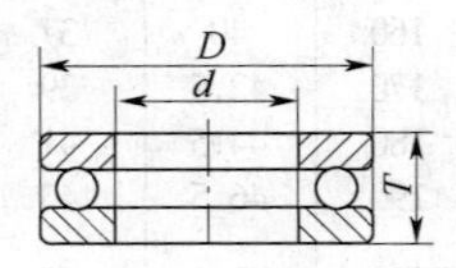

1. 51000 型:11 系列(GB/T 301—1995)

轴承代号	内径 d /mm	外径 D /mm	高度 T /mm	质量 /kg	轴承代号	内径 d /mm	外径 D /mm	高度 T /mm	质量 /kg
51100	10	24	9	0.0193	51107	35	52	12	0.0826
51101	12	26	9	0.0214	51108	40	60	13	0.120
51102	15	28	9	0.0243	51109	45	65	14	0.150
51103	17	30	9	0.0253	51110	50	70	14	0.160
51104	20	35	10	0.0376	51111	55	78	16	0.240
51105	25	42	11	0.0562	51112	60	85	17	0.290
51106	30	47	11	0.0665	51113	65	90	18	0.324

续表

轴承代号	内径 d /mm	外径 D /mm	高度 T /mm	质量 /kg	轴承代号	内径 d /mm	外径 D /mm	高度 T /mm	质量 /kg
51114	70	95	18	0.360	51144	220	270	37	4.65
51115	75	100	19	0.392	51148	240	300	45	7.49
51116	80	105	19	0.404	51152	260	320	45	8.10
51117	85	110	19	0.460	51156	280	350	53	12.2
51118	90	120	22	0.480	51160	300	380	62	17.5
51120	100	135	25	1.00	51164	320	400	63	18.9
51122	110	145	25	1.08	51168	340	420	64	20.5
51124	120	155	25	1.16	51172	360	440	65	22.0
51126	130	170	30	1.87	51176	380	460	65	—
51128	140	180	31	2.10	51180	400	480	65	23.8
51130	150	190	31	2.20	51184	420	500	65	25.2
51132	160	200	31	2.30	51188	440	540	80	—
51134	170	215	34	3.30	51192	460	560	80	43.0
51136	180	225	34	3.50	51196	480	580	80	43.9
51138	190	240	37	4.10	511/500	500	600	80	47.1
51140	200	250	37	4.20	—	—	—	—	—

2. 51000 型:12 系列(GB/T 301—1995)

轴承代号	内径 d /mm	外径 D /mm	高度 T /mm	质量 /kg	轴承代号	内径 d /mm	外径 D /mm	高度 T /mm	质量 /kg
51200	10	26	11	0.0293	51203	17	35	12	0.0506
51201	12	28	11	0.0324	51204	20	40	14	0.0773
51202	15	32	12	0.0444	51205	25	47	15	0.109

续表

轴承代号	内径 d /mm	外径 D /mm	高度 T /mm	质量 /kg	轴承代号	内径 d /mm	外径 D /mm	高度 T /mm	质量 /kg
51206	30	52	16	0.138	51226	130	190	45	4.20
51207	35	62	18	0.220	51228	140	200	46	4.60
51208	40	68	19	0.270	51230	150	215	50	5.80
51209	45	73	20	0.320	51232	160	225	51	6.70
51210	50	78	22	0.390	51234	170	240	55	8.30
51211	55	90	25	0.609	51236	180	250	56	8.90
51212	60	95	26	0.690	51238	190	270	62	11.9
51213	65	100	27	0.750	51240	200	280	62	12.1
51214	70	105	27	0.790	51244	220	300	63	13.7
51215	75	110	27	0.850	51248	240	340	78	23.6
51216	80	115	28	0.925	51252	260	360	79	25.5
51217	85	125	31	1.30	51256	280	380	80	27.8
51218	90	135	35	1.77	51260	300	420	95	43.7
51220	100	150	38	2.40	51264	320	440	95	44.3
51222	110	160	38	2.60	51268	340	460	96	45.5
51224	120	170	39	2.90	51272	360	500	110	71.0

4.1.2.8 滚针轴承

【规格及用途】（GB/T 5801—1994）

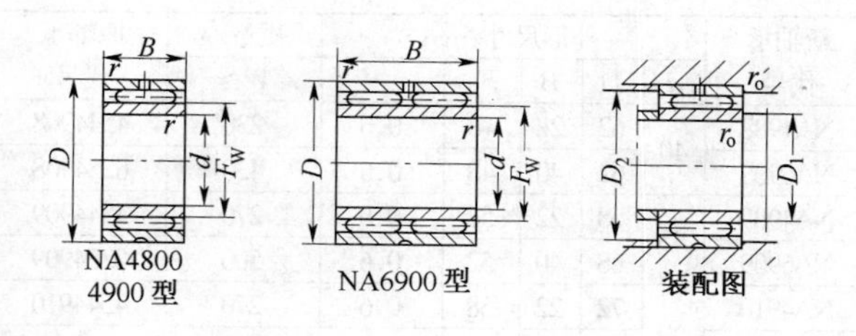

新轴承代号	外形尺寸/mm					质量/g	原轴承代号
	d	D	B	F_w	r	$W\approx$	
NA4900	10	22	13	14	0.3	23	4544900
NA4901	12	24	13	16	0.3	26	4544901
NA6901		24	22	16	0.3	46	6254901
NA4902	15	28	13	20	0.3	34	4544902
NA6902		28	23	20	0.3	64	6254902
NA4903	17	30	13	22	0.3	37	4544903
NA6903		30	23	22	0.3	72	6254903
NA4904	20	37	17	25	0.3	75	4544904
NA6904		37	30	25	0.3	140	6254904
NA4905	25	42	17	30	0.3	88	4544905
NA6905		42	30	30	0.3	160	6254905
NA4906	30	47	17	35	0.3	100	4544906
NA6906		47	30	35	0.3	190	6254906
NA4907	35	55	20	42	0.6	170	4544907
NA6907		55	36	42	0.6	310	6254907

续表

新轴承代号	外形尺寸/mm					质量/g	原轴承代号
	d	D	B	F_w	r	$W\approx$	
NA4908	40	62	22	48	0.6	230	4544908
NA6908		62	40	48	0.6	430	6254908
NA4909	45	68	22	52	0.6	270	4544909
NA6909		68	40	52	0.6	500	6254909
NA4910	50	72	22	58	0.6	270	4544910
NA6910		72	40	58	0.6	520	6254910
NA4911	55	80	25	63	1	400	4544911
NA6911		80	45	63	1	780	6254911
NA4912	60	85	25	68	1	430	4544912
NA6912		85	45	68	1	810	6254912
NA4913	65	90	25	72	1	460	4544913
NA6913		90	45	72	1	830	6254913
NA4914	70	100	30	80	1	730	4544914
NA6914		100	54	80	1	1350	6254914
NA4915	75	105	30	85	1	780	4544915
NA6915		105	54	85	1	1450	6254915
NA4916	80	110	30	90	1	880	4544916
NA6916		110	54	90	1	1500	6254916
NA4917	85	120	35	100	1.1	1250	4544917
NA6917		120	63	100	1.1	2200	6254917
NA4918	90	125	35	105	1.1	1300	4544918
NA6918		125	63	105	1.1	2300	6254918
NA4919	95	130	35	110	1.1	1400	4544919
NA6919		130	63	110	1.1	2500	6254919

续表

新轴承代号	外形尺寸/mm					质量/g	原轴承代号
	d	D	B	F_w	r	$W\approx$	
NA4920	100	140	30	115	1.1	1900	4544920
NA6920		140	71	115	1.1	3400	6254920
NA4922	110	150	40	125	1.1	2100	4544922
NA4924	120	165	45	135	1.1	2850	4544924
NA4926	130	180	50	150	1.5	3900	4544926
NA4828	140	175	35	—	1.1	2170	4544828
NA4928	140	190	50	160	1.5	4150	4544928
NA4834	170	215	45	140	1.1	4310	4544834
用途	无保持架、不能承受轴向载荷,不允许有偏斜,承受径向载荷能力大。适用于径向尺寸受限制而载荷又较大的场合						

4.1.2.9　等径孔二螺柱轴承座

【用途】　用在传动轴上,固定滚动轴承的外圈。

【规格】

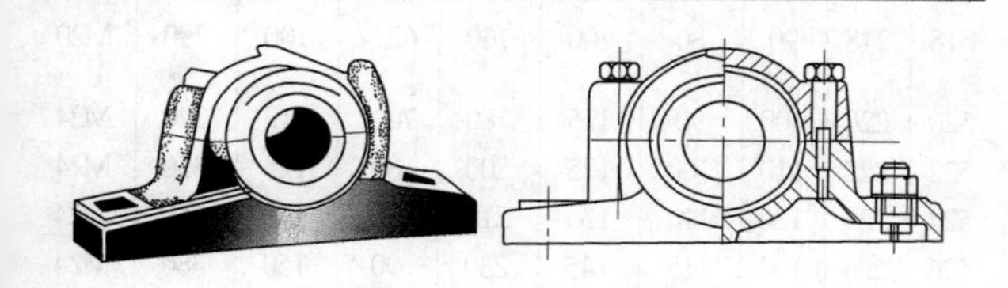

1. 轻系列滚动轴承座(GB/T 7813—1998)

续表

型号		轴承内径/mm	适用轴径/mm		内腔尺寸/mm		座中心高/mm	螺栓孔距/mm	螺栓直径/mm
SN5系列	SN2系列		SN5	SN2	直径	宽度			
504	—	20	17	—	47	24	35	115	M10
505	205	25	20	30	52	25	40	130	M12
506	206	30	25	35	62	30	50	150	M12
507	207	35	30	45	72	33	50	150	M12
508	208	40	35	50	80	33	60	170	M12
509	209	45	40	55	85	31	60	170	M12
510	210	50	45	60	90	33	60	170	M12
511	211	55	50	65	100	33	70	210	M16
512	212	60	55	70	110	38	70	210	M16
513	213	65	60	75	120	43	80	230	M16
—	214	70	—	80	125	44	80	230	M16
515	215	75	65	85	130	41	80	230	M16
516	216	80	70	90	140	43	95	260	M20
517	217	85	75	95	150	46	95	260	M20
518	218	90	80	100	160	62.4	100	290	M20
520	220	100	90	115	180	70.3	112	320	M24
522	222	110	100	125	200	80	125	350	M24
524	224	120	110	135	215	86	140	350	M24
526	226	130	115	145	230	90	150	380	M24
528	228	140	125	155	250	98	150	420	M30

续表

型号		轴承内径/mm	适用轴径/mm		内腔尺寸/mm		座中心高/mm	螺栓孔距/mm	螺栓直径/mm
SN5系列	SN2系列		SN5	SN2	直径	宽度			
530	230	150	135	165	270	106	160	450	M30
532	232	160	140	175	290	114	170	470	M30

注:①表列 SN 系列轴承座的完整型号,由 SN 和数字两部分组成。如:SN513、SN615。

②轴承座型号与适用轴承型号的最后两位数字之间的关系,对于新轴承型号,两者相同;对于不带紧定套的旧轴承型号,两者也相同;对于带紧定套的旧轴承型号,轴承座型号大于旧轴承型号(大 1~4,随型号增大而增大)。

③SN×24~SN×32 轴承座,一般装有吊环螺钉。

2. 中系列滚动轴承座(GB/T 7813—1998)

型号		轴承内径/mm	适用轴径/mm		内腔尺寸/mm		座中心高/mm	螺栓孔距/mm	螺栓直径/mm
SN6系列	SN3系列		SN6	SN3	直径	宽度			
605	305	25	20	30	62	34	50	150	M12
606	306	30	25	35	72	37	50	150	M12
607	307	35	30	45	80	41	60	170	M12
608	308	40	35	50	90	43	60	170	M12
609	309	45	40	55	100	46	70	210	M16
610	310	50	45	60	110	50	70	210	M16
612	312	60	55	70	130	56	80	230	M16

续表

型号		轴承内径/mm	适用轴径/mm		内腔尺寸/mm		座中心高/mm	螺栓孔距/mm	螺栓直径/mm
SN6系列	SN3系列		SN6	SN3	直径	宽度			
613	313	65	60	75	140	58	95	260	M20
—	314	70	—	80	150	61	95	260	M20
615	315	75	65	85	160	65	100	290	M20
616	316	80	70	90	170	68	112	290	M20
617	317	85	75	95	180	70	112	320	M24
618	—	90	80	—	190	74	112	320	M24
619	—	95	85	—	200	77	125	350	M24
620	—	100	90	—	215	83	140	350	M24
622	—	110	100	—	240	90	150	390	M24
624	—	120	110	—	260	96	160	450	M30
626	—	130	115	—	280	103	170	470	M30
628	—	140	125	—	300	112	180	520	M30
630	—	150	135	—	320	118	190	560	M30
632	—	160	140	—	340	124	200	580	M36

注:参见轻系列滚动轴承座的注。

3. 轴承座止推环(GB/T 7813—1998)

型号(SR)	外径/mm	宽度/mm	内径/mm	开口/mm	型号(SR)	外径/mm	宽度/mm	内径/mm	开口/mm
52×5	52	5	45	32	62×10	62	10	54	38
52×7	52	7	54	38	72×8	72	8	64	47
62×7	62	7	54	38	72×9	72	9	64	47
62×8.5	62	8.5	54	38	72×10	72	10	64	47

续表

型号(SR)	外径/mm	宽度/mm	内径/mm	开口/mm	型号(SR)	外径/mm	宽度/mm	内径/mm	开口/mm
80×7.5	80	7.5	70	52	130×12.5	130	12.5	118	88
80×10	80	10	70	52	140×8.5	140	8.5	127	93
85×6	85	6	75	57	140×10	140	10	127	93
85×8	85	8	75	57	140×12.5	140	12.5	127	93
90×6.5	90	6.5	80	62	150×9	150	9	135	98
90×10	90	10	80	62	150×10	150	10	135	98
100×6	100	6	90	68	150×13	150	13	135	98
100×8	100	8	90	68	160×10	160	10	144	105
100×10	100	10	90	68	160×11.2	160	11.2	144	105
100×10.5	100	10.5	90	68	160×14	160	14	144	105
110×8	110	8	99	73	160×16.2	160	16.2	144	105
110×10	110	10	99	73	170×10	170	10	154	112
110×11.5	110	11.5	99	73	170×10.5	170	10.5	154	112
120×10	120	10	108	78	170×14.5	170	14.5	154	112
120×12	120	12	108	78	180×10	180	10	163	120
125×10	125	10	113	84	180×12.1	180	12.1	163	120
125×13	125	13	113	84	180×14.5	180	14.5	163	120
130×8	130	8	118	88	180×18.1	180	18.1	163	120
130×10	130	10	118	88	190×10	190	10	173	130

4.1.2.10 带座(顶丝)外球面球轴承

【规格及用途】(GB/T 7810—1995)

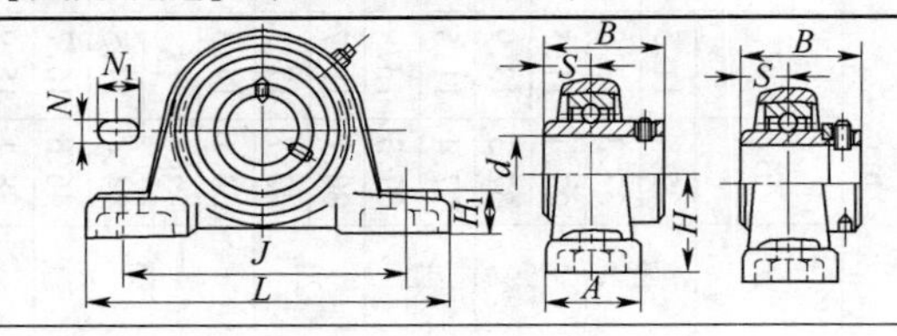

轴承尺寸 /mm			座尺寸 /mm							带座轴承代号	轴承代号	座代号
d	B	S	A max	H	H_1 max	N min	N_1 min	J	L max	UCP型 UELP型	UC型 UEL型	P型
12	27.4	11.5	39	30.2	17	11.5	16	96	129	UCP201	UC201	P203
	37.3	13.9	39	30.2	17	11.5	16	96	129	UELP201	UEL201	P203
15	27.4	11.5	39	30.2	17	11.5	16	96	129	UCP202	UC202	P203
	37.3	13.9	39	30.2	17	11.5	16	96	129	UELP202	UEL202	P203
17	27.4	11.5	39	30.2	17	11.5	16	96	129	UCP203	UC203	P203
	37.3	13.9	39	30.2	17	11.5	16	96	129	UELP203	UEL203	P203
20	30.1	15.7	39	33.3	17	11.5	16	96	134	UCP204	UC204	P204
	43.7	17.1	39	33.3	17	11.5	16	96	134	UELP204	UEL204	P204
25	34.1	14.3	39	36.5	17	11.5	16	105	142	UCP205	UC205	P205
	38	15	45	45	17	17	20	132	175	UCP305	UC305	P305
	44.4	17.5	39	36.5	17	11.5	16	105	142	UELP205	UEL205	P205
	46.8	16.7	45	45	17	17	20	132	175	UELP305	UEL305	P305
30	38.1	15.9	48	42.9	20	14	19	121	167	UCP206	UC206	P206
	43	17	50	50	20	17	20	140	180	UCP306	UC306	P306

续表

轴承尺寸 /mm			座尺寸 /mm							带座轴承代号	轴承代号	座代号
d	B	S	A max	H	H_1 max	N min	N_1 min	J	L max	UCP型 UELP型	UC型 UEL型	P型
30	48.4	18.3	48	42.9	20	14	19	121	167	UELP206	UEL206	P206
	50	17.5	50	50	20	17	20	140	180	UELP306	UEL306	P306
35	42.9	17.5	48	47.6	20	14	19	126	172	UCP207	UCP207	P207
	48	19	56	56	20	17	25	160	210	UCP307	UCP307	P307
	51.1	18.8	48	47.6	20	14	19	126	172	UELP207	UEL207	P207
	51.6	18.3	56	56	20	17	25	160	210	UELP307	UEL307	P307
40	49.2	19	55	49.2	20	14	19	136	186	UCP208	UC208	P208
	52	19	60	60	24	17	27	170	220	UCP308	UC308	P308
	56.3	21.4	55	49.2	22	14	19	136	186	UELP208	UEL208	P208
	57.1	19.8	60	60	24	17	27	170	220	UELP308	UEL308	P308
45	49.2	19.0	55	54	22	14	19	146	192	UCP209	UC209	P209
	57	22	67	67	26	20	30	190	245	UCP309	UC309	P309
	56.3	21.4	55	54	22	14	19	146	192	UELP209	UEL209	P209
	58.7	19.8	67	67	26	20	30	190	245	UELP309	UEL309	P309

续表

轴承尺寸/mm			座尺寸/mm							带座轴承代号	轴承代号	座代号
d	B	S	A max	H	H_1 max	N min	N_1 min	J	L max	UCP型 UELP型	UC型 UEL型	P型
50	51.6	19.0	61	57.2	23	18	20	159	208	UCP210	UC210	P210
	61	22	75	75	29	20	35	212	275	UCP310	UC310	P310
	62.7	21.6	61	57.2	23	18	20	159	208	UELP210	UEL210	P210
	66.6	24.6	75	75	29	20	35	212	275	UELP310	UEL310	P310
55	55.6	22.2	61	63.5	25	18	20	172	233	UCP211	UC211	P211
	66	25	80	80	32	20	38	236	310	UCP311	UC311	P311
	71.4	27.8	61	63.5	25	18	20	172	233	UELP211	UEL211	P211
	73	27.8	80	80	32	20	38	236	310	UELP311	UEL311	P311
60	65.1	25.4	71	69.9	27	18	22	186	243	UCP212	UC212	P212
	71	26	85	85	34	25	38	250	330	UCP312	UC312	P312
	77.8	31.0	71	69.9	27	18	22	186	243	UELP212	UEL212	P212
	79.4	30.95	85	85	34	25	38	250	330	UELP312	UEL312	P312
65	65.1	25.4	72	76.2	30	23	24	203	268	UCP213	UC213	P213
用途	轴承外表面是球面，故轴承有良好调心性能、承受载荷大、转速高、装卸方便。广泛用于各种机械设备上											

4.1.2.11 紧定套筒、紧定衬套、锁紧螺母及锁紧垫圈

【用途】 属于滚动轴承附件，通过其组合套件将带圆锥孔（锥度1∶12）的调心轴承固定在无轴肩光轴上。

【规格】

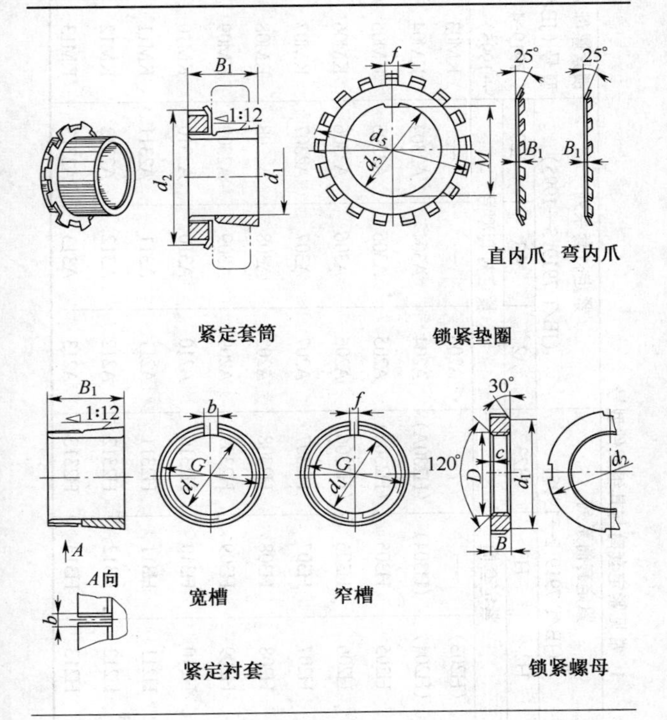

1. 常见紧定套筒与其组成件型号

紧定套筒系列（JB/T 7919.2—1995）			紧定衬套系列（JB/T 7919.3—1995）			锁紧螺母型号（JB/T 7919.4—1995）	锁紧垫圈型号（JB/T 7919.5—1995）
H2	H3	H23	A2	A3	A23		
紧定套筒型号			紧定衬套型号				
（H203）	—	—	A203	—	—	KM03	MB03
（H204）	（H304）	（H230A）	A204	A304	A2304	KM04	MB04
H205	H305	（H2305）	A205	A305	A2305	KM05	MB05
H206	H306	（H2306）	A206	A306	A2306	KM06	MB06
H207	H307	H2307	A207	A307	A2307	KM07	MB07
H208	H308	H2308	A208	A308	A2308	KM08	MB08
H209	H309	H2309	A209	A309	A2309	KM09	MB09
H210	H310	H2310	A210	A310	A2310	KM10	MB10
H211	H311	H2311	A211	A311	A2311	KM11	MB11
H212	H312	H2312	A212	A312	A2312	KM12	MB12
H213	H313	H2313	A213	A313	A2313	KM13	MB13

续表

紧定套筒系列（JB/T 7919.2—1995）			紧定衬套系列（JB/T 7919.3—1995）			锁紧螺母型号（JB/T 7919.4—1995）	锁紧垫圈型号（JB/T 7919.5—1995）
H2	H3	H23	A2	A3	A23		
紧定套筒型号			紧定衬套型号				
（H214）	（H314）	H2314	A214	A314	A2314	KM14	MB14
H215	H315	H2315	A215	A315	A2315	KM15	MB15
H216	H316	H2316	A216	A316	A2316	KM16	MB16
H217	H317	H2317	A217	A317	A2317	KM17	MB17
H218	H318	H2318	A218	A318	A2318	KM18	MB18
H219	H319	H2319	A219	A319	A2319	KM19	MB19
H220	H320	H2320	A220	A320	A2320	KM20	MB20
（H221）	（H321）	—	A221	A321	—	KM21	MB21
H222	H322	H2322	A222	A322	A2322	KM22	MB22

2. 紧定衬套主要尺寸

窄槽紧定衬套型号			主要尺寸/mm							
A2 系列	A3 系列	A23 系列	螺纹 G	适用轴承内径 d	紧定衬套内径 d_1	长度 B A2 系列	长度 B A3 系列	长度 B A23 系列	切槽宽度 f	切槽宽度 b
A203	—	—	M17×1	17	14	20	—	—	2	5
A204	A304	A2304	M20×1	20	17	24	28	31		
A205	A305	A2305	M25×1.5	25	20	26	29	35		6
A206	A306	A2306	M30×1.5	30	25	27	31	38		
A207	A307	A2307	M35×1.5	35	30	29	35	43		8
A208	A308	A2308	M40×1.5	40	35	31	36	46		
A209	A309	A2309	M45×1.5	45	40	33	39	50		
A210	A310	A2310	M50×1.5	50	45	35	42	55		
A211	A311	A2311	M55×2	55	50	37	45	59	3	10
A212	A312	A2312	M60×2	60	55	38	47	62		
A213	A313	A2313	M65×2	65	60	40	50	65		
A214	A314	A2314	M70×2	70	63	41	52	68		
A215	A315	A2315	M75×2	75	65	43	55	73		
A216	A316	A2316	M80×2	80	70	46	59	78		12
A217	A317	A2317	M85×2	85	75	50	63	82		
A218	A318	A2318	M90×2	90	80	52	65	86		
A219	A319	A2319	M95×2	95	85	55	68	90	4	
A220	A320	A2320	M100×2	100	90	58	71	97		14
A221	A321	A2321	M105×2	105	95	60	74	—		
A222	A322	A2322	M110×2	110	100	63	77	105		

3. 锁紧螺母

<table>
<tr><th rowspan="2">型号</th><th colspan="5">主要尺寸/mm</th></tr>
<tr><th>螺纹 $D(G)$</th><th>外径 d_2</th><th>厚度 B</th><th>槽宽</th><th>槽深</th></tr>
<tr><td>KM03</td><td>M17×1</td><td>28</td><td>5</td><td rowspan="2">4</td><td rowspan="5">2.0</td></tr>
<tr><td>KM04</td><td>M20×1</td><td>32</td><td>6</td></tr>
<tr><td>KM05</td><td>M25×1.5</td><td>38</td><td rowspan="2">7</td><td rowspan="2">5</td></tr>
<tr><td>KM06</td><td>M30×1.5</td><td>45</td></tr>
<tr><td>KM07</td><td>M35×1.5</td><td>52</td><td>8</td><td>5</td></tr>
<tr><td>KM08</td><td>M40×1.5</td><td>58</td><td>9</td><td rowspan="3">6</td><td rowspan="3">2.5</td></tr>
<tr><td>KM09</td><td>M45×1.5</td><td>65</td><td>10</td></tr>
<tr><td>KM10</td><td>M50×1.5</td><td>70</td><td rowspan="3">11</td></tr>
<tr><td>KM11</td><td>M55×2</td><td>75</td><td rowspan="3">7</td><td rowspan="3">3.0</td></tr>
<tr><td>KM12</td><td>M60×2</td><td>80</td></tr>
<tr><td>KM13</td><td>M65×2</td><td>85</td><td rowspan="2">12</td></tr>
<tr><td>KM14</td><td>M70×2</td><td>92</td><td rowspan="4">8</td><td rowspan="4">3.5</td></tr>
<tr><td>KM15</td><td>M75×2</td><td>98</td><td>13</td></tr>
<tr><td>KM16</td><td>M80×2</td><td>105</td><td>15</td></tr>
<tr><td>KM17</td><td>M85×2</td><td>110</td><td rowspan="2">16</td></tr>
<tr><td>KM18</td><td>M90×2</td><td>120</td><td rowspan="2">10</td><td rowspan="2">4.0</td></tr>
<tr><td>KM19</td><td>M95×2</td><td>125</td><td>17</td></tr>
</table>

续表

型号	主要尺寸/mm				
	螺纹 $D(G)$	外径 d_2	厚度 B	槽宽	槽深
KM20	M100×2	130	18	10	4.0
KM21	M105×2	135		12	5.0
KM22	M110×2	145	19		

4. 锁紧垫圈

型号	主要尺寸/mm				
	内径 d_3	外径 $d_5\approx$	厚度 B_1	爪宽 f	距离 M
MB03	17	32	1.0	4	15.5
MB04	20	36			18.5
MB05	25	42	1.25	5	23.5
MB06	30	49			27.5
MB07	35	57			32.5
MB08	40	62		6	37.5
MB09	45	69			42.5
MB10	50	74			47.5
MB11	55	81	1.5	7	52.5
MB12	60	86			57.5
MB13	65	92			62.5
MB14	70	98		8	66.5

续表

<table>
<tr><th rowspan="2">型号</th><th colspan="5">主要尺寸/mm</th></tr>
<tr><th>内径 d_3</th><th>外径 $d_5 \approx$</th><th>厚度 B_1</th><th>爪宽 f</th><th>距离 M</th></tr>
<tr><td>MB15</td><td>75</td><td>104</td><td>1.5</td><td rowspan="3">8</td><td>71.5</td></tr>
<tr><td>MB16</td><td>80</td><td>112</td><td rowspan="7">1.8</td><td>76.5</td></tr>
<tr><td>MB17</td><td>85</td><td>119</td><td>81.5</td></tr>
<tr><td>MB18</td><td>90</td><td>126</td><td rowspan="3">10</td><td>86.5</td></tr>
<tr><td>MB19</td><td>95</td><td>133</td><td>91.5</td></tr>
<tr><td>MB20</td><td>100</td><td>142</td><td>96.5</td></tr>
<tr><td>MB21</td><td>105</td><td>145</td><td rowspan="2">12</td><td>100.5</td></tr>
<tr><td>MB22</td><td>110</td><td>154</td><td>105.5</td></tr>
</table>

4.1.3 传动件

4.1.3.1 普通 V 带、窄 V 带

【规格及用途】

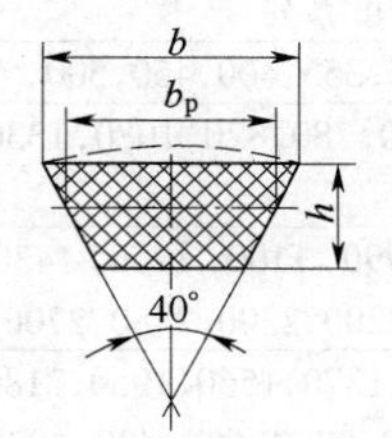

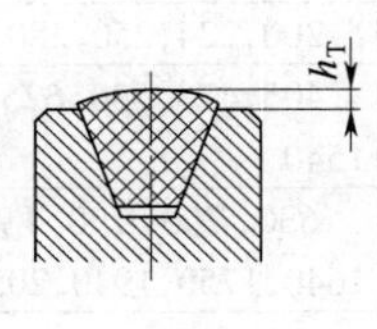

1. 普通 V 带及窄 V 带(GB/T 11544—1997)

V带型号		截面基本尺寸/mm					基准长度 L_d/mm		基准圆周长 C_d/mm	测量力 F/N
		带宽 b_p	顶宽 b	高度 h	露出高度 h_T 最大	露出高度 h_T 最小	自	至		
普通V带	Y	5.3	6.0	4.0	+0.8	−0.8	200	500	90	40
	Z	8.5	10.0	6.0	+1.6	−1.6	405	1540	190	110
	A	11.0	13.0	8.0	+1.6	−1.6	630	2700	300	220
	B	14.0	17.0	11.0	+1.6	−1.6	930	6070	400	300
	C	19.0	22.0	14.0	+1.5	−2.0	1565	10700	700	750
	D	27.0	32.0	19.9	+1.6	−3.2	2740	15200	100	140
	E	32.0	38.0	25.0	+1.6	−3.2	4660	16800	1800	180
窄V带	SPZ	8.5	10.0	8.0	+1.1	−0.4	630	3550	300	300
	SPA	11.0	13.0	10.0	+1.3	−0.6	800	4500	450	56
	SPB	14.0	17.0	14.0	+1.4	−0.7	1250	9000	800	90
	SPC	19.0	22.0	18.0	+1.5	−1.0	2000	12500	1000	1500
用途		适用于中心距较短、传动比较大、振动较小的一般机械传动装置								

2. 基准长度系列 L_d

型号		长度系列
普通V带	Y	200,224,250,280,315,355,400,450,500
	Z	405,475,530,625,700,780,820,1080,1330,1420,1540
	A	630,700,790,890,990,1100,1250,1430,1550,1640,1750,1940,2050,2200,2300,2480,2700
	B	930,1000,1100,1210,1370,1560,1950,2180,2300,2500,2700,2870,3200,3600,4060,4430,4820,5370,6070

续表

型号		长度系列
普通V带	C	1565, 1760, 1950, 2195, 2420, 2715, 2880, 3080, 3520, 4060, 4600, 5280, 6100, 6815, 7600, 9100, 10700
	D	2740, 3100, 3330, 3730, 4080, 4620, 5400, 6100, 6840, 7620, 9140, 10700, 12200, 13700, 15200
	E	4660, 5040, 5420, 6100, 6850, 7650, 9150, 12230, 13750, 15280, 16800
窄V带		630, 710, 800, 900, 1000, 1120, 1250, 1400, 1600, 1800, 2000, 2240, 2500, 2800, 3150, 3550, 4000, 4500, 5000, 5600, 6300, 7100, 8000, 9000, 10000, 11200, 12500

注:在规定测量力 F 下,按公式 $L_d = 2E + C_d$ 测量得的V带基准长度 L_d 应符合规定(E——两带轮中心距,C_d——测量用带轮基准圆周长)。

4.1.3.2 活络V带及其螺钉

【规格及用途】

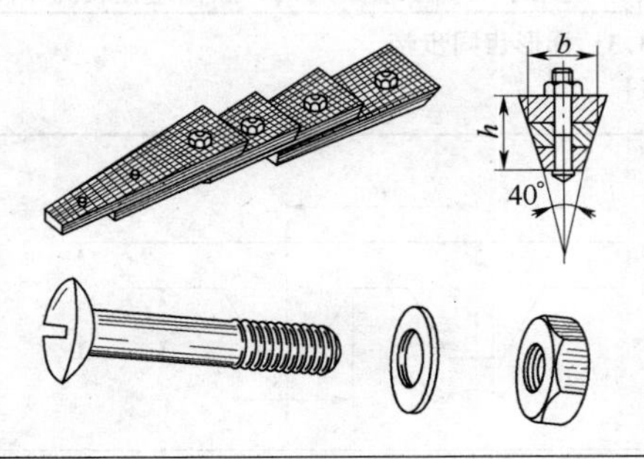

1. 活络 V 带

<table>
<tr><th rowspan="2">活络 V 带截型</th><th colspan="2">截面尺寸/mm</th><th rowspan="2">截面组成片数</th><th rowspan="2">整根拉断力/kN≥</th><th rowspan="2">每 m 节数</th><th rowspan="2">每盘 V 带长度/m</th></tr>
<tr><th>宽度 b</th><th>高度 h</th></tr>
<tr><td>A</td><td>12.7</td><td rowspan="2">11</td><td rowspan="2">3</td><td>1.57</td><td>40</td><td rowspan="3">30</td></tr>
<tr><td>B</td><td>16.5</td><td>2.06</td><td rowspan="2">32</td></tr>
<tr><td>C</td><td>22</td><td>15</td><td>4</td><td>4.22</td></tr>
<tr><td>D</td><td>32</td><td>23</td><td>5</td><td>7.85</td><td rowspan="2">30</td><td rowspan="2">15</td></tr>
<tr><td>E</td><td>38</td><td>27</td><td>6</td><td>9.81</td></tr>
</table>

2. 活络 V 带螺钉

<table>
<tr><th rowspan="2">型号</th><th colspan="2">螺钉尺寸/mm</th><th colspan="2">螺母尺寸/mm</th><th colspan="2">垫圈尺寸/mm</th></tr>
<tr><th>公称直径</th><th>钉杆长度</th><th>扳手尺寸</th><th>厚度</th><th>直径</th><th>厚度</th></tr>
<tr><td>A</td><td rowspan="2">3.5</td><td rowspan="2">16</td><td rowspan="2">10</td><td rowspan="2">2.5</td><td>8</td><td rowspan="2">0.8</td></tr>
<tr><td>B</td><td>9</td></tr>
<tr><td>C</td><td>5</td><td>21</td><td>12</td><td>3.0</td><td>12</td><td>1.0</td></tr>
<tr><td>D</td><td rowspan="2">6</td><td>30</td><td rowspan="2">13</td><td rowspan="2">3.5</td><td>15</td><td rowspan="2">1.2</td></tr>
<tr><td>E</td><td>34</td><td>18</td></tr>
<tr><td>用途</td><td colspan="6">适用于 V 带长度以外的一般低速轻载机械传动中</td></tr>
</table>

4.1.3.3　梯形齿同步带

【规格】

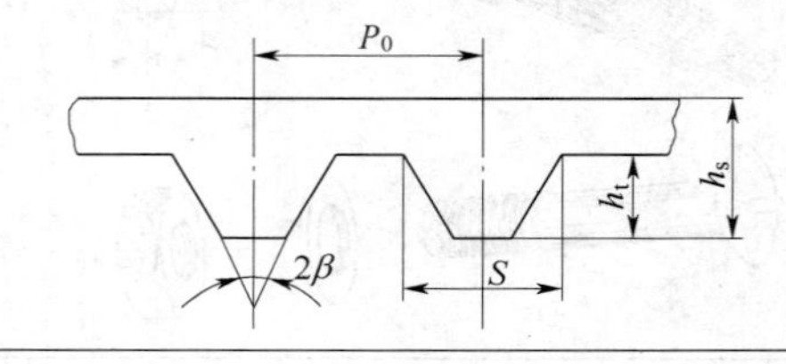

1. 标准同步带的齿形尺寸

带型(节距代号)	节距 P_0/mm	齿形角 2β/(°)	齿根厚 S /mm	齿高 h_t /mm	单面带带高 h_s/mm
MXL	2.032	40	1.14	0.51	1.14
XXL	3.175	50	1.73	0.76	1.52
XL	5.080	50	2.57	1.27	2.3
L	9.525	40	4.65	1.91	3.6
H	12.700	40	6.12	2.29	4.3
XH	22.225	40	12.57	6.53	11.2
XXH	31.750	40	19.05	9.53	15.7

注:MXL ——最轻型,XXL ——超轻型,XL ——特轻型,L ——轻型,H ——重型,XH ——特重型,XXH ——超重型。

2. 同步带的节线长系列及节线长上的齿数

带长代号	节线长 L_p/mm	节线长上的齿数						
		MXL	XXL	XL	L	H	XH	XXH
36	91.44±0.41	45	—	—	—	—	—	—
40	101.60±0.41	50						
44	111.76±0.41	55						
48	121.92±0.41	60						
50	127.00±0.41	—	40					
56	142.24±0.41	70	—					
60	152.40±0.41	75	48	30				
64	162.56±0.41	80	—	—				
70	177.80±0.41	—	56	35				
72	182.88±0.41	90	—	—				
80	203.20±0.41	100	64	40				

续表

带长代号	节线长 L_p/mm	节线长上的齿数						
		MXL	XXL	XL	L	H	XH	XXH
88	223.52±0.41	110	—	—	—	—	—	—
90	228.60±0.41	—	72	45				
100	254.00±0.41	128	80	50				
110	279.40±0.46	—	88	55				
112	284.48±0.46	140	—	—				
120	304.80±0.46	—	96	60				
122	309.33±0.46	—	—	—	33			
124	314.96±0.46	155	—	—	—			
130	330.20±0.46	—	104	65	—			
140	355.60±0.46	175	112	70	—			
150	381.00±0.46	—	120	75	40	—	—	—
160	406.40±0.51	200	125	80	—			
170	431.80±0.51	—	—	85	—			
180	457.20±0.51	225	144	90	—			
187	476.25±0.51	—	—	—	50			
190	482.60±0.51	—	—	95	—			
200	508.00±0.51	250	160	100	—			
210	533.40±0.61	—	—	105	56			
220	558.80±0.61		176	110	—			
225	571.50±0.61		—	—	60			
230	584.20±0.61			115	—			
240	609.60±0.61			120	64	48		
250	635.00±0.61			125	—	—		
255	647.70±0.61			—	68	—		

续表

带长代号	节线长 L_p/mm	节线长上的齿数						
		MXL	XXL	XL	L	H	XH	XXH
260	660.40±0.61	—	—	130	—	—	—	—
270	685.80±0.61	—	—	—	72	54	—	—
285	723.90±0.61	—	—	—	76	—	—	—
300	762.00±0.61	—	—	—	80	60	—	—
322	819.15±0.66	—	—	—	86	—	—	—
330	838.20±0.66	—	—	—	—	66	—	—
345	876.30±0.66	—	—	—	92	—	—	—
360	914.40±0.66	—	—	—	—	72	—	—
367	933.45±0.66	—	—	—	98	—	—	—
390	990.60±0.66	—	—	—	104	78	—	—
420	1066.80±0.76	—	—	—	112	84	—	—
450	1143.00±0.76	—	—	—	120	90	—	—
480	1219.20±0.76	—	—	—	125	96	—	—
507	1289.05±0.81	—	—	—	—	—	58	—
510	1295.40±0.81	—	—	—	136	102	—	—
540	1371.60±0.81	—	—	—	144	108	—	—
560	1422.40±0.81	—	—	—	—	—	64	—
570	1447.80±0.81	—	—	—	—	114	—	—
600	1524.00±0.81	—	—	—	160	120	—	—
630	1600.20±0.86	—	—	—	—	126	72	—
660	1676.40±0.86	—	—	—	—	132	—	—
700	1778.00±0.86	—	—	—	—	140	80	56
750	1905.00±0.91	—	—	—	—	150	—	—
770	1955.80±0.91	—	—	—	—	—	88	—
800	2032.00±0.91	—	—	—	—	160	—	64

3. 同步带宽度系列

(mm)

<table>
<tr><th colspan="2">带宽</th><th colspan="5">极限偏差</th><th colspan="7">带型</th></tr>
<tr><th>代号</th><th>尺寸系列</th><th>L_p<838.20</th><th colspan="2">L_p(838.20~1676.40)</th><th colspan="2">L_p>1676.40</th><th>MXL</th><th>XXL</th><th>XL</th><th>L</th><th>H</th><th>XH</th><th>XXH</th></tr>
<tr><td>012</td><td>3.0</td><td rowspan="5">+0.5
−0.8</td><td rowspan="5" colspan="2">—</td><td rowspan="6" colspan="2">—</td><td rowspan="2">MXL</td><td rowspan="2">XXL</td><td rowspan="2">—</td><td rowspan="2">—</td><td rowspan="2">—</td><td rowspan="2">—</td><td rowspan="2">—</td></tr>
<tr><td>019</td><td>4.8</td></tr>
<tr><td>025</td><td>6.4</td><td rowspan="2">MXL</td><td rowspan="2">XXL</td><td>—</td><td rowspan="3">—</td><td rowspan="4">—</td><td rowspan="7">—</td><td rowspan="7">—</td></tr>
<tr><td>031</td><td>7.9</td><td rowspan="3">XL</td></tr>
<tr><td>037</td><td>9.5</td><td rowspan="9">—</td><td rowspan="9">—</td></tr>
<tr><td>050</td><td>12.7</td><td rowspan="3">±0.8</td><td rowspan="4" colspan="2">+0.8
−1.3</td><td rowspan="8">L</td></tr>
<tr><td>075</td><td>19.1</td><td rowspan="3" colspan="2">+0.8
−1.3</td><td rowspan="8">—</td><td rowspan="5">H</td></tr>
<tr><td>100</td><td>25.4</td></tr>
<tr><td>150</td><td>38.1</td><td rowspan="2">+0.8
(H)*
−1.3</td></tr>
<tr><td>200</td><td>50.8</td><td>±1.3
(H)</td><td rowspan="3">±0.48</td><td>±1.3
−1.5
(H)</td><td rowspan="4">±0.48</td><td rowspan="2">XH</td><td rowspan="4">XXH</td></tr>
<tr><td>300</td><td>76.2</td><td>+1.3(H)
−1.5</td><td>±1.5
(H)</td><td>±1.5
−2.0
(H)</td></tr>
<tr><td>400</td><td>101.6</td><td rowspan="2">—</td><td>—</td><td rowspan="2">—</td><td rowspan="2">—</td><td rowspan="2">—</td></tr>
<tr><td>500</td><td>127.0</td><td colspan="2">—</td></tr>
</table>

注:表中"*"表示极限偏差只适用于括号内的带型。

4.1.3.4 平带、平带扣及螺栓

【规格及用途】

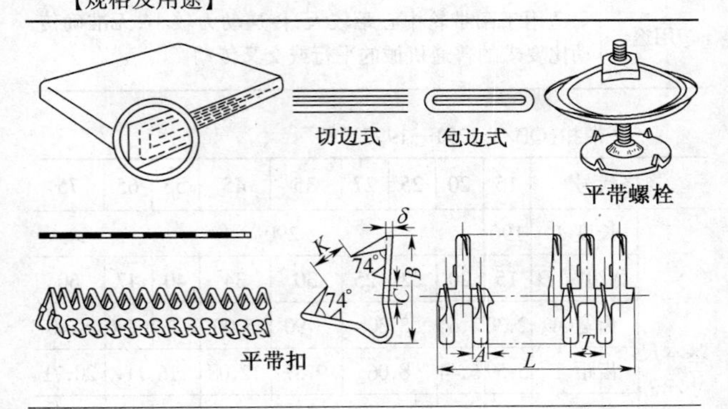

1. 平带(GB 524—89、4489—84)

<table>
<tr><td rowspan="3">平带全厚拉伸强度/(kN/m)</td><td>纵向最小值</td><td>190</td><td>240</td><td>290</td><td>340</td><td>385</td><td>425</td><td>450</td><td>500</td><td>560</td></tr>
<tr><td>横向最小值</td><td>75</td><td>95</td><td>115</td><td>130</td><td>225</td><td>250</td><td>—</td><td>—</td><td>—</td></tr>
<tr><td>棉帆布参考层数</td><td>3</td><td>4</td><td>5</td><td>6</td><td>7</td><td>8</td><td>9</td><td>10</td><td>12</td></tr>
<tr><td>平带宽度/mm</td><td colspan="10">16,20,25,32,40,50,63,71,80,90,100,112,125,140,160,180,200,224,250,280,315,355,400,450,500,560</td></tr>
<tr><td>有端平带最小长度/mm</td><td colspan="10">$b \leqslant 90$ 时,长度 $\geqslant 8000$;$90 < b < 250$ 时,长度 $\geqslant 15000$;$b > 250$ 时,长度 $\geqslant 20000$(b ——带宽)</td></tr>
<tr><td>环型平带内周长度/mm</td><td colspan="10">500,530,560,600,630,670,710,750,800,850,900,950,1000,1060,1120,1180,1250,1320,1400,1500,1600,1700,1800,1900,2000,2240,2500,2800,3150,3550,4000,4500,5000</td></tr>
</table>

续表

用途	适用于两带轮中心距较大，传递动力较小，无准确传动比要求的普通机械的平行或交叉传动

2. 平带扣(QB/T 2291—1997)

规格代号		15	20	25	27	35	45	55	65	75
基本尺寸/mm	长度 L	190	290							
	宽边宽 B	15	20	22	25	30	34	40	47	60
	齿宽 A	2.30	2.60	3.30		3.90	5.00	6.70	6.90	8.50
	齿距 T	5.59	6.44	8.06		9.67	12.08	16.11		20.71
	筋宽 C	3.00		3.30		4.70	5.50	6.50	7.20	9.00
	齿尖 K	5	6	7	8	9	10	12	14	18
	厚度 δ	1.10	1.20	1.30		1.50	1.80	2.30	2.50	3.00
每支齿数		34	45	36		30	24	18		14
每盒数量	平带扣只数	16	10	16		8				
	竹节销限数	10	6	10		5				
适用平带厚度/mm		3~4	4~5	5~6	6~7	7~8	8~9.5	9.5~11	11~12.5	12.5~16

用途	用于将各种平带输送带的两端连接起来

3. 平带螺栓

规格尺寸/mm	直径	M5	M6	M8	M10
	长度	20	25	32	42
适用于平带规格尺寸/mm	宽度	20～40	40～100	100～125	125～300
	厚度	3～4	4～6	5～7	7～12
用途	用于平带扣无法连接的较宽、较厚的平带、输送带				

4.1.3.5 滚子链条

【用途】 适用于两链轮中心距较大、要求传动比准确、载荷分布比较均匀,不要求瞬时传动比准确的机械传动装置上,如摩托车、拖拉机等。

【规格】 (GB/T 1234—1997)

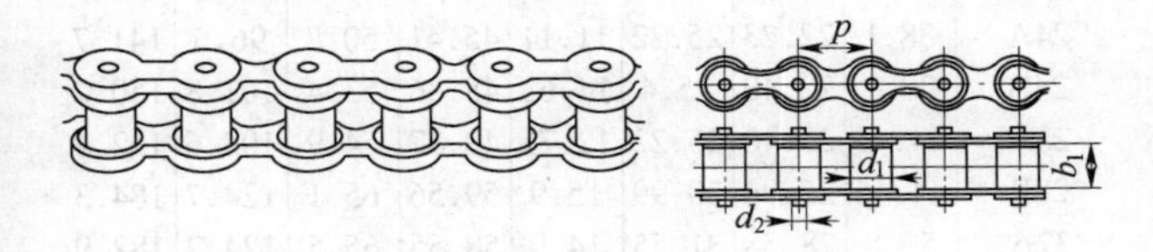

ISO链号	主要尺寸/mm							
	节距 p	滚子直径 $d_1 \leqslant$	内链节内宽 $b_1 \geqslant$	销轴直径 $d_2 \leqslant$	排距 p_t	滚轴全宽≤ 单排 b_4	双排 b_5	三排 b_6
05B	8	5	3	2.31	5.64	8.6	14.3	19.9
06B	9.525	6.35	5.72	3.28	10.24	13.5	23.8	34
08A	12.7	7.92	7.85	3.98	14.38	17.8	32.3	46.7
08B	12.7	8.51	7.75	4.45	3.92	17	31	44.9
081	12.7	7.75	3.3	3.66	—	10.2	—	—
083	12.7	7.75	4.88	4.09	—	12.9	—	—
084	12.7	7.75	4.88	4.09	—	14.8	—	—
085	12.7	7.75	6.25	3.58	—	14	—	—

续表

ISO 链号	主要尺寸/mm							
	节距 p	滚子直径 $d_1 \leqslant$	内链节内宽 $b_1 \geqslant$	销轴直径 $d_2 \leqslant$	排距 p_t	滚轴全宽≤ 单排 b_4	双排 b_5	三排 b_6
10A	15.875	10.16	9.4	5.09	18.11	21.8	39.9	57.9
10B	15.875	10.16	9.65	5.08	16.59	19.6	36.2	52.8
12A	19.05	11.91	12.57	5.96	22.75	26.9	49.8	72.6
12B	19.05	12.07	11.68	5.72	19.46	22.7	42.2	61.5
16A	25.4	15.88	15.25	7.94	29.29	33.5	62.7	91.9
16B	25.4	15.88	17.02	8.28	21.88	36.1	68	99.9
20A	31.75	19.05	18.9	9.54	35.76	41.1	77	113
20B	31.75	19.05	19.56	10.19	36.45	43.2	79.7	116.1
24A	38.1	22.23	25.22	11.11	45.41	50.8	96.3	141.7
24B	38.1	22.40	25.4	14.63	48.36	53.4	101.8	150.2
28A	44.45	25.40	25.22	12.71	48.87	54.9	103.6	152.4
28B	44.45	25.94	30.99	15.9	59.56	65.1	124.7	184.3
32A	50.8	28.58	31.55	14.9	58.55	65.5	124.2	182.9
32B	50.8	29.21	30.99	17.81	58.55	67.4	126	184.5
36A	57.15	35.71	35.48	17.46	65.84	73.9	140	209
40A	63.5	39.68	37.85	19.85	71.55	80.3	151.9	223.5
40B	63.5	39.37	38.1	22.89	72.29	82.6	154.9	227.2
43A	76.2	47.63	47.35	23.81	87.83	95.5	183.4	271.3
48B	76.2	48.26	45.72	29.24	91.21	99.1	190.4	281
56B	88.9	53.98	53.34	34.32	106.6	114.6	221.2	—
64B	101.6	63.5	60.96	39.4	119.89	130.9	250.8	—
72B	114.2	72.39	68.58	44.8	136.27	147.4	283.7	—

【性能】

ISO链号	抗拉载荷/kN≥			ISO链号	抗拉载荷/kN≥		
	单排	双排	三排		单排	双排	三排
05B	4.4	7.8	11.1	20B	95	170	250
06B	8.9	16.9	24.9	24A	124.5	249.1	373.7
08A	13.8	27.6	41.4	24B	160	280	425
08B	17.8	31.1	44.5	28A	169	338.1	507.1
081	8	—	—	28B	200	360	530
083	11.6	—	—	32A	222.4	444.8	667.2
084	15.6	—	—	32B	250	450	670
085	16.7	—	—	36A	280.2	560.5	840.7
10A	21.8	43.6	65.4	40A	347	683.9	1040.9
10B	22.2	44.5	66.4	40B	355	630	950
12A	31.1	62.3	93.4	48A	500.4	1000.8	1501.3
12B	28.9	57.8	86.7	48B	560	1000	1500
16A	55.6	111.2	166.8	56B	850	1600	2240
16B	60	106	160	64B	1120	2000	3000
20A	86.7	173.5	260.2	72B	1400	2500	3750

4.1.3.6 无声链(齿型链)

【用途】 用于在两链轮间传递动力。速度高、噪声低、运转平稳、载荷均匀。

【规格】 齿楔角 $\alpha=60°$(GB 10855—89)

(mm)

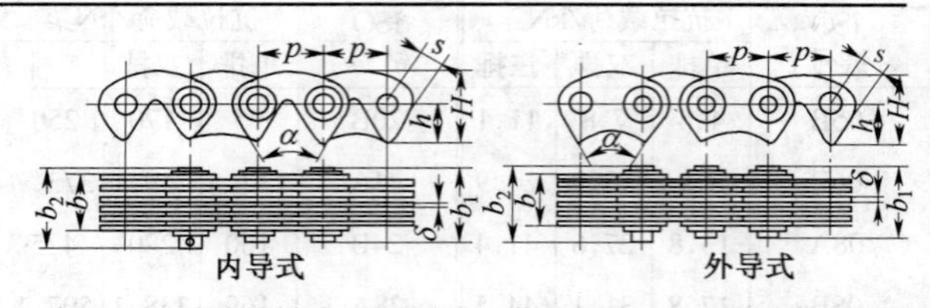

p. 节距 *s*. 链片铰链中心到链片工作边距离 *h*. 链片铰链中心到齿尖距离 *H*. 链片总高 b_1. 销轴总长 b_2. 带开口销孔轴总长 *b*. 链宽 δ. 链片厚 α. 齿楔角

链号	*p*	*s*	*h*	*H*	$b_1 \leqslant$	$b_2 \leqslant$	δ
CL06	9.53	3.57	5.3	10.1	*b*+5	*b*+6.5	1.5
CL08	12.7	4.76	7.0	13.4			
CL10	15.88	5.95	8.7	16.7	*b*+7	*b*+9	2.0
CL12	19.05	7.14	10.5	20.1			
CL16	25.40	9.52	14.0	26.7	*b*+8	*b*+11	3.0
CL20	31.75	11.91	17.5	33.4	*b*+10	*b*+13	
CL24	38.10	14.29	21.0	40.1	*b*+12	*b*+15	

链号	链宽 *b*/mm ≥	导向形式	极限拉伸载荷/kN≥	片数	每米质量/kg ≈
CL06	13.5	外导	10.00	9	0.60
	16.5		12.50	11	0.73
	19.5		15.00	13	0.85
	22.5		17.50	15	1.00
	28.5	内导	22.50	19	1.26
	34.5		27.50	23	1.53
	40.5		32.50	27	1.79

续表

链号	链宽 b/mm ≥	导向形式	极限拉伸载荷/kN≥	片数	每米质量/kg ≈
CL06	46.5	内导	37.50	31	2.06
	52.5		42.50	35	2.33
CL08	19.5	内导	23.40	13	1.15
	22.5		27.40	15	1.33
	25.5		31.30	17	1.50
	28.5		35.20	19	1.68
	34.5		43.00	23	2.04
	40.5		50.80	27	2.39
	46.5		58.60	31	2.74
	52.5		66.40	35	3.10
	58.5		74.30	39	3.45
	64.5		82.10	43	3.81
	70.5		89.90	47	4.16
CL10	30	内导	45.60	15	2.21
	38		58.60	19	2.80
	46		71.70	23	3.39
	54		84.70	27	3.99
	62		97.70	31	4.58
	70		111.00	35	5.17
	78		124.00	39	5.76
CL12	38	内导	70.40	19	3.37
	46		86.00	23	4.08
	54		102.00	27	4.78
	62		117.00	31	5.50

续表

链号	链宽 b/mm ≥	导向形式	极限拉伸载荷/kN≥	片数	每米质量/kg ≈
CL12	70	内导	133.00	35	6.20
	78		149.00	39	6.91
	86		164.00	43	7.62
	94		180.00	47	8.33
CL16	45	内导	111.00	15	5.31
	51		125.00	17	6.02
	57		141.00	19	6.73
	69		172.00	23	8.15
	81		203.00	27	9.57
	93		235.00	31	10.98
	105		265.00	35	12.41
	117		297.00	39	13.82
CL20	57	内导	165.00	19	8.42
	69		201.00	23	10.19
	81		237.00	27	11.96
	93		273.00	31	13.73
	105		310.00	35	15.50
	117		346.00	39	17.27
CL24	69	内导	241.00	23	12.22
	81		285.00	27	14.35
	93		328.00	31	16.48
	105		371.00	35	18.61
CL24	117	内导	415.00	39	20.73

续表

链号	链宽 b/mm ≥	导向形式	极限拉伸载荷/kN≥	片数	每米质量/kg ≈
CL24	129	内导	458.00	43	22.86
	141		502.00	47	24.99

注:①导向形式代号:内导式为N,外导式为W。
②齿形链的规格以链号、链宽、导向形式代号和链节数以及齿形链标准号表示。

4.2　常用机床附件及注油器件

4.2.1　顶尖、卡盘、钻夹头及钻套

4.2.1.1　固定顶尖

【规格及用途】　(GB 9241—88)

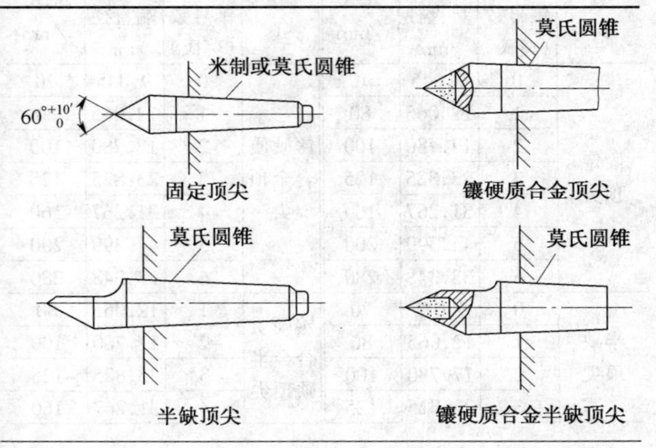

续表

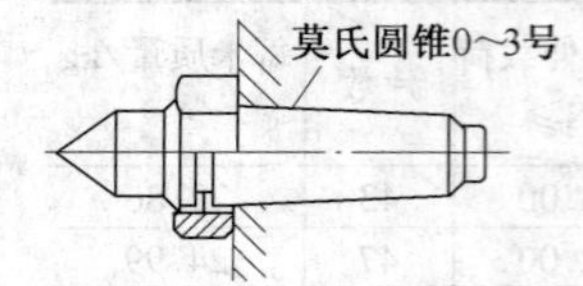

带压出六角螺母顶尖

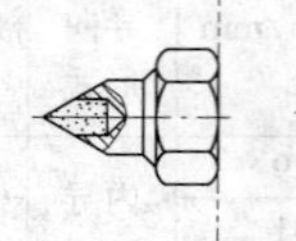

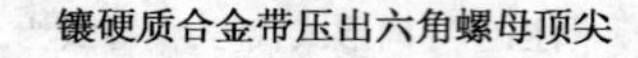
镶硬质合金带压出六角螺母顶尖

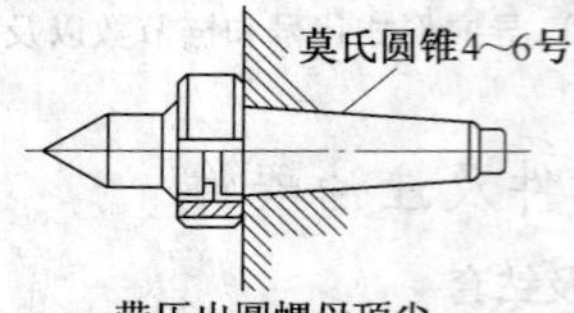

带压出圆螺母顶尖

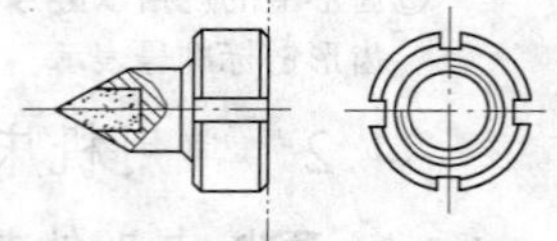

镶硬质合金带压出圆螺母顶尖

型式	顶尖尾锥号数（莫氏）	尾锥大端直径/mm	总长/mm	型式	顶尖尾锥号数（莫氏）	尾锥大端直径/mm	总长/mm
固定顶尖	0	9.045	70	镶硬质合金顶尖	0	9.045	70
	1	12.065	80		1	12.065	80
	2	17.780	100		2	17.780	100
	3	23.825	125		3	23.825	125
	4	31.267	160		4	31.267	160
	5	44.399	200		5	44.399	200
	6	63.348	280		6	63.348	280
半缺顶尖	0	9.045	70	镶硬质合金半缺顶尖	1	12.065	80
	1	12.065	80		2	17.780	100
	2	17.780	100		3	23.825	125
	3	23.825	125		4	31.267	160

续表

型式	顶尖尾锥号数(莫氏)	尾锥大端直径/mm	总长/mm	型式	顶尖尾锥号数(莫氏)	尾锥大端直径/mm	总长/mm
半缺顶尖	4	31.267	160	镶硬质合金半缺顶尖	5	44.399	200
	5	44.399	200		6	63.348	280
	6	63.348	280		—	—	—
镶硬质合金带压出六角螺母顶尖	0	9.045	75	带压出圆螺母顶尖	1	12.065	85
	1	12.065	85		2	17.780	105
	2	17.780	105		3	23.825	130
	3	23.825	125		4	31.267	170
	4	31.267	160		5	44.339	210
	5	44.399	200		6	63.348	290
	6	63.348	280		—	—	—
用途	用于在机床(主要为车床)切削较长工件时,顶住工件中心孔,使工件与机床主轴同轴线						

4.2.1.2 回转顶尖

【规格及用途】(JB 3580.1—84)

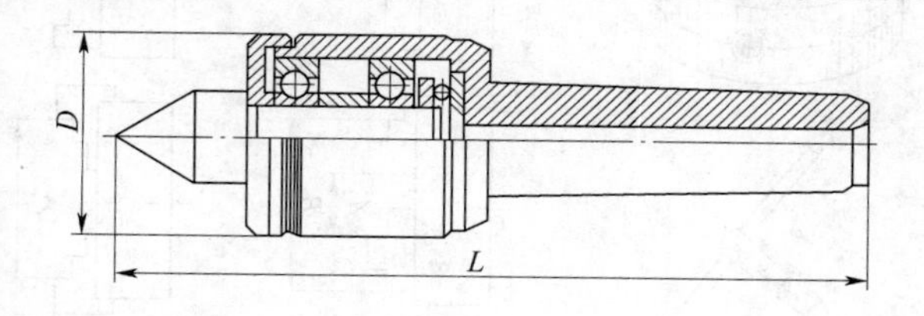

续表

莫氏锥度号数	类型	外径 D/mm	全长 L/mm	极限转速 /(r/min)
1	轻型	35	114	2000
2	轻型	42	134	2000
3	轻型	52	170	1400
	中型	57	160	1200
4	轻型	64	205	1400
	中型	67	195	1200
5	中型	90	255	800
6	中型	130	370	600
用途	回转顶尖分轻型和中型两种,有普通精度和高精度两类产品。在车床上切削长工件时,用来顶住工件中心使工件与机床主轴中心线同轴线。因顶尖随工件旋转与工件中心孔无摩擦,但定心精度一般,不如固定顶尖精度高			

4.2.1.3　三爪自定心卡盘

【规格及用途】（GB 4346—84）

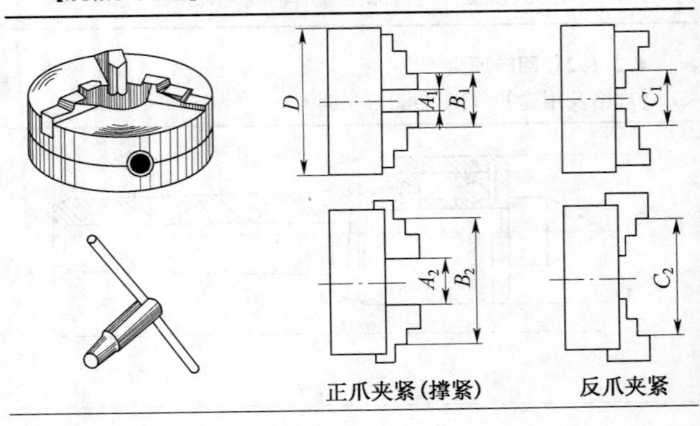

正爪夹紧(撑紧)　　反爪夹紧

续表

卡盘直径 D	反爪	正爪	
	夹紧尺寸范围 $C_1 \sim C_2$	夹紧尺寸范围 $A_1 \sim A_2$	撑紧尺寸范围 $B_1 \sim B_2$
80	22～63	2～22	25～70
100	30～80	2～30	30～90
125	38～110	2.5～40	38～125
160	55～145	3～35	50～160
200	65～200	4～85	60～200
250	90～250	6～110	80～250
315	100～315	10～140	95～315
400	120～400	15～210	120～400
500	150～500	25～280	150～500
用途	用于夹持圆、方、六角、三角形截面的工件进行切削加工。三爪联动，自动定中心		

4.2.1.4 四爪单动卡盘

【规格及用途】（GB 5901.1—86）

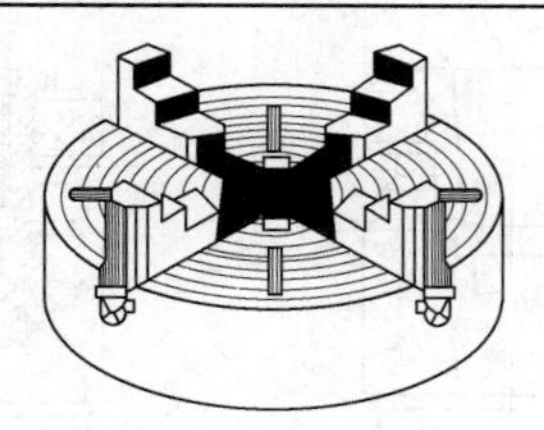

卡盘直径	反爪	正爪
	夹紧范围	夹紧范围
160	50～160	8～80
200	63～200	10～100

续表

卡盘直径	反爪	正爪
	夹紧范围	夹紧范围
250	80～250	15～130
315	100～315	20～170
400	120～400	25～250
500	125～500	35～300
630	160～630	50～400
800	200～800	70～540
1000	250～1000	100～680
用途	用以夹持各种截面形状的工件,进行切削加工。调整卡爪,人工定中心	

4.2.1.5　自紧钻夹头

【规格与用途】（GB/T 6087—1993）

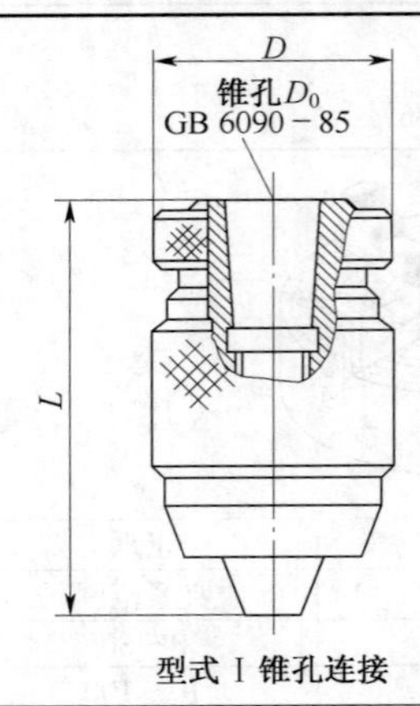

型式 I 锥孔连接

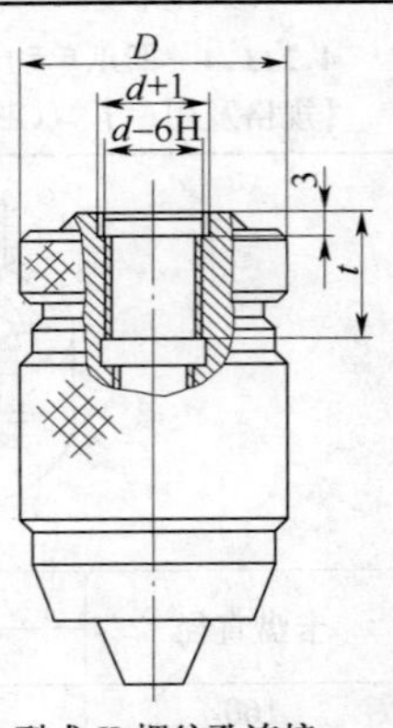

型式 II 螺纹孔连接

续表

型式Ⅰ		型式Ⅱ		最大	最大	夹持
锥孔 D_0		连接螺纹 d	螺纹深度 t	D	L	范围
贾格短锥	莫氏短锥	/mm				
—	J0	—	—	28	50	0.3～4
B10	J1	M10×1	14	35	65	0.5～6
B12	J2	M10×1	14	40	80	0.5～8
		M12×1.25	16			
B12	2	M10×1	14	45	92	1～10
		M12×1.25	16			
B16	J3	M12×1.25	16	50	105	1～13
B18	J6	M12×1.25	16	56	110	3～16
		M16×1.5	18			
用途	装于钻床或电钻上,用来夹持直柄钻削刀具(钻头等)					

4.2.1.6 扳手钻夹头

【规格及用途】 (GB/T 6087—1993)

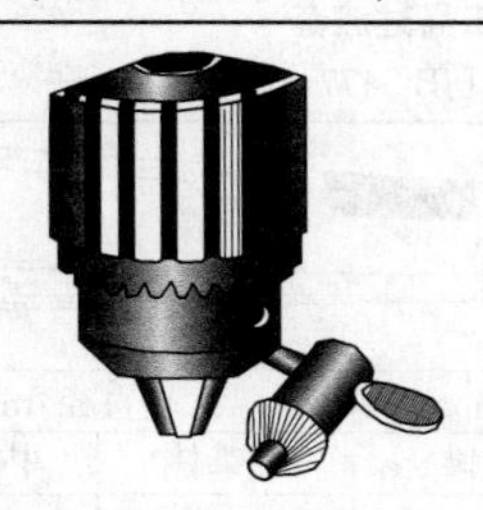

锥孔连接钻夹头		螺纹孔连接钻	夹持范围	
贾格圆锥	莫氏圆锥	夹头连接螺纹	重型/mm	中、轻型/mm
—	J0	—	0.3～4	—
B10,(B12)	J1	M10×1	0.6～6	0.8～6
		(M12×1.25)		

续表

锥孔连接钻夹头		螺纹孔连接钻夹头连接螺纹	夹持范围	
贾格圆锥	莫氏圆锥		重型/mm	中、轻型/mm
B12,B10	J2	M10×1	0.8~8	1~8
		M12×1.25		
B12,(B16)	J2	M10×1	1~10	1.5~10
		M12×1.25		
B16,(B18)	J3(J6)	(M10×1)	1~13	2.5~13
		M12×1.25		
B18,B16	J6(J3)	M12×1.25	3~16	4~16
		M16×1.5		
B22	J3	—	5~20	
用途	装于钻床或电钻上,夹持直柄钻头			

注:括号内参数尽可能不选用。

4.2.1.7 锥柄工具过渡套

【规格及用途】 (JB 3477—83)

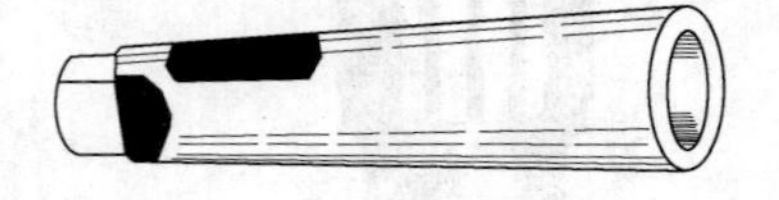

莫氏锥度号数		大端直径/mm		全长/mm
外锥	内锥	外锥体	内锥体	
1	0	12.963	9.045	80
2	1	18.805	12.065	95
3	1	24.906	12.065	115
3	2	24.906	17.78	115

续表

莫氏锥度号数		大端直径/mm		全长/mm
外锥	内锥	外锥体	内锥体	
4	2	32.427	17.78	140
4	3	32.427	23.825	140
5	3	45.495	23.825	170
5	4	45.495	31.267	170
6	4	63.892	31.267	220
6	5	63.892	44.399	220
用途	用于机床(车、钻床等)及电钻,用于夹持不同莫氏锥度号的锥柄钻头			

4.2.2　注油器件

4.2.2.1　油枪

【规格及用途】

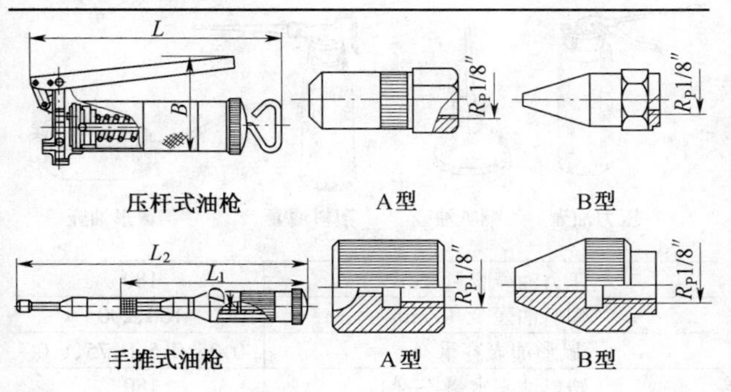

压杆式油枪　A型　B型

手推式油枪　A型　B型

续表

型式	压杆式油枪（JB/T 7942.1—1995）			手推式油枪（JB/T 7942.2—1995）	
贮油量/cm^3	100	200	400	50	100
公称压力/MPa	16			6.3	
出油量/cm^3	0.6	0.7	0.8	0.3	0.5
高度 B 或外径 D/mm	$B=90$	$B=96$	$B=125$	$D=33$	
全长 L/mm	255	310	385	330	
用途	用于向各种机械设备、车、船等上面的油杯压注润滑油脂。压杆式适用于压注润滑脂,其A型油嘴只适用于直通式或接头式压注油杯。手推式适用于压注润滑油或润滑脂,其A型油嘴仅用于压注润滑脂				

4.2.2.2　油壶

【规格及用途】

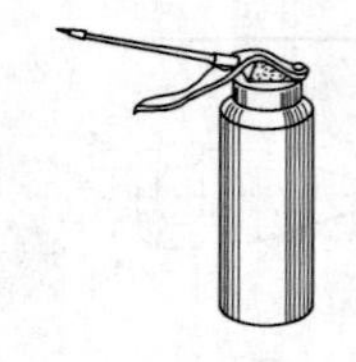

压力油壶

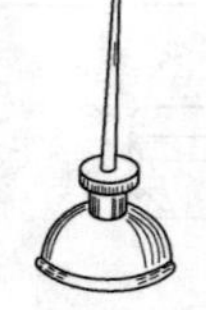

喇叭油壶

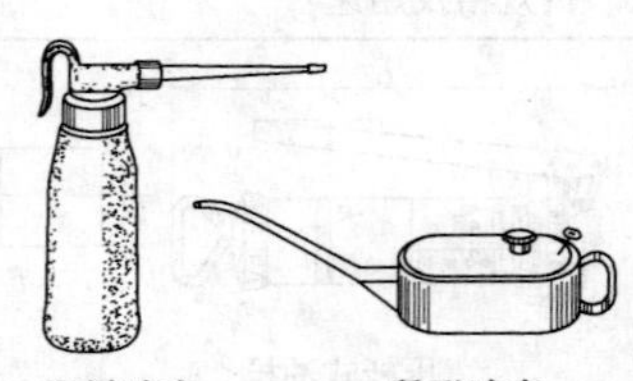

塑料油壶　　鼠形油壶

压力油壶容量/cm^3	180
喇叭油壶全高/mm	100、200
鼠形油壶容重/kg	0.25、0.5、0.75、1.0
塑料油壶容量/cm^3	180

4.2.2.3 针阀式油杯

【规格及用途】 又名玻璃油杯(JB/T 7940.6—1995)。

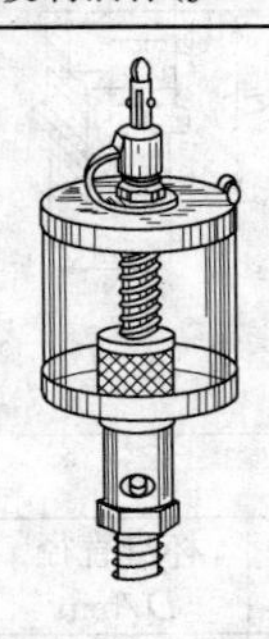

<table>
<tr><th>最小容量
/cm³</th><th>接头螺纹
/mm</th><th>杯套直径
/mm</th><th>油杯最大高度
/mm</th><th>扳体尺寸
/mm</th></tr>
<tr><td>16</td><td rowspan="2">M10×1</td><td>≤32</td><td>105</td><td rowspan="2">13</td></tr>
<tr><td>25</td><td>≤36</td><td>115</td></tr>
<tr><td>50</td><td rowspan="2">M14×1.5</td><td>≤45</td><td>130</td><td rowspan="2">18</td></tr>
<tr><td>100</td><td>≤55</td><td>140</td></tr>
<tr><td>200</td><td rowspan="2">M16×1.5</td><td>≤70</td><td>170</td><td rowspan="2">21</td></tr>
<tr><td>400</td><td>≤85</td><td>190</td></tr>
<tr><td>用途</td><td colspan="4">向机器的运动机件滴注润滑油。可透过玻璃杯套观察和调节油杯的针阀位置,以控制滴油速度</td></tr>
</table>

4.2.2.4 弹簧油杯

【用途】 用于将油杯中的润滑油,自流到待润滑的机件表面上。是对机件间歇性润滑的油杯。杯盖上的弹簧可使杯盖自动关闭。

【规格】 (JB/T 7940.5—1995)

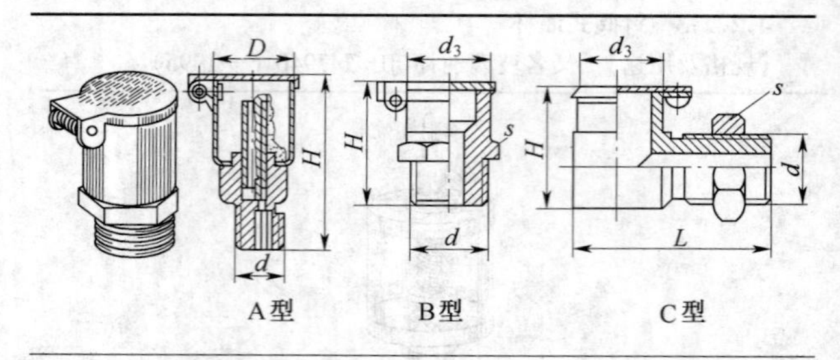

1 .A型

油杯最小容量 /cm³	连接螺纹 d/mm	杯身直径 D/mm	油杯最大高度 H/mm	扳体尺寸 s/mm
1	M8×1	16	38	10
2		18	40	
3	M10×1	20	42	11
6		25	45	
12	M14×1.5	30	55	18
18		32	60	
25		35	65	
50		45	68	

2.B型和C型

连接螺纹 d/mm	杯身直径 d_3/mm	油杯最大高度 H/mm		C型油杯长度 L/mm	扳体尺寸 s/mm	
		B型	C型		B型	C型
M6	10	18	18	25	10	13
M8×1	12	24	24	28	13	
M10×1				30		

续表

连接螺纹 d/mm	杯身直径 d_3/mm	油杯最大高度 H/mm		C型油杯长度 L/mm	扳体尺寸 s/mm	
		B型	C型		B型	C型
M12×1.5	14	26	26	34	16	16
M16×1.5	18	28	30	37	21	21

4.2.2.5 旋盖式油杯

【规格及用途】（JB/T 7940.3—1995）

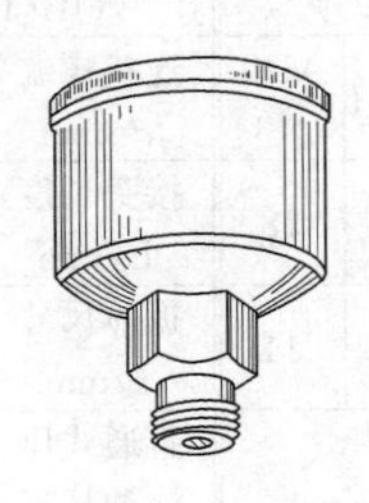

油杯最小容量/cm^3	1.5	3.6	12,18,25	50,100	200
连接螺纹/mm	M8×1	M10×1	M14×1.5	M16×1.5	M24×1.5
扳体尺寸/mm	10	13	18	21	30
用途	装在机件上，将杯内装满的润滑脂，通过旋进旋盖压出，使相对运动机件表面得到润滑。一般用于转速不高的机械上				

4.2.2.6 压注油杯

【规格及用途】

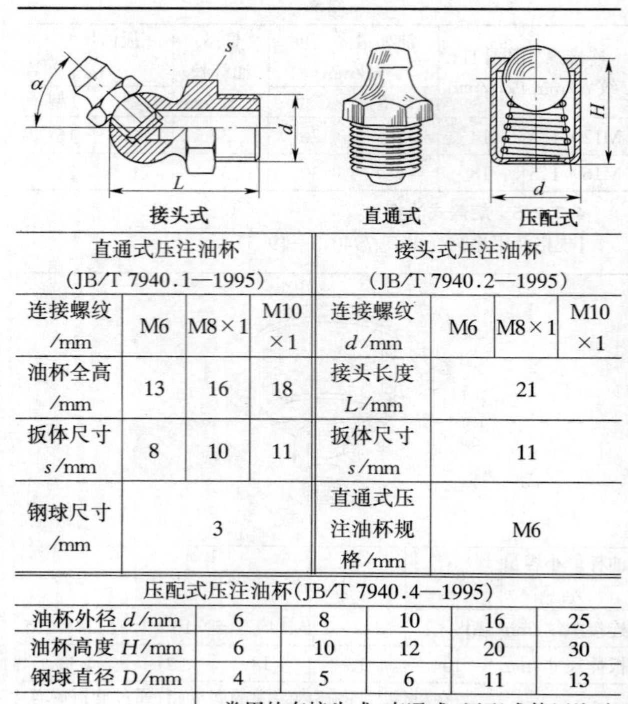

直通式压注油杯（JB/T 7940.1—1995）			
连接螺纹/mm	M6	M8×1	M10×1
油杯全高/mm	13	16	18
扳体尺寸 s/mm	8	10	11
钢球尺寸/mm	3		

接头式压注油杯（JB/T 7940.2—1995）			
连接螺纹 d/mm	M6	M8×1	M10×1
接头长度 L/mm	21		
扳体尺寸 s/mm	11		
直通式压注油杯规格/mm	M6		

压配式压注油杯（JB/T 7940.4—1995）					
油杯外径 d/mm	6	8	10	16	25
油杯高度 H/mm	6	10	12	20	30
钢球直径 D/mm	4	5	6	11	13
用途	常用的有接头式、直通式、压配或等压注油杯。用压力油枪将润滑脂压注于油杯中，并通过油杯涂敷于待润滑的机件表面。接头式有45°、90°两种，适用于无法垂直注油的场合。压配式是通过过盈配合与机器连接				

4.3 焊接及喷涂器材

4.3.1 焊条及钎料

4.3.1.1 电焊条的牌号

1. 表示方法：拼音字母+三位数字+字母+数字

其中：拼音字母——表示电焊条的大类；

第1、2位数字——根据不同类别分别表示电焊条的强度等级、具体用途或焊缝金属主要化学成分组成等级；

第3位数字——表示电焊条的药皮类型和适用电源；

字母+数字——表示电焊条的性能补充说明。

2. 电焊条牌号中拼音字母的意义

字母	电焊条大类名称	字母	电焊条大类名称
J	结构钢焊条	Z	铸铁焊条
R	钼和铬钼耐热钢焊条	Ni	镍及镍合金焊条
G	铬不锈钢焊条	T	铜及铜合金焊条
A	奥氏体不锈钢焊条	L	铝及铝合金焊条
W	低温钢焊条	TS	特殊用途焊条
D	堆焊焊条	—	—

3. 电焊条牌号中第1、2位数字的意义

<table>
<tr><th>电焊条大类</th><th colspan="2">第1、2位数字的意义</th></tr>
<tr><td rowspan="3">结构钢焊条</td><td colspan="2">表示熔敷金属抗拉强度的十分之一，各牌号表示的抗拉强度/屈服强度如下，单位为 kgf/cm²（括号内数值单位为 MPa）</td></tr>
<tr><td>J43—420(43)/330(34)</td><td>J55—540(55)/440(45)</td></tr>
<tr><td>J50—490(50)/400(41)</td><td>J60—590(60)/490(50)</td></tr>
</table>

续表

<table>
<tr><th>电焊条大类</th><th colspan="2">第1、2位数字的意义</th></tr>
<tr><td rowspan="4">结构钢焊条</td><td colspan="2">表示熔敷金属抗拉强度的十分之一,各牌号表示的抗拉强度/屈服强度如下,单位为kgf/cm²(括号内数值单位为MPa)</td></tr>
<tr><td>J70—690(70)/590(60)</td><td>J85—830(85)/740(75)</td></tr>
<tr><td>J75—740(75)/640(65)</td><td>J90—880(90)/780(80)</td></tr>
<tr><td>J80—780(80)/690(70)</td><td>J100—980(100)/880(90)</td></tr>
<tr><td rowspan="5">钼和铬钼耐热钢焊条</td><td colspan="2">第1位数字表示焊缝金属主要化学成分组成,第2位数字表示同一焊缝金属主要化学成分组成中的不同牌号,各牌号意义如下:</td></tr>
<tr><td>R1×—Mo≈0.5%</td><td>R5×—Cr≈5%、Mo≈0.5%</td></tr>
<tr><td>R2×—Cr≈0.5%、Mo≈0.5%</td><td>R6×—Cr≈7%、Mo≈1%</td></tr>
<tr><td>R3×—Cr≈1.2%、Mo≈0.5%~1.0%</td><td>R7×—Cr≈9%、Mo≈1%</td></tr>
<tr><td>R4×—Cr≈2.5%、Mo≈1%</td><td>R8×—Cr≈11%、Mo≈1%</td></tr>
<tr><td rowspan="4">不锈钢焊条</td><td colspan="2">表示方法与上述相同,具体意义如下:</td></tr>
<tr><td>G2×—Cr≈13%</td><td>A4×—Cr≈26%、Ni≈21%</td></tr>
<tr><td>G3×—Cr≈17%</td><td>A5×—Cr≈16%、Ni≈25%</td></tr>
<tr><td>A0×—C≤0.04%、Cr≈19%</td><td>A6×—Cr≈16%、Ni≈35%、Ni≈10%~24%</td></tr>
</table>

续表

<table>
<tr><th>电焊条大类</th><th colspan="6">第1、2位数字的意义</th></tr>
<tr><td rowspan="3">不锈钢焊条</td><td colspan="3">A1×—Cr≈19%、Ni≈10%</td><td colspan="3">A7×—Cr≈17%、Ni≈13%</td></tr>
<tr><td colspan="3">A2×—Cr≈18%、Ni≈12%</td><td colspan="3">A8×—Cr≈19%、Ni≈18%</td></tr>
<tr><td colspan="3">A3×—Cr≈23%、Ni≈13%</td><td colspan="3">A9×—Cr≈20%、Ni≈34%</td></tr>
<tr><td rowspan="3">低温钢焊条</td><td colspan="6">表示焊缝工作温度,各牌号工作温度如下:</td></tr>
<tr><td>牌号</td><td>W60</td><td>W70</td><td>W80</td><td>W90</td><td>W100</td></tr>
<tr><td>工作温度/℃</td><td>-60</td><td>-70</td><td>-80</td><td>-90</td><td>-100</td></tr>
<tr><td rowspan="6">堆焊焊条</td><td colspan="6">第1位数字表示焊条的用途、组织或焊缝金属主要化学成分组成,第2位数字表示同一用途、组织或焊缝金属主要化学成分组成中的不同牌号,各牌号表示意义如下:</td></tr>
<tr><td colspan="3">D0×—不规定</td><td colspan="3">D1×—常温不同硬度用</td></tr>
<tr><td colspan="3">D2×—常温高锰钢用</td><td colspan="3">D6×—合金铸铁型</td></tr>
<tr><td colspan="3">D3×—刀具及工具用</td><td colspan="3">D7×—碳化钨型</td></tr>
<tr><td colspan="3">D4×—刀具及工具用</td><td colspan="3">D8×—钴基合金型</td></tr>
<tr><td colspan="3">D5×—阀门用</td><td colspan="3">D9×—(待发展)</td></tr>
<tr><td rowspan="4">铸铁焊条</td><td colspan="6">表示方法与耐热钢焊条相同,各牌号表示意义如下:</td></tr>
<tr><td colspan="3">Z1×—碳钢或高钒钢型</td><td colspan="3">Z4×—镍铁型</td></tr>
<tr><td colspan="3">Z2×—铸铁(包括球墨铸铁)型</td><td colspan="3">Z5×—镍铜型
Z6×—铜铁型</td></tr>
<tr><td colspan="3">Z3×—纯镍型</td><td colspan="3">Z7×—(待发展)</td></tr>
</table>

续表

<table>
<tr><th>电焊条大类</th><th colspan="2">第1、2位数字的意义</th></tr>
<tr><td rowspan="3">镍及镍合金焊条</td><td colspan="2">表示方法与耐热钢焊条相同，各牌号表示意义如下：</td></tr>
<tr><td>Ni1×—纯镍型</td><td>Ni3×—镍铬型</td></tr>
<tr><td>Ni2×—镍铜型</td><td>Ni4×—(待发展)</td></tr>
<tr><td rowspan="2">铜及铜合金焊条</td><td>T1×—纯铜型</td><td>T3×—白铜型</td></tr>
<tr><td>T2×—青铜型</td><td>T4×—(待发展)</td></tr>
<tr><td rowspan="2">铝及铝合金焊条</td><td>L1×—纯铝型</td><td>L3×—铝锰型</td></tr>
<tr><td>L2×—铝硅型</td><td>L4×—铝镁型</td></tr>
<tr><td rowspan="5">特殊用途焊条</td><td colspan="2">第1位数字表示焊条的用途，第2位数字表示同一用途中的不同牌号，各牌号表示意义如下</td></tr>
<tr><td>TS2×—水下焊接用</td><td rowspan="2">TS5×—电渣焊用管状焊条</td></tr>
<tr><td>TS3×—水下切割用</td></tr>
<tr><td rowspan="2">TS4×—铸铁件焊补前开坡口用</td><td>TS6×—铁锰铝焊条</td></tr>
<tr><td>TS7×—高硫堆焊焊条</td></tr>
</table>

4. 电焊条牌号中第3位数字的意义

数字	药皮类型 适用电源	药皮性能	用途
1	氧化钛型 交、直流	药皮中含有35%以上氧化钛、焊接工艺性能良好，电弧稳定，熔深较浅，脱渣容易，飞溅极少，焊缝波细密、平整、美观，但焊缝塑性及抗裂性较差	适用于各种位置的焊接，特别是焊接薄板，短焊缝间接焊和要求焊缝表面光洁的盖面焊

续表

数字	药皮类型 适用电源	药皮性能	用途
2	氧化钛钙型交、直流	药皮中含有30%以上氧化钛,20%以下的钙、镁碳酸盐,焊接工艺性能良好,电弧稳定,熔深一般,熔渣流动性好,脱渣方便,飞溅少	适用于各种位置的焊接
3	钛铁矿型交、直流	药皮中含有30%以上钛铁矿,焊条熔化速度快,流动性好,熔深稍深,电弧稳定,具有良好的抗裂性能	平焊、平角焊性能较好,立焊操作性能稍次于氧化钛型
4	氧化铁型交、直流	药皮中含有大量氧化铁和锰铁脱氧剂,熔深大,熔化速度快,生产率较高,电弧稳定,再引弧方便,抗热裂性能较好,飞溅稍大	适用于中厚板焊接和在野外焊接,立焊、仰焊较困难
5	纤维素型交、直流	药皮中含有15%以上有机物、30%左右氧化钛,焊接工艺性良好,电弧稳定,焊缝成型美观,熔渣与熔池金属流动性适中,熔渣少,易脱渣	用于向下立焊、深熔焊、单面焊、双面成型焊,也适用于其他位置焊接以及薄板结构、油箱管道和车辆壳体等焊接
6	低氢钾型交、直流	具有低氢钾型药皮的各种特性外,另加入稳弧剂,用碳酸钾作粘合剂	与低氢钠型相同,也适用于交流电源

续表

数字	药皮类型 适用电源	药皮性能	用途
7	低氢钠型直流	药皮主要成分是碳酸盐矿和萤石,熔渣呈碱性,流动性好,焊接工艺性一般,焊波较高,焊缝含氢量较低,具有良好的抗裂性和力学性能。使用时,要求药皮干燥、电弧短	适用于各种位置焊接,主要用于焊接较重要的结构件
8	石墨型交、直流	药皮含有大量石墨,焊缝金属能获得较多的游离碳或碳化物;采用低碳钢焊芯时,焊接工艺性较差,飞溅较多,烟雾较大,熔渣较少;采用有色金属焊芯可改善其工艺性	通常用于铸铁焊条和堆焊焊条;采用低碳钢焊芯时,适用于平焊
9	盐基型直流	药皮中含有大量氯化物和氟化物,药皮熔点低,熔化速度快,焊接工艺性较差,熔渣有一定的腐蚀性,焊缝焊后需用热水清洗,吸潮性强,须烘干	用于铝和铝合金焊条
0	特殊型	不属于上述类型,对电源也不作规定	—

5. 电焊条牌号中"字母+数字"的含义

字母+数字	含义	字母+数字	含义
Z	重力焊条	D	底层焊专用焊条
X	向下立焊专用焊条	R	高韧性焊条

续表

字母+数字	含义	字母+数字	含义
XG	盖面焊专用焊条	H	超低氢焊条
GM	管子下行焊专用焊条	RH	高韧性超低氢焊条
Fe、Fe15	药皮中加入30%以上铁粉，当焊缝熔敷率≥105%时，在牌号后加注“Fe”，并将其药皮类型改称“铁粉××型”；效率达到目的20%以上时，加注数字，例：Fe15，效率达150%	DF	焊接时的烟尘发生量及烟尘中可熔性氟化物含量低于一般低氢焊条
		Cu、P、Cr、W、Mo、Nb等	焊缝金属中含有该项合金元素

4.3.1.2 碳钢焊条的型号

1. 表示方法(GB/T 5117—1995)：E+四位数字

其中：E——表示焊条；

左起第1、2位数字——表示焊缝金属最低抗拉强度的十分之一(单位：MPa)；

左起第3位数字——表示焊条适用的焊接位置，其中0、1——全位置焊接(平、立、仰、横)，2——平焊、平角焊，4——向下立焊；

左起第3、4位数字组合——表示药皮类型和焊接电源。

2. 碳钢焊条型号中第三、四位数字含义

焊条型号	第三位数字代表的焊接位置	第三和第四位数字组合代表的	
		药皮类型	焊接电流种类
E××00	各种位置(平、立、横、仰)	特殊型	交流或直流正、反接
E××01		钛铁矿型	
E××03		钛钙型	

续表

焊条型号	第三位数字代表的焊接位置	第三和第四位数字组合代表的	
		药皮类型	焊接电流种类
E××10	各种位置(平、立、横、仰)	高纤维素纳型	直流反接
E××11		高纤维素钾型	交流或直流反接
E××12		高钛钠型	交流或直接正接
E××13		高钛钾型	交流或直流正、反接
E××14		铁粉钛钙型	交流或直流正、反接
E××15		低氢钠型	直流反接
E××16		低氢钾型	交流或直流反接
E××18		铁粉低氢型	
E××20	平角焊	氧化铁型	交流或直流正接
E××22	平焊		交流或直流正、反接
E××23	平焊、平角焊	铁粉钛钙型	交流或直流正、反接
E××24		铁粉钛型	
E××27		铁粉氧化铁型	交流或直流正接
E××28		铁粉低氢型	交流或直接反接
E××48	向下立焊	铁粉低氢型	交流或直流反接

3. 焊条型号与结构钢焊条牌号对照表

焊条型号	焊条牌号	焊条型号	焊条牌号
E4300	J420G②	E4313	J421
E4301	J423	E4313	J421X
E4303	J422	E4313	J421Fe
E4303	J422GM	E4315	J427
E4303	J422CrCu	E4315	J427Ni
E4303	J422Fe	E4316	J426
E4311	J425	E4320	J424

续表

焊条型号	焊条牌号	焊条型号	焊条牌号
E4323	J422Fe13	E5015-G	J507MoNb
E4323	J422Fe16	E5015-G	J507MoW
E4323	J422Z13	E5015-G	J507CrNi
E4324	J421Fe13	E5015-G	J507CuP
E4327	J424Fe14	E5015	J507NiCuP
E5001	J503	E5015	J507MoWNbB
E5001	J503Z	E5016	J506
E5003	J502	E5016	J506X
E5003	J502Fe	E5016	J506D
E5003-G[①]	J502NiCu	E5016	J506DF
E5003-G	J502WCu	E5016	J506GM
E5003-G	J502CrNiCu	E5016	J506LMA
E5011	J505	E5016-1	J506H
E5011	J505MoD	E5016-G	J506G
E5015	J507	E5016-G	J506RH
E5015	J507H	E5016-G	J506NiCu
E5015	J507XG	E5016-G	J506
E5015	J507X	E5018	J506Fe
E5015	J507DF	E5018-1	J506Fe-1
E5015-G	J507R	E5018-G	J507FeNi
E5015-G	J507GR	E5018	J507Fe
E5015-G	J507RH	E5023	J502Fe15
E5015-G	J507NiCu	E5023	J502Fe16
E5015-G	J507D	E5024	J501Fe15
E5015-G	J507Mo	E5024	J501Fe18

续表

焊条型号	焊条牌号	焊条型号	焊条牌号
E5024	J501Z18	E5516—G	J556
E5027	J504Fe	E5516—G	J556RH
E5027	J504Fe14	E6015—D1	J607
E5028	J506Fe16	E6015—G	J607Ni
E5028	J506Fe18	E6015—G	J607RH
E5028	J507Fe16	E6016—D1	J606
E5501-G	J553	E7015—D2	J707
E5515-G	J557	E7015—G	J707Ni
E5515-G	J557Mo	E7015—G	J707RH
E5515-G	J557MoY	E7015—G	J707NiW

注:①焊条型号尾部有后缀“D”者为锰钼钢焊条,“G”为其他低合金钢焊条,详见 GB 5118—85《低合金钢焊条》。

②焊条牌号编制方法以及牌号尾部字母符号含义见前面电焊条牌号。

4.3.1.3　结构钢焊条常用牌号及主要用途

牌号	主要用途	药皮类型	适用电源
J350	专用于焊接微碳纯铁氨合成塔内件	钛钙低氢纳型	直流
J420 管	高温高压的碳钢管道	—	交、直流
J420	焊接温度≤450℃、工作压力 4～18MPa 的电站高温高压碳钢管路等	—	交、直流
J420F	适用于薄板结构的对焊、角焊、搭焊	氧化钛纤维素	交、直流

续表

牌号	主要用途	药皮类型	适用电源
J421	焊接一般低碳钢，特别适用于薄板焊接	氧化钛型	交、直流
J422	焊接较重要低碳钢和等强度普通低合金结构钢	氧化钛钙型	交、直流
J422Fe13	高效率焊接较重要的低碳钢构件	铁粉钛钙型	交、直流
J423	焊接较重要低碳钢构件	钛铁矿型	交、直流
J424	最适用于中、厚钢板组成的较重要低碳钢构件的焊接	氧化铁型	交、直流
J425	特别适用于平焊，焊接低碳钢构件和铸钢件的补焊	锰型	交、直流
J425X	向下立焊低碳钢薄板	纤维素型	交、直流
J426	焊接重要低碳钢和等强度普通低合金结构钢构件	低氢钾型	交、直流
J427	与J426相同	低氢钢型	直流
J500	专用于厚壁容器及钢管的底层打底焊接，可免去铲根和封底层焊工序。使用前需烘干	纤维素型	交、直流
J502	焊接16Mn等普通低合金结构钢	氧化钛钙型	交、直流
J502CuP	适用于铜磷系的普通低合金结构钢构件焊接	氧化钛钙型	交、直流
J503	适合平焊、角焊。用于普通低合金结构钢构件焊接	钛铁矿型	交、直流
J505	不铲根和封底的焊接	纤维素型	交、直流

续表

牌号	主要用途	药皮类型	适用电源
J506	焊接中碳钢和普通低合金结构的重要构件	低氢钾型	交、直流
J506Fe	与 J506 相同，熔敷效率较高	钛粉低氢钾型	交、直流
J506X	船体上层结构的垂直向下角焊缝的焊接	低氢钾型	交、直流
J506 低尘	烟尘最低，适用于密封容器和通风不良场合的焊接	低氢型	交、直流
J507	焊接中碳钢和普通低合金结构钢构件	低氢钠型	直流
J507X	船舶、车辆、电站等向下角接立焊和搭接焊	低氢钠型	直流
J507 CuP	焊接铜磷系耐腐蚀的普通低合金结构钢构件	低氢钠型	直流
J507 Mo	焊接抗硫化氢腐蚀的普通低合金结构钢和耐高温钢	低氢型	直流
J507 MoNb	焊接抗硫、硫化氢腐蚀和耐高温钢，如 12SiMoVNb	低氢型	直流
J507 MoW	焊接耐高温高压氢或氢氮氨、抗腐蚀钢	低氢型	直流
J553	焊接相应强度一般结构的普通低碳合金钢构件	钛铁矿型	交、直流
J556	焊接中碳钢及相应强度的普通低合金结构钢的构件	低氢钠型	交、直流
J557	焊接中碳钢和 15MnTi 等普通低合金结构钢的构件	低氢钠型	直流
J606	焊接中碳钢及相应强度的低合金高强度钢的构件	低氢钾型	直流

续表

牌号	主要用途	药皮类型	适用电源
J607	与 J606 相同	低氢钠型	直流
J707	焊接 15MnMoV 等合金高强度钢的构件	低氢钠型	直流
J807	焊接 14MnMoNbB 等低合金高强度钢的构件	低氢钠型	直流
J857	焊接相应强度等级低合金高强度钢的构件	低氢钠型	直流
J857Cr	焊接相应强度等级低合金高强度钢受压容器和其他构件。使用时需烘干并在保温条件下随用随取	低氢钠型	直流
J107	焊接相应强度等级高强度低合金结构钢	低氢钠型	直流
J107Cr	焊接 35CrMnSi 高强度低合金结构钢	低氢钠型	直流

4.3.1.4 不锈钢焊条常用牌号及主要用途

牌号	型号	药皮类型	焊接电源	主要用途
G202	E410-16	氧化钛钙型	交、直流	焊接 0Cr13、1Cr13 不锈钢和耐磨耐蚀表面堆焊。焊件焊前需预热，焊后回火
G207	E410-15	低氢型	直流	
G217	相当 E410-15	低氢型	直流	
G302	E430-16	氧化钛钙型	交、直流	焊接耐腐蚀、耐热的不锈钢构件。焊件焊前需预热，焊后回火
G307	E430-15	低氢型	直流	

续表

牌号	型号	药皮类型	焊接电源	主要用途
A002	E308L-16	钛钙型	交、直流	焊接0Cr18Ni9不锈钢和0Cr18Ni9Ti型不锈钢的化肥、石油、合成纤维设备
A102	E308-16			焊接工作温度≤300℃、同类型的不锈钢构件，如0Cr18Ni9Ti、1Cr18Ni9Ti
A107	E308-15	低氢型	直流	
A132	E347-16	钛钙型	交、直流	焊接重要的、耐腐蚀的0Cr18Ni11Ti型不锈钢构件
A137	E347-15	低氢型	直流	
A232	E318V-16	钛钙型	交、直流	焊接具有一般耐热性和一定耐腐蚀性的Cr18Ni9Ti及Cr18Ni12-Mo2Ti不锈钢构件
A237	E318V-15	低氢型	直流	
A302	E309-16	钛钙型	交、直流	焊接同类型不锈钢结构和衬里，异种钢(Cr18Ni9型及低碳钢)及高铬钢(Cr13、Cr17等)、高锰钢等
A307	E309-15	低氢型	直流	
A312	E309Mo-16	钛钙型	交、直流	焊接耐硫酸介质(硫氨)腐蚀的同类型不锈钢容器，也可焊接不锈钢衬里、复合钢板、异种钢等

续表

牌号	型号	药皮类型	焊接电源	主要用途
A402	E310-16	钛钙型	交、直流	焊接同类型耐热不锈钢,或硬化性大的铬钢(如Cr5Mo、Cr9Mo、Cr13、Cr28等)和异种钢
A407	E310-15	低氢型	直流	
A412	E310Mo-16	钛钙型	交、直流	焊接高温下工作的耐热不锈钢,或不锈钢衬里、异种钢,在焊接淬硬性高的碳钢、低合金钢时韧性极好
A502	E16-25MoN-16			焊接淬火状态下的低、中合金钢,异种钢和相应的热强钢,如:30CrMnSi
A507	E16-25MoN-15	低氢型	直流	

4.3.1.5 耐热钢焊条常用牌号及主要用途

牌号	型号	药皮类型	焊接电源	主要用途
R107	E5015-A1	低氢型	直流	焊接工作温度≤510℃、15Mo 等珠光体耐热钢
R207	E5515-B1			焊接工作温度≤510℃、12CrMo 等珠光体耐热钢
R307	E5515-B2			焊接工作温度≤540℃、15CrMo 等珠光体耐热钢
R317	E5515-B2-V			焊接工作温度≤540℃、CrMoV 珠光体耐热钢
R327	E5515-B2-VW			焊接工作温度≤570℃、15CrMoV 耐热钢

续表

牌号	型号	药皮类型	焊接电源	主要用途
R337	E5515-B2-VNb	低氢型	直流	焊接工作温度≤570℃、15CrMoV 耐热钢
R347	E5515-B3-VWB	低氢型	直流	焊接工作温度≤620℃、相应的珠光体耐热钢
R407	E6015-B3	低氢型	直流	焊接工作温度≤550℃、Cr2.5Mo 类珠光体耐热钢
R417	E5515-B3-VNb	低氢型	直流	焊接工作温度≤620℃、12Cr3MoVSiTiB 类珠光体耐热钢
R507	E5MoV-15	低氢型	直流	焊接工作温度 400℃、Cr5Mo 类珠光体耐热钢

4.3.1.6　堆焊焊条常用牌号、性能及主要用途

牌号	型号	药皮类型	焊接电源	焊缝硬度 HRC≥	主要用途
D107	EDPMn2-15	低氢型	直流	22	用于堆焊常温低硬度磨损机件表面
D112	EDPCrMo-A1-03	钛钙型	交、直流	22	用于堆焊常温低硬度磨损机件表面
D127	EDPMn3-15	低氢型	直流	28	用于堆焊常温低硬度磨损机件表面
D132	EDPCrMo-A2-03	钛钙型	交、直流	30	用于堆焊常温低硬度磨损机件表面
D167	EDPMn6-15	低氢型	直流	50	用于堆焊常温高硬度磨损机件表面

续表

牌号	型号	药皮类型	焊接电源	焊缝硬度 HRC≥	主要用途
D172	EDPCrMo-A3-03	钛钙型	交、直流	40	用于堆焊常温中高硬度磨损机件表面
D256	EDPMn-A-16	钛钙型	交、直流	HB≥170	用于高锰钢堆焊
D266	EDPMn-B-16			HB≥170	
D276	EDPCrMn-B16			20	用于耐气蚀和高锰钢堆焊
D307	EDD-D-15	低氢型	直流	55	用于中碳钢刀具毛坯堆焊高速钢刃口
D322	EDRCrMoWV-A1-03	钛钙型	交、直流	55	用于冷冲模及切削刀具的堆焊
D337	EDRCrW-15	低氢型	直流	48	用于热模锻的堆焊
D397	EDRCrMnMo-15			40	
D502	EDCr-A1-03	低氢型	直流	40	用于堆焊工作温度≤450℃的碳钢或合金钢的轴和阀门等
D507	EDCr-A1-15	钛钙型	交、直流	40	
D507Mo	EDCr-A2-15	低氢型	直流	37	用于堆焊工作温度≤510℃高压截止阀密封面

续表

牌号	型号	药皮类型	焊接电源	焊缝硬度HRC≥	主要用途
D512	EDCr-B-03	钛钙型	交、直流	45	与D502、D507相同
D517	EDCr-B-15	低氢型	直流	45	
D557	EDCrNi-C-15			37	用于堆焊工作温度≤600℃的高压阀门密封面
D667	EDZCr-C-15			48	用于堆焊强烈耐腐蚀耐气蚀件
D802	EDCoCr-A-03	钛钙型	交、直流	40	用于堆焊工作温度≤650℃的高压阀门、热剪切机刀刃
D812	EDCoCr-B-03			44	

4.3.1.7 低温钢焊条常用牌号、焊缝力学性能及主要用途

牌号	药皮类型	焊接电源	焊缝力学性能			主要用途
			抗拉强度 σ_b/MPa≥	工作温度/℃	A_{kv}/J	
W707	低氢型	直流	490	−70	27	用于焊接09Mn2V、09MnTiCuRe钢
W707Ni			540	−70	27	用于焊接09Mn2V、06MnVAl等钢
W907Ni			540	−92	27	用于焊接Ni3.5%的低温用低合金结构钢

续表

牌号	药皮类型	焊接电源	焊缝力学性能			主要用途
			抗拉强度 σ_b/MPa≥	工作温度/℃	A_{kv}/J	
W107Ni	低氢型	直流	490	−100	27	用于焊接06A1Nb-CuN、06MnNb和Ni-3.5%钢

4.3.1.8 铸铁焊条常用牌号及主要用途

牌号	型号	药皮类型	焊接电源	主要用途
Z100	EZFe-2	氧化型	交、直流	焊补一般灰铸铁件非加工面及旧钢锭模
Z122Fe	EZFe-2	钛钙铁粉型	交、直流	焊补一般灰铸铁件非加工面
Z208	EZC	石墨型	交、直流	焊补预热至400℃以上的一般灰铸铁件
Z238	EZCQ	石墨型	交、直流	焊补球墨铸铁件
Z248	EZC	石墨型	交、直流	焊补较大灰铸铁件
Z308	EZNi-1	石墨型	交、直流	焊补重要的铸铁薄壁件和加工面
Z408	EZNiFe-1	石墨型	交、直流	焊补重要高强度灰铸铁件和球墨铸铁件
Z408A	EZNiFeCu	石墨型	交、直流	与Z408相同
Z508	EZNiCu-1	石墨型	交、直流	焊补灰铸铁件，可不进行预热，焊后可进行切削加工
Z607	—	—	直流	焊补一般灰铸铁件非加工面

4.3.1.9　有色金属焊条常用牌号、焊芯材质及主要用途

牌号	型号	焊芯材质	主要用途
Ni112	ENi-0	纯镍	焊接镍基合金和双金属
Ni307	ENiCrMo-0	镍铬合金	焊接镍基合金或异种钢、难焊合金
Ni307B	ENiCrFe-3	镍铬合金	焊接镍基合金或异种钢
Ni337	—	镍铬合金	焊接镍基合金或异种钢、复合钢
Ni347	ENiCrFe-0	镍铬合金	焊接镍基合金或异种钢、复合钢
T107	TCu	纯铜	焊接铜零件，也用于堆焊耐海水腐蚀的碳钢零件
T207	TCuSi-B	硅青铜	焊接铜、硅青铜和黄铜零件，或堆焊化工机械、管道内衬
T227	TCuSn-B	锡磷青铜	焊接铜、磷青铜、黄铜及异种金属，或堆焊磷青铜轴衬
T237	TCuAl-C	铝锰青铜	焊接铝青铜、其他铜合金和钢，焊补铸铁件
T307	TCuNi-B	铜镍合金	焊接导电铜排、铜热交换器等，或堆焊耐海水腐蚀的碳钢零件以及有耐腐蚀要求的镍基合金
L109	TA1	纯铝	焊接纯铝板、纯铝容器
L209	TA1Si	铝硅合金	焊接铝板、铝硅铸件、一般铝合金、锻铝、硬铝
L309	TAlMn	铝锰合金	焊接铝锰合金、纯铝、其他铝合金

4.3.1.10 实芯焊丝

1. 实芯焊丝牌号

(1)表示方法:HS+三位数字

其中:HS——实芯焊丝(也有用S表示的);

第1位数字——实芯焊丝的类型(按焊丝主要化学成分组成分类);

第2位数字——同一类型实芯焊丝的细分类;

第3位数字——同一细分类实芯焊丝中的不同牌号。

(2)实芯焊丝牌号中第1位数字表示的含义

数字	含义	数字	含义
1	硬质合金焊丝	6	铬钼耐热钢焊丝
2	铜及铜合金焊丝	7	铬不锈钢焊丝
3	铝及铝合金焊丝	8	铬镍不锈钢焊丝
4	(待发展)	9	(待发展)
5	低碳钢及低合金钢焊丝	0	其他类型焊丝

2. 硬质合金堆焊焊丝常用牌号、性能及用途

牌号	堆焊层硬度		焊缝性能及用途
	常温 HRC	温度/℃ HV≈	
HS101	48~54	300/483 400/473 500/460 600/298	堆焊层具有优良的抗氧化性和耐气蚀性,硬度较高,耐磨性好,工作温度≤500℃,用硬质合金刀具也难以加工;适用于耐磨损、抗氧化或耐气蚀的机件的堆焊,如:铲斗齿、泵套、柴油机气门、排气叶片等

续表

牌号	堆焊层硬度		焊缝性能及用途
	常温 HRC	温度/℃ HV≈	
HS103	58～64	300/857 400/848 500/798 600/520	堆焊层具有优良的抗氧化性,硬度高,耐磨性好,但抗冲击性差,用硬质合金刀具也难以加工,只能研磨;适用于高度耐磨损的机件的堆焊,如:齿轮钻头轴承、煤孔挖掘器、提升戽斗、破碎机辊、混合叶片等
HS111	38～47	500/365 600/310 700/274 800/250	堆焊层能承受冷热条件下的冲击,不易产生裂纹,具有优良的耐蚀、耐热、耐磨性能,并在650℃左右也能保持高性能,用硬质合金刀具易进行切削加工;用于高温高压阀门、热剪切刀刃、热锻模等机件的堆焊
HS112	45～50	500/410 600/390 700/360 800/295	与HS111比较,耐磨性较好,塑性较差,堆焊层具有优良的耐蚀、耐热、耐磨性能,并在650℃左右也能保持高性能,用硬质合金刀具可进行切削加工;用于高温高压阀门、内燃机阀、化纤剪切刀刃、高压泵的轴套筒和内衬套筒、热轧孔型的堆焊

续表

牌号	堆焊层硬度		焊缝性能及用途
	常温 HRC	温度/℃ HV≈	
HS113	≥53	500 600 623 550 700 800 485 320	堆焊层硬度高,耐磨性非常好,抗冲击性较差,易产生裂纹,具有良好的耐蚀、耐热性,并在600℃左右也能保持这些性能;适用于粉碎机刀口、齿轮钻头轴承、螺旋粉碎机等磨损部件的堆焊
HS114	>50	500 600 623 530 700 800 485 300	堆焊层的耐磨性非常好,抗冲击性较差,在600℃以上高温中仍具有良好的耐蚀、耐热、耐磨性能,用硬质合金刀具也易进行切削加工;适用于齿轮钻头轴承、粉碎机刀口、锅炉的旋转叶片、螺旋粉碎机等的堆焊

3. 铜及铜合金焊丝的牌号、熔点、性能及用途(GB 9460—88)

牌号	熔点/℃	性能	用途
HS201	1050	焊接工艺性优良,焊缝成型良好,力学性能较好,抗裂性好	适用于氩弧焊、氧-乙炔气焊纯铜
HS202	1060	流动性较一般纯铜好	适用于碳弧焊、氧-乙炔气焊纯铜
HS221	890	流动性和力学性能均好	适用于碳弧焊、氧-乙炔气焊黄铜,钎焊铜、铜镍合金、钢、灰铸铁,以及镶嵌硬质合金刀具

续表

牌号	熔点/℃	性能	用途
HS222	860	与HS221相同	
HS224	905	与HS221相同	

4. 铝及铝合金焊丝常用牌号、熔点、性能及用途(GB 10858—88)

牌号	熔点/℃	性能	用途
HS301	660	可焊性、耐蚀性及塑性和韧性均良好,强度较低	适用于焊接纯铝及对接头性能要求不高的铝合金
HS311	580～610	通用性较大,焊缝的抗热裂能力优良,有一定的力学性能	适用于焊接除铝镁合金以外的铝合金机件和铸件
HS321	643～654	焊缝具有较好的耐蚀性、可焊性和塑性,有一定的力学性能	适用于焊接铝锰合金及其他铝合金
HS331	638～660	耐蚀性、抗热裂性良好,强度高	适用于焊接铝锌镁合金和焊补铝镁合金

5. 铸铁焊丝牌号及焊丝化学成分(GB 10044—88)

牌号	型号	化学成分(%)(余量为铁)					
		C	Si	Mn	S≤	P≤	RE
HS401	RZC-2	3.0～4.2	2.8～3.6	0.3～0.8	0.08	0.5	0.08～0.15
HS402	RZCQ-2	3.8～4.2	3.0～3.6	0.5～0.8	0.05	0.5	—

4.3.1.11 自动焊丝(实芯)

1. CO_2 气体保护焊丝(GB/T 8110—1995)

(1)牌号表示方法:MG+两组数字

其中:MG——气体保护焊丝;

第1组数字——焊缝金属最低抗拉强度的十分之一;

第2组数字——焊丝化学成分分类。

(2)型号表示方法:ER+两组数字

其中:ER——气体保护焊丝;

两组数字——与牌号的相同。

(3)CO_2 气体保护焊丝常见牌号及工艺性能和用途

牌号	工艺性能	用途
MG50-4 (ER50-4)	优良的焊接工艺性能,电弧稳定,飞溅较小,在小电流规范下,电弧仍很稳定,可向下立焊;采用混合气体保护,焊缝金属强度略有提高	适用于碳钢的焊缝,也可用于薄板、管子的高速焊接
MG50-6 (ER50-6)	优良的焊接工艺性能,焊丝熔化速度快,熔敷效率高,电弧稳定,飞溅极小,焊缝成型美观,抗氧化锈蚀能力强,焊缝金属气孔敏感性小,全方位施焊工艺性好	适用于碳钢及500MPa级强度钢的车辆、建筑、船舶、桥梁等结构的焊接,也可用于薄板、管子的高速焊接
焊丝直径/mm	0.8,1.0,1.2,1.6,2.0;焊丝以焊丝盘、焊丝卷、焊丝筒样供货	

注:括号中为焊丝型号。

2. 埋弧焊焊丝常用牌号、配用焊剂、焊缝力学性能及用途(GB/T 14975—1994)

牌号	配用焊剂	焊缝力学性能			用　途
		抗拉强度 σ_b/MPa	屈服点 σ_s/MPa	伸长率 δ_s/%	
H08A	HJ430、HJ431、HJ433	410～550	330	22	焊接低碳结构钢及某些低合金结构钢
H08MnA	HJ431	410～550	300	22	焊接低碳钢及某些低合金结构钢，如锅炉、压力容器
H10Mn2	HJ130、HJ330、HJ350、HJ360	410～550	300	22	焊接碳钢和低合金结构钢如：16Mn、14MnNb
焊丝直径/mm	2.0,2.5,3.2,4.0,5.0				

4.3.1.12　气焊熔剂

1. 牌号表示方法:CJ+三位数字

其中:CJ——气焊熔剂;

左起第1位数字——熔剂用途(类型);

第2、3位数字——同一类型的不同牌号。

2. 气焊熔剂的牌号、性能及用途

牌号	性　　能	用　　途
CJ101	熔点约900℃,有良好的润湿作用,能防止熔化金属被氧化,除渣容易	气焊不锈钢及耐热钢件时的熔剂
CJ201	熔点约650℃,易潮解,能有效地驱除气焊过程所产生的硅酸盐和氧化物,并加速金属熔化	气焊铸铁件时的熔剂

续表

牌号	性 能	用 途
CJ301	熔点约650℃,呈酸性反应,能有效地熔解氧化铜和氧化亚铜,能防止金属氧化	气焊铜及铜合金件时的助熔剂
CJ401	熔点约560℃,呈碱性反应,能有效地破坏氧化铝膜,有潮解性,能在空气中引起铝的腐蚀,焊接后需清理接头	气焊铝、铝合金及铝青铜件时的助熔剂

4.3.1.13 埋弧焊用焊剂

1. 焊剂牌号表示方法

(1)埋弧焊及电渣焊用熔炼焊剂牌号表示方法:HJ + 三位数字 + X

其中:HJ——埋弧焊及电渣焊用熔炼焊剂;

左起第1位数字——焊剂中氧化锰的含量类型(1:无锰型,2:低锰型,3:中锰型,4:高锰型);

第2位数字——焊剂中二氧化硅和氟化钙的含量类型(1:低硅低氟型,2:中硅低氟型,3:高硅低氟型,4:低硅中氟型,5:中硅中氟型,6:高硅中氟型,7:低硅高氟型,8:中硅高氟型,9:其他型);

第3位数字——同一类型焊剂中的不同牌号;

X——细颗粒焊剂,若是普通颗粒焊剂则省略此项。

(2)埋弧焊用烧结焊剂牌号表示方法:SJ + 三位数字

其中:SJ——埋弧焊用烧结焊剂;

左起第1位数字——焊剂熔渣的渣系:

第1位数字	表示	第1位数字	表示	第1位数字	表示
1	氟碱型	3	硅钙型	5	铝钛型
2	高铝型	4	硅锰型	6	其他型

第2、3位数字——同一渣系类型焊剂中的不同牌号，用01，02，…，09依次表示。

(3)碳素钢埋弧焊用焊剂型号表示方法：HJ＋三位数字＋H×××

其中：HJ——碳素钢埋弧焊用焊剂；

左起第1位数字——焊缝金属的力学性能：

第1位数字	表示焊逢金属的力学性能
3	410MPa≤σ_b≤550MPa，$\sigma_{s0.2}$≥300MPa，δ_5≥22%
4	410MPa≤σ_b≤550MPa，$\sigma_{s0.2}$≥330MPa，δ_5≥22%
5	480MPa≤σ_b≤650MPa，$\sigma_{s0.2}$≥400MPa，δ_5≥22%

第2位数字——力学性能试样状态（0：焊接状态，1：焊后热处理状态）；

第3位数字——冲击试验的试验温度（冲击吸收功均应≥27J）：

第3位数字	表示	第3位数字	表示	第3位数字	表示
0	无要求	3	－30℃	6	－60℃
1	0℃	4	－40℃	—	—
2	－20℃	5	－50℃	—	—

H×××——焊接试样（板）所用的按GB/T 14957—1994规定的焊丝牌号。

2. 埋弧焊用焊剂常用牌号、性能及用途

牌号	性　能	用　途
HJ130	焊接工艺性良好，脱渣容易，交、直流两用，直流时焊丝接正极	配合H10Mn2或其他低合金钢焊丝，焊接低碳结构钢或低合金结构钢
HJ330	焊接工艺性良好，交、直流两用，直流时焊丝接正极	配合H10Mn2、H08MnA等焊丝，焊接碳钢或某些低合金结构钢，如锅炉、压力容器等

续表

牌号	性能	用途
HJ331	交、直流两用，坡口内脱渣容易，适用大电流、较快速度焊接，低温韧性和抗裂性良好	配合H10Mn2G、H08A等焊丝，焊接低碳钢、低合金结构钢，如船舶、压力容器、桥梁等，还可用于管道式多层多道焊接及双丝埋弧焊接
HJ350	焊接工艺性良好，交、直流两用，直流时焊丝接正极	配合适当焊丝，焊接重要的低合金结构钢，如船舶、锅炉、高压容器等，细粒度焊剂用于细焊丝埋弧焊，焊接薄板结构
HJ360	交、直流两用，直流时焊丝接正极，电焊时具有稳定的电渣过程，并具有一定的脱硫能力	配合H10Mn2、H10MnSi、H08Mn2MoVA等焊丝，焊接低碳钢或某些大型合金结构钢，如轧钢机架、大型立柱或轴
HJ430	焊接工艺性良好，交、直流两用，直流时焊丝接正极，抗锈能力较强	配合H10Mn2、H10MnSi、H08Mn2A等焊丝，焊接低碳钢或某些低合金结构钢，如船舶、锅炉、压力容器、管道等，细粒度焊剂用于细焊丝埋弧焊，焊接薄板结构
HJ431	焊接工艺性良好，交、直流两用，直流时焊丝接正极	配合H08A、H10MnSi、H08MnA等焊丝，焊接低碳钢或某些低合金结构钢，如船舶、锅炉、压力容器等，也可用于电渣焊及铜的焊接
HJ433	交、直流两用，直流时焊丝接正极，有较高的熔化温度和黏度，宜快速焊接	配合H08A焊丝，用于快速焊接低碳结构钢，如管道、容器，常用于输油、输气管道的焊接

4.3.1.14　钎料

1. 铜基钎料规格及用途(GB/T 6418—1993)

牌号	熔化温度/℃	规格尺寸/(mm×mm×mm)	用　途
HL101	800～823	铸条 5×20×(400～700)	用于钎焊黄铜、铜及其他铜合金
HL102	860～870		用于钎焊不承受冲击和弯曲的工件
HL103	885～888	圆形 直径:3mm、4mm、5mm 长度:≥5000mm	用于钎焊铜、青铜和钢等不受冲击、弯曲的工件
HL201	710～800	铸条:4×5×350	用于电机制造和仪表工业。不宜用于冲击弯曲状态下的接头
HL202	710～890	铸条:4×5×350	用途与HL201相同
HL203	690～800	铸条:4×5×350	熔点低。用途与HL201相同
HL204	640～815		是最好的一种。适用于钎焊铜、铜合金及钼等金属。电机工业应用广
HL205	640～800		与H201相同
HL207	560～650	铸条 4×5×350 箔片 (0.02～0.05)mm×(10～20)mm	磷铜钎料中熔点最低的一种,有良好的流动性和填满间隙的能力,电阻率约0.39Ω·m。用于电器、电机、仪表汽车等行业火焰钎焊、电阻钎焊和一些炉焊铜及铜合金

2. 铝基钎料规格及用途(GB/T 13815—92)

牌号	熔化温度/℃	规格尺寸	用　途
HL400	577～582	铸条: 4mm×5mm×350mm 箔片: 0.15mm×20mm	用于纯铝及铝合金的炉钎焊及火焰钎焊
HL401	525～535	铸条: 4mm×5mm×350mm 或 5mm×20mm×350mm	用于各种铝及铝合金的火焰钎焊
HL402	521～585	铸条: 4mm×5mm×350mm 箔片: 0.15mm×20mm	用于 LD2 锻铝的炉钎焊及盐浴浸蘸钎焊,也用于 L3 纯铝及 LF21、LF2 防锈铝的火焰钎焊
HL403	516～560		用于 LD2 锻铝及 ZL103、ZL105 铸铝合金的炉钎焊及盐浴浸蘸钎焊,也可用于 L3、LF1、LF2、LF21 等铝及铝合金钎焊

3. 银钎料规格及用途(GB/T 10046—2000)

牌号	熔化温度/℃	规格尺寸/mm	用　途
HL302	700～800	丝状 $\phi2\sim\phi5$	用于钎焊铜、铜合金、钢及不锈钢。焊缝表面光洁。电阻率约 $0.069\Omega\cdot mm^2/m$。

续表

牌号	熔化温度/℃	规格尺寸/mm	用　途
HL303	665～745	丝状：$\phi1\sim\phi5$	用于钎焊铜、铜合金、钢及不锈钢
HL304	690～775		用于钎焊铜、铜合金及钢。接头强度能承受多次振动载荷。常用于钎焊带锯
HL306	685～720		常用于食具、带锯、仪表及波导等的钎焊,可焊接铜、铜合金、钢及不锈钢。含银量高,熔点较低,流动性好,钎缝光洁,接头强度和塑性好,电阻率约为 0.086Ω·mm²/m
HL308	779		用于真空或还原气氛保护钎焊铜和镍,主要用来制作电子管、真空器件及电子元件等
HL322	630～640	丝状：$\phi2\sim\phi5$ 粉状：40～150目	熔点最低、漫流及填间隙能力良好,钎缝表面光洁,接头强度高,电阻率约 0.015Ω·mm²/m。用于钎焊铜、铜合金、钢及不锈钢等。常用于调质钢等钎焊温度较低的材料
HL324	650～670	丝状：$\phi1\sim\phi5$ 片状：(0.08～0.12)mm×20mm	性能与 HL322 相当。电阻率约为 0.013Ω·mm²/m,可用于钎焊铜、铜合金、钢、不锈钢及硬质合金、金刚石等。常用于钎焊温度较低的材料,如调质钢等

4．锡铅钎料性能及用途(GB/T 3131—2001)

牌号	熔化温度/℃	母材	(接头的抗拉强度 σ_b/MPa)/(抗剪强度 τ_b/MPa)	主要性能及用途
S-Sn60Pb (HL600)	183～185	纯铜 黄铜 钢	78/34 93/34 96/35	熔点低、流动性好，电阻率约 0.145Ω·mm²/m。用于钎焊温度较低和要求钎缝光洁的工件，如电子元件、电器开关零件、计算机零件、易熔金属制品等
S-Sn60PbSb (HL601)	183～277	纯铜 黄铜 钢	84/37 92/37 98/44	熔点高，结晶间隙大，用烙铁钎焊较困难。电阻率约 0.22Ω·mm²/m。用于钎焊强度要求不高的铜、铜合金、镀锌薄钢板等
S-Sn30PbSb (HL602)	183～256	纯铜 黄铜 钢	76/36 86/37 113/49	漫流性及力学性能较好，电阻率约 0.182Ω·mm²/m。应用较广。用于钎焊铜、黄铜、钢、镀锌钢板，如散热器、仪表、无线电元件、电缆护套及电动机扎线等
S-Sn40PbSb (HL603)	183～235	纯铜 黄铜 钢	76/36 78/45 112/59	漫流性好，针缝光洁，电阻率约为 0.182Ω·mm²/m，应用最广。用于钎焊铜、铜合金、钢、镀锌薄钢板，如散热器、无线电、电气开关、工业仪表等

续表

牌号	熔化温度/℃	母材	(接头的抗拉强度 σ_b/MPa)/(抗剪强度 τ_b/MPa)	主要性能及用途
S-Sn90PbSb (HL604)	183～222	纯铜 黄铜	88/45 89/44	抗蚀性好，可用于钎焊大多数钢材、铜材及其他金属。特别适用于食器及医疗器材
S-Sn5PbAg (HL608)	295～305	黄铜 纯铜	87/39 54/36	熔点较高，填满间隙能力和漫流性良好，有一定的高温强度，工作温度可达250℃。用于烙铁及火焰钎焊铜、铜合金及钢

注：HL表示钎料，元素符号表示主要化学成分，数字表示锡含量。

5. 锌基钎料性能及用途

牌号	熔化温度/℃	主要性能及用途
S-Zn95Al	382	用于钎焊铝-铜接头等。在钎焊铝的软钎料中，其抗蚀性能最好
S-Zn89AlCu	377	用于纯铝、铝合金、铸件及焊件的补焊
S-Zn72.5Al (HL505)	430～500	有较好的铺展性、填缝能力，耐蚀性较好，漫流性、填隙能力良好，但钎缝在阳极氧化处理时发黑。用于钎焊铝及铝合金之火焰钎焊

续表

牌号	熔化温度/℃	主要性能及用途
S-Zn58SnCu（HL501）	200～350	结晶温度区间大，特别适用于铝及铝合金的刮擦钎焊，也可用于铝-铜、铝-钢等异种金属的钎焊
S-Zn60Cd	266～366	用于铝及铝合金、铜及铜合金及铝-铜接头钎焊

4.3.1.15 钎焊熔剂

【性能及用途】（JB/T 6045—92）

牌号	熔点/℃	主要性能及用途
QJ101（FB101）	约500	吸潮性强，能有效清除各种金属的氧化物，促进钎料漫流。在550℃～850℃范围内，配合银钎料钎焊铜、铜合金、钢及不锈钢等时做助熔剂
QJ102（FB102）	约550	极易吸收潮气，能有效清除各种金属的氧化物，促进钎料漫流，活性极强。在550℃～850℃范围内，配合银钎料钎焊铜、铜合金、钢及不锈钢等时作助熔剂
QJ103（FB103）	约50	易吸潮，能有效清除各种金属的氧化物，促进钎料漫流。在550℃～750℃范围内，配合银钎料钎焊铜、铜合金、钢及不锈钢等时作助熔剂
QJ104（FB104）	约650	吸潮极强，能有效清除各种金属的氧化物，促进钎料漫流。在650℃～850℃范围内，配合银钎料炉中钎焊或盐浴浸蘸钎焊铜、铜合金、钢及不锈钢等时作助熔剂
QJ201	约420	极易吸潮，能有效清除氧化铝膜，促进钎料在铝合金上漫流，有极强活性。在450℃～620℃范围内，火焰钎焊铝及铝合金时作助熔剂。也可用于某些炉中钎焊，应用较广

续表

牌号	熔点/℃	主要性能及用途
QJ203	约 160	极易吸潮,在 270℃以上能有效破坏铝的氧化膜和借助于重金属锡和锌的沉淀作用,促进钎料在铝合金上漫流活性增强。在 270℃～360℃范围内,钎焊铝及铝合金、铜及铜合金、钢等时作助熔剂。常用于铝芯电缆接头的软钎焊(熔点＜450℃的钎焊称为软钎焊。＞450℃的钎焊称硬钎焊)
QJ207	约 550	极易吸潮,接近中性,抗蚀性比 QJ201 好,黏度小,能有效清除氧化铝膜,润湿性强,流动性好,钎缝表面光洁。是高温铝钎焊熔剂,在 550℃～620℃范围内,火焰钎焊或炉中钎焊铝及铝合金时作助熔剂
规格		熔剂为粉末状,瓶装密封,每瓶净重 250g 或 500g

4.3.2　电焊、气焊及气割器材

4.3.2.1　交流弧焊机

1. BX6 系列交流弧焊机技术参数及主要用途

型号	BX6-125	BX6-160	BX6-200	BX6-250	BX6-300
初级电压/V	220/380	220/380	220/380	220/380	220/380
相数	1	1	1	1	1
频率/Hz	50	50	50	50	50
空载电压/V	54	54	54	54	54
电流调节范围	50～125A	60～165A	60～210A	75～260A	90～300A
额定负载持续率	20%	20%	20%	20%	20%
额定焊接电流/A	125	160	200	250	300
额定初级电流/A	21	28	33	55	48
效率	70%	70%	70%	70%	70%

续表

型号		BX6-125	BX6-160	BX6-200	BX6-250	BX6-300
额定工作电压/V		25	26.4	28	30	32
调节档数		6	6	6	6	6
各负载持续时焊接电流/A	100%	56	72	89	112	134
	40%	88	113	141	176	212
	20%	125	160	200	250	300
外形尺寸($L\times B\times H$)/(mm×mm×mm)		530×265×460	555×290×470	565×310×480	600×322×510	610×380×596
质量/kg		35	44	48	54	88
特点		在整个电流调节范围内可以保持稳定起弧				
用途		可供单人操作的交流电弧电源;适用于焊接各种不同的机械结构或钢板结构,也可进行结构填补工作				

2. BX3系列交流弧焊机技术参数及主要用途

型号		BX3-300-2		BX3-500-2		
初级电压/V		380		380		
电流调节范围	接法Ⅰ	36～115A		60～190A		
	接法Ⅱ	120～330A		185～530A		
空载电压/V	接法Ⅰ	78		70		
	接法Ⅱ	70		75		
额定工作电压/V		32		40		
额定负载持续率		35%		35%		
效率		83%		87%		
功率因数($\cos\varphi$)		0.49		0.57		
频率/Hz		50		50		
各负载持续率时:		100%	35%	100%	60%	35%
输入容量/(kV·A)		15.9	22.1	21.5	29.5	38.6

续表

型号	BX3-300-2		BX3-500-2		
初级电流/A	41.8	58.2	59	77.5	94.5
次级电流/A	189.7	300	316	408	500
外形尺寸/(mm×mm×mm)	593×425×810		670×465×830		
质量/kg	150		210		
主要用途	可供单人施焊的交流焊接电源,适用于焊接各种规格的低碳钢、低合金钢制件				

4.3.2.2　硅整流弧焊机技术参数、特点及主要用途

型号	ZXG1-160	ZXG1-250	ZXG1-400
初级电压/V	380	380	380
相数	3	3	3
频率/Hz	50	50	50
输入电流/A	16.8	26.3	42
额定输入容量/(kV·A)	11	17.3	27.8
空载电压/V	71.5	71.5	71.5
工作电压/V	22～28	22～32	24～39
电流调节范围	40～192A	62～300A	100～480A
额定焊接电流/A	160	250	400
额定负载持续率	60%	60%	60%
外形尺寸/(mm×mm×mm)	595×480×970	635×530×1030	686×570×1075
质量/kg	138	182	283
特点	具有良好的静态特性和动态特性;装有浪涌装置,能在焊接过程中附加浪涌电流,以增加电弧推力,促进溶滴过渡,在各种不同位置下进行手工弧焊时,均有良好的焊接性能		
主要用途	可供手工弧焊用的直流焊接电源		

4.3.2.3 弧焊逆变器

1. 弧焊逆变器与传统式弧焊电源主要技术指标比较表

弧焊电源类型	电源电压/V	空载电压/V	输出电流/A	负载持续率(%)	效率(%)	功率因数	质量/kg
AX-320	3×380	50～80	320	50	53	0.87	530
ZXG7-300-1	3×380	72	300	60	68	0.65	200
CAAYWELD350	3×380	50	300	60	83	0.95	37
US20AT	220	55	220	60	81	0.99	25
LUA400	3×200 3×380	67	400	35	80	0.9	48

2. 晶闸管式弧焊逆变器技术参数表

技术数据 \ 型号		ZX7-250	ZX7-400	PS6000	PSS3000	CARRYWELD350
输出	额定电流/A	250	400	500	300	350
	电流调节范围/A	50～300	80～400	10～500	10～350	25～350
	空载电压/V	70	80	80	80	71
	额定工作电压/V	—	—	40	34	32
	额定负载持续率	60%	60%	60%	60%	35%
输入	电网电压/V	380	380	380/415	380/415	380
	相数	3	3	3	3	3
	频率/Hz	50	50	50/60	50/60	50/60
	额定容量/(kV·A)	9	21.3	27.5	18	7.9
功率因数($\cos\varphi$)		0.95	0.95	0.9	0.9	—

续表

技术数据 \ 型号		ZX7-250	ZX7-400	PS6000	PS3000	CARRYWE LD350
效率(%)		83	85.7	85	80	—
质量/kg		33	75	93	100	42
外形尺寸/mm	长	—	600	710	710	645
	宽	—	360	360	360	293
	高	—	460	580	610	413
用途		TIG	S,TIG	μ-MT,S	μ-MT,S	P-M

注:TIG——钨极氩弧焊;S——手弧焊;μ-MT——微机控制的各种气体保护电弧焊;P-M——脉冲熔化极气体保护电弧焊。

3. 晶体管式弧焊逆变器技术参数表

技术数据 \ 型号		EUROTRANS50	ACCU TIG300P	LHL315	IS15	TIG304
输出	额定电流/A	500	300	315	200	300
	电流调节范围/A	50～500	4～300	8～315	3～200	4～300
	空载电压/V	50	80	65	40～80	60
	额定工作电压/V	15～40	30	—	—	—
	额定负载持续率	60%	45%	35%	60%	—
输入	电网电压/V	380	380	380	380/400	380/415
	相数	3	3	3	3	3
	频率/Hz	50/60	50/60	50/60	50/60	50/60
	额定容量/(kV·A)	19	165	10.5	6.5	11.8
功率因数(cosφ)		0.92	—	0.94	—	0.8

续表

技术数据 \ 型号	EUROTRANS50	ACCUTIG300P	LHL315	IS15	TIG304
效率(%)	88	—	85	—	—
质量/kg	100	64	28	13.5	33
用途	MT,S,P-MTIG	TIG Sb	TIG S	S P-D-TIG	TIG S

注:MT——各种气体保护电弧焊;P-D-TIG——脉冲直流钨极氩弧焊;P-MTIG——脉冲惰性气体保护电弧焊;Sb——碱性焊条焊。

4. 场效应管式弧焊逆变器技术参数表

技术数据 \ 型号		ZXC-63	ZX6-160	LUB315	LUC500	500ADT-CXP_2
输出	额定电流/A	63	160	315	500	500
	电流调节范围/A	3～63	3～160	8～315	8～500	50～500
	空载电压/V	50	50	56	65	—
	额定工作电压/V	16	24	—	—	16～42
	额定负载持续率	60%	60%	60%	60%	60%
输入	电网电压/V	220	380	380	380	380
	相数	1	3	3	3	3
	频率/Hz	50/60	50/60	50/60	50/60	50/60
	额定容量/(kV·A)	—	—	9.8	21.7	25.6
功率因数(cosφ)		0.99	0.99	0.95	0.97	—
效率(%)		82	83	85	83	—

续表

技术数据 \ 型号		ZXC-63	ZX6-160	LUB315	LUC500	500ADT-CXP_2
质量/kg		9	16	58	72	—
外形尺寸/mm	长	430	500	—	—	310
	宽	180	220	—	—	580
	高	270	300	—	—	540
用途		TIG	TIG S	μ-MT S	μ-MT S	P-MIG MAG

注：MAG——活性气体保护电弧焊；P-MIG——脉冲熔化极氩弧焊。

5. 场效应管(含 IGBT)式弧焊逆变器技术参数表

技术数据 \ 型号		LDH160	ACCTVA-320	CPVP-350	DPC500MS	DPC300S
输出	额定电流/A	160	320	350	500	300
	电流调节范围/A	5～160	5～320	40～350	—	—
	空载电压/V	75	—	—	67	67
	额定工作电压/V	28	—	15～36	—	40
	额定负载持续率	60%	60%	60%	—	100%
输入	电网电压/V	380/415	380/415	380	380	380
	相数	3	3	3	3	3
	频率/Hz	50/60	50/60	50/60	50/60	50/60
	额定容量/(kV·A)	4kW	—	22	—	—
功率因数($\cos\varphi$)		0.7	—	—	—	—
效率(%)		90	—	—	—	—

续表

技术数据＼型号		LDH160	ACCTVA-320	CPVP-350	DPC500MS	DPC300S
质量/kg		—	30	82	120	50
外形尺寸/mm	长	470	585	380	—	—
	宽	170	305	640	—	—
	高	26	425	615	—	—
用途		S TIG	S TIG	M	M P-TIG	S

注：M——熔化极各种气体保护电弧焊。

4.3.2.4 电焊钳

【规格】

规格	额定焊接电流/A	负载持续率	工作电压/V ≈	适用焊条直径/mm	接电缆截面积/mm²	温升/℃
160(150)	160(150)	60%	26	2.0～4.0	≥25	≤35
250	250	60%	30	2.5～5.0	≥35	≤40
315(300)	315(300)	60%	32	3.2～5.0	≥35	≤40
400	400	60%	36	3.2～6.0	≥50	≤45
500	500	60%	40	4.0～(8.0)	≥70	≤45
用途	用来夹持电焊条进行手工电弧焊					

注：括号中的数值为非推荐数值。

4.3.2.5 射吸式焊炬

【规格及用途】

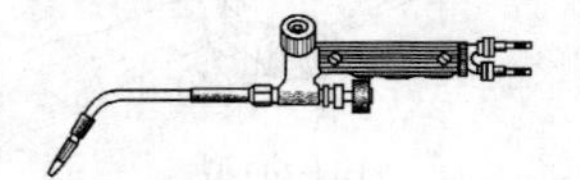

续表

焊炬型号	焊接低碳钢厚度/mm	可换焊嘴		工作压力/MPa		焊炬总长度/mm
		数目	焊嘴孔径/mm	氧气	乙炔	
H01-2A	0.5～2	5	0.5,0.6,0.7,0.8,0.9	0.1～0.25	0.001～0.10	300
H01-6A	1～6	5	0.9,1.0,1.1,1.2,1.3	0.2～0.4		400
H01-12A	6～12	5	1.4,1.6,1.8,2.0,2.2	0.4～0.7		500
H01-20A	12～20	5	2.4,2.6,2.8,3.0,3.2	0.6～0.8		600
H01-40	20～40	5	3.2,3.3,3.4,3.5,3.6	0.8～1.0	0.001～0.12	1130
用途	用氧气和低、中压乙炔做热源,焊接或预热黑色或有色金属工件					

注:①焊炬型号比 JB/T 6969—1993 规定有所修改(后面加 A)和增加(H01-40 型)。

②焊嘴型号用焊炬型号和焊嘴顺序号表示,序号大者孔径大,焊接厚度也大。

4.3.2.6　双头冰箱焊炬

【规格与用途】

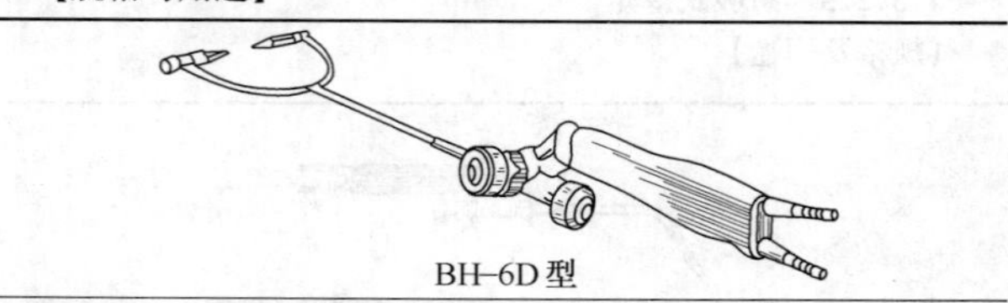

BH-6D型

续表

焊炬型号	焊嘴		工作压力/MPa		总长度/mm	质量/kg
	数目	孔径/mm	氧气	乙炔		
BH-6A	2	0.8,1.0	0.45	0.001～0.1	380	0.38
BH-6B			0.40			0.38
BH-6C			0.45			0.36
BH-6D			0.30			0.36
BH-6E			0.40			0.38
BH-6F			0.40			0.38
用途	多用于冰箱等电器设备的制造和维修					

4.3.2.7 射吸式割炬

【规格及用途】

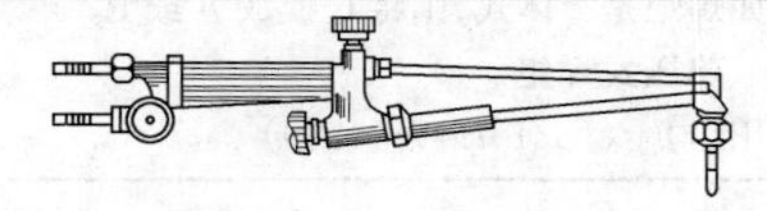

割炬型号	切割低碳钢厚度/mm	可换割嘴		工作压力/MPa		割炬总长度/mm
		数目	切割氧孔径/mm	氧气	乙炔	
G01-30	2～30	3	0.7,0.9,1.1	0.2～0.3	0.001～0.1	500
G01-100	10～100	3	1.0,1.3,1.6	0.3～0.5		550
G01-300	100～300	4	1.8,2.2,2.6,3.0	0.5～1.0		650
用途	用于切割低碳钢材					

4.3.2.8 便携式微型焊炬

【规格及用途】（型号:HPJ-Ⅱ）

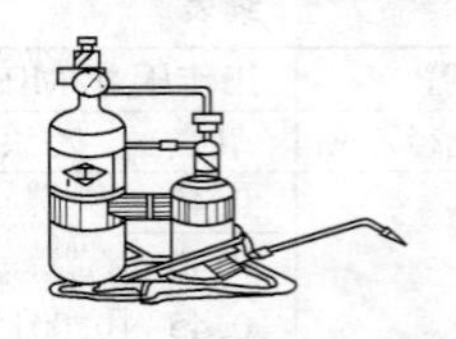

嘴号	工作压力/MPa		焊接厚度/mm	连续工作时间/h	总质量/kg
	氧气	丁烷气			
1,2,3	0.1～0.3	0.02～0.35	0.5～3	4	3.9
用途	又名便携式丁烷气焊炬,用于现场焊接				

注:HPJ-Ⅱ型焊炬为分体式。行业标准的型号为H03-BC-3(H:焊炬,0:手工,3:微型,B:便携式,C:分体式,3:焊接最大厚度);如焊炬是整体式,则将C换成A或B。

4.3.2.9 等压式焊矩

【规格及用途】 (JB/T 7947—1999)

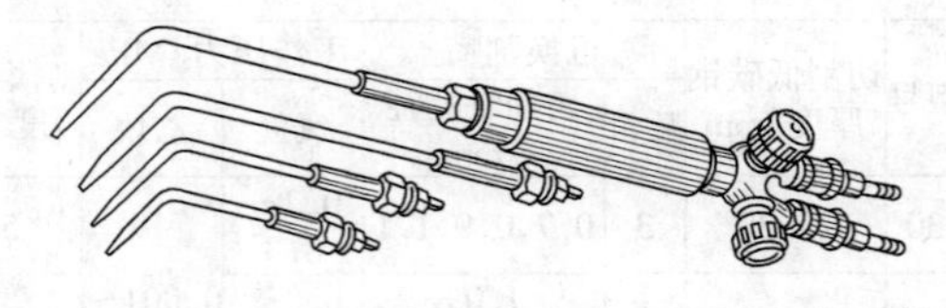

型号		H02-1	H02-4	H02-10	H02-12	H02-20
焊接低碳钢厚度/mm		0.2～1	0.5～4	1～10	0.5～12	0.5～20
接管式焊嘴	数目	3		4	1～5	1～7
	焊嘴孔径/mm	0.5,0.7,0.9	0.7,0.9,1.2	0.8,1.1,1.5,2.0	0.6,1.0,1.4,1.8,2.2	0.6,1.0,1.4,1.8,2.2,2.6,3.0

续表

型号		H02-1	H02-4	H02-10	H02-12	H02-20
气体压力/MPa	乙炔	0.001~0.1	0.02~0.1	0.03~0.05	0.02~0.06	0.02~0.08
	氧气	0.1~0.2	0.2~0.3	0.1~0.2	0.2~0.4	0.2~0.6
焊炬总长度/mm		265	365	490	500	600
用途		用氧气和中压乙炔作热源来焊接或预热金属				

4.3.2.10　等压式割炬

【规格及用途】（JB/T 7947—1999）

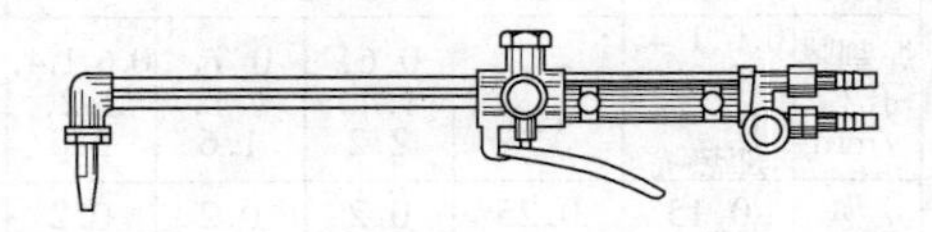

型号		G02-100			G02-300					
割嘴号(数目)		1,2,3,4,5			1,2,3,4,5,6,7,8,9					
割嘴氧气孔径/mm		0.7,0.9,1.1,1.3,1.6			0.7,0.9,1.1,1.3,1.6,1.8,2.2,2.6,3.0					
切割低碳钢厚度/mm		3~100			3~300					
气体压力/MPa	乙炔	0.04	0.05	0.06	0.04	0.05	0.06	0.07	0.08	0.09
	氧气	0.2 0.25 0.3 0.4 0.5			0.2 0.25 0.3 0.4		0.5	0.65 0.8 1.0		
割炬总长度/mm		550			650					
用途		用氧气和中压乙炔作热源，以高压氧气作切割气流，来切割低碳钢，也可用来切割中碳钢和低合金结构钢								

4.3.2.11　等压式焊割两用炬

【规格及用途】（JB/T 7947—1999）

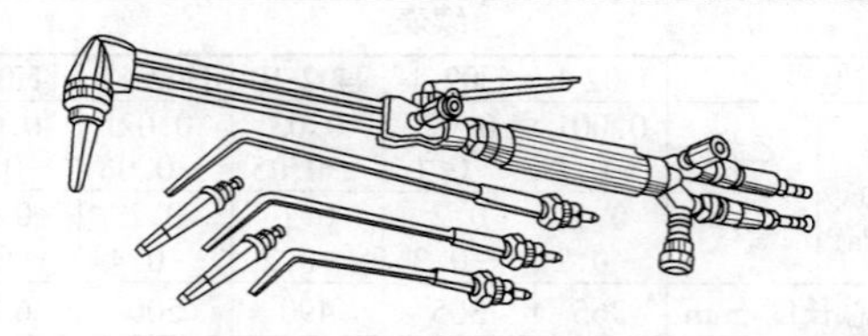

型号		HG02-10160		HG02-12/100		HG02-20/200	
应用方式		焊接	切割	焊接	切割	焊接	切割
适用低碳钢厚度/mm		0.5～10	3～60	0.5～12	3～100	0.5～20	3～200
可换焊嘴、割嘴	数目	4	3	3		4	5
	焊割嘴孔径/mm	0.6,1.4,2.2,8×ϕ1加热嘴	0.7,1.0,1.3	0.6,1.4,2.2	0.7,1.1,1.6	0.6,1.4,2.2,3.0	0.7,1.1,1.6,1.8,2.2
气体压力/MPa	氧气	0.15～0.7	0.25～0.45	0.2～0.4	0.2～0.5	0.2～0.6	0.2～0.65
	乙炔	0.02～0.08	0.04～0.05	0.02～0.06	0.04～0.06	0.02～0.08	0.04～0.07
焊割炬总长/mm		470		550		600	
用途		用氧气和中压乙炔作热源，以及高压氧气作切割气流，作割炬用。而取下割炬部件换上焊炬部件，又可作焊炬用。多用于切割焊接任务较轻的场合					

4.3.2.12　等压快速割嘴

【规格及用途】（JB/T 7950—1999）

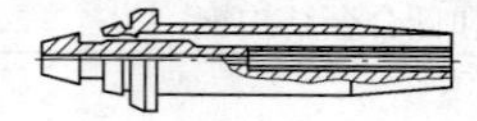 

加工方法	电铸法								机械加工法							
切割氧气压力/MPa	0.7				0.5				0.7				0.5			
燃气	乙炔		液化石油气		乙炔		液化石油气		乙炔		液化石油气		乙炔		液化石油气	
品种代号	1	2	3	4	1	2	3	4	1	2	3	4	1	2	3	4
型号	GK1-1-7	GK2-1-7	GK3-1-7	GK4-1-7	GK1-1A～7A	GK2-1A～7A	GK3-1A～7A	GK4-1A～7A	GKJ-1～6 GKJ1～7A	GKJ2-1～7	GKJ3-1～7	GKJ4-1～7	GKJ1-1A～7A	GKJ2-1A～7A	GKJ3-1A～7A	GKJ4-1A～7A
割嘴规格号	1		2		3		4		5		6		7			
割嘴喉部直径/mm	0.6		0.8		1.0		1.25		1.5		1.75		2.0			
切割钢板厚度/mm	5～10		10～20		20～40		40～60		60～100		100～150		150～180			
切割速度/(mm/min)	750～600		600～450		450～380		380～320		320～250		250～160		160～130			
气体压力/MPa 氧气	0.7															
气体压力/MPa 乙炔	0.025						0.03					0.35				
气体压力/MPa 液化石油气	0.03						0.035					0.04				

续表

割嘴规格号	1	2	3	4	5	6	7
切口宽/mm	≤1	≤1.5	≤2	≤2.3	≤3.4	≤4	≤4.5
割嘴规格号		1A	2A	3A	4A	5A	6A
割嘴喉部直径/mm		0.6	0.8	1.0	1.25	1.5	1.75
切割钢板厚度/mm		5~10	10~20	20~40	40~60	60~100	100~150
切割速度/(mm/min)		560~450	450~340	340~250	250~210	210~180	180~130
气体压力/MPa	氧气	0.5					
	乙炔	0.025			0.03		
	液化石油气	0.03			0.035		
切口宽/mm		≤1	≤1.5	≤2	≤2.3	≤3.4	
切割氧气消耗量/(L/h)		990	1760	2750	4300	6190	8100
用　　途		以拉伐尔喷管作割嘴的切割氧气流孔道来获得高速氧流，气割速度高，气割表面光洁。主要用来装于CG1-11、CG1-18型等光跟踪及数控切割机上切割钢板					

4.3.2.13 碳弧气刨炬及碳弧气刨碳棒

1. 碳弧气刨炬规格及用途

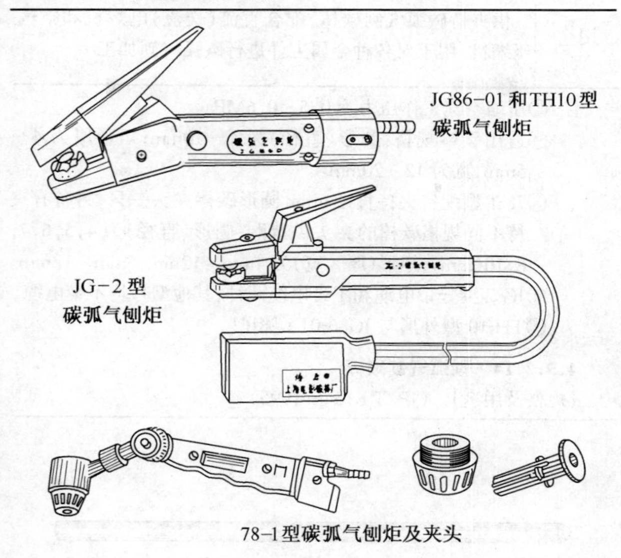

78-1型碳弧气刨炬及夹头

型号	适用电流/A	夹持力/N	外形尺寸 /(mm×mm×mm)	质量/kg
JG86-01	≤600	30	275×40×105	0.7
TH-10	≤500	30	—	—
JG-2	≤700	30	235×32×90	0.6
78-1	≤600	机械紧固	278×45×80	0.5

续表

用途	供夹持碳弧气刨碳棒，配合直流（交流）电焊机和空气压缩机，用于对各种金属工件进行碳弧气刨加工

注：①压缩空气工作压力为0.5～0.6MPa。
②适用碳棒规格：圆形（直径）为4～10mm；矩形厚为4～5mm，宽为12～20mm。
③78-1型配备夹持直径6mm圆形碳棒夹头一只，另备有夹持不同规格碳棒的夹头供选购：圆形（直径）为4，5，6，7，8，10（mm）；矩形（厚×宽）为4mm×12mm，5mm×12mm。
④JG-2型分带电缆和不带电缆两种，其他型号均不带电缆。
⑤TH-10型外形与JG86-01型相似。

4.3.2.14　碳弧气刨碳棒

【规格及用途】（JB/T 8154—1995）

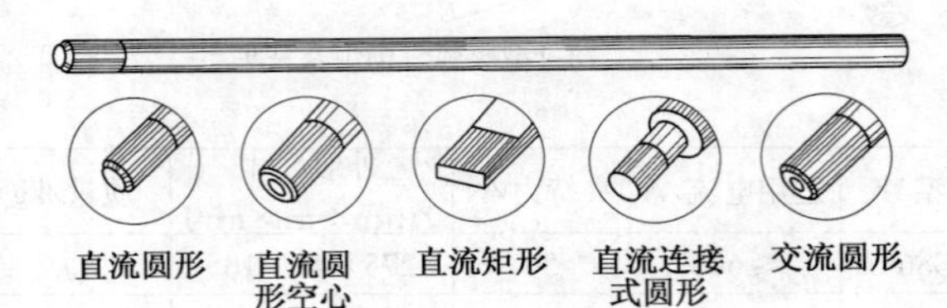

续表

类别	长度/mm	型号	适用电流/A	类别	长度/mm	型号	适用电流/A
直流圆形碳棒	355 305 430	B504 B505 B506 B507 B508	150～200 200～250 300～350 350～400 400～450	直流圆形碳棒	355 305 430	B509 B510 B511 B512 B513	450～500 450～500 500～550 550～600 800～900
直流圆形空心碳棒	355	B507K B508K	200～350 350～400	直流圆形空心碳棒	355	B509K B510K	400～450 450～500
直流矩形碳棒	355	B5412 B5512 B5518 B5520 B5525	200～500 300～350 400～450 450～500 600～650	直流连接式圆形碳棒	355	B510L B513L B516L B519L B525L	400～450 800～900 900～1000 1100～1300 1600～1800
交流圆形有芯碳棒	230	B506J B507J B508J	250～300 300～350 350～400	交流圆形有芯碳棒	230	B509J B510J	400～450 450～500
用途	与碳弧气刨炬和直流(或交流)电焊机、空压机配合,用于各种金属的切割、开坡口、开孔、开 V 形或 U 形槽、清除铸件浇、冒口、毛边及焊件缺陷,也可用于蓄电池的熔焊、保温瓶收口、混凝土预制件切割等						

注:碳棒型号符号中,B 为碳棒,其余数字分三位、四位两种。

三位数字:左起第 1 位数“5”为碳弧气刨用;第 2、3 位数字表示圆形直径数值。

四位数字:表示矩形碳棒,第 2 位数字表示厚度;第 3、4 位数字表示宽度;K 表示空心;L 表示连接式;J 表示交流。

4.3.2.15　氧气瓶

【规格及用途】

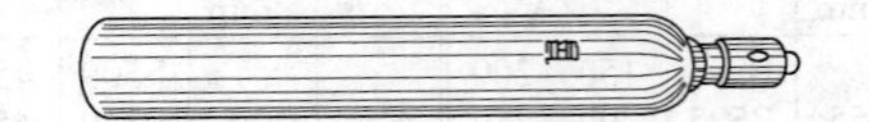

公称工作压力/MPa	材质	公称容积/L	主要尺寸/mm			公称质量/kg
			ϕ	L	S	
15	锰钢	40	219	1360	5.8	58
			232	1235	6.1	58
		45	219	1515	5.8	63
			232	1370	6.1	64
		50	232	1505	6.1	69
	铬钼钢	40	229	1250	5.4	54
			232	1215	5.4	52
		50	229	1390	5.4	59
		45	232	1350	5.4	57
		50	232	1480	5.4	62
20	铬钼钢	40	229	1275	6.4	62
			232	1240	6.4	60
		45	232	1375	6.4	66
		50	232	1510	6.4	72
用途	储存压缩氧气，供气焊、气割工作及其他方面使用					

注：①主要尺寸中，ϕ——公称外径，L——公称长度（不包括阀门），S——最小设计壁厚；公称质量不包括阀门和瓶帽。

②氧气瓶为钢质无缝气瓶，一般为凹底形，外表漆色为淡蓝色，标注黑色“氧”和“严禁油火”字样。

4.3.2.16　溶解乙炔气瓶

【规格与用途】

公称容积/L	20	24	32	35	41
公称内径/mm	102	250	228	250	250
总长度/mm	380	705	1020	947	1030
最小设计壁厚/mm	1.3	3.9	3.1	3.9	3.9
公称重量/kg	7.1	36.2	48.5	51.7	58.2
贮气量/kg	0.35	4	5.7	6.3	7
用途	储存溶解乙炔,供气焊、气割工作使用				

注:①气瓶在基准温度 15℃时限定压力值为 1.52MPa。

②公称质量包括瓶阀、瓶帽和丙酮。

③气瓶外表漆色为白色,标注红色"乙炔"和"不可近火"字样。

4.3.2.17　气体减压阀

【规格】

氧气减压器
(气瓶用)

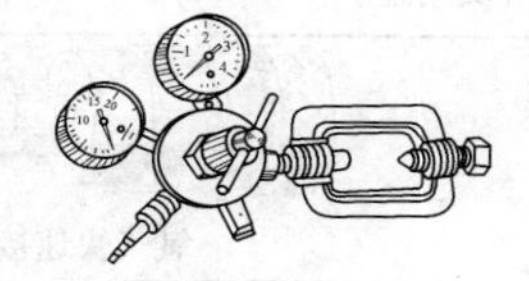

乙炔减压器
(气瓶用)

续表

品种	型号	工作压力/MPa		压力表规格/MPa		公称流量/(m³/h)	质量/kg
		输入≤	输出压力调节范围	高压表(输入)	低压表(输出)		
氧气减压器	YQY-1A	15	0.1~2	0~25	0~4	50	2.2
	YQY12		0.1~1.25		0~2.5	40	1.27
	YQY352		0.1~1		0~1.6	30	1.5
乙炔减压器	YQE-213	3	0.01~0.15	0~4	0~0.25	6	1.75
丙烷减压器	YQW-213	1.6	0~0.06	0~2.5	0~0.16	1	1.42
空气减压器	YQK-12	4	0.4~1	0~6	0~1.6	160	3.5
二氧化碳减压器	YQT-731L	15	0.1~0.6	0~25	—	1.5	2
氩气减压器	YQAr-731L	15	0~0.15	0~25	—	1.5	1
氢气减压器	YQQ-9	15	0.02~0.25	0~25	0~0.4	40	1.9

注:空气减压器为管道用,其余减压器均为气瓶用。

4.3.2.18 氧气、乙炔快速接头

【规格及用途】

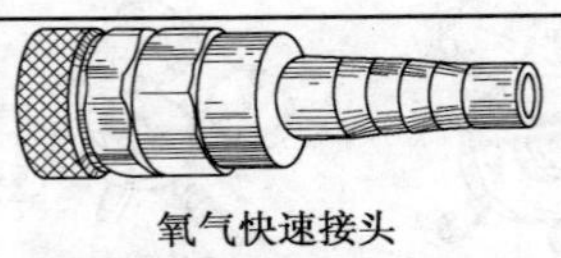

氧气快速接头

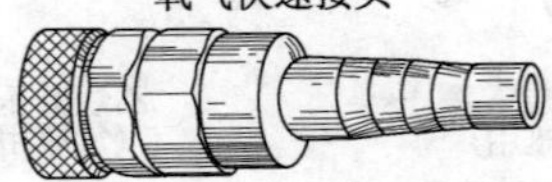

乙炔快速接头

续表

品种	氧气快速接头		乙炔快速接头	
型号	JYJ75-Ⅰ	JYJ75-Ⅱ	JRJ75-Ⅰ	JRJ75-Ⅱ
进气接头连接处外径/mm	10.5			
连接总长度/mm	80	86	80	86
气体工作压力/MPa	≤1		≤0.15	
质量/g	66	73.5	66	73.5
适用气体	中性气体(氧气、空气等)		乙炔或丙烷、煤气等可燃气体	
用途	用于各种气焊、气割工具与其胶管之间所用的一种快速连接件。由锁紧圈(图中左部)和进气接头(图中右部)两部分组成			

4.3.2.19 乙炔发生器

【规格及用途】

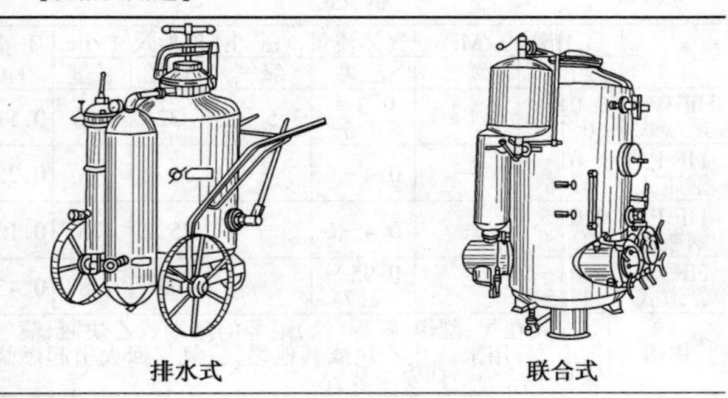

排水式　　联合式

续表

常用型号		YJP-0.1-0.5	YJP-0.1-1	YJP-0.1-2.5	YDP-0.1-6	YDP-0.1-10
结构形式		(移动)排水式		(固定)排水式	(固定)联合式	
乙炔工作压力/MPa		0.045～0.1				
外形尺寸/mm	长	515	1210	1050	1450	1700
	宽	505	675	770	1375	1800
	高	930	1150	1730	2180	2690
正常生产率/(m^3/h)		0.5	1	2.5	6	10
净质量/kg		30	50	260	750	980
用途		将碳化钙(电石)和水装入其内,即产生乙炔气,供气焊、气割使用				

4.3.2.20　干式回火保险器

【规格及用途】（JB/T 7437—1994）

钢瓶式

型号	工作压力/MPa		气体流量/(m^3/h)		外形尺寸/mm		质量/kg
	乙炔	氧气	乙炔	氧气	直径	长度	
HF-W1-尾端式	0.01～0.15	0.1～1	0.3～4.5	3.5～15	22	116	0.11
HF-P1钢瓶式	0.01～0.15	—	0.4～6	—	31.2	93	0.25
HF-P2钢瓶式	0.01～0.15	—	0.4～6	—	25.2	73	0.15
HF-G1管道式	0.01～0.15	—	0.95～4.7	—	42	98	0.43
用途	安装在焊、割炬、喷焊(涂)炬等的尾端或乙炔瓶、输气管道上,用来防止乙炔或其他燃气、氧气回火引起燃烧爆炸事故的一种安全装置						

4.3.2.21 液化石油气钢瓶

【规格及用途】（GB 5842—1996）

型号		YSP-10	YSP-15	YSP-50
公称容积/L		23.5	36.5	118
公称内径	/mm	314		400
总长度	/mm	535	680	1200
公称工作压力/MPa		1.6		
试验压力/MPa	耐压	3.2		
试验压力/MPa	气密	2.1		
瓶质量	/kg	11.5	16	—
充液化气质量	/kg	≤10	≤15	≤50
用途		储存液化石油气用		

4.3.2.22 电焊面罩

【规格及用途】

手持式

头戴式

续表

<table>
<tr><td rowspan="2">型号</td><td rowspan="2">观察窗口
尺寸≥</td><td colspan="3">外形尺寸/mm</td><td rowspan="2">质量
/g</td></tr>
<tr><td>长度</td><td>宽度</td><td>深度</td></tr>
<tr><td>手持式 HM-1</td><td rowspan="2">40mm×
90mm</td><td>320</td><td rowspan="2">210</td><td>100</td><td rowspan="2">≤500
(不含滤光片)</td></tr>
<tr><td>头戴式 HM-2-A</td><td>340</td><td>120</td></tr>
<tr><td>用途</td><td colspan="5">用来保护电焊工人的眼睛和头部不受电弧紫外线及飞溅熔渣的灼伤</td></tr>
</table>

4.3.2.23　气焊眼镜

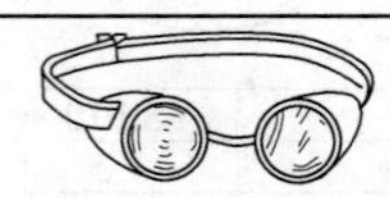

【用途】 保护气焊工人的眼睛不受强光照射和免遭熔渣溅入眼中。

【规格】 镜片有深绿色和浅绿色两种。

4.3.2.24　护目镜片

【规格及用途】

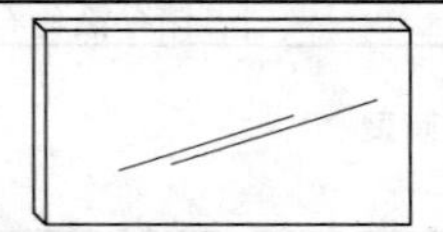

<table>
<tr><td>遮光号</td><td>1.2,1.4,
1.7,2</td><td>3,
4</td><td>5,
6</td><td>7,
8</td><td>9,10,
11</td><td>12,
13</td><td>14</td><td>15,
16</td></tr>
<tr><td>适用电
弧作业</td><td>防侧光
与杂散光</td><td>辅助工</td><td>≤
30A</td><td>30～
75A</td><td>75～
200A</td><td>200～
400A</td><td>≥
400A</td><td>—</td></tr>
<tr><td>外形尺寸</td><td colspan="8">长×宽≥180mm×50mm,厚度≤3.8mm</td></tr>
</table>

续表

遮光号	1.2,1.4, 1.7,2	2, 4	5, 6	7, 8	9,10, 11	12, 13	14	15, 16
性能要求	各镜片遮光号的紫外线、红外线和可见光透射比等，应符合 GB/T 3609.1—1994 之规定。遮光号数越大，适用焊接电流越大							
用途	装在电焊面罩上，保护眼睛不受电弧的紫外线灼伤							

注：颜色最好为黄、绿、茶和灰色等混合色，不能用单纯色。左右镜片的颜色差、光密度(D)应≤0.4。

4.3.2.25 电焊手套和脚套

【规格及用途】

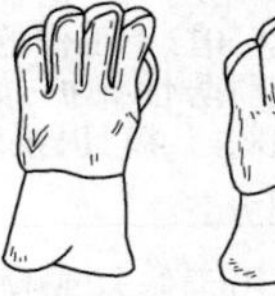

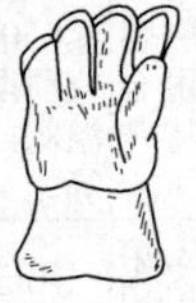

电焊手套

电焊脚套

型号	大号、中号、小号
材料	牛皮、猪皮、帆布等
用途	保护电焊工人手和脚、小腿，以免被熔珠、熔渣灼伤

4.3.3 喷涂器材

4.3.3.1 喷焊喷涂用合金粉末

1. 焊粉牌号表示方法：F+三位数字+字母

其中：F——焊粉；

第1位数字——焊粉的化学成分组成类型(1：镍基合金粉末；

2:钴基合金粉末;3:铁基合金粉末;4:铜基合金粉末;5:复合粉末);

第2位数字——焊粉的工艺方法(1:用于氧-乙炔喷焊;2:用于氧-乙炔或等离子喷涂;3:用于等离子喷焊);

第3位数字——同一类型、同一工艺方法焊粉中不同的牌号;

字母——同一牌号中的派生牌号(个别化学成分略有差异)。

2. 粉末的基本性能及主要用途

牌号	基本性能	主要用途
F101	相当于JB型号F11-40,熔点约1000℃,中硬度,喷焊层耐蚀,有较好的耐磨性和抗高温氧化性,可以切削加工	用于要求耐磨、耐蚀和在≤650℃下工作的零件的修复或预防性保护,如耐蚀、耐高温阀门、泵转子、泵柱塞等
F102	符合JB型号F11-55,熔点约1000℃,高硬度,喷焊层耐蚀,抗高温氧化性较好,耐金属间磨损性能优良,可用特殊刀具切削加工	用于耐磨、耐蚀和在≤650℃下工作的零件的修复或预防性保护,如耐蚀、耐高温阀门、模具、泵转子、泵柱塞等
F103	相当GB型号FZnCr25B,熔点约1050℃,低硬度,喷焊层耐蚀,抗高温氧化性和可塑性较好,有一定的耐磨性,可用锉刀加工	用于修复或预防性保护在高温或常温条件下使用的铸铁件,如玻璃模具、发动机气缸、机床导轨
F105	熔点约1000℃,高硬度,具有良好的抗低应力磨粒磨损性能,但抗冲击性能有所下降,有较好的耐蚀性和抗高温氧化性,很难加工	用于要求抗强烈磨粒磨损的场合,如导板、刮板、风机叶片等
F202	熔点约1080℃,较高硬度,喷焊层具有很好的红硬性和抗高温氧化性,良好的耐磨、耐蚀性,可以切削加工	用于在≤700℃下工作的、要求具有良好耐磨、耐蚀性能场合,如热剪刀片、内燃机阀头或凸轮、高压泵封口圈等

续表

牌号	基本性能	主要用途
F301	符合GB型号FZFeCr-40H、JB型号F31-50，熔点约1100℃，中硬度，喷焊层具有较好的耐磨性，可以切削加工	推荐用于农机、建筑机械、矿山机械等易磨损部位的修复或预防性保护，如齿轮、刮板、车轴、铧犁等
F302	符合GB型号FZFeCr10-50H、熔点约1100℃，高硬度，喷焊层具有较好的耐磨性，可用特殊刀具切削加工	推荐用于农机、建筑机械、矿山机械等易磨损部位的修复或预防性保护，如耙片、锄齿、刮板、车轴等
F303	符合GB型号FZFeCr05-25H、相当JB型号F31-28，熔点约1100℃，低硬度，喷焊层具有优良的抗疲劳性能，可塑性好，可用锉刀加工	用于要求承受反复冲击的或硬度要求不高的场合，如铸件修补、齿轮修复等
F111	镍铬铁型镍基合金粉末，喷涂工艺规范较宽，喷涂层硬度为HV130～170，耐蚀性好，表面光洁，切削性能好	用于喷涂层中的工作层粉末，喷涂前须先用自结合粉末作过渡，常用于轴承部位的修复
F112	镍铬铁铝型镍基合金粉末，喷涂工艺规范较宽，喷涂层致密，硬度为HV200～250，耐蚀性好，表面光洁，有一定的耐磨性	用于喷涂层中的工作层粉末，喷涂前须先用自结合粉末作过渡，常用于轴类、泵柱塞的修复或预防性保护
F113	镍铬硅硼型镍基合金粉末，喷涂工艺规范较宽，硬度为HV250～350，表面光洁，耐蚀、耐磨性好	用于喷涂层中的工作层粉末，喷涂前须先用自结合粉末作过渡，常用于滚筒，柱塞，耐蚀、耐磨轴的修复或预防性保护；也可用做氧-乙炔焰喷焊层粉末

续表

牌号	基本性能	主要用途
F313	铬不锈钢型铁基合金粉末，喷涂层硬度为 HV200～300，具有较好的耐磨性和一定的耐蚀性	用于喷涂层中的工作层粉末，喷涂前须先用自结合粉末作过渡，常用于造纸机烘缸和轴类的修复或预防性保护
F314	镍铬不锈钢型铁基合金粉末，喷涂层硬度为 HV200～300，具有较好的耐磨性和耐蚀性	用于喷涂层中的工作层粉末，喷涂前须先用自结合粉末作过渡，常用于轴类、柱塞的修复或预防性保护
F316	高铬铸铁型铁基合金粉末，喷涂层硬度为 HV400～500，耐磨性良好	用于喷涂层中的工作层粉末，喷涂前须先用自结合粉末作过渡，常用于要求耐磨的轴类、滚筒的修复或预防性保护
F411	铝青铜型铜基合金粉末，喷涂工艺性能好，喷涂层硬度为 HV120～160，具有良好的耐金属间磨损性和耐蚀性，易切削加工	用于喷涂层中的工作层粉末，喷涂前须先用自结合粉末作过渡，常用于轴、轴承、十字头连接体摩擦面的修复或预防性保护
F412	锡磷青铜型铜基合金粉末，喷涂工艺性能好，喷涂层硬度为 HV80～120，具有良好的耐金属间磨损和耐蚀性，易切削加工	用于喷涂层中的工作层粉末，喷涂前须先用自结合粉末作过渡，常用于轴、轴承的修复或预防性保护
F512	铝粉与镍粉的复合型粉末，具有自放热性能，能与机件基体形成维护以获得牢固的结合层，喷涂时无烟雾，放热缓慢	用于喷涂层中的结合层材料，即用于工作层与基体之间的过渡

续表

牌号	基本性能	主要用途
F121	镍铬硅硼合金粉末,熔化温度约 1000℃,中等硬度,喷焊层耐热抗氧化,在 650℃以下环境中具有良好的耐磨和耐蚀性能,可以切削加工	常用于耐高温、耐蚀阀门的密封面
F221	镍铬钨硅硼合金粉末,熔化温度约 1200℃,中等硬度,喷焊层红硬性好,耐磨、耐蚀性良好,抗高温氧化,在 700℃以下环境中具有良好性能,可以切削加工	常用于高温、高压阀门的密封面、热剪切刃口
F321	铬 13 铁素体不锈钢合金粉末,熔化温度约 1300℃,喷焊层红硬性优于 2Cr13,耐磨性好,价格低廉	适用于中温中压阀门的闸板(如与用 F322 粉末喷焊的阀座可组成优良的抗擦伤密封附件)或其他耐磨件
F322	镍铬奥氏体不锈钢合金粉末,熔化温度约 1300℃,喷焊层红硬性、耐蚀性均优于 2Cr13,耐磨性好	适用于中温中压阀门的阀座(如与用 F321 粉末喷焊的闸板可组成优良的抗擦伤密封附件)或其他耐磨、耐蚀件
F323	高铬铸铁型合金粉末,熔化温度约 1250℃,喷焊层抗磨粒磨损性能好,价格低廉	常用于冶金矿山机械中耐砂土磨损的场合,如刮板、挖泥船耙齿、挖掘机铲齿
F422	锡磷青铜合金粉末,熔化温度约 1020℃,喷焊层耐金属间磨损性能和耐蚀性能良好,硬度低,易切削加工	常用于轴或轴承的修复或预防性保护

4.3.3.2 金属粉末喷涂炬

【用途】 利用氧-乙炔火焰和送粉机构,将选用的合金粉末喷射到工件表面上,形成一种所需性能要求的合金层,以达到耐磨、耐蚀、耐热、耐冲击及抗氧化等持殊要求,特别适用于有缺陷或磨损件的修复。

【规格】

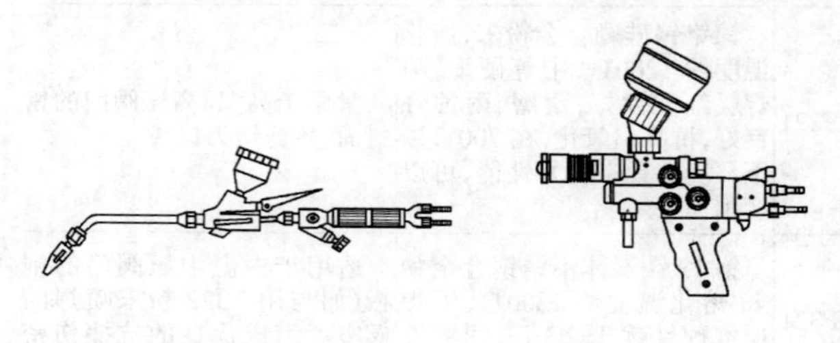

小型喷枪　　大型喷枪(SPH-E)

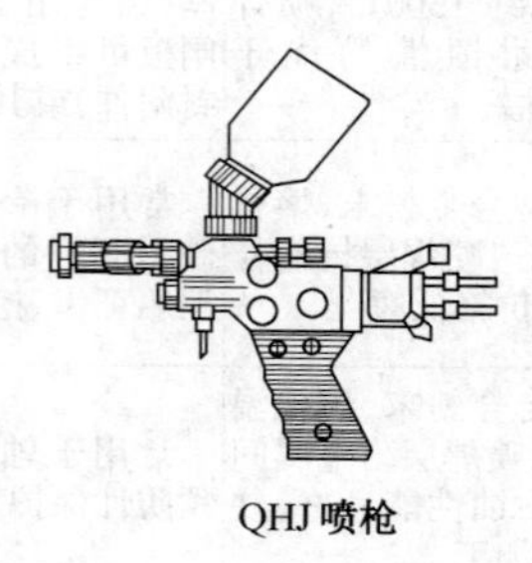

QHJ 喷枪

续表

1.QH 和 SPH 型

喷焊嘴		工作压力/MPa		气体消耗量/(m^3/h)		送粉量/(kg/h)	总质量/kg
嘴号	孔径/mm	氧气	乙炔	氧气	乙炔		
(1)QH-1/h 型(总长度:430mm)							
1	0.9	0.20	0.05~0.10	0.16~0.18	0.14~0.15	0.4~1.0	0.55
2	1.1	0.25		0.26~0.28	0.22~0.24		
3	1.3	0.30		0.41~0.43	0.35~0.37		
(2)QH-2/h 型(总长度:470mm)							
1	1.6	0.30	0.05~0.10	0.65~0.70	0.55~0.65	1.0~2.0	0.59
2	1.9	0.35		0.80~1.00	0.70~0.80		
3	2.2	0.40		1.00~1.20	0.80~1.10		
(3)QH-4/h 型(总长度:580mm)							
1	2.6	0.40	0.05~0.10	1.6~1.7	1.45~1.55	2.0~4.0	0.75
2	2.8	0.45		1.8~2.0	1.65~1.75		
3	3.0	0.50		2.1~2.3	1.85~2.20		
(4)SPH-C 型圆形多孔(总长度:730mm)							
1	1.2(5孔)	0.5	≥0.05	1.3~1.6	1.1~1.4	4~6	1.25
2	1.2(7孔)	0.6		1.9~2.2	1.6~1.8		
3	1.2(9孔)	0.7		2.5~2.8	2.1~2.4		
(5)SPH-D 型排形多孔(总长度:1 号 730mm;2 号 780mm)							
1	1.0(<10孔)	0.5	≥0.05	1.6~1.9	1.40~1.65	4~6	1.55
2	1.2(<10孔)	0.6		2.7~3.0	2.35~2.60		1.60

注:合金粉末粒度不大于 150 目/(25.4mm^2)。

2. QHJ-7/hA 型

喷嘴号	预热孔 孔数	预热孔 孔径	喷粉孔径	氧气工作压力/MPa	气体消耗量/(m^3/h) 氧气	气体消耗量/(m^3/h) 乙炔、丙烷	气体消耗量/(m^3/h) 空气	送粉量/(kg/h)
		/mm	/mm					
氧-乙炔喷嘴								
1	10	0.8	2.8	0.3~0.5	1.4~1.7	0.6~0.9	1.0~1.8	3~5
2	10	0.9	3.0	0.4~0.6	1.5~1.8	0.8~1.0	1.0~1.8	4~7
氧-丙烷喷嘴								
1	18	*	2.8	0.4~0.5	1.4~1.7	0.7~1.0	1.0~1.8	4~6
2	18	*	3.0	0.4~0.6	1.5~1.8	0.8~1.2	1.0~1.8	5~7

注：① * 表示喷嘴的预热孔孔径为 0.4mm 和 1.3mm。

②其他气体工作压力：乙炔＞0.07MPa，丙烷＞0.1MPa，空气 0.2~0.5MPa。

③合金粉末粒度：(150~250 目)/(25.4mm^2)。

4.3.3.3 射吸式气体金属喷涂枪

【规格及用途】

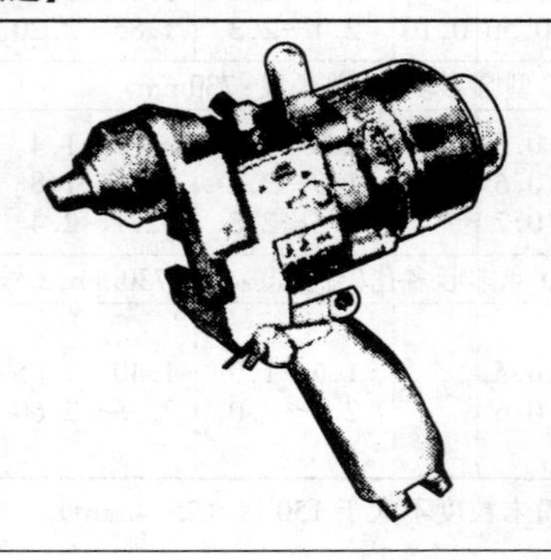

续表

型号:QX1 型					
气体工作压力/MPa	氧气		0.4~0.5	引力/N≥	58.8
	乙炔		0.07~0.1		
	空气		0.5~0.6	外形尺寸/(mm×mm×mm)	90×180×215
气体消耗量	氧气	/(m^3/h)	≈1.8		
	乙炔		≈1.2		
	空气	/(m^3/mm)	1.2~1.4	质量/kg	1.9

线材	材料	低碳钢	T8 钢	不锈钢	铜	铝	钼	锌	氧化铝
	直径/mm	2.3			3		2.3	3	2.2
喷涂效率/(kg/h)		2	1.6	1.8	4.3	2.7	0.9	8.2	0.4
用途		用氧气与乙炔为热源,压缩空气作喷涂线材进给气轮机构的动力,并将被熔化的线材雾化为微粒(ϕ4~ϕ40μm)喷射到工件表面上形成耐磨、耐蚀的抗高温氧化的喷涂层。广泛用于曲轴、导轨等易磨损件表面修复及为各种结构件喷涂防蚀层等。凡熔点≤3000℃并能制成线材或棒材的金属或非金属(如陶瓷、氧化铝等)均可用来喷涂。线材输送用的是离心力式无级调速。线材熔点≤750℃时,其直径可为3mm(高速);线材熔点≥750℃时,线材直径≤2.3mm(中速)							

4.3.3.4 重熔炬

【规格及用途】

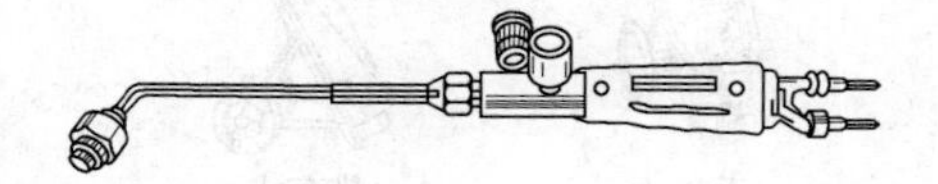

续表

<table>
<tr><th rowspan="2">喷嘴号</th><th colspan="2">喷嘴孔</th><th colspan="2">工作压力/MPa</th><th colspan="2">气体消耗量/(m^3/h)</th><th rowspan="2">总长度/mm</th><th rowspan="2">总质量/kg</th></tr>
<tr><th>孔径/mm</th><th>孔数</th><th>氧气</th><th>乙炔</th><th>氧气</th><th>乙炔</th></tr>
<tr><td colspan="9">1. SCR-100 型</td></tr>
<tr><td>1
2</td><td>1.0
1.2</td><td>13</td><td>0.5
0.6</td><td>>0.05</td><td>2.7～2.9
4.1～4.3</td><td>2.4～2.6
3.7～3.9</td><td>645
710</td><td>0.94
0.97</td></tr>
<tr><td colspan="9">2. SCR-120 型</td></tr>
<tr><td>3
4</td><td>1.3
1.4</td><td>13</td><td>0.6
0.7</td><td>>0.05</td><td>4.5～5.2
5.5～6.1</td><td>4.2～4.9
5.2～6.0</td><td>710
850</td><td>0.97
1.10</td></tr>
<tr><td>用途</td><td colspan="8">以氧气和乙炔为热源,对用两步法喷焊的工件进行喷粉后重熔。也可用来对大面积喷涂、喷焊的工件进行喷前预热加温</td></tr>
</table>

4.4 消防器材

4.4.1 灭火器

4.4.1.1 二氧化碳灭火器

【用途】 适用于扑灭燃烧面积不大的档案、珍贵设备、仪器仪表、600V以下的各种带电设备的初起火灾。不宜用于扑灭镁、铝、钾、锂、铝镁合金等轻金属和氢化物的火灾,也不能扑灭硝化纤维火药等在惰性介质中自身供氧燃烧物质的火灾。

【规格】

手提式

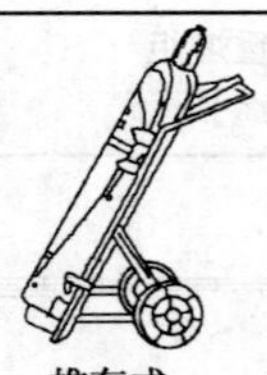

推车式

续表

1. 手提式二氧化碳灭火器(GB 4399—84)

型号	灭火剂量/kg	喷射距离/m≥	有效时间/s≥	灭火性能级别代号	外形尺寸/(mm×mm×mm)
MTZ 2	2	1.5	8	1B	180×110×564
MTZ 3	3	1.5	8	2B	195×120×654
MTZ 5	5	2	9	3B	276×160×644
MTZ 7	7	2	12	4B	276×160×814

2. 推车式二氧化碳灭火器(GB 8109—87)

型号	灭火剂量/kg	喷射距离/m≥	有效时间/s≥	灭火性能级别代号	外形尺寸/(mm×mm×mm)
MTT 20	20	5	40	8B	560×490×1240
MTT 25	25	5	50	10B	560×490×1390
MTT 28	28	5	60	12B	560×490×1540

注:①灭火器内为液态二氧化碳。一级品纯度≥99.5%,二级品纯度≥99.0%。

②推荐使用温度范围为-10℃~55℃。

③灭火器性能级别代号中数字表示级别,数字大灭火能力大;字母表示扑灭火灾类别,含义如下:

A类火——固体有机物质燃烧的火灾;

B类火——液体或可熔化固体燃烧的火灾;

C类火——气体燃烧的火灾;

D类火——可燃金属燃烧的火灾。

4.4.1.2 化学泡沫灭火器

【规格及用途】

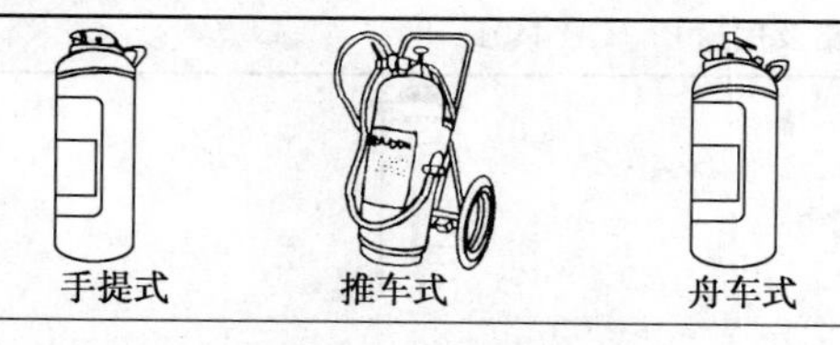

续表

1．手提式化学泡沫灭火器(GB 4400—84)

形式	型号	灭火剂量/L	喷射距离/m≥	有效时间/s≥	灭火性能级别代号	外形尺寸/(mm×mm×mm)
普通	MP6	6	6	40	5A,3B	174×163×545
	MP9	9	4	60	8A,4B	173×199×588
适用场合	适宜于工厂企业、公共场所、商店、住宅等场合使用					
舟车	MPZ6	6	6	40	5A,3B	174×163×575
	MPZ9	9	8	60	8A,4B	173×199×630
适用场合	适宜在行驶中有颠簸、摇晃的车辆和船舶上使用					
用途	适用于扑救一般物质及油类的初起火灾,但不适用于扑救带电设备及珍贵物品的火灾					

2．推车式化学泡沫灭火器(GB 109—87)

型号	灭火剂量/L	喷射距离/m≥	有效时间/s≥	灭火性能级别代号	外形尺寸/(mm×mm×mm)
MPT65	65	10	90	31A,24B	291×660×1238
MPT100	100	10	100	27A,35B	371×708×1370
适用场合	适宜于仓库、码头等场所使用				
用途	适用于扑救一般物质及油类的初起火灾,但不适用于扑救带电设备及珍贵物品的火灾				

注:①推荐使用温度范围为4℃～55℃。

②灭火性能级别代号同二氧化碳灭火器注③。

4.4.1.3　手提式酸碱灭火器

【规格及用途】　(GB 4401—84)

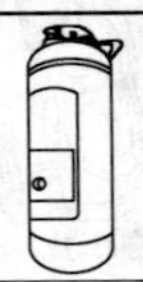

续表

型号	灭火剂量 /L	喷射距离 /m≥	有效时间 /s≥	灭火性能级别代号	外形尺寸 /(mm×mm×mm)
MS 7	7	6	40	5A	165×188×550
MS 9	9	6	50	8A	173×199×588
用途	适用于扑救竹、木、棉、草等一般可燃物质的初起火灾，但不适用于扑救油类、酸性物质及带电设备的火灾				

注:①推荐使用温度范围为4℃～55℃。

②灭火性能级别代号同二氧化碳灭火器注③。

4.4.1.4 手提式机械泡沫灭火器

【规格及用途】（GB 15368—1994）

型号	灭火剂量 /L	喷射距离 /m≥	有效时间 /s≥	灭火剂代号	灭A、B类火级别代号	灭乙醇类火级别代号
MJP-3	3	4	15	P,FP	3A,2B	2B
				AR	3A,2B	
				AFFF	3A,6B	
				S	3A,4B	
MJP-4	4	4	30	P,FP	3A,2B	2B
				AR	3A,2B	
				AFFF	3A,6B	
				S	3A,5B	
MJP-6	6	6	30	P,FP	5A,4B	4B
				AR	5A,4B	
				AFFF	5A,12B	
				S	5A,8B	

续表

型号	灭火剂量/L	喷射距离/m≥	有效时间/s≥	灭火剂代号	灭A、B类火级别代号	灭乙醇类火级别代号
MJP-9	9	6	40	P,FP	8A,6B	
				AR	8A,6B	6B
				AFFF	8A,18B	
				S	8A,12B	
用途	根据所装灭火剂不同,不仅可扑灭A、B类初起火灾,还可扑灭乙醇类燃烧引起的火灾					

注:①推荐使用温度范围为4℃~55℃。

②按灭火剂原液混合先后分为预混型和分装型,分装型在型号中字母后加A表示;按驱动压力形式分为贮压式和贮气瓶式,贮压式在型号中字母后加Z表示。如MJPZA表示贮压式、分装型。

③灭火剂代号含义如下:P——蛋白泡沫,FP——氟蛋白泡沫,AR——抗溶性泡沫,AFFF——水成膜泡沫,S——合成泡沫。

④灭火性能级别代号参见二氧化碳灭火器注③。

4.4.1.5 清水灭火器

【规格及用途】 (GB 4398—84)

续表

型号	灭火剂量/L	喷射距离/m≥	有效时间/s≥	灭火性能级别代号	外形尺寸/(mm×mm)
MSQ 9	9	7	50	8A	φ160×635
用途	适宜于扑救棉、毛、竹、木、草等一般可燃物质的初起火灾。不适于扑救油脂、带电设备及轻金属的火灾				

注:灭火性能级别代号参见二氧化碳灭火器注③。

4.4.1.6 干粉灭火器

【规格及用途】 (GB 4402—84、GB 12515—90、GB 8109—87)

手提式贮气瓶
(内装式)

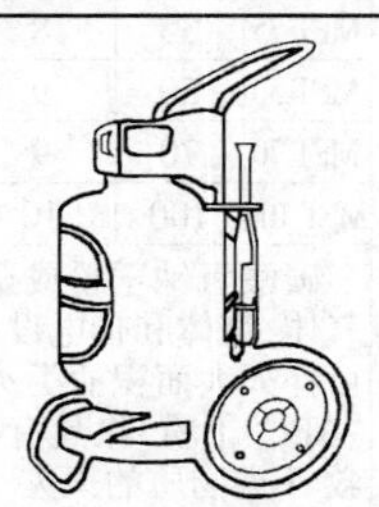

推车式贮气瓶
(内装式)

分类	型号	灭火剂量/kg	喷射距离/m≥	有效时间/s≥	灭火性能级别代号	外形尺寸/(mm×mm×mm)
手提式干粉灭火器(GB 4402—84)	MF 1	1	2.5	6	3A,2B	155×105×310
	MF 2	2	2.5	8	5A,5B	240×105×430
	MF 3	3	2.5	8	5A,7B	260×135×425
	MF 4	4	4	9	8A,10B	260×145×450
	MF 5	5	4	9	8A,12B	260×145×534
	MF 6	6	4	9	13A,14B	—
	MF 8	8	5	12	13A,18B	340×170×579
	MF 10	10	5	15	12A,18B	—

续表

分类	型号	灭火剂量/kg	喷射距离/m≥	有效时间/s≥	灭火性能级别代号	外形尺寸/(mm×mm×mm)
手提贮压式干粉灭火器(GB 12515—90)	MFZ 1	1	2.5	6	2B	93×135×333
	WFZ 2	2	2.5	8	2A,3B	110×144×410
	WFZ 4	4	4	9	2A,9B	130×159×532
	MFZ 5	5	4	9	3A,14B	280×150×535
	MFZ 8	8	5	12	4A,14B	300×165×620
推车式干粉灭火器(GB 8109—87)	MFT 25	25	8	12	35B	528×500×1040
	MFT 35	35	8	15	27A,45B	528×520×1040
	MFT 50	50	9	20	34A,65B	645×520×1150
	MFT 70	70	9	25	43A,90B	645×520×1225
	MFT 100	100	10	32	55A,125B	750×520×1225
用途	碳酸氢钠干粉或全硅化碳酸氢钠干粉,适用于扑救可燃气体、液体和带电设备的火灾,与FP泡沫或清水泡沫联用可扑灭大面积油类火灾。通用干粉(磷酸铵盐干粉,简称“ABC”干粉)除具有碳酸氢钠干粉的灭火性能外,还可扑救A类物质的火灾					

注:①推荐使用温度范围为-10℃~55℃。

②灭火性能级别代号参见二氧化碳灭火器注③。

③手提式干粉灭火器分贮气瓶式和贮压式两类,贮压式型号字母后加“Z”表示,贮气瓶式又分内置式和外挂式两种,型号上无区别。

④灭火剂一般为碳酸氢钠干粉,若为ABC干粉,灭火器型号字母后须加注“L”。如:MFZL。

⑤灭火器电绝缘性能:手提式≥5kV,推车式≥5kV。

⑥灭火器外形尺寸各厂不尽相同,本表尺寸仅供参考。

4.4.1.7　1211灭火器

【规格及用途】

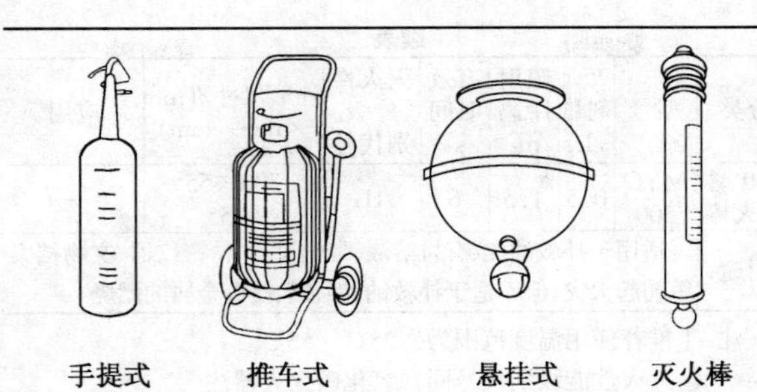

分类	型号	灭火剂量/kg	喷射距离/m≥	有效时间/s≥	灭火性能级别代号	外形尺寸/(mm×mm×mm)	应用
手提式灭火器(GB 4397—84)	MY 0.5	0.5	1.5	6	1B	70×70×238	工矿企业、公共场所、仓库和商店内的四周墙边
	MY 1	1	2.5	6	2B	90×90×281	
	MY 2	2	3.5	8	4B	97×97×425	
	MY 4	4	4.5	9	8B	133×133×490	
	MY 6	6	5	9	12B	145×145×555	
推车式灭火器(GB 8109—87)	MYT 25	25	7	25	—	465×520×1000	工矿企业、公共场所、仓库和商店内的四周墙边
	MYT 40	40	7	40	—	465×521×1600	
悬挂式定温自动灭火器	ZYW 4	4	10	10	—	197×197×293	—
	ZYW 8	8	20	10	>12B	245×245×342	

续表

分类	型号	灭火剂量/kg	喷射距离/m≥	有效时间/s≥	灭火性能级别代号	外形尺寸/(mm×mm×mm)	应用
500 型灭火棒	MYQ 500	0.5	1.5	6	1B	330×55×55	—
用途	适用于扑救油类、有机溶液、带电设备、精密仪器、文物档案等初起火灾，但不适于扑救钠、钾、铝、镁等金属的燃烧						

注：①推荐使用温度范围为 -25℃～55℃。
②灭火性能级别代号同二氧化碳灭火器注③。
③悬挂式额定温度分为 68℃、79℃、93℃三种，供不同环境温度选用。
④直接接触灭火剂会引起皮肤脱脂或冻伤，灌装时须戴好手套、护目镜。

4.4.1.8　灭火器药剂

【规格及用途】　又名灭火剂。

酸碱灭火器用灭火剂

化学泡沫灭火器用灭火剂

<table>
<tr><td colspan="3">品　　种</td><td colspan="4">化学泡沫灭火器用药剂(GB 4395—92)</td><td colspan="2">酸性灭火器用药剂</td></tr>
<tr><td colspan="3">通用灭火器型号</td><td>MP6</td><td>MPZ6</td><td>MP9</td><td>MPZ9</td><td>MS7</td><td>MS9</td></tr>
<tr><td rowspan="2">灭火剂成分及灌装量</td><td rowspan="2">酸性剂</td><td>组成成分及包装</td><td colspan="4">硫酸铝(袋装)/水</td><td colspan="2">纯度 60%～65%硫酸(瓶装)</td></tr>
<tr><td>质量/kg</td><td colspan="2">0.6/1L</td><td colspan="2">0.9/1L</td><td>0.1L</td><td>0.11L</td></tr>
</table>

续表

品种			化学泡沫灭火器用药剂(GB 4395—92)				酸性灭火器用药剂	
通用灭火器型号			MP6	MPZ6	MP9	MPZ9	MS7	MS9
灭火剂成分及灌装量	碱性剂	组成成分及包装	碳酸氢钠(袋装)/水				纯度85%~92%碳酸氢钠(袋装)/(水)	
		质量/kg	0.43/4.5L		0.65/7.5L		0.43/6.7L	0.46/8.7L
用途	加水调成溶液后,灌装到相应的灭火器内,供灭火时使用。灌装后的灭火器必须定期检查和及时更换,以保证灭火效能							

4.4.2 其他消防器材

4.4.2.1 水枪

【规格及用途】(GB 8181—87)

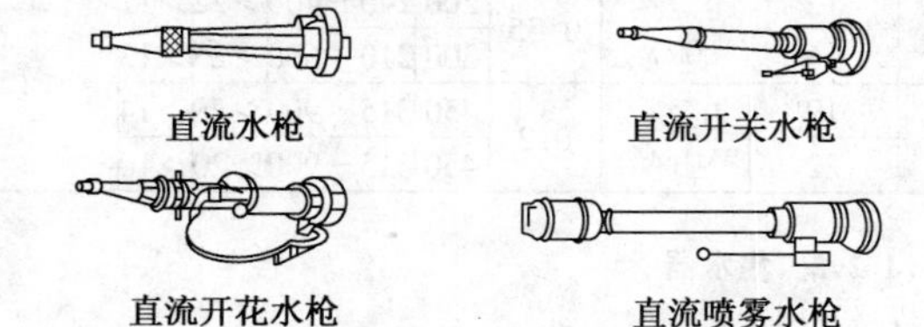

直流水枪　直流开关水枪

直流开花水枪　直流喷雾水枪

种类	型号	公称口径/mm		有效射程/m			参考流量/(L/min)
		进口	出口	直流	开花角	宽×远	
新型直流水枪	QZ16A	50	16	>35	—	—	300
	QZ19A	65	19	>38	—	—	450
直流开关水枪	QZG16	50	16	>31	—	—	300
	QZG19	65	19	>35	—	—	450

续表

<table>
<tr><th rowspan="2">种类</th><th rowspan="2">型号</th><th colspan="2">公称口径/mm</th><th colspan="3">有效射程/m</th><th rowspan="2">参考流量/(L/min)</th></tr>
<tr><th>进口</th><th>出口</th><th>直流</th><th>开花角</th><th>宽×远</th></tr>
<tr><td rowspan="2">直流开花水枪</td><td>QZH16</td><td>50</td><td>16</td><td>>30</td><td>120°</td><td>3.5×1</td><td>210～600</td></tr>
<tr><td>QZH19</td><td>65</td><td>19</td><td>>35</td><td>120°</td><td>3.5×1</td><td>315～900</td></tr>
<tr><td rowspan="2">雾化水枪喷头</td><td>型号</td><td colspan="3">连接螺纹</td><td>喷雾角</td><td colspan="2">喷雾宽度/m</td></tr>
<tr><td>QW48</td><td colspan="3">M48×2</td><td>80°</td><td colspan="2">>11</td></tr>
<tr><td>用途</td><td colspan="7">用于射水以扑灭一般物质燃烧引起的火灾</td></tr>
</table>

注：工作压力范围为0.2～0.7MPa，射程数据是压力为0.6MPa时的参考值。

【性能要求】（GB 8181—87）

<table>
<tr><th rowspan="2">接口公称直径/mm</th><th rowspan="2">喷嘴直径/mm</th><th colspan="2">工作压力/MPa</th><th colspan="2">流量/(L/min)</th><th colspan="2">射程/m</th><th rowspan="2">操作力矩/(N·m)</th></tr>
<tr><th>范围</th><th>额定值</th><th>直流</th><th>喷雾</th><th>直流</th><th>喷雾</th></tr>
<tr><td rowspan="2">50</td><td>13</td><td rowspan="2">0.2～0.7</td><td rowspan="2">0.35</td><td>200</td><td>140～400</td><td>>22</td><td>>11</td><td rowspan="4"><15</td></tr>
<tr><td>16</td><td>300</td><td>210～600</td><td>>25</td><td>>13</td></tr>
<tr><td rowspan="2">65</td><td>19</td><td rowspan="2">0.2～0.4</td><td rowspan="2">0.2</td><td>450</td><td>315～900</td><td>>28</td><td>>14</td></tr>
<tr><td>22</td><td>450</td><td>315～900</td><td>>20</td><td>>10</td></tr>
</table>

4.4.2.2 集水器

【规格及用途】

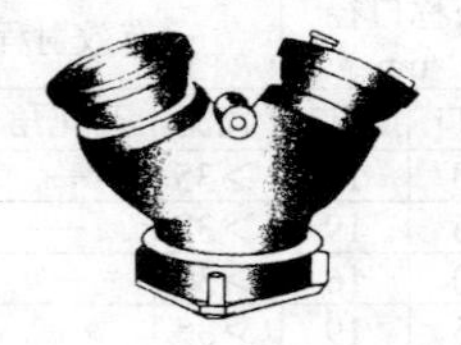

续表

型号	公称口径		螺纹/(mm×mm)	工作压力/MPa
	进水(内扣式)	出水(内螺纹式)		
FJ100	65mm×65mm	100mm	M125×6	≤1.0
用途	消防车附件,用于将两股水流汇集以集中向消防车供水			

4.4.2.3 滤水器

【规格及用途】

型号	公称口径/mm	螺纹/(mm×mm)	工作压力/MPa
LF100	100	M125×6	≤0.4
用途	消防车附件。装于吸水管底部,以阻挡水中杂质吸入管内。其底阀还可防止管内水倒流		

4.4.2.4 分水器

【规格及用途】

二分水器

三分水器

续表

型号	公称口径/mm		工作压力/MPa	类型
	进水	出水		
FF65	65	65、65	≤1.0	二分水器
FFS65	65	50、65、50	≤1.0	三分水器
FFS80	80	65、65、65	≤1.0	
用途	消防车附件。用于将单股进水水流分成多股出水。每股水流出口均装有阀门以分别控制出水			

注:接口形式均为内扣式。

4.4.2.5　灭火栓

【用途】　灭火栓是安装在消防供水设备上的专用阀门。进水端与消防供水管路连接,出水端可与消防水带接口连接,开启阀门即可供水灭火。

【规格】

室内灭火栓

室外灭火栓（地上式）

室外灭火栓（地下式）

1. 室内灭火栓(GB 3445—1993)

型　号	进水口/in		出水口/mm		公称压力/MPa	外形尺寸/mm≤		
	型式	口径	型式	口径		长	宽	高
SN25	螺纹式	1	内扣式	25	1.6	120	80	135
SNA25						133		

续表

型　号	进水口/in		出水口/mm		公称压力/MPa	外形尺寸/mm≤		
	型式	口径	型式	口径		长	宽	高
SN40	螺纹式	1½	内扣式	40	1.6	148	100	155
SNA40						169		
SN50		2		50		168	120	185
SNA50						191		
SNS50		2		50/50		220	220	205
SN65		2½		65		188	140	205
SNA65						220		
SNS65				65/65		227	227	225
SNSS50				50		—	170	230
SNSS50-A						255	168	230
SNSS50-B						385	168	150
SNSS65		3		65		—	185	270
SNSS65-A						300	188	260
SNSS65-B						400	188	170
SN80				80		194	140	225

注:SN为直角单阀单出水口型;SNA为45°角单阀单出水口型;SNS为直角单阀双出水口型;SNSS为直角双阀双出水口V型;SNSS-A为双阀双出水口并列型;SNSS-B为双阀双出水口一字型。

2. 室外灭火栓(GB 4452—1996)

(1)地上型灭火栓

型号	进水口/mm		出水口/mm		公称压力/MPa
	型式	口径	型式	口径	
SS100	法兰式承插式	100	内扣式	100	1.6
				65/65	
SS150		150		150	1.0
				80/80	

(2)地下型灭火栓

型号	进水口型式	进水口口径	出水口型式	出水口口径	公称压力/MPa
SA100	法兰式承插式	100	内扣式	100/65	1.6
				65/65	1.0

4.4.2.6 闷盖

【规格及用途】

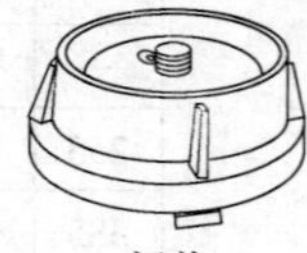

闷盖

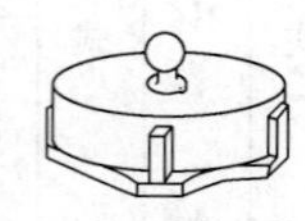

进水口闷盖

型号		公称口径/mm	外形尺寸/mm		接口型式/mm	工作压力/MPa	用途
			外径	长			
闷盖(GB 3265—1995)	KM25	25	55	37	内扣式	1.6	供封堵消火栓、消防车等出水口用,以实现密封和防尘。接口形式为内扣式。消防车进水口闷盖为内螺纹式
	KM40	40	83	54			
	KM50	50	98	54			
	KM60	60	111	55			
	KM80	80	126	55			
进水口闷盖	KA100	100	140	73	M125×6	1	

4.4.2.7　水带包布

【规格及用途】

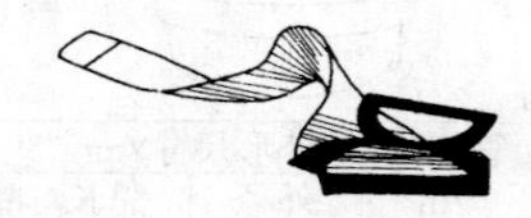

型号	外形尺寸/(mm×mm×mm)	参考质量/kg
FP470	470×112×40	0.7
用途	用以包扎水带破裂漏水部位	

4.4.2.8　消防接口

1. 水带接口规格及用途(GB 3265—1995)

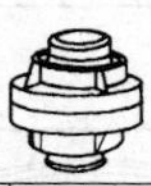

型号	公称口径/mm	外形尺寸/mm		参考质量/kg	
		外径	总长	铝合金制	带钢制
KD25	25	55	59	0.20	—
KDN35	35	55	64	0.25	—
KD40	40	83	67.5	0.50	—
KD50	50	98	67.5	0.65	0.9
KD65	65	111	82.5	0.80	1.1
KD80	80	126	82.5	1.25	—
用途	装在水带两端,用于水带与消火栓、水枪之间的连接,亦可用于水带之间的连接。接口为内扣式				

注:①接口工作压力为 1.6MPa,型号后加 Z 表示工作压力为 2.5MPa。

②KDN 表示内扩张式水带接口,其他为外箍式接口。

2. 管牙接口规格及用途(GB 3265—1995)

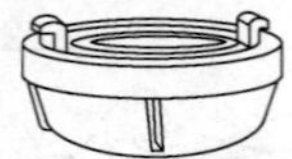

型号	公称口径/mm	管螺纹/in	外形尺寸/mm		参考质量/kg	
			外径	总长	铝合金制	带钢制
KY25	25	G1	55	43	0.10	—
KY40	40	G1½	83	55	0.24	—
KY50	50	G2	98	55	0.26	0.45
KY65	65	G2½	111	57	0.35	0.60
KY80	80	G3	126	57	0.42	—
用途	装在水枪进水口或消火栓、消防泵出水口以便连接水带。与水带连接端为内扣式,另一端为管螺纹					

3. 异径接口规格及用途

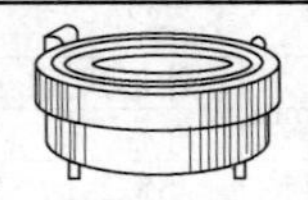

型号	公称口径/mm		外形尺寸/mm		参考质量/kg
	小端	大端	外径	总长	
KJ25/40	25	40	83	67.5	0.25
KJ25/50	25	50	98	67.5	0.30
KJ40/65	40	50	98	67.5	0.38
KJ40/65	40	65	111	82.5	0.45
KJ50/65	50	65	111	82.5	0.50
KJ50/80	50	80	126	82.5	0.57
KJ65/80	65	80	126	82.5	0.62
用途	用于连接不同口径的水枪、消火栓、水带等。接口为内扣式				

4. 异型接口规格及用途

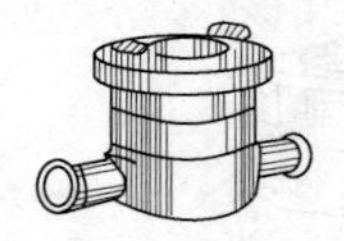
英式雌—内扣式

英式雄—内扣式

型号	公称口径/mm	接口式样	外形尺寸/mm			参考质量/kg
			长	宽	高	
KX50	50	英式雌—内扣式	162	105	98	0.90
KXX50	50	英式雄—内扣式	98	98	97	0.50
KX65	65	英式雌—内扣式	185	123	111	1.20
KXX65	65	英式雄—内扣式	111	111	105	0.65
用途	用于旧英式接口与内扣式接口的连接					

4.4.2.9 吸水管接口及吸水管同型接口

1. 吸水管接口规格及用途

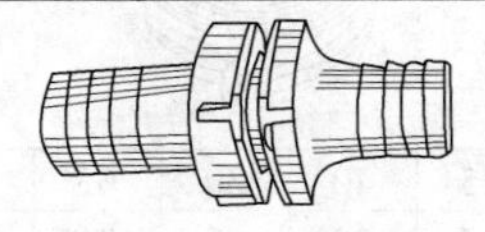

型号	公称口径/mm	螺纹/(mm×mm)	密封试验压力/MPa	外形尺寸/mm		参考质量/kg
				外径	长度	
KG90	90	M125×6	0.60	140	310	2.52
KG100	100	M125×6	0.60	145	315	3.15
用途	分别装在消防泵吸水管两端。接口为螺纹式，每副吸水管接口有内、外螺纹接口各一个，内螺纹接口用于连接水泵进水口或消火栓，外螺纹接口用于连接滤水器					

2. 吸水管同型接口规格及用途

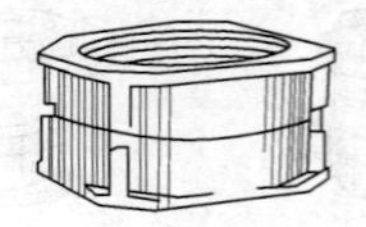

型号	公称口径 /mm	螺纹 /(mm×mm)	密封试验压力/MPa	外形尺寸/mm		参考质量 /kg
				外径	高度	
KT100	100	M125×6	1.00	140	113	1.60
用途	用于消防车吸水管与消火栓的连接。接口为内螺纹式					

4.4.2.10　水带

【规格及用途】

公称口径/mm	25	40	50	65	80	90	100
基本尺寸/mm	25	38	51	63.5	76	89	102
折幅/mm	42	64	84	103	124	144	164
用途	主要用于输水灭火或输送其他液体灭火剂灭火;也可供工农业生产等方面用于输水或输送腐蚀性不大的液体						

4.4.2.11　消防安全带

【规格及用途】

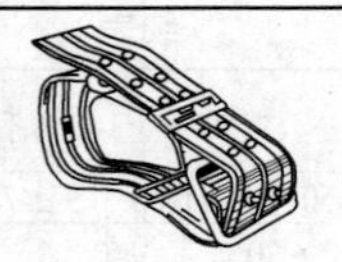

型号	拉力/N	外形尺寸/mm			质量/kg
		长	宽	厚	
FDA	4500	1250	80	3	0.50
用途	与安全钩、安全绳配合使用,围于消防人员腰部,带上有两个半圆环可以挂一个或两个安全钩。是消防人员登高作业时的可靠安全保护装备				

4.4.2.12　室内消火栓箱

【规格及用途】

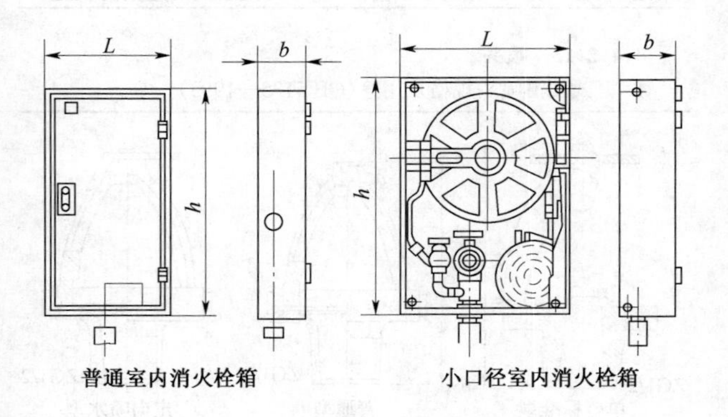

普通室内消火栓箱　　小口径室内消火栓箱

续表

品种		普通室内消火栓箱				小口径室内消火栓箱
型号		SG18/50	SG21/65	SG24/S50	SG24/S65	SG24A
尺寸/mm	L	650		700		700
	h	800		1000		1000
	b	180	210	240		240
室内消火栓	型号	SN50	SN65	SNS50	SNS65	SN65 SNA65
	个数	1				
直流水枪	型号	QZ16	QZ19	QZ16	QZ19	QZ19 小口径开关水枪
	支数	1		2		1
水带	每根带长/mm	25				25(水带内径 ϕ19)
	根数	1		2		1
用途	是和室内消火栓、消防水带、水枪配套的固定消防设施					

4.4.2.13　喷头

1. 开式雨淋喷头规格及用途(GB 5135—1993)

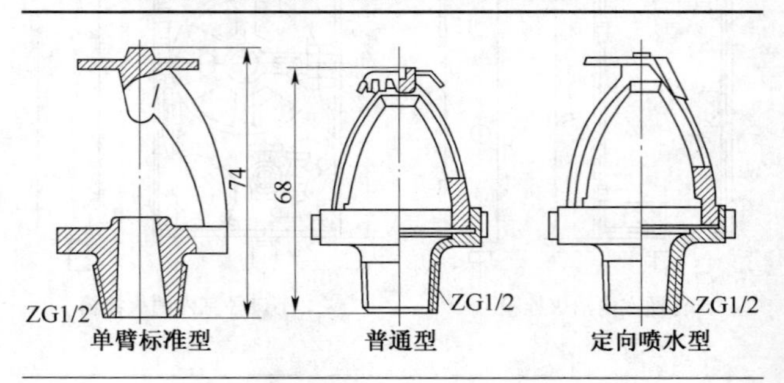

续表

喷孔直径/mm	$\phi10$、$\phi15$、$\phi20$
用途	适用于高层、地下建筑物、连接湿式自动喷水灭火系统

2. 易熔合金闭式喷头规格及用途(GB 5135—1993)

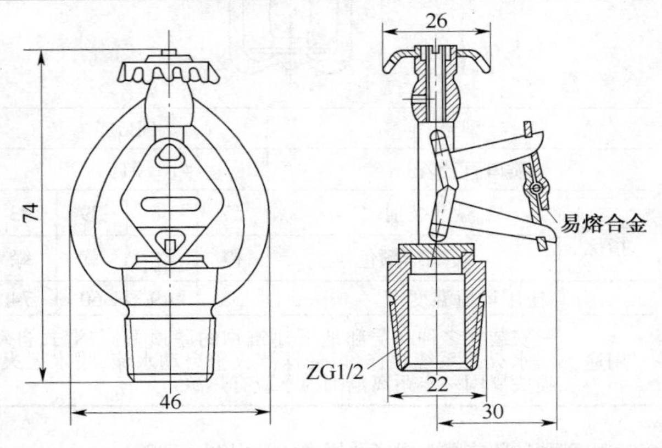

喷头型号	直立型	ZSTZ15/72Y	ZSTZ15/98Y	ZSTZ15/142Y
	下垂型	ZSTX15/72Y	ZSTX15/98Y	ZSTX15/142Y
	边墙型	ZSTB15/72Y	ZSTB15/98Y	ZSTB15/142Y
公称动作温度/℃		72	98	142
最高环境温度/℃		42	68	112
轮臂色标		本色	白	蓝
用途	与自动喷水灭火系统相连,用于民用建筑的走廊、大厅、多功能厅、客房、办公室、仓库、天花板吊顶等处			

3. 吊顶型玻璃球闭式喷头规格及用途(GB 5135—1993)

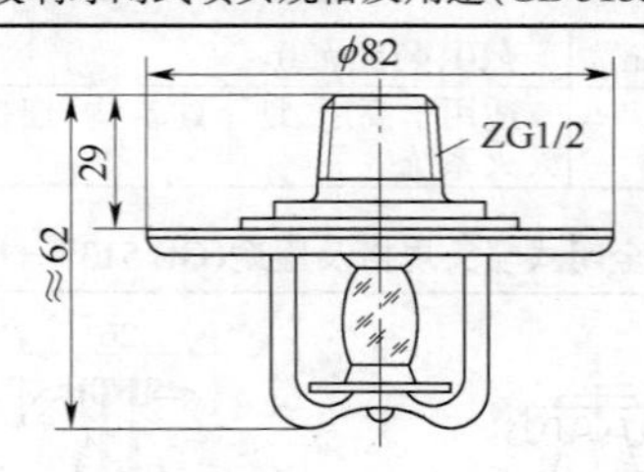

<table>
<tr><td colspan="2">型号</td><td colspan="4">BBd15</td></tr>
<tr><td colspan="2">喷口直径/mm</td><td colspan="4">φ10、φ15、φ20</td></tr>
<tr><td rowspan="2">喷头指标</td><td>温度级别/℃</td><td>57</td><td>68</td><td>79</td><td>93</td></tr>
<tr><td>玻璃球颜色</td><td>橙</td><td>红</td><td>黄</td><td>绿</td></tr>
<tr><td colspan="2">使用环境温度/℃</td><td>38</td><td>49</td><td>60</td><td>74</td></tr>
<tr><td>用途</td><td colspan="5">安装在多种高层和地下建筑物的屋顶下,与湿式自动喷水灭火系统相连,以便探测火警启动水流,喷水灭火。喷头周围一定距离范围内不应有热源</td></tr>
</table>

4. 玻璃球闭式喷头规格及用途(GB 5135—1993)

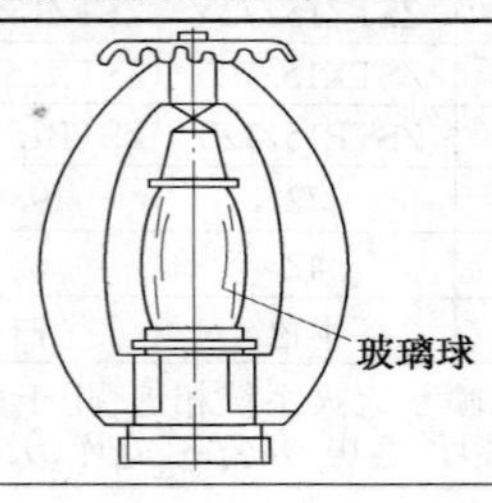

续表

<table>
<tr><td rowspan="4">类型及型号</td><td>普通型</td><td>ZSTP15/57</td><td>ZSTP15/68</td><td>ZSTP15/79</td><td>ZSTP15/93</td><td>ZSTP15/141</td></tr>
<tr><td>边墙型</td><td>ZSTB15/57</td><td>ZSTB15/68</td><td>ZSTB15/79</td><td>ZSTB15/93</td><td>ZSTB15/141</td></tr>
<tr><td>直立型</td><td>ZSTZ15/57</td><td>ZSTZ15/68</td><td>ZSTZ15/79</td><td>ZSTZ15/93</td><td>ZSTZ15/141</td></tr>
<tr><td>下垂型</td><td>ZSTX15/57</td><td>ZSTX15/68</td><td>ZSTX15/79</td><td>ZSTX15/93</td><td>ZSTX15/141</td></tr>
<tr><td colspan="2">连接螺纹/in</td><td colspan="5">ZG1/2</td></tr>
<tr><td colspan="2">公称动作温度/℃</td><td>57</td><td>68</td><td>79</td><td>93</td><td>141</td></tr>
<tr><td colspan="2">最高环境温度/℃</td><td>27</td><td>38</td><td>49</td><td>63</td><td>111</td></tr>
<tr><td colspan="2">色标</td><td>橙</td><td>红</td><td>黄</td><td>绿</td><td>蓝</td></tr>
<tr><td>用途</td><td colspan="6">与湿式自动喷水灭火系统相连，探测、启动水流喷水灭火。可用于高层楼、厅、地下仓库及文物保护单位的木结构古建筑等</td></tr>
</table>

4.4.2.14 火灾探测器

【规格及用途】（GB 4715、4716—1993）

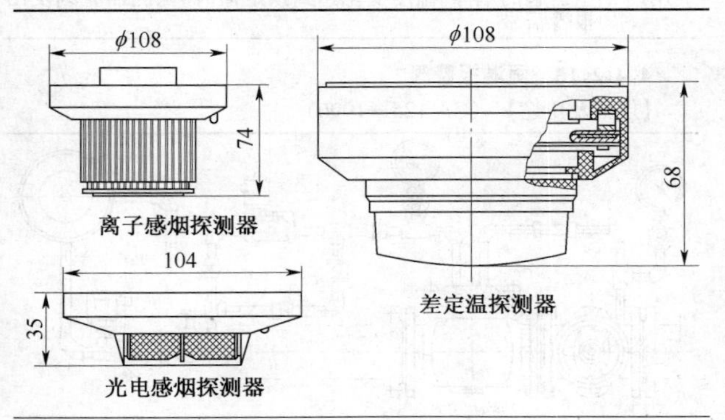

续表

品种	离子感烟火灾探测器	光电感烟火灾探测器	差定温火灾探测器	离子感烟火灾探测器	光电感烟火灾探测器	电子感温火灾探测器	红外光感探测器
型号	JTY-LZ-101	JTY-GD-101	JTW-MSCD-101	JTY-LZ-D	JZY-GD	JTW-Z(CD)	JTY-HS
使用环境条件	温度：－20℃～＋50℃ 湿度：40℃时达 95% 风速：＜5m/s			—	—	—	—
灵敏度	Ⅰ级：用于烟火场所 Ⅱ级：用于少烟场所 Ⅲ级：用于会议室等场所			—	—	—	—
工作电压/V	直流 24						
报警电压/V				19、24	19	14	—
工作电压/V				—	—	—	24
用途	适用于各类大型建筑物的火灾探测与报警。当火灾发生引起的烟雾、温度变化达到预定值时，探测器立刻发出报警信号						

4.4.2.15　雨淋报警阀

【规格及用途】（GA 125—1996）

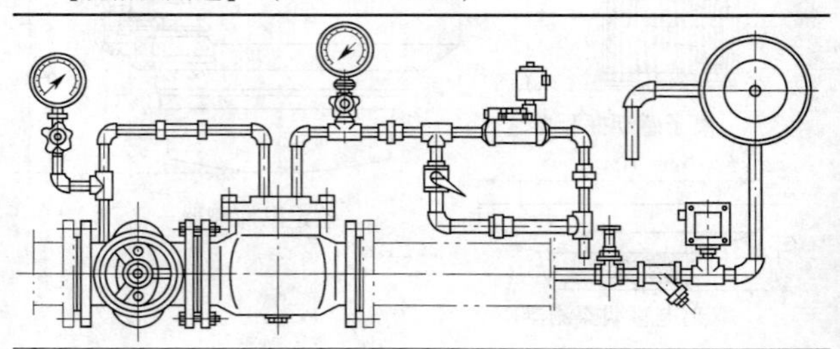

续表

进出口公称通径 DN/mm	25、32、40、50、65、80、100、125、150、200、250
额定工作压力/MPa	≥1.2
用途	装于自动喷水灭火系统，通过电机、机械或其他方法开启，使水自动单方向流入喷水系统，同时报警。适用室温＞4℃之房间

4.4.2.16 湿式报警阀

【规格及用途】（GB 797—1996）

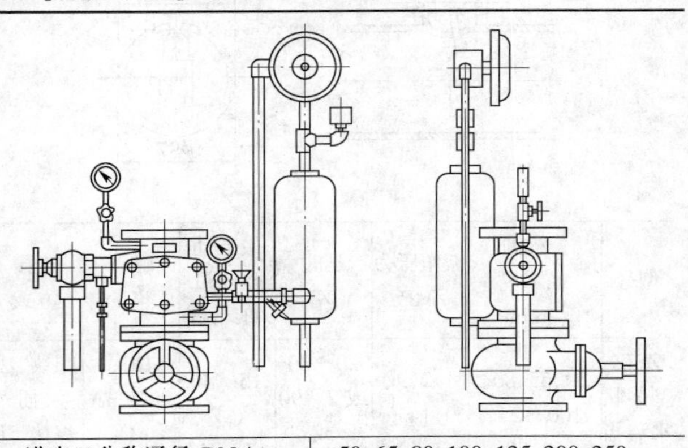

进出口公称通径 DN/mm	50、65、80、100、125、200、250
额定工作压力/MPa	≥1.2
用途	适用于室温＞4℃而＜70℃的场所。是自动喷水灭火系统的主要部件，灭火过程中起水流控制、火灾信号传送及开启消防水泵的作用

4.4.2.17　水流指示器

【规格及用途】（GA 32—92）

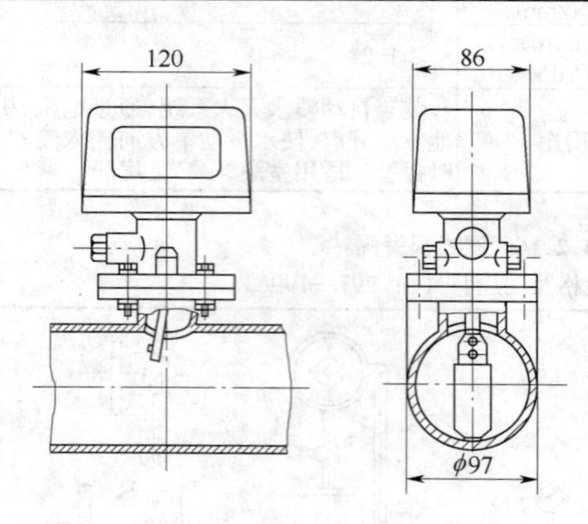

型号	公称通径 DN /mm	工作压力 /MPa	延时 /s	最低动作流量 /(L/min)	触点容量	连接方式
ZSJZ 型桨状水流指示器	50、65、80、100、125、150、200	1.2(或 0.14～1.6)	20～30 或 2～90 或 0.4～60	15～40 (或 17～45)	DC: 24V、3A AC: 220V、5A	螺纹、法兰、插入焊接、法兰对夹
用途	用于监测管网内的水是否流动					

4.4.2.18　消防杆钩

【规格及用途】

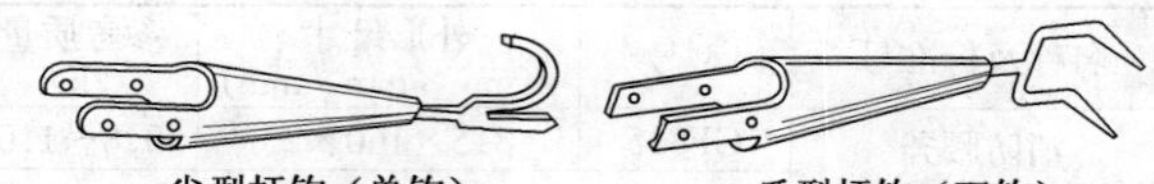

尖型杆钩（单钩） 爪型杆钩（双钩）

型号	品种	外形(带柄)尺寸/(mm×mm×mm)	质量/kg
GG378	尖型杆钩	2780×217×60	4.5
	爪型杆钩	3630×160×90	5.5
用途	装上柄后,用于灭火时穿洞通气、破拆危险建筑物		

4.4.2.19 消防斧

【规格及用途】

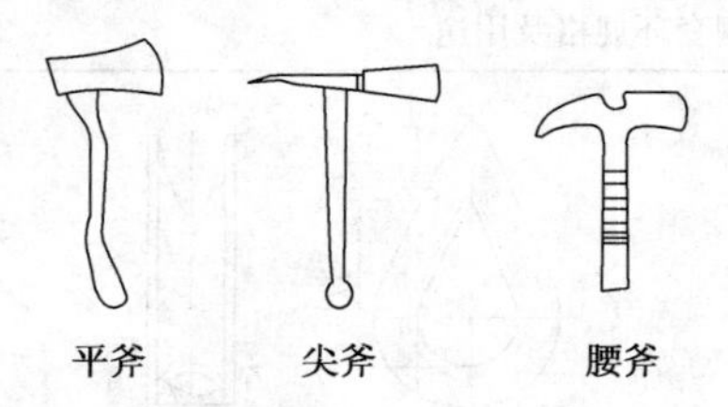

平斧 尖斧 腰斧

名称及标准号	型号	外形尺寸/(mm×mm×mm)	参考质量/kg
消防平斧（GB 138—1996）	GFP610	610×164×24	1.1～1.8
	GFP710	710×172×25	
	GFP810	810×180×26	
	GFP910	910×188×27	2.5～3.5
消防尖斧（GB 138—1996）	GFJ715	715×300×44	1.8～2.0
	GFJ815	815×330×53	2.5～3.5

续表

名称及标准号	型号	外形尺寸/(mm×mm×mm)	参考质量/kg
消防腰斧（ZBC 4003—84）	GF815	815×160×25	0.8～1.0
	GF325	325×120×25	0.9～1.1
用途	用于扑灭火灾时破拆障碍物，平斧用来劈破木质门窗等；尖斧还可用来凿洞、破墙；腰斧较轻便，可挂于消防人员腰间，用于登高作业时破拆障碍物		

4.5 起重器材

4.5.1 索具、滑车

4.5.1.1 索具套环

1. 型钢套环规格及用途

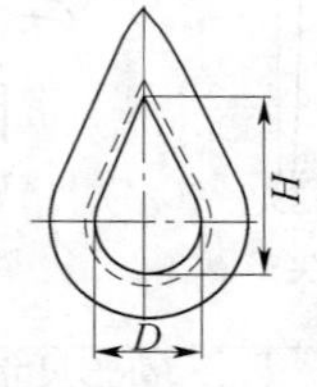

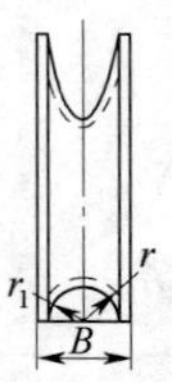

套环号码	最大起重量/kg	钢丝绳最大直径/mm	套环尺寸/mm				质量/kg
			槽宽 B	孔宽 D	孔高 H	槽半径 r	
0.1	100	6.5	9	15	26	3.5	0.02
0.2	200	8	11	20	32	4.5	0.05
0.3	300	9.5	13	25	40	5.5	0.07
用途	是钢丝绳的固定连接附件。用于将钢丝绳一端嵌入套环的凹槽成环状，保护连接钢丝绳弯曲部分受力后不会折断						

2. 普通套环及重型套环规格及用途(GB 5974.1、GB 5974.2—86)

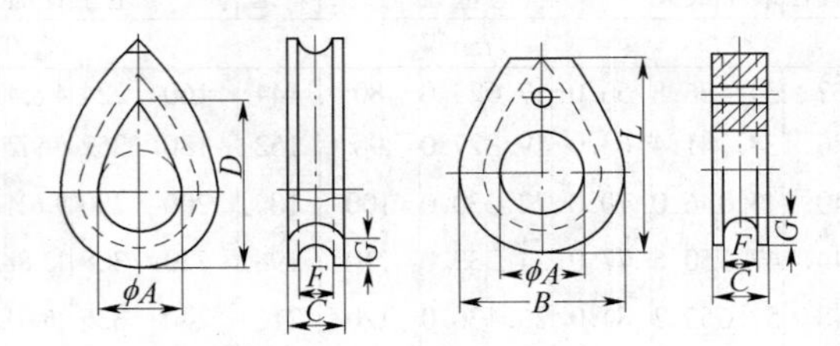

普通套环　　　　重型套环

钢丝绳最大直径	槽宽 F		环宽 C	槽深 $G\geqslant$		孔径 ϕA	孔高 D	宽度 B	高度 L	质量	
	最小	最大		普通	重型		普通		重型	普通	重型
/mm										/kg	
6	6.5	6.9	10.5	3.3	—	15	27	—	—	0.032	—
8	8.6	9.2	14.0	4.4	6.0	20	36	40	56	0.075	0.08
10	10.8	11.5	17.5	5.5	7.5	25	45	50	70	0.150	0.17
12	12.9	13.8	21.0	6.6	9.0	30	54	60	84	0.250	0.32
14	15.1	16.1	24.5	7.7	10.5	35	63	70	98	0.393	0.50
16	17.2	18.4	28.0	8.8	12.0	40	72	80	112	0.605	0.78
18	19.4	20.7	31.5	9.9	13.5	45	81	90	126	0.867	1.14
20	21.5	23.0	35.0	11.0	15.0	50	90	100	140	1.205	1.41
22	23.7	25.3	38.5	12.1	16.5	55	99	110	154	1.563	1.96
24	25.8	27.6	42.0	13.2	18.0	60	108	120	168	2.045	2.41
26	28.0	29.9	45.5	14.3	19.5	65	117	130	182	2.620	3.46
28	30.1	32.2	49.0	15.4	21.0	70	126	140	196	3.290	4.30

续表

钢丝绳最大直径	槽宽 F		环宽 C	槽深 G≥		孔径 φA	孔高 D	宽度 B	高度 L	质量	
	最小	最大		普通	重型		普通		重型	普通	重型
	/mm									/kg	
32	34.4	36.8	56.0	17.6	24.0	80	144	160	224	4.854	6.46
36	38.7	41.4	63.0	19.8	27.0	90	162	180	252	6.972	9.77
40	43.0	46.0	70.0	22.0	30.0	100	180	200	280	9.624	12.94
44	47.3	50.6	77.0	24.2	33.0	110	198	220	308	12.81	17.02
48	51.6	55.2	84.0	26.4	36.0	120	216	240	336	16.60	22.75
52	55.9	59.8	91.0	28.6	39.0	130	234	260	361	20.95	28.41
56	60.2	64.4	98.0	30.8	42.0	140	252	280	392	26.31	35.56
60	64.5	69.0	105	33.0	45.0	150	270	300	420	31.40	48.35
用途	与型钢套环相同。但为标准产品										

4.5.1.2　索具卸扣

1. 普通钢卸扣规格及用途

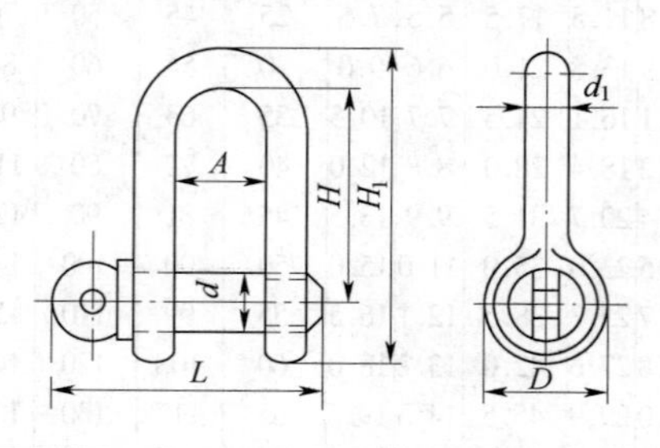

续表

卸扣号码	最大钢丝绳直径/mm	最大起重量/kg	主要尺寸/mm					质量/kg
			销螺纹直径 d	扣体直径 d_1	间距 A	环孔高度 H	销长 L	
0.2	4.7	200	M8	6	12	35	35	0.039
0.3	6.5	330	M10	8	16	45	44	0.089
0.5	8.5	500	M12	10	20	50	55	0.162
0.9	9.5	930	M16	12	24	60	65	0.304
1.4	13	1450	M20	16	32	80	86	0.661
2.1	15	2100	M24	20	36	90	101	1.145
2.7	17.5	2700	M27	22	40	100	111	1.560
3.3	19.5	3300	M30	24	45	110	123	2.210
4.1	22	4100	M33	27	50	120	137	3.115
4.9	26	4900	M36	30	58	130	153	4.050
6.8	28	6800	M42	36	64	150	176	6.270
9.0	31	9000	M48	42	70	170	197	9.280
10.7	34	10700	M52	45	80	190	218	12.40
16.0	43.5	16000	M64	52	99	235	262	20.90
21.0	43.5	21000	M76	65	100	256	321	—
用途	用于连接钢丝绳或链条等,装拆方便							

2. H型钢卸扣规格及用途(JB 8112—1995)

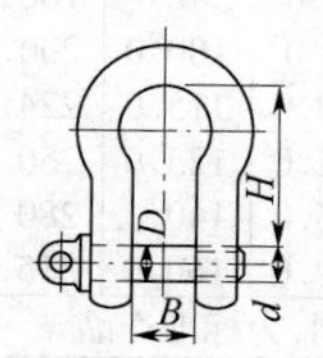

续表

起重量/t			主要尺寸/mm				
M级	S级	T级	d_1	D	H	B	d
—	—	0.63	8.0	9.0	18.0	9.0	M8
—	0.63	0.80	9.0	10.0	20.0	10.0	M10
—	0.80	1.00	10.0	12.0	22.4	12.0	M12
0.63	1.00	1.25	11.2	12.0	25.0	12.0	M12
0.80	1.25	1.60	12.5	14.0	28.0	14.0	M14
1.00	1.60	2.00	14.0	16.0	31.5	16.0	M16
1.25	2.00	2.50	16.0	18.0	35.5	18.0	M18
1.60	2.50	3.20	18.0	20.0	40.0	20.0	M20
2.00	3.20	4.00	20.0	22.0	45.0	22.0	M22
2.50	4.00	5.00	22.4	24.0	50.0	24.0	M24
3.20	5.00	6.30	25.0	30.0	56.0	30.0	M30
4.00	6.30	8.00	28.0	33.0	63.0	33.0	M33
5.00	8.00	10.00	31.5	36.0	71.0	36.0	M36
6.30	10.00	12.50	35.5	39.0	80.0	39.0	M39
8.00	12.50	16.00	40.0	45.0	90.0	45.0	M45
10.00	16.00	20.00	45.0	52.0	100.0	52.0	M52
12.50	20.00	25.00	50.0	56.0	112.0	56.0	M56
16.00	25.00	32.00	56.0	64.0	125.0	64.0	M64
20.00	32.00	40.00	63.0	72.0	140.0	72.0	M72
25.00	40.00	50.00	71.0	80.0	160.0	80.0	M80
32.00	50.00	63.00	80.0	90.0	180.0	90.0	M90
40.00	63.00	—	90.0	100.0	200.0	100.0	M100
50.00	80.00	—	100.0	115.0	224.0	115.0	M115
63.00	100.00	—	112.0	125.0	250.0	125.0	M125
80.00	—	—	125.0	140.0	280.0	140.0	M140
100.00	—	—	140.0	160.0	315.0	160.0	M160
用途	与普通钢卸扣相同，为标准产品						

注：M、S、T级指卸扣强度级别。

3. 弓型钢卸扣规格及用途(JB 8112—1995)

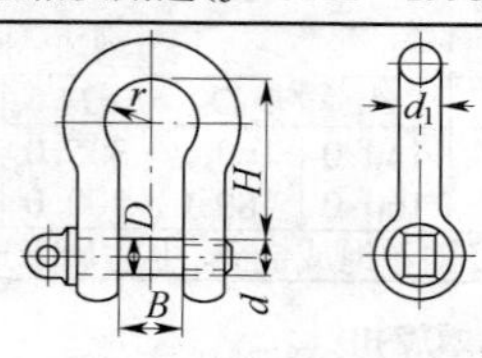

起重量/t			主要尺寸/mm					
M级	S级	T级	d_1	D	H	B	$2r$	d
—	—	0.63	9.0	10.0	22.4	10.0	16.0	M10
—	0.63	0.80	10.0	12.0	25.0	12.0	18.0	M12
—	0.80	1.00	11.2	12.0	28.0	12.0	20.0	M12
0.63	1.00	1.25	12.5	14.0	31.5	14.0	22.4	M14
0.80	1.25	1.60	14.0	16.0	35.5	16.0	25.0	M16
1.00	1.60	2.00	16.0	18.0	40.0	18.0	28.0	M18
1.25	2.00	2.50	18.0	20.0	45.0	20.0	31.5	M20
1.60	2.50	3.20	20.0	22.0	50.0	22.0	35.5	M22
2.00	3.20	4.00	22.4	24.0	56.0	24.0	40.0	M24
2.50	4.00	5.00	25.0	27.0	63.0	27.0	45.0	M27
3.20	5.00	6.30	28.0	33.0	71.0	33.0	50.0	M33
4.00	6.30	8.00	31.5	36.0	80.0	36.0	56.0	M36
5.00	8.00	10.00	35.5	39.0	90.0	39.0	63.0	M39
6.30	10.00	12.50	40.0	45.0	100.0	45.0	71.10	M45
8.00	12.50	16.00	45.0	52.0	112.0	52.0	80.0	M52
10.00	16.00	20.00	50.0	56.0	125.0	56.0	90.0	M56
12.50	20.00	25.00	56.0	64.0	140.0	64.0	100.0	M64
16.00	25.00	32.00	63.0	72.0	160.0	72.0	112.0	M72
20.00	32.00	40.00	71.0	80.0	180.0	80.0	125.0	M80
25.00	40.00	50.00	80.0	90.0	200.0	90.0	140.0	M90
32.00	50.00	63.00	90.00	100.0	224.0	100.0	160.0	M100
40.00	63.00	—	100.0	115.0	250.0	115.0	180.0	M115
50.00	80.00	—	112.0	125.0	280.0	125.0	200.0	M125
63.00	100.00	—	125.0	140.0	315.0	140.0	224.0	M140

续表

起重量/t			主要尺寸/mm					
M级	S级	T级	d_1	D	H	B	$2r$	d
80.00 100.00	—	—	140.0 160.0	160.0 180.0	335.0 400.0	150.0 180.0	250.0 280.0	M160 M180
用途	用于连接钢丝绳或链条,也适用于连接麻绳、白棕绳等							

4.5.1.3　索具螺旋扣

【规格及用途】

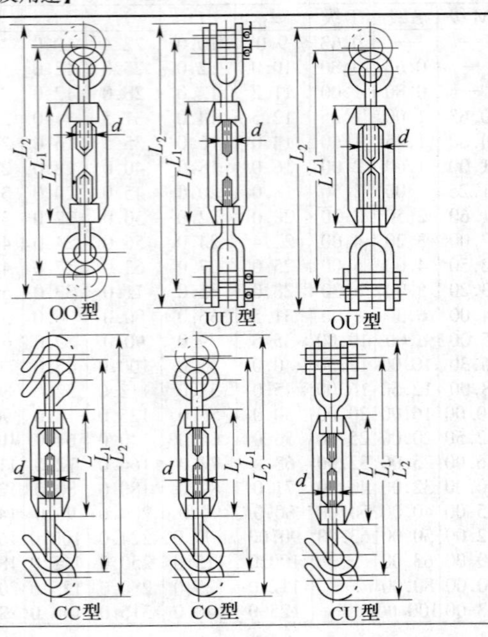

续表

螺旋扣号码	最大起重量/kg	钢索直径/mm	左右螺纹外径 d/mm	L	OO型			UU型			OU型		
				/mm	L_1/mm	L_2/mm	质量/kg	L_1/mm	L_2/mm	质量/kg	L_1/mm	L_2/mm	质量/kg
0.1	100	6.5	M6	100	164	242	0.115	184	262	0.153	174	252	0.134
0.2	200	8	M8	125	199	291	0.242	229	321	0.304	214	306	0.273
0.3	300	9.5	M10	150	250	318	0.377	260	368	0.451	255	363	0.414
0.4	430	11.5	M12	200	310	416	0.737	330	476	0.883	320	466	0.810
0.8	800	15	M16	250	390	582	1.373	422	614	1.701	406	598	1.537
1.3	1300	19	M20	300	470	690	2.330	530	750	3.080	500	720	2.705
1.7	1700	21.5	M22	350	540	806	3.420	600	866	4.196	570	836	3.808
1.9	1900	22.5	M24	400	610	923	4.760	700	1012	5.710	655	967	5.235
2.4	2400	28	M27	450	680	1035	7.230	760	1110	8.582	720	1070	7.906
3.0	3000	31	M30	450	700	1055	8.096	790	1140	9.840	745	1095	8.968
3.8	3800	34	M33	500	770	1158	11.110	880	1268	13.710	830	1218	12.410
4.5	4500	37	M36	550	840	1270	14.67	960	1410	18.390	910	1340	16.530
0.07	70	2.2	M6	100	180	258	0.111	175	250	0.113	182	260	0.132
0.1	170 (100)	3.3	M8	125	225	317	0.238	210	304	0.245	227	319	0.276
0.2	230 (250)	4.5	M10	150	270	380	0.395	260	370	0.386	265	337	0.423
0.3	320	5.5	M12	200	334	480	0.795	320	468	0.768	332	478	0.839
0.6	630	8.5	M16	250	446	638	1.605	420	610	1.489	434	626	1.653
0.9	980	9.5	M20	300	520	740	2.701	500	720	2.520	525	745	2.805
用途	用于拉紧钢丝绳或钢拉杆,还可调节松紧度												

注:括号中数字只适用于CC型螺旋扣。螺旋扣有开式与闭式两种。

4.5.1.4　钢丝绳夹

1. 非标准的钢丝绳夹规格及用途

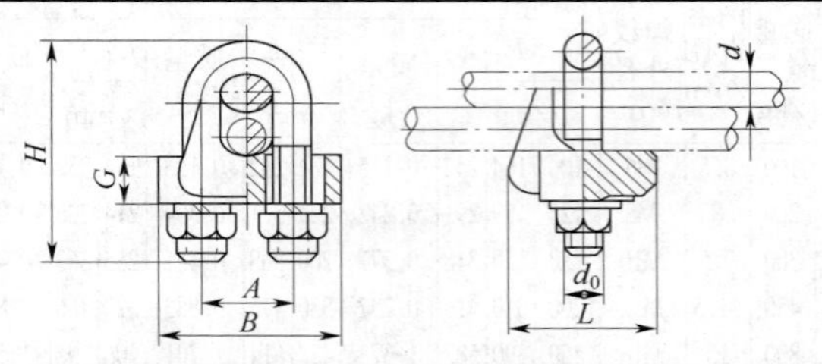

型号	钢丝绳直径 d	螺纹公称直径 d_0	螺栓中心距 A	底板长度 B	螺栓全高 H	底板宽度 L	质量 /kg
	/mm						
Y-6	6	M6	13(14)	25	30(35)	18	0.03
Y-8	8	M8	17(18)	34	38(44)	24	0.07
Y-10	10	M10	21(22)	41	48(55)	30	0.15
Y-12	12	M12	25(28)	47	58(69)	35	0.24
Y-15	15	M14	30(33)	56	69(83)	40	0.35
Y-20	20	M16	37(39)	65	86(96)	48	0.57
Y-22	22	M18	41(44)	73	94(108)	52	0.82
Y-25	25	M20	46(49)	81	106(122)	58	1.13
Y-28	28	M22	51(55)	88	119(137)	62	1.49
Y-32	32	M24	57(60)	99	130(149)	70	2.01
Y-40	40	M24	65(67)	107	148(164)	75	2.44
Y-45	45	M27	73(78)	121	167(188)	82	3.63
Y-50	50	M30	81(88)	135	185(210)	92	4.75
用途	用于夹紧钢丝绳末端						

注：括号内数字是底板材料为一般可锻铸铁(KTH330-08)，未加括号的相应数字是底板材料为高强度可锻铸铁(CKTH350-10)。

2. 标准钢丝绳夹规格及用途(GB 5976—86)

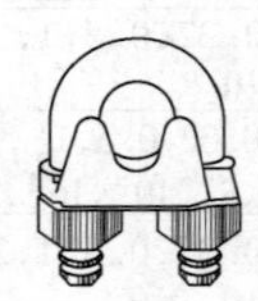
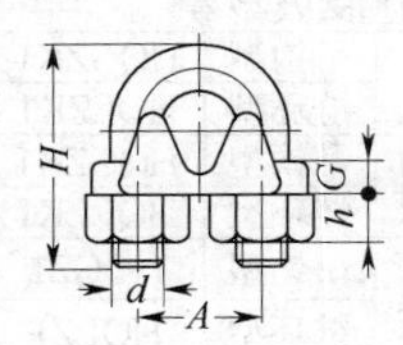

公称尺寸/mm		6	8	10	12	14	16	18	20	22	24
主要尺寸/mm	螺栓直径 d	M6	M8	M10	M12	M14		M16		M20	
	螺栓中心距 A	13.0	17.0	21.0	25.0	29.0	31.0	35.0	37.0	43.0	45.5
	螺栓全高 H	31	41	51	62	72	77	87	92	108	113
	夹座厚度 G	6	8	10	12	14		16		20	
用途	用于夹紧钢丝绳末端										

注:用于起重机时,夹座材料可用 Q235 或 ZG35;其他用途时夹座材料用 KT350-10 或 QT450-10。

4.5.1.5 通用起重滑车

【规格及用途】(ZBJ 80008—87)

开口吊钩型

开口链环型

闭口吊环型

续表

结构型式及型号					最大起重量/t
单轮	开口	滚针轴承	吊钩型	HQGZK1	0.32,0.5,1,2,3.2,5,8,10
			链环型	HQLZK1	
		滑动轴承	吊钩型	HQGZK1	0.32,0.5,$1^{\#}$,$2^{\#}$,$3.2^{\#}$,$5^{\#}$,$8^{\#}$,$10^{\#}$,$16^{\#}$,$20^{\#}$
			链环型	HQLZK1	
	闭口	滚针轴承	吊钩型	HQGZ1	0.32,0.5,1,2,3.2,5,8,10
			链环型	HQLZ1	
		滑动轴承	吊钩型	HQG1	0.32,0.5,$1^{\#}$,$2^{\#}$,$3.2^{\#}$,$5^{\#}$,$8^{\#}$,$10^{\#}$,$16^{\#}$,$20^{\#}$
			链环型	HQL1	
			吊环型	HQD1	1,2,3.2,5,8,10
双轮	双开口	滑动轴承	吊钩型	HQGK2	1,2,3.2,5,8,10
			链环型	HQLK2	
	闭口		吊钩型	HQG2	1,2,3.2,5,8,10,16,20
			链环型	HQL2	
			吊环型	HQD2	1,$2^{\#}$,$3.2^{\#}$,$5^{\#}$,$8^{\#}$,$10^{\#}$,$16^{\#}$,$20^{\#}$,$32^{\#}$
三轮	闭口	滑动轴承	吊钩型	HQG3	3.2,5,8,10,16,20
			链环型	HQL3	
			吊环型	LQD3	2,$3^{\#}$,$5^{\#}$,$8^{\#}$,$10^{\#}$,$16^{\#}$,$20^{\#}$,$32^{\#}$,$50^{\#}$
四轮	闭口	滑动轴承	吊环型	HQD4	$8^{\#}$,$10^{\#}$,$16^{\#}$,$20^{\#}$,$32^{\#}$,$50^{\#}$
五轮				HQD5	$20^{\#}$,$32^{\#}$,$50^{\#}$,80
六轮				HQD6	$32^{\#}$,$50^{\#}$,80,100
八轮				HQD8	80,100,160,200
十轮				HQD10	200,250,320
用途	一般与绞车或吊车配套使用,用于起吊笨重物体				

注:①表中带#号数字为林业滑车(HY)的规格。

②最大起重量与滑轮数、轮直径、钢丝绳直径的对应如下:

轮直径/mm			63	71	85	112	132	160	180	210	240	280	315	355	400	455
最大起重量/t	0.32	滑轮数目	1													
	0.5			1												
	1			2	1#											
	2				2#	1#										
	3.2				3#	2#	1#									
	5					3#	2#	1#								
	8					4#	3#	2#		1#						
	10						4#	3#	2#		1#					
	16							4#	3#		2#		1#			
	20							5#	4#	3#		2#		1#		
	32								6#	5#	4#	3#		2#		
	50										6#	5#	4#	3#		
	80											6	6	5		
	100												8	6		
	160													8		
	200													10	8	
	250														10	
	320															10
钢丝绳直径范围/mm			6.2	6.2~7.7	7.7~11	11~14	12.5~15.5	15.5~18.5	17~20	20~23	23~24.5	26~28	28~31	31~35	34~38	40~43

4.5.1.6 小滑车

【规格及用途】

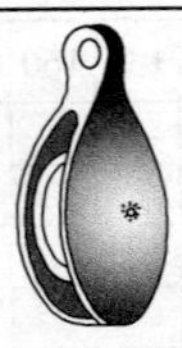

滑轮直径/mm	19,25,38,50,63,75
用途	用于吊放轻小物体

4.5.2 弹簧缓冲器(HT 系列)

4.5.2.1 HT1 型壳体焊接式弹簧缓冲器

【规格及用途】 (JB/T 8110.1—1999)

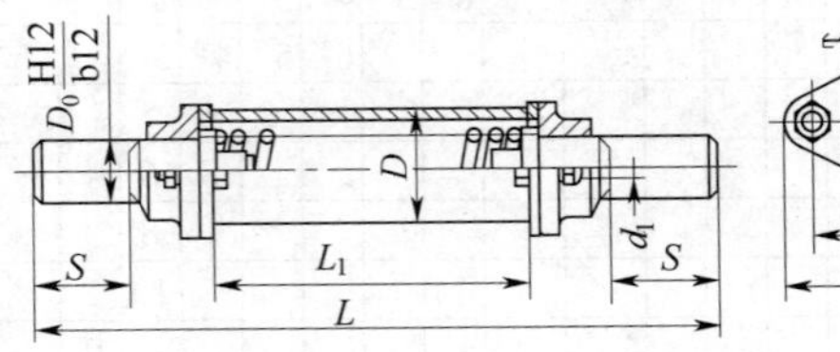

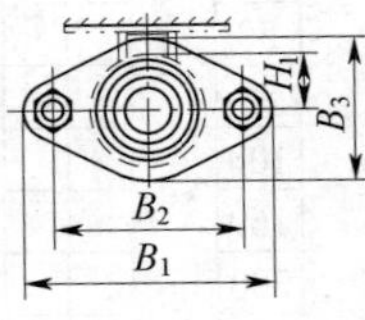

型号		HT1-16	HT1-40	HT1-63	HT1-100
缓冲容量 W/(kN·m)		0.16	0.40	0.63	1.00
缓冲行程 S/mm		80	95	115	
缓冲力 P_i/kN		5	8	11	18
主要尺寸/mm	L	435	720	850	880
	L_1	220	370	420	450
	B_1	160	170	190	220
	B_2	120	130	145	170
	B_3	85	90	100	125

续表

型号		HT1-16	HT1-40	HT1-63	HT1-100
主要尺寸/mm	H_1	35	38	45	57
	D_0	40	45		55
	D	70	76	89	114
	$d_1 \times L$	M20×50		M20×60	
质量/kg		≈12.6	≈17	≈26	≈34
用途	用于吸收能量减轻起重机行走机构相碰时的动载荷。广泛适用于运行速度 0.83～2.0m/s 的桥式和门式起重机				

4.5.2.2 HT2 型底座焊接式弹簧缓冲器

【规格及用途】（JB/T 8110.1—1999）

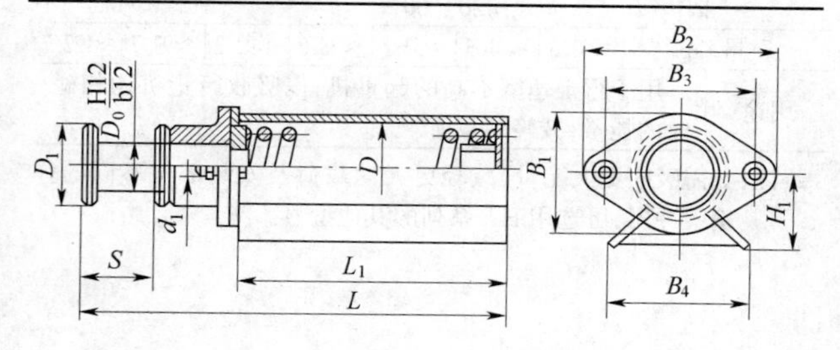

型号	HT2-100	HT2-160	HT2-250	HT2-315	HT2-400	HT2-500	HT2-630
缓冲容量 W/(kN·m)	1.00	1.60	2.50	3.15	4.00	5.00	6.30
缓冲行程 S/mm	135	145	125	150	135	145	150
缓冲力 P_j/kN	15	20	37	45	57	66	88

续表

<table>
<tr><th colspan="2">型号</th><th>HT2-100</th><th>HT2-160</th><th>HT2-250</th><th>HT2-315</th><th>HT2-400</th><th>HT2-500</th><th>HT2-630</th></tr>
<tr><td rowspan="11">主要尺寸/mm</td><td>L</td><td>630</td><td>750</td><td>800</td><td>820</td><td>710</td><td>860</td><td>870</td></tr>
<tr><td>L_1</td><td>400</td><td>520</td><td colspan="2">575</td><td>475</td><td colspan="2">610</td></tr>
<tr><td>B_1</td><td>165</td><td>160</td><td>165</td><td>215</td><td>265</td><td>245</td><td>270</td></tr>
<tr><td>B_2</td><td colspan="3">265</td><td>320</td><td>375</td><td>345</td><td>375</td></tr>
<tr><td>B_3</td><td colspan="3">215</td><td>265</td><td colspan="3">320</td></tr>
<tr><td>B_4</td><td colspan="3">200</td><td>230</td><td>280</td><td>255</td><td>280</td></tr>
<tr><td>D_0</td><td colspan="2">70</td><td colspan="2">80</td><td colspan="3">100</td></tr>
<tr><td>D</td><td>146</td><td>140</td><td>146</td><td>194</td><td>245</td><td>219</td><td>245</td></tr>
<tr><td>D_1</td><td colspan="2">100</td><td colspan="2">110</td><td colspan="3">130</td></tr>
<tr><td>H_1</td><td colspan="3">90</td><td>115</td><td>140</td><td>135</td><td>140</td></tr>
<tr><td>$d_1 \times L$</td><td colspan="4">M20×60</td><td colspan="3">M24×70</td></tr>
<tr><td colspan="2">质量/kg</td><td>≈31.5</td><td>≈41.3</td><td>≈53.1</td><td>≈78.6</td><td>≈92.2</td><td>≈97.7</td><td>≈122.7</td></tr>
<tr><td colspan="2">用途</td><td colspan="7">用于行走速度不高的起重机,以吸收行走机构相碰时的能量,减轻动载荷</td></tr>
</table>

注:如需吸收更大能量、减轻更大动载荷及安装部位不同的弹簧缓冲器,可选用 HT 系列的其他型号。

5 建筑五金

5.1 金属管件、阀门与水嘴

5.1.1 金属管件

5.1.1.1 管路元件常见公称通径系列

【规格】（GB/T 1047—1995）

公称通径/mm
1,2,3(1/8),4,5,6(1/4),8,10(3/8),15(1/2),20(3/4),25(1),32(1¼),40(1½),50(2),65(2½),80(3),100(4),125(5),150(6),175(7),200(8),225(9),250(10),300(12),350,400,450,500,600,700,800,1000,1100,1200,1300,1400,1600,1800,2000,2200,2400,2600,2800,3000,3200,3400,3600,3800,4000

注:括号内为管螺纹尺寸代号,单位为 in。

5.1.1.2 管路元件的公称压力、试验压力及工作压力

1. 管路元件的公称压力(GB 1048—90)

公称压力/MPa
0.05,0.1,0.25,0.4,0.6,0.8,1.0,1.6,2.0,2.5,4.0,5.0,6.3,10.0,15.0,16.0,20.0,25.0,28.0,32.0,42.0,50.0,63.0,80.0,100.0,125.0,160.0,200.0,250.0,335.0

2. 钢制阀门的公称压力、试验压力及工作压力

材料类别		工作温度 t/℃													
Ⅰ类		200*	250	300	350	400	425	430	445	455	—	—	—	—	—
Ⅱ类		200*	320	450	490	500	510	515	525	535	545	—	—	—	—
Ⅲ类		200*	320	450	510	520	530	540	550	560	570	—	—	—	—
Ⅳ类		200*	325	390	430	450	470	490	500	510	520	530	540	550	—
Ⅴ类		200*	300	400	480	520	560	590	610	630	640	660	670	690	700
PN	P_2	在该工作温度级的最大工作压力 P_{max}/MPa													
0.1	0.2	0.1	0.09	0.08	0.07	0.06	0.06	0.05	0.05	—	—	—	—	—	—
0.25	0.4	0.25	0.22	0.20	0.18	0.16	0.14	0.12	0.11	0.10	0.09	0.08	0.07	0.06	0.06
0.4	0.6	0.4	0.36	0.32	0.28	0.25	0.22	0.20	0.18	0.16	0.14	0.12	0.11	0.10	0.09
0.6	0.9	0.6	0.56	0.50	0.45	0.40	0.36	0.32	0.28	0.25	0.22	0.20	0.18	0.16	0.14
1.0	1.5	1.0	0.90	0.80	0.70	0.64	0.56	0.50	0.45	0.40	0.36	0.32	0.28	0.25	0.22
1.6	2.4	1.6	1.4	1.25	1.1	1.0	0.90	0.80	0.70	0.64	0.56	0.50	0.45	0.40	0.36
2.5	3.8	2.5	2.2	2.0	1.8	1.6	1.4	1.25	1.1	1.0	0.90	0.80	0.70	0.64	0.56
4.0	6.0	4.0	3.6	3.2	2.8	2.5	2.2	2.0	1.8	1.6	1.4	1.25	1.1	1.0	0.90
6.4	9.6	6.4	6.6	5.0	4.5	4.0	3.6	3.2	2.8	2.5	2.2	2.0	1.8	1.6	1.4
10.0	15.0	10.0	9.0	8.0	7.1	6.4	5.6	5.0	4.5	4.0	3.6	3.2	2.8	2.5	2.2
16.0	24.0	16.0	14.0	12.5	11.2	10.0	9.0	8.0	7.1	6.4	5.6	5.0	4.5	4.0	3.6
20.0	30.0	20.0	18.0	16.0	14.0	12.5	11.2	10.0	9.0	8.0	7.1	6.4	5.6	5.0	4.5

续表

PN	P_2	在该工作温度级的最大工作压力 P_{max}/MPa													
25.0	38.0	25.0	22.5	20.0	18.0	16.0	14.0	12.5	11.2	10.0	9.0	8.0	7.1	6.4	5.6
32.0	48.0	32.0	28.0	25.0	22.5	20.0	18.0	16.0	14.0	12.5	11.2	10.0	9.0	8.0	7.1
40.0	56.0	40.0	36.0	32.0	28.0	25.0	22.5	20.0	18.0	16.0	14.0	12.5	11.2	10.0	9.0
50.0	70.0	50.0	45.0	40.0	36.0	32.0	28.0	25.0	22.5	20.0	18.0	16.0	14.0	12.5	11.2
64.0	90.0	64.0	56.0	50.0	45.0	40.0	36.0	32.0	28.0	25.0	22.5	20.0	18.0	16.0	14.0
80.0	110.0	80.0	71.0	64.0	56.0	50.0	45.0	40.0	36.0	32.0	28.0	25.0	22.5	20.0	18.0
100.0	130.0	100.0	90.0	80.0	71.0	64.0	56.0	50.0	45.0	40.0	36.0	32.0	28.0	25.0	22.0

注:①各类材料包括的钢号:

Ⅰ类——10,20,25,ZC200,Z250 钢;

Ⅱ类——15CrMo,ZG20CrMo 钢;

Ⅲ类——12CrMoV,15CrMo1V,ZG20CrMoV,ZG15Cr1Mo1V 钢;

Ⅳ类——1Cr5Mo,ZG1Cr5Mo 钢;

Ⅴ类——1Cr18Ni9Ti,ZG1Cr18Ni9Ti,1Cr18Ni12Mo2Ti,
ZG1Cr18Ni12Mo2Ti 钢。

②PN——公称压力,P_2——试验压力,单位为 MPa。

③带 * 符号的工作温度为基准。

④当工作温度为表中温度级的中间值时,可用内插法决定最大工作压力。

⑤当阀门的主要零件采用塑料、橡胶等非金属材料或力学性能和温度极限低于表中的材料时,不能使用此表。

3. 铸铁、铜和铜合金制阀门的公称压力、试验压力及工作压力

公称压力 /MPa	试验压力 /MPa	灰铸铁				球墨铸铁					
		工作温度 t/℃									
		120	200	250	300	−30~120	150	200	250	300	350
		在该工作温度级的最大工作压力 P_{max}/MPa									
0.25	0.4	0.25	0.20	0.18	0.15	—	—	—	—	—	—
0.6	0.9	0.60	0.49	0.44	0.35	—	—	—	—	—	—
1.0	1.5	1.0	0.78	0.69	0.59	—	—	—	—	—	—
1.6	2.4	1.6	1.27	1.09	0.98	1.60	1.52	1.44	1.28	1.12	0.88
2.5	3.8	2.5	2.0	1.75	1.5	2.50	2.38	2.25	2.00	1.75	1.38
4.0	6.0	—	—	—	—	4.00	3.80	3.60	3.20	2.80	2.20

公称压力 /MPa	试验压力 /MPa	可锻铸铁				铜及铜合金		
		工作温度 t/℃						
		120	200	250	300	120	200	250
		在该工作温度级的最大工作压力 P_{max}/MPa						
0.1	0.2	0.10	0.10	0.10	0.10	0.10	0.10	0.07
0.25	0.4	0.25	0.25	0.2	0.2	0.25	0.20	0.17
0.4	0.6	0.40	0.38	0.36	0.32	0.40	0.32	0.27
0.6	0.9	0.60	0.55	0.50	0.50	0.60	0.50	0.40
1.0	1.5	1.0	0.90	0.80	0.80	1.0	0.80	0.70
1.6	2.4	1.6	1.5	1.4	1.3	1.6	1.3	1.1
2.5	3.8	2.5	2.3	2.1	2.0	2.5	2.0	1.7
4.0	6.0	4.0	3.6	3.4	3.2	4.0	3.2	2.7
6.4	9.6	—	—	—	—	6.4	—	—
10.0	15.0	—	—	—	—	10.0	—	—
16.0	24.0	—	—	—	—	16.0	—	—
20.0	30.0	—	—	—	—	20.0	—	—
25.0	35.0	—	—	—	—	25.0	—	—

注：当工作温度为表中温度级的中间值时，可用内插法决定最大工作压力。

5.1.1.3 管螺纹

D、d——螺纹大径；D_1、d_1——螺纹小径；D_2、d_2——螺纹中径；P——螺距；H——原始三角形高度；h——牙型高度；r——圆弧半径；n——每 25.4mm 牙数；$P=25.4/n$；$H=0.960491P$；$h=0.64327P$；$r=0.137329P$。

1. 55°非密封管螺纹(55°圆柱管螺纹)牙型及各部尺寸

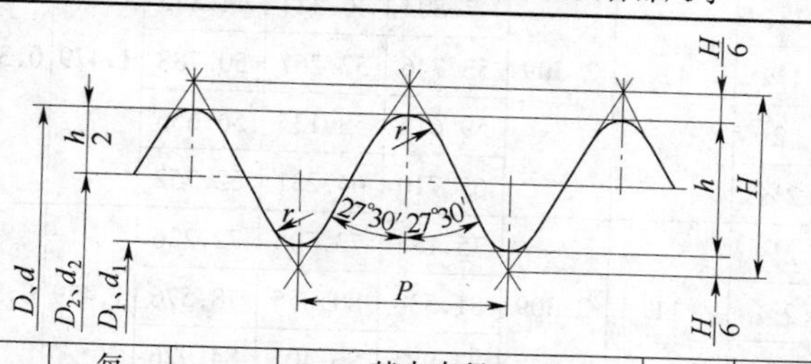

尺寸代号	每25.4mm牙数 n	螺距 P/mm	基本直径/mm 大径 $d=D$	中径 $d_2=D_2$	小径 $d_1=D_1$	牙高 h/mm	圆弧半径 r/mm
1/16	28	0.907	7.732	7.142	6.561	0.581	0.125
1/8			9.728	9.147	8.566		
1/4	19	1.337	13.157	12.301	11.445	0.856	0.184
3/8			16.662	15.806	14.950		
1/2	14	1.814	20.955	19.793	18.631	1.162	0.249
5/8			22.9111	21.794	20.587		
3/4			26.441	25.279	24.117		
7/8			30.201	29.039	27.877		
1	11	2.309	33.249	31.770	30.291	1.479	0.317
1⅛			37.897	36.418	34.939		

续表

尺寸代号	每25.4mm牙数 n	螺距 P /mm	基本直径/mm			牙高 h /mm	圆弧半径 r /mm
			大径 $d=D$	中径 $d_2=D_2$	小径 $d_1=D_1$		
1¼	11	2.309	41.910	40.431	38.952	1.479	0.317
1½			47.803	46.324	44.845		
1¾			53.746	52.267	50.788		
2			59.614	58.135	56.656		
2¼			65.710	64.231	62.752		
2½	11	2.309	75.184	73.705	72.226	1.479	0.317
2¾			81.534	80.055	78.576		
3			87.884	86.405	84.926		
3½	11	2.309	100.330	98.851	97.372	1.479	0.317
4			113.030	111.551	110.072		
4½			125.730	124.251	122.772		
5			138.430	136.951	135.472		
5½			151.130	149.651	148.172		
6			163.830	162.351	160.872		

注：①管螺纹代号由G(表示圆柱管螺纹)和尺寸代号(旧称公称直径,单位为in)组成。

②外螺纹还需加注螺纹公差等级标记(A或B级)。

2. 55°密封管螺纹(55°圆锥管螺纹)牙型及各部尺寸

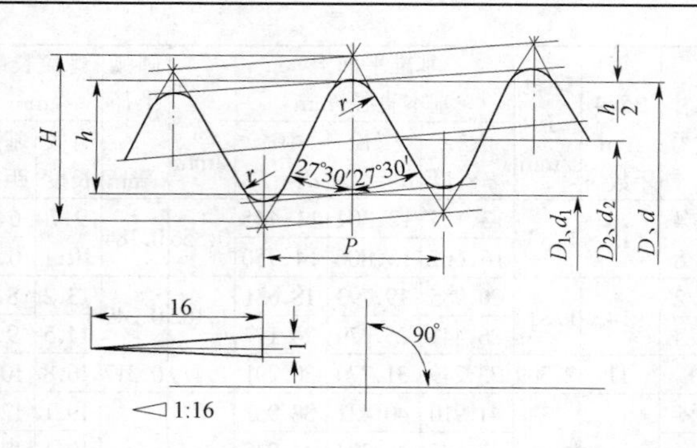

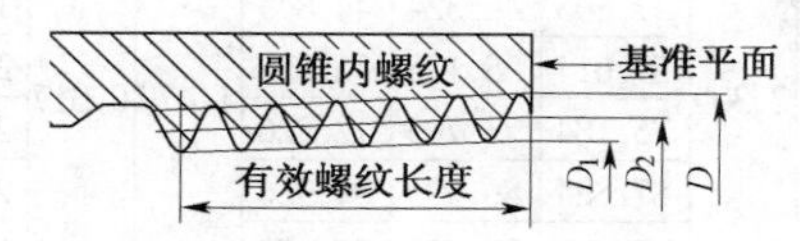

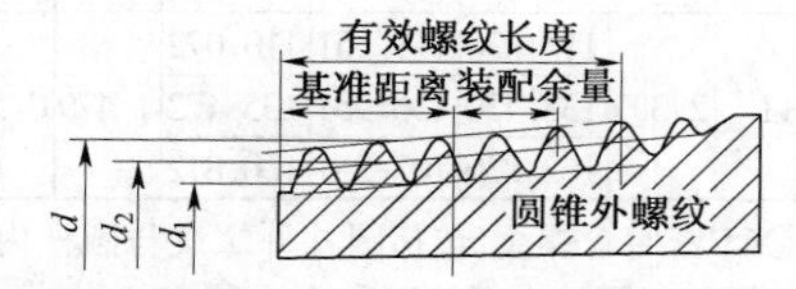

尺寸代号	每 25.4 mm 牙数 n	螺距 P /mm	基准平面上基本直径/mm			牙高 h /mm	圆弧半径 r /mm	螺纹长度/mm	
			大径 $d=D$	中径 $d_2=D_2$	小径 $d_1=D_1$			有效长度	基准距离
1/16	28	0.907	7.732	7.142	6.561	0.581	0.125	6.5	4.0
1/8			9.728	9.147	8.566				

续表

尺寸代号	每25.4 mm牙数 n	螺距 P /mm	基准平面上基本直径/mm			牙高 h /mm	圆弧半径 r /mm	螺纹长度/mm	
			大径 $d=D$	中径 $d_2=D_2$	小径 $d_1=D_1$			有效长度	基准距离
1/4	19	1.337	13.157	12.301	11.445	0.856	0.184	9.7	6.0
3/8			16.662	15.806	14.950			10.1	6.4
1/2	14	1.814	20.955	19.793	18.631	1.162	0.249	13.2	8.2
3/4			26.441	25.279	24.117			14.5	9.5
1	11	2.309	33.249	31.770	30.291	1.479	0.317	16.8	10.4
1¼	11	2.309	41.910	40.431	38.952	1.479	0.317	19.1	12.7
1½			47.803	46.324	44.845			19.1	12.7
2			59.614	58.135	56.656			23.4	15.9
2½			75.184	73.705	72.226			26.7	17.5
3			87.884	86.405	84.926			29.8	20.6
3½ *			100.330	98.851	97.372			31.4	22.2
4	11	2.309	113.030	111.551	110.072	1.479	0.317	35.8	25.4
5			138.430	136.951	135.472			40.1	28.6
6			163.830	162.351	160.872			40.1	28.6

注:①55°密封管螺纹,包括圆柱外螺纹与圆柱内螺纹或圆锥外螺纹与圆锥内螺纹两种连接形式。

②管螺纹代号由 R_c(表示圆锥内螺纹)、R_p(表示与圆锥外螺纹配合的圆柱内螺纹)、R(表示圆锥外螺纹)和尺寸代号9(旧称公称直径,单位为 in)组成。

③带 * 符号的尺寸代号 3½ 管螺纹,限用于蒸汽机车上。

5.1.1.4　管法兰及管法兰盖

1. 板式及带颈平焊钢制管法兰规格及用途

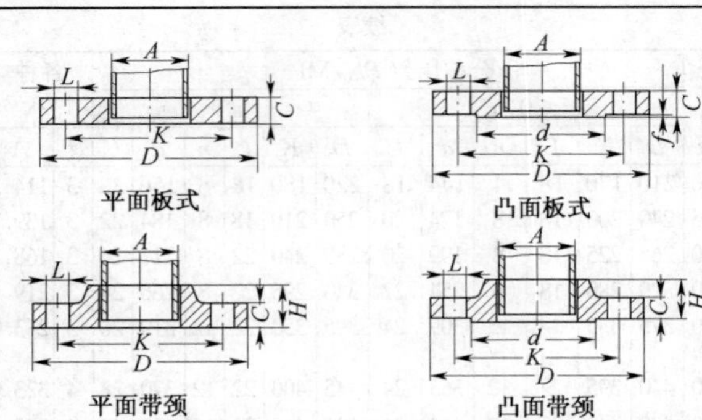

平面板式　凸面板式　平面带颈　凸面带颈

D—法兰外径；　C—法兰厚度；　K—螺栓孔中心圆直径；
H—法兰高度；　n—螺栓孔数量；　f—密封面高度；
d—凸出密封面直径；　A—适用管子直径

(1)板式平焊钢制管法兰的连接及密封面尺寸　(mm)

公称通径	公称压力 PN/MPa												各种 PN	
	≤0.6						1.0							
	D	K	L	n	d	C	D	K	L	n	d	C	f	A
10	75	55	11	4	33	12	90	60	14	4	41	14	2	17.2
15	80	55	11	4	38	12	95	65	14	4	46	14	2	21.3
20	90	65	11	4	48	14	105	75	14	4	56	16	2	26.9
25	100	75	11	4	68	14	115	85	14	4	65	16	3	33.7
32	120	90	14	4	69	16	140	100	18	4	76	18	3	42.4
40	130	100	14	4	78	16	150	110	18	4	84	18	3	48.3
50	140	110	14	4	83	16	165	125	18	4	99	20	3	60.3
65	160	130	14	4	108	16	185	145	18	3	118	20	3	76.1
80	190	150	18	4	124	18	200	160	18	8	132	20	3	88.9

续表

公称通径	公称压力 PN/MPa												各种 PN	
	≤0.6						1.0							
	D	K	L	n	d	C	D	K	L	n	d	C	f	A
100	210	170	18	4	144	18	220	180	18	8	156	22	3	114.3
125	240	200	18	8	174	20	250	210	18	8	184	22	3	139.7
150	265	225	18	8	199	20	285	240	22	8	211	24	3	168.3
200	320	280	18	8	254	22	340	295	22	8	266	24	3	219.1
250	375	335	18	12	309	24	395	350	22	12	319	26	3	273.0
300	440	395	22	12	363	24	445	400	22	12	370	28	4	323.9
350	490	445	22	12	413	26	505	460	22	16	420	30	4	355.6
400	540	495	22	16	463	28	565	515	26	16	480	32	4	406.4
450	595	550	22	16	518	28	615	565	26	20	530	35	4	457.0
500	645	600	22	20	568	30	670	620	26	20	582	38	4	508.0
600	755	705	26	20	667	36	780	725	30	20	682	42	5	610.0

公称通径	公称压力 PN/MPa												各种 PN	
	1.6						2.5							
	D	K	L	n	d	C	D	K	L	n	d	C	f	A
10	90	60	14	4	41	14	90	60	14	4	41	14	2	17.2
15	95	65	14	4	46	14	95	65	14	4	46	14	2	21.3
20	105	75	14	4	56	16	105	75	14	4	56	16	2	26.9
25	115	85	14	4	65	16	115	85	14	4	65	16	3	33.7
32	140	100	18	4	76	18	140	100	18	4	76	18	3	42.4
40	150	110	18	4	84	18	150	110	18	4	84	18	3	48.3
50	165	125	18	4	99	20	165	125	18	4	99	20	3	60.3
65	185	145	18	4	118	20	185	145	18	8	118	22	3	76.1
80	200	160	18	8	132	20	200	160	18	8	132	24	3	88.9

续表

公称通径	公称压力 PN/MPa												各种 PN	
	1.6						2.5							
	D	*K*	*L*	*n*	*d*	*C*	*D*	*K*	*L*	*n*	*d*	*C*	*f*	*A*
100	220	180	18	8	156	22	235	190	22	8	156	26	3	114.3
125	250	210	18	8	184	22	270	220	26	8	184	28	3	139.7
150	285	240	22	8	211	24	300	250	26	8	211	30	3	168.3
200	340	295	22	12	266	26	360	310	26	12	274	32	3	219.1
250	405	355	26	12	319	29	425	370	30	12	330	35	3	237.0
300	400	410	26	12	370	32	485	430	30	16	389	38	4	323.9
350	520	470	26	12	429	35	555	490	33	16	448	42	4	355.6
400	580	525	30	16	480	38	620	550	36	16	503	46	4	406.4
450	640	585	30	20	548	42	670	600	36	20	548	50	4	457.0
500	715	650	33	20	609	46	730	660	36	20	609	56	4	508.0
600	840	770	36	20	720	52	845	770	39	20	720	68	5	610.0
用途	与其他带法兰的钢管、阀门或管件进行连接													

注：①*PN*0.25Pa 平焊钢制管法兰的连接及密封面尺寸，与*PN*0.6Pa平焊钢制管法兰相同。

②表中规定的钢制管法兰的连接及密封面尺寸(*D*、*K*、*L*、*n*、*d*、*f*、*A*)，也适合于相同公称压力的其他钢制管法兰(如带颈平焊钢制管法兰、带颈螺纹钢制管法兰等)和钢制管法兰盖。

(2)带颈平焊钢制管法兰的连接及密封面尺寸 (mm)

公称通径	公称压力 PN/MPa						公称通径	公称压力 PN/MPa					
	1.0		1.6		2.5			1.0		1.6		2.5	
DN	*C*	*H*	*C*	*H*	*C*	*H*	*DN*	*C*	*H*	*C*	*H*	*C*	*H*
10	14	20	14	20	14	22	32	18	26	18	26	18	30
15	14	20	14	20	14	22	40	18	26	18	26	18	32
20	16	24	16	24	16	26	50	20	28	20	28	20	34
25	16	24	16	24	16	28	65	20	32	20	32	22	38

续表

公称通径 DN	公称压力 PN/MPa						公称通径 DN	公称压力 PN/MPa					
	1.0		1.6		2.5			1.0		1.6		2.5	
	C	H	C	H	C	H		C	H	C	H	C	H
80	20	34	20	34	24	40	300	26	46	28	46	34	67
100	22	40	22	40	24	44	350	26	53	30	57	38	72
125	22	44	22	44	26	48	400	26	57	32	63	40	78
150	24	44	24	44	28	52	450	28	63	34	68	42	84
200	24	44	24	44	30	52	500	28	67	36	73	44	90
250	26	46	26	46	32	60	600	30	75	38	83	46	100
用途	与其他带法兰的钢管、阀门或管件进行连接												

注:带颈平焊钢制管法兰的其他尺寸(D、K、L、n、d、f、A),参见板式平焊钢制管法兰中的规定。

1)板式和带颈平焊钢制管法兰常用品种的标准号

GB 9119.1—88	PN0.25MPa	平面板式平焊钢制管法兰
GB 9119.2—88	PN0.6MPa	平面板式平焊钢制管法兰
GB 9119.3—88	PN1.0MPa	平面板式平焊钢制管法兰
GB 9119.4—88	PN1.6MPa	平面板式平焊钢制管法兰
GB 9119.5—88	PN0.25MPa	凸面板式平焊钢制管法兰
GB 9119.6—88	PN0.6MPa	凸面板式平焊钢制管法兰
GB 9119.7—88	PN1.0MPa	凸面板式平焊钢制管法兰
GB 9119.8—88	PN1.6MPa	凸面板式平焊钢制管法兰
GB 9119.9—88	PN2.5MPa	凸面板式平焊钢制管法兰
GB 9116.1—88	PN1.0MPa	平面带颈平焊钢制管法兰
GB 9116.2—88	PN1.6MPa	平面带颈平焊钢制管法兰
GB 9116.4—88	PN1.0MPa	凸面带颈平焊钢制管法兰
GB 9116.5—88	PN1.6MPa	凸面带颈平焊钢制管法兰
GB 9116.6—88	PN2.5MPa	凸面带颈平焊钢制管法兰

2)钢制管法兰的螺栓孔直径与螺栓公称直径的关系

螺栓孔直径 L/mm	11	14	18 (19)	22 (23)	26 (28)	30 (31)	33 (34)	36 (37)	39 (40)
螺栓公称直径/mm	M10	M12	M16	M20	M24	M27	M30	M33	M36

注:括号内为铸铁管法兰的螺栓孔直径(L)尺寸。

2. 凸面带颈螺纹钢制管法兰规格及用途

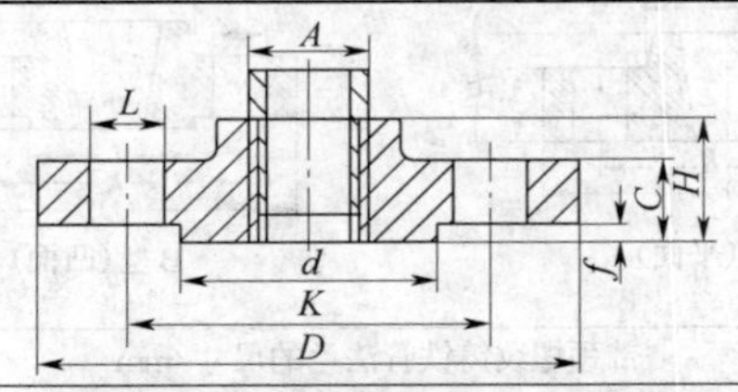

凸面带颈螺纹钢制管法兰的连接及密封尺寸/mm

公称通径		10	15	20	25	32	40	50	65	80	100	125	150
管螺纹尺寸代号		3/8	1/2	3/4	1	1¼	1½	2	2½	3	4	5	6
PN0.6/MPa	C	12	12	14	14	16	16	16	16	18	18	20	20
	H	20	20	24	24	26	26	28	28	32	34	44	44
用途		用来旋在两端带55°管螺纹的钢管上,以便与其他带管法兰的钢管或阀门、管件进行连接											

注:①尺寸代号说明及其他尺寸(D、K、L、n、d、f、A),参见板式平焊钢制管法兰的连接及密封面尺寸中的规定。

②公称压力 PN 为1.0~2.5MPa的 C 和 H 尺寸,参见带颈平焊钢制管法兰的连接及密封面尺寸中的规定。

③管螺纹采用55°圆锥管螺纹。

凸面带颈螺纹钢制管法兰常见品种的标准号		
GB 9114.1—88	PN 为 0.6MPa	凸面带颈螺纹钢制管法兰
GB 9114.2—88	PN 为 1.0 和 1.6MPa	凸面带颈螺纹钢制管法兰
GB 9114.3—88	PN 为 2.5MPa	凸面带颈螺纹钢制管法兰

3. 带颈螺纹铸铁管法兰规格(GB/T 17241.3—1998)

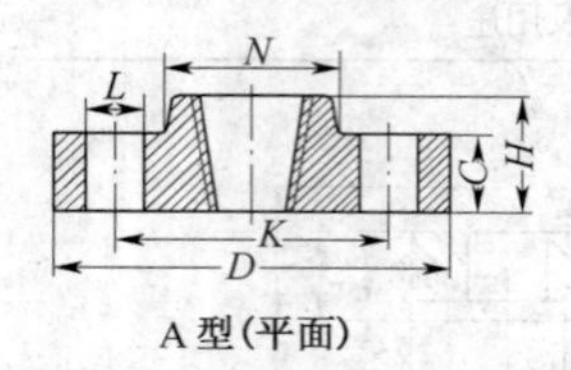

A 型(平面)

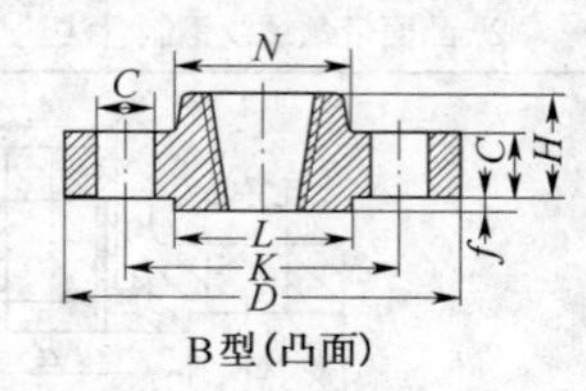

B 型(凸面)

带颈螺纹铸铁管法兰的尺寸/mm

公称通径 DN	公称压力 PN/MPa									
	1.0 和 1.6					2.5				
	L	C			H	L	C			H
		灰	球	可			灰	球	可	
10	14	14	—	14	20	14	—	—	14	22
15	14	14	—	14	22	14	—	—	14	22
20	14	16	—	16	26	14	—	—	16	26
25	14	16	—	16	26	14	—	—	16	28
32	19	18	—	18	28	19	—	—	18	30
40	19	18	19	18	28	19	—	19	18	32
50	19	20	19	20	30	19	—	19	20	34
65	19	20	19	20	34	19	—	19	22	38
80	19	22	19	20	36	19	—	19	24	40

续表

公称通径 DN	公称压力 PN/MPa									
	1.0和1.6					2.5				
	L	C			H	L	C			H
		灰	球	可			灰	球	可	
100	19	24	19	22	44	23	—	19	24	44
125	23	26	19	22	48	28	—	19	26	48
150	23	26	19	24	18	28	—	20	28	52

注:①尺寸代号说明及其他尺寸(D、K、n、d、f),参见板式平焊钢制管法兰的连接及密封面尺寸中的规定。铸铁管法兰 L 的尺寸,略大于相同规格的钢制管法兰,但其配用螺栓规格仍相同。

②管螺纹采用55°圆锥管螺纹。

③材料:灰——灰铸铁(牌号≥HT 200);球——球墨铸铁(牌号≥QT 400-15);可——可锻铸铁(牌号≥KTH 300-06)。

4. 平面和凸面钢制管法兰盖规格

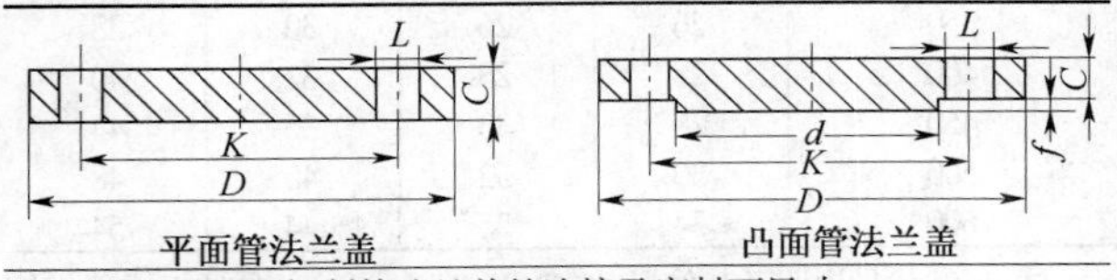

平面管法兰盖　　凸面管法兰盖

(1)平面和凸面钢制管法兰盖的连接及密封面尺寸

公称通径 /mm	公称压力 PN/MPa			
	≤0.6	1.0	1.6	2.5
	法兰盖厚度 C/mm			
10	12	14	14	14
15	12	14	14	14
20	14	16	16	16

续表

公称通径/mm	公称压力 *PN*/MPa			
	≤0.6	1.0	1.6	2.5
	法兰盖厚度 *C*/mm			
25	14	16	16	16
32	16	18	18	18
40	16	18	18	18
50	16	20	20	20
65	16	20	20	20
80	18	20	20	24
100	18	22	22	26
125	20	22	22	28
150	20	24	24	30
200	22	24	26	32
250	24	26	26	32
300	24	26	28	34
350	26	26	30	38
400	28	28	32	40
450	28	30	36	44
500	30	32	40	48
600	34	36	44	54

注:尺寸代号说明及其他尺寸(D、K、L、n、d、f),参见板式平焊钢制管法兰的连接及密封面尺寸中的规定。

(2)平面和凸面钢制管法兰盖标准号

GB 9123.1—88	*PN*0.25MPa	平面钢制管法兰盖
GB 9123.2—88	*PN*0.6MPa	平面钢制管法兰盖
GB 9123.3—88	*PN*1.0MPa	平面钢制管法兰盖

续表

GB 9123.4—88	PN1.6MPa	平面钢制管法兰盖
GB 9123.6—88	PN0.25MPa	凸面钢制管法兰盖
GB 9123.7—88	PN0.6MPa	凸面钢制管法兰盖
GB 9123.8—88	PN1.0MPa	凸面钢制管法兰盖
GB 9123.9—88	PN1.6MPa	凸面钢制管法兰盖
GB 9123.10—88	PN2.5MPa	凸面钢制管法兰盖

5. 铸铁管法兰盖规格及用途(GB/T 17241.2—1998)

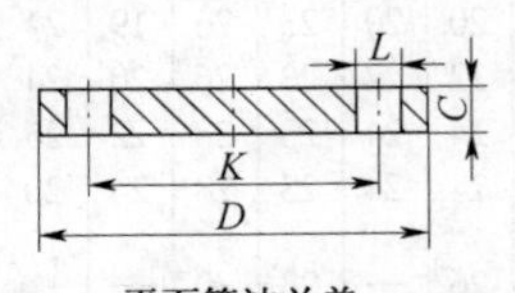

平面管法兰盖

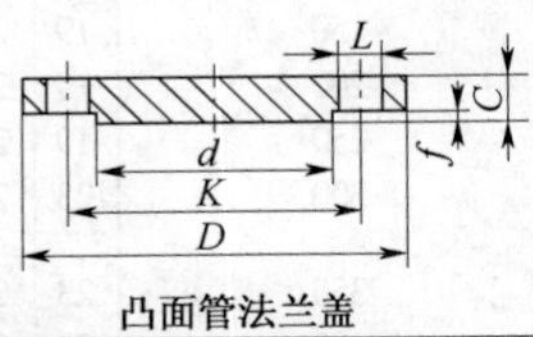

凸面管法兰盖

管法兰的连接及密封面尺寸/mm

公称通径 DN	公称压力 PN/MPa								
	0.25		0.6			1.0			
	L	C	L	C		L	C		
		灰		灰	可		灰	球	可
10	11	12	11	12	12	14	14	—	14
15	11	12	11	12	12	14	14	—	14
20	11	14	11	14	14	14	16	—	16
25	11	14	11	14	14	14	16	—	16
32	14	16	14	16	16	19	18	—	18
40	14	16	14	16	16	19	18	19	18
50	14	16	14	16	16	19	20	19	20

续表

公称通径 DN	公称压力 PN/MPa								
	0.25		0.6			1.0			
	L	C	L	C		L	C		
		灰		灰	可		灰	球	可
65	14	16	14	16	16	19	20	19	20
80	19	18	19	18	18	19	22	19	20
100	19	18	19	18	18	19	22	19	20
125	19	20	19	20	20	19	26	19	20
150	19	20	19	20	20	23	26	19	24
200	19	22	19	22	22	23	26	20	24
250	19	24	19	24	24	23	28	22	26
300	23	24	23	24	24	23	28	24	26
350	23	26	23	26	—	23	30	—	—
400	23	28	23	28	—	28	32	—	—
450	23	28	23	28	—	28	32	—	—
500	23	30	23	30	—	28	34	—	—
600	26	30	26	30	—	31	36	—	—

公称通径 DN	公称压力 PN/MPa							
	1.6				2.5			
	L	C			L	C		
		灰	球	可		灰	球	可
10	14	14	—	14	14	16	—	16
15	14	14	—	14	14	16	—	16
20	14	16	—	16	14	18	—	16
25	14	16	—	16	14	18	—	16
32	19	18	—	18	19	20	—	18
40	19	18	19	18	19	20	19	18

续表

公称通径 DN	公称压力 PN/MPa							
	1.6				2.5			
	L	C			L	C		
		灰	球	可		灰	球	可
50	19	20	19	20	19	22	19	20
65	19	20	19	20	19	24	19	22
80	19	22	19	20	19	26	19	24
100	19	24	19	22	23	28	19	24
125	19	26	19	22	28	34	19	26
150	23	26	19	24	28	34	20	28
200	23	30	20	24	28	36	22	30
250	28	32	22	26	31	40	24.5	32
300	28	32	24.5	28	31	40	27.5	34
350	28	36	26.5	—	34	44	30	—
400	31	38	28	—	37	48	32	—
450	31	40	30	—	37	50	34.5	—
500	34	42	31.5	—	37	52	36.5	—
600	37	48	36	—	40	56	42	—
用途	用来封闭带法兰的钢管或阀门、管件							

注:①铸铁管法兰盖的密封面也分平面和凸面两种,其外形与"平面和凸面钢制管法兰盖"相同。

②尺寸代号说明及其他尺寸(D、K、n、d、f),参见板式平焊钢制管法兰的连接及密封面尺寸中的规定。铸铁管法兰盖的 L 尺寸,略大于相同规格的钢管法兰,但其配用螺栓规格仍相同。

③材料:灰——灰铸铁(牌号≥HT200);球——球墨铸铁(牌号≥QT400-15);可——可锻铸铁(牌号≥KTH300-06)。

5.1.1.5 可锻铸铁管路连接件

【品种及用途】

外接头 异径外接头 活接头 内接头 内外螺纹

锁紧螺母 弯头 异径弯头 月弯 外螺纹月弯

45°弯头 三通 中、小径三通 管帽

管堵 四通 异径四通 外方管堵

1. 外接头

名称	其他名称	用途
外接头	连接内螺纹、管子箍、套筒、套管、外接管、直接头	用来连接两根公称通径相同的管子
通螺纹外接头		与锁紧螺母和短管子配合，用于时常需要装卸的管子上

2. 异径外接头

其他名称	用途
异径束、异径内螺纹、异径管子箍、大头小、大小头	用来连接两根公称通径不同的管子，使管路通径变小

3. 活接头

分　类	其他名称	用　途
平形	活螺纹、连接螺母	与通螺纹外接头相同，但比它装拆方便，多用于时常需要拆装的管路上
锥形		

4. 内接头

其　他　名　称	用　途
六角内接头、外螺纹、六角外螺纹、外螺纹箍	用来连接两个公称通径相同的内螺纹管件或阀门

5. 内外螺纹

其　他　名　称	用　途
补心、管子衬、内外螺母、内外接头	外螺纹一端配合外接头与大通径管子或内螺纹管件连接；内螺纹一端直接与小通径管子连接，使管路通径变小

6. 锁紧螺母

其　他　名　称	用　途
防松螺母、纳子、根母	锁紧装在管路上的通螺纹外接头或其他管件

7. 弯头

其　他　名　称	用　途
异径 90°弯头、直角弯、爱而弯	用来连接两根公称通径相同的管子，使管路做 90°转弯

8. 异径弯头

其他名称	用途
异径90°弯头,大小弯	用来连接两根公称通径不同的管子,使管路做90°转弯和通径变小

9. 月弯和外螺纹月弯

其他名称	用途
90°月弯、90°肘弯、肘弯	与弯头相同,主要用于弯曲半径较大的管路上。外螺纹月弯须与外接头配合使用,供应时,通常附一个外接头

10. 45°弯头

其他名称	用途
直弯、直冲、半弯、135°弯头	连接两根公称通径相同的管子,使管路做45°转弯

11. 三通

其他名称	用途
工字弯、三叉、三路通	供由直管中接出支管用,连接的三根管子的公称通径相同

12. 中、小异径三通

其他名称	用途
中、小三通、异径三叉、异径三通	与三通相似,但从其接出的管子的公称通径小于从两端接出的管子的公称通径

13. 中、大异径三通

其 他 名 称	用 途
中、大三通	与三通相似,但从其接出的管子公称通径大于从两端接出的管子公称通径

14. 四通

其 他 名 称	用 途
四叉十字接头	用来连接四根公称通径相同,并成垂直相交的管子

15. 异径四通

其 他 名 称	用 途
异径四叉、中小十字大	与四通相似,相对的两根管子公称通径是相同的,但其中一对管子的公称通径小于另一对管子的公称通径

16. 外方管堵

其 他 名 称	用 途
塞头、管子塞、管子堵、螺纹堵、闷头、管堵	用来堵塞管路,以阻止管中介质泄漏,并可以防止杂物侵入管路内。通常需与带内螺纹的管件(如外接头、三通)配合使用

17. 管帽

其 他 名 称	用 途
盖头、管子盖	与外方管堵相同,但管帽可直接旋在管子上,不需要其他管件配合

【规格】（GB/T 3287—2000）(一)

<table>
<tr><th rowspan="3">公称通径/mm</th><th rowspan="3">管螺纹尺寸代号 d</th><th colspan="13">主要结构尺寸/mm</th></tr>
<tr><th>外接头</th><th>通螺纹外接头</th><th>活接头</th><th>内接头</th><th>锁紧螺母</th><th>弯头</th><th>三通</th><th>四通</th><th>月弯</th><th>外螺纹月弯</th><th>45°弯头</th><th>外方管堵</th><th>管帽</th></tr>
<tr><th>L</th><th>L</th><th>L</th><th>L</th><th>H</th><th>a</th><th>a</th><th>a</th><th>a</th><th>a</th><th>a</th><th>L</th><th>H</th></tr>
<tr><td>6</td><td>1/8</td><td colspan="2">22</td><td>40</td><td>29</td><td>6</td><td colspan="3">18</td><td colspan="2">32</td><td>16</td><td>15</td><td>14</td></tr>
<tr><td>8</td><td>1/4</td><td colspan="2">26</td><td>40</td><td>36</td><td>8</td><td colspan="3">19</td><td colspan="2">38</td><td>17</td><td>18</td><td>15</td></tr>
<tr><td>10</td><td>3/8</td><td colspan="2">29</td><td>44</td><td>38</td><td>9</td><td colspan="3">23</td><td colspan="2">44</td><td>19</td><td>20</td><td>17</td></tr>
<tr><td>15</td><td>1/2</td><td colspan="2">34</td><td>48</td><td>44</td><td>9</td><td colspan="3">27</td><td colspan="2">52</td><td>21</td><td>24</td><td>19</td></tr>
<tr><td>20</td><td>3/4</td><td colspan="2">38</td><td>53</td><td>48</td><td>10</td><td colspan="3">32</td><td colspan="2">65</td><td>25</td><td>27</td><td>22</td></tr>
<tr><td>25</td><td>1</td><td colspan="2">44</td><td>60</td><td>54</td><td>11</td><td colspan="3">38</td><td colspan="2">82</td><td>29</td><td>30</td><td>25</td></tr>
<tr><td>32</td><td>1¼</td><td colspan="2">50</td><td>65</td><td>60</td><td>12</td><td colspan="3">46</td><td colspan="2">100</td><td>34</td><td>34</td><td>28</td></tr>
<tr><td>40</td><td>1½</td><td colspan="2">54</td><td>69</td><td>62</td><td>13</td><td colspan="3">48</td><td colspan="2">115</td><td>37</td><td>37</td><td>31</td></tr>
<tr><td>50</td><td>2</td><td colspan="2">60</td><td>78</td><td>68</td><td>15</td><td colspan="3">57</td><td colspan="2">140</td><td>42</td><td>40</td><td>35</td></tr>
<tr><td>65</td><td>2½</td><td colspan="2">70</td><td>86</td><td>78</td><td>17</td><td colspan="3">69</td><td colspan="2">175</td><td>49</td><td>46</td><td>38</td></tr>
<tr><td>80</td><td>3</td><td colspan="2">75</td><td>95</td><td>84</td><td>18</td><td colspan="3">78</td><td colspan="2">205</td><td>54</td><td>48</td><td>40</td></tr>
<tr><td>100</td><td>4</td><td colspan="2">85</td><td>116</td><td>99</td><td>22</td><td colspan="3">97</td><td colspan="2">260</td><td>65</td><td>57</td><td>50</td></tr>
<tr><td>150</td><td>5</td><td colspan="2">95</td><td>132</td><td>107</td><td>25</td><td colspan="3">113</td><td colspan="2">318</td><td>74</td><td>62</td><td>55</td></tr>
<tr><td>150</td><td>6</td><td colspan="2">105</td><td>146</td><td>119</td><td>33</td><td colspan="3">132</td><td colspan="2">375</td><td>82</td><td>71</td><td>62</td></tr>
</table>

注：外接头、通丝外接头、活接头、内接头、外方管堵：L——全长；锁紧螺母、管帽：H——高度；弯头、月弯、外螺纹月弯：a——一端轴线至另一端端面距离；45℃弯头：a——两端轴线交点至任一端端面距离；三通、四通：a——两端轴线至成90℃夹角的一端端面距离。

【规格】（GB/T 3287—2000）(二)

公称通径 DN /(mm×mm)	管螺纹尺寸代号 $d_1 \times d_2$ /(in×in)	主要结构尺寸/mm			
		异径外接头	内外螺纹接头	异径弯头、中小异径三通、异径四通	
		L	L	a	b
10×8	3/8×1/4	29	23	20	23
15×8	1/2×1/4	35	26	24	24
15×10	1/2×3/8	35	26	26	25
20×8	3/4×1/4	39	28	25	27
20×10	3/4×3/8	39	28	28	28
20×15	3/4×1/2	39	28	29	30
25×8	1×1/4	43	31	27	31
25×10	1×3/8	43	31	30	32
25×15	1×1/2	43	31	32	33
25×20	1×3/4	43	31	34	35
32×10	1¼×3/8	49	34	33	38
32×15	1¼×1/2	49	34	34	38
32×20	1¼×3/4	49	34	38	40
32×25	1¼×1	49	34	40	42
40×10	1½×3/8	53	35	34	39
40×15	1½×1/2	53	35	35	42
40×20	1½×3/4	53	35	38	43
40×25	1½×1	53	35	35	45
40×32	1½×1½	53	35	35	48
50×15	2×1/2	59	39	38	48
50×20	2×3/4	59	39	41	49
50×25	2×1	59	39	44	51
50×32	2×1¼	59	39	48	54

续表

公称通径 DN /(mm×mm)	管螺纹尺寸代号 $d_1 \times d_2$ /(in×in)	主要结构尺寸/mm			
		异径外接头	内外螺纹接头	异径弯头、中小异径三通、异径四通	
		L	L	a	b
50×40	2×1½	59	39	52	55
65×15	2½×1/2	65	44	41	57
65×20	2½×3/4	65	44	44	58
65×25	2½×1	65	44	48	60
65×32	2½×1¼	65	44	52	62
60×40	2½×1½	65	44	55	62
65×50	2½×2	65	44	60	65
80×15	3×1/2	72	48	43	65
80×20	3×3/4	72	48	46	66
80×25	3×1	72	48	50	68
80×32	3×1¼	72	48	55	70
80×40	3×1½	72	48	58	72
80×50	3×2	72	48	62	72
80×65	3×2½	72	48	72	75
100×15	4×1/2	85	56	50	79
100×20	4×3/4	85	56	54	80
100×25	4×1	85	56	57	83
100×32	4×1¼	85	56	61	86
100×40	4×1½	85	56	63	86
100×50	4×2	85	56	69	87
100×65	4×2½	85	56	78	90
100×80	4×3	85	56	83	91
125×80	5×3	95	61	87	107

续表

公称通径 DN /(mm×mm)	管螺纹尺寸代号 $d_1 \times d_2$ /(in×in)	主要结构尺寸/mm			
		异径外接头	内外螺纹接头	异径弯头、中小异径三通、异径四通	
		L	L	a	b
125×100	5×4	95	61	100	111
150×80	6×3	105	69	92	120
150×100	6×4	105	69	102	125
150×125	6×5	105	69	116	128

注:①异径外接头、内外螺纹:L——全长;异径弯头、异径四通、中小异径三通:a——小端轴线至大端端面距离;b——大端轴线至小端端面距离。

②表中的中小异径三通的公称通径是习惯写法。标准规定写法是先写直管两端的公称通径,再写支管端的公称通径。

【规格】 (GB/T 3287—2000)(三)

中、大异径三通

公称通径 DN /(mm×mm)	管螺纹尺寸代号 $d_1 \times d_2$ /(in×in)	主要结构尺寸/mm		公称通径 DN /(mm×mm)	管螺纹尺寸代号 $d_1 \times d_2$ /(in×in)	主要结构尺寸/mm	
		a	b			a	b
15×20	1/2×3/4	30	29	25×40	1×1½	45	41
15×25	1/2×1	33	32	32×40	1¼×1½	48	45
20×25	3/4×1	35	34	32×50	1¼×2	54	46
20×32	3/4×1¼	40	38	40×50	1½×2	55	52
25×32	1×1/4	42	40	50×65	2×2½	65	60

注:①主要结构尺寸:a——大端轴线至小端端面的距离,b——小端轴线至大端端面的距离。

②表中的中、大异径三通的公称通径是习惯写法,标准规定写法是先写直管两端的公称的通径,再写支管端的公称通径。

5.1.1.6　不锈钢和铜螺纹管路连接件

【规格】（QB/T 1109—91）

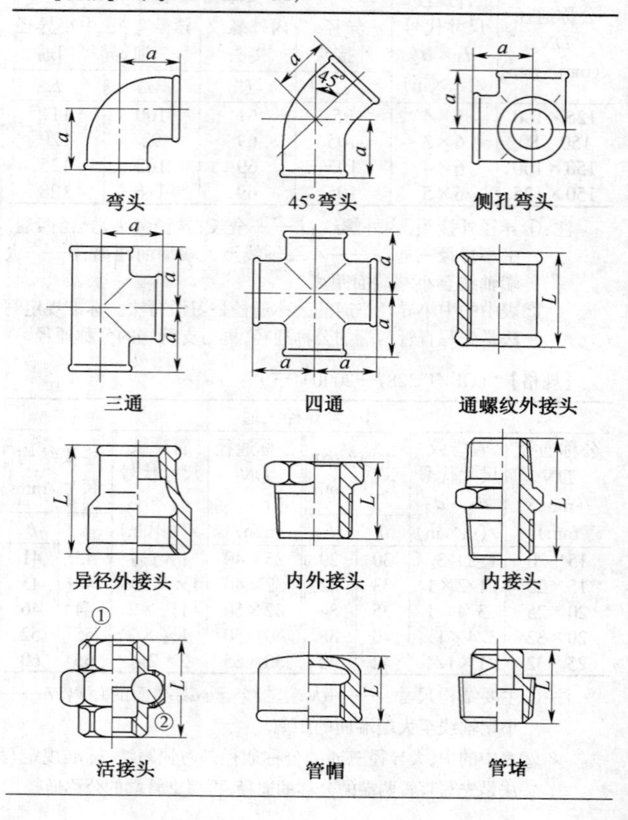

续表

公称通径/mm	管螺纹尺寸代号/in	主要结构尺寸/mm ≥								
		弯头、三通、四通、45°弯头、侧孔弯头 a		通螺纹外接头 L		内接头 L	活接头 L	管帽 L		管堵 L
		Ⅰ	Ⅱ	Ⅰ	Ⅱ	Ⅰ、Ⅱ	Ⅰ、Ⅱ	Ⅰ	Ⅱ	Ⅰ、Ⅱ
6	1/8	19	—	17	—	21	38	13	14	13
8	1/4	21	20	25	26	28	42	17	15	16
10	3/8	25	23	26	29	29	45	18	16	18
15	1/2	28	26	34	34	36	48	22	19	22
20	3/4	33	31	36	38	41	52	25	22	26
25	1	38	35	43	44	46.5	58	28	25	29
32	1¼	45	42	48	50	54	65	30	28	33
40	1½	50	48	48	54	54	70	31	31	34
50	2	58	55	56	60	65.5	78	36	35	40
65	2½	70	65	65	70	76.5	85	41	38	46
80	3	80	74	71	75	85	95	45	40	50
100	4	—	90	—	85	90	116	—	—	57
125	5	—	110	—	95	107	132	—	—	62
150	6	—	125	—	105	119	146	—	—	71

注：①弯头：a——一端中心轴线至另一端端面距离；
45°弯头：a——两端中心轴线交点至任一端端面距离；
侧孔弯头：a——两端中心轴线交点至任一端端面距离；
三通、四通：a——一端中心轴线至成90°的一端端面距离；
通螺纹外接头、内接头、活接头、管帽、管堵：L——全长；
Ⅰ、Ⅱ——公称压力系列。
②活接头和管堵的部分其他尺寸，有Ⅰ系、Ⅱ系之分，本表略。
③侧孔弯头用于连接三根公称通径相同，并互相垂直的管子。
④不锈钢和铜螺纹管路连接件的外形、结构和用途，与可锻铸铁管路连接件相似。

公称通径 $DN_1 \times DN_2$ /(mm×mm)	管螺纹尺寸代号 $d_1 \times d_2$ /(in×in)	全长 L/mm			
		异径外接头		内外接头	
		Ⅰ	Ⅱ	Ⅰ	Ⅱ
8×6	1/4×1/8	27	—	17	—
10×8	3/8×1/4	30	29	17.5	—
15×10	1/2×3/8	36	36	21	—
20×10	3/4×3/8	39	39	24.5	—
20×15	3/4×1/2	39	39	24.5	—
25×15	1×1/2	45	43	27.5	—
25×20	1×3/4	45	43	27.5	—
32×20	1¼×3/4	50	49	32.5	—
32×25	1¼×1	50	49	32.5	—
40×25	1½×1	55	53	32.5	—
40×32	1½×1¼	55	53	32.5	—
50×32	2×1¼	65	59	40	39
50×40	2×1½	65	59	40	39
65×40	2½×1½	74	65	46.5	44
65×50	2½×2	74	65	46.5	44
80×50	3×2	80	72	51.5	48
80×65	3×2½	80	72	51.5	48
100×65	4×2½	—	85	—	56
100×80	4×3	—	85	—	56

5.1.1.7 建筑用铜管管件

【品种及用途】

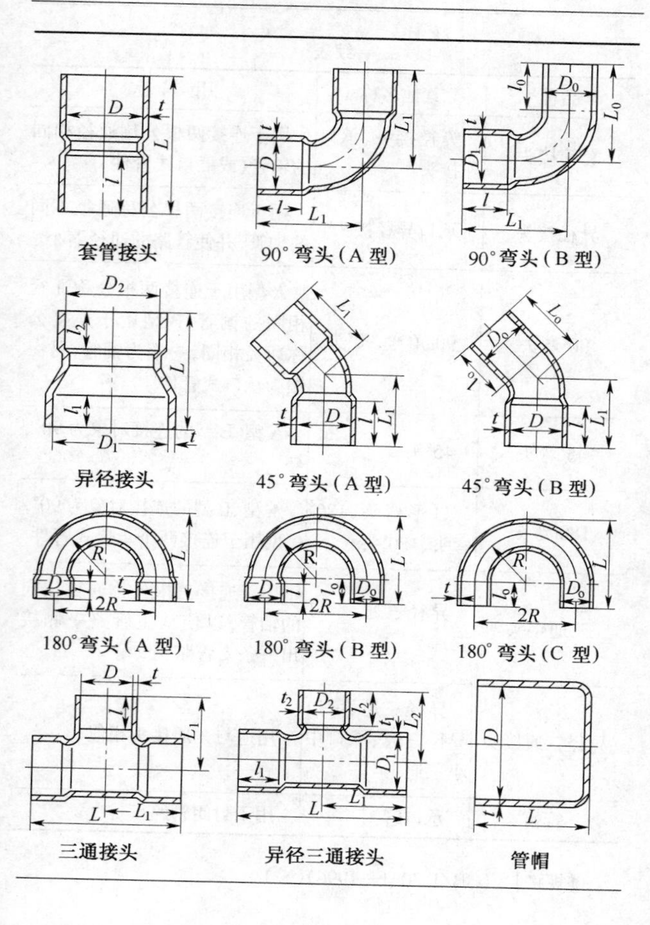

套管接头　90° 弯头（A 型）　90° 弯头（B 型）

异径接头　45° 弯头（A 型）　45° 弯头（B 型）

180° 弯头（A 型）　180° 弯头（B 型）　180° 弯头（C 型）

三通接头　异径三通接头　管帽

续表

品种	其他名称	用途
套管接头	等径接头、承口外接头	用于连接两根公称通径相同的轴管(或插口式管件)
异径接头	承口异径接头	用于连接两根公称通径不同的轴管,并使管路的通径缩小
90°弯头	90°角弯、90°头	A型用于连接两根公称通径相同的铜管,B型用于连接公称通径相同,一端为铜管,另一端为承口式管件
45°弯头	45°头	A型、B型的连接对象为90°、45°
180°弯头	U形弯头、180°弯头、180°头	A型、B型的连接对象为90°,C型用于连接两个承口式管件
三通接头	异径三通、承口三通	用于连接三根公称通径相同的轴管,以使从主管路一侧接出一条支管路
异径三通接头	异径三通、承口异径三通、承口中小三通	用途与三通接头相似
管帽	承口管帽	用于封闭管路

【规格】 (GB/T 3031—1996)(一)

公称通径	配用铜管外径	公称压力 PN 1.0 壁厚/mm	公称压力 PN 2.0 壁厚/mm	主要结构尺寸/mm 承口长度	插口长度	套管接头	45°		90°		180°		三通接头	管帽
/mm		t	t	l	L_0	L	L_1	L_0	L_1	L_0	L	R	L_1	L
6	8	0.75	0.75	8	10	20	12	14	16	18	25.5	13.5	15	10
8	10	0.75	0.75	9	11	22	15	17	17	19	28.5	14.5	17	12
10	12	0.75	0.75	10	12	24	17	19	18	20	34	18	19	13
15	16	0.75	0.75	12	14	28	22	24	22	24	39	19	24	16
20	22	0.75	0.75	17	19	38	31	33	31	33	62	34	32	22
25	28	1.0	1.0	20	22	44	37	39	38	40	79	45	37	24
32	35	1.0	1.0	24	26	52	46	48	46	48	93.5	52	43	28
40	45	1.0	1.5	30	32	64	57	59	58	60	120	68	55	34
50	55	1.0	1.5	34	36	74	67	69	72	74	143.5	82	63	38
65	70	1.5	2.0	34	36	74	75	77	84	86	—	—	71	—
80	85	1.5	2.5	38	40	82	84	86	98	100	—	—	88	—
100	106	2.0	3.0	48	50	102	102	104	18	130	—	—	111	—
100	(108)	2.0	3.0	48	50	102	102	104	128	130	—	—	111	—
125	133	2.5	4.0	68	70	142	134	136	168	170	—	—	139	—
150	159	3.0	4.5	80	83	166	159	162	200	203	—	—	171	—
200	219	4.0	6.0	105	108	216	209	212	255	258	—	—	218	—

注:①表中 180°弯头和配用铜管外径 108cm 的铜管管件为市场产品,其尺寸摘自(浙江)天力管件有限公司企业标准。

②铜管管件的规格,用“公称压力的 10 倍数值”(只有一种公称压力的可省略)、“公称通径数值”表示;如有多种“型号”或配用“铜管外径”时,则应加注该项内容。例:套管接头 16-100-108,90°弯头,A10-15,管帽 25。

③铜管管件的“承口内径 D”和“插口外径 D_0”的公称尺寸,均等于相应的配用“铜管外径 D_w”的名义尺寸。

④表中尺寸符号表示意义:L——全长,L_1、L_0——端面至轴线(交点)距离,R——中心线半径(弯曲半径)。

⑤标准号:套管接头为 JG/T 3031.7—1996,45°弯头为 JG/T 3031.4—1996,90°弯头为 JG/T 3031.5—1996,三通接头为 JG/T 3031.1—1996,管帽为 JG/T 3031.8—1996。

【规格】（GB/T 3031—1996)(二)

公称通径 DN_1/DN_2	配用铜管外径 D_{w1}/D_{w2}	主要结构尺寸/mm								
		公称压力/MPa				承口长度		异径接头	异径三通接头	
		PN1.0		PN1.6						
		壁厚/mm								
/mm		t_1	t_2	t_1	t_2	L_1	L_2	L	L_1	L_2
8/6	10/8	0.75	0.75	0.75	0.75	9	8	25	17	13
10/6	12/8	0.75	0.75	0.75	0.75	10	8	—	19	15
10/8	12/10	0.75	0.75	0.75	0.75	10	9	25	—	—
15/8	16/10	0.75	0.75	0.75	0.75	12	9	30	24	19
15/10	16/12	0.75	0.75	0.75	0.75	12	10	36	24	20
20/10	22/12	0.75	0.75	0.75	0.75	17	10	40	—	—
20/15	22/16	0.75	0.75	0.75	0.75	17	12	48	32	25
25/15	28/16	1.0	0.75	1.0	0.75	20	12	48	37	28
25/20	28/22	1.0	0.75	1.0	0.75	20	17	48	37	34
32/15	35/16	1.0	0.75	1.0	0.75	24	12	52	39	32
32/20	35/22	1.0	0.75	1.0	0.75	24	17	56	39	38
32/25	35/28	1.0	1.0	1.0	1.0	24	20	56	39	39
40/15	44/16	1.0	0.75	1.5	0.75	30	12	—	55	37
40/20	44/22	1.0	0.75	1.5	0.75	30	17	64	55	40
40/25	44/28	1.0	1.0	1.5	1.0	30	20	66	55	42
40/32	44/35	1.0	1.0	1.5	1.0	30	24	66	55	44
50/20	55/22	1.0	0.75	1.5	0.75	34	17	—	63	48
50/25	55/28	1.0	1.0	1.5	1.0	34	20	70	63	50
50/32	55/35	1.0	1.0	1.5	1.0	34	24	70	63	54
50/40	55/44	1.0	1.0	1.5	1.5	34	30	75	63	60
65/25	70/28	1.5	1.0	2.0	1.0	34	20	—	71	58
65/32	70/35	1.5	1.0	2.0	1.0	34	24	75	71	62

续表

公称通径 DN_1/DN_2	配用铜管外径 D_{w1}/D_{w2}	主要结构尺寸/mm								
		公称压力/MPa				承口长度		异径接头	异径三通接头	
		PN1.0		PN1.6						
		壁厚/mm								
/mm		t_1	t_2	t_1	t_2	L_1	L_2	L	L_1	L_2
65/40	70/44	1.5	1.0	2.0	1.5	34	30	82	71	68
65/50	70/55	1.5	1.0	2.0	1.5	34	34	82	71	71
80/32	85/35	1.5	1.0	2.5	1.0	38	24	—	88	69
80/40	85/44	1.5	1.0	2.5	1.5	38	30	92	88	75
80/50	85/55	1.5	1.0	2.5	1.5	38	34	92	88	79
80/65	85/70	1.5	1.5	2.5	2.0	38	34	92	88	79
100/50	105/55	2.0	1.0	3.0	1.5	48	34	112	111	89
100/50	(108/55)	2.0	1.0	3.0	1.5	48	34	112	111	89
100/65	105/70	2.0	1.5	3.0	2.0	48	34	112	111	89
100/65	(108/70)	2.0	1.5	3.0	2.0	48	34	112	111	89
100/80	105/85	2.0	1.5	3.0	2.5	48	38	116	111	93
100/80	(108/85)	2.0	1.5	3.0	2.5	48	8	116	111	93
125/80	133/85	2.5	1.5	4.0	2.5	68	38	160	139	117
125/100	133/105	2.5	2.0	4.0	3.0	68	48	160	139	117
125/100	(133/108)	2.5	2.0	4.0	3.0	68	48	160	139	117
150/100	159/105	3.0	2.0	4.5	3.0	80	48	178	171	131

续表

<table>
<tr><td rowspan="4">公称通径 DN_1/ DN_2</td><td rowspan="4">配用铜管外径 D_{w1}/ D_{w2}</td><td colspan="9">主要结构尺寸/mm</td></tr>
<tr><td colspan="4">公称压力/MPa</td><td colspan="2" rowspan="3">承口长度</td><td rowspan="3">异径接头</td><td colspan="2" rowspan="3">异径三通接头</td></tr>
<tr><td colspan="2">$PN1.0$</td><td colspan="2">$PN1.6$</td></tr>
<tr><td colspan="4">壁厚/mm</td></tr>
<tr><td colspan="2">/mm</td><td>t_1</td><td>t_2</td><td>t_1</td><td>t_2</td><td>L_1</td><td>L_2</td><td>L</td><td>L_1</td><td>L_2</td></tr>
<tr><td>150/100</td><td>(159/108)</td><td>3.0</td><td>2.0</td><td>4.5</td><td>3.0</td><td>80</td><td>48</td><td>178</td><td>171</td><td>131</td></tr>
<tr><td>150/125</td><td>159/133</td><td>3.0</td><td>2.5</td><td>4.5</td><td>4.0</td><td>80</td><td>68</td><td>194</td><td>171</td><td>151</td></tr>
<tr><td>200/100</td><td>219/105</td><td>4.0</td><td>2.0</td><td>6.0</td><td>3.0</td><td>105</td><td>48</td><td>—</td><td>218</td><td>163</td></tr>
<tr><td>200/100</td><td>(219/108)</td><td>4.0</td><td>2.0</td><td>6.0</td><td>3.0</td><td>105</td><td>48</td><td>—</td><td>218</td><td>163</td></tr>
<tr><td>200/125</td><td>219/133</td><td>4.0</td><td>2.5</td><td>6.0</td><td>4.0</td><td>105</td><td>68</td><td>238</td><td>218</td><td>183</td></tr>
<tr><td>200/150</td><td>219/159</td><td>4.0</td><td>3.0</td><td>6.0</td><td>4.5</td><td>105</td><td>80</td><td>245</td><td>218</td><td>195</td></tr>
</table>

注:①表中配用铜管外径 108cm 的铜管管件,其尺寸摘自(浙江)天力管件有限公司企业标准。

②铜管管件的规格,用“公称压力的 10 倍数值”、“公称通径数值”表示;如有两种配用铜管外径时,应加注该项内容。

③铜管管件的承口内径 D_1 和 D_2 的公称尺寸,分别等于配用铜管外径 D_{w1} 和 D_{w2} 的公称尺寸。

④表中尺寸符号表示意义:L——全长,L_1、L_2——端面至轴线(交点)距离。

⑤标准号:异径接头为 JG/T 3031.6—1996,异径三通接头为 JG/T 3031.3—1996。

5.1.1.8　给水及排水铸铁管件

【用途】　主要在建筑给水及排水管道系统中做管路上的同径或异径、同向或不同向流动的单通或多通连接之用。

【规格】

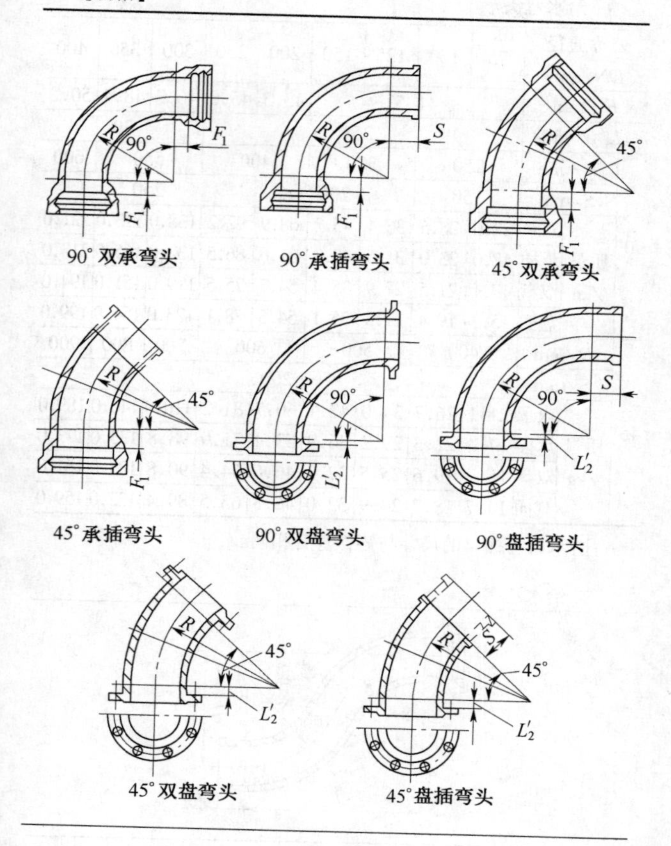
R
90°
F_1
S
45°
L'_2
90°双承弯头
90°承插弯头
45°双承弯头
45°承插弯头
90°双盘弯头
90°盘插弯头
45°双盘弯头
45°盘插弯头

1. 给水弯头

公称通径 DN/mm			75	100	125	150	200	250	300	350	400
F_1/mm			41.5				43.3	45.0	46.7	48.4	50.2
L'_2/mm			25						30		
90°	R/mm		250		300		400		550		600
	S/mm		150		200			250			
	质量/kg	双承	22.6	28.6	36.4	45.2	68.9	92.2	138.0	173.0	221.0
		承插	18.0	23.0	31.5	40.0	61.6	86.5	132.0	165.0	213.0
		双盘	17.1	21.5	27.9	35.4	54.7	75.5	119.0	151.0	194.0
		盘插	15.2	19.4	27.3	35.1	54.5	78.1	123.0	154.0	199.0
45°	R/mm		400		500		600		700	800	900
	S/mm		200								
	质量/kg	双承	21.1	26.7	34.0	42.1	60.7	81.2	110.0	146.0	189.0
		承插	17.4	22.3	29.2	36.9	53.4	71.9	98.8	133.0	173.0
		双盘	15.7	19.6	25.5	32.3	46.6	64.4	90.8	125.0	161.0
		盘插	14.7	18.7	24.9	32.0	46.3	63.5	89.4	122.0	159.0

注:承口与插口的尺寸与铸铁直管相同。

2. 给水乙字管

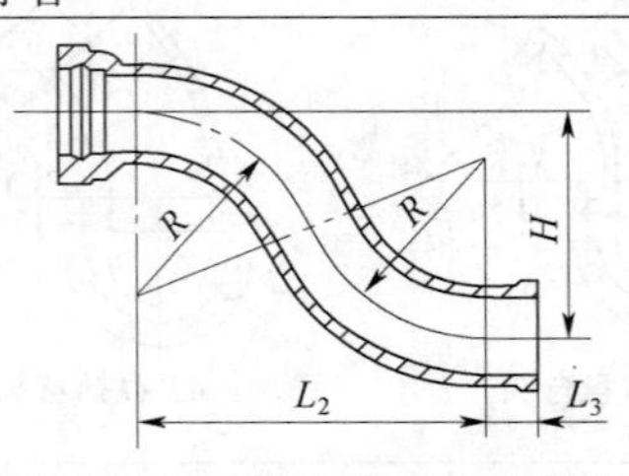

续表

公称通径 DN /mm	尺寸/mm				质量 /kg
	R	H	L_2	L_3	
75	162.5	200	300	200	18.7
	177.0	300	350		21.0
	200.0	450	400		24.3
100	203.1	200	350		24.9
	208.3	300	400		27.7
	225.0	450	450		31.9
	250.0	600	500		36.2
125	250.0	200	400		31.3
	267.0	300	480		35.3
	280.5	450	550		40.5
	300.0	600	600		45.7
150	267.0	300	480		44.9
	280.5	450	550		51.8
	300.0	600	600		58.5
200	267.0	300	550		62.9
	280.5	450	650		72.6
	300.0	600	700		81.1
250	327.0	300	600		87.7
	347.2	450	700		101.0
	354.1	600	800		114.0
300	375.0	300	680		118.0
	384.7	450	800		136.0
	416.6	600	900		153.0
350	460.3	300	600		151.0

续表

公称通径 DN /mm	尺寸/mm				质量 /kg
	R	H	L_2	L_3	
350	468.0	450	800	200	173.0
	487.5	600	900		194.0
400	543.7	300	750		192.0
	562.5	450	900		223.0
	566.6	600	1000		248.0

注：承口、插口尺寸与铸铁直径相同。

3. 排水弯头

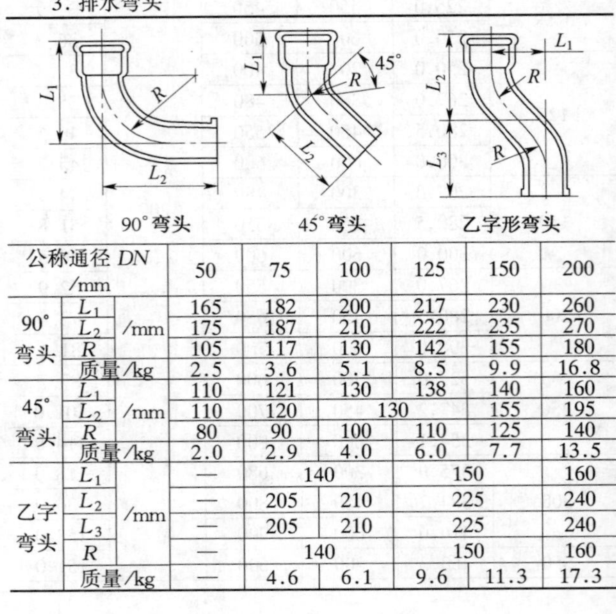

90°弯头　　45°弯头　　乙字形弯头

公称通径 DN /mm			50	75	100	125	150	200
90°弯头	L_1	/mm	165	182	200	217	230	260
	L_2		175	187	210	222	235	270
	R		105	117	130	142	155	180
	质量/kg		2.5	3.6	5.1	8.5	9.9	16.8
45°弯头	L_1	/mm	110	121	130	138	140	160
	L_2		110	120	130		155	195
	R		80	90	100	110	125	140
	质量/kg		2.0	2.9	4.0	6.0	7.7	13.5
乙字弯头	L_1	/mm	—	140		150		160
	L_2		—	205	210	225		240
	L_3		—	205	210	225		240
	R		—	140		150		160
	质量/kg		—	4.6	6.1	9.6	11.3	17.3

4. 给水三通

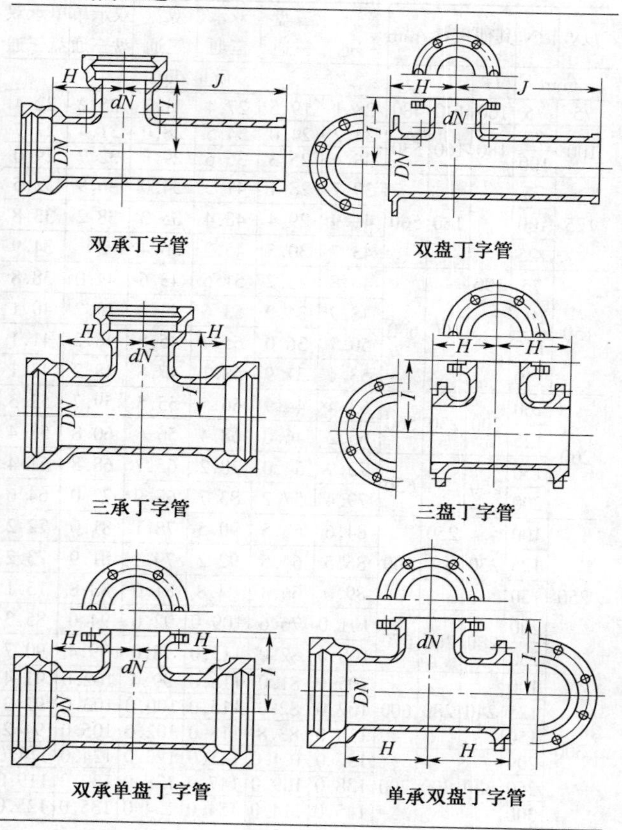

续表

DN	dN	其他尺寸/mm			三承三通	三盘三通	双承三通	双盘三通	双承单盘三通	单承双盘三通
/mm		H	I	J	质量/kg					
75	75	160	140	480	28.1	19.5	27.4	21.7	25.2	22.4
100	75	180	160	530	34.2	24.0	34.5	28.0	31.4	27.7
	100				36.4	25.3	36.6	29.3	32.7	29.0
125	75	190	180	560	39.7	28.1	41.3	34.0	36.9	32.5
	100				41.9	29.4	43.4	35.3	38.2	33.8
	125				43.7	30.5	45.2	36.4	39	34.9
150	75		190	600	46.8	33.7	51.6	43.6	44.0	38.8
	100				48.9	34.9	53.6	44.8	45.2	40.1
	125				50.7	36.0	55.4	45.8	46.2	41.1
	150				53.4	37.9	58.1	47.8	48.2	43.1
200	100	200	230	560	63.4	44.9	66.5	55.5	59.7	52.3
	125				65.2	46.0	68.4	56.6	60.8	53.4
	150	250	250	630	73.9	54.0	78.2	65.7	68.8	61.4
	200				79.4	57.2	83.7	68.9	72.0	64.6
250	100	230		600	84.6	63.5	90.5	78.1	81.0	72.2
	125				86.3	64.5	92.2	79.1	81.9	73.2
	150				89.0	66.4	94.8	81.0	83.8	75.1
	200	280	260	670	101.0	76.6	109.0	92.6	94.0	85.3
	250				108.0	82.0	115.0	98.0	99.4	90.7
300	100	240	280	600	105.0	81.0	113.0	99.4	102.0	91.4
	125				107.0	82.0	115.0	100.0	103.0	92.3
	150				110.0	83.8	118.0	102.0	105.0	94.2
	200	330	300	700	132.0	104.0	141.0	123.0	124.0	114.0
	250				138.0	109.0	147.0	128.0	130.0	119.0
	300				145.0	114.0	154.0	134.0	135.0	125.0

续表

DN	dN	其他尺寸/mm			三承三通	三盘三通	双承三通	双盘三通	双承单盘三通	单承双盘三通
/mm		H	I	J	质量/kg					
350	100	270	310	640	136.0	108.0	147.0	131.0	132.0	120.0
	125				138.0	109.0	149.0	132.0	133.0	121.0
	150				140.0	111.0	151.0	134.0	135.0	123.0
	200				145.0	113.0	156.0	137.0	137.0	125.0
	250	360	340	750	174.0	141.0	187.0	166.0	165.0	153.0
	300				180.0	146.0	194.0	171.0	170.0	158.0
	350				190.0	154.0	203.0	179.0	178.0	166.0
400	100	290	350	650	168.0	134.0	181.0	163.0	164.0	149.0
	125				170.0	135.0	183.0	164.0	165.0	150.0
	150				172.0	137.0	186.0	166.0	167.0	152.0
	200				177.0	139.0	190.0	168.0	170.0	154.0
	250	410	390	780	219.0	180.0	234.0	210.0	211.0	195.0
	300				226.0	186.0	241.0	216.0	216.0	201.0
	350				235.0	193.0	250.0	223.0	223.0	208.0
	400				245.0	200.0	260.0	230.0	230.0	215.0

注:承口、插口尺寸与铸铁直管相同。

5.排水三通

90°三通　45°三通　T形三通

DN /mm	dN	90°三通/mm							45°三通/mm				T形三通/mm				
		L_1	L_2	L_3	L_4	L_5	L_6	质量/kg	L_1	L_2	L_3	质量/kg	L_1	L_2	L_3	R	质量/kg
50	50	170	85		260	175	85	3.8	190		280	3.9	123	138	290	78	3.6
75	50	170	85	55	285	—	—	4.7	200	210	320	5.1	123	140	300	80	4.6
	75	235	115	115	340	220	120	6.4	210		338	5.7	142	154	302	89	5.1
100	50	235	85	150	340	—	—	6.9	210	240	340	6.3	125	170	325	100	6.0
	75	273	115	158		—	—	7.9	220		380	7.3	147	175		110	6.5
	100		127	147	390	261	126	9.3	250		388	8.3	160	180	355	110	7.3

续表

DN /mm	dN /mm	90°三通/mm							45°三通/mm				T形三通/mm				
		L_1	L_2	L_3	L_4	L_5	L_6	质量/kg	L_1	L_2	L_3	质量/kg	L_1	L_2	L_3	R	质量/kg
125	50	273	85	188	390	—	—	10.3	250	260	380	9.5	140	175	350	110	8.7
	75	274	115	159	350	—	—			265	390	10.2	152		355		9.2
	100		127	147	390	—	—	11.7				10.7	165	180	380		10.2
	125	306	133	173	430	297	133	14.8	280		420	12.9	180	185			11.0
150	50	306	85	221	430	—	—	12.9	280	290	420	11.9	140	185	380	125	10.7
	75		115	191		—	—	13.6		285		12.4	152	190			11.1
	100		127	179		—	—	14.4		295	430	13.2	165	195			11.6
	125		133	173		—	—	16.5		300	450	14.8	177	—			12.5
	150	338	138	200	473	335	138	18.8	317	317	470	17.2	198		408		13.5
200	200	373	145	215	510	352	158	29.4	385	385	520	27.5	220	230	500	150	23.2

6. 给水四通

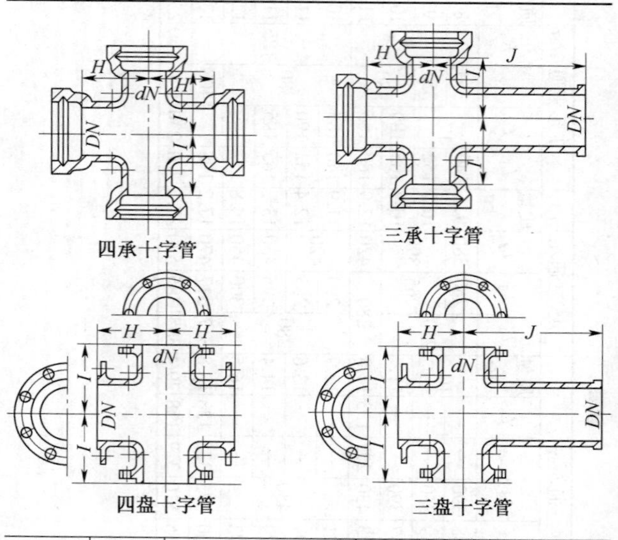

<table>
<tr><th>DN</th><th>dN</th><th colspan="3">其他尺寸
/mm</th><th>四承
四通</th><th>四盘
四通</th><th>三承
四通</th><th>三盘
四通</th></tr>
<tr><th colspan="2">/mm</th><th>H</th><th>I</th><th>J</th><th colspan="4">质量/kg</th></tr>
<tr><td>75</td><td>75</td><td>160</td><td>140</td><td>480</td><td>36.5</td><td>25.1</td><td>35.8</td><td>27.2</td></tr>
<tr><td rowspan="2">100</td><td>75</td><td rowspan="2">180</td><td rowspan="2">160</td><td rowspan="2">530</td><td>43.9</td><td>33.6</td><td>42.7</td><td>29.6</td></tr>
<tr><td>100</td><td>47.2</td><td>38.2</td><td>47.0</td><td>32.2</td></tr>
<tr><td rowspan="3">125</td><td>75</td><td rowspan="3">190</td><td rowspan="3">180</td><td rowspan="3">560</td><td>48.3</td><td>33.8</td><td>49.9</td><td>39.8</td></tr>
<tr><td>100</td><td>52.6</td><td>36.4</td><td>54.1</td><td>42.3</td></tr>
<tr><td>125</td><td>56.3</td><td>38.7</td><td>57.8</td><td>44.6</td></tr>
</table>

续表

DN /mm	dN /mm	其他尺寸/mm H	其他尺寸/mm I	其他尺寸/mm J	四承四通 质量/kg	四盘四通 质量/kg	三承四通 质量/kg	三盘四通 质量/kg
150	75	190	190	600	55.3	39.3	60.0	49.2
150	100	190	190	600	59.4	41.8	64.1	51.6
150	125	190	190	600	62.9	43.8	67.6	53.7
150	150	190	190	600	68.4	47.8	73.1	57.6
200	100	200	230	560	74.2	52.1	77.5	62.7
200	125	200	230	560	77.8	54.2	81.1	64.9
200	150	250	250	630	90.1	65.0	94.4	76.7
200	200	250	250	630	101.0	71.5	105.0	83.2
250	100	230	250	600	95.3	70.4	101.0	85.1
250	125	230	250	600	98.7	72.4	105.0	87.0
250	150	230	250	600	104.0	80.1	110.0	90.8
250	200	280	260	670	122.0	89.5	129.0	106.0
250	250	280	260	670	135.0	100.0	142.0	116.0
300	100	240	280	600	116.0	88.0	124.0	106.0
300	125	240	280	600	119.0	89.9	127.0	108.0
300	150	240	280	600	125.0	93.6	133.0	112.0
300	200	330	300	700	153.0	117.0	161.0	136.0
300	250	330	300	700	166.0	128.0	175.0	147.0
300	300	330	300	700	180.0	138.0	189.0	158.0

续表

DN	dN	其他尺寸 /mm			四承四通	四盘四通	三承四通	三盘四通
/mm		H	I	J	质量/kg			
350	100	270	310	640	147.0	115.0	158.0	138.0
	125				150.0	117.0	161.0	140.0
	150				155.0	121.0	166.0	144.0
	200				164.0	125.0	175.0	149.0
	250	360	340	750	201.0	160.0	215.0	185.0
	300				215.0	170.0	228.0	196.0
	350				233.0	185.0	247.0	211.0
400	100	290	350	650	179.0	142.0	192.0	170.0
	125				182.0	143.0	196.0	172.0
	150				188.0	147.0	201.0	176.0
	200				197.0	152.0	210.0	180.0
	250	410	390	780	248.0	200.0	263.0	230.0
	300				262.0	211.0	277.0	241.0
	350				280.0	226.0	295.0	256.0
	400				300.0	240.0	315.0	270.0

注:承口、插口尺寸与铸铁直径相同。

7. 排水四通

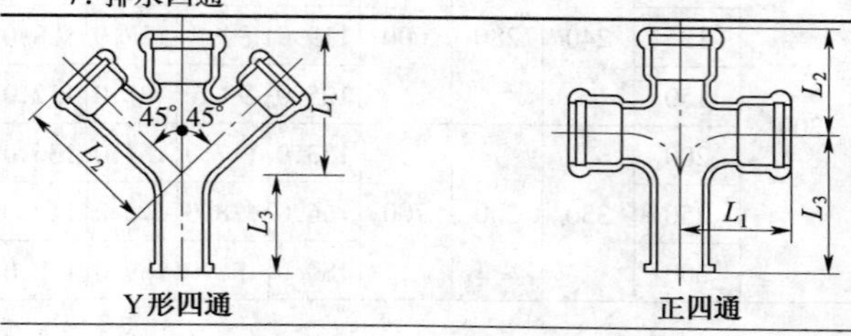

Y形四通　　　　正四通

续表

<table>
<tr><th>DN</th><th>dN</th><th colspan="4">正四通尺寸/mm</th><th colspan="4">Y形四通尺寸/mm</th></tr>
<tr><th colspan="2">/mm</th><th>L_1</th><th>L_2</th><th>L_3</th><th>质量/kg</th><th>L_1</th><th>L_2</th><th>L_3</th><th>质量/kg</th></tr>
<tr><td>50</td><td>50</td><td>140</td><td>125</td><td>150</td><td>5.1</td><td>190</td><td>185</td><td>105</td><td>5.4</td></tr>
<tr><td rowspan="2">75</td><td>50</td><td>140</td><td>120</td><td rowspan="2">177</td><td>5.7</td><td>200</td><td rowspan="2">210</td><td rowspan="2">110</td><td>5.1</td></tr>
<tr><td>75</td><td>162</td><td>138</td><td>7.7</td><td>210</td><td>7.7</td></tr>
<tr><td rowspan="3">100</td><td>50</td><td>170</td><td>125</td><td>200</td><td>7.3</td><td>210</td><td rowspan="2">210</td><td>100</td><td>6.3</td></tr>
<tr><td>75</td><td rowspan="2">175</td><td>147</td><td>198</td><td>8.1</td><td>220</td><td>140</td><td>7.3</td></tr>
<tr><td>100</td><td>156</td><td>190</td><td>10.7</td><td>254</td><td>240</td><td>125</td><td>11.0</td></tr>
<tr><td rowspan="4">125</td><td>50</td><td rowspan="2">175</td><td>140</td><td>210</td><td>9.9</td><td rowspan="3">250</td><td>260</td><td>120</td><td>9.5</td></tr>
<tr><td>75</td><td>152</td><td>203</td><td>10.7</td><td rowspan="2">265</td><td rowspan="2">125</td><td>10.2</td></tr>
<tr><td>100</td><td>180</td><td>165</td><td>215</td><td>12.4</td><td>10.7</td></tr>
<tr><td>125</td><td>197</td><td>172</td><td>202</td><td>16.6</td><td>286</td><td>286</td><td>140</td><td>17.1</td></tr>
<tr><td rowspan="5">150</td><td>50</td><td>185</td><td>140</td><td>240</td><td>11.8</td><td rowspan="4">280</td><td>290</td><td>130</td><td>11.9</td></tr>
<tr><td>75</td><td>190</td><td>152</td><td>228</td><td>12.6</td><td>285</td><td rowspan="2">135</td><td>12.4</td></tr>
<tr><td>100</td><td>195</td><td>165</td><td>215</td><td>13.6</td><td>295</td><td>13.2</td></tr>
<tr><td>125</td><td>200</td><td>177</td><td>203</td><td>15.4</td><td>300</td><td rowspan="2">150</td><td>14.8</td></tr>
<tr><td>150</td><td>207</td><td>182</td><td>212</td><td>20.2</td><td>317</td><td>315</td><td>21.8</td></tr>
<tr><td>200</td><td>200</td><td>280</td><td>215</td><td>240</td><td>34.3</td><td>385</td><td>385</td><td>160</td><td>36.0</td></tr>
</table>

8. 给水消火栓用管

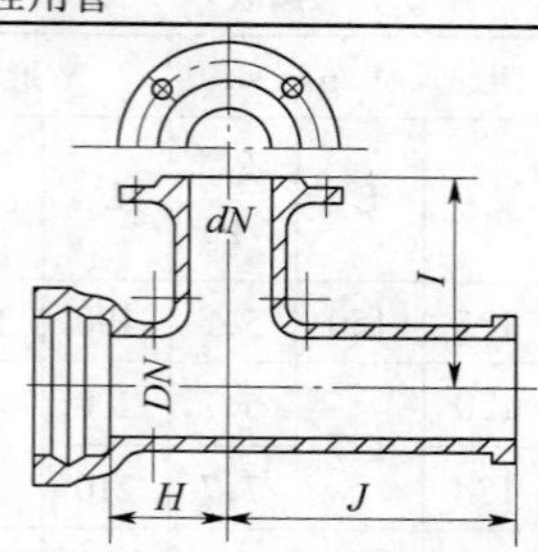

DN /mm	dN	尺寸/mm			质量 /kg
		H	I	J	
75	75	150	250	480	26.4
			300		27.4
			500		31.1
100	75	160	250	500	32.1
			300		33.1
			500		36.8
100	100	170	250	530	34.9
			300		36.1
			500		41.0
125	75	160	280	500	37.6
			330		38.5
			530		42.3
125	100	170	250	530	39.9
			300		41.1
			500		46.0

续表

DN /mm	dN	尺寸/mm H	I	J	质量 /kg
150	75	160	280	530	46.5
			330		47.4
			530		51.1
150	100	170	280	550	49.4
			350		50.6
			530		55.5
200	75	170	300	540	60.4
			350		61.3
			550		65.1

注:承口、插口尺寸与铸铁直管相同。

9. 排水扫除口、管箍

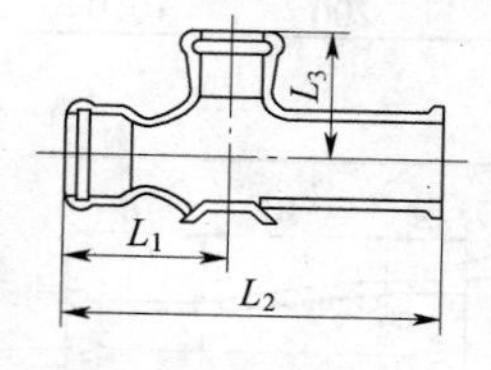

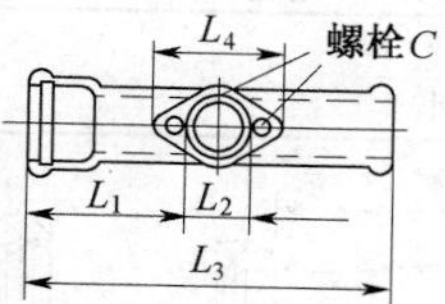

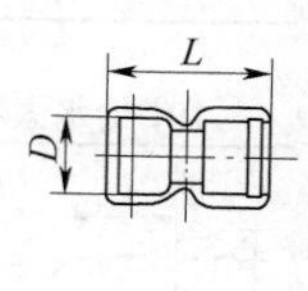

(1)排水扫除口

DN/mm		50	75	100	125	150
L_1	/mm	120	125	130	140	
L_2		35	60	85	110	130
L_3		260	340	390	430	470
L_4		95	120	155	180	200
C/in		3/8		1/2		
质量/kg		2.6	4.4	6.4	10.3	13.0

(2)排水管箍

DN	dN	D	L	质量/kg
/mm				
50	50	80	150	2.1
75		105×80	155	2.5
	75	105	165	2.9
100	50	130×80	170	3.2
	75	130×105	175	3.4
	100	130	180	3.7
125	50	157×80	185	4.3
	75	157×105		4.6
	100	157×130		4.9
	125	157	190	5.7
150	100	182×130	185	5.8
	125	182×157		6.3
	150	182	190	6.7
200	150	234×182	195	9.0
	200	234	200	10.0

10．给水大小头

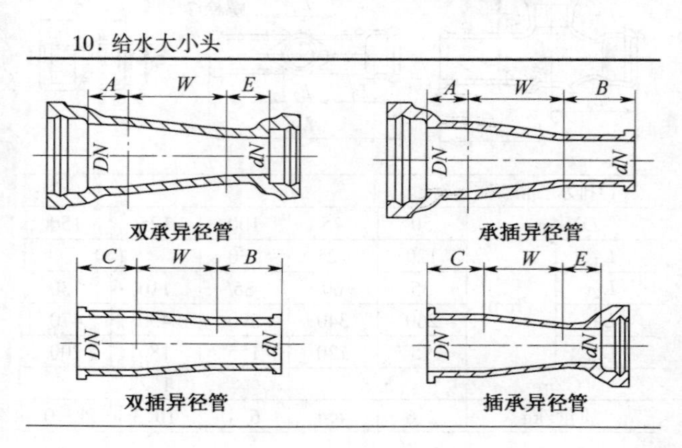

双承异径管　承插异径管

双插异径管　插承异径管

续表

DN /mm	dN /mm	主要尺寸/mm A	B	C	E	W	质量/kg 双承	双插	承插	插承
100	75	50	200	200	50	300	23.7	15.2	19.9	19.1
125	75	50	200	200	50	300	25.9	17.0	22.1	20.8
125	100	50	200	200	50	300	29.0	19.3	24.4	23.9
150	100	55	200	200	50	300	32.5	22.2	27.9	26.8
150	125	55	200	200	50	300	35.4	24.6	30.3	29.7
200	100	60	200	200	50	300	39.0	26.2	34.4	30.8
200	125	60	200	200	50	300	41.8	28.5	36.7	33.6
200	150	60	200	200	50	300	46.2	32.3	40.5	38.0
250	100	70	200	200	50	400	51.7	36.1	47.1	40.7
250	125	70	200	200	50	400	54.9	38.8	49.8	43.9
250	150	70	200	200	55	400	59.8	43.1	54.1	48.8
250	200	70	200	200	60	400	68.3	49.1	60.1	57.3
300	100	80	200	200	50	400	61.7	43.3	57.1	47.9
300	125	80	200	200	50	400	65.0	46.0	59.9	51.1
300	150	80	200	200	55	400	70.0	50.4	64.3	56.1
300	200	80	200	200	60	400	78.5	56.4	70.3	64.7
300	250	80	200	200	70	400	89.9	65.0	78.8	76.0
350	150	80	200	200	55	400	81.7	58.6	76.0	64.3
350	200	80	200	200	60	400	90.2	64.7	82.0	72.9
350	250	80	200	200	70	400	102.0	73.3	90.7	84.4
350	300	80	200	200	80	400	114.0	82.7	100.0	96.5
400	150	90	200	200	55	500	102.0	77.8	96.3	83.5
400	200	90	200	220	60	500	112.0	84.9	103.0	93.1
400	250	90	200	220	70	500	125.0	95.1	114.0	106.0
400	300	90	200	220	80	500	138.0	106.0	124.0	120.0
400	350	90	200	220	80	500	155.0	122.0	140.0	137.0

注:承口、插口尺寸与铸铁直管相同。

11. 短管和套管

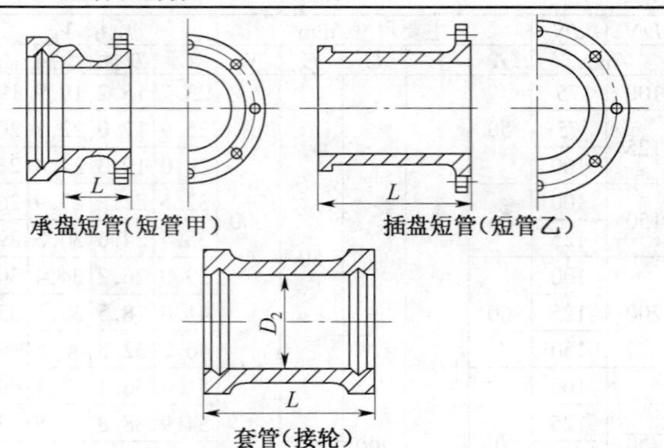

承盘短管(短管甲) 插盘短管(短管乙)

套管(接轮)

<table>
<tr><th rowspan="3">公称通径
DN/mm</th><th colspan="4">短　管</th><th colspan="3">套　管</th></tr>
<tr><th colspan="2">承盘短管</th><th colspan="2">插盘短管</th><th>内径</th><th>管长</th><th rowspan="2">质量
/kg</th></tr>
<tr><th>长 L
/mm</th><th>质量
/kg</th><th>长 L
/mm</th><th>质量
/mm</th><th>D_2
/mm</th><th>L
/mm</th></tr>
<tr><td>75</td><td rowspan="5">120</td><td>13.1</td><td rowspan="8">700</td><td>17.3</td><td>113</td><td rowspan="6">300</td><td>15.9</td></tr>
<tr><td>100</td><td>16.2</td><td>22.1</td><td>138</td><td>19.1</td></tr>
<tr><td>125</td><td>18.9</td><td>26.8</td><td>163</td><td>22.1</td></tr>
<tr><td>150</td><td>23.0</td><td>34.4</td><td>189</td><td>25.4</td></tr>
<tr><td>200</td><td>30.6</td><td>45.3</td><td>240</td><td>34.3</td></tr>
<tr><td>250</td><td rowspan="4">170</td><td>44.9</td><td>62.0</td><td>294</td><td>43.0</td></tr>
<tr><td>300</td><td>56.2</td><td>79.7</td><td>345</td><td rowspan="3">350</td><td>59.1</td></tr>
<tr><td>350</td><td>71.1</td><td>101.0</td><td>396</td><td>71.8</td></tr>
<tr><td>400</td><td>84.8</td><td>750</td><td>129.0</td><td>448</td><td>85.6</td></tr>
</table>

注:承口、插口及盘的尺寸,与铸铁直管相同。

5.1.2 阀门

5.1.2.1 阀门型号的表示方法及命名

1. 阀门型号的编制方法(GB 308—75)

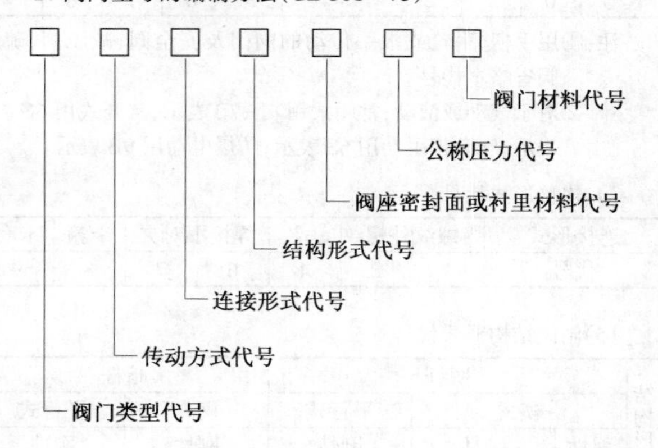

2. 各单元具体内容表示方法

(1)公称压力的表示方法

公称压力用压力数字(MPa 数字的 10 倍)表示。

(2)阀门类型代号

类型	闸阀	球阀	截止阀	节流阀	蝶阀	隔膜阀	旋塞阀	止回阀	底阀	安全阀	疏水阀	排污阀	柱塞阀	减压阀
代号	Z	Q	J	L	D	G	X	H	H	A	S	P	U	Y

注:低温(低于-40℃)、保温(带加热套)和带波纹管的阀门,在类型代号前分别加“D”、“B”和“W”汉语拼音字母。

(3)传动方式代号

传动方式	电磁传动	电磁液动	电液传动	蜗轮	正齿轮	锥齿轮	气动	液动	气液动	电动
代号	0	1	2	3	4	5	6	7	8	9

注:①用手柄、手轮或扳手传动的阀门及安全阀、减压阀、疏水阀省略本代号。

②对于气动或液动:常闭式用6B、7B表示;常开式用6K、7K表示;气动带手动用6S表示;防爆电动用9B表示。

(4)连接形式代号

连接形式	内螺纹	外螺纹	法兰	焊接	对夹	卡箍	卡套
代号	1	2	4	6	7	8	9

(5)闸阀结构形式代号

结构形式	明杆					暗杆			
	楔式			平行式		楔式		平行式	
	弹性闸板	刚性		刚性		刚性		刚性	
		单闸板	双闸板	单闸板	双闸板	单闸板	双闸板	单闸板	双闸板
代号	0	1	2	3	4	5	6	7	8

(6)截止阀、柱塞阀和节流阀结构形式代号

结构形式	直通式	Z形直通式	三通式	角式	直流式(Y型)	平衡	
						直通式	角式
代号	1	2	3	4	5	6	7

(7)蝶阀结构形式代号

结构形式	杠杆式	垂直板式	斜板式
代号	0	1	3

(8)球阀结构形式代号

结构形式	浮动阀					固定球			
	直通式	三通式			四通式	直通式	三通式		半球通式
		Y形	L形	T形			T形	L形	
代号	1	2	4	5	6	7	8	9	0

(9)止回阀和底阀结构形式代号

结构形式	升降			旋启			回转蝶形止回式	截止止回式
	直通式	立式	角式	单瓣式	多瓣式	双瓣式		
代号	1	2	3	4	5	6	7	8

(10)旋塞阀结构形式代号

结构形式	填料密封				油封密封			静配	
	L形	直通	T形三通	四通	L形	直通	T形三通	直通	T形三通
代号	2	3	4	5	6	7	8	9	0

(11)隔膜阀结构形式代号

结构形式	屋脊式	截止式	直流板式	直通式	闸板式	角式Y形	角式T形
代号	1	3	5	6	7	8	9

(12)减压阀结构形式代号

结构形式	薄膜式	弹簧薄膜式	活塞式	波纹管式	杠杆式
代号	1	2	3	4	5

(13)疏水阀结构形式代号

结构形式	浮球式	迷宫或孔板式	浮桶式	液体或固体膨胀式	钟形浮子式	蒸汽压力式	双金属片式或弹簧式	脉冲式	圆盘式
代号	1	2	3	4	5	6	7	8	9

(14)安全阀结构形式代号

<table>
<tr><td rowspan="4">结构形式</td><td colspan="8">弹簧式</td><td rowspan="4">杠杆式</td><td rowspan="4">脉冲式</td></tr>
<tr><td colspan="4">封闭式</td><td colspan="4">不封闭</td></tr>
<tr><td rowspan="2">带散热片全启式</td><td rowspan="2">微启式</td><td rowspan="2">全启式</td><td rowspan="2">带扳手全启式</td><td colspan="3">带扳手</td><td rowspan="2">带控制机构全启式</td></tr>
<tr><td>双弹簧微启式</td><td>微启式</td><td>全启式</td></tr>
<tr><td>代号</td><td>0</td><td>1</td><td>2</td><td>4</td><td>3</td><td>7</td><td>8</td><td>6</td><td>5</td><td>9</td></tr>
</table>

(15)排污阀结构形式代号

<table>
<tr><td rowspan="2">结构形式</td><td colspan="2">液面连续</td><td colspan="4">液底间断</td></tr>
<tr><td>截止型直通式</td><td>截止型角式</td><td>截止型直流式</td><td>截止型直通式</td><td>截止型角式</td><td>浮动闸板型直通式</td></tr>
<tr><td>代号</td><td>1</td><td>2</td><td>5</td><td>6</td><td>7</td><td>8</td></tr>
</table>

(16)阀座密封面或衬里材料代号

阀座密封面或衬里材料	代号	阀座密封面或衬里材料	代号	阀座密封面或衬里材料	代号
锡基轴承合金	B	Cr13 系不锈钢	H	衬铅	Q
搪瓷	C	Mo2Ti 系不锈钢	R	塑料	S
渗氮钢	D	衬胶	J	铜合金	T
18-8 系不锈钢	E	蒙乃尔合金	M	橡胶	X
氟塑料	F	尼龙塑料	N	硬质合金	Y
玻璃	G	渗硼钢	P		

(17)阀体材料代号

阀体材料	代号	阀体材料	代号	阀体材料	代号
钛及钛合金	A	球墨铸铁	Q	铜及铜合金	T
碳素钢	C	铝合金	L	铬钼钒钢	V
Cr13 系不锈钢	H	Mo2Ti 系不锈钢	R	塑料	S
铬钼钢	I	18-8 系不锈钢	P	—	—
可锻铸铁	K	灰铸铁	Z	—	—

5.1.2.2 截止阀

【规格及用途】

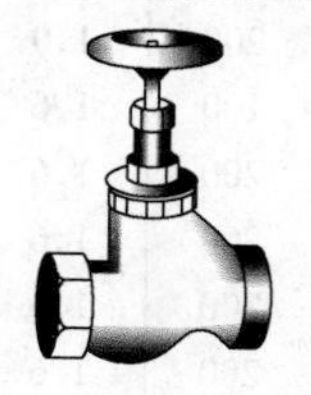

内螺纹连接截止阀

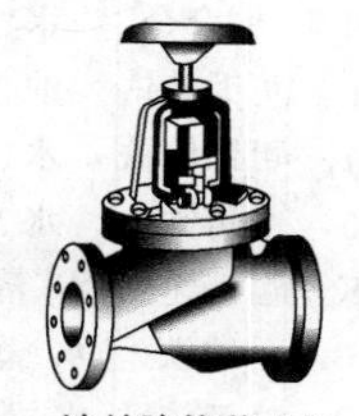

法兰连接截止阀

型　　号	阀体材料	适用介质	适用温度 /℃≤	公称压力 /MPa	公称通径 /mm
J41F-16K	可锻铸铁	水、蒸汽	200	1.6	15～65
J41T-16K	可锻铸铁	水、蒸汽	200	1.6	15～65
J41T-16	灰铸铁	水、蒸汽	200	1.6	15～200
J41W-16	灰铸铁	油、煤气	100	1.6	15～200
J11F-10T	铜合金	水、蒸汽	200	1.0	6～65
J11W-10T	铜合金	水、蒸汽	200	1.0	6～65

续表

型　　号	阀体材料	适用介质	适用温度/℃≤	公称压力/MPa	公称通径/mm
J11T-16K	可锻铸铁	水、蒸汽	200	1.6	15～65
J11X-10K	可锻铸铁	水	50	1.0	15～65
J11W-16	灰铸铁	油、煤气	100	1.6	15～65
J11W-16K	可锻铸铁	油、煤气	100	1.6	15～65
J11F-16K	可锻铸铁	水、蒸汽	200	1.6	15～65
J11T-16	灰铸铁	水、蒸汽	200	1.6	15～65
J11H-16K	可锻铸铁	水、蒸汽	200	1.6	15～65
J14F-10T	铜合金	水、蒸汽	200	1.0	15～50
J41W-10T	铜合金	水、蒸汽	200	1.0	6～80
J41W-16K	可锻铸铁	油、煤气	100	1.6	15～40
J41SA-16K	可锻铸铁	水、蒸汽	200	1.6	15～40
J41SA-16	铸铁	水、蒸汽	200	1.6	50～200
J41H-16K	可锻铸铁	水、蒸汽、油	200	1.6	15～50
J41H-16	铸铁	水、蒸汽、油	200	1.6	65～200
J44H-16Q	球墨铸铁	水、蒸汽、油	200	1.6	50～100
J13H-25	碳钢	石油产品	250	2.5	6～25
J13H-40	碳钢	石油产品	250	4.0	6～25
J13H-160	碳钢	石油产品	250	16	6～25
J24H-25	碳钢	液体氨	200	2.5	6～15
J24H-40	碳钢	液体氨	200	4.0	6～15
J41H-25	碳钢	水、蒸汽、油	425	2.5	10～200
J941H-40	碳钢	水、蒸汽、油	425	4.0	50～200
J41H-40	碳钢	水、蒸汽、油	425	4.0	10～200

续表

型　　号	阀体材料	适用介质	适用温度/℃≤	公称压力/MPa	公称通径/mm
J941H-25	碳钢	水、蒸汽、油	400	2.5	50～200
J41N-40	碳钢	液化石油气	80	4.0	15～200
J41H-64	碳钢	水、蒸汽、油	425	6.4	10～200
J941H-64	碳钢	水、蒸汽、油	425	6.4	50～100
H11T-16K	可锻铸铁	水、蒸汽、油	200	1.6	15～65
H41T-16	铸铁	水、蒸汽、油	200	1.6	40～200
H41W-16	铸铁	油、煤气	200	1.6	50～200
用途	广泛用于管路或其他设备上				

5.1.2.3 闸阀

【规格及用途】

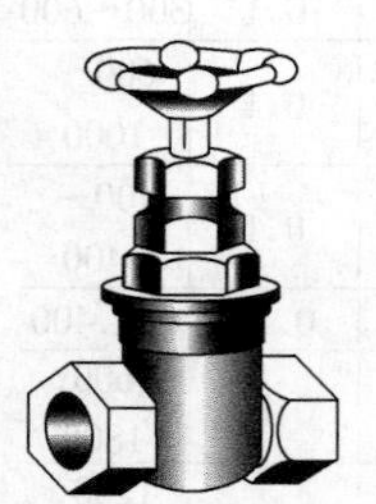

内螺纹连接暗杆楔式单闸板闸阀

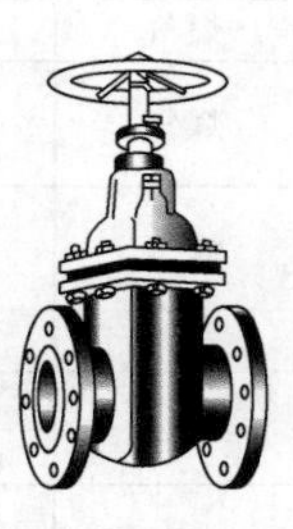

法兰连接暗杆楔式单闸板闸阀

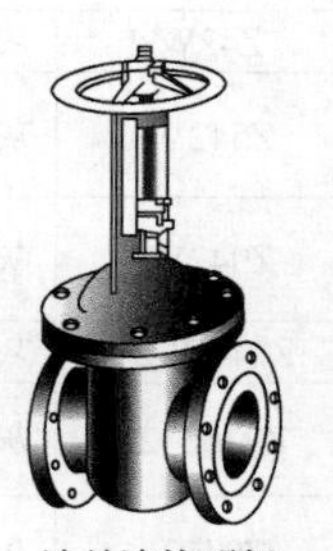

法兰连接明杆平行式双闸板闸阀

续表

型　　号	阀体材料	适用介质	适用温度/℃≤	公称压力/MPa	公称通径/mm
Z15W-10	灰铸铁	煤气、油	100	1.0	15～80
Z15W-10K	可锻铸铁	煤气、油	100	1.0	15～50
Z15W-10T	铜合金	水	100	1.0	15～100
Z15T-10	灰铸铁	水	100	1.0	15～80
Z15T-10K	可锻铸铁	水	100	1.0	15～100
Z44T-16	灰铸铁	水、蒸汽	200	1.6	50～150
Z44W-10	灰铸铁	煤气、油	100	1.0	40～500
Z44T-10	灰铸铁	水、蒸汽	200	1.0	40～500
Z45T-10	灰铸铁	水	100	1.0	40～1000
Z45W-10	灰铸铁	煤气、油	100	1.0	40～700
Z41T-10	灰铸铁	水、蒸汽	200	1.0	40～500
Z41W-10	灰铸铁	煤气、油	100	1.0	40～500
Z942W-0.3	灰铸铁	煤气	100	0.03	2000
Z42W-1	灰铸铁	煤气	100	0.1	300～600
Z542W-1	灰铸铁	煤气	100	0.1	600～1000
Z942W-1	灰铸铁	煤气	100	0.1	400～1400
Z744W-2.5	灰铸铁	蒸汽	100	0.25	200,400
Z946T-2.5	灰铸铁	水	100	0.25	1600,1800
Z945T-6	灰铸铁	水	100	0.6	1200,1400
Z541T-10	灰铸铁	水	100	1.0	700～1000

续表

型　　号	阀体材料	适用介质	适用温度/℃≤	公称压力/MPa	公称通径/mm
Z6S41T-10	灰铸铁	水、蒸汽	200	1.0	50
Z6S41F-10	灰铸铁	水、蒸汽	200	1.0	80,100
Z741T-10	灰铸铁	水	100	1.0	100～700
Z941T-10	灰铸铁	水、蒸汽	200	1.0	100～400,700,800
Z941W-10	灰铸铁	蒸汽、油	100	1.0	100～400
Z644T-10	灰铸铁	水	100	1.0	150,200,300
Z744W-10	灰铸铁	油	50	1.0	100～500
Z744T-10	灰铸铁	水	100	1.0	100～400,500,600
Z944W-10	灰铸铁	油	100	1.0	100～450
Z944T-10	灰铸铁	水、蒸汽	200	1.0	100～450
Z545W-10	灰铸铁	水、蒸汽	100	1.0	500～600
Z545T-10	灰铸铁	水、蒸汽	100	1.0	500～600,1000
Z945W-10	灰铸铁	油	100	1.0	100～400,500～800
Z945T-10	灰铸铁	水	100	1.0	100～1600
Z40H-16C	铸钢	水、蒸汽、油	400	1.6	200～400
Z40W-16P	铬镍钛钢	硝酸类	100	1.6	200～400
		醋酸类			65～400
Z41H-16C	铸钢	水、蒸汽	350	1.6	15～400,500

续表

型号	阀体材料	适用介质	适用温度/℃≤	公称压力/MPa	公称通径/mm
Z41H-16Q	球墨铸铁	水、蒸汽	350	1.6	65～100, 150
Z41Y-16C	铸钢	油、蒸汽	350	1.6	50～250
Z41H-16C	铸钢	油、蒸汽	350	1.6	50～400
Z6s40H-16C	铸钢	油、蒸汽	400	1.6	200～400
Z641H-16C	铸钢	油、水、蒸汽	350	1.6	125～500
Z6s41Y-16C	铸钢	油、水、蒸汽	350	1.6	50～250
Z941H-16C	碳钢	油、水、蒸汽	425	1.6	50～400, 500
Z41H-25	碳钢	油、水、蒸汽	425	2.5	15～400, 500
Z941H-25	碳钢	油、水、蒸汽	425	2.5	50～400, 500
Z11H-40	碳钢	油、水、蒸汽	425	4.0	15～50
Z41H-40	碳钢	油、水、蒸汽	425	4.0	15～400, 500
Z941H-40	碳钢	油、水、蒸汽	425	4.0	50～400, 500
Z41H-64	碳钢	油、水、蒸汽	425	6.4	50～300
Z941H-64	碳钢	油、水、蒸汽	425	6.4	50～200
Z41H-100	碳钢	油、水、蒸汽	425	10.0	50～300
Z941H-100	碳钢	油、水、蒸汽	425	10.0	50～200
用途	暗杆闸阀的阀杆不做升降运动，适用于空间高度受限制的场合；明杆闸阀的阀杆能升降，用于空间高度不受限制的场合				

5.1.2.4 止回阀

【规格及用途】

内螺纹
旋启式止回阀

法兰连接
旋启式止回阀

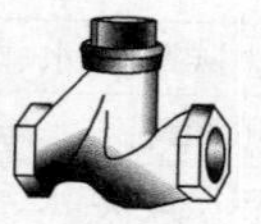
内螺纹连接
升降式止回阀

法兰连接
升降式止回阀

型　号	阀体材料	适用介质	适用温度 /℃	公称压力 /MPa	公称通径 /mm
H12X-2.5	灰铸铁	水	≤50	0.25	40～80
H42X-2.5	灰铸铁	水	≤50	0.25	50～300
H44X-2.5	灰铸铁	水	≤50	0.25	50, 80～100
H45X-2.5	灰铸铁	水	≤50	0.25	300
H46X-2.5	灰铸铁	水	≤50	0.25	125～250
H41T-16	灰铸铁	水、蒸汽	≤200	1.6	15～150
H41W-16	灰铸铁	煤气、油	≤100	1.6	15～150
H41T-16K	可锻铸铁	水、蒸汽	≤200	1.6	25～100
H11T-16	灰铸铁	水、蒸汽	≤200	1.6	15～65
H11W-16	灰铸铁	煤气、油	≤100	1.6	15～65
H11T-16K	可锻铸铁	水、蒸汽	≤200	1.6	15～65
H44T-10	灰铸铁	水、蒸汽	≤200	1.0	50～600
H44X-10	灰铸铁	水	≤50	1.0	50～600
H44W-10	灰铸铁	煤气、油	≤100	1.0	50～600
H14T-16K	可锻铸铁	水、蒸汽	≤200	1.6	15～65
H14W-10T	铜合金	水、蒸汽	≤200	1.0	15～65

续表

型　　号	阀体材料	适用介质	适用温度/℃	公称压力/MPa	公称通径/mm
H41H-25	碳钢	水、蒸汽、油	≤425	2.5	15～200
H41H-25K	可锻铸铁	蒸汽	≤300	2.5	30～80
H41H-25Q	球墨铸铁	水、蒸汽、油	≤300	2.5	25～150
H44H-25	碳钢	水、蒸汽、油	≤350	2.5	50～150
H41H-40	碳钢	水、蒸汽、油	≤425	4.0	10～200
H41H-N40	碳钢	液化石油气	－40～+80	4.0	25～80
H41H-40Q	球墨铸铁	水、蒸汽、油	≤350	4.0	32～150
H44H-40	碳钢	水、蒸汽、油	≤425	4.0	50～400
H44H-H64	碳钢	水、蒸汽、油	≤425	6.4	50～500，700
H41H-H64	碳钢	水、蒸汽、油	≤425	6.4	20～100
H41H-100	碳钢	水、蒸汽、油	≤425	10.0	10～100
H44H-100	碳钢	水、蒸汽、油	≤425	10.0	65～300
H44H-160	碳钢	水、油	≤425	16.0	50～300
H44Y-200	碳钢	水、蒸汽	≤200	20.0	65～80
H64H-200	碳钢	水	≤160	20.0	175
H44Y-250	碳钢	蒸汽、油	－40～+100	25.0	65～200
用途	升降式止回阀，用于水平管路及设备；旋启式止回阀，用于水平或垂直管路及设备				

5.1.2.5 球阀

【规格及用途】

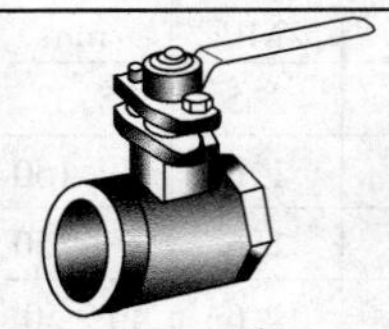

Q11F-16型

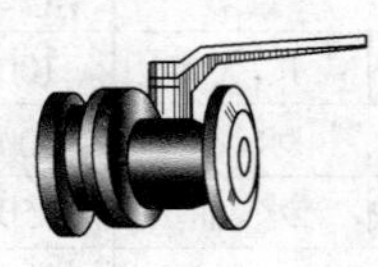

Q41F-16型

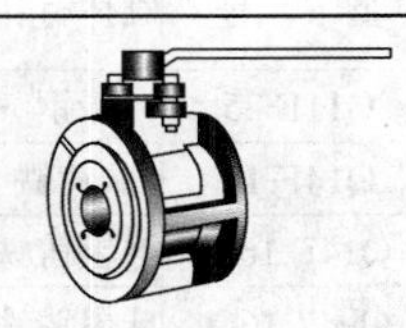

Q41F-6CⅢ型

型 号	阀体材料	适用介质	适用温度 /℃≤	公称压力 /MPa	公称通径 /mm
Q41F-6CⅢ	铸钢衬聚四氟乙烯	酸、碱性液体或气体	100	0.6	25,40,50
Q41F-10	灰铸铁	水、气体	100	1.0	15～150
Q41F-16C	铸钢	水、油	150	1.6	15～350
Q476-16C	铸钢	水、油	100	1.6	200～500
Q341F-16	灰铸铁	水、油	150	1.6	200
Q641F-16C	铸钢	水、油	150	1.6	15～150
Q41F-16	灰铸铁	水、蒸汽、油	150	1.6	15～200
Q611F-16	灰铸铁	水、油	150	1.6	15～50
Q941F-16C	铸钢	水、油	150	1.6	80～200
Q641F-10	灰铸铁	水、气体	100	1.0	40～150
Q41F-25Q	球墨铸铁	水、油	150	2.5	25～150
Q43F-25	碳钢	水、油	150	2.5	15～25
Q41F-25	碳钢	水、油	150	2.5	15～150
Q941-25Q	球墨铸铁	水、蒸汽、油	150	2.5	50,80
Q947F-25	碳钢	天然气、油	80	2.5	150～350
Q11F-16T	铜合金	水、蒸汽、油	150	1.6	15～65
Q11F-16	灰铸铁	水、蒸汽、油	150	1.6	6～50

续表

型　号	阀体材料	适用介质	适用温度/℃≤	公称压力/MPa	公称通径/mm
Q11F-25	碳钢	水、气体	100	2.5	25,32
Q14F-16	灰铸铁	水、油	100	1.6	15～150
Q14F-16Q	球墨铸铁	水、油	150	1.6	15～150
Q947-16Q	球墨铸铁	水、气体	100	1.6	40～50
Q21F-40	碳钢	水、油	150	4.0	10～25
Q11F-40	碳钢	水、油	100	4.0	15～50
Q41F-40	碳钢	水、油	100	4.0	15～125
Q47F-40	碳钢	水、油	100	4.0	100,150,300,400,600
Q41F-40Q	球墨铸铁	水、蒸汽、油	150	4.0	25～100
Q641F-40	球墨铸铁	水、油	150	4.0	15～100
Q641F-40Q	球墨铸铁	蒸汽、油	150	4.0	50～100
Q941F-40	碳钢	蒸汽、油	150	4.0	65～200
Q347F-64	碳钢	天然气、油	80	6.4	150～300
Q41N-64	碳钢	天然气、油	80	6.4	32～100
Q947F-64	碳钢	天然气、油	80	6.4	200～300
QF2	铜	氧气	—	—	4
QF10	铜	氯气	—	—	6
QF11	锻钢	氨气	—	—	6
QF13	铜	氟利昂	—	—	6
QF30	铜	氢气	—	—	4
用途	装在管路上,用以启闭管路中的介质				

5.1.2.6 旋塞阀

【规格及用途】

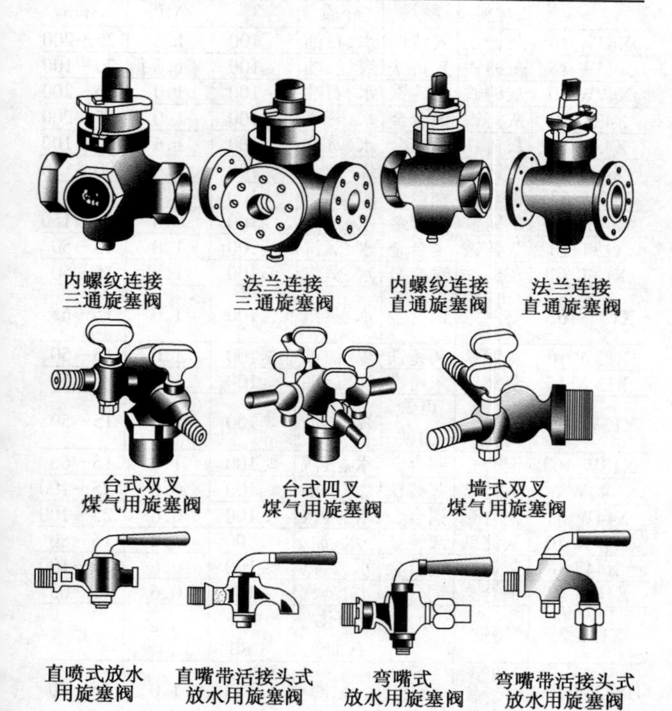

1. 旋塞阀

型号	阀体材料	密封面材料	适用介质	适用温度/℃	公称压力/MPa	公称通径/mm
X43W-10	灰铸铁	灰铸铁	水、石油	≤100	1.0	25～200
X43W-16	灰铸铁	灰铸铁	煤气、油	≤100	1.6	20～100
X47W-10	灰铸铁	灰铸铁	水、石油	≤100	1.0	150～200
X43T-10	灰铸铁	铜合金	水、蒸汽	≤100	1.0	25～200
X43T-16	灰铸铁	铜合金	水、蒸汽	≤100	1.6	20～100
X43W-6	灰铸铁	灰铸铁	煤气、油	≤100	0.6	100～150
X43W-6T	铜合金	铜合金	水、蒸汽	≤100	0.6	32～150
X43T-6	灰铸铁	铜合金	水、蒸汽	≤100	0.6	32～150
X13T-10	灰铸铁	铜合金	水、蒸汽	≤100	1.0	15～50
X13T-16	灰铸铁	铜合金	水、蒸汽	≤100	1.6	15～50
X13T-10K	可锻铸铁	铜合金	水、蒸汽	≤100	1.0	15～65
X13W-10	灰锻铁	灰铸铁	煤气、油	≤100	1.0	15～50
X13W-16	灰铸铁	灰铸铁	煤气、油	≤100	1.6	15～50
X13W-10K	可锻铸铁	可锻铸铁	煤气、油	≤100	1.0	15～50
X13W-10T	铜合金	铜合金	水、蒸汽	≤100	1.0	15～65
X44W-6	灰铸铁	灰铸铁	煤气、油	≤100	0.6	25～100
X44W-6T	铜合金	铜合金	水、蒸汽	≤100	0.6	25～100
X44W-10	灰铸铁	灰铸铁	水、油	≤100	1.0	15～80
X44T-6	灰铸铁	铜合金	水、蒸汽	≤100	0.6	25～100
X14W-6T	铜合金	铜合金	水、蒸汽	≤100	0.6	15～65
X13F-25	铸铁	—	液化石油气	-40～+80	2.5	15
BX43W-10Q	球墨铸铁	—	硫、磷	≤133	1.0	25～80
用途	直通、三通旋塞阀用于启闭管路中的介质，三通阀尚有分配、换向作用					

2. 煤气用旋塞阀

型　式	墙式				台式		
	单叉			双叉	单叉	双叉	四叉
公称通径 DN/mm	6	10	15	15	15	15	15
管螺纹尺寸代号	1/4	3/8	1/2	1/2	1/2	1/2	1/2
密封材料	铜合金				铜合金		
阀体材料	铜合金				铜合金		
用途	用以启闭管路中的煤气，适用压力 $PN \leqslant$ 0.15MPa						

3. 放水用旋塞阀

公称通径/mm		3	6	10	15	20
管螺纹尺寸/in	直嘴式	1/8	1/4	3/8	1/2	3/4
	直嘴带活接头式	—	1/4	3/8	1/2	3/4
	弯嘴式	—	1/4	3/8	1/2	3/4
	弯嘴带活接头式	—	1/4	3/8	1/2	3/4
用途	直嘴式放水旋塞用于放蒸汽用；弯嘴的用以放水、放蒸汽或放油用					

5.1.2.7　底阀

【规格及用途】

内螺纹连接升降式底阀

法兰连接升降式或旋启式底阀

续表

型号	阀体材料	密封面材料	适用介质	适用温度/℃≤	公称压力/MPa	公称通径/mm
H42X-2.5	灰铸铁	橡胶	水	50	0.25	50～200
H12X-2.5	灰铸铁	橡胶	水	50	0.25	50～80
H46X-2.5	灰铸铁	橡胶	水	50	0.25	250～500
用途	装于水泵的进水管末端,用来阻止水源中杂物进入水管,并能阻止管中水倒流					

5.1.2.8 疏水阀

【规格及用途】 (GB 12247～GB 12251—89、GB/T 12250—89)

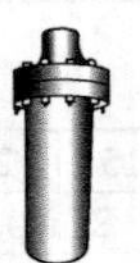
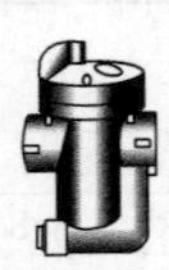

钟形浮子式疏水阀

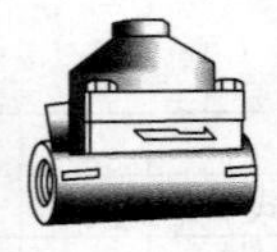

圆盘热动力式疏水阀

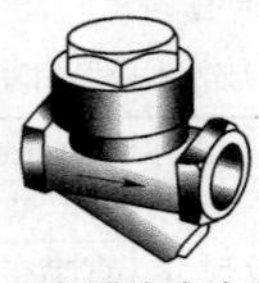

双金属片式疏水阀

型号	阀体材料	适用介质	适用温度/℃≤	公称压力/MPa	公称通径/mm
S17H-16	灰铸铁	蒸汽、水	200	1.6	15～25
S15H-16	灰铸铁	蒸汽、水	200	1.6	15～50
S19H-16	灰铸铁	蒸汽、水	200	1.6	15～50
S19H-16C	铸钢	蒸汽、水	350	1.6	10～50
S19W-16P	铸钢	蒸汽、水	400	1.6	10
S39H-16C	铸钢	蒸汽、水	350	1.6	15～50
S49H-16K	可锻铸铁	蒸汽、水	225	1.6	25
S19H-40	碳钢	蒸汽、水	425	4.0	15～50

续表

型　号	阀体材料	适用介质	适用温度/℃≤	公称压力/MPa	公称通径/mm
S49H-40	碳钢	蒸汽、水	425	4.0	15～50
S19H-64	碳钢	蒸汽、水	425	6.4	15～25
S49H-64	碳钢	蒸汽、水	425	6.4	15～25
S41H-16C	铸钢	蒸汽、水	350	1.6	10～100
S41H-40	碳钢	蒸汽、水	425	4.0	15～100
S18H-25	碳钢	蒸汽、水	425	2.5	15～40
S48H-25	碳钢	蒸汽、水	425	2.5	15～50
S43H-10	灰铸铁	蒸汽、水	200	1.0	15～50
用途	疏水阀常用于蒸汽管路或加热器、散热器等蒸汽设备上				

注:①S15H-16 型疏水阀最大工作压力差(即疏水阀进口端与出口端两个介质工作压力之差)又分 0.35MPa,0.85MPa,1.2MPa,1.6MPa 四种规格。

②公称通径系列 *DN*(mm):15,20,25,32,40,50。

③市场产品中,有的在型号前加字母“C”。

5.1.2.9　活塞式减压阀

【规格及用途】

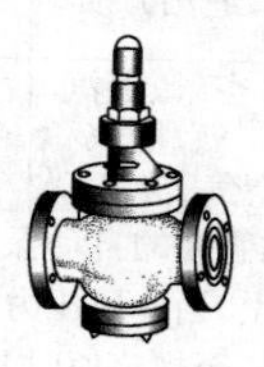

续表

型　　号	阀体材料	适用介质	适用温度/℃≤	公称压力/MPa	公称通径/mm
Y43H-16	灰铸铁	蒸汽、空气	200	1.6	20～200
Y43H-16Q	球墨铸铁	蒸汽、空气	300	1.6	20～200
Y43H-25	碳钢	蒸汽	450	2.5	25～200
Y43H-40	碳钢	蒸汽	450	4.0	25～150
Y43H-64	碳钢	蒸汽	450	6.4	25～150
用途	装在工作压力≤1.3MPa、工作温度≤300℃的蒸汽或空气管路上，能自动将管内介质压力减至规定值，并保持不变				

5.1.2.10　外螺纹弹簧式安全阀

【规格及用途】

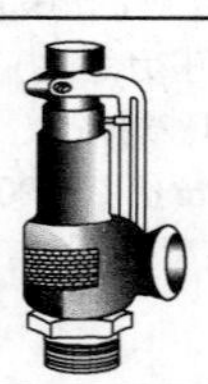

型　　号	阀体材料	适用介质	适用温度/℃≤	公称压力/MPa	公称通径/mm
A27W-10Q	球墨铸铁	空气、蒸汽	350	1.0	60
A27W-16Q	球墨铸铁	氨、蒸汽	225	1.6	50
A2Ⅲ-25	锻钢	空气、液氮、水	300	2.5	15
用途	是设备、管路的自动保险装置，用于有压设备、容器的管路上，当介质压力超过规定值时，自动开启，当压力恢复至规定值时又自动关闭				

5.1.2.11 铜压力表旋塞

【规格及用途】

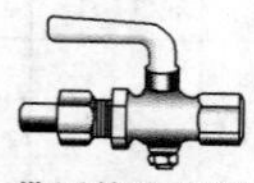
带活接头直通铜压力表旋塞

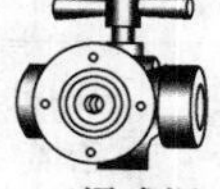
三通式铜压力表旋塞

型号	阀体材料	适用介质	适用温度/℃≤	公称压力/MPa	公称通径/mm
三通式	铜	水、蒸汽、空气	200	0.6	15
带活接头式			200	0.6	6,10,15
用途	装在设备与压力表之间,作控制压力表的开关用				

5.1.2.12 液面指示器旋塞

【规格及用途】

法兰连接液面指示器旋塞

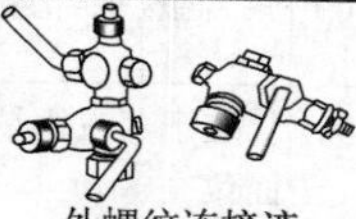
外螺纹连接液面指示器旋塞

型号	阀体材料	密封面材料	适用介质	适用温度/℃≤	公称压力/MPa	公称通径/mm
X49F-16K	可锻铸铁	聚四氟乙烯	水、蒸汽	200	1.6	20
X49F-16T	铜合金	聚四氟乙烯	水、蒸汽	200	1.6	20
X49W-16T	铜合金	铜合金	水、蒸汽	200	1.6	20

续表

型　　号	阀体材料	密封面材料	适用介质	适用温度/℃≤	公称压力/MPa	公称通径/mm
X29F-6T	铜合金	聚四氟乙烯	水、蒸汽	200	0.6	15,20
X29W-6T	铜合金	铜合金	水、蒸汽	200	0.6	15,20
X29F-6K	可锻铸铁	聚四氟乙烯	水、蒸汽	200	0.6	15,20
M21W-6T	铜合金	铜合金	水、蒸汽	200	0.6	15,20
M41W-16T	铜合金	铜合金	水、蒸汽	200	1.6	20
用途	装于蒸汽锅炉或液体贮集器上,用以指示其内的液面位					

5.1.2.13　铜锅炉注水器

【规格及用途】

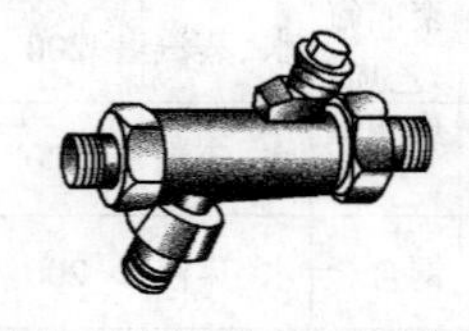

续表

型号	阀体材料	适用介质	供水温度20℃时的注水量/(L/h)≈	公称压力/MPa	公称通径/mm
ZH24W-2	铜	水	450	0.24～0.52	15
ZH24W-3			650	0.3～0.55	20
ZH24W-4			1600	0.7	25
ZH24W-5	铜	水	2000	0.7	30
ZH24W-6			3200	0.7	40
ZH24W-7			4800	0.7	50
用途	用以自动向锅炉给水(一般装在工作压力等于0.2～0.7MPa的蒸汽锅炉上)				

5.1.2.14 快开式排污闸阀

【规格及用途】

型号	阀体材料	适用介质	适用温度/℃≤	公称压力/MPa	公称通径/mm
Z44H-16Q	球墨铸铁	水	300	1.6	25,40,50,65
用途	装于蒸汽锅炉(工作压力≤1.3MPa、温度≤300℃)上,用以排除锅炉中水的沉淀物和污垢等				

5.1.2.15 暖气直角式截止阀

【规格及用途】 (GB 8374—87)

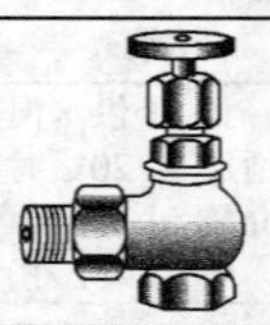

代号	阀体材料	适用温度	公称压力	公称通径/mm
JN	灰铸铁、可锻铸铁、铜合金	≤225℃	1.0MPa	15,20,25
用途	装在室内暖气上,用来开关、调节流量			

5.1.2.16 暖气阻气排水器

【规格及用途】 有直角式及直通式两种。

材料	灰铸铁或可锻铸铁
公称压力 *PN*/MPa	0.1
公称通径 *DN*/mm	15,20
用途	装于室内暖气上自动排除暖气内的冷凝水,并阻止蒸汽泄漏的配件

5.1.2.17 洁具直角式截止阀

【规格及用途】 (QB/T 3881—1999)

续表

名　　称		铜质截止阀	可锻铸铁截止阀
公称直径 *DN*/mm		15	
公称压力 *PN*/MPa		0.6	
传动螺纹	外螺纹	Tr18×3-8c	Tr18×3-8c
	内螺纹	Tr12×3-8H	Tr18×3-8H
管螺纹/in		1/2	
用途		接在洗面器管路上控制水嘴给水，有利于卫生设备维修	

5.1.2.18　自动冲洗阀

【规格及用途】　又名大便冲洗阀。

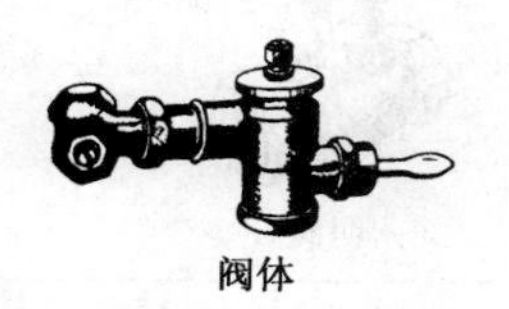

阀体

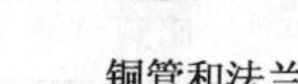

铜管和法兰罩

阀体公称通径 *DN*/mm		25
铜管外径/mm		32
用途	放水冲洗坐便器用的一种半自动阀门。由阀体、法兰罩、铜管及马桶卡等组成	

5.1.2.19　自落水进水阀

【规格及用途】

	公称通径 DN/mm	15
	公称压力 PN/MPa	0.6
用途	小便池上自落高水箱的进水开关，用以控制进水量的大小和自动落水时间间隔	

5.1.2.20 冷热水阀

【规格及用途】

暗阀

明阀

	公称通径 DN/mm	15
	公称压力 PN/MPa	0.6
用途	装在喷头管路上，用来开关喷头的冷、热水。暗阀适合安装于墙壁内的管路上，并附一个钟形法兰罩	

5.1.3 水嘴

5.1.3.1 冷水嘴和铜水嘴

【规格及用途】

普通式冷水嘴

接管水嘴冷水嘴

铜热水嘴

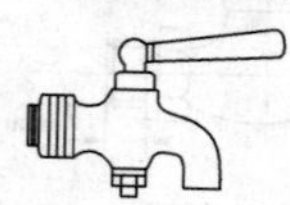
普通式铜茶壶水嘴

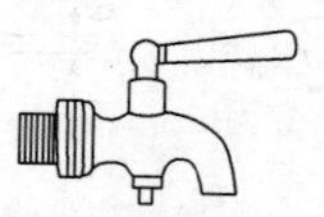
长螺纹式铜茶壶水嘴

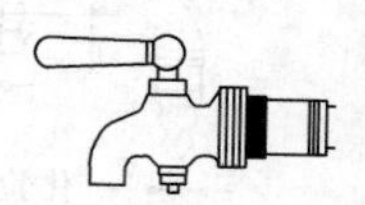
铜保暖水嘴

型号	阀体材料	适用温度/℃≤	公称压力/MPa	公称通径/mm	用途
冷水嘴	可锻铸铁、灰铸铁、铜合金	50	0.6	15,20,25	装于自来水管路上放水用
铜热水嘴	铜合金	225	0.6	15,20,22	装在热水锅炉的出口管或热水桶上放水用
铜茶壶水嘴	铜合金	225	—	8,20,25	普通式供装于搪瓷茶缸上,长螺纹式供装于陶瓷茶缸上放水用
铜保暖水嘴	铜合金	225	—	8,20,25	装在保暖茶桶上放水用

5.1.3.2　化验水嘴

【规格及用途】（QB/T 1334—1998）

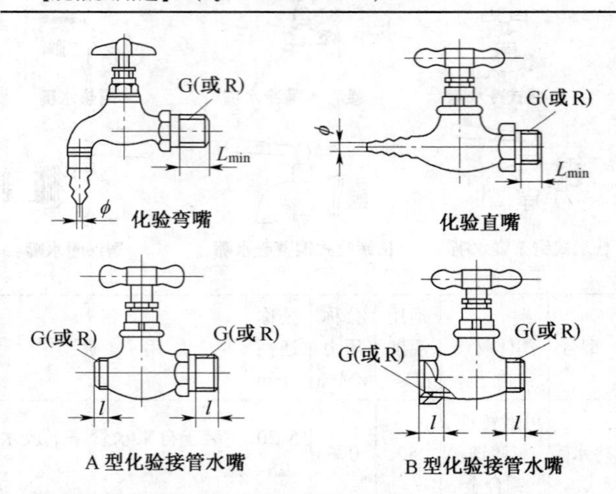

化验弯嘴　　化验直嘴

A型化验接管水嘴　　B型化验接管水嘴

<table>
<tr><td>公称压力 PN/MPa</td><td>0.6</td><td>公称通径 DN/mm</td><td>15</td></tr>
<tr><td>管螺纹/in</td><td>1/2</td><td>管嘴外径/mm</td><td>12</td></tr>
<tr><td colspan="2" rowspan="2">螺纹有效长度
l_{min}/mm</td><td>圆柱管螺纹</td><td>10</td></tr>
<tr><td>锥管螺纹</td><td>11.4</td></tr>
<tr><td>用途</td><td colspan="3">用于化验水槽或水盆上,套上胶管后放水冲洗试管、药瓶器皿等</td></tr>
</table>

5.1.3.3　浴缸水嘴

【规格及用途】（QB/T 1334—1998）

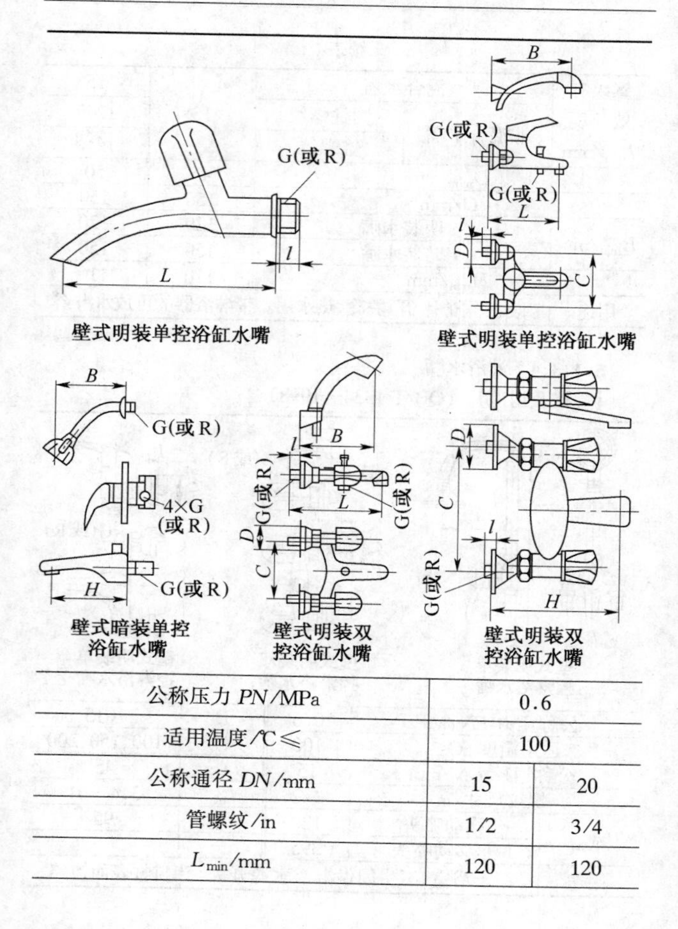

壁式明装单控浴缸水嘴　　壁式明装单控浴缸水嘴

壁式暗装单控浴缸水嘴　　壁式明装双控浴缸水嘴　　壁式明装双控浴缸水嘴

公称压力 PN/MPa	0.6	
适用温度/℃≤	100	
公称通径 DN/mm	15	20
管螺纹/in	1/2	3/4
L_{min}/mm	120	120

续表

<table>
<tr><td rowspan="3">螺纹有效长度 l_{min}/mm</td><td colspan="2">混合水嘴</td><td rowspan="3">13</td><td>15</td></tr>
<tr><td rowspan="2">非混合水嘴</td><td>圆柱螺纹</td><td>12.7</td></tr>
<tr><td>锥螺纹</td><td>14.5</td></tr>
<tr><td colspan="3">D_{min}/mm</td><td>45</td><td>50</td></tr>
<tr><td colspan="3">C/mm</td><td>150</td><td>150</td></tr>
<tr><td rowspan="2">B_{min}/mm</td><td colspan="2">明装水嘴</td><td>120</td><td>120</td></tr>
<tr><td colspan="2">暗装水嘴</td><td>150</td><td>150</td></tr>
<tr><td colspan="3">H_{min}/mm</td><td>110</td><td>110</td></tr>
<tr><td>用途</td><td colspan="4">装在浴缸上,开、关冷、热水用。带淋浴器的可放水淋浴</td></tr>
</table>

5.1.3.4　淋浴水嘴

【规格及用途】（QB/T 1334—1998）

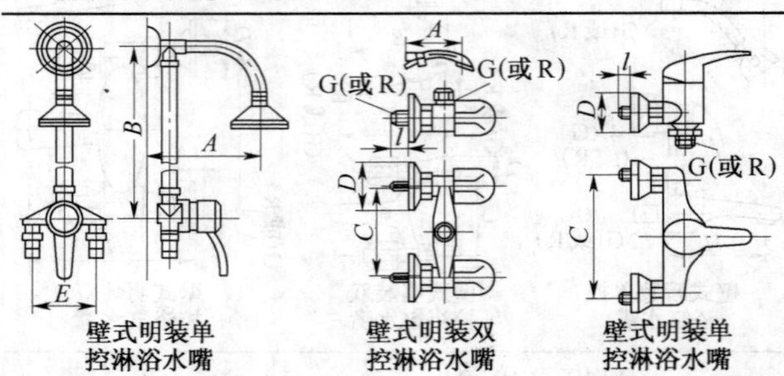

壁式明装单控淋浴水嘴　　壁式明装双控淋浴水嘴　　壁式明装单控淋浴水嘴

<table>
<tr><td colspan="2">公称压力 PN/MPa</td><td>0.6</td><td>B</td><td>1015</td></tr>
<tr><td colspan="2">适用温度/℃≤</td><td>100</td><td>C</td><td>100、150、200</td></tr>
<tr><td colspan="2">公称通径 DN/mm</td><td>15</td><td>D_{min}</td><td>45</td></tr>
<tr><td colspan="2">螺纹尺寸/in</td><td>1/2</td><td>l_{min}</td><td>3.4～61</td></tr>
<tr><td rowspan="2">A_{min}</td><td>移动喷头</td><td>120</td><td>E_{min}</td><td>95</td></tr>
<tr><td>非移动喷头</td><td>395</td><td>—</td><td>—</td></tr>
<tr><td>用途</td><td colspan="4">用于浴室、卫生间做淋浴水源开关。铜制,表面镀铬</td></tr>
</table>

5.1.3.5 洗涤水嘴

【规格及用途】 (QB/T 1334—1998)

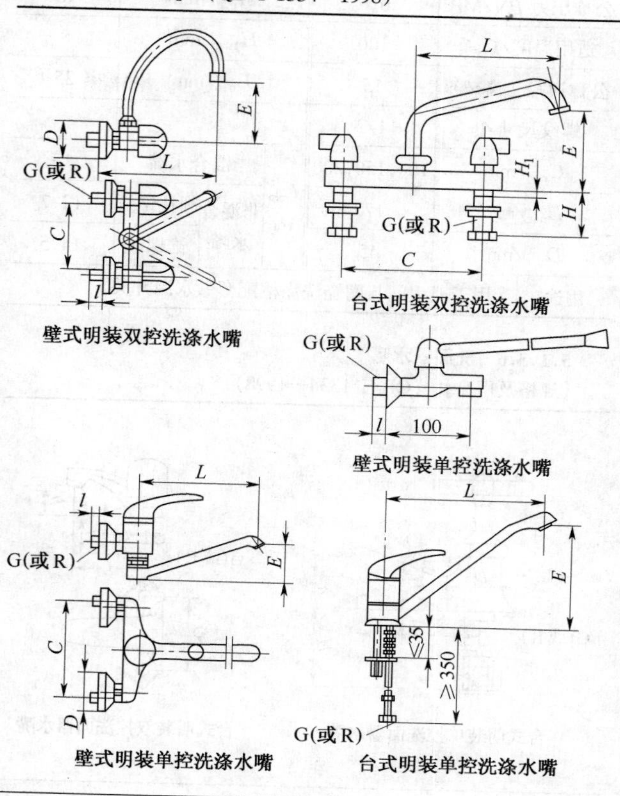

壁式明装双控洗涤水嘴

台式明装双控洗涤水嘴

壁式明装单控洗涤水嘴

壁式明装单控洗涤水嘴

台式明装单控洗涤水嘴

续表

<table>
<tr><td>公称压力 PN/MPa</td><td>0.6</td><td colspan="3">H_{min}/mm</td><td>48</td></tr>
<tr><td>适用温度/℃≤</td><td>100</td><td colspan="3">H_{1min}/mm</td><td>8</td></tr>
<tr><td>公称通径 DN/mm</td><td>15</td><td colspan="3">E_{min}/mm</td><td>25</td></tr>
<tr><td>螺纹尺寸/in</td><td>1/2</td><td colspan="3"></td><td></td></tr>
<tr><td>C_{min}/mm</td><td>100,150,200</td><td rowspan="3">l_{min}/mm</td><td colspan="2">混合水嘴</td><td>15</td></tr>
<tr><td>L_{min}/mm</td><td>170</td><td rowspan="2">非混合水嘴</td><td>圆柱螺纹</td><td>12.7</td></tr>
<tr><td>D_{min}/mm</td><td>45</td><td>锥螺纹</td><td>14.5</td></tr>
<tr><td>用途</td><td colspan="5">用于卫生间与陶瓷洗涤槽配套做水源开关</td></tr>
</table>

5.1.3.6 洗面器水嘴

【规格及用途】（QB/T 1334—1998）

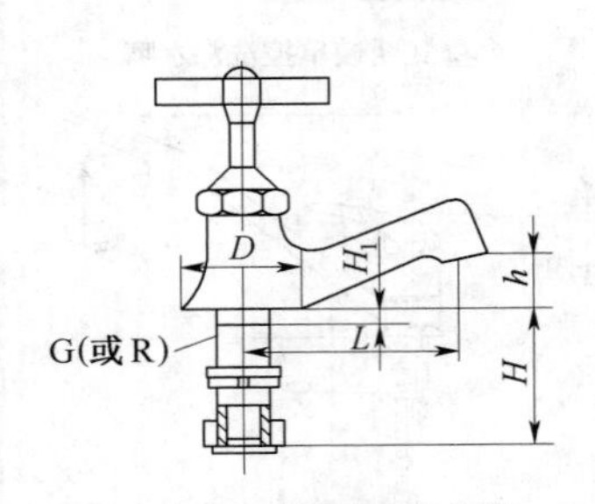

台式明装单控洗面器水嘴

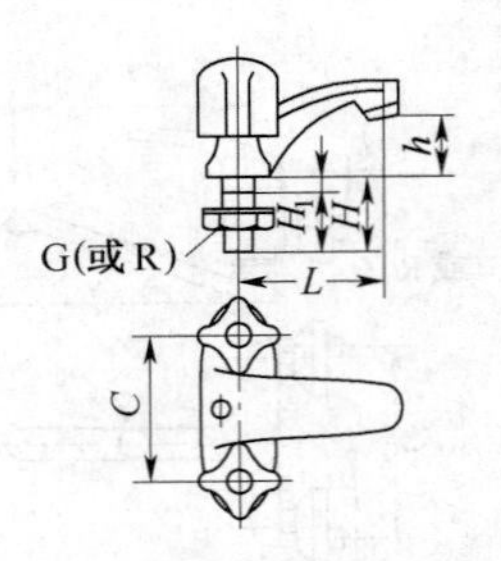

台式明装双控洗面器水嘴

续表

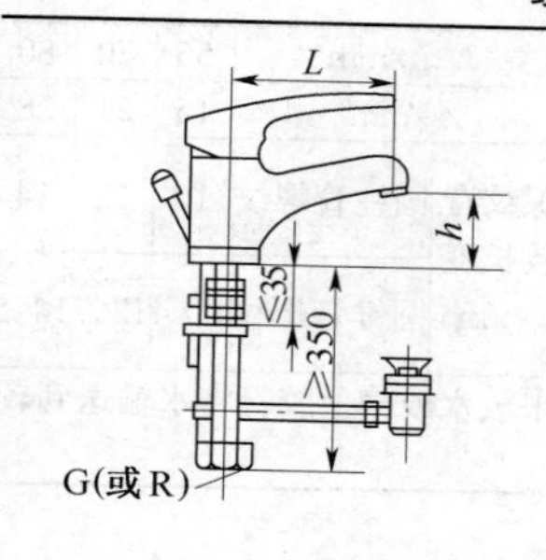

台式明装单控洗面器水嘴

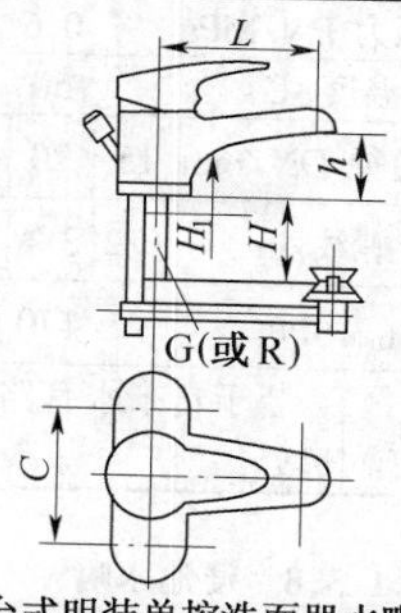

台式明装单控洗面器水嘴

公称压力 PN/MPa	0.6	H_{1min}	/mm	8
适用温度/℃≤	100	h_{min}		25
公称通径 DN/mm	15	D_{min}		40
管螺纹/in	1/2	L_{min}		65
H_{max}/mm	48	C		100,150,200
用途	装于洗面器上做冷、热水开关用			

5.1.3.7　接管水嘴

【规格及用途】（QB/T 1334—1998）

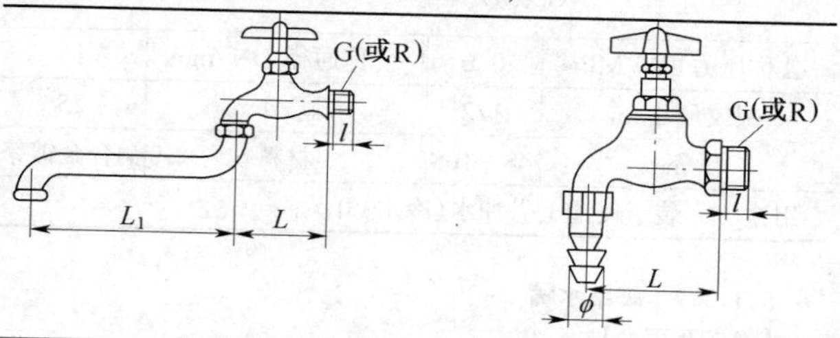

续表

公称压力 PN/MPa	0.6			L_{min}/mm		55	70	80
适用温度/℃≤	50			ϕ/mm		15	21	28
公称通径 DN/mm	15	20	25	螺纹有效长度 l_{min}/mm	圆柱管螺纹	10	12	14
管螺纹/in	1/2	3/4	1		圆锥管螺纹	11.4	12.7	14.5
L_{1min}/mm	170							
用途	装于自来水管路上用来放水或接上胶管将水输送到较远处							

5.1.3.8　便池水嘴

【规格及用途】（QB/T 1334—1998）

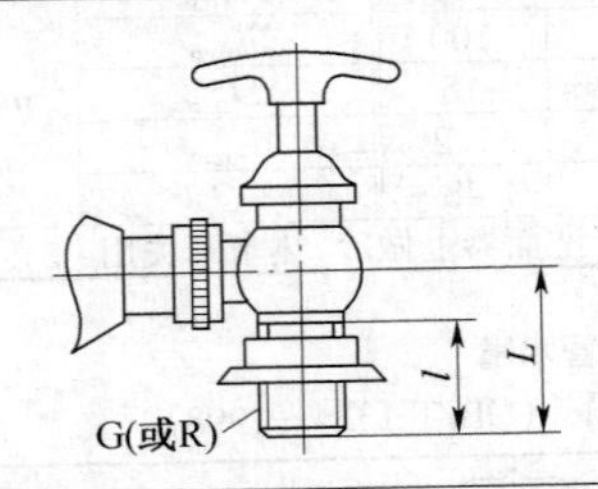

公称压力 PN/MPa	0.6	公称通径 DN/mm	15
螺纹尺寸/in	1/2	l_{min}/mm	25
L/mm	48～108	材料	铜合金镀铬
用途	装于便池上做冲水(冷水)开关		

5.1.3.9　脚踏水嘴

【规格及用途】

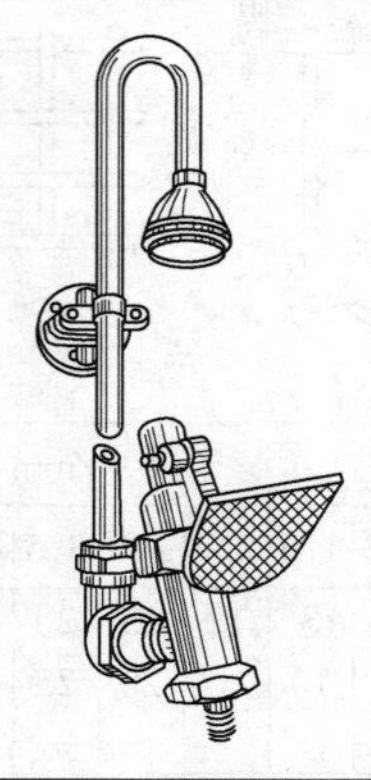

公称通径 DN/mm	15	公称压力 PN/MPa	0.6
用途	装于面盆、水盘上,做脚踏放水开关。可节约用水		

5.1.3.10 自闭水嘴

【规格及用途】 又名手揿龙头。

公称通径 DN/mm	15	公称压力 PN/MPa	0.6
适用温度/℃≤	100		
用途	装于公共场所的洗面器、水斗、饮水管上做自来水或饮用水开关用。手揿即打开,松手即自动关闭。节水		

5.2 网纱、金属门窗及家具配件

5.2.1 金属网及窗纱

5.2.1.1 钢丝波纹方孔网

【规格及用途】 (QB/T 1925.3—1993)

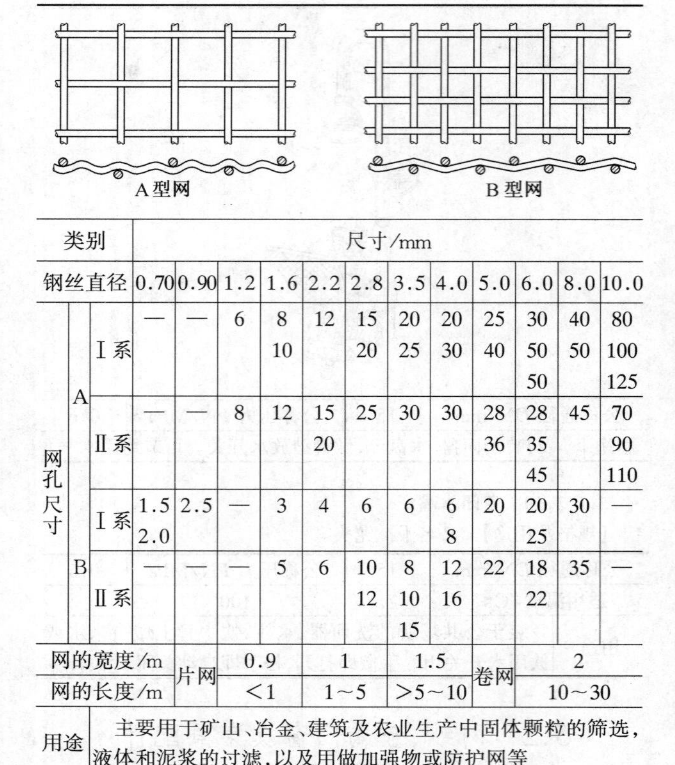

A型网　　B型网

类别		尺寸/mm											
钢丝直径		0.70	0.90	1.2	1.6	2.2	2.8	3.5	4.0	5.0	6.0	8.0	10.0
网孔尺寸 A	Ⅰ系	—	—	6	8 10	12	15 20	20 25	20 30	25 40	30 50 50	40 50	80 100 125
网孔尺寸 A	Ⅱ系	—	—	8	12	15 20	25	30	30	28 36	28 35 45	45	70 90 110
网孔尺寸 B	Ⅰ系	1.5 2.0	2.5	—	3	4	6	6	6 8	20	20 25	30	—
网孔尺寸 B	Ⅱ系	—	—	—	5	6	10 12	8 10 15	12 16	22	18 22	35	—
网的宽度/m			片网	0.9		1		1.5		卷网	2		
网的长度/m			片网	<1		1～5		>5～10		卷网	10～30		
用途	主要用于矿山、冶金、建筑及农业生产中固体颗粒的筛选，液体和泥浆的过滤，以及用做加强物或防护网等												

注：①网孔尺寸系列：Ⅰ系为优选规格，Ⅱ系为一般规格。

②一般用途的镀锌低碳钢丝编织波纹方孔网代号为BW。

5.2.1.2 钢丝六角网

【规格及用途】（QB/T 1925—1993）

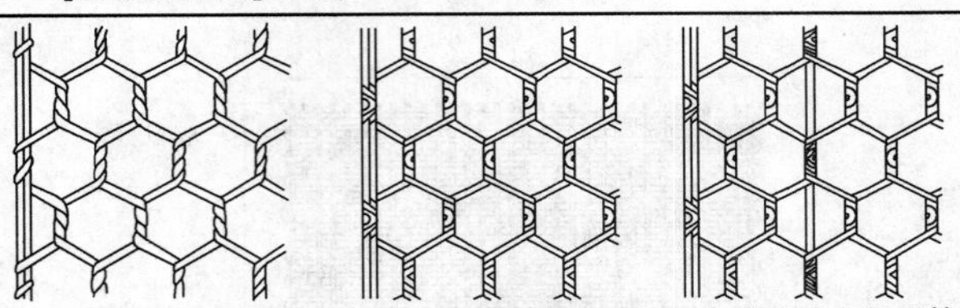

单向搓捻式　　双向搓捻式　　双向搓捻式有加强筋

<table>
<tr><td rowspan="2" colspan="2">分类</td><td colspan="3">按镀锌方式分</td><td colspan="6">按编织形式分</td></tr>
<tr><td>先织网后镀锌</td><td>先电镀锌后织网</td><td>先热镀锌后织网</td><td colspan="2">单向搓捻式</td><td colspan="2">双向搓捻式</td><td colspan="2">双向搓捻式有加强筋</td></tr>
<tr><td colspan="2">代号</td><td>B</td><td>D</td><td>R</td><td colspan="2">Q</td><td colspan="2">S</td><td colspan="2">J</td></tr>
<tr><td colspan="2">网孔尺寸 U/mm</td><td>10</td><td>13</td><td>16</td><td>20</td><td>25</td><td>30</td><td>40</td><td>50</td><td>75</td></tr>
<tr><td rowspan="2">钢丝直径 d/mm</td><td>自</td><td>0.40</td><td>0.40</td><td>0.40</td><td>0.40</td><td>0.40</td><td>0.45</td><td>0.50</td><td>0.50</td><td>0.50</td></tr>
<tr><td>至</td><td>0.60</td><td>0.90</td><td>0.90</td><td>1.00</td><td>1.30</td><td>1.30</td><td>1.30</td><td>1.30</td><td>1.30</td></tr>
<tr><td colspan="2">用途</td><td colspan="9">适用于建筑、保温、防护及围栏等</td></tr>
</table>

注：①钢丝直径系列 d(mm)：0.40，0.45，0.50，0.55，0.60，0.70，0.80，0.90，1.00，1.10，1.20，1.30。

②钢丝镀锌后直径应不小于($d+0.02$)mm。

③网的宽度系列(m)：0.5，1，1.5，2；网的长度系列(m)：25，30，50。

④六角网的代号为 LW 后面再加注镀锌方式代号和编织型式代号，网孔×丝径，网长×网宽等。如：先编后镀的编织网网孔为 16mm，丝径为 0.9mm，网面宽为 1m，网长为 3m。单项搓捻的一般用途镀锌低碳钢丝编织六角网，其标记为：LWBQ16×0.9-1QB/T 1925.2。

5.2.1.3 镀锌低碳钢丝布钢丝方孔网

【规格及用途】（QB/T 1925.1—1993）

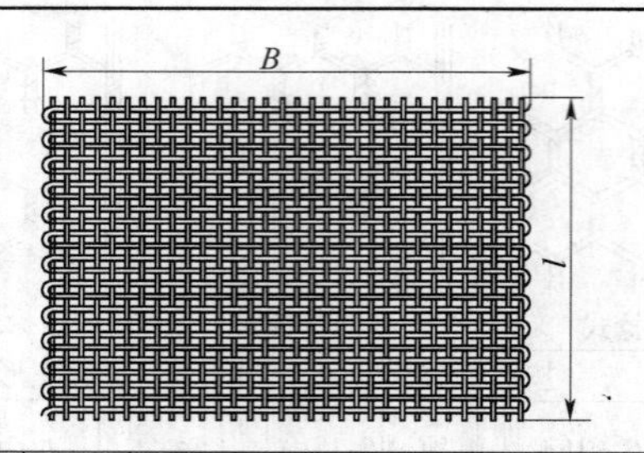

<table>
<tr><th>网孔尺寸</th><th>钢丝直径</th><th>净孔尺寸</th><th>网的宽度</th><th rowspan="2">相当英制目数</th><th>网孔尺寸</th><th>钢丝直径</th><th>净孔尺寸</th><th>网的宽度</th><th rowspan="2">相当英制目数</th></tr>
<tr><th colspan="4">/mm</th><th colspan="4">/mm</th></tr>
<tr><td>0.50</td><td rowspan="6">0.20</td><td>0.30</td><td rowspan="14">914</td><td>50</td><td>2.10</td><td rowspan="2">0.45</td><td>1.65</td><td rowspan="13">1000</td><td>12</td></tr>
<tr><td>0.55</td><td>0.35</td><td>46</td><td>2.55</td><td>2.05</td><td>10</td></tr>
<tr><td>0.60</td><td>0.40</td><td>42</td><td>2.80</td><td rowspan="4">0.55</td><td>2.25</td><td>9</td></tr>
<tr><td>0.64</td><td>0.44</td><td>40</td><td>3.20</td><td>2.65</td><td>8</td></tr>
<tr><td>0.66</td><td>0.46</td><td>38</td><td>3.60</td><td>3.05</td><td>7</td></tr>
<tr><td>0.70</td><td>0.50</td><td>36</td><td>3.90</td><td>3.35</td><td>6.5</td></tr>
<tr><td>0.75</td><td rowspan="5">0.25</td><td>0.50</td><td>34</td><td>4.25</td><td rowspan="3">0.70</td><td>3.55</td><td>6</td></tr>
<tr><td>0.80</td><td>0.55</td><td>32</td><td>4.60</td><td>3.90</td><td>5.5</td></tr>
<tr><td>0.85</td><td>0.60</td><td>30</td><td>5.10</td><td>4.40</td><td>5</td></tr>
<tr><td>0.95</td><td>0.70</td><td>26</td><td>5.65</td><td rowspan="3">0.90</td><td>4.75</td><td>4.5</td></tr>
<tr><td>1.05</td><td>0.80</td><td>24</td><td>6.35</td><td>5.45</td><td>4</td></tr>
<tr><td>1.15</td><td rowspan="3">0.30</td><td>0.85</td><td>22</td><td>7.25</td><td>6.35</td><td>3.5</td></tr>
<tr><td>1.30</td><td>1.00</td><td>20</td><td>8.46</td><td rowspan="3">1.20</td><td>7.26</td><td>3</td></tr>
<tr><td>1.40</td><td>1.10</td><td>18</td><td>10.20</td><td>9.00</td><td rowspan="2">1200</td><td>2.5</td></tr>
<tr><td>1.60</td><td>0.30</td><td>1.25</td><td>1000</td><td>16</td><td>12.70</td><td>11.50</td><td>2</td></tr>
<tr><td>1.80</td><td>0.35</td><td>1.45</td><td>1000</td><td>14</td><td></td><td></td><td></td><td></td><td></td></tr>
<tr><td>用途</td><td colspan="9">适用于筛选干的颗粒物，如粮食、食用粉、石子、砂粒等，也可用于围栏等场合</td></tr>
</table>

注：每匹长度为 30m。

5.2.1.4 铜丝编织方孔网

【用途】 黄铜丝编织方孔网主要用于筛选食用粉、粮食、种子、工业颗粒和粉状物质,以及过滤各种溶液、油脂等;锡青铜丝编织方孔网一般多用于造纸行业。

【规格】 (QB/T 2031—1994) (mm)

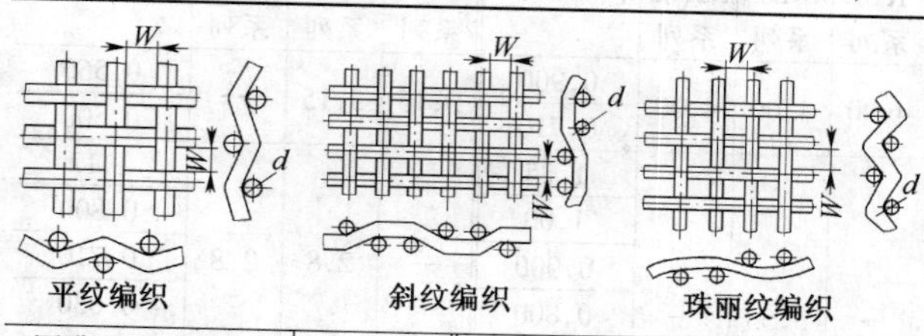

网孔基本尺寸 W			金属丝直径基本尺寸	网孔基本尺寸 W			金属丝直径基本尺寸
主要尺寸	补充尺寸			主要尺寸	补充尺寸		
R10系列	R20系列	R40/3系列		R10系列	R20系列	R40/3系列	
5.00	5.00	—	1.60	—	4.50	—	1.40
			1.25				1.12
			1.12				1.00
			1.00				0.90
			0.90				0.80
—	—	4.75	1.60				0.71
			1.25	4.00	4.00	4.00	1.40
			1.12				1.25
			1.00				1.12
			0.90				1.00

续表

网孔基本尺寸 W			金属丝直径基本尺寸	网孔基本尺寸 W			金属丝直径基本尺寸
主要尺寸	补充尺寸			主要尺寸	补充尺寸		
R10系列	R20系列	R40/3系列		R10系列	R20系列	R40/3系列	
4.00	4.00	4.00	0.900	3.15	3.15	—	0.560
			0.710				0.500
—	3.55	—	1.25	—	2.8	2.8	1.12
			1.00				0.800
			0.900				0.710
			0.800				0.630
			0.710				0.560
			0.630	2.50	2.50	—	1.00
			0.560				0.710
—	—	3.55	1.25				0.630
			0.900				0.560
			0.800				0.500
			0.710	—	—	2.36	1.00
			0.630				0.800
			0.560				0.630
3.15	3.15	—	1.25				0.560
			1.12				0.500
			0.800				0.450
			0.710	—	2.24	—	0.900
			0.630				0.630

续表

网孔基本尺寸 W			金属丝直径基本尺寸
主要尺寸	补充尺寸		
R10系列	R20系列	R40/3系列	
—	2.24	—	0.560
			0.500
			0.450
2.00	2.00	2.00	0.900
			0.630
			0.560
			0.500
			0.450
			0.400
—	1.8	—	0.800
			0.560
			0.500
			0.450
			0.400
—	—	1.70	0.800
			0.630
			0.500
			0.450
			0.400

网孔基本尺寸 W			金属丝直径基本尺寸
主要尺寸	补充尺寸		
R10系列	R20系列	R40/3系列	
1.60	1.60	—	0.800
			0.560
			0.500
			0.450
			0.400
—	1.40	1.40	0.710
			0.560
			0.500
			0.450
			0.400
			0.355
1.25	1.25	—	0.630
			0.560
			0.500
			0.400
			0.355
			0.315
—	—	1.18	0.630
			0.500
			0.450

续表

网孔基本尺寸 W			金属丝直径基本尺寸	网孔基本尺寸 W			金属丝直径基本尺寸
主要尺寸	补充尺寸			主要尺寸	补充尺寸		
R10系列	R20系列	R40/3系列		R10系列	R20系列	R40/3系列	
—	—	1.18	0.400	—	0.90	—	0.224
			0.355	—	—	0.850	0.500
			0.315				0.450
—	1.12	—	0.560				0.355
			0.450				0.315
			0.400				0.280
			0.355				0.250
			0.280				0.224
1.00	1.00	1.00	0.560	0.800	0.800	—	0.450
			0.500				0.355
			0.400				0.315
			0.355				0.280
			0.315				0.250
			0.280				0.200
			0.250	—	0.710	0.710	0.450
—	0.90	—	0.500				0.315
			0.450				0.280
			0.355				0.250
			0.315				0.200
			0.250	0.630	0.630	—	0.400

续表

网孔基本尺寸 *W*			金属丝直径基本尺寸	网孔基本尺寸 *W*			金属丝直径基本尺寸
主要尺寸	补充尺寸			主要尺寸	补充尺寸		
R10系列	R20系列	R40/3系列		R10系列	R20系列	R40/3系列	
0.630	0.630	—	0.315	0.500	0.500	0.500	0.160
			0.280	—	0.450	—	0.280
			0.250				0.250
			0.224				0.224
			0.200				0.200
—	—	0.600	0.400				0.160
			0.315				0.140
			0.280	—	—	0.425	0.280
			0.250				0.224
			0.200				0.200
			0.180				0.180
—	0.560	—	0.315				0.160
			0.280				0.140
			0.250	4.00	4.00	—	0.250
			0.224				0.224
			0.180				0.200
0.500	0.500	0.500	0.315				0.180
			0.250				0.160
			0.224				0.140
			0.200	—	0.355	0.355	0.224

续表

网孔基本尺寸 W			金属丝直径基本尺寸	网孔基本尺寸 W			金属丝直径基本尺寸
主要尺寸	补充尺寸			主要尺寸	补充尺寸		
R10系列	R20系列	R40/3系列		R10系列	R20系列	R40/3系列	
—	0.355	0.355	0.200	0.250	0.250	0.250	0.140
			0.180				0.125
			0.140				0.112
			0.125				0.100
0.315	0.315	—	0.200	—	0.224	—	0.160
			0.180				0.125
			0.160				0.100
			0.140				0.090
			0.125	—	—	0.212	0.140
—	—	0.300	0.200				0.125
			0.180				0.112
			0.160				0.100
			0.140				0.090
			0.125	0.200	0.200	—	0.140
			0.112				0.125
—	0.280	—	0.180				0.112
			0.160				0.090
			0.140				0.080
			0.112	0.180	0.180	—	0.125
0.250	0.250	0.250	0.160				0.112

续表

网孔基本尺寸 W			金属丝直径基本尺寸	网孔基本尺寸 W			金属丝直径基本尺寸
主要尺寸	补充尺寸			主要尺寸	补充尺寸		
R10系列	R20系列	R40/3系列		R10系列	R20系列	R40/3系列	
0.180	0.180	—	0.100	0.125	0.125	0.125	0.080
			0.090				0.071
			0.080				0.063
0.160	—	—	0.112				0.056
			0.100				0.050
			0.090	—	—	0.106	0.080
			0.080				0.071
			0.071				0.063
			0.063				0.056
—	—	0.150	0.100				0.050
			0.090	0.100	0.100	—	0.080
			0.080				0.071
			0.071				0.063
			0.063				0.056
—	0.140	—	0.100				0.050
			0.090	—	0.090	0.090	0.071
			0.071				0.063
			0.063				0.056
			0.056				0.050
0.125	0.125	0.125	0.090				0.045

续表

网孔基本尺寸 W 主要尺寸 R10系列	补充尺寸 R20系列	补充尺寸 R40/3系列	金属丝直径基本尺寸
0.080	0.080	—	0.063
			0.056
			0.050
			0.045
			0.040
—	—	0.075	0.063
			0.056
			0.050
			0.045
			0.040
—	0.071	—	0.056
			0.050
			0.045
			0.040
0.063	0.063	0.063	0.050
			0.045
			0.040
			0.036
—	0.056	—	0.045
			0.040

网孔基本尺寸 W 主要尺寸 R10系列	补充尺寸 R20系列	补充尺寸 R40/3系列	金属丝直径基本尺寸
—	0.056	—	0.036
			0.032
—	—	0.053	0.040
			0.036
			0.032
0.050	0.050	—	0.040
			0.036
			0.032
			0.030
—	0.045	0.045	0.036
			0.032
			0.028
0.040	0.040	—	0.032
			0.030
			0.025
—	—	0.038	0.032
			0.030
			0.025
—	0.036	—	0.030
			0.028
			0.022

5.2.1.5 不锈钢丝网

【规格及用途】

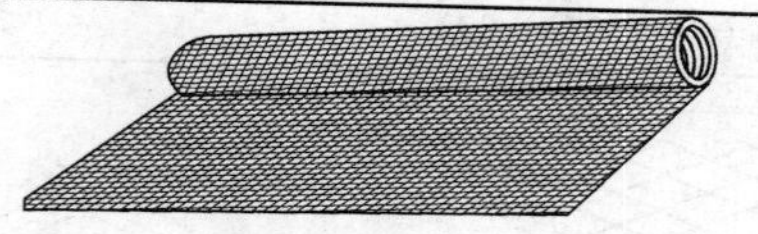

每25.4mm长度目数	钢丝直径/mm	孔宽近似值/mm	每25.4mm长度目数	钢丝直径/mm	孔宽近似值/mm
4	1.00	5.35	26	0.27	0.71
5	1.00	4.08	28	0.23	0.68
6	0.71	3.52	30	0.23	0.62
8	0.56	2.62	32	0.23	0.56
10	0.56	1.98	36	0.23	0.48
12	0.50	1.61	38	0.21	0.45
14	0.46	1.35	40	0.19	0.45
16	0.38	1.21	50	0.15	0.35
18	0.315	1.10	60	0.12	0.30
20	0.315	0.96	80	0.10	0.21
22	0.27	0.88	100	0.08	0.17
24	0.27	0.79	120	0.08	0.13
用途	主要用于石油、化工、医药、卫生、轻工、电信等行业，对液体、气体和颗粒，粉状物质的筛选、过滤等场合				

注：布面尺寸：长度为30m，宽914mm、1000mm、1200mm。

5.2.1.6 钢板网

【用途】 小网一般用作建筑物的墙壁、柱、天花板等的混凝土钢筋，也有用做门窗的防护层。大网一般用做机器上的防护罩，玻璃天棚的防护层，工厂、仓库、变电所等的隔离网，石油与化工的过滤等。

重型网多用做船舶、锅炉、发电站、油田、矿井、码头、起重吊车等大型机械设备上的平台走道、扶梯、踏板，用来代替花纹钢板、栅架。

【规格】（GB 11953—89）

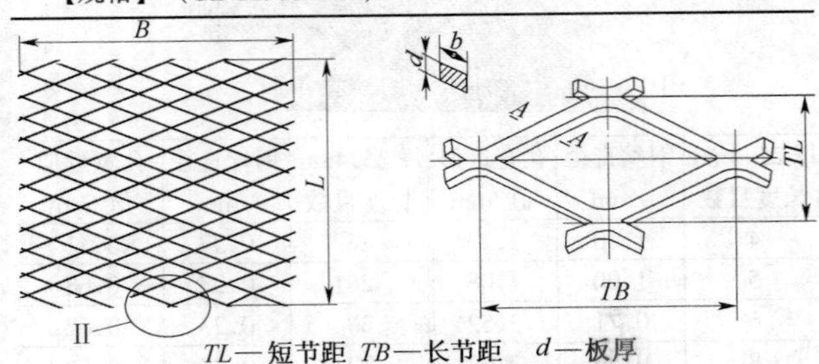

TL—短节距 TB—长节距 d—板厚
b—丝梗宽 B—网面宽 L—网面长

钢板厚度	网格尺寸/mm			网面尺寸/mm		理论质量
d/mm	TL	TB	b	B	L	/(kg/m²)
0.50	5	12.5	1.11	2000	1000	1.74
	10	25	0.96		600、1000	0.75
	14	25	0.62		600	0.35
			0.70		1000	0.39
	5	12.5	1.10	1000或2000	2000	1.73
	8	20		2000	3000	1.08
	10	25	1.12		4000	0.88
	12	30	1.35			
0.80	10	25	0.96		600	1.20
			1.14		1000	1.43
			1.12		4000	1.41
			1.35			
	12	30	1.68			

续表

钢板厚度	网格尺寸/mm			网面尺寸/mm		理论质量
d/mm	*TL*	*TB*	*b*	*B*	*L*	/(kg/m^2)
1.0	10	25	1.10	2000	600	1.73
			1.15		1000	1.81
			1.12		4000	1.76
	12	30	1.35			1.77
	15	40	1.68			1.76
1.2	10	25	1.13		4000	2.13
	12	30	1.35			2.12
	15	40	1.68			2.11
	18	50	2.03			2.12
1.5	15	40	1.69			2.65
	18	50	2.03			2.66
	22	60	2.47			2.64
	29	80	3.26			
2.0	18	50	2.03		4000 或 5000	3.54
	22	60	2.47			3.53
	29	80	3.26			
	36	100	4.05			3.53
	44	120	4.95			
2.5	29	80	3.26			4.41
	36	100	4.05			4.42
	44	120	4.95			
3.0	36	120	4.99			5.30
	44	180	4.60			
	55	150	4.99		5000	4.27
	65	180	4.60		6000	3.33

续表

钢板厚度	网格尺寸/mm			网面尺寸/mm		理论质量
d/mm	*TL*	*TB*	*b*	*B*	*L*	/(kg/m²)
4.0	22	60	4.5	1500或2000	2200	12.85
	30	80	5.0		2700	10.47
	38	100	6.0		2800	9.92
4.5	22	60	5.0		2000	16.05
	30	80	60		2200	14.13
	38	100			2800	11.16
5.0	24	60	60		1800	19.63
	32	80			2400	14.72
	38	100	7.0		2400	14.46
	56	150	60		4200	8.41
	76	200			5700	6.20
6.0	32	80	7.0		2000	20.60
	38	100			2400	17.35
	56	150			3600	11.78
	76	200	8.0		4200	9.92
7.0	40	100	8.0		2200	21.98
	60	150			3400	14.65
	80	200	9.0		4000	12.36
8.0	40	100	8.0		2200	25.12
		200	9.0		2000	28.26
	60	150	9.0		3000	18.84
	80	200	10.0		3600	15.70

5.2.1.7 镀锌电焊网

【规格及用途】

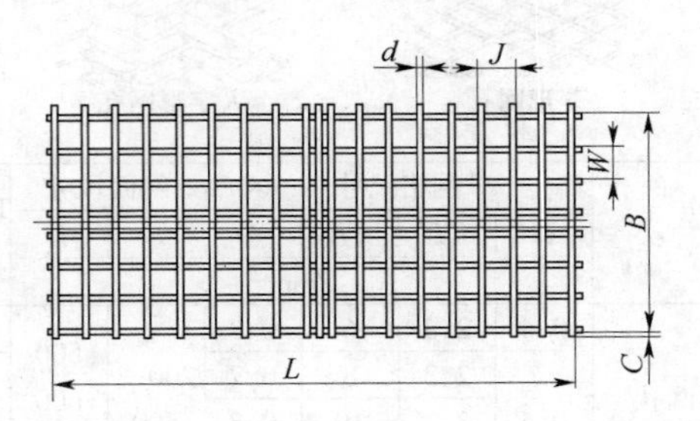

<table>
<tr><th>网号</th><th>网孔尺寸(经×纬)/(mm×mm)</th><th>钢丝直径
d/mm</th><th>网边露头长
C/mm</th><th>网宽
B/m</th><th>网长
L/m</th></tr>
<tr><td>20×20</td><td>50.80×50.80</td><td rowspan="4">1.80～2.50</td><td rowspan="4">≤2.5</td><td rowspan="8">0.914</td><td rowspan="4">30</td></tr>
<tr><td>10×20</td><td>25.40×50.80</td></tr>
<tr><td>10×10</td><td>25.40×25.40</td></tr>
<tr><td>04×10</td><td>12.70×25.40</td></tr>
<tr><td>06×06</td><td>19.05×19.05</td><td>1.00～1.80</td><td>≤2</td><td rowspan="4">30
48</td></tr>
<tr><td>04×04</td><td>12.70×12.70</td><td rowspan="3">0.50～0.90</td><td rowspan="3">≤1.5</td></tr>
<tr><td>03×03</td><td>9.53×9.53</td></tr>
<tr><td>02×02</td><td>6.35×6.35</td></tr>
<tr><td>用途</td><td colspan="5">主要用于建筑、种植、养殖围栏等</td></tr>
</table>

注：经×纬＝$J \times W$。

5.2.1.8 铝板网

【规格及用途】

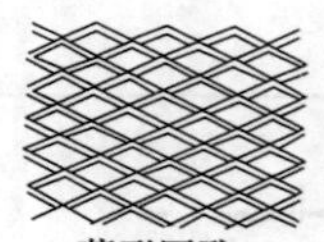
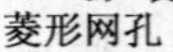
菱形网孔

人字形网孔

分　　类	网格尺寸				网面尺寸		理论质量/(kg/m²)
	d	TL	TB	b	B	L	
	/mm						
菱形网孔铝板网	0.4	2.3	6	0.7	200～500	500 600 1000	0.657
	0.5	2.3	8	0.7			0.822
		3.2	10	0.8			0.657
		5.0	12.5	1.1			0.594
	1.0	5.0	12.5	1.1	1000	2000	1.188
人字形网孔铝板网	0.4	1.7	6	0.5	200～500	500 600 1000	0.635
		2.2	8	0.5			0.491
	0.5	1.7	6	0.5			0.794
		2.2	8	0.6			0.736
		3.5	12.5	0.8			0.617
	1.0	3.5	12.5	1.1	1000	2000	1.697
用途	用于仪器、仪表、机器设备及建筑物上做通风防护装置和装饰等，也可用于汽车、拖拉机的滤清器的滤网						

注：尺寸代号 *TL*/*TB*，*d*、*b*、*B*、*L* 含义见钢板网图注。

5.2.1.9　窗纱

【规格及用途】（QB/T 3882—1999）

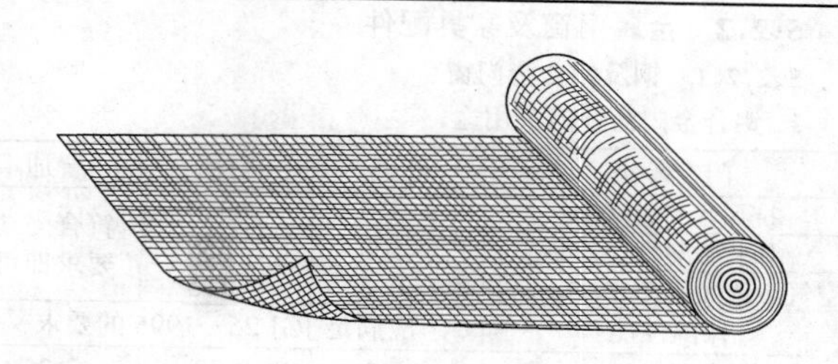

品种		每25.4mm目数		孔距/mm		宽度×长度/(m×m)			材质
						1×25	1×30	0.914×30.48	
		经向	纬向	经向	纬向	每匹质量的近似值/kg			
金属丝编织涂漆、涂塑、镀锌窗纱		14	14	1.8	1.8	10.5	12.5	11.5	金属丝编织涂漆、涂塑、镀锌窗纱的制造材料主要为低碳钢丝，牌号为Q195、Q215(钢丝直径0.18～0.25mm)
		16	16	1.6	1.6	12	14	13	
		18	18	1.4	1.4	13	15	14.5	
玻璃纤维涂塑窗纱	5112	14	14	1.8	1.8	3.9～4.1			
	5116	16	16	1.6	1.6	4.3～4.5			
塑料窗纱(聚乙烯)		16	16	1.6	1.6	—	3.9	—	
用途	窗纱主要用于纱窗、纱门、菜橱、菜罩、蜂房、蝇拍、扑虫器等，以达到通风和阻挡蚊蝇或其他昆虫的侵入(或逃出)。塑料窗纱也可用做过滤器材，但工作温度不能超过50℃								

5.2.2 金属门窗及家具配件

5.2.2.1 钢及铝合金门窗

1. 铝合金门窗性能及用途

门窗等级	高档	中档	普通
抗风压性能/kPa	≥3.5	≥3.0	符合当地要求即可
雨水渗漏性能/Pa	≥500	≥350	
空气渗透性能/[m^3/(m·h)]	≤0.5	≤1.5	
保温性能	应满足 JGJ 26—1995 的要求		
隔声性能/dB	≥35	≥30	≥25
用　　途	用于高档楼、堂、馆、所、豪宅、别墅等	用于公共建筑、写字楼、宾馆、公寓等	用于一般的低层住宅

2. 钢门窗性能及用途

品种	普通碳素钢门窗	镀锌钢门窗	彩板门窗	不锈钢门窗	冷弯型材门窗
主要性能	抗风压性能≥3.5kPa；水密性能≥500Pa； 气密性能≤0.5m^3/(h·m)； 保温性能：按 JGJ 26—1995 之要求； 隔声性能≥30dB				
用途	用于湿度小、强度要求高的各种住宅、公共、工业建筑等	用于各种住宅、公共及工业建筑	用于各种住宅、公共及工业建筑	主要用于防蚀要求高的部位或有装饰要求的场所	用于各种空腹门窗型材生产的如彩板门窗、不锈钢门窗、防火或防盗门门框等

5.2.2.2 拉手

1. 小拉手规格及用途

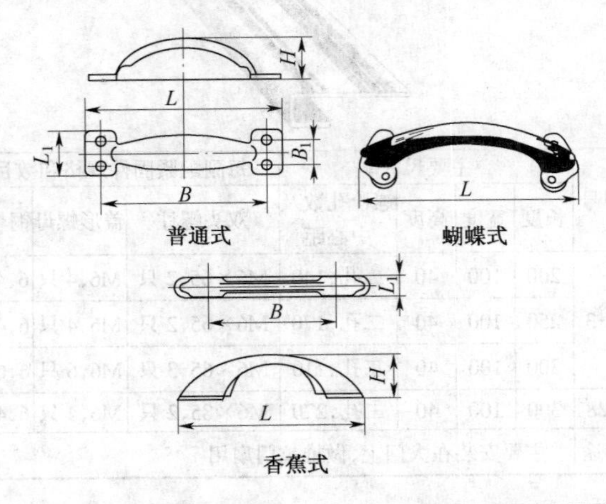

分类		普通式				蝴蝶式			香蕉式		
全长/Lmm		75	100	125	150	75	100	125	90	110	130
钉孔中心距 B/mm		65	88	108	131	65	88	108	60	75	90
配用螺钉	品种	沉头木螺钉				沉头木螺钉			盘头螺钉		
	直径/mm	3	3.5	3.5	4	3	3.5	3.5	M3.5		
	长度/mm	16	20	20	25	16	20	20	25		
	数量/只	4				4			2		
用途		用于房、橱、柜门及抽屉和箱子等									

2. 推板拉手规格及用途

（mm）

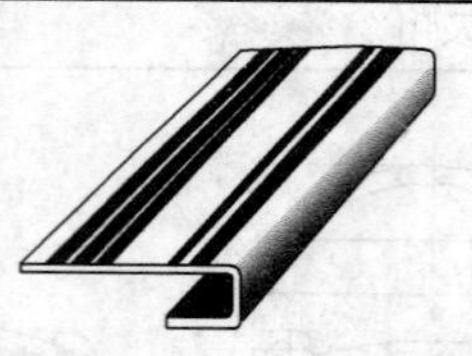

型号	主要尺寸				每副配紧固件规格和数目		
	长度	宽度	高度	螺栓孔数及中心距	双头螺柱	盖形螺母	铜垫圈
X-3	200	100	40	二孔，140	M6×65，2 只	M6，4 只	6，4 只
	250	100	40	二孔，170	M6×65，2 只	M6，4 只	6，4 只
	300	100	40	三孔，110	M6×65，3 只	M6，6 只	6，6 只
228	300	100	40	二孔，270	M6×85，2 只	M6，4 只	6，4 只
用途	主要安装在大门上，做推拉门扇用						

3. 底板拉手规格及用途

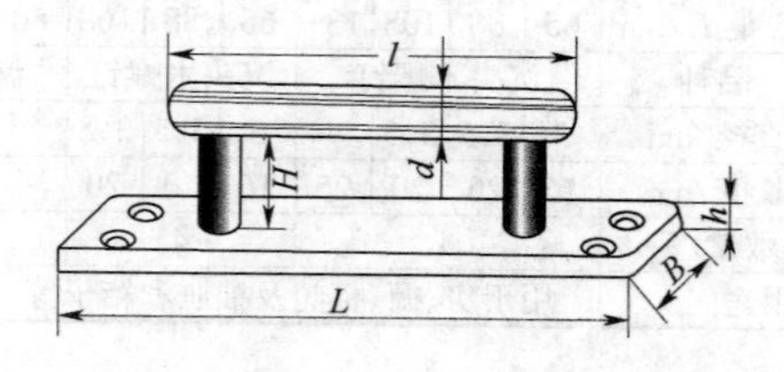

续表

规格（底板全长）/m	普通式/mm				方柄长/mm			每副(2只)拉手附镀锌木螺钉	
	底板宽度	底板厚度	底板高度	手柄长度	底板宽度	底板厚度	手柄长度	直径×长度/(mm×mm)	数目
150	40	1.0	5.0	90	30	2.5	120	3.5×25	8
200	48	1.2	6.8	120	35	2.5	163	3.5×25	8
250	58	1.2	7.5	150	50	3.0	196	4×25	8
300	66	1.6	8.0	199	55	3.0	240	4×25	8
用途	适于在宾馆、饭店、医院、学校等装有弹簧合页或地簧的双扇大门上做推拉启闭门扇用								

4．管子拉手规格及用途

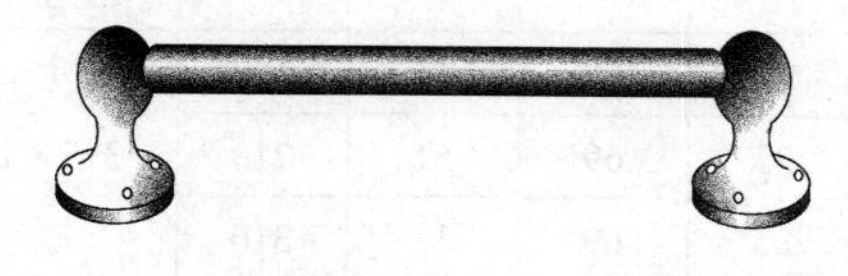

<table>
<tr><td colspan="5">管子尺寸/mm</td><td colspan="2">每副(2只)拉手附镀锌木螺钉</td></tr>
<tr><td colspan="3">长　度</td><td>外径</td><td>厚度</td><td>直径×长度/(mm×mm)</td><td>数目</td></tr>
<tr><td colspan="3">250,300,350,400,450</td><td>25</td><td>1.5</td><td rowspan="2">4×25</td><td rowspan="2">12只</td></tr>
<tr><td colspan="3">500,550,600,650,700,750,800,850,900,950,1000</td><td>32</td><td>2</td></tr>
<tr><td rowspan="2">桩头尺寸/mm</td><td>底座直径</td><td>圆头直径</td><td colspan="2">高度</td><td rowspan="2">拉手总长/mm</td><td rowspan="2">管子长度+40</td></tr>
<tr><td>77</td><td>65</td><td colspan="2">95</td></tr>
<tr><td>用途</td><td colspan="6">主要用于公共场所的大门以及车厢的大门上</td></tr>
</table>

5. 梭子拉手规格及用途

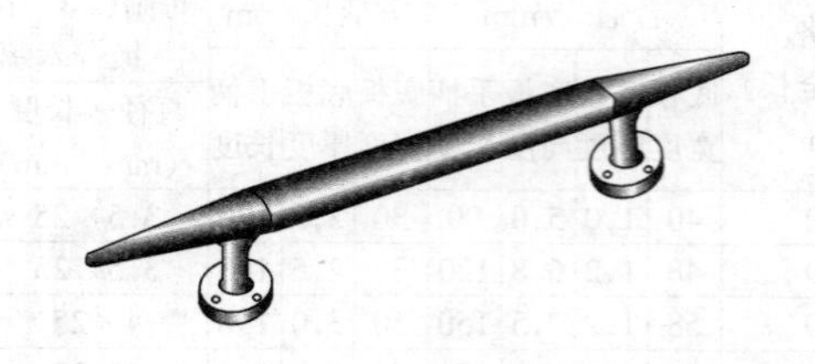

主要尺寸/mm					每副(2只)拉手附镀锌木螺钉	
规格(总长)	管子外径	高度	桩脚底座直径	两桩脚中心距	直径×长度/(mm×mm)	数目
200	19	65	51	160	3.5×18	12只
350	25	69	51	210		
450	25	69	51	310		
用途	做推拉立扇用,也可作为仪表箱、工具箱的提手用					

6. 推挡拉手规格及用途

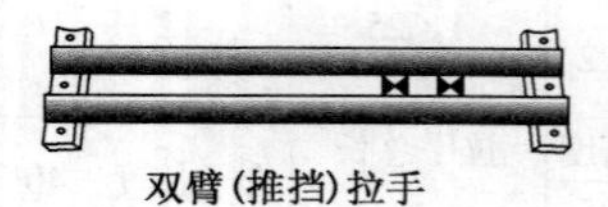

双臂(推挡)拉手

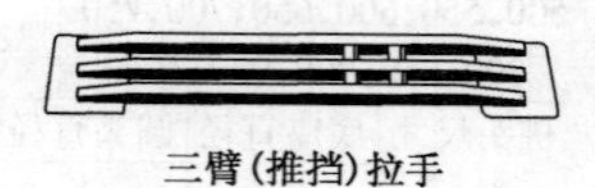

三臂(推挡)拉手

续表

主要尺寸/mm		拉手全长/mm	每副(2只)拉手附镀锌木螺钉
	双臂拉手	600,650,700,750,800,850	4mm×25mm 镀锌木螺钉 12只
	三臂拉手	600,650,700,750,800,850,1000	6mm×25mm 镀锌双头螺栓 4只;M6 铜六角球螺母 8只;铜垫圈 8只
	底板	长度×宽度:120mm×50mm	
用途	适用于宾馆、商店、医院、学校等建筑物装有弹簧合页或地弹簧的玻璃门上,通常是横向安装,做推拉门扇及保护玻璃用		

7. 方型大门拉手规格及用途

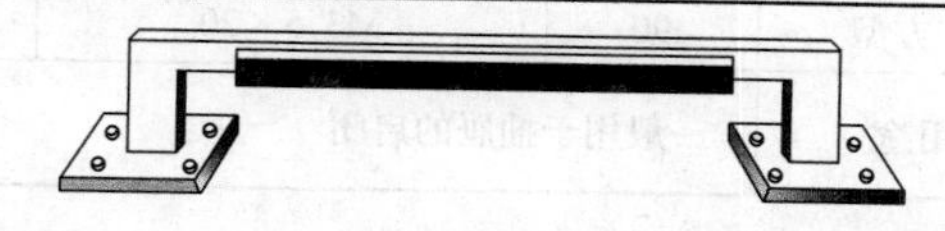

(手柄长度/托柄长度)/mm	250/190, 300/240, 350/290, 400/320, 450/370, 500/420, 550/470, 600/520, 650/550, 700/600, 750/650, 800/680, 850/730, 900/780, 950/830, 1000/880		
手柄断面宽度×高度/(mm×mm)	12×16		
底板长度×宽度×厚度/(mm×mm×mm)	80×60×3.5		
拉手总长/mm	手柄长度+64	拉手总高/mm	54.5
每副(2只)拉手附镀锌木螺钉直径×长度/(mm×mm)	4×25,数目 16只		
用途	装在大门或车门上除拉启外还兼有扶手及装饰作用和保护玻璃的作用		

8. 蟹壳拉手规格及用途

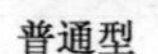
普通型

方型

型　　号	长度/mm	配用木螺钉	
		直径×长度/(mm×mm)	数目
65 普通型	65	M3×16	3 只
80 普通型	80	M3.5×20	3 只
90 方型	90	M3.5×20	4 只
用途	一般用于抽屉的启闭		

9. 玻璃大门拉手(又名豪华型拉手)规格及用途

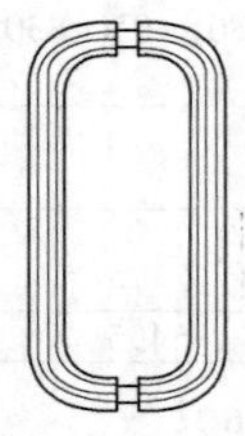
弯管拉手

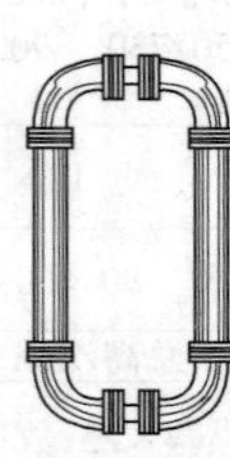
花(弯)管拉手

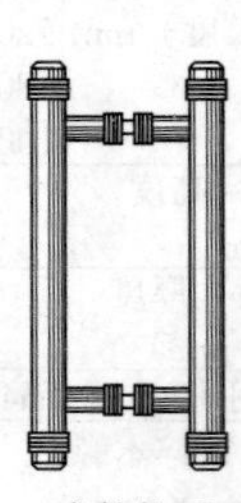
直管拉手

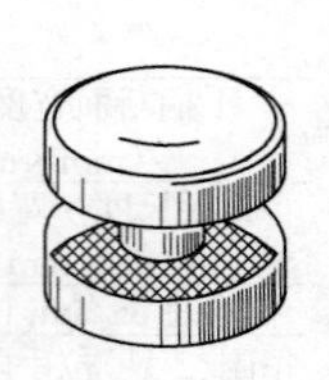
圆盘拉手

续表

<table>
<tr><td colspan="2">品种</td><td colspan="4">花(弯)管拉手</td><td colspan="4">弯管拉手</td></tr>
<tr><td colspan="2">代号</td><td colspan="4">—</td><td colspan="4">MA113</td></tr>
<tr><td rowspan="2">尺寸/mm</td><td>外径</td><td colspan="2">32</td><td>38</td><td>51</td><td>32</td><td>38</td><td colspan="2">51</td></tr>
<tr><td>管子全长</td><td>350</td><td>457</td><td>600</td><td>800</td><td>300</td><td>457</td><td colspan="2">600</td></tr>
<tr><td colspan="2">品种</td><td colspan="6">直管拉手</td><td colspan="2">圆盘拉手</td></tr>
<tr><td colspan="2">代号</td><td colspan="3">MA112</td><td colspan="3">MA104</td><td colspan="2">—</td></tr>
<tr><td rowspan="2">尺寸/mm</td><td>外径</td><td>42</td><td colspan="2">54</td><td>32</td><td>38</td><td>51</td><td rowspan="2">圆盘直径</td><td rowspan="2">160,180,200,220</td></tr>
<tr><td>管子全长</td><td>457</td><td>600</td><td>800</td><td>300</td><td>457</td><td>600</td></tr>
<tr><td>用途</td><td colspan="9">主要装于大厦、酒楼、商场、俱乐部等的玻璃大门上,推拉门扇用</td></tr>
</table>

注:用不锈钢制作,表面抛光。而圆盘拉手也可用黄铜(抛光)、铝合金(表面喷塑成白色或红色)、有机玻璃制作。

10. 平开铝合金窗执手规格及用途(QB/T 3886—1999)

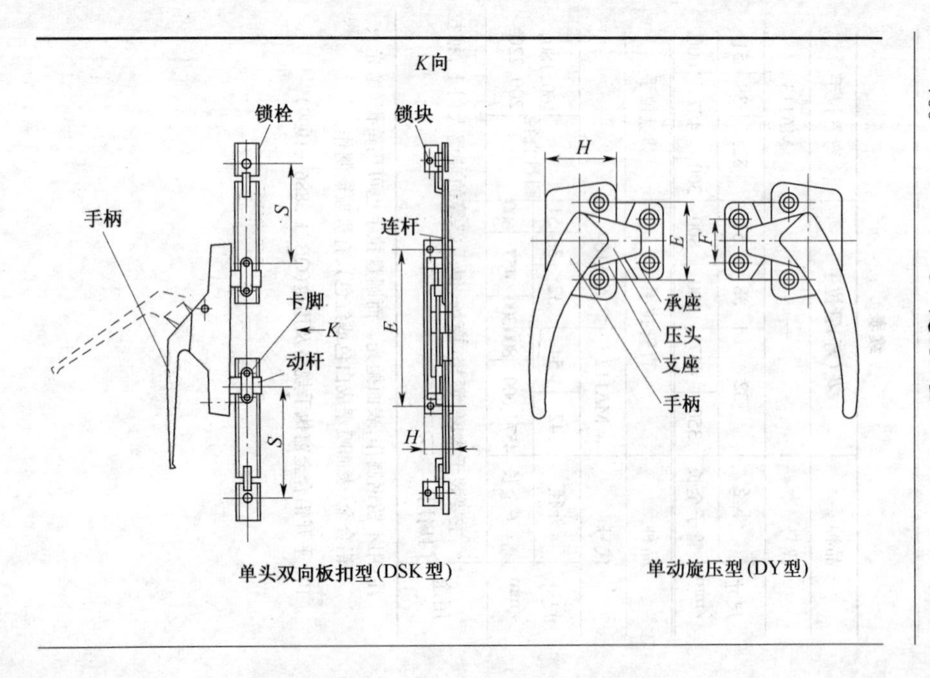

单头双向板扣型(DSK型)

单动旋压型(DY型)

续表

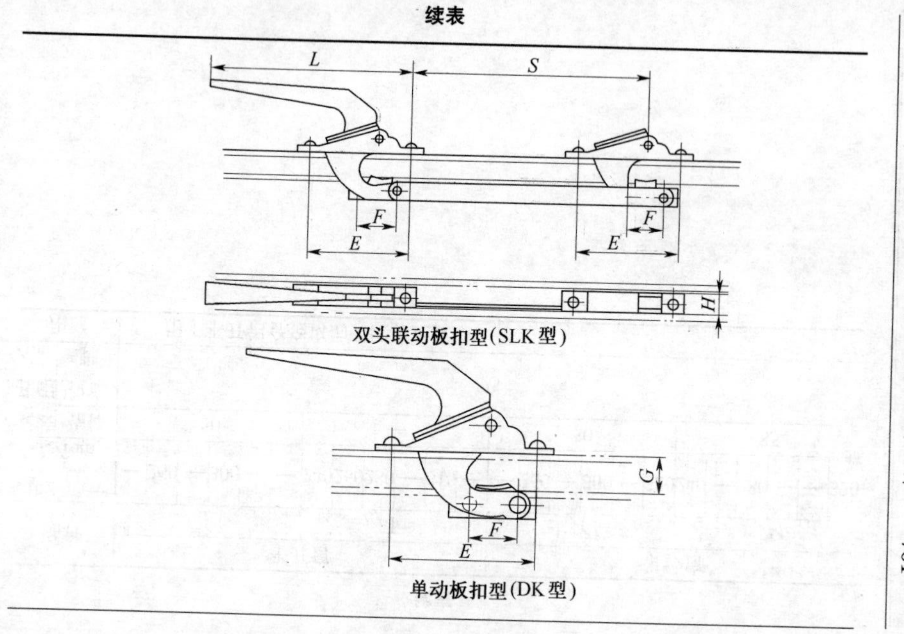

双头联动板扣型(SLK型)

单动板扣型(DK型)

续表

品种		平开窗												带纱窗											
		上						下						上撑挡						下撑挡					
基本尺寸 L/mm		—	260	—	300	—	—	240	260	280	—	310	—	—	260	—	300	—	320	240	—	280	—	—	320
安装孔距/mm	壳体	50						—						50						85					
	拉搁脚	25																							
用途		用于平开铝合金窗的开闭与定位																							

5.2.2.3　插销

1. 钢插销规格及用途(GB 6105—83)

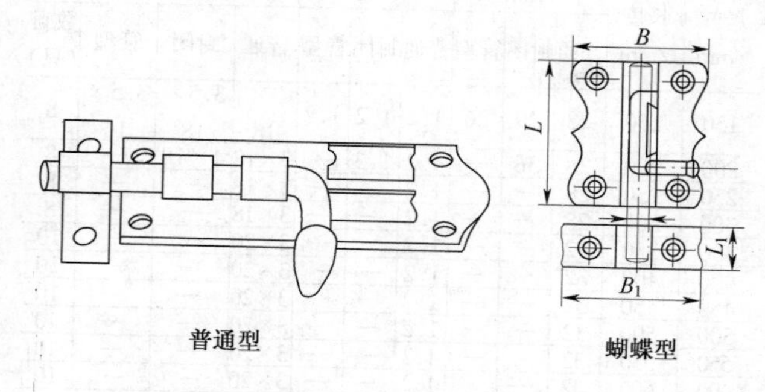

普通型　　　　蝴蝶型

规格尺寸/mm	插板长度/mm	插板宽度/mm			插板厚度/mm			配用木螺钉 直径×长度/(mm×mm)			
		普通	封闭	管型	普通	封闭	管型	普通	封闭	管型	数目(只)
40	40	—	25	23	—	1.0	1.0	—	3×12	3×12	6
50	50	—	25	23	—	1.0	1.0	—	3×12	3×12	6
65	65	25	25	23	1.2	1.0	1.0	3×12	3×12	3×12	6
75	75	25	29	23	1.2	1.2	1.0	3×16	3.5×16	3×14	6
100	100	28	29	26	1.2	1.2	1.2	4×16	3.5×16	3.5×16	6
125	125	28	29	26	1.2	1.2	1.2	3×16	3.5×16	3.5×16	8

续表

规格尺寸/mm	插板长度/mm	插板宽度/mm			插板厚度/mm			配用木螺钉 直径×长度/(mm×mm)			
		普通	封闭	管型	普通	封闭	管型	普通	封闭	管型	数目(只)
150	150	28	29	26	1.2	1.2	1.2	3×18	3.5×18	3.5×16	8
200	200	28	36	—	1.2	1.3	—	3×18	4×18	—	8
250	250	28	—	—	1.2	—	—	3×18	—	—	8
300	300	28	—	—	1.2	—	—	3×18	—	—	8
350	350	32	—	—	1.2	—	—	3×20	—	—	10
400	400	32	—	—	1.2	—	—	3×20	—	—	10
450	450	32	—	—	1.2	—	—	3×20	—	—	10
500	500	32	—	—	1.2	—	—	3×20	—	—	10
550	550	32	—	—	1.2	—	—	3×20	—	—	10
600	600	32	—	—	1.2	—	—	3×20	—	—	10
用途	用于门窗关闭后的固定，分为封闭型、钢管型、蝴蝶型等。封闭型用于固定关闭密封要求较严的门窗；钢管型适用于框架较窄的门窗；蝴蝶型适合做横向闩用										

2. 暗插销

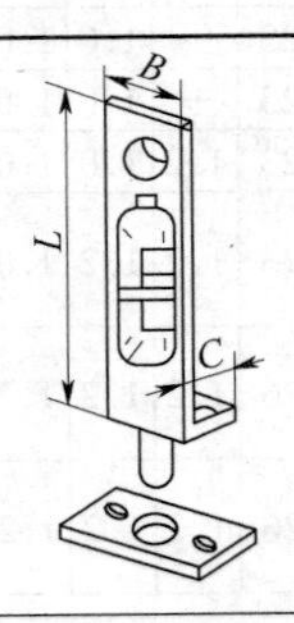

续表

规格尺寸/mm	主要尺寸/mm			配用木螺钉(参考)	
	长度 L	宽度 B	深度 C	直径×长度/(mm×mm)	数目(只)
150	150	20	35	3.5×18	5
200	200	20	40	3.5×18	5
250	250	22	45	4×25	5
300	300	25	50	4×25	6
用途	暗插销装于双扇门窗,关闭后插销不外露,因不易拨动插杆而较安全				

3. 翻窗插销规格及用途

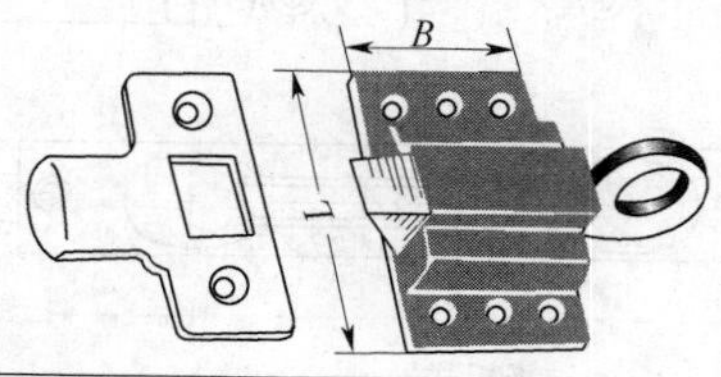

规格/mm	插板尺寸/mm		配用木螺钉	
	L	B	长度×直径/(mm×mm)	数目(只)
50	50	30	18×3.5	6
60	60	35	20×3.5	6
70	70	40	22×3.5	6
80	80	45	25×4	6
90	90	50	25×4	6
100	100	55	25×4	6
用途	适用于工业及民用建筑中固定中悬式或下旋式气窗上销闩窗扇			

4. 铝合金门窗插销规格及用途(GB/T 3885—1999)

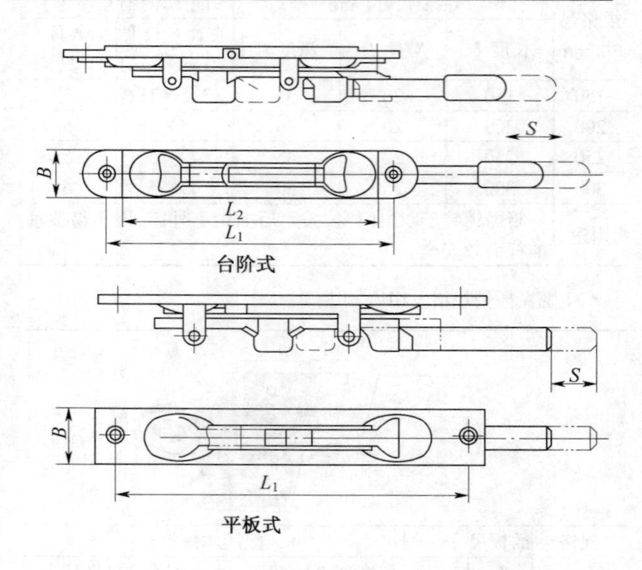

台阶式

平板式

尺寸/mm			
行程 S	宽度 B	孔距 L_1	台阶 L_2
>16	22	130	110
	25	155	
用途	装在铝合金平开门及弹簧门上,固定关闭后的门用		

5.2.2.4 合页

1. 普通型合页规格及用途(QB/T 3874—1999)

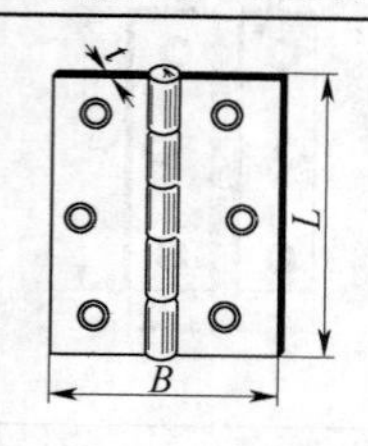

规格尺寸/mm	页片尺寸/mm				配用木螺钉(参考)	
	长度 L		宽度	厚度	直径×长度	数目(只)
	Ⅰ组	Ⅱ组	B	t	/(mm×mm)	
25	25	25	24	1.05	2.5×12	4
38	38	38	31	1.20	3×16	4
50	50	51	38	1.25	3×20	4
65	65	64	42	1.35	3×25	6
75	75	76	50	1.6	4×30	6
90	90	89	55	1.6	4×35	6
100	100	102	71	1.8	4×40	8
125	125	127	82	2.1	5×45	8
150	150	152	104	2.5	5×50	8
用途	用在木质门、窗、箱等的连接和启合					

2. 轻型合页规格及用途(QB/T 3875—1999)

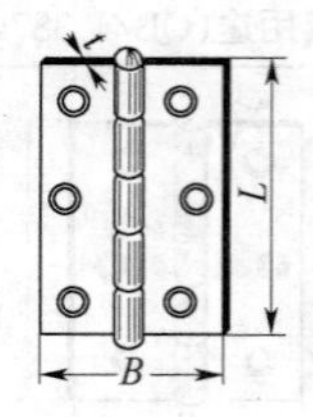

规格尺寸/mm	页片尺寸/mm				配用木螺钉(参考)	
	长度 L		宽度	厚度	直径×长度	数目(只)
	Ⅰ组	Ⅱ组	B	t	/(mm×mm)	
20	20	19	16	0.60	1.6×8	4
25	25	25	18	0.70	2×10	4
32	32	32	22	0.75	2.5×10	4
38	38	38	26	0.80	2.5×10	4
50	50	51	33	1.00	3×12	4
65	65	64	33	1.05	3×16	6
75	75	76	40	1.05	3×18	6
90	90	89	48	1.15	3.5×20	6
100	100	102	52	1.25	5×25	8
用途	轻型合页又称薄铰链、薄合页，与普通型合页相似，但页片窄而薄，用于受力较小的轻便木质家具上					

3．T 型合页规格及用途(QB/T 3878—1999)

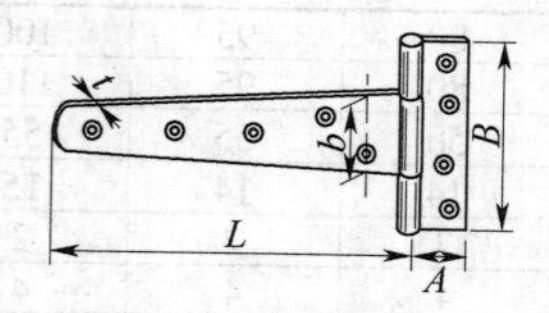

页片尺寸/mm		配用木螺钉		材质
长度 L	宽度 B	直径×长度/(mm×mm)	数目(只)	
76	63.5	3×25	6	普通低碳钢冷轧钢带
102	63.5	3×25	6	
127	70	4×30	7	
152	70	4×30	7	
203	73	4×35	7	
用途	T型合页是合页中规格尺寸比较大的一种,用于比较笨重的大门或箱盖的连接和启合			

4. H型合页规格及用途(QB/T 3877—1999)

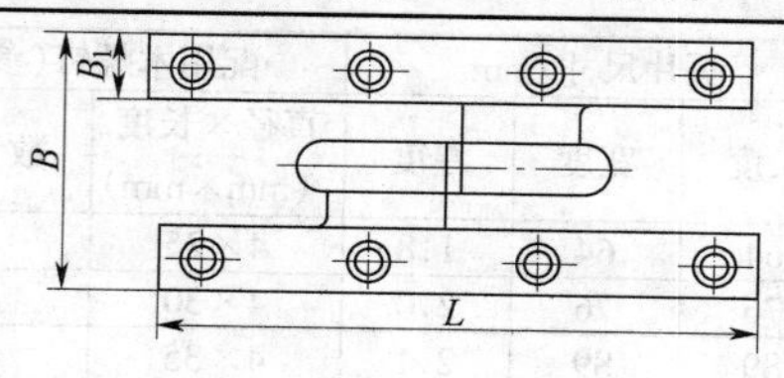

续表

规格尺寸/mm	80	95	100	140
L/mm	80	95	110	140
B/mm	50	55	55	60
B_1/mm	14	14	15	15
厚度/mm	2	2	2	2.5
木螺钉直径/mm	4	4	4	4
木螺钉数/只	6	6	6	6
用途	H型合页的销轴与合页的一页页片上的管筒铆接,仅留一段销轴插入另一页页片的管筒,故拆卸时不用抽出销轴。H型合页有左式与右式之分。不能相互代替,常用在纱窗、纱门及橱门上			

5. 方抽芯型合页规格及用途

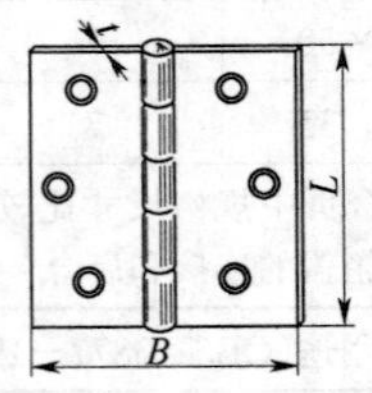

规格尺寸/mm	页片尺寸/mm			配用木螺钉(参考)	
	长度	宽度	厚度	直径×长度/(mm×mm)	数量(只)
65	64	64	1.8	4×25	6
75	76	76	2.0	4×30	6
90	89	89	2.1	4×35	6
100	102	102	2.2	5×40	8

续表

用途	主要用于尺寸较大、质量重并且经常需要拆卸的向内开启的门、窗

6. 轴承合页规格及用途

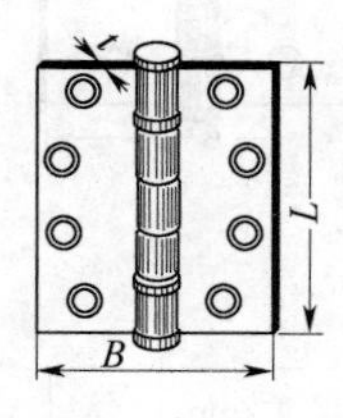

规格尺寸/mm	页片尺寸/mm			配用木螺钉(参考)	
	长度	宽度	厚度	直径×长度/(mm×mm)	数量(只)
114×98	114	98	3.5	6×30	8
114×114	114	114	3.5	6×30	8
200×140	200	140	4.0	6×30	8
102×102	102	102	3.2	6×30	8
114×102	114	102	3.3	6×30	8
114×114	114	114	3.3	6×30	8
127×114	127	114	3.7	6×30	8
用途	多用于要求转动灵活,且无噪声的重型门窗上				

7. 尼龙垫圈合页规格及用途

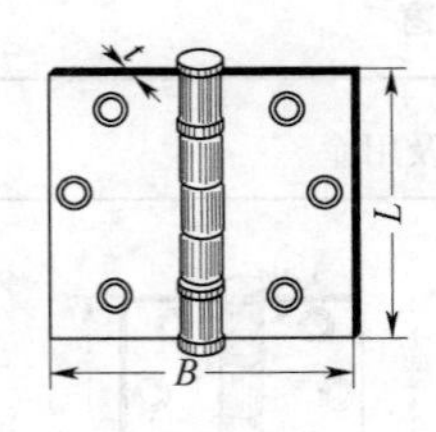

规格尺寸/(mm×mm)	页片尺寸/mm			配用木螺钉(参考)	
	长度	宽度	厚度	直径×长度/(mm×mm)	数量(只)
75×75	75	75	2.0	5×20	6
89×89	89	89	2.0	5×25	8
102×75	102	75	2.0	5×25	8
102×102	102	102	3.0	5×25	8
114×102	114	102	3.0	5×30	8
用途	又称无声合页,多用于高级建筑物的房门上				

8. 双袖型合页规格及用途(QB/T 3879—1999)

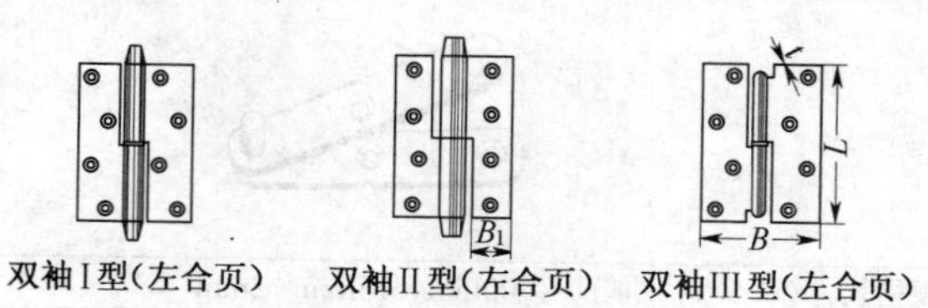

双袖Ⅰ型(左合页)　双袖Ⅱ型(左合页)　双袖Ⅲ型(左合页)

规格尺寸(长度)/mm	页片尺寸/mm									配用木螺钉(参考)	
	宽度 B			单页宽度 B_1			厚度 t			直径×长度/mm×mm	数目(只)
	Ⅰ型	Ⅱ型	Ⅲ型	Ⅰ型	Ⅱ型	Ⅲ型	Ⅰ型	Ⅱ型	Ⅲ型		
65	—	55	—	—	16	—	—	1.6	—	3×25	6
75	60	60	50	23	17	18	1.5	1.6	1.5	3×20	6
90	—	65	—	—	18	—	—	2.0	—	3×35	8
100	70	70	67	28	20	26	1.5	2.0	1.5	3×40	8
125	85	85	83	33	25	33	1.8	2.2	1.8	4×45	8
150	95	95	100	38	30	40	2.0	2.2	2.0	4×45	8
用途	适用于木质门窗上,能自由开启、关闭、并能拆卸,有左、右式之分										

9. 门头合页规格及用途

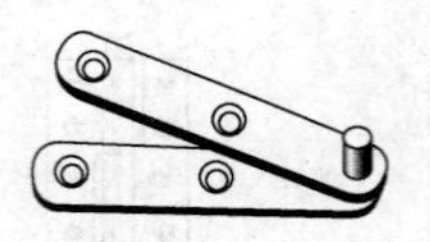

规格尺寸(长×宽×厚)	700mm×15mm×2mm
用途	主要用于橱门上,在橱门关闭后,看不到合页,并且使橱门开启角度更大些

10. 台合页规格及用途

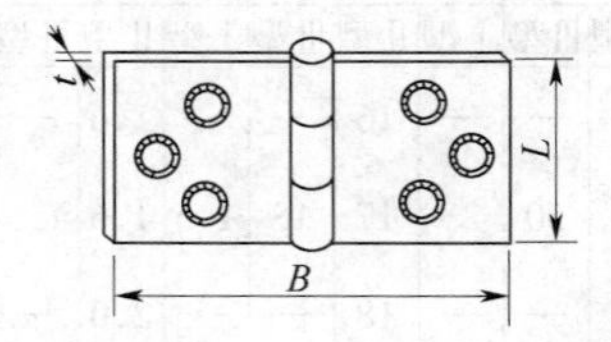

页片尺寸/mm			配用木螺钉(参考)	
长度 L	宽度 B	厚度 t	直径×长度/(mm×mm)	数量(只)
34	80	1.2	3×16	6
38	136	2.0	3.5×25	6
用途	一般装置于能折叠的台板上,如折叠的圆台面、沙发、学校用活动课桌的桌面等			

11. 暗合页规格及用途

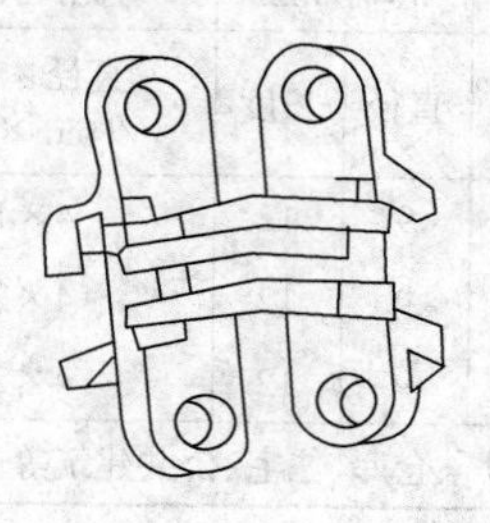

规格尺寸(底座直径)/mm	25,35
用途	一般装于屏风、橱门等上面,在橱门关闭或屏风展开时,看不见合页,保持外观完整性;在推闭橱门时,由于合页中的弹簧作用而有自闭性

12. 翻窗合页规格及用途

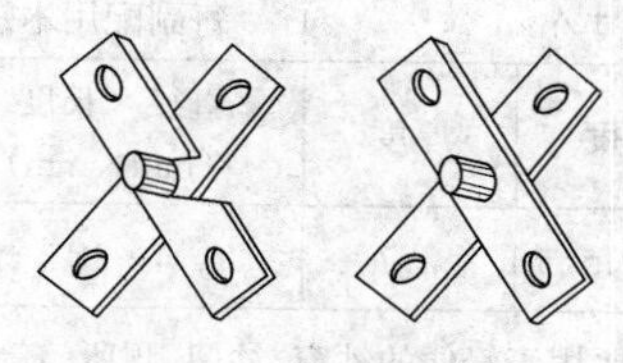

续表

页片尺寸/mm			芯轴/mm		每副配用木螺钉(参考)	
长度	宽度	厚度	直径	长度	直径×长度/(mm×mm)	数量(只)
50	19.5	2.7	9	12	4×18	8
65,75	19.5	2.7	9	12	4×20	8
90,100	19.5	3.0	9	12	4×25	8
用途	适用于工厂、仓库、住宅、公共建筑等的活动翻窗上					

13. 蝴蝶合页规格及用途

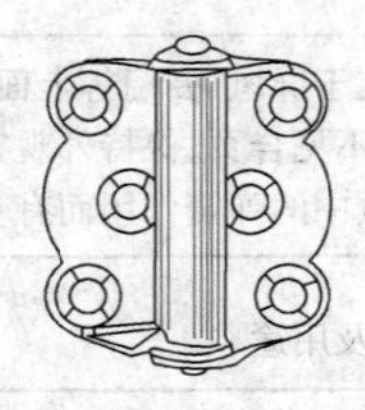

页片尺寸/mm			每副配用木螺钉(参考)	
长度	宽度	厚度	直径×长度/(mm×mm)	数量(只)
50	19.5	2.7	4×18	8
用途	主要用于轻便的纱窗、纱门、厕所门等处			

14. 自弹杯状暗合页

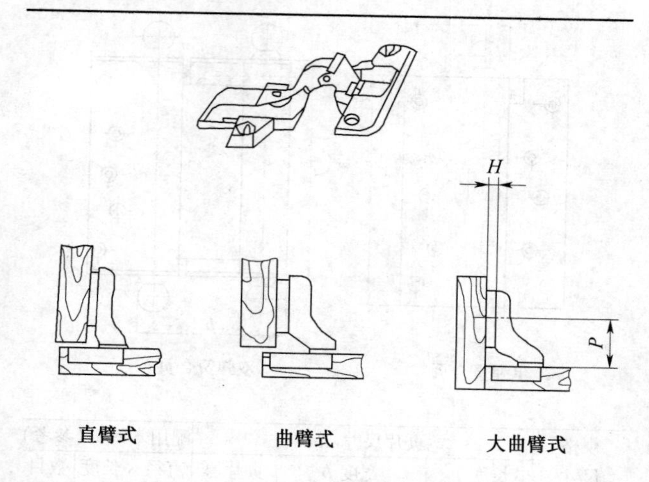

带底座的合页尺寸/mm				基座尺寸/mm				
型式	底座直径	合页总长	合页总宽	型式	中心距 P	底板厚 H	基座总长	基座总宽
直臂式	35	95	66	V型	28	4	42	45
曲臂式	35	90	66					
大曲臂式	35	93	66	K型	28	4	42	45
用途	主要用作板式家具的橱门与橱壁之间的连接开启							

15. 弹簧合页规格及用途(QB/T 1738—1993)

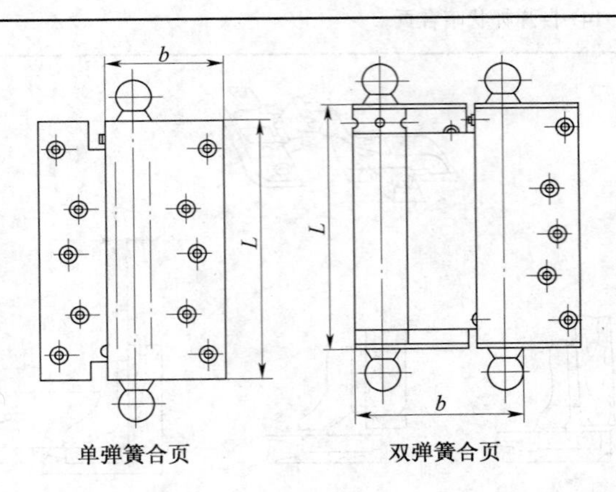

规格尺寸/mm	页片尺寸/mm					配用木螺钉(参考)	
	长度 L		宽度 b		页片厚度 r	直径×长度/(mm×mm)	数目(只)
	Ⅱ型	Ⅰ型	单弹簧	双弹簧			
75	75	76	36	48	1.8	3.5×25	8
100	100	102	39	56	1.8	3.5×25	8
125	125	127	45	64	2.0	4×30	8
150	150	152	50	64	2.0	4×20	10
200	200	203	71	95	2.4	4×40	10
250	250	254	—	95	2.4	5×50	10
用途	由于具有能使门窗开启后自动关闭的特点,适用于公共场所及人流出入频繁的场所。分单弹簧合页和双弹簧合页						

16. 扇型合页规格及用途

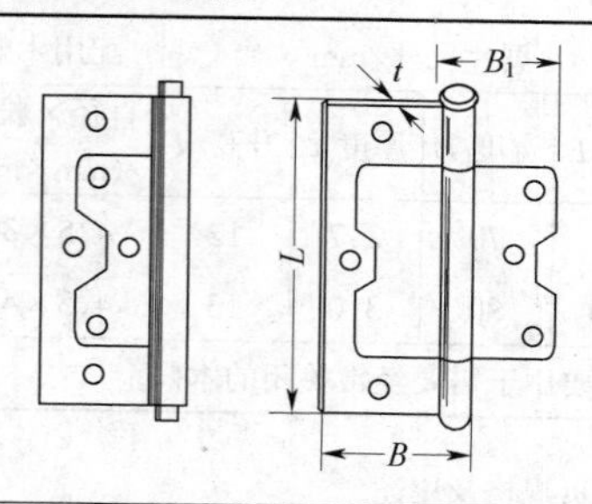

规格尺寸/mm	页片尺寸/mm				配用木螺钉/沉头螺钉(参考)	
	长度 L	宽度 B	宽度 B_1	厚度 t	直径×长度/(mm×mm)	数量(只)
75	75	48.0	40.0	2.0	4.5×25/M5×10	3/3
100	100	48.5	40.5	2.5	4.5×25/M5×10	3/3
用途	适用于水泥或金属制的门框、窗框和木质门窗之间的连接					

17. 自关合页

【规格及用途】

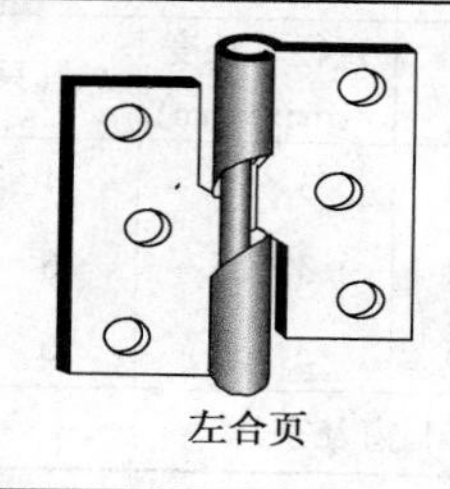
左合页

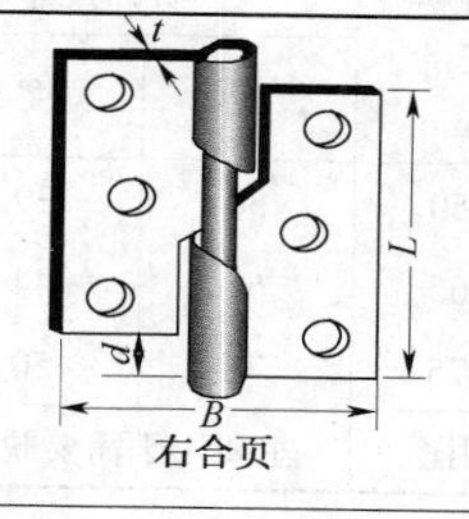

右合页

续表

规格尺寸/mm	页片尺寸/mm				配用木螺钉(参考)	
	长度 L	宽度 B	厚度 t	升高 d	直径×长度/(mm×mm)	数量(只)
75	75	70	2.7	12	4.5×30	6
100	100	80	3.0	13	4.5×40	8
用途	主要用于需要经常关闭的木门上					

18. 脱卸合页规格及用途

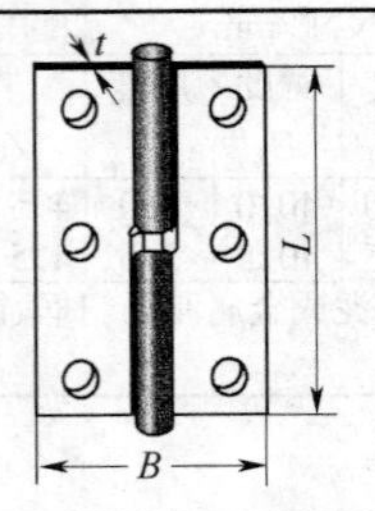

规格尺寸/mm	页片尺寸/mm			配用木螺钉(参考)	
	长度 L	宽度 B	厚度 t	直径×长度/(mm×mm)	数量(只)
50	50	39	1.2	3×20	4
65	65	44	1.2	3×25	6
75	75	50	1.5	3×30	6
用途	主要用于需要脱卸轻便的门、窗及家具				

19. 防风合页

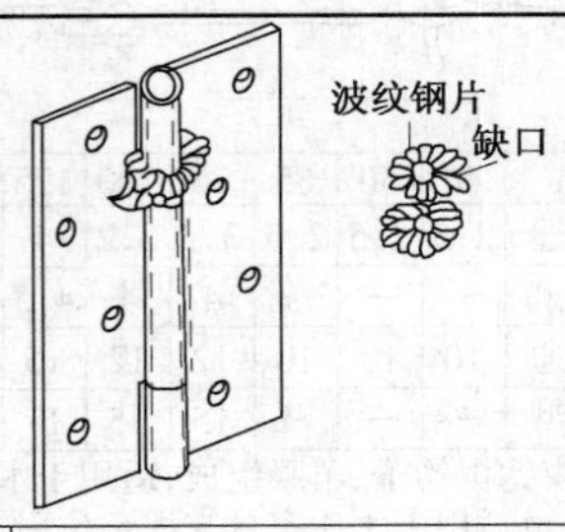

规格尺寸 (公称长度)/mm	65,75,100
用途	适用于需开启任一转动位置定位,起防风作用的窗扇

20. 抽芯合页规格及用途(GB 7279—87)

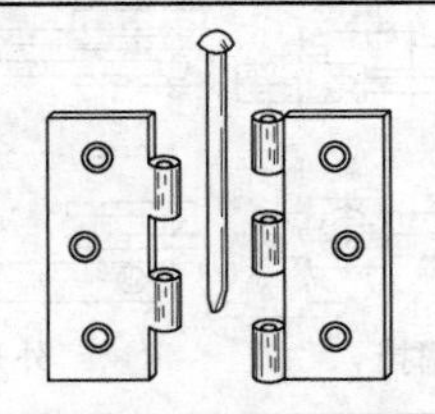

合页片的尺寸与配用木螺钉与“普通型合页”相同	
用途	合页的芯轴可自由抽出,因而可使门扇与门框分离。主要用于经常拆、装的门或窗上

5.2.3 其他门窗用配件及闭门器

5.2.3.1 窗钩

【规格及用途】 (QB/T 1106—91)

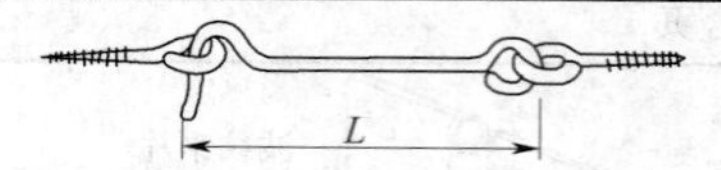

钩子长 L/mm		40	50	65	75	100	125	150	200	250	300
钢丝直径/mm	普通	2.5	2.5	2.5	3.2	3.2	4	4	4.5	5	5
	粗型	—	—	—	4	4	4.5	4.5	5	—	—
羊眼外径/mm	普通	10	10	10	12	12	15	15	17	18.5	
	粗型	—	—	—	15	15	17	17	18.5	—	—
用途	窗钩由钩子、羊眼组成,适用于木质门、窗开启后固定,也适用于木质家具支撑定位用										

5.2.3.2 铝合金窗撑挡

【规格及用途】 (GB 9299—88)

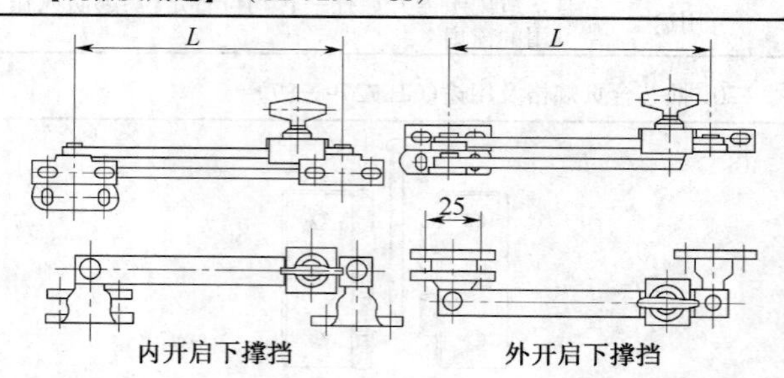

内开启下撑挡　　外开启下撑挡

品种		基本尺寸 L/mm						安装孔距	
								壳体	拉搁脚
平开窗	上	—	260	—	300	—	—	50	25
	下	240	260	280	—	310	—	—	
带纱窗	上撑挡	—	260	—	300	—	320	10	
	下撑挡	240	—	280	—	—	320	85	
用途	适用于平开铝合金窗启闭、定位								

5.2.3.3 铝合金窗不锈钢滑撑

【规格及用途】（GB 9300—88）

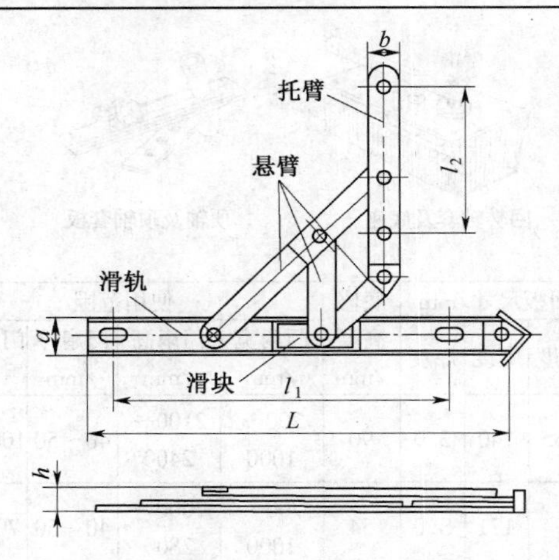

<table>
<tr><th>规格尺寸/mm</th><th>长度 L/mm</th><th>滑轨安装孔距 l_1/mm</th><th>托臂安装孔距 l_2/mm</th><th>滑轨宽度 a/mm</th><th>托臂悬臂材料厚度/mm</th><th>高度 h/mm</th><th>开启角度</th></tr>
<tr><td>200</td><td>200</td><td>170</td><td>113</td><td rowspan="6">18～22</td><td rowspan="2">≥2</td><td rowspan="2">≤13.5</td><td>(60°±2°)</td></tr>
<tr><td>250</td><td>250</td><td>215</td><td>147</td><td rowspan="5">(85°±3°)</td></tr>
<tr><td>300</td><td>300</td><td>260</td><td>156</td><td rowspan="2">≥1.5</td><td>≤15</td></tr>
<tr><td>350</td><td>350</td><td>300</td><td>195</td><td rowspan="3">≤16.5</td></tr>
<tr><td>400</td><td>400</td><td>360</td><td>205</td><td rowspan="2">≥3</td></tr>
<tr><td>450.</td><td>450</td><td>410</td><td>205</td></tr>
<tr><td>用途</td><td colspan="7">适用于铝合金上悬窗、平开窗做开启窗扇支撑、定位用</td></tr>
</table>

5.2.3.4 地弹簧

【规格及用途】（GB 9296—88）

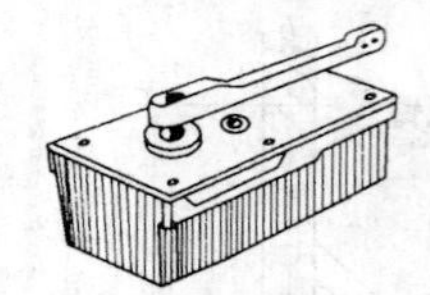
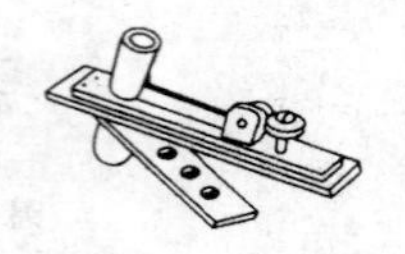
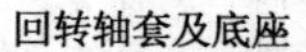

回转轴套及底座　　顶轴及顶轴套板

型号	面板尺寸/mm			底座高度/mm	使用范围			
	长度	宽度	厚度		门扇宽/mm	门扇高/mm	门扇厚/mm	门扇质量/kg
739	265	140	3.0	90	700～1000	2100～2400	40～50	100～150
765	294	171	3.0	54	700～1000	2000～2800	40～50	70～140
841	305	152	—	45	≤950	≤2100	≥45	≤110
842	305	152	—	45	≤1050	≤2400	≥45	≤185
851	305	146	—	51.5	≤900	≤2600	40～50	≤45
852	365	146	—	51.5	≤950	≤2600	≥45	≤165
用途	适用于商店、宾馆、学校、医院等双向开启不需配合页的铝合金门、钢门、木门、塑料门、无框架玻璃门等							

5.2.3.5 闭门器

【规格及用途】

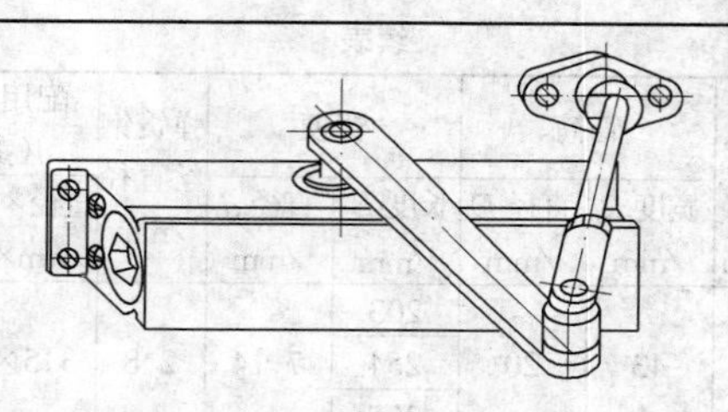

型号	适用门型				总质量/kg
	门扇宽度/mm	门扇高度/mm	门扇厚/mm	门扇质量/kg	
142	600～800	2000～2500	40～50	14～30	2.2
2#	600～800	1900～2200	30～50	25～40	2.2
WB-Ⅰ	600～850	2000以下	40～50	20～40	—
WB-Ⅱ	800～950	1800～2400	40～50	20～70	—
T-46	≤900	≤2100	≥45	60～80	3.0
用途	适用于机关、宾馆、学校、医院等单位要求较高的门上				

5.2.3.6 门弹弓

【规格及用途】

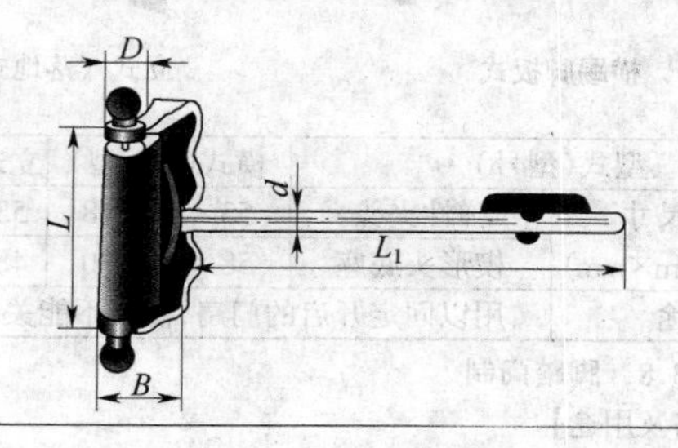

续表

规格尺寸/mm	页板长度 L /mm	管筒		臂梗		弹簧钢丝直径/mm	配用木螺钉（参考）	
		宽度 B /mm	直径 D /mm	长度 L_1 /mm	直径 d /mm		直径×长度/mm×mm	数目/只
200	88	43	20	203	7.14	2.8	3.5×25	6
250				254				
300				305				
400	150	56	24	400	9	3.6	4×30	6
450				450				
用途	适用于安装在一个方向开启的门扇上，使门扇开启后能自动关闭							

5.2.3.7　门夹头

【规格及用途】

横踢脚板式　　　立式（落地式）

型式(型号)		横式(901 型)	立式(902 型)
外形尺寸/(mm×mm×mm)	弹性夹头	53×56×18	53×56×18
	楔形头底座	58×75×30	48×48×40
用途	用以固定开启的门扇，使其不能关闭		

5.2.3.8　脚踏门制

【规格及用途】

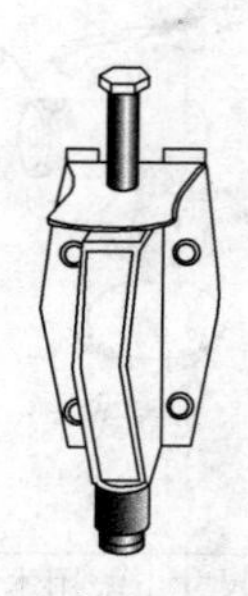
钢板脚踏门制

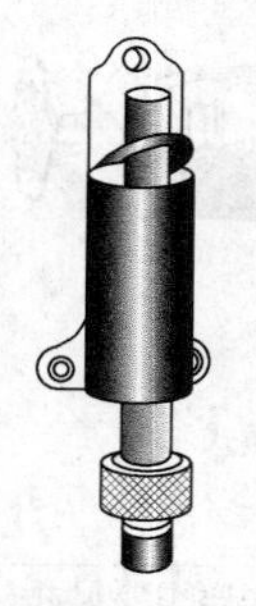
铜合金脚踏门制

品种	主要尺寸/mm				配用木螺钉(参考)	
	底板长	底板宽	总长	伸长	直径×长度/(mm×mm)	数目(只)
钢板冲制	60	45	110	≥20	3.5×18	4
铜合金铸造	128	63	162	≥30	3.5×22	3
用途	用以固定开启的门扇,使之不能自行关闭或继续开启,并可使门扇在任一位置度定位					

5.2.3.9 脚踏门钩

【规格及用途】

(mm)

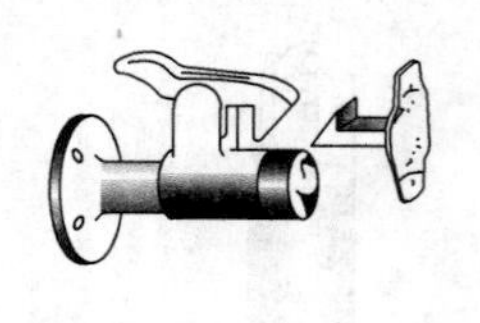

横式

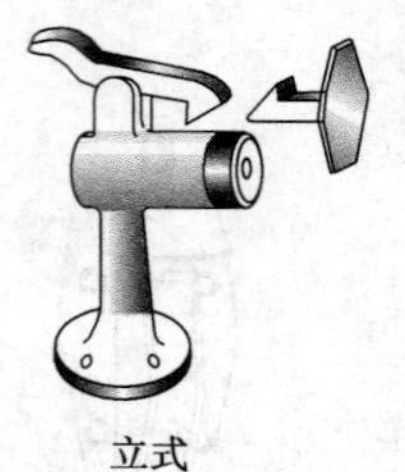

立式

(mm)

型号	品种	底座主要尺寸			钩座主要尺寸			配用木螺钉(参考)	
		底盘直径	长度	高度	长度	钩座高	钩座宽	直径×长度	数目(只)
903	横式	47	80	—	32	40	20	3.5×25	5
904	立式	47	65	90	32	40	20		
用途	主要用来固定开启后的门扇,能经受较大的风吹或外力作用								

5.2.3.10 磁性门夹

【规格及用途】

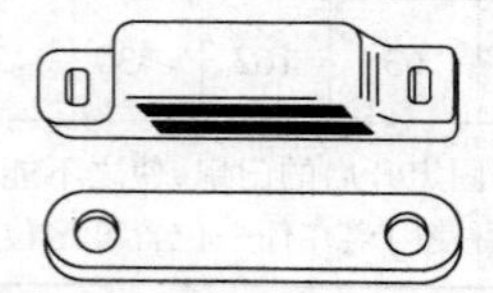

规格尺寸(底座长度)/mm	32,40,45,56,62
用途	主要用于家具的橱门上,利用磁力吸住关闭的橱门,使之不能自行开启

5.2.3.11　磁性吸门器

【规格及用途】

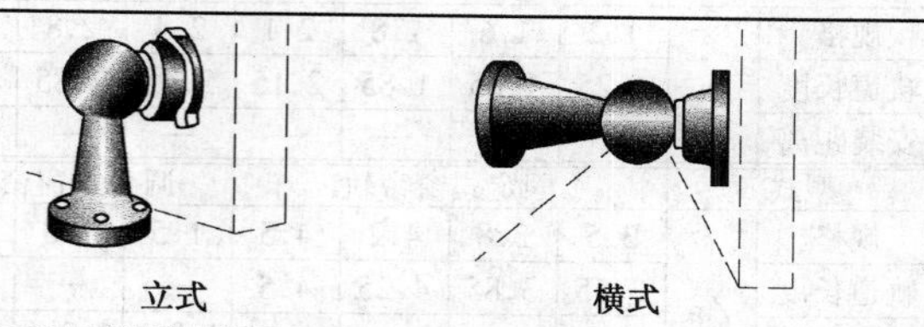

立式　　　　横式

规格尺寸/mm			
磁头座架直径	磁头直径	吸盘座直径	总长
55	36	52	90
用途	利用磁力固定门扇，防止风吹引起自动关闭		

5.2.3.12　窗帘轨

【规格及用途】

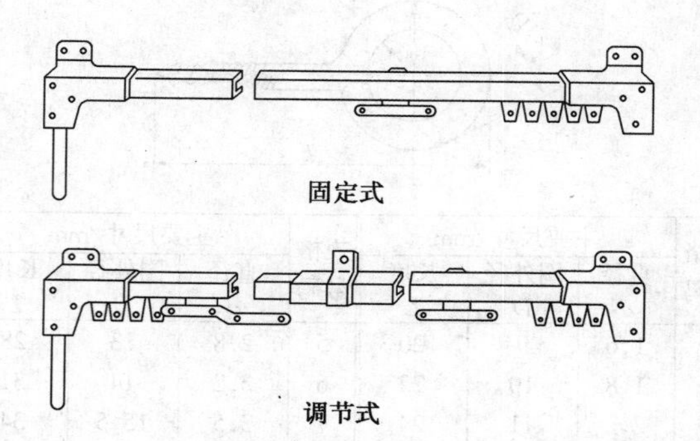

固定式

调节式

续表

型式		固定式窗帘轨						
规格	/m	1.2	1.6	1.8	2.1	2.4	2.8	3.2
轨道长度		1.25	1.65	1.85	2.15	2.45	2.85	3.25
安装距离		—	—	—	—	—	—	—
型式		固定式窗帘轨				调节式窗帘轨		
规格	/m	3.5	3.8	4.2	4.5	1.5	1.8	2.4
轨道长度		3.55	3.85	4.25	4.5	—	—	—
安装距离		—	—	—	—	1.0～1.8	1.2～2.2	1.9～2.6
用途	装在窗扇上部挂窗帘用。拉动一侧拉绳，可使窗帘向一侧(固定式)或两侧(调节式)移动展开或闭合							

5.2.3.13 羊眼

【规格及用途】

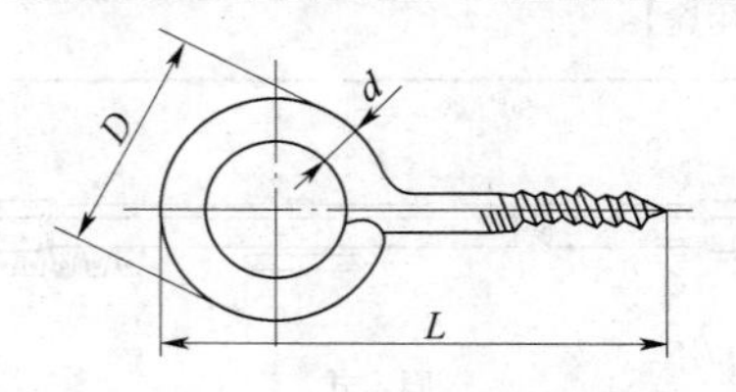

规格号码	主要尺寸/mm			规格号码	主要尺寸/mm		
	直径 d	圈外径 D	长度 L		直径 d	圈外径 D	长度 L
1	1.6	9	20	5	2.8	13	28
2	1.8	10	22	6	3.2	14	31
3	2.2	11	24	7	3.5	15.5	34
4	2.5	12	26	8	3.8	17	37

续表

规格号码	主要尺寸/mm			规格号码	主要尺寸/mm		
	直径 d	圈外径 D	长度 L		直径 d	圈外径 D	长度 L
9	4.0	18	39	14	5.5	24	52
10	4.2	19	41	16	6.0	26	58
11	4.5	20	43	18	6.5	28	64
12	5.0	21	46	20	7.2	31	70
13	5.2	22.5	49				
材料	低碳钢,表面镀镍或镀锌						
用途	吊挂物件用						

5.2.3.14 灯钩

【规格及用途】 又名螺丝钩。

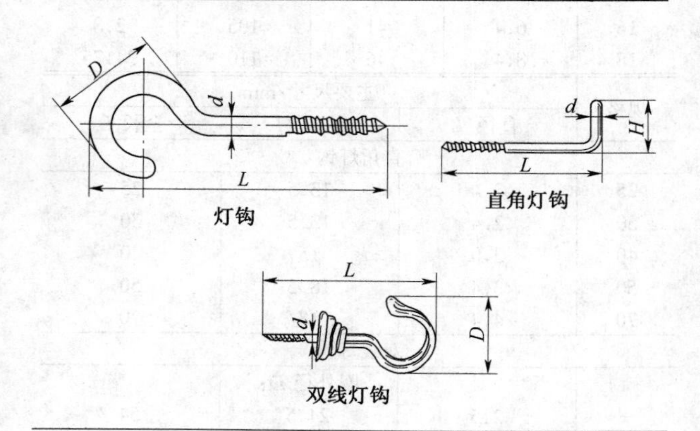

灯钩　直角灯钩　双线灯钩

续表

规格	主要尺寸/mm			
	直径 d	圈外径 D	全长 L	螺距
普通灯钩				
3	2.5	13	35	1.15
4	2.8	14.5	40	1.25
5	3.1	16	45	1.4
6	3.4	17.5	50	1.6
7	3.7	19	55	1.7
8	4	20.5	60	1.8
9	4.3	22	65	1.95
10	4.6	24.5	70	2.1
12	5.2	30	80	2.3
14	5.8	35	90	2.5
16	6.4	41	105	2.8
18	8.4	46	110	3.175

规格	主要尺寸/mm		
	直径 d	钩高 H	全长 L
直角灯钩			
25	2.4	13.5	25
30	2.4	13.5	30
40	3.0	15	40
50	3.4	18.5	50
70	4.4	18	70
双线灯钩			
—	2.5	圈外径 D: 24.5	54

续表

材料	低碳钢,表面镀锌或镀镍
用途	灯钩及双线灯钩用来吊挂灯具等物件;直角灯钩主要拧紧在垂直墙面上吊挂物件

5.2.3.15 碰珠

【规格及用途】

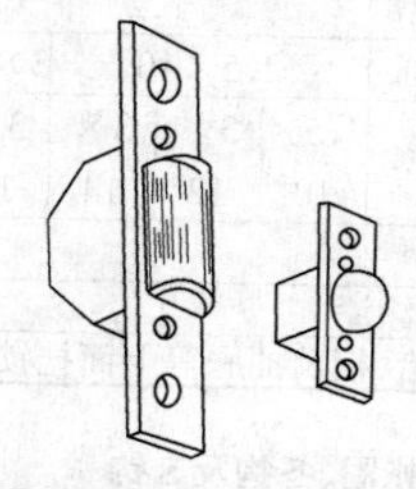

规格	50 65 75 100
长度/mm	50 65 75 100
用途	用于柜、橱等各种门上,门关闭时即将门扇轧止住

5.2.3.16 锁扣

【规格及用途】 又名搭扣。

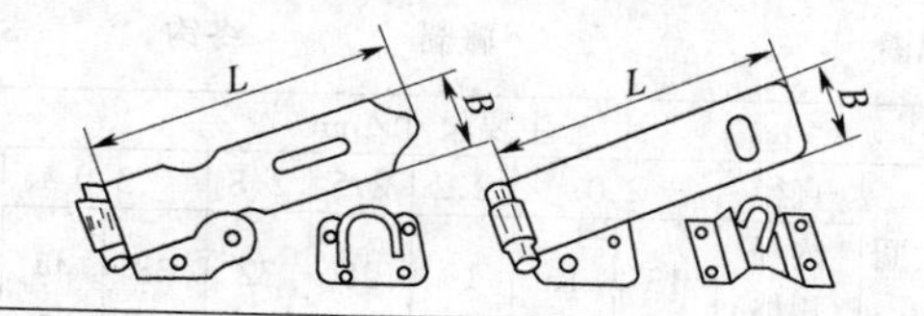

续表

规格			40	50	65	75	90	100	125
面板尺寸/mm	长度 L	普通	38.5	55	67	75	—	—	—
		宽型	38	52	65	78	88	101	127
	宽度 B	普通	17	20	23	25	—	—	—
		宽型	20	27	32		36		
	厚度 h	普通	1			1.2	—	—	—
		宽型	1.2				1.4		
沉头木螺钉	直径×长度/(mm×mm)	普通	2.5×10			3×14	—	—	—
		宽型	2.5×10	3×12	3×14	3×16	3.5×18	3.5×20	
	数量(只)		7						
材料	低碳钢,表面涂漆								
用途	装在门、橱、箱、柜及抽屉等上面挂锁用								

5.2.3.17 棍圈、帐圈、冬钩及S钩

【规格及用途】

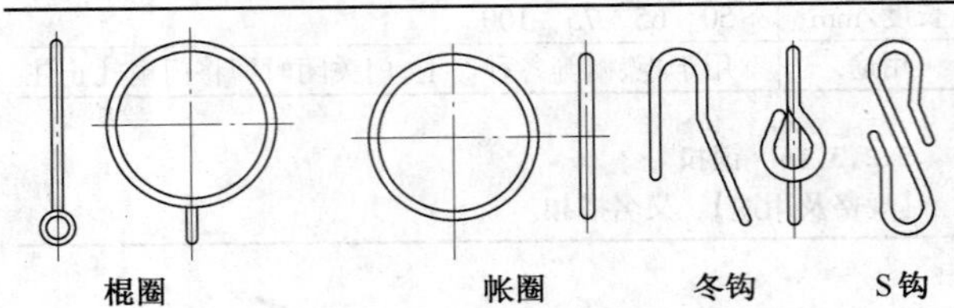

棍圈 帐圈 冬钩 S钩

品种			主要尺寸/mm							
棍圈	大圈	直径	2.0		2.2	2.5	2.8	3.0		3.5
		内径(规格)	13	16	19	25	32	38	44	50

续表

品种	主要尺寸/mm									
棍圈	小圈	外径	7.5			8	8.5		10	10.5
		直径	1.6				1.8			2.0
帐圈	直径		1.4		1.6	1.8	2.2	2.5		—
	外径(规格)		13	16	19	22	25	32	38	—
冬钩	直径/圈内径/全长				1.6/4.5/59,2.2/5.0/69					
S钩	直径/长度		金属	1.6/28,2.2/28		塑料	2.2/28			
材料	低碳钢丝镀铬或镀铜、黄铜丝或塑料制作									
用途	棍圈的大圈用来套在圆窗帘管上,小圈用来钩住缝在窗帘上的冬钩;帐圈缝在窗帘上,再套在圆窗帘管上,以便拉窗帘在管上移动;S钩一端钩住窗帘上的帐圈,另一端钩住窗帘管上的棍圈上的小圈,以便拉窗帘在管上移动									

5.2.4 锁类

5.2.4.1 外装单舌弹子门锁

【用途】 装在门扇上做锁门及防风用。

【规格】

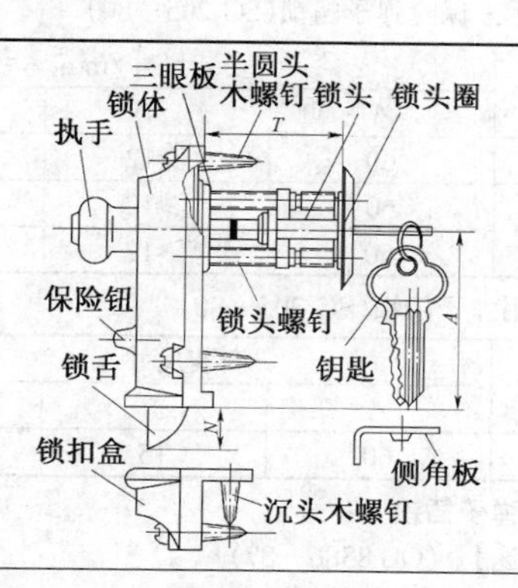

续表

1. 外装单舌单保险弹子门锁(SG 205—80)

型号	安装尺寸/mm		
	A	N	T
6141	62	≥12	35～55
6149	62.5	≥12	35～55
6140	60	≥12	38～58

2. 外装单舌双保险弹子门锁(SG 205—80)

型号	安装尺寸/mm		
	A	N	T
6140A	60	≥12	38～58
6140B	60	≥12	38～58
6152	60	≥12	38～55

3. 外装单舌三保险弹子门锁(SG 205—80)

型号	安装尺寸/mm		
	A	N	T
6162-1	60	≥12	25～55
6162	60	≥12	25～55
6165	60	≥12	38～58

4. 防风两用弹子门锁(SG 205—80)

型号	安装尺寸/mm		
	A	N	T
6140C	60	15	38～58

5.2.4.2 弹子插锁

【规格及用途】 (GB 8386—87)

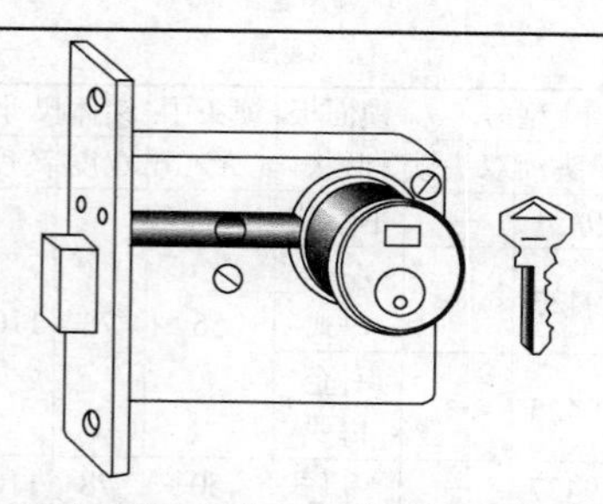

锁体类型	型号		锁面板形状	锁头中心距/mm	锁体尺寸/mm			适用门厚/mm
	单头锁	双头锁			宽度	高度	厚度	
中型	9411	9412	平口式	56	78	73	19	38～45
	9413	9414	左企口式					
	9415	9416	右企口式					
	9417	9418	圆口式	56.7	78.7	73	19	28～45
用途	用来锁门和防风。单头锁多用于走廊门,双头锁多用于外大门。一般门用平口锁,企口门可用企口锁,圆口门及弹簧门可用圆口锁							

5.2.4.3 弹子执手插锁

【规格及用途】

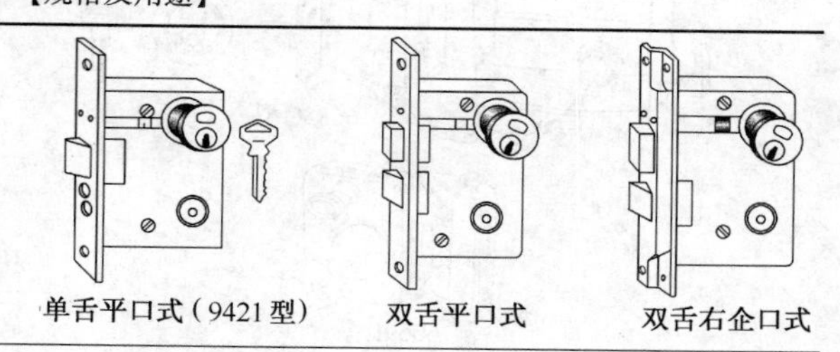

单舌平口式(9421型)　双舌平口式　双舌右企口式

续表

<table>
<tr><th colspan="2">类型</th><th colspan="2">型号</th><th rowspan="2">锁面板形状</th><th rowspan="2">锁头中心距/mm</th><th colspan="3">锁体尺寸/mm</th><th rowspan="2">适用门厚/mm</th></tr>
<tr><th>锁舌</th><th>锁体</th><th>单头锁</th><th>双头锁</th><th>宽度</th><th>高度</th><th>厚度</th></tr>
<tr><td rowspan="4">单舌锁</td><td rowspan="4">中型</td><td>9421</td><td>—</td><td>平口式</td><td rowspan="3">56</td><td rowspan="3">78</td><td rowspan="3">110</td><td rowspan="3">19</td><td rowspan="3">38</td></tr>
<tr><td>9423</td><td>—</td><td>左企口式</td></tr>
<tr><td>9425</td><td>—</td><td>右企口式</td></tr>
<tr><td>9427</td><td>—</td><td>平口式</td><td>50</td><td>78</td><td>110</td><td>15</td><td>38～50</td></tr>
<tr><td rowspan="4">双舌锁</td><td>狭型</td><td>9141</td><td>—</td><td>平口式</td><td>44</td><td>63.5</td><td>105</td><td>13.5</td><td>35～50</td></tr>
<tr><td rowspan="3">中型</td><td>9441</td><td>9442</td><td>平口式</td><td rowspan="3">56</td><td rowspan="3">78</td><td rowspan="3">126</td><td rowspan="3">19</td><td rowspan="3">38～45</td></tr>
<tr><td>9443</td><td>9444</td><td>左企口式</td></tr>
<tr><td>9445</td><td>9446</td><td>右企口式</td></tr>
<tr><td>用途</td><td colspan="9">锁门及防风用。一般门可用平口锁，企口门用企口锁</td></tr>
</table>

5.2.4.4　双舌弹子锁

【规格及用途】（GB 8385—87）

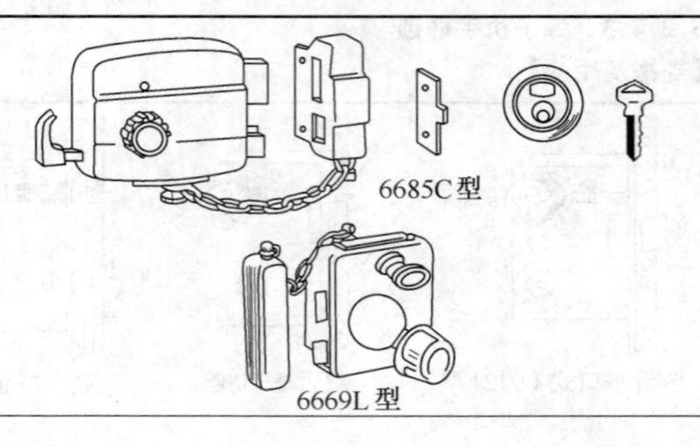

6685C 型

6669L 型

续表

<table>
<tr><th rowspan="2">型号</th><th rowspan="2">锁头数目</th><th rowspan="2">锁头防钻结构</th><th rowspan="2">方舌防锯结构</th><th rowspan="2">安全链装置</th><th colspan="2">方舌伸出</th><th colspan="4">锁体尺寸/mm</th><th rowspan="2">适用门厚/mm</th></tr>
<tr><th>节数</th><th>总长/mm</th><th>中心距</th><th>宽度</th><th>高度</th><th>厚度</th></tr>
<tr><td>6669</td><td>单头</td><td>无</td><td>无</td><td>无</td><td>一节</td><td>18</td><td>45</td><td>77</td><td>55</td><td>25</td><td>35～55</td></tr>
<tr><td>6669L</td><td>单头</td><td>无</td><td>有</td><td>有</td><td>一节</td><td>18</td><td>60</td><td>91.5</td><td>55</td><td>25</td><td>35～55</td></tr>
<tr><td>6682</td><td>双头</td><td>无</td><td>无</td><td>无</td><td>三节</td><td>31.5</td><td>60</td><td>120</td><td>96</td><td>26</td><td>35～50</td></tr>
<tr><td>6685</td><td>单头</td><td>有</td><td>有</td><td>无</td><td>两节</td><td>25</td><td>60</td><td>100</td><td>80</td><td>26</td><td>35～55</td></tr>
<tr><td>6685C</td><td>单头</td><td>有</td><td>有</td><td>有</td><td>两节</td><td>25</td><td>60</td><td>100</td><td>80</td><td>26</td><td>35～55</td></tr>
<tr><td>6687</td><td>单头</td><td>有</td><td>有</td><td>无</td><td>两节</td><td>25</td><td>60</td><td>100</td><td>80</td><td>26</td><td>35～55</td></tr>
<tr><td>6687C</td><td>单头</td><td>有</td><td>有</td><td>有</td><td>两节</td><td>25</td><td>60</td><td>100</td><td>80</td><td>26</td><td>35～55</td></tr>
<tr><td>6688</td><td>双头</td><td>无</td><td>无</td><td>无</td><td>两节</td><td>25</td><td>60</td><td>100</td><td>80</td><td>26</td><td>35～50</td></tr>
<tr><td>6690</td><td>单头</td><td>无</td><td>有</td><td>无</td><td>两节</td><td>22</td><td>60</td><td>95</td><td>84</td><td>30</td><td>35～55</td></tr>
<tr><td>6690A</td><td>双头</td><td>无</td><td>有</td><td>有</td><td>两节</td><td>22</td><td>60</td><td>95</td><td>84</td><td>30</td><td>35～55</td></tr>
<tr><td>6692</td><td>双头</td><td>无</td><td>有</td><td>无</td><td>两节</td><td>22</td><td>60</td><td>95</td><td>84</td><td>30</td><td>35～55</td></tr>
<tr><td>用途</td><td colspan="11">锁门用。一般都具有室内保险机构、室外保险机构和锁体防卸功能</td></tr>
</table>

5.2.4.5 移门锁

【规格及用途】

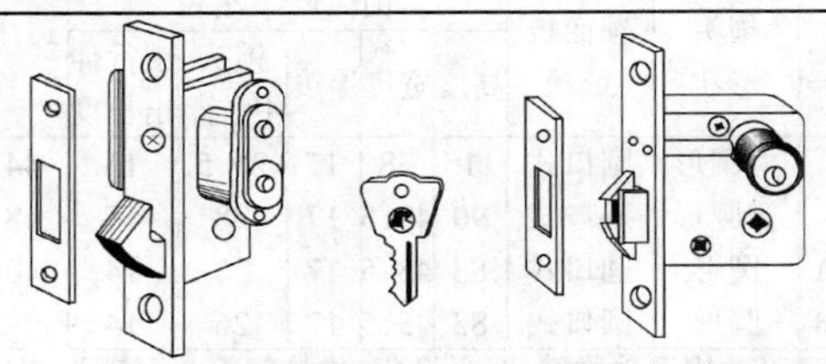

9184型锁(钩型锁舌)　　9482型锁(蟹钳型锁舌)

续表

锁体类型	型号	锁头数目	锁面板形状	锁体尺寸/mm				适用门厚/mm
				锁头中心距	宽度	高度	厚度	
中型	9451	单头	平口式	56	78	73	19	38～45
	9482	双头						
狭型	9184	双头	平口式	18	33	100	13	35～55
用途	锁门用。因有钩形或蟹钳形锁舌，特别适用于移门上，锁上后，无法用他物撬开锁舌，9184 型适用于木门和空腹钢(铝)门							

5.2.4.6 铝合金门锁

【规格及用途】(GB 9303—88)

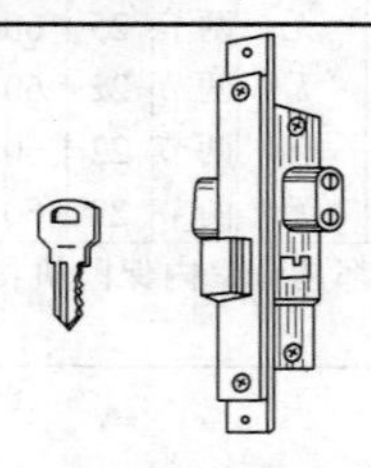

型号	锁头形状	锁面板形状	锁体尺寸/mm					适用门厚/mm
			高度	宽度	厚度	锁头中心距	锁舌伸出长度	
LS-83	椭圆形	圆口式	115	38	17	20.5	13	44～48
LS-84	椭圆形	平口式	90	43.5	17	28	15	48～54
LS-85A	圆形	圆口式	83	43.5	17	26	14	40～46
LS-85B	圆形	圆口式	83	43.5	17	26	14	55
用途	适用于地弹簧门、平开门、推拉门等。双锁头、方呆舌、无执手，室内外均用钥匙开启、关闭							

5.2.4.7 恒温室门锁

【规格及用途】

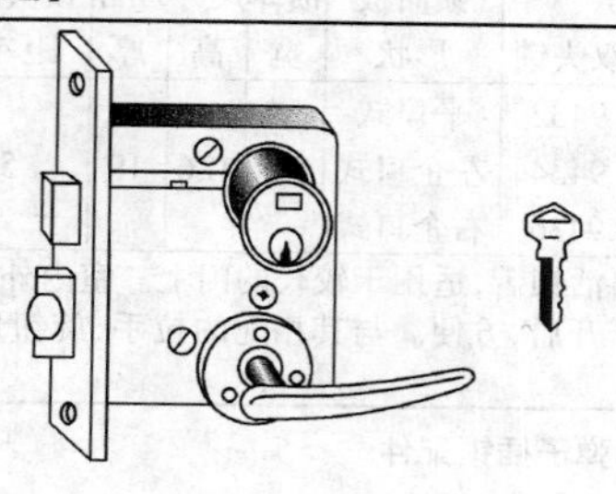

锁体类型	型号	锁面板形状	锁体尺寸/mm			
			锁头中心距	宽度	高度	厚度
宽型	300	平口式	82.5	110	130	22
	301	左斜口式(7°)	84.5	112		
	302	右斜口式(7°)	84.5	112		
适用门厚/mm			65~70			
用途	专用于企事业单位的恒温室门上锁门和防风					

5.2.4.8 弹子拉手插锁

【规格及用途】

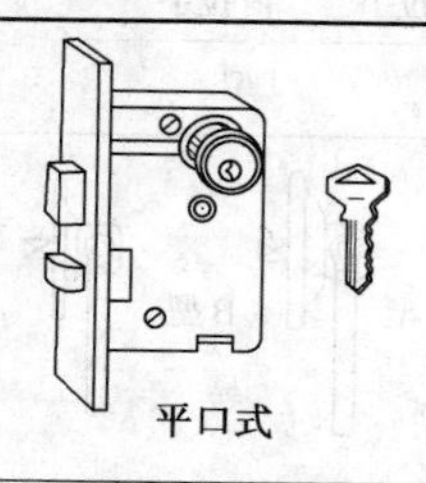

平口式

续表

锁体	型号		锁面板	锁体尺寸/mm			锁头中心	适用门
类型	单头锁	双头锁	形状	宽	高	厚	距/mm	厚/mm
中型	9431 9433 9435	9432 9434 9436	平口式 左企口式 右企口式	78	126	19	56	38～45
用途	因有斜活锁舌，适用于较长的门上。室内外均用拉手上的按下捺子开启，方便。与其相配的拉手、旋钮形状有A、J型两种							

5.2.4.9　弹子插锁配件

【品种及用途】

品种	图　　示	用　途
拉手	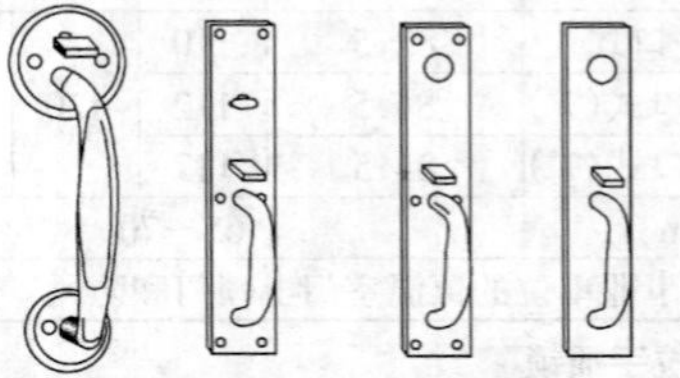 (内外拉手相同) A型；单头锁用内拉手、双头锁用内拉手、外拉手 J型	用做室内外开启锁的斜活舌。专用于各种弹子拉手插锁上
拉环	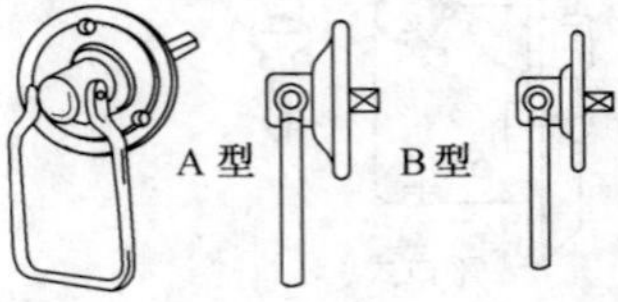 A型　B型	专用于弹子拉环插锁上。用于室外开启锁的斜活舌

续表

品种	图示	用途
旋钮	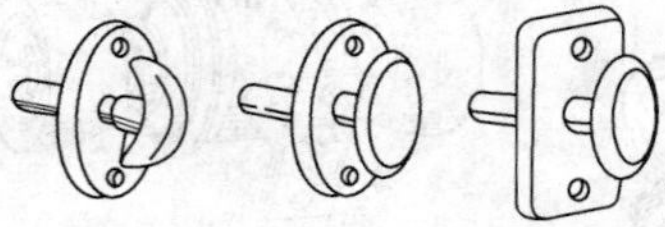 A型　B型　J型	专门装在带方呆舌的单头弹子插锁上，用于启闭锁的方呆舌
执手	 A型（内、外执手相同）　B型（内、外执手相同） 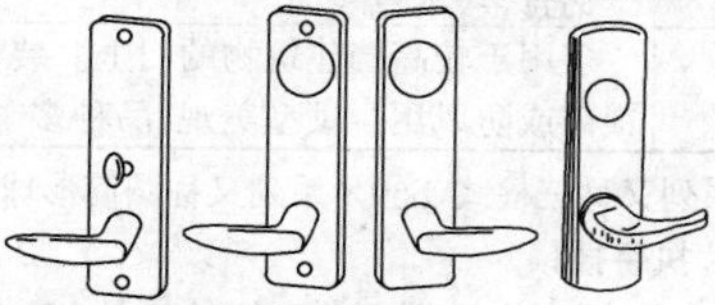 单头锁用内执手　双头锁用内执手　外执手（J型）　（外执手）（S型）	专门装在各种弹子执手插锁上，用做室内外开启锁的斜活舌。 J和S型带有覆板，J型有单、双头锁之分。S型专供9141型锁配用

配件材料及表面处理代号

材料及表面处理	低碳钢				铝合金		锌合金			黄铜		不锈钢
	皱漆	光漆	镀铬	镀铜	本色	电化	本色	光漆	镀铬	本色	镀铬	本色
代号	0	1	2	3	4	5	6	7	8	9	—	—

5.2.4.10 球形门锁

【规格及用途】（QB/T 3840—1999）

8430AA 型

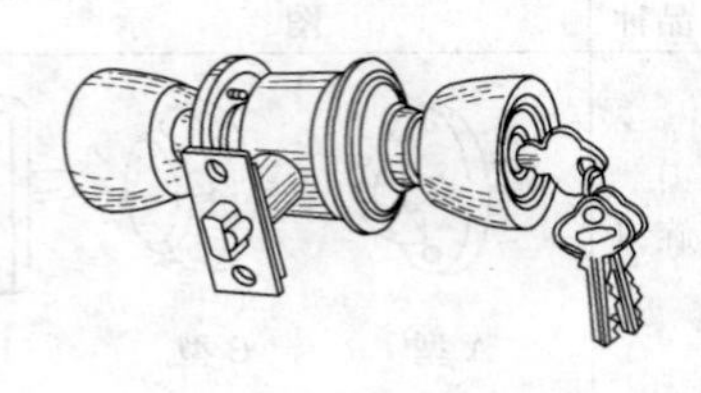

8691G 型

锁头中心距 A/mm	60
适用门厚 T/mm	35～50
锁舌伸出长度 M/mm	≥11
球形执手材料	铝合金,本色表面
用途	多用于较高档建筑物的门上。装在门上锁门或防风用。锁型美观,品种多

注:84××AA 系列又称三柱式、869×系列又称圆筒形球形门锁。

5.2.4.11 叶片执手插锁

【规格及用途】 又名叶片插销门锁,上海产品(参照 QB/T 3839—1999)。

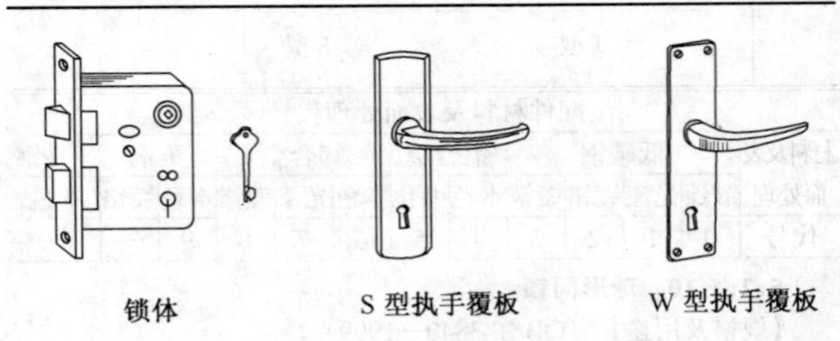

锁体 S 型执手覆板 W 型执手覆板

续表

种类与型号		锁的主要尺寸/mm					执手覆板型号	适用门厚/mm
		钥匙孔中心距	宽度	高度	厚度	方舌伸出长度		
狭型	普通式 9242	44.5	63.5	105	16	12.5	W4 型（铝合金造）S8 型（锌合金造）	35～50
	双开式 9332					16.5		
宽型	双开式 9552	53	78	126	19	16.5		
材料	低碳钢锁体；铜合金锁舌；锌合金钥匙							
用途	装在门上锁门或防风用。锁的钥匙不同，牙花数少。外形美观。多用于对门的安全要求不高的场合							

5.2.4.12 有人无人锁

【规格及用途】 又名厕所锁。

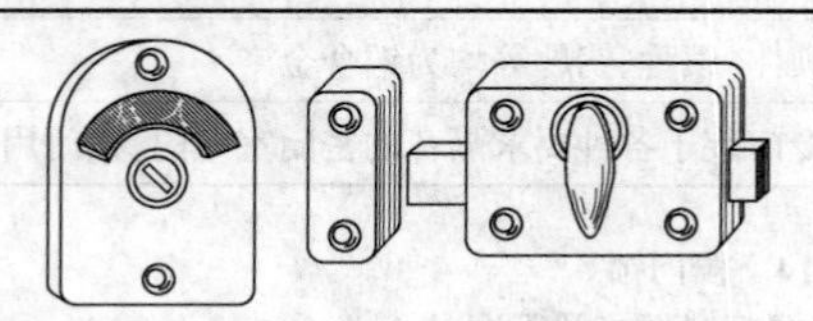

型号	651 型（上海产）
适用门的厚度/mm	15～55
用途	用于厕所门，做室内闩门用，并向室外显示室内“有人”或“无人”。附有简单钥匙，室外可锁门

5.2.4.13 播音室门锁

【规格及用途】 又名密闭门锁。

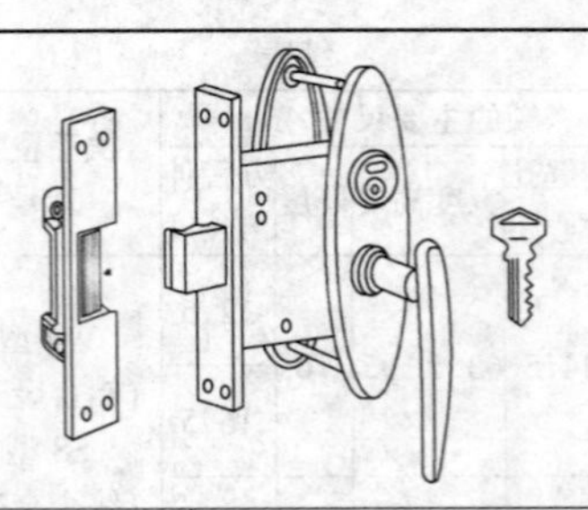

型号	适用门型	锁体尺寸/mm				适用门厚/mm
		高	宽	厚	锁头中心距	
400-1	左内、右外开门	115	115	20	70	100～150
400-2	右内、左外开门					
400-3	左内、右外开门					
400-4	右内、左外开门					
材料	锁体、锁舌、钥匙等均为铜合金					
用途	专门装于各种要求隔音的密闭室屋门,锁门用					

5.2.4.14 橱门锁

1. 玻璃橱门锁规格及用途

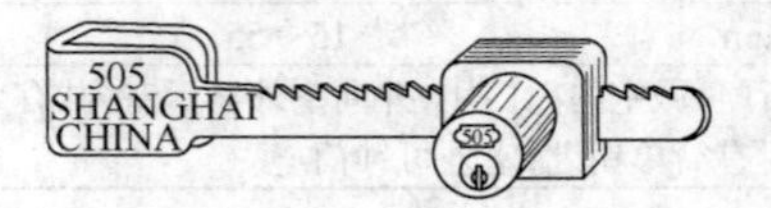

续表

<table>
<tr><th rowspan="2">型号</th><th rowspan="2">锁头
形状</th><th rowspan="2">锁头
结构</th><th rowspan="2">锁头尺寸
/mm</th><th rowspan="2">齿条全长
/mm</th><th colspan="3">制作材料</th></tr>
<tr><th>锁头</th><th>钥匙</th><th>齿条</th></tr>
<tr><td>804P</td><td>圆形</td><td>叶片式</td><td>$\phi19$</td><td rowspan="2">120,140,
160</td><td>锌合金</td><td rowspan="2">铜合金</td><td rowspan="2">低碳钢</td></tr>
<tr><td>801-2</td><td>椭圆形</td><td>弹子式</td><td>17×21</td><td>铜合金</td></tr>
<tr><td>用途</td><td colspan="7">用于锁住移门式玻璃门</td></tr>
</table>

2. 拉手橱门锁规格及用途

圆形式

梅花式

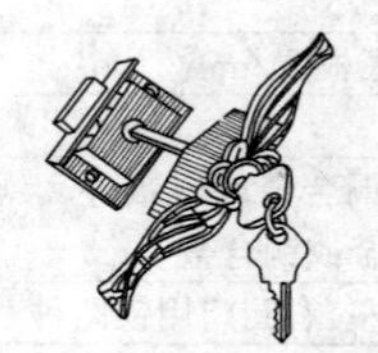

蓓蕾式

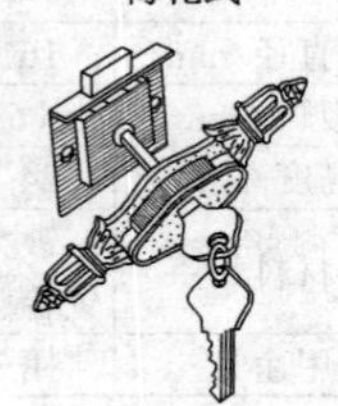

花叶花板式

<table>
<tr><th>型式</th><th>圆形式</th><th>蓓蕾式</th><th>梅花式</th><th>花叶花板式</th></tr>
<tr><td>拉手长度×高度
/(mm×mm)</td><td>52×23</td><td>135×23
160×23</td><td>150×23</td><td>160×23</td></tr>
<tr><td>底板长×宽
/(mm×mm)</td><td colspan="4">53×40</td></tr>
</table>

续表

型式	圆形式	蓓蕾式	梅花式	花叶花板式
弹子锁芯直径/mm	14			
材料	除拉手为塑料外，锁芯、锁舌、钥匙均为铜合金			
用途	用于锁橱门、兼作拉手用			

3. 弹子橱门锁（与普通抽屉锁尺寸、材料相同）规格及用途

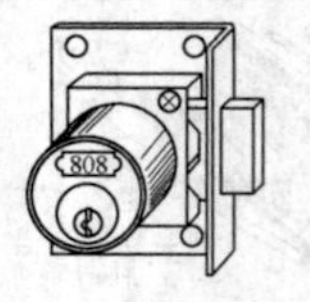

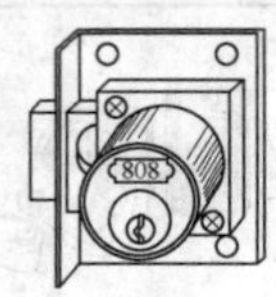

左橱门锁　　　　右橱门锁

锁头直径/mm	16,18,20,22,22.5		
底板长/mm	53	底板宽/mm	40.2
总高度/mm	24.6,28		
材料	锁头为铝合金、铜合金或内铝外套铜合金；锁舌、钥匙为铝合金或铜合金		
用途	用于锁橱门，分左、右橱门用锁两种		

5.2.4.15　防盗链

【规格及用途】　又名安全链。

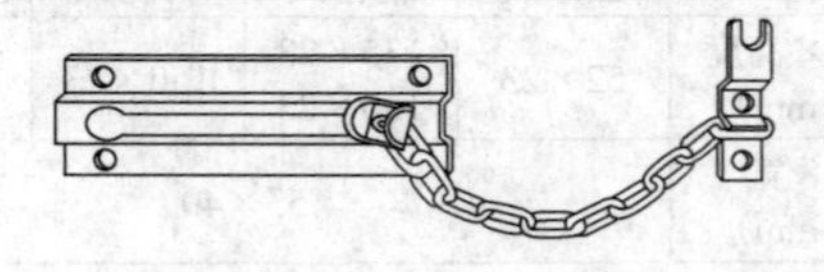

续表

锁扣板全长/mm	125
配木螺钉/(mm×mm)	3.5×16.6,5×25.2
用途	装于房门上,可使房门只开启10°左右,用以防止陌生人趁开门时突然闯进室内;平时可用于通风,但不让人自由进出

5.2.4.16　猫眼

【规格及用途】 又名门镜。

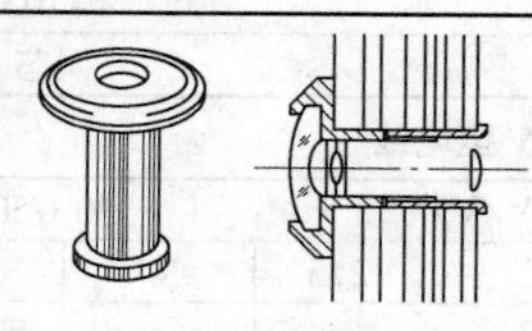

品种	按镜片材料分	光学玻璃、有机玻璃	
	按镜筒材料分	黄铜、ABS塑料	
	按视场角分	120°、160°、180°	
规格尺寸/mm	镜筒外径	14	12
	适用的门厚	23～43,28～48	23～43
用途	装在门上,用以从室内观察室外情况,而从室外却不能看到室内情况		

5.3　常用电线、电缆及熔断器

5.3.1　聚氯乙烯绝缘电线

【用途】 适用于固定敷设的线路,如交流和直流日用电器、电信设备、照明和动力线路。

【规格】

5.3.1.1 BV-105 型电线

额定电压(U_o/U)/(V/V)		450/750						
标称截面/mm²		0.5	0.75	1.0	1.5	2.5	4	6
线芯结构根数/(直径/mm)		1/0.80	1/0.97	1/1.13	1/1.38	1/1.78	1/2.25	1/2.76
电线参考数据	最大外径/mm	2.7	2.8	3.0	3.3	3.9	4.4	4.9
	20℃时导体电阻/(Ω/km)≤	36	24.5	18.1	12.1	7.41	4.61	3.08
适用环境温度/℃		≤105						
线芯材料		铜芯						

5.3.1.2 BLVV 型电线

额定电压(U_o/U)(V/V)			300~500			
标称截面/mm²			2.5	4	6	10
线芯结构根数/(直径/mm)			1/1.78	1/2.25	1/2.76	7/1.35
电线参考数据	20℃时导体电阻/(Ω·km⁻¹)≤		11.8	7.39	4.91	3.08
	外径/mm	下限	4.8	5.4	5.8	7.2
		上限	5.8	6.4	7.0	8.8
适用环境温度/℃			≤70			
线芯			铝芯,为 PVC 绝缘及 PVC 护套的圆型电线			

5.3.1.3 BVV 型电线

额定电压(U_o/U)/(V/V)	300/500					
芯数×标称截面/mm²	1×0.75	1×1.0	1×1.5(A)	1×1.5(B)	1×2.5(A)	1×2.5(B)

续表

线芯结构(芯数×根数)/(直径/mm)			1×1/0.97	1×1/1.13	1×1/1.38	1×7/0.52	1×1/1.78	1×7/0.68
电线参考数据	外径/mm	下限	3.6	3.8	4.2	4.3	4.8	4.9
		上限	4.3	4.5	4.9	5.2	5.8	6.0
	20℃时导体电阻/(Ω·km^{-1})≤		24.5	18.1	12.1		7.41	
适用环境温度/℃			≤70					
芯材			铜芯。PVC 绝缘 PVC 护套圆型电线					

5.3.1.4 BVR 型电线

额定电压(U_o/U)/(V/V)		450/750		
标称截面/mm^2		2.5	4	6
线芯结构根数/(直径/mm)		19/0.41	19/0.52	19/0.64
电线参考数据	最大外径/mm	4.2	4.8	5.6
	20℃时导体电阻/(Ω·km^{-1})≤	7.41	4.61	3.08
适用环境温度/℃		≤70		
线芯材料		铜芯。聚氯乙烯软电线		

5.3.1.5 BLV 型电线

额定电压(U_o/U)/(V/V)		450/750		
标称截面/mm^2		2.5	4	6
线芯结构根数/(直径/mm)		1/1.78	1/2.25	1/2.76
电线参考数据	最大外径/mm	3.9	4.4	4.9
	20℃时导体电阻/(Ω·km^{-1})≤	11.80	7.39	4.91
适用环境温度/℃		≤70		
线芯材料		铝芯。PVC 绝缘电线		

5.3.1.6 BV型电线

额定电压(U_o/U)/(V/V)		300/500					450/750	
标称截面/mm^2		0.5	0.75(A)	0.75(B)	1.0(A)	1.0(B)	1.5(A)	1.5(B)
线芯结构根数/(直径/mm)		1/0.80	1/0.97	7/0.37	1/1.13	7/0.43	1/1.38	7/0.52
电线参考数据	最大外径/mm	2.4	2.6	2.8	2.8	3.0	3.3	3.5
	20℃时导体电阻/(Ω/km)≤	36.0	24.5		18.1		12.1	
适用环境温度/℃		≤70						
线芯材料		铜芯。PVC绝缘电线						

额定电压(U_o/U)(V/V)		450/750					
标称截面/mm^2		2.5(A)	2.5(B)	4(A)	4(B)	6(A)	6(B)
线芯结构根数/(直径/mm)		1/1.78	7/0.68	1/2.25	7/0.85	1/2.76	7/1.04
电线参考数据	最大外径/mm	3.9	4.2	4.4	4.8	4.9	5.4
	20℃时导体电阻/(Ω/km)≤	7.41		4.61		3.08	
适用环境温度/℃		≤70					
线芯材料		铜芯。PVC绝缘电线					

5.3.2 聚氯乙烯绝缘软电线(RV、RVB、RVS、RVV、RVVB、RV-105型)

【用途】 适用于交流、直流移动电器、仪表仪器、电信设备、家用电器及小型电动工具等的连接。

【规格】

<table>
<tr><th rowspan="2">型号</th><th rowspan="2">额定电压 (U_0/U)/(V/V)</th><th rowspan="2">标称截面 /mm²</th><th rowspan="2">线芯结构根数/直径 /(mm)</th><th colspan="3">电线参考数据</th><th rowspan="2">适用环境温度/℃</th><th rowspan="2">芯材</th></tr>
<tr><th colspan="2">最大外径 /mm</th><th>20℃时导体电阻/(Ω·km⁻¹) ≤</th></tr>
<tr><td rowspan="9">RV</td><td rowspan="5">300/500</td><td>0.3</td><td>16/0.15</td><td colspan="2">2.3</td><td>69.2</td><td rowspan="5">≤70</td><td rowspan="5">铜芯</td></tr>
<tr><td>0.4</td><td>23/0.15</td><td colspan="2">2.5</td><td>48.2</td></tr>
<tr><td>0.5</td><td>16/0.2</td><td colspan="2">2.6</td><td>39.0</td></tr>
<tr><td>0.75</td><td>24/0.2</td><td colspan="2">2.8</td><td>26.0</td></tr>
<tr><td>1.0</td><td>32/0.2</td><td colspan="2">3.0</td><td>19.5</td></tr>
<tr><td rowspan="4">450/750</td><td>1.5</td><td>30/0.25</td><td colspan="2">3.5</td><td>13.3</td><td rowspan="4">≤70</td><td rowspan="4">铜芯</td></tr>
<tr><td>2.5</td><td>49/0.25</td><td colspan="2">4.2</td><td>7.98</td></tr>
<tr><td>4</td><td>56/0.30</td><td colspan="2">4.8</td><td>4.95</td></tr>
<tr><td>6</td><td>84/0.30</td><td colspan="2">6.4</td><td>3.30</td></tr>
<tr><td rowspan="5">RVB</td><td rowspan="5">300/300</td><td>2×0.3</td><td>2×16/0.15</td><td>1.8×3.6</td><td>2.3×4.3</td><td>69.2</td><td rowspan="5">≤70</td><td rowspan="5">铜芯。平型软电线</td></tr>
<tr><td>2×0.4</td><td>2×23/0.15</td><td>1.9×3.9</td><td>2.5×4.6</td><td>48.2</td></tr>
<tr><td>2×0.5</td><td>2×28/0.15</td><td>2.4×4.8</td><td>3.0×5.8</td><td>39.0</td></tr>
<tr><td>2×0.75</td><td>2×42/0.15</td><td>2.6×5.2</td><td>3.2×6.2</td><td>26.0</td></tr>
<tr><td>2×1.0</td><td>2×32/0.20</td><td>2.8×5.6</td><td>3.4×6.6</td><td>19.5</td></tr>
<tr><td rowspan="2">RVS</td><td rowspan="2">300/300</td><td>2×0.3</td><td>2×16/0.15</td><td>3.6</td><td>4.3</td><td>69.2</td><td rowspan="2">≤70</td><td rowspan="2">铜芯。绞型软电线</td></tr>
<tr><td>2×0.4</td><td>2×23/0.15</td><td>3.9</td><td>4.6</td><td>48.2</td></tr>
</table>

续表

型号	额定电压(U_0/U)/(V/V)	标称截面/mm^2	线芯结构根数/(直径/mm)	电线参考数据			适用环境温度/℃	芯材
				最大外径/mm		20℃时导体电阻/($\Omega\cdot km^{-1}$) ≤		
RVS	300/300	2×0.5	2×28/0.15	4.8	5.8	39.0	≤70	铜芯。绞型软电线
		2×0.75	2×42/0.15	5.2	6.2	26.0		
RVV	300/300	2×0.5	2×16/0.2	4.8	6.2	39	≤70	铜芯。PVC护套圆型
		2×0.75	2×24/0.2	5.2	6.6	26		
		3×0.5	3×16/0.2	5.0	6.6	39		
		3×0.75	3×24/0.2	5.6	7.0	26		
RVVB	300/300	2×0.5	2×16/0.2	3×4.8	3.8×6.0	39	≤70	铜芯。平型软电线
		2×0.75	2×24/0.2	3.2×5.2	3.9×6.4	26		
	300/500	2×0.75	2×24/0.2	3.8×6.0	5.0×7.6	26		
RV-105	450/750	0.5	16/0.2	2.8		39.0	≤105	铜芯
		0.75	24/0.2	3.0		26.0		
		1.0	32/0.2	3.2		19.5		
		1.5	30/0.25	3.5		13.3		
		2.5	49/0.25	4.2		7.98		
		4	56/0.30	4.8		4.95		
		6	84/0.30	6.4		3.30		

5.3.3 通用轻型橡套软电缆

【规格及用途】

型号	额定电压 (U_0/U) /(V/V)	标称截面 /mm²	线芯结构根数/(直径/mm)	20℃时导体电阻 /(Ω·km⁻¹)	电缆外径/mm					
					单芯	2芯	3芯	(3+1)芯	4芯	5芯
YQ、YQW	300/300	0.3	16/0.15	66.3	—	6.6	7	—	—	—
		0.5	28/0.15	37.8		7.2	7.6			
		0.75	42/0.15	25		7.8	8.7			
用途	适用于交流额定电压450V、直流额定电压700V的家用电器、电动工具及各种移动式电气设备的输电线									

5.3.4 铜芯聚氯乙烯绝缘通信线

【规格及用途】

型号	芯数×线径	排列方式	绝缘厚度 /mm	外形尺寸 /mm
HPV	2×0.5	平行	1.0	2.71×5.42
HBV	2×0.8	平行	1.0	2.8×56
	2×1.0		1.2	3.4×6.8
	2×1.2		1.4	4.0×8.0
	4×1.2	星绞	—	8.7
用途	用于室内、外电话通信、广播线路及电话配线网的分线盒接线			

5.3.5 聚氯乙烯绝缘电话软线

【规格及用途】

型号			HRV	HRVB	HRVT
绝缘厚度/mm			0.25		
软线外径/mm	二芯	圆形	4.3	—	—
		扁形	—	3.0×4.3	—
	三芯		4.5	—	4.5
	四芯		5.1	—	5.1
	五芯		—	—	5.6
用途			为护套电话软线，用于连接电话及接线盒	为护套扁形电话软线。用于连接话机及接线盒	为护套弹簧形电话软线。用于连接电话机与受话器

5.3.6 橡皮绝缘电话软线

【规格及用途】

型号		HR	HRH	HRE	HRJ
绝缘厚度/mm		0.35			
护套厚度/mm		—	1.0	—	—
最大外径/mm	二芯	5.8	7.4	5.8	
	三芯	6.1	7.8	—	6.1
	四芯	6.7	8.3	6.7	—
	五芯	7.4	—	—	—
用途		橡皮绝缘纤维编织软线。用于连接座机与受话器或接线盒	橡皮护套软线。用于连接座机与受话手柄。有防水防爆性能	为橡皮绝缘纤维编织耳机软线。用于连接话务员耳机	为橡皮绝缘纤维编织交换机插塞软线。用于连接交换机与插塞

5.3.7 熔断器

5.3.7.1 低压熔丝

【规格及用途】 俗名保险丝。

品名	直径/mm	近似英规代号	额定电流/A	熔断电流/A
铅(75%) 锡(25%) 合金熔丝	0.51	25	2	3.0
	0.56	24	2.3	3.5
	0.61	23	2.6	4.0
	0.71	22	3.3	5.0
	0.81	21	4.1	6.0
	0.92	20	4.8	7.0
	1.22	18	7	10.0
	1.63	16	11	16.0
	1.83	15	13	19.0
	2.03	14	15	22.0
	2.34	13	18	27.0
	2.65	12	22	32.0
	2.95	11	26	37.0
	3.26	10	30	44.0
用途	在低压电路中,防止短路或过载保护用			

注:低压熔丝选择方法(参考):

①一台电动机的熔丝:
熔丝额定电流=(1.5~2.5)×电动机额定电流

②几台电动机合用的总熔丝:
总熔丝额定电流=(1.5~2.5)×容量最大的电动机额定电流+其余电动机额定电流之和

③电灯支线的熔丝:
熔丝额定电流≥支线上所有电灯的工作电流

④电灯总熔丝:
熔丝额定电流=(0.9~1.0)×电度表额定电流>全部电灯的工作电流

5.3.7.2　熔断器

1. RL6 部分系列螺旋式熔断器规格及用途

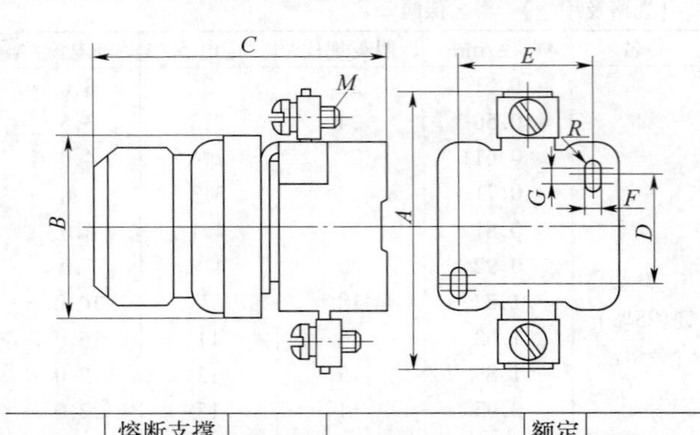

<table>
<tr><th>型号</th><th>熔断支撑件额定电流/A</th><th>额定工作电压/V</th><th>熔断体额定电流/A</th><th>额定功耗/W</th><th>额定分析能力</th></tr>
<tr><td>RL6-25</td><td>25</td><td rowspan="4">500</td><td>2,4,6,10,16,20,25</td><td>4</td><td rowspan="4">50kA
cosφ=
0.1～0.2</td></tr>
<tr><td>RL6-63</td><td>63</td><td>25,50,63</td><td>7</td></tr>
<tr><td>RL6-100</td><td>100</td><td>80,100</td><td>9</td></tr>
<tr><td>RL6-200</td><td>200</td><td>125,160,200</td><td>19</td></tr>
<tr><td>工作条件</td><td colspan="5">适用环境温度：-5℃～40℃；相对湿度≤50%（40℃）或≤90%（25℃）；海拔≤2000m</td></tr>
<tr><td>用途</td><td colspan="5">适用于交流工频、额定电压≤500V、额定电流≤200A的电路，做输配电设备、线路、系统过载和短路保护之用</td></tr>
</table>

2. 密闭管式熔断器规格及用途

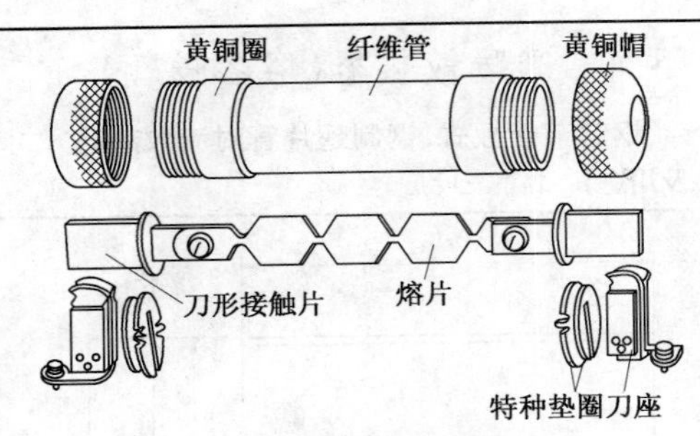

RM1 型管式熔断器

<table>
<tr><th colspan="2">额定电流/A</th><th colspan="2">端头上熔片数</th><th colspan="2">断流容量/A</th></tr>
<tr><th>熔断器</th><th>熔片</th><th>250V</th><th>500V</th><th>额定电压
250V、500V</th><th>额定电压
250V、380V</th></tr>
<tr><td>15</td><td>6,10,15</td><td>1</td><td>1</td><td>1200</td><td>600</td></tr>
<tr><td>60</td><td>15,20,25,
35,60</td><td>1</td><td>1</td><td>3500</td><td>3000</td></tr>
<tr><td>100</td><td>60,80,100</td><td>1</td><td>1</td><td rowspan="3">10000</td><td rowspan="3">6000</td></tr>
<tr><td rowspan="2">200</td><td>100,125</td><td>1</td><td>1</td></tr>
<tr><td>160,200</td><td>1</td><td>2</td></tr>
<tr><td rowspan="3">350</td><td>200</td><td>1</td><td>1</td><td rowspan="3">12000</td><td rowspan="3">—</td></tr>
<tr><td>225,300</td><td>2</td><td>2</td></tr>
<tr><td>260</td><td>1</td><td>2</td></tr>
<tr><td>600</td><td>430,500,600</td><td>2</td><td>2</td><td>12000</td><td>—</td></tr>
<tr><td>用途</td><td colspan="5">表中列出的密闭管式熔断器适用于交流工频、额定电压≤500V、额定电流≤600A 的电路中做输配电设备、线路、系统的过载及短路保护用</td></tr>
</table>

5.4　采暖散热器（俗名暖气）

5.4.1　钢制节能板式、钢制翅片管对流散热器

【规格及用途】　北京三叶厂。

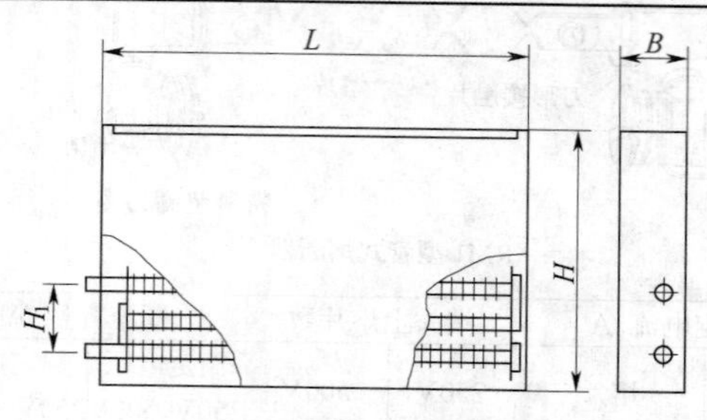

钢制翅片管对流散热器

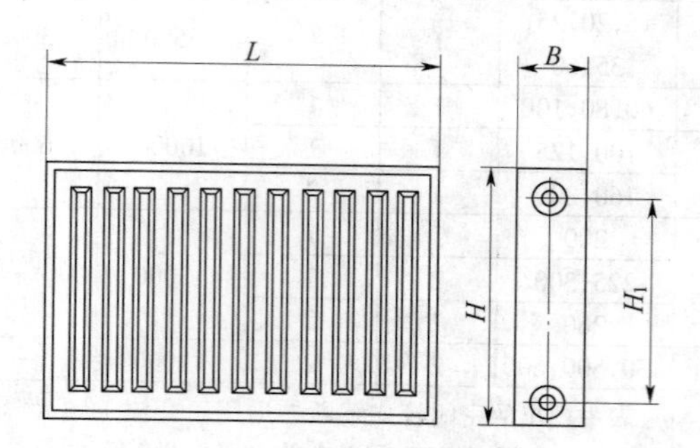

钢制节能板式对流散热器

续表

规格		钢制节能板式对流散热器(Q/FTS YC001—2002)				钢制翅片管对流散热器(JG/T 3012.2—1998)		
		GB—400×1000		GB—600×1000		GC4	GC6	GC8
		单板	双板	单板	双板			
主要技术性能参数	散热量/(W/m)(ΔT=64.5℃)	980	1522	1297	2114	1736	2025	2011
	金属热强度/[W/(kg·℃)]	1.045	0.848	0.938	0.797	0.82	0.83	0.69
	工作压力/MPa	1.0				0.8		
	试验压力/MPa	1.5				1.2		
基本尺寸/mm	高度 H	400		600		480	500	600
	进出口中心距 H_1	340		540		480	500	600
	接口尺寸/in	G1/2或G3/4	G3/4	G1/2或G3/4	G3/4	G3/4	G1	
	宽度 B	60	100	60	100	120	140	
	长度 L	400~2000(以200mm一档)	400~1400(以200mm一档)	400~2000(以200mm一档)	400~1400(以200mm一档)	400~2000(以200mm一档)		
质量/(kg/m)		32.7	15.3	27.8	22.6	41.1		
用途	翅片管式适用于蒸汽或热水采暖系统,节能板式适用于温度<100℃,含氧量≤0.05g/m³ 的热水采暖系统							

5.4.2 钢制扁管型、钢制闭式串片散热器

【规格及用途】 北京三叶厂。

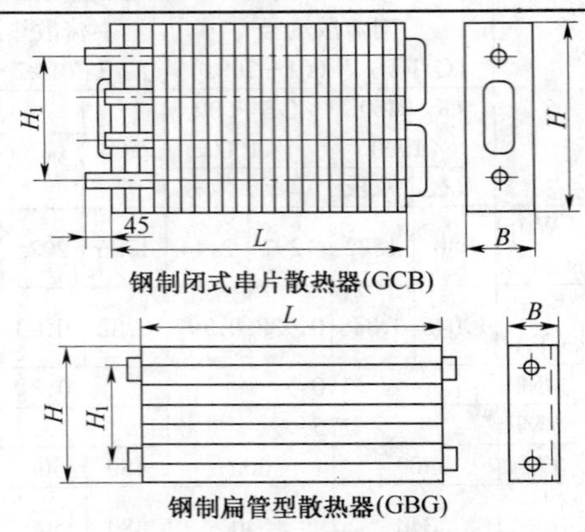

钢制闭式串片散热器(GCB)

钢制扁管型散热器(GBG)

规格		钢制扁管型散热器(GBG)（Q/FTSYC005—2002）					
		DL	SL	D	DL	SL	D
		360			470		
主要技术参数	散热量/(W/m)（ΔT=64.5℃）	915	1649	596	980	1933	820
		（L=1000mm为条件）					
	工作压力/MPa	0.8					
基本尺寸/mm	高度 H	416			520		
	宽度 B	50	117	50	50	117	50
	长度 L	500～2000(以100为一档)					
	中心距 H_1	360			470		
	接口尺寸/in	G1/2，G3/4					
质量/(kg/m)		18	35	12	23	46	15

续表

<table>
<tr><td colspan="2" rowspan="3">规格</td><td colspan="3">钢制扁管型散热器
(GBG)
(Q/FTSYC005—2002)</td><td colspan="3">钢制闭式串片散热器(GCB)
(JG/T3012.1—1994)</td></tr>
<tr><td>DL</td><td>SL</td><td>D</td><td rowspan="2">GCB70</td><td rowspan="2">GCB
120</td><td rowspan="2">GCB
220</td></tr>
<tr><td colspan="3">570</td></tr>
<tr><td rowspan="3">主要技术参数</td><td>散热量/(W/m)</td><td>1163</td><td>2221</td><td>978</td><td>773</td><td>1042</td><td>1221</td></tr>
<tr><td>(ΔT=64.5℃)</td><td colspan="6">(L=1000mm为条件)</td></tr>
<tr><td>工作压力/MPa</td><td colspan="3">0.8</td><td colspan="3">1.0</td></tr>
<tr><td rowspan="5">基本尺寸/mm</td><td>高度 H</td><td colspan="3">624</td><td>150</td><td>240</td><td>300</td></tr>
<tr><td>宽度 B</td><td>50</td><td>117</td><td>50</td><td>80</td><td>100</td><td>80</td></tr>
<tr><td>长度 L</td><td colspan="3">500～2000
(以100为一档)</td><td colspan="3">400～1400
(以100为一档)</td></tr>
<tr><td>中心距 H_1</td><td colspan="3">570</td><td>70</td><td>120</td><td>220</td></tr>
<tr><td>接口尺寸/in</td><td colspan="3">G1/2,G3/4</td><td>G3/4</td><td>G1</td><td>G3/4</td></tr>
<tr><td colspan="2">质量/(kg/m)</td><td>28</td><td>55</td><td>18</td><td>10</td><td>18</td><td>19</td></tr>
<tr><td>用途</td><td colspan="7">扁管型适用于温度<100℃、含氧量≤0.05g/m³的热水采暖系统;闭式串片型适用于蒸汽或热水采暖系统</td></tr>
</table>

5.4.3　钢管柱型散热器

【规格及用途】 (Q/GSR 010—2002)山东高密生产。

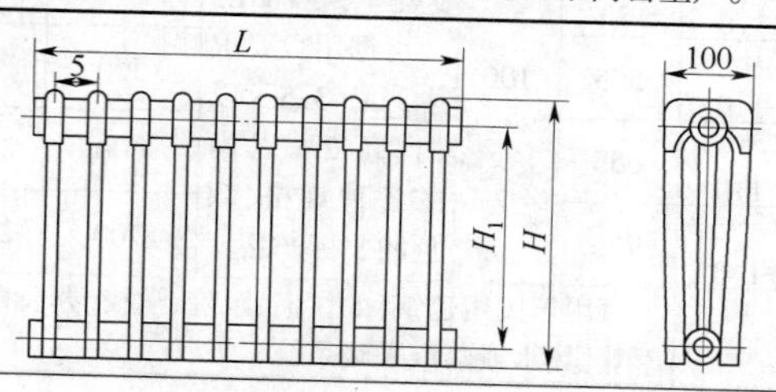

续表

型号	技术性能参数			
	标准散热量/(W/片)(ΔT=64.5℃)	金属热强度/[W/(kg·℃)]	散热面积/(m^2/片)	工作压力/MPa
GGZ3-1.0/3-1.0	60	0.73	0.077	1.0
GGZ3-1.0/4-1.0	74		0.097	
GGZ3-1.0/5-1.0	87		0.117	
GGZ3-1.0/6-1.0	100		0.137	
GGZ3-1.0/7-1.0	113	0.71	0.157	

型号	基本尺寸/mm				质量/(kg/片)
	高度 H	宽度 B	长度 L	中心距 H_1	
GGZ3-1.0/3-1.0	355	100	单片长500mm，以50mm为档位递增至≤3000mm 可据用户要求生产长3.5m以内、高2m以内的各种规格、颜色的非标产品	300	1.27
GGZ3-1.0/4-1.0	455			400	1.58
GGZ3-1.0/5-1.0	555			500	1.85
GGZ3-1.0/6-1.0	655			600	2.15
GGZ3-1.0/7-1.0	755			700	2.25
用途	适用于民用建筑(如住宅、医院、学校、办公楼、别墅等)热水或蒸汽采暖系统				

5.4.4 钢制板式散热器

【规格及用途】 (Q/HDBXC 008—2002)北新建材产品。

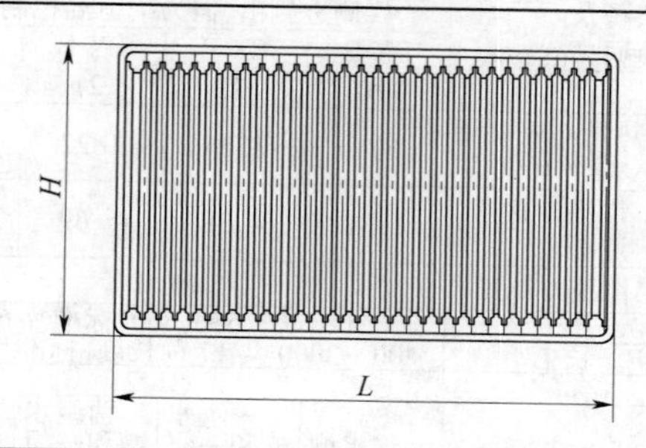

<table>
<tr><td colspan="2" rowspan="2">类型及
型号</td><td colspan="4">复合型
(下进下出,自带内置恒温控制阀芯)</td></tr>
<tr><td>BX-FZ
(Y)-10</td><td>BX-FZ
(Y)-11</td><td>BX-FZ
(Y)-21</td><td>BX-FZ
(Y)-22</td></tr>
<tr><td rowspan="3">主要
技术
参数</td><td>散热量/(W/片)
($\Delta T=64.5$℃)</td><td>871</td><td>1338</td><td>1822</td><td>2478</td></tr>
<tr><td>散热面积
/(m^2/片)</td><td>1.31</td><td>4.38</td><td>5.69</td><td>8.76</td></tr>
<tr><td>工作压力
/MPa</td><td colspan="4">1.0</td></tr>
<tr><td rowspan="3">基本
尺寸
/mm</td><td>高 H</td><td colspan="4">300,400,500,600(标准片 600)</td></tr>
<tr><td>长 L</td><td colspan="4">400~3000 共 17 种长度(标准片 1000)</td></tr>
<tr><td>接口/in</td><td colspan="4">G1/2</td></tr>
<tr><td colspan="2">特点</td><td>一组水槽</td><td>一组水槽和一组对流片</td><td>两组水槽和一组对流片</td><td>两组水槽和两组对流片</td></tr>
</table>

续表

<table>
<tr><td colspan="2" rowspan="2">类型及
型号</td><td colspan="4">标准型
(侧进侧出,需另配恒温控制阀)</td></tr>
<tr><td>BX-B
-10</td><td>BX-B
-11</td><td>BX-B
-21</td><td>BX-B
-22</td></tr>
<tr><td rowspan="3">主要
技术
参数</td><td>散热量/(W/片)
(ΔT=64.5℃)</td><td>871</td><td>1338</td><td>1822</td><td>2478</td></tr>
<tr><td>散热面积
/(m²/片)</td><td>1.31</td><td>4.38</td><td>5.69</td><td>8.76</td></tr>
<tr><td>工作压力/MPa</td><td colspan="4">1.0</td></tr>
<tr><td rowspan="3">基本
尺寸
/mm</td><td>高 H</td><td colspan="4">300,400,500,600(标准片 600)</td></tr>
<tr><td>长 L</td><td colspan="4">400~3000 共 17 种长度(标准片 1000)</td></tr>
<tr><td>接口/in</td><td colspan="4">G1/2</td></tr>
<tr><td colspan="2">特点</td><td>一组水槽</td><td>一组水槽和一组对流片</td><td>两组水槽和一组对流片</td><td>两组水槽和两组对流片</td></tr>
<tr><td colspan="2">用途</td><td colspan="4">适用于住宅、别墅、办公楼、学校、医院等民用建筑的热水采暖系统</td></tr>
</table>

5.4.5　铸铁散热器

【规格及用途】

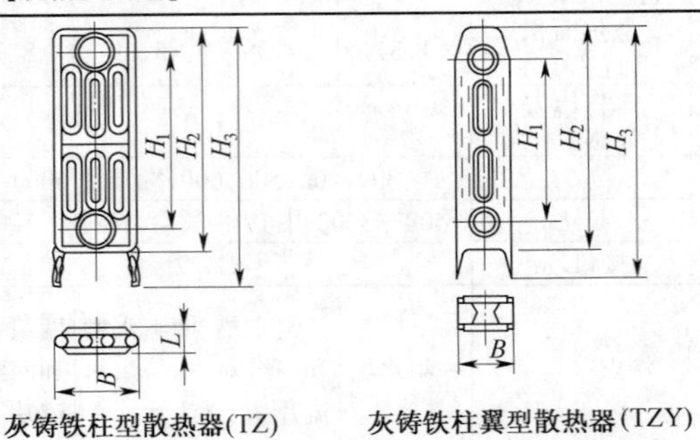

灰铸铁柱型散热器(TZ)　　灰铸铁柱翼型散热器(TZY)

续表

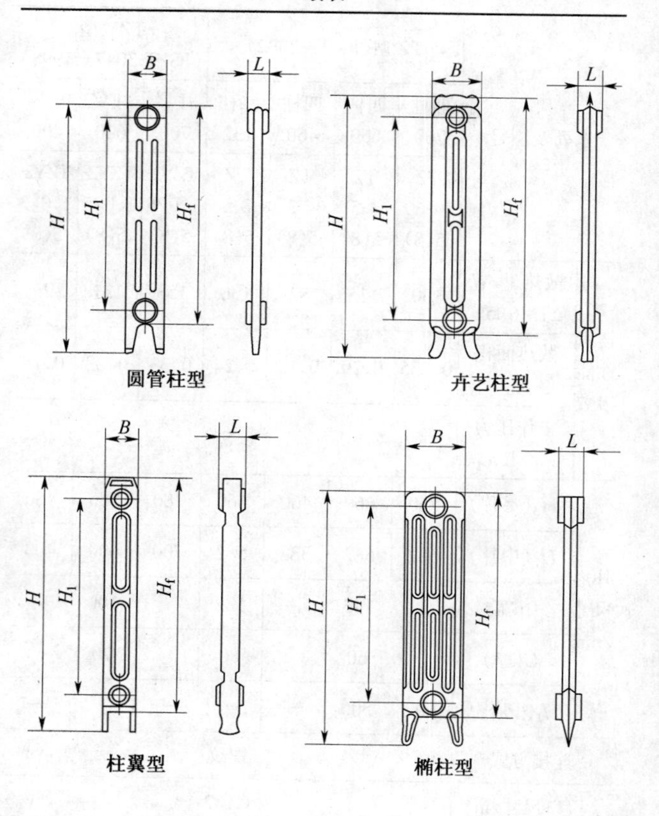

续表

系列及型号		TZ型(JG 3—2002)				TZY型(JG/T 3047—1998)		
		四柱760	四柱660	四柱460	二柱132	柱翼700	柱翼600	柱翼400
		TZ 4-6 -5(8)	TZ 4-5 -5(8)	TZ 4-3 -5(8)	TZ 2-5 -5(8)	TZY2-1.0/6 -5(8)	TZY2-1.0/5 -5(8)	TZY2-1.0/3 -5(8)
技术性能参数	散热量/W (ΔT=64.5℃)	130	115	82	130	153	131	93
	散热面积/m^2	0.235	0.20	0.13	0.24	0.33	0.28	0.18
	工作压力/MPa	0.5						
外形尺寸/mm	H_3(足片)	760	660	460	660	780	680	480
	H_2(中片)	682	582	382	582	700	600	400
	B(宽)	143			132	100		
	L(厚)	60			80	70		
	H_1(中心距)	600	500	—	—	—	—	—
连接方式		螺纹						
接口尺寸/in		G1/2						

续表

类型	型号	技术参数		基本尺寸/mm				
		散热量/(W/m)(ΔT=64.5℃)	工作压力/MPa	H	H_f	B	L	H_1
圆管柱型(Q/JN 11-2002)	TYZ3-6-6(8)	99.8	0.8	745	680	100	45	600
	TYZ3-5-6(8)	82.3		645	572			500
	TYZ3-3-6(8)	55.6		445	372			300
卉艺柱型(Q/JN 10-2000)	THY2-6-6(8)	135.9		780	706	136	70	600
	THY2-5-6(8)	135.9		750	680			
柱翼型(Q/JN 09-2001)	TZY3-6-6(8)	123.9		750	670	100	60	600
	TZY3-5-6(8)	117		650	570			500
	TZY3-3-6(8)	81.6		450	370			300
椭柱型(Q/JN 01-2001)	TTZ4-6-6(8)	133.8		760	682	143	60	600
	TTZ4-5-6(8)	116.3		660	582			500
	TTZ4-3-6(8)	77.8		460	382			300
用途	适用于热水或蒸汽采暖系统。广泛用于工厂、医院、学校、办公楼及住宅等							

5.4.6 铜管铝合金散热器及铜管铝串片对流散热器

【规格及用途】

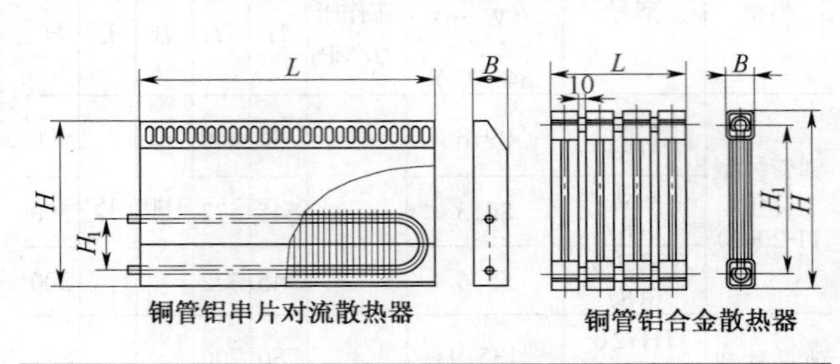

铜管铝串片对流散热器　　铜管铝合金散热器

类型及型号		铜管铝合金散热器 (Q/BFL002—2001)			铜管铝串片对流散热器 (Q/DXBL001—2002)		
		TLF-(A)400-1.0	TLF-(A)600-1.0	TLF-(A)1200-1.0	TL1-0-1.0-C	TL2-180-1.0-C	TL4-430-1.0-C
技术性能参数	散热量/(W/m) ($\Delta T=64.5$℃)	372/(W/4片)	504/(W/4片)	984/(W/4片)	683	1721	2372
	金属热强度/[W/(kg·℃)]	2.069			1.8	2.0	1.891
	工作压力/MPa	1.0					
	试验压力/MPa	1.5					

续表

<table>
<tr><td colspan="2" rowspan="2">类型及型号</td><td colspan="3">铜管铝合金散热器
(Q/BFL002—2001)</td><td colspan="3">铜管铝串片对流散热器
(Q/DXBL001—2002)</td></tr>
<tr><td>TLF-(A)400-1.0</td><td>TLF-(A)600-1.0</td><td>TLF-(A)1200-1.0</td><td>TL1-0-1.0C</td><td>TL2-180-1.0-C</td><td>TL4-430-1.0-C</td></tr>
<tr><td rowspan="4">基本尺寸/mm</td><td>长 L</td><td colspan="3">290/(4片)</td><td colspan="3">1000</td></tr>
<tr><td>高 H</td><td>436</td><td>636</td><td>1236</td><td>240</td><td>600</td><td>800</td></tr>
<tr><td>中心距 H_1</td><td>400</td><td>600</td><td>1200</td><td>0
(单管)</td><td>180</td><td>430</td></tr>
<tr><td>厚 B</td><td colspan="2">110</td><td>140</td><td colspan="3">52</td></tr>
<tr><td colspan="2">接口尺寸/in</td><td colspan="3">G3/4、G1(任选)</td><td colspan="3">G1/2、G3/4(任选)</td></tr>
<tr><td colspan="2">质量</td><td>3.0/(kg/4片)</td><td>4.08/(kg/4片)</td><td>7.28/(kg/4片)</td><td>5.85/(kg/m)</td><td>13.2/(kg/m)</td><td>19.45/(kg/m)</td></tr>
<tr><td colspan="2">用途</td><td colspan="6">适用于独立采暖系统,也适用于住宅、学校、宾馆、商场等热水采暖系统</td></tr>
</table>

5.4.7 铜铝复合散热器

【规格及用途】 (Q/FSYC 006—2002)

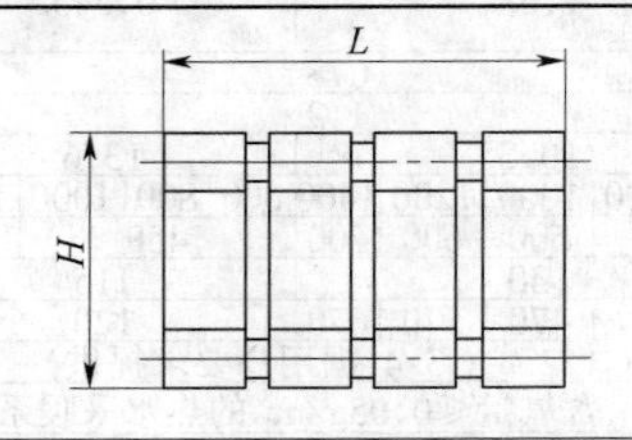

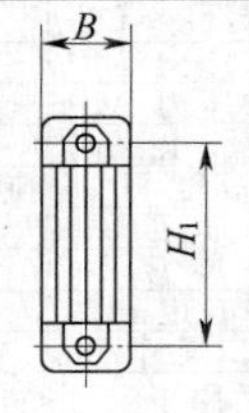

续表

基本尺寸/mm	高 H	300，400，500，…，2000	技术性能参数	散热量/W（$\Delta T=64.5$℃）	968
	中心距 H_1	$H-55$		金属热强度/[W/(kg·℃)]	1.707
	厚 B	62			
	柱数 n	3～25		工作压力/MPa	1.0
	宽 L	$(n-1)\times77+70$		试验压力/MPa	1.5
用途	用于温度＜100℃的热水采暖系统				

5.4.8 钢制卫浴散热器

【规格及用途】

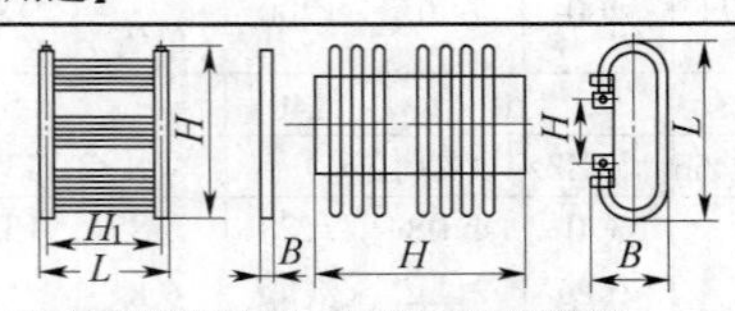

普通卫浴散热器 环型卫浴散热器

类型		钢制普通卫浴散热器（GWY）（Q/FTSYC 002—2002）					钢制环型卫浴散热器（GWYH）（Q/FTSYC 003—2002）			
技术性能参数	散热量/W（$\Delta T=64.5$℃）	670					431			
	金属热强度/[W/(kg·℃)]	1.088					0.545			
	工作压力/MPa	0.8								
	试验压力/MPa	1.2								
	质量/(kg/m)	10.35					13.6			
基本尺寸/mm	高度 H	600	800	1000	1200	1400	600	800	1000	1200
	宽 L	450		500	600	700	450			500
	厚 B	30					115			
	中心距 H_1	420		470	570	670	120			
	接口尺寸/in	G1/2 或 G3/4（据用户要求提供）								
用途	适用于温度＜100℃、含氧量≤0.05g/m^3 的热水采暖系统									

5.5 厨房用具及卫生洁具

5.5.1 厨房用具

5.5.1.1 不锈钢壶

【规格及用途】（QB/T 1622.7—92）

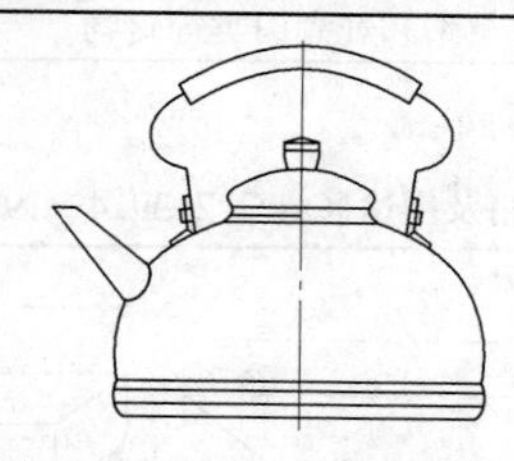

材料	1Cr13、2Cr13 及 Cr18Ni9
规格(容量)/L	0.25,0.30,0.35,0.40,0.50,0.60,0.75,0.80,1.00,1.20,1.50,1.80,2.00,2.50,3.00,3.50,4.00,4.50,5.00,6.00,6.50,7.00,8.00,10.00,11.00,12.00,13.00,15.00,20.00,25.00,30.00,40.00,50.00
用途	用于烧开水

5.5.1.2 不锈钢压力锅

【规格及用途】（GB 15066—1994）

续表

压力(规格)/kPa		50~150	容积/L	≤18
锅口内径/mm		20、22、24、26		
材料	0Cr19Ni9、1Cr18Ni9、1Cr18Ni9Ti			
用途	用于煮饭、熬粥和炖煮肉类等食物			

5.5.1.3 橱柜

1. 餐具橱柜规格及用途(QB/T 2139.4—1995)

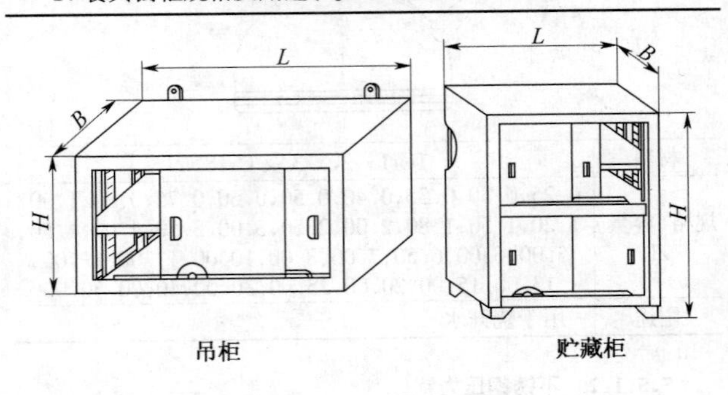

吊柜 贮藏柜

品种		贮藏柜				吊柜		
尺寸/mm	L	900	1200	1500	1800	900	1200	1500
	B	450		600		300	350	
	H	1500		1800		500	800	级差 50
用途	用于贮藏餐具等							

注:如为特殊规格,供需双方可商定。

2. 操作台柜规格及用途(QB/T 2139.3—1995)

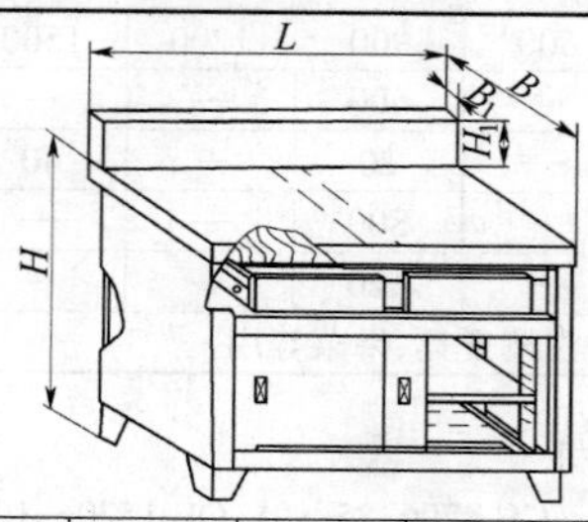

L	/mm	600	900	1200	1500	1800
B		—	600	—	750	900
B_1		—	20	—	40	60
H		—	800	—	—	850
H_1		—	120	—	—	150
用途		切、剁食品等用的台柜				

注:如需特殊规格,供需双方可商定。

3. 洗涮台柜规格及用途(QB/T 2139.2—1995)

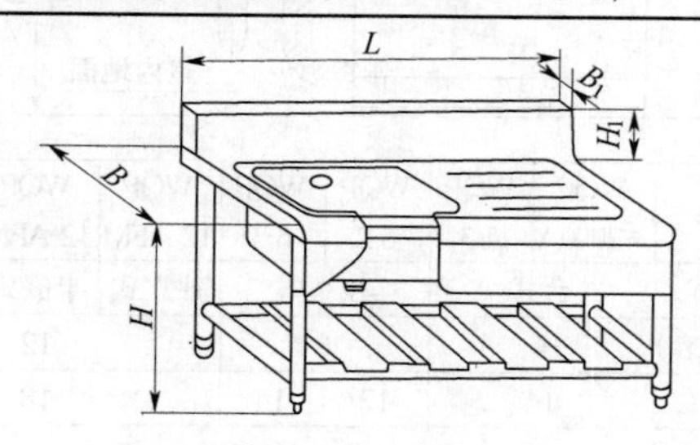

续表

L	/mm	600	900	1200	1500	1800
B		—	600	—	—	750
B_1		—	20	—	40	60
H		—	800	—	—	850
H_1		—	120	—	—	150
用途		洗涮餐具、果菜等用				

5.5.1.4 洗碗机

【规格及用途】 (GB 4706.25—91、QB 1520—1999)海尔生产。

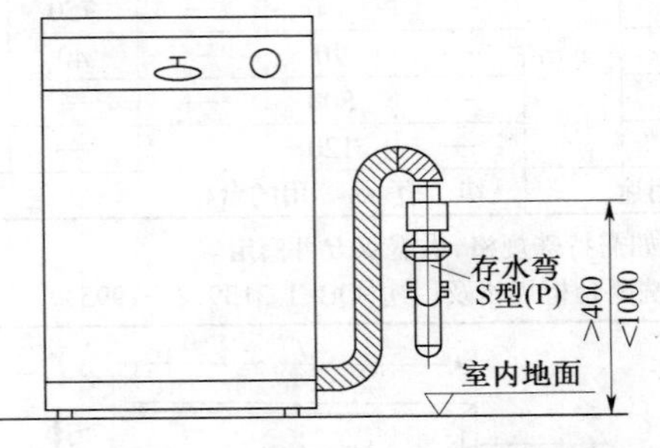

型号	WQP 4-2000A	WQP 4-3	WQP 6-2	WQP 6-3	WQP 12-AFM	WQP 12-ABM	WQP 12-CBE
安装方式	台式		独立式		独立式	半嵌式	全嵌式
放置餐具(套)	4		6		12		
耗水量/L	16		12	14	18		
电源(V/Hz)	220/50						

续表

型号	WQP 4-2000A	WQP 4-3	WQP 6-2	WQP 6-3	WQP 12-AFM	WQP 12-ABM	WQP 12-CBE
洗涤泵功率/W	120		150				
加热器功率/W	1100		1500		1800		
干燥方式	自然风干		自然风干		自然风干	自然风干	风机烘干
高×宽×深/(mm×mm×mm)	540×495×440		800×450×500		850×600×600	820×600×570	
外表颜色	银色	白色					
净质量/kg	19		35		43	39	
用途	对餐具自动洗涤和干燥的电动用具,适用于厨房。该用具尚无溢水保护系统和软化装置						

5.5.1.5 热水器

1. 强制排气式燃气快速热水器规格及用途(GB 6932—2001)

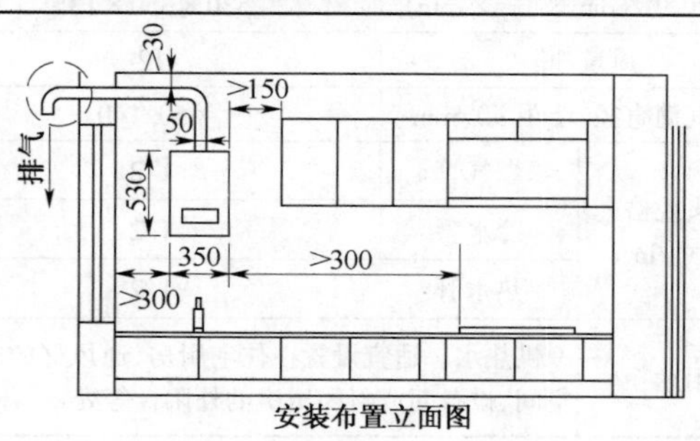

安装布置立面图

续表

型　　号		JSQ21-QFM1002Q	JSQ21-QFM1011Q
使用燃气种类		液化石油气(20Y)	天然气(12T)
额定供气压力/Pa		2000	2800
燃气消耗量/(m^3/h)		2.2	1.8
热负荷/kW		21.2	
热水产率($\Delta t = 25℃$)/(L/min)		10	
热效率(%)		≥80	
启动水流量/(L/min)		3±0.5	
适用水压/MPa		0.05~0.5	
最低启动水压/MPa		0.015	
电源(V/Hz/W)		(220±22)/(50±5)/30	
外形尺寸/(mm×mm×mm)		530×350×135	
质量/kg		12	
(排气筒直径/墙距 a)/mm		ϕ50/140	
接头规格尺寸/in	燃气管	1/2	
	冷水管	1/2	
	热水管	1/2	
用途	供热水。适宜设置在住宅厨房、通风好的非居住空间、设备间或封闭厨房的外阳台等处		

2. 快热式电热水器规格及用途(GB 4706.11—1997)

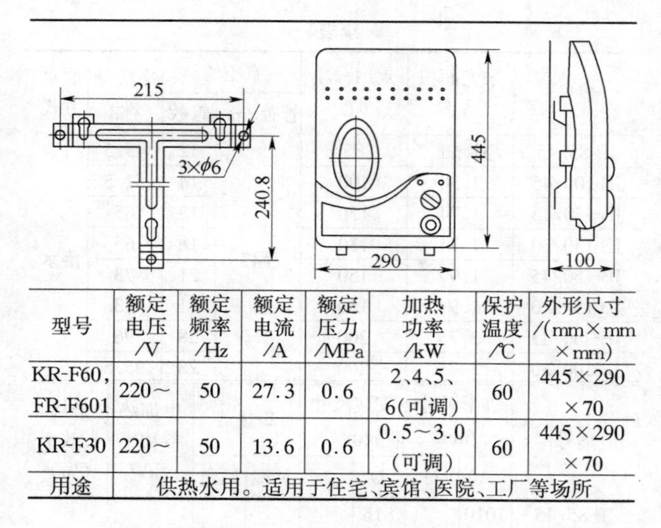

型号	额定电压/V	额定频率/Hz	额定电流/A	额定压力/MPa	加热功率/kW	保护温度/℃	外形尺寸/(mm×mm×mm)
KR-F60,FR-F601	220～	50	27.3	0.6	2、4、5、6(可调)	60	445×290×70
KR-F30	220～	50	13.6	0.6	0.5～3.0(可调)	60	445×290×70
用途	供热水用。适用于住宅、宾馆、医院、工厂等场所						

3. 太阳能热水器规格及用途（GB/T 17851—1998、GB/T 17049—1997、Q/CPQHY 001—2002）

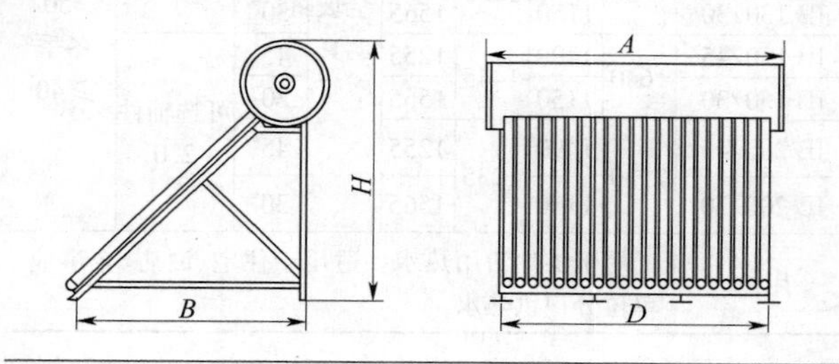

续表

型号	采光面积/m²	水箱容积/L	真空管		净质量/kg	取水方式
			管径/mm	管数		
JB-85/45	1.11	85	$\phi 47$	12	45.5	落水
JB-100/45	1.30	100		14	51.5	
JB-130/45	1.74	130		18	65	
JB-130/30	1.74	130		18	65	
JB-150/45	1.99	150		21	73	
JB-150/30	1.99	150		21	73	
JB-200/45	2.73	200		28	96	
JB-200/30	2.73	200		28	95.5	

型号	外形尺寸/mm		安装尺寸/mm		集热器		电加热器功率/kW	平均日效率(%)
	A	*H*	*D*	*B*	类型	倾角		
JB-85/45	1010	1490	815	1255	全玻璃真空管	45°	可选辅件 1.5	≥50，冬季≥40
JB-100/45	1150		955					
JB-130/45	1430		1235					
JB-130/30		1150		1565		30°		
JB-150/45	1640	1490	1445	1255		45°	可选辅件 2.0	
JB-150/30		1150		1565		30°		
JB-200/45	2130	1490	1935	1255		45°		
JB-200/30		1150		1565		30°		
用途	用于供生活用热水。适用于住宅、酒店、企事业单位分户供热水							

5.5.1.6 换气扇

【规格及用途】（GB 4706.27—92、Q/SMC 001—2001）

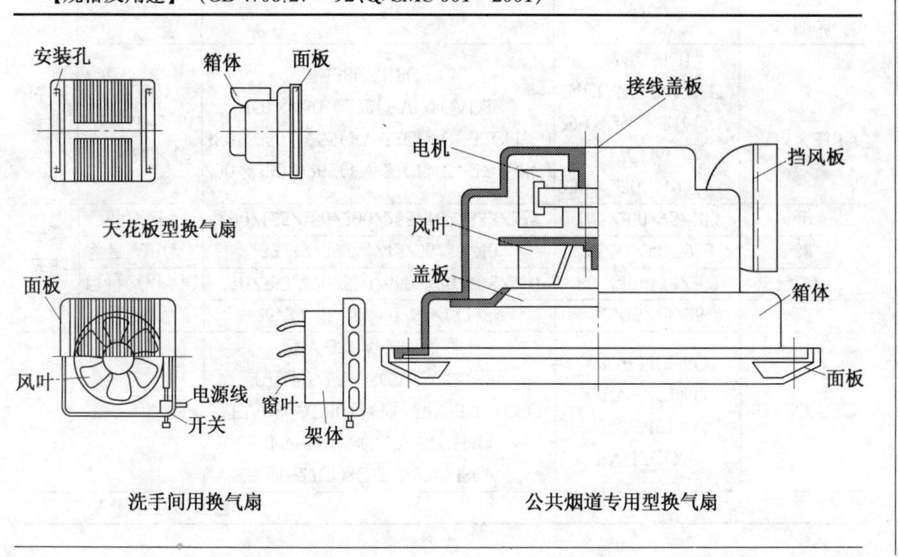

天花板型换气扇

洗手间用换气扇

公共烟道专用型换气扇

续表

1. 天花板型换气扇				
型号		FV-27CD8C/FV-27CH8C/FV-32CD8C/FV-32CH8C/FV-38CAD8C(高速)/FV-38CAD8C(低速)/FV-38CAK8C(高速)/FV-38CAK8C(低速)	FV-17CU6C/FV-24CU6C/FV-24CD6C/FV-24CH6C	FV-20CK1C
技术性能参数	功率/W	26/34/48/58/90/67/122/89	12/23/25/26	22
	风量/(m^3/h)	270/350/420/520/660/420/798/510	80/140/173/207	450
	噪声/dB(A)	33/39/39/44/45/36/50/40	32/37/34/39.5	38
	静压/Pa	100/125/180/200/255/167/333/225	105/200/95/100	40
基本尺寸/mm	长×高×深/(mm×mm×mm)	330×330×267(FV-27CD8C、-27CH8C) 380×380×255(FV-32CD8C、-32CH8C) 450×450×272(FV-38CAD8C、-38CAK8C)	230×230×198(FV-17CU6C) 290×290×216(FV-24CU6C、-24CD6C、-24CH6C)	315×315×146
	接口	ϕ150	ϕ100	不能连接气流导管
用途		适用于起居室、盥洗室、厕所等温度不太高的场所		

2. 公共烟道专用型换气扇、洗手间用换气扇、自动铠板排气型换气扇

品种		公共烟道专用型换气扇	洗手间用换气扇	自动铠板排气型换气扇
型号		FV-10VB1	FV-10VA1	FV-15VW1/FV-20VW1/FV-25VW1/FV-30VW1
技术性能参数	功率/W	21.6	21.6	15.5/26.5/31.5/33.6
	风量/(m^3/h)	91	91	288/552/900/1152
	噪声/(dB(A))	43	43	31/38/38.5/38.5
长×高×深/(mm×mm×mm)		201×181×204.5	260×120×254	254×240×127/306×302×154/356×352×140/406×402×133
安装孔/(mm×mm)		120×85	205×155	170×170/240×240/290×290/340×340
质量/kg		1.7	1.7	1.4/2.3/2.6/2.9
用途		适用于卫生间风道	适用于浴室等水气较重的地方	适用于厨房、盥洗室、起居室等

5.5.2　卫生洁具

5.5.2.1　小便器

【规格及用途】（GB/T 6952—1999）

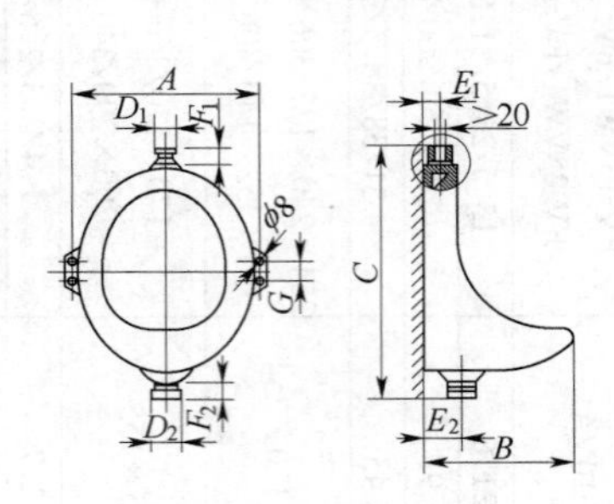

斗式

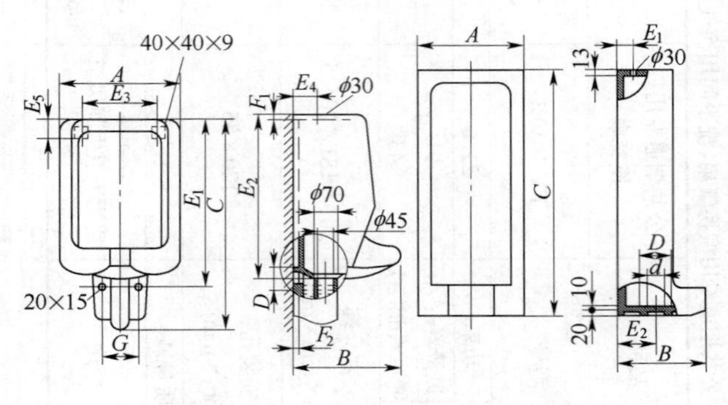

壁挂式　　　　落地式

续表

品种		斗式小便器	壁挂式小便器		落地式小便器		
规格尺寸/mm	A	340	A	330	A	410	330
	B	270	B	310	B	360	370
	C	490	C	615	C	1000	900
	D_1	ϕ35	D	ϕ55	D	ϕ100	ϕ100
	D_2	ϕ50	E_1	490	d	ϕ70	ϕ70
	E_1	38	E_2	490	E_1	60	60
	E_2	70	E_3	200	E_2	150	150
	F_1	25	E_4	65	—	—	—
	F_2	30	E_5	50	—	—	—
	G	42	F_1	13	—	—	—
	—	—	F_2	25	—	—	—
	—	—	G	100	—	—	—
用途	适用于公共卫生间等						

5.5.2.2 坐便器

【规格及用途】（GB/T 6952—1999、JC/T 856—2000）

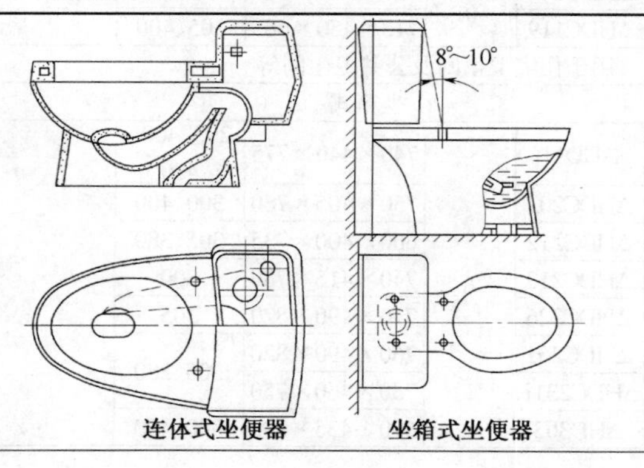

连体式坐便器　　坐箱式坐便器

续表

品种	型号	冲水量/L	外形尺寸/(mm×mm×mm)	排污口中心至墙壁距离/mm	排污口中心至地面距离/mm
连体式					
喷射虹吸式	HDC101	6	730×465×645	290、370	—
	HDC102		710×420×630	305、380	—
	HDC103	6或316	700×380×650		80、180
漩涡虹吸式	HDC109	6	760×430×555	300、380	—
	HD3		710×440×505	300、370	80
冲落式	HD16W	316	700×380×615	220、300、380	—
	HDC107	6	730×420×610	220、300、380	—
	HDC110	316	695×395×655	220、305、380	—
	HDC113	6	685×410×645	220、305、380、580	—
虹吸式	ΔHDC104	6	720×440×645	290、360	—
	ΔHDC119		715×450×685	305、400	
用途	用于住宅卫生间及公共卫生间等				
坐箱式					
喷射虹吸式	ΔHD11	6	740×440×775	295、400、480	—
	ΔHDC202		750×405×760	300、400	
	ΔHDC212		660×400×735	305、380	
	ΔHDC213		740×415×780	300	
	ΔHDC226		710×490×820	305	
	ΔHDC231		760×490×820	305、380	
	ΔHDC231E		730×460×750		
	ΔHD303		690×435×790	300、400	

续表

品种	型号	冲水量/L	外形尺寸/(mm×mm×mm)	排污口中心至墙壁距离/mm	排污口中心至地面距离/mm
坐箱式					
冲落式	HD6	6	690×435×790	170	190
	HD9	6或316	740×400×740	100、210、290、380、580	180
	HD15		730×390×755	220、280、360	85、180
	HDC201		730×405×790	220、300、390	180
	HDC203		660×360×815	210、300、390	185
	HDC209	6	695×395×770	—	190
	HDC215		675×365×810	—	180
	HDC220		660×360×785	220、300、380	190
	HD6B		645×380×810	—	190
虹吸式	ΔHD2	6	700×390×730	220、300、400	—
	ΔHD14		670×380×760	290、370、580	—
	ΔHDC208		680×415×715	305、380	—
	ΔHDC210		685×460×725		—
	ΔΔHDC216		730×415×810	305	—

续表

品种	型号	冲水量/L	外形尺寸/(mm×mm×mm)	排污口中心至墙壁距离/mm	排污口中心至地面距离/mm
2. 坐箱式					
虹吸式	HDC221	6	690×440×745	305	—
	HDC222		685×440×730		—
	ΔHDC228		730×415×810		—
用途	用于住宅卫生间及公共卫生间等				

注:①表中符号Δ者为 ϕ50mm 全瓷通釉大水道;ΔΔ 者是为残障人专门设计的。

②便器排水口尺寸:50mm≤ϕ≤100mm。

5.5.2.3 蹲便器

【规格及用途】 (GB/T 6952—1999) (mm)

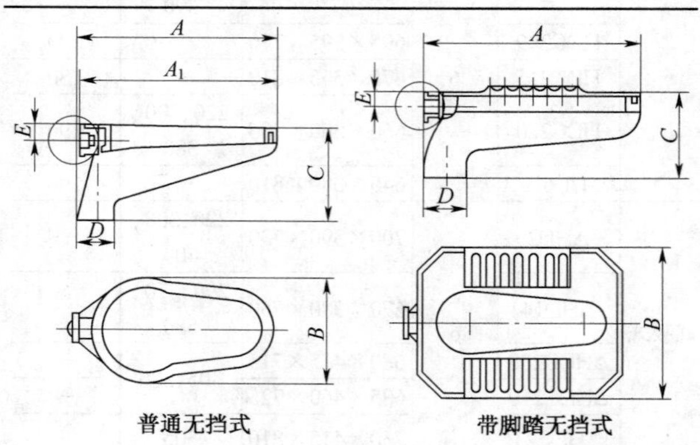

普通无挡式　　带脚踏无挡式

续表

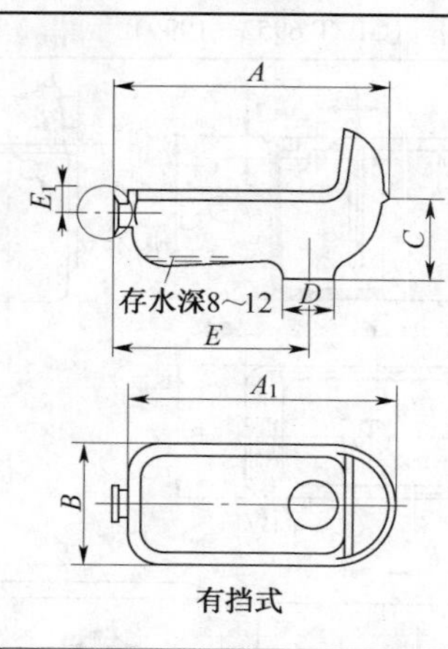

有挡式

品种		普通无挡式		带脚踏无挡式	有挡式
规格尺寸/mm	A	500	640	600	610
	A_1	540	630	—	590
	B	320	340	430	280/260
	C	275	300	285	200
	D	ϕ110	ϕ110	ϕ110	ϕ120
	E	45	45	45	430
	E_1	—		—	61
用途	适用于公共卫生间、住宅卫生间等				

5.5.2.4　水箱

【规格及用途】（GB/T 6952—1999）　　(mm)

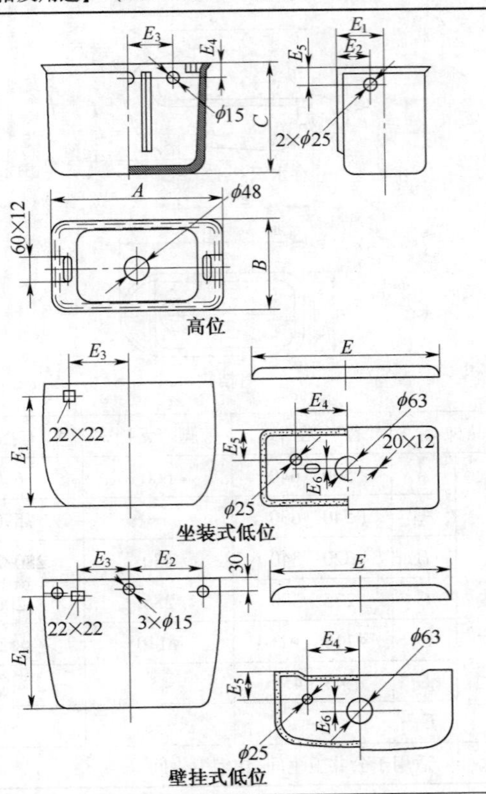

续表

品名	高位水箱			坐装式低位水箱		壁挂式低位水箱	
规格尺寸/mm	A	420	440	E	＜500	E	＜500
	B	240	260	E_1	260、290、320	E_1	260、290、320
	C	280	280	E_3	130～200	E_2	150、180
	E_1	120	120	E_4	130	E_3	120～200
	E_2	85	85	E_5	60～70	E_4	130
	E_3	115	115	E_6	30	E_5	60～70
	E_4	35	35	—	—	E_6	30
	E_5	40	40	—	—	—	—
用途	适用于住宅及宾馆卫生间等						

5.5.2.5 浴缸

【规格及用途】(GB/T 6952—1999)

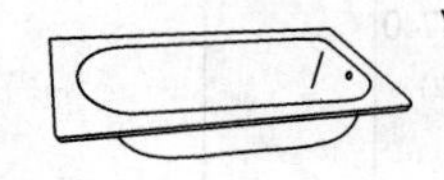

普通浴缸

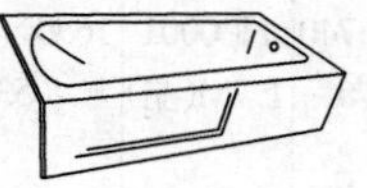

裙边浴缸

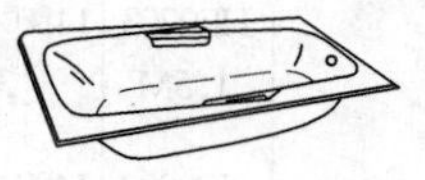

船形浴缸

型式	普通浴缸		裙边浴缸		船形浴缸	
	型号	尺寸/(mm×mm×mm)	型号	尺寸/(mm×mm×mm)	型号	尺寸/(mm×mm×mm)
型号及尺寸	DB1.2	1210×705×370	DB1.5A(左)	1485×700×560	DB1.5A	1505×740×520
	DB1.35	1335×730×385	DB1.7A(左)	1700×800×530	DB1.5B	1505×740×530

续表

型式	普通浴缸		裙边浴缸		船形浴缸	
	型号	尺寸/(mm×mm×mm)	型号	尺寸/(mm×mm×mm)	型号	尺寸/(mm×mm×mm)
型号及尺寸	DB1.5	1495×745×385	HD0002 1.5M(右)	1480×700×420	DB1.7A	1690×780×520
	DB1.7	1700×800×390	HD9801 1.5M(左)	1490×740×510	DB1.7B	1690×780×540
	HD9701 1.2M	1210×700×370	HD9802 1.7M(左)	1680×780×520		
	HD9702 1.36M	1340×730×360	HD9902 1.7M(左)	1700×860×575		
	HD9703 1.5M	1480×740×370	HD0001 1.7M(左)	1680×740×530		
	HD0003 1.5M	1480×710×365				
	HD9704 1.7M	1690×780×370				
材料	DB型为杜邦板,HD型为亚克力板					
用途	用于住宅、宾馆等的卫生间					

注:颜色有白色、彩色的。

5.5.2.6 陶瓷洗面器

【规格及用途】（GB/T 6952—1999）

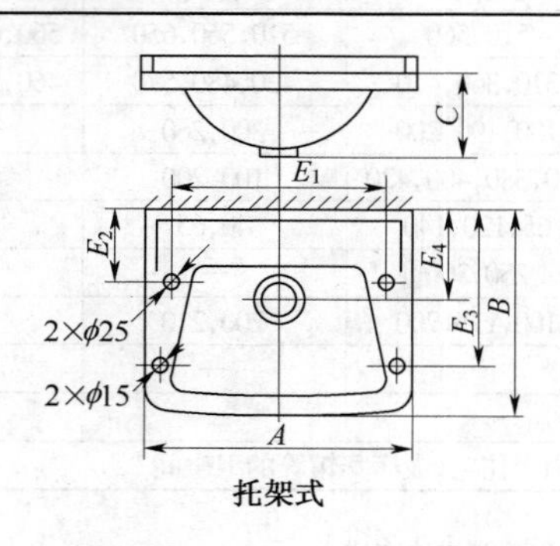

托架式

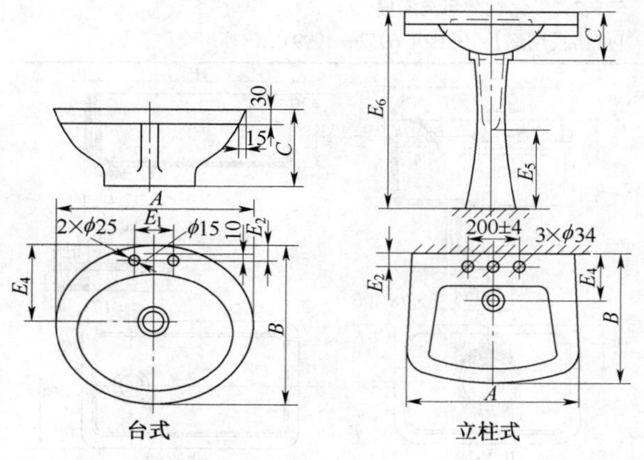

台式　　立柱式

续表

品种		托架式	台式	立柱式
规格尺寸/mm	A	510,560	510,560,650	560,610,660,710
	B	310,360,410	430,480,570	460,510,560,610
	C	180,190,200	200,260	220,230
	E_1	360,380,400,420	100,200	—
	E_2	65,120,140	40,65	65
	E_3	250,300	—	—
	E_4	100,175,200	200,210	200
	E_5	—	—	<350
	E_6	—	—	800
用途		用于住宅、饭店宾馆等的卫生间		

5.5.2.7　化验槽与洗涤槽

【规格及用途】（GB/T 6952—1999）

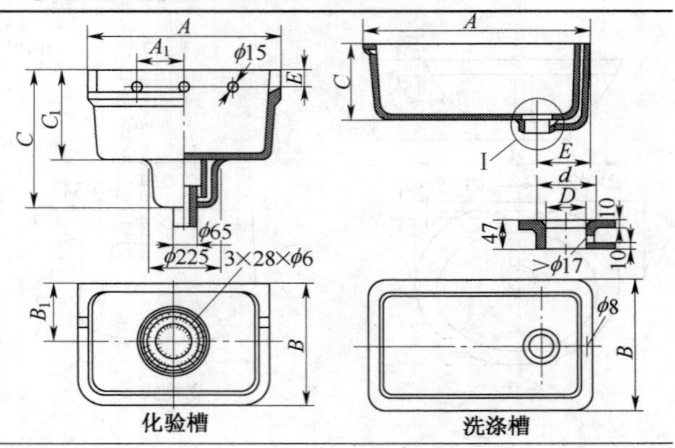

续表

品名	化验槽		洗涤槽		
规格尺寸/mm	A	600	A	610、560、510	460、410、300
	A_1	150	B	410、460、360	310、360、200
	B	440	C	220、150	
	B_1	190	d	100	70
	C	510	D	65	50
	C_1	300	E	直沿槽 110、卷沿槽 140	
	E	70	—	—	
用途	化验槽是用于化验室的陶瓷盆;洗涤槽是用于厨房的陶瓷盆				

5.5.2.8 整体卫浴间

【规格及用途】 (GB/T 13095—2000、Q/102HWJ 001—2001)

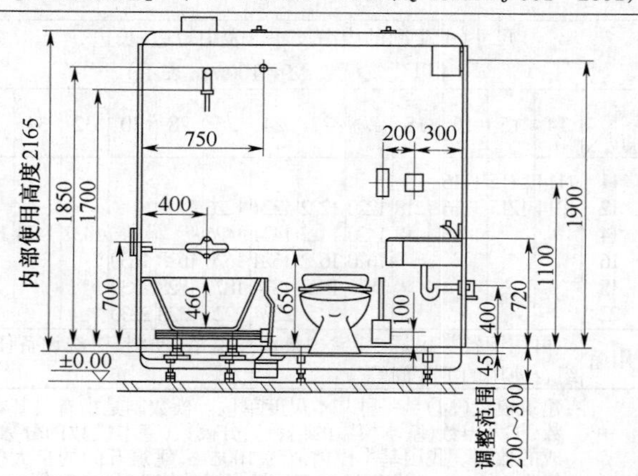

续表

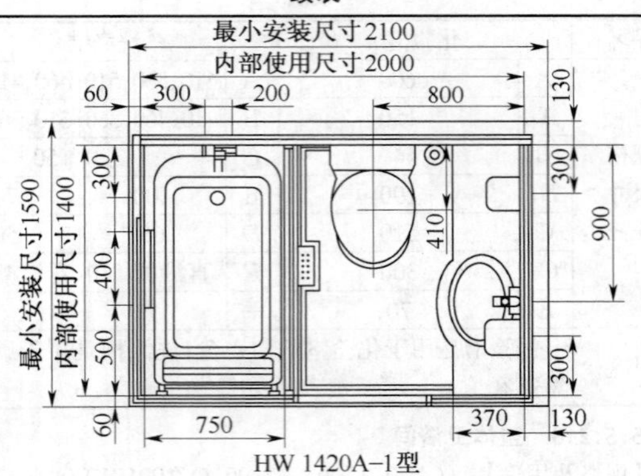

HW 1420A–1型

尺寸(卫生间的内净尺寸。表中短边、长边尺寸以建筑模数 $M=100$mm 表示)

短边＼长边	14	15	16	18	20	22	24	26	28	30	32	34	36
11	1114	1115	1116										
12	1214	1215	1216	1218	1220	1222	1224	1226					
14			1416	1418	1420	1422	1424	1426			1432	1434	1436
16					1620	1622	1624	1626	1628	1630			
18					1820	1822	1824	1826	1828	1830			
22							2224	2226	2228	2230			
用途	可用于各类民居、住宅中淋浴或盆浴、便溺、盥洗设备任意组合使用的卫生间等												

注：建筑模数(M)是一种基本尺度单位。模数制是指有关基本模数、扩大模数(基本模数的倍数)、分模数(基本模数的分数)组成的数列。我国基本模数值为100mm，建筑开间的扩大模数值为300mm，工业厂房层高的扩大模数值为600mm等。

5.5.2.9 落水

1. 地漏(又名地板落水)规格及用途

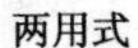
两用式

普通式

公称通径 *DN*/mm	两用式	50	普通式	50、80、100
用途	装在浴室、盥洗室等的室内地面上,用以排放地面积水。两用式为打开孔盖还可插入洗衣机的排水管			

2. 浴盆下水口(又名浴缸长落水)规格及用途

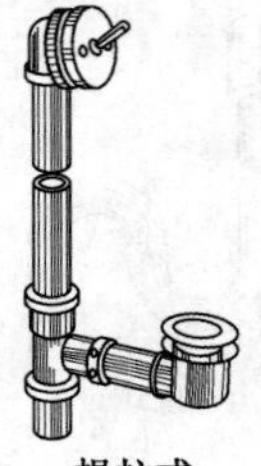
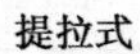
提拉式

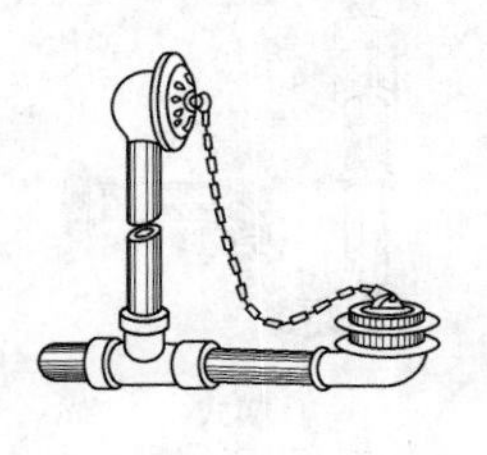
普通式

公称通径 *DN*/mm	提拉式	40	普通式	32、40
用途	由落水、溢水、三通及连接管等零件组成。装在浴盆下面,用来排出浴盆内存水			

3. 下水口及尿槽落水(下水口又名水槽落水)规格及用途

下水口

尿槽落水

下水口公称通径 DN/mm	32、40、50
尿槽落水公称通径 DN/mm	50
用途	下水口用来排除水池、水槽内的存水。尿槽落水装于小便槽内的落水口,用来排除污水和阻挡杂物放入排水管内

4. 小便器落水规格及用途

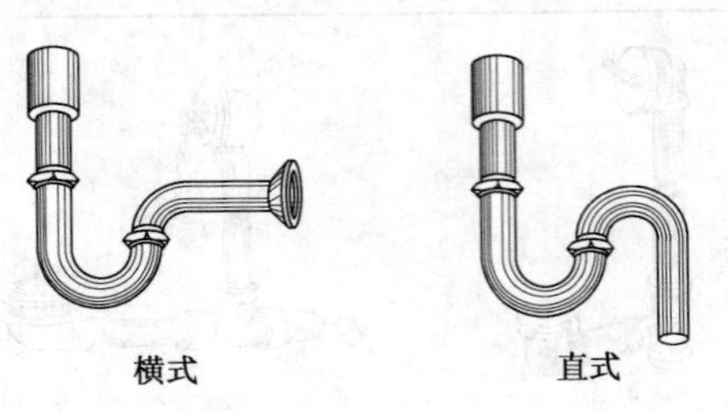
横式　直式

公称通径 DN/mm	40
材料	铜镀铬、塑料、铝合金等
用途	装在小便器下部,用来排泄尿液、污水和防臭气返升。直式应用广泛

5.5.2.10 混合淋浴器和喷头及其铜管

【规格及用途】 混合淋浴器又名双管淋浴器。

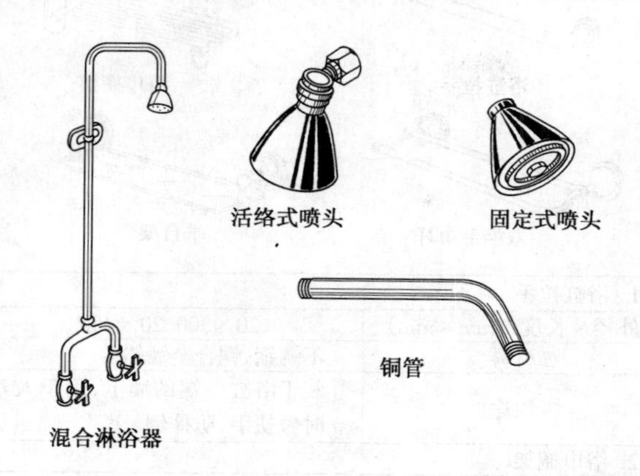

混合淋浴器公称通径 *DN* /mm	15
喷头公称通径×直径 /(mm×mm)	15×40,15×60,15×75, 15×80,15×100
喷头铜管公称通径 *DN* /mm	15
用途	淋浴器是淋浴用器具,用于公共浴室等。喷头用于淋浴时喷水或防暑降温时喷水。活络式喷头可自由转动变换喷水方向。铜管用以连接喷头和进水管

5.5.2.11 浴缸拉手、浴巾搁架、毛巾杆及平台架

【规格及用途】 平台架又名化妆台。

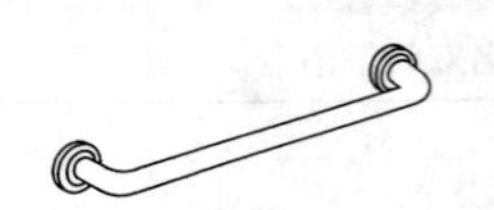

浴缸拉手

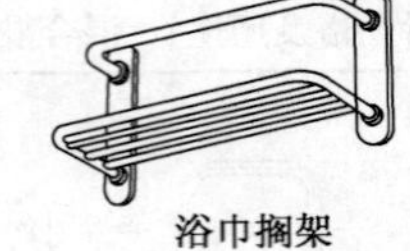

浴巾搁架

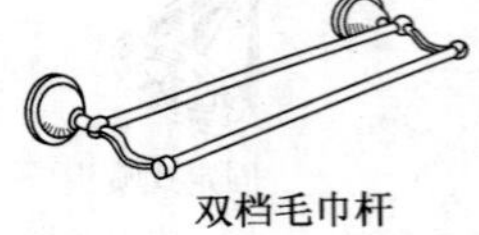

双档毛巾杆

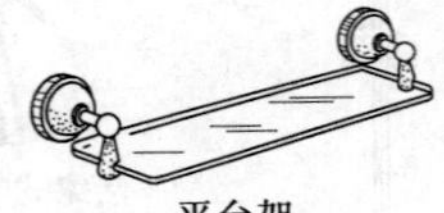

平台架

1. 浴缸拉手	
外径×长度/(mm×mm)	20×300、20×450
材料	不锈钢、铜合金镀铬等
用途	装于浴缸一端的墙上，用于人站立时做扶手，防摔倒
2. 浴巾搁架	
外径×长度/(mm×mm)	16×500
材料	不锈钢、铜合金镀铬等
用途	用于放置浴巾、衣物
3. 毛巾杆	
直径×长度/(mm×mm)	16×500，16×600，16×800，19×500，19×600，19×800
材料	不锈钢、铜合金镀铬等
用途	用于挂毛巾
4. 平台架	
种类	长方形、转角型
长度×宽度/(mm×mm)	70×12
用途	用于放置化妆品